전기화학

기초와 응용

백운기 · 여인형 지음

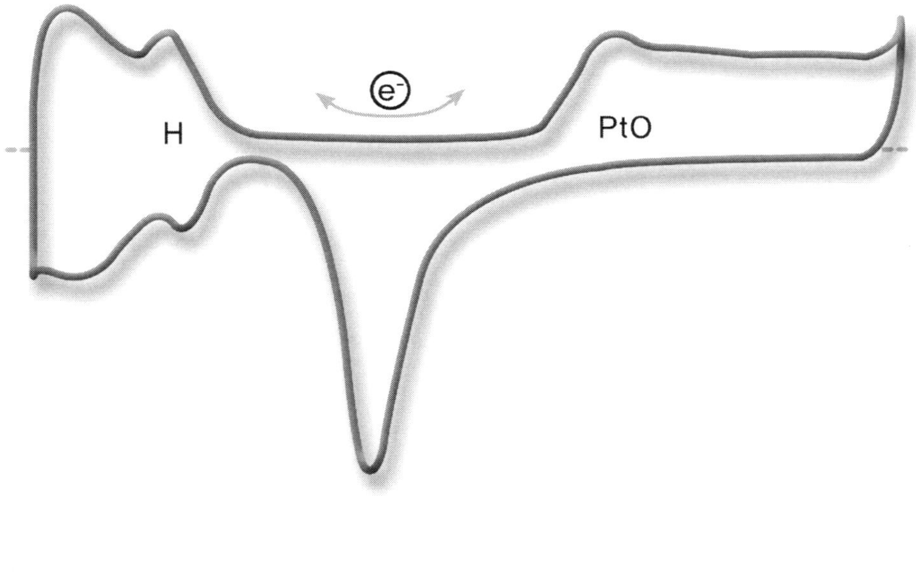

자유아카데미

표지 그림

황산 용액에서 백금전극에 대한 전형적인 순환 전압전류 곡선의 모습이다. 수소의 흡착에 대한 산화/환원 봉우리, 백금 산화물 형성 및 그것의 환원에 따른 전류의 변화를 관찰할 수 있다. 전기화학 본 실험 전에 백금의 순환전압 전류 곡선을 그려보고 이 그림과 비교해 보면 전기화학 셀과 시스템이 정상적으로 작동하는지를 살펴볼 수 있다.

머리말

전기화학은 화학의 핵심 분야의 하나로 비교적 긴 역사를 갖고 있다. 따라서 교육과 연구에 적용이 가능한 범위도 매우 넓고 깊을 수밖에 없다. 전기화학은 최근 반세기 동안에 괄목할 만한 성장을 하였고, 계속해서 빠른 속도로 새로운 주제들이 개발 및 연구되고 있다. 전기화학으로부터 파생된 기술 및 산업 역시 사회 경제 발전에 크게 기여하고 있다. 국내에서도 대학, 연구소 및 산업체 연구실에서 전기화학과 직접 관련된 연구 및 전기화학을 응용한 연구에 종사하는 사람의 수가 많이 늘고 있다. 그러나 전기화학의 기본 이론을 포함하고 광범위한 응용 분야까지 소개하는 만족할 만한 책이 국내에는 별로 없다. 심지어 외국에서 발간된 책도 이론과 실제를 균형 있게 다룬 전문 교과서를 찾기가 쉽지 않다. 이 책은 전기화학을 전공하려는 학부 3~4학년과 대학원생은 물론 전기화학의 이론과 실험을 자신들의 연구에 이용하려는 다양한 분야의 연구자를 위해 비교적 넓은 범위에 걸쳐 전기화학의 과학과 기술에 대한 기본 원리와 연구 방법을 다루고 있다.

'전문 교과서'의 필요성을 염두에 두고 두 저자(백운기 · 박수문)가 집필한 책이 2001년에 「전기화학: 계면과 전극과정의 과학 · 기술」(청문각)이라는 이름으로 처음 발행되었다. 이 책은 한국학술협의회를 통한 대우재단에서 연구비를 지원한 결과물의 일부를 포함하였다. 2001년 문화체육관광부 우수학술도서로 선정되기도 하였으며, 그 후 2012년까지 3번의 개정이 이루어졌다. 이제 발행하는 「전기화학: 기초와 응용」은 공동 저자였던 박수문 교수가 작고하신 후에 여인형 교수가 새로운 공동 저자로 참여하여 자유아카데미에서 새롭게 펴내는 것이다. 기존 책의 기본 틀은 유지하였으나, 여인형 교수가 (故)박수문 교수가 집필했던 8장 연구 방법 II, 9장 전기화학 분석법, 12장 생전기화학의 내용을 대폭으로 수정 · 보완하여 집필하였고, 디지털 회로에 대한 설명을 부록에 추가하였다. 또한 책의 내용을 보다 쉽게 이해하고, 독자들이 한층 편하게 읽을 수 있도록 책 전체에 걸쳐서 어휘와 문장을 새롭게 다듬고 정리하였다.

앞부분에서는 기본적 원리와 현상을 서술하고, 뒷부분에서는 연구와 관련된 주제들을 다루는 형식을 갖추었다. 따라서 전기화학 반응의 기본과 열역학을 시작으로, 점차 전극의 특성, 전해질과 계면의 물리화학적 특성을 다루는 것으로 그 범위를 넓혀갔다. 그 후 동역학이 적용되는 불균일 전극 반응과 반응 속도를 다루면서 전기화학 전문가들의 범위까지도 확대하였다. 전반적으로 기본 이론과 실제를 다룬 후에, 이를 이용하고 응용한 실험을 통한 연구방법론을 다루었다. 각 분야에서 적용이 가능한 다양한 종류의 전기화학 응용 분야를 소개하였다. 응용 분야에서는 특히 화학물질의 분석 분야에서 큰 줄기를 이루고 있는 전기 분석화학 분야와 생명체와 건강에 대한 높은 관심으로 그 중요성이 더해가는 생 전기화학을 다루었다.

이 책은 여러 해 동안 대학에서 전기화학, 물리화학, 분석화학을 강의했던 저자들의 강의록을 중심으로 전기화학 및 관련 기술들을 포함하고 있다. 처음 기획했던 책의 범위보다 더 넓은 영역을 다루게 된 것은 전기화학에서 다루는 연구 분야가 점차 확대되고 있는 것과 무관하지 않다. 다루는 내용에 대한 취사선택이 쉽지 않았고, 많은 내용을 넣고 싶은 욕심에 대한 절제도 필요하였다.

기존 책인 백운기 · 박수문의 「전기화학: 계면과 전극과정의 과학 · 기술」이 출판되기 전에 대학원 전기화학 과목을 가르치기 위해 임시로 마련했던 원고의 내용이 이 책의 일부로 포함되어 있으며, 그 후 판을 거듭하면서 수강 학생들과 독자들이 제시했던 의견과 문제점을 참고하여 수정 · 보완하였다. 특히 수정안을 제시해 준 한국 화학연구원의 강영구 박사와 아주대 화학과 모선일 명예교수를 비롯한 많은 독자께 매우 감사한 마음을 전한다. 아울러 부경대 화학과 장병용 교수의 도움도 감사드린다. 책을 새롭게 내놓으면서도 미래에 더 나은 책이 되려면 지속적인 수정과 개편이 되어야 할 것이다. 추후 수정 · 보완할 내용이 있으면 자유아카데미 홈페이지(www.freeaca.com) 자료실을 통해 제공할 예정이니 참고하기 바란다. 독자들의 의견과 날카로운 지적도 큰 몫을 하므로, 책의 내용을 개선하고 덧붙이고 싶은 내용에 대한 의견은 언제든 열린 마음으로 환영하고 수용할 예정이다. 새로운 책을 내면서 정성을 다해준 자유아카데미 관계자 여러분에게도 감사를 드린다.

2021년 1월

저자 백운기 여인형

기호설명

A	(계면의) 면적	G°	표준 깁스 자유 에너지
$a(a_i)$	(화학종 i의) 활동도	I	전류
b	Tafel 기울기	I	이온 세기
C	(미분) 커패시턴스	i	전류 밀도
$c(c_i)$	물질 i의 농도	i_a	산화 전류 밀도
c^*	전극 표면에서의 반응물의 농도	i_c	환원 전류 밀도
C_d	확산 전기 이중층의 커패시턴스	i_L	한계 전류 밀도
C_e	전기 전도도	i°	교환 전류 밀도
C_i	내부(조밀) 전기 이중층의 커패시턴스	$i^{\circ\circ}$	교환 전류 밀도(표준 농도)
E	(표준 수소 전극에 대한) 전극 전위	j	$\sqrt{-1}$
$\mathbf{E}$	전기장 벡터	$k_a(k_c)$	산화(환원) 반응의 속도 상수
e	기본 전하	$k^{\circ\circ}{}_c$	활성화 에너지가 0일 때의 가상적 속도 상수
e^-	전자	N_A	아보가드로 수
$E(E_{cell})$	전지의 전압(두 전극의 전위차)	n	이동 전자수
E_{eq}	평형 전극 전위	n_i	화학종 i의 몰 수
E_L	액간 접촉 전위(차)	$n_i^{(\sigma)}$	화학종 i의 표면 과잉 몰 수
E°	(표준 수소 전극에 대한) 표준 전극 전위	q	계면 전기량 밀도
$E^\circ(E^\circ{}_{cell})$	전지의 표준 전압 (두 전극의 전위차)	Q	전기량
$E^{\circ\prime}$	(전극의) 형식 전위	r	반지름
E_z	영전하 전위	r_D	데바이 길이
$E_{1/2}$	반파 전위	R	1) 저항, 2) 기체 상수
f	F/RT	R_{CT}	전하 이동 저항
F	패러데이 상수	R_o	저항도
G	깁스 자유 에너지	R_p	편극 저항
		Z	임피던스
		$Z'(Z_{real})$	임피던스의 실수 부분

$Z''(Z_{imag})$	임피던스의 허수 부분
Z_w	와버그 임피던스
z, z^*	전하 수
$[X]$	용액 내부(bulk)에 있는 물질 X의 농도
$[X]'$	전극 반응 단계에 있는 반응물 X의 농도
Γ_i	화학종 i의 면적당 표면 과잉
α	전자 이동 계수, 대칭 인자
α_a	산화 반응의 전자 이동 계수
α_c	환원 반응의 전자 이동 계수
$\tilde{\alpha}$	전체적 전자 이동 계수
γ	표면(계면) 장력
ϵ	유전율 $\epsilon = \epsilon_r \epsilon_o$
$\epsilon_a^{\ddagger}$	산화 반응의 활성화 에너지
$\epsilon_c^{\ddagger}$	환원 반응의 활성화 에너지
$\epsilon_c^{\ddagger\circ}(\epsilon_a^{\ddagger\circ})$	전기장이 없을 때의 활성화 에너지
ϵ_0	진공의 유전율 $= 8.854 \times 10^{-12}\ N^{-1}m^{-2}C^2$
ϵ_r	유전 상수
ϕ	내부(galvani) 전위
σ	전기 전도율
ν_i	화학종 i의 화학량론 계수
ϵ	에너지
ϵ_c	전도띠의 최저 에너지 수준
ϵ_g	띠간격 (에너지)
ϵ_v	결합띠의 최고 에너지 수준
η	1) 과전위, 2) 점성도 계수
η_c	결정화 과전위
η_{ct}	전자 전달 (활성화) 과전위
μ_i	(화학종 i의) 화학 퍼텐셜
μ_i°	표준 화학 퍼텐셜
$\tilde{\mu}_i$	(화학종 i의) 전기화학 퍼텐셜
ρ	전기 밀도
ω	각진동수
χ	표면 전위
ψ	외부(volta) 전위
Λ	몰전도도
λ_i	i 이온의 몰전도도
$\vert$	상과 상 사이의 계면
⋮	두 액체상 사이의 계면
⁝⁝	액간 접촉 전위차를 제거한 계면

차례

1장 서론

2장 전기화학 셀, 전극 전위

3장 전극과 용액의 계면: 전기 이중층

4장 전극 반응의 속도

5장 전해질 용액

8장 연구 방법 II

9장 전기화학 분석법

10장 전기화학 반응과 물질

11장 전기화학 산업

12장 생 전기화학

부록

1장

서론

1.1 전기화학이란?

전기화학(electrochemistry)은 화학의 한 분야이다. 특히 전기적 현상을 동반하는 화학 반응을 주요 관심 대상으로 삼는 학문 분야이다. 세상의 모든 물질을 구성하는 기본 단위는 원자이며, 원자의 주요한 성분 중 하나가 전자이다. 원자들은 특정한 결합을 통해 분자를 형성하고, 분자들의 거대한 집합체가 되어야 비로소 눈에 보이는 물질이 된다. 그러므로 물질의 변화는 전자의 이동을 반드시 동반하며, 마찬가지로 물질에서 전자의 이동이 있다는 것은 다른 물질로 변화되는 것을 의미한다. "전기력의 결과로 물질의 화학적 변화가 진행된다"는 사실을 발견하였고, 그것을 자연 법칙의 하나로 승화시킨 과학자는 패러데이(Faraday)였다. 그러므로 패러데이를 전기화학의 아버지라 부르는 것이다.

전기화학을 이용한 현실적이고, 실용적인 응용 기술 분야로 '전지'와 '전기분해'를 들 수 있다. 전지는 물질이 지닌 화학 에너지를 전기 에너지로 변환하는 기구이다. 그것은 전지 내부에서 진행되는 화학 반응에 동반되는 에너지를 전기 에너지의 형태로 이용이 가능하도록 설계된 것이다. 한편 전기분해는 전기 에너지를 화학계에 투입하여 화학 물질의 변화를 일으키는 모든 방법을 말한다.

화학계가 지닌 전기 에너지를 뽑아내거나, 화학계에 전기 에너지를 투입하려면 독특한 형식과 방법이 필요하다. 다시 설명하자면, 화학 물질의 변화로부터 전기 에너지를 얻기 위해서 혹은 전기 에너지를 집어넣어 화학 물질의 변화를 주기 위해서는 특별한 도구는 물론 반응이 진행되는 화학 물질을 담는 그릇(용기)도 필요하다. 또한 전기화학 반응에 참여할 수 있는 화학 물질들은 일정한 특성과 조건을 갖추고 있어야 한다. 특별한 도구라고 말하는 전기화학 반응에 반드시 필요한 **전극**(electrode)은 전자를 주거나 혹은 받는 단순한 역할을 하지만, 그 자체가 화학 반응에 참여하기도 한다. 왜냐하면 전극 그 자체가 화학 물질의 한 종류이기 때문이다. 전기화학 반응에 참여하는 물질(원자, 분자, 이온, 화합물)은 당연히 전자를 주고, 받을 수 있는 능력을 갖추고 있어야만 한다. 보통은 이것을 **전기 활성 물질**(electroactive species)이라 표현한다.

전기화학 전지(electrochemical cell는 전극과 전기화학 활성종이 담겨 있는 그릇을 포함한 하나의 종합 세트를 의미한다. 그러나 좁은 의미로는 직류 전원으로 사용하는 배터리(battery)를 전지라고도 하고 전기화학 반응에 참여하는 화학 물질을 담는 그릇만을 전지(cell)라고 표현하는 경우도 종종 있다.

화학 반응을 이용하여 전기 에너지를 보다 효율적으로 얻기 위한 전지의 제작 및 연구 혹은 전기 에너지를 사용하여 화학 반응을 일으키는 작업인 전기분해는 전기화학과 직접 관계가 있다. 범위를 더 확장해서 화학 물질이 일으키는 전기적 변화를 측정하여 그 물질을 확인하고 양을 결정하는 일 또한 전기화학에 관한 일이다. 예를 들어 물이나 혈액에 포함된 산소의 농도, 포도당의 농도를 알고 싶을 때, 그 물질들과 관련된 전기적 변화(전류 혹은 전극 전위의 변화)를 측정하는 일은 물론, 그 측정 방법을 이해하고 더 좋은 방법을 고안하는 일도 전기화학의 범위에 포함된다. 그런 예들은 수없이 많다. 특정한 물질의 농도 혹은 pH를 측정하기 위해 감응 전극들의 기능을 이해하고 개발하는 일, 한 금속 위에 다른 금속을 입히는 도금, 불순물이 포함된 물질을 순수하게 정제하는 일, 금속의 부식 과정에 대한 조사와 부식 방지 기술도 전기화학 원리를 적용한 연구와 기술들이다. 전류를 사용하여 한 물질이 다른 물질로 변하게 하는 반응(즉 전기화학 반응)을 사용하여 유용한 물질을 생산하는 일도 당연히 포함된다. 그런 것들의 예로는 가성 소다와 염소의 공업적 생산, 나일론66의 원료인 아디포나이트릴의 생산, 금속의 제련과 정제 공정들이 있다. 많은 종류의 생리적 현상을 이해하고 연구하는 곳에도 전기화학이 사용된다. 예를 들어 신경을 통한 감각의 전달, 근육의 수축 메커니즘, 대사 작용에서 발생되는 각종 전기적 신호를 추적 관찰하는 일도 전기화학의 한 분야이다. 이처럼 전기화학은 물질과 전기(에너지) 간에 상관관계를 다루는 분야이며, 그것이 다룰 수 있는 분야는 매우 넓어서 위와 같이 나열하면서 소개하려면 지면이 너무 부족하다.

전기화학은 여러 종류의 과학과 기술 분야들과 비교해도 비교적 오랜 역사를 가지고 있으며, 1950년대 이후에 꽤 많은 변화를 겪었다. 그러한 변화와 범위의 확대로 인해서 현재에는 거의 새로운 분야라 여겨질 만큼 새롭게 탈바꿈한 분야이기도 하다. 다시 말해서 계속 새로운 얼굴로 변해가는 오래된 과학이라고 할 수 있다.

전기화학의 역사는 1790년경에 개구리의 근육이 전기 자극으로 수축된다는 것을 발견한 갈바니(Luigi Galvani), 1800년에 처음으로 전지의 원형을 만든 볼타(Alessandro Volta), 1807년 이후 용융염의 전기분해로 알칼리 금속들을 만들어 낸 데이비(Humphry Davy), 그리고 전기화학 반응은 전하량과 밀접한 관계가 있음을 발견해 낸 패러데이(Michael Faraday, 1830년대) 등이 이룩한 업적에서 시작되었다고 볼 수 있다. 고대 바빌로니아 문명의 유적에서 전지로 볼 수 있는 것이 발견되었다. 그러나 그때의 업적이 현대 전기화학으로 연결되지 못하였으니 그것은 전기화학의 역사 이전의 일이다. 19세기 말에 이뤄진 네른스트(Walter Nernst)의 열역학적 연구와 업적에서 고전적인 전기화학의 전성기가 시작되었다고 여겨진다. 전기화학은 많은 열역학적 측정법, 물질 분석법에도 다양하게 적용되었으며, 물리화학의 한 분야로도 큰 자리를 차지하여 왔다. 20세기에 확립된 데바이-휘켈(Debye-Hückel) 이론과 온사거(L. Onsagar)

이론은 용액에서 이온의 농도에 따라 그것들의 활동도와 이동도가 어떻게 변하는지, 용액의 전기 전도도는 물론 다른 물리화학적 성질이 어떻게 변하는지를 알 수 있게 해 주었다.

그러나 앞서 나열한 과거 업적들은 모두 현대 전기화학의 중심 과제와는 다소 동떨어진 것이라고 여길 만큼 전기화학은 그 대상과 방법에 있어 많은 변화를 겪었다. 과거의 업적들이 지금에 와서 부정되거나 가치가 인정되지 않는 것은 아니다. 그러나 그 때의 주제들은 큰 변화 없이 정체에 머물고 있지만, 지금은 새로운 과제와 연구 방법들의 등장으로 활발한 연구 활동이 전개되고 있다. 그러므로 전기화학은 오랜 역사와 새로운 면모를 함께 지니고 있는 역동적인 분야라 할 수 있다.

1.2 새로운 경향의 전기화학

전극의 전위 혹은 효율적인 전지를 열역학적 관계로만 이해하는 것은 어렵다는 것이 이미 오래전에 알려졌다. 따라서 1950년대부터 과학자들은 전극 반응의 속도에 관심을 갖고 연구하였고, 그것은 새로운 경향의 전기화학으로 발전하기 시작하였다. 전기화학의 특징을 한마디로 표현하자면 금세기 전반까지는 평형 상태를 대상으로 하는 전기화학(equilibrium electrochemistry)이었다면, 현재는 동적 상태를 대상으로 하는 전기화학(dynamic electrochemistry)이라고 할 수 있다. 현재의 전기화학을 더 세분해서 보면, 데바이-휘켈(Debye-Hückel) 이론 혹은 온사거(Onsagar) 업적으로 대표되는 이온의 활동도 혹은 이동도를 다루는 연구 분야와 전극과 전해질 사이의 계면에서 진행되는 현상의 이해 및 그것을 응용한 연구 분야가 있다. 앞의 것을 이온용액론(ionics), 뒤의 것을 전극론(electrodics)이라 부르기도 한다. 현재 이온이 녹아 있는 용액만을 대상으로 현상을 이해하고 연구하는 것은 활발한 전기화학 과제라고 보기 힘들다. 왜냐하면 전극과 전해질의 상호 작용 및 그것을 응용하는 연구가 중심으로 자리를 잡고 있기 때문이다. 특히 표면(계면)과 얇은 막에 대한 연구 방법의 진전에 맞추어 전극 반응이 전극 표면의 미세한 구조와 조성에 따라 어떻게 다르고, 어떻게 영향을 받는가를 이해하고 응용하는 것이 중요하게 되었다. 현대 전기화학의 중심은 화학에 뿌리를 내리고 있다. 그러나 전통적인 물리학, 생물학은 물론 보다 넓은 범위의 기초과학을 기반으로 한다. 또한 전자(전기)공학, 재료공학과 결합하여 학제 간 접근과 연구가 필요한 분야로 발전되고 있는 것이 전기화학이다.

오늘날 전기화학이 급속도로 변모·발전하는 이유는 여러 가지가 있다.

첫째로 현대 물질과학의 중심인 화학의 발달과 더불어 전기화학 시스템의 이해의 폭이 넓어지고 진화되었다. 예를 들어 화학 반응에 대한 반응 속도론과 반응 역학의 진보는 전극 반응의 속도와 전극 전위와 여러 변수들 사이의 상관관계를 이해하는 데 많은 도움을 주고 있다. 또한 양자역학과 분광학 지식의 발전은 전자 전달의 이해는 물론 반도체 전극에서 진행되는 광화학적 전극 반응을 이해하는 데 많은 기여를 하였다.

둘째로 전자공학과 표면 분석 기술의 발달은 과거에 불가능했던 연구 방법을 새롭게 고안할 수 있도록 하였다. 그것은 전기화학적 측정과 전극 재질을 새롭게 찾아내고 기존 전극의 기능을 이해하는 데 많은 도움이 되었다. 즉, 최신 전자 장비로 전극의 전위를 아주 정확하고 일정하게 유지하는 것과 파형이 복잡하고 매우 빠르게 변하는 전위의 제어와 측정도 가능하기 때문에 보다 다양한 방법의 전기화학 실험을 할 수 있게 되었다. 첨단 장비와 기술들은 빠른 속도로 움직이는 전극과 아주 작은 표면적을 갖는 미세 전극에서 진행되는 전극 반응의 실체를 실시간으로 파악하는 것을 가능하게 만들었다. 미세 전극과 정밀 전자 장비의 발달은 전극 부근에서 반응 활성 물질들의 느린 확산 및 복잡한 농도 분포의 이해에 대한 어려움을 극복할 수 있도록 하였다.

계면의 조성과 구조의 이해와 연구를 위하여 최근에 발전을 거듭한 미시적 방법들은 종류도 많고 대단히 유용한 것이다. 그것들을 이용하면 표면의 원자나 분자들의 모양과 배치 및 계면에서 진행되는 일을 막연히 추론하지 않고도 눈으로 보듯이 그려 낼 수 있다. 그중 하나가 주사 터널링 현미경법(Scanning tunneling microscopy, STM) 및 그것을 수정한 새로운 실험 방법들이며, 1980년대에 본격적으로 실용화되었다(8장 이동 탐침법 참조). 단결정 전극을 만들 수 있는 손쉬운 기술이 널리 퍼짐에 따라 전기화학자들은 같은 재질의 금속 전극일지라도 단결정의 결정면의 종류에 따라 전극 반응이 달라진다는 것을 알게 되었다. 결정 표면에 흡착된 분자들의 배열은 결정면의 영향을 받고, 흡착된 분자들의 종류가 다른 배열은 다른 종류의 전극 반응으로 진행되기도 한다. 20세기 후반에 들어서면서 이런 내용을 다루는 표면전기화학(electrochemical surface science, surface electrochemistry)이 새로운 분야로 자리 잡게 되었다. 전극 표면 자체는 물론, 전극 표면 매우 가까이에서 변화되는 반응물과 생성물의 양상을 실시간으로 추적 관찰하는 타원 편광법(ellipsometry), 푸리에 변환 적외선 분광법(FTIR)을 포함하는 분광학 측정법이 등장하였다. 아울러 전극 표면과 관련된 극미량의(nanogram 영역) 질량 변화를 관찰할 수 있는 수정 결정 미량무게분석법(quartz crystal micro-gravimetry), 전자 스핀 공명 분광법(electron spin resonance spectroscopy), 방사광 가속기의 X-선을 이용한 분광법이 개발되었다. 이 방법들은 모두 전극과 전해질 간의 계면 현상을 이해하고 심도 있는 조사와 연구를 할 수 있도록 만들었다.

셋째로 전기화학 방법을 이용한 연구들이 실제 응용에 다양하게 적용되며, 그 범위가 점차 확대된다는 것이다. 폴라로그래피(polarography)와 전위 측정법 등으로 시작된 전기화학적 분석 방법과 기술은 실로 다양하게 발전을 거듭해 왔다. 그 결과 화학, 환경, 의료 및 재료 분석에서 전기분석화학(electroanalytical chemistry) 분야는 중요한 부분을 차지하게 되었다. 특히 다양한 종류의 센서(sensor) 기술과 접목하여 편리성까지 갖추게 되어 그것의 응용 범위도 점차 확대되고 있다. 이처럼 다양한 도구 및 획기적으로 개선된 방법으로 새로운 분야를 열어가고 있는 것이 현대 전기화학의 특징이기도 하다. 더구나 전기화학의 최신 기법들은 무기화학, 재료과학, 생명과학 실험실에서 흔히 사용되는 연구 수단이 되고 있다.

새로운 기술 시대에 맞추어 계속 쏟아지는 신물질에 대한 이해, 환경과 에너지 문제를 해결하기 위한 전기화학적 기술과 과학에 대한 기대는 점점 높아지고 있다. 환경보전을 위한 폐기물 처리, 유해 물질의 검출 및 유해성이 적은 물질로의 변환, 금속 부식의 방지, 친환경 에너지 생산(변환)을 위해서 어느 때보다도 전기화학적 기술의 발전과 응용을 기대하고 있다. 전기화학적 방법을 이용한 새로운 반도체 및 전도성 고분자의 합성과 개발, 계면의 성질을 응용하여 새로운 기능을 갖춘 자기 조립 분자층 및 소재 물질에 대한 연구도 활발하다. 고체 표면의 구조와 성질은 물론 무기 및 유기 물질의 반응을 연구하는 수단으로 전기화학적 방법이 많이 등장하고 있다. 또한 뇌 과학을 비롯한 생리적 활성 물질들의 특성을 규명하는 일에도 전기화학이 많이 활용되고 있으며, 조만간에 생명과학의 획기적인 발전에도 큰 역할을 할 것으로 기대된다. 친환경 에너지와 관련하여 에너지 밀도와 출력이 큰 새로운 개념의 전지들이 반드시 필요하다. 그것은 새로운 전극 물질의 개발, 전극 촉매 작용과 반응 메커니즘의 연구가 반드시 필요하기 때문에 전기화학의 범위를 더욱더 확대할 것으로 기대된다. 에너지 문제와 환경 문제를 동시에 해결할 수 있을 것으로 전망되는 연료 전지(fuel cell)의 보편적 실용화 여부도 전기화학적 연구와 개발의 성과에 달려있을 것으로 보인다.

1.3 이 책에 대한 일러두기

각 장의 내용과 관련된 간단한 연습문제들을 그 장의 맨 뒤에 실었다. 학습에 보탬이 되고 진전이 있으려면, 독자 스스로 문제 풀이를 해야 하며 내용의 핵심에 대한 반복 학습과 이해가 선행되어야 할 것이다.

이 책에서 다룬 내용의 뼈대를 이해하는 데 꼭 필요한 것은 아니지만 도움이 될 만한 자료 혹은 흥밋거리를 군데군데 <**참고자료**> 또는 <**보충자료**>로 소개하였다. 특정한 주제와 관련된 문헌은 해당하는 쪽의 각주로 넣었고 본문의 해당 부분에 위 첨자*) 번호로 표시하였다. 각 장의 끝에는 그 장의 내용에 밀접하게 관련된 읽을거리를 참고문헌으로 소개하였으며 그것은 본문 중에 [ ]속의 번호로 표시하였다.

수식 가운데 중요한 것들은 상자(□)에 넣어 표시하였다. 그것은 기본적으로 중요하거나 혹은 자주 이용되는 수식들이므로 기억해두면 내용을 이해하는 데 편리할 것이다.

전기화학 용어에 대한 우리말 술어는 아직 잘 정착되지 않아 어려움이 많다. 그러나 전문용어는 가능한 한 대한화학회에서 제정한 술어(화학술어집 제5판)를 따랐고, 괄호 안에 영어로 표기하였다. 과학자의 이름은 주로 영어권(미국, 영국) 발음을 우리말로 표기하였고, 발음차이에 따른 혼란을 최대한 줄이기 위해서 괄호 안에 영어 혹은 원어 이름을 적어 넣었다. 특히 과학자의 이름이 국어사전, 과학용어 사전, 화학술어 사전에 이미 수록되어 널리 사용되고 있는 경우에는 가급적 사전 표기를 그대로 사용하였다. 부록 다음에 있는 '찾아보기(색인)'는 본문에 고딕 글꼴로 표시된 전문용어 및 중요개념에 대한 단어들이며, 우리말과 영어의 순으로 정리하였다.

참고문헌[책, 학술지, 웹사이트]

◈ 다음 책들은 전기화학 전반에 걸친 내용을 다루고 있는 참고서적으로, 각 장의 끝에 소개할 주제별 참고문헌과는 별도이다.

1. J. Koryta, J. Dvorak, and L. Covan, *Principles of Electrochemistry*, 2nd Ed., Wiley, 1993.
2. C. M. A. Brett and A. M. O. Bbrett, *Electrochemistry: Principles, Methods, and Applications*, Oxford Univ. Press, 1993.
3. P. H. Rieger, *Electrochemistry*, Prentice-Hall, 1987.
4. H. R. Thirsk and J. A. Harrison, *A Guide to the Study of Electrode Kinetics*, Academic, 1972.
5. N. Hush Ed., *Reactions of Molecules at Electrodes*, Wiley, 1971.
6. E. Gileady, *Electrode Kinetics for Chemists, Chemical Engineers, and Materials Scientists*, VCH, 1993.
7. E. Gileady, *Physical Electrochemistry*, Wiley-VCH, 2011.
8. J. O'M Bockris and A. K. N. Reddy, *Modern Electrochemistry*, Vol. 1, 2, Plenum, 1970 ; 2nd ED., Vol. 1 (*Ionics*), Plenum, 1998, Vol. 2A (Fundamentals of Electrodics), coauthored with M. Gamboa-Aldeco, Kluwer Academic/Plenum publisher, 2000, Vol. 2B (Electrodics in Chemistry, Engineering, Biology, and Environmental Science) Kluwer

Academic/Plenum publisher, 2000.
9. A. J. Bard and L. R. Faulkner, *Electrochemical Methods, Fundamentals and Applications*, 2nd Ed., Wiley, 2001.
10. J. O'M Bockris and S. U. M. Khan, *Surface Electrochemistry; A Molecular Level Approach*, Plenum, 1993.
11. D. Pletcher and F. C. Walsh, *Industrial Electrochemistry*, 2nd Ed., Chapman-Hall, 1993.
12. K. B. Oldham and J. C. Myland, *Fundamentals of Electrochemical Science*, Academic Press, 1994.
13. D. R. Crow, *Principles and Applications of Electrochemistry*, 4th Ed., CRC Press, 2017.
14. I. Rubinstein, Ed., *Physical Electrochemistry, Principles, Methods, and Applications*, Marcel-Dekker, 1995.
15. D. Brynn Hibbert, *Introduction to Electrochemistry*, Macmillan, 1993.
16. R. N. Adams, *Electrochemistry at Solid Electrodes*, Marcel Dekker, 1969.
17. N. Sato, *Electrochemistry at Metal and Semicondutor Electrodes*, Elsevier, 1998.
18. D. T. Sawyer, A. Sobkowiak, and J. L. Roberts, Jr., *Electrochemistry for Chemists*, 2nd Ed., Wiley, 1995.
19. Carl H. Hamann and Andrew Hamnett, Wolf Vielstich, *Electrochemistry*, 2nd Ed., Wiley-VCH, 2007.
20. R. Holze, *Experimental Electrochemistry: A Laboratory Textbook*, Wiley-VCH, 2007.
21. C. Zosky, ed. *Handbook of Electrochemistry*, Elsevier, 2007.
22. C. Lefrou and P. Fabry, *Electrochemistry: The Basics, With Examples*, Springer, 2012.
23. J. Newman and K. E. Thomas, *Electrochemical Systems*, 3rd Ed., Alyea, 2004.

◈ 다음은 도서관에서 볼 수 있는 고전적인 참고문헌들이다. 현재에는 전기화학의 중심 과제에서 멀어진 내용을 다루고 있다. 비록 요즈음 문헌에서 찾아보기 어렵지만, 과거에 구체적이고 엄밀한 취급을 한 주제들을 이해하는 데 필요한 참고문헌들이다.

1. H. Harned and B. Owen, *Physical Chemistry of Electrolytic Solutions*, 3rd Ed., Reinhold, 1958.
2. G. Kortum, *Treatise on Electrochemistry*, 2rd English Ed., Elsevier, 1965.
3. P. Delahay, *Electrical Double Layer and Electrode Kinetics*, Wiley, 1965.
4. B. E. Conway, *Electrode Processes*, Ronald, 1965.
5. K. Vetter, *Electrochemical Kinetics; Theoretical and Experimental Aspects*, Academic Press, 1967.
6. D. A. Maclnnes, *The Principles of Electrochemistry*, Dover, 1961.

◈ 국내 저자들이 한글로 펴낸 전기화학 단행본은 다음과 같다.

1. 오승모, 「전기화학」, 제3판, 자유아카데미, 2019.
2. 이주성, 「電氣化學」, 보성문화사, 1992.
3. 변수일, 「최신 재료전기화학」, 청문각, 2003.

4. 백운기, 박수문, 「전기화학; 계면과 전극과정의 과학/기술」 개정3판, 청문각, 2012.

◈ 전기화학의 첫걸음을 위한 요점을 정리하여 간단히 설명한 책은 다음과 같다.

1. R. G. Compton and G. H. W. Sanders, *Electrode Potentials*, Oxford University Press, 1996.
2. A. C. Fisher, *Electrode Dynamics*, Oxford University Press, 1996.
3. C. M. A. Brett and A. M. O. Brett, *Electroanalysis*, Oxford University Press, 1996.

◈ 한글 번역본은 다음과 같다.

1. 오사까, 오야마, 오샤꺄 저, 「전기화학 측정법」, 장재망, 이치우 공역, 자유아카데미, 1994.
2. 고자와 기획, 「현대의 電氣化學」, 남종우 역, 청문각 1995.

◈ 전기화학에 관한 시리즈로 다음 것들이 있다. 권 번호와 출판년도는 각 시리즈의 마지막 나온 책에 대한 것이다.

1. *Comprehensive Treatise of Electrochemistry*, Vol. 10, S. Srinivasan, Yu. A. Chizmadzhev, J. O'M Bockris, B. E. Conway, E. Yeager, Eds., Plenum, 1985.
2. *Modern Aspects of Electrochemistry*: No. 33, R. E. White, J. O'M Bockris, B. E. Conway, Eds., Plenum, 1999.
3. *Electroanalytical Chemistry*: A Series of Advances: Volume 23, A. J. Bard and C. G. Zoski editors, CRC Press, 2010.
4. *Encyclopedia of Electrochemistry of Elements*, A. J. Bard, Ed., Marcel Dekker, Vol. I~XV, CRC Press, 1985.

◈ 전기화학에 관련된 주요 학술지 이름과 발행기관/출판사와 그것의 웹사이트는 다음과 같다.

1. *Electrochimica Acta* (A journal of the International Society of Electrochemistry) Elsevier Science, Ltd., The Boulevard, Langford Lane, Kidlington, Oxford OX5 1GB, UK, www.journals.elsevier.com/electrochimica-acta
2. *Journal of Electrochemical Society*
   The Electrochemical Society, Inc., Pennington, NJ 08534-2896, USA.
   jes.ecsdl.org/content/current
3. *Electrochemical and Solid-State Letters*
   The Electrochemical Society, Inc., Pennington, NJ 08534-2896, USA.
   esl.ecsdl.org/content/current
4. *The Electrochemical Society Interface* (A magazine)
   The Electrochemical Society, Inc., Pennington, NJ 08534-2896, USA.
   interface.ecsdl.org/content/current
5. *Journal of Electroanalytical Chemistry* (formerly journal of Electroanalytical Chemistry and Interfacial Electrochemistry)
   Elsevier Science S.A. P.O.Box 564, 1001 Lausanne, Switzerland.

www.journals.elsevier.com/journal-of-electroanalytical-chemistry

6. *Denki Kagaku oyobi Kogyo Butsuri Kagaku* (electrochemistry and Industrial Physical Chemistry)(A journal of the Electrochemical Society of Japan),
   The Electrochemical Society of Japan, Tokyo 100, Japan. www.speciation.net/Database/Journals/Denki-Kagaku-Oyobi-Kogyo-Butsuri-Kagaku—Electrochemistry-;i1854
7. *Elekrokhimiya*
   vol. 1-29(1965-1993) translated as "*Russian journal of Electrochemistry,*"
   Interperiodica/Plenum/Consultants Bureau, 233 Spring St, New York, NY 10013, USA
   pleiades.online/en/journal/elkhim/
8. *Journal of Applied Electrochemistry*
   Chapman & Hall, 2-6 Boundary Row, Londen SEl 8HN, UK,
   link.springer.com/journal/10800
9. *Electrochemistry Communications*
   Elsevier Science S. A. P. O. Box 564, 1001 Lausanne, Switzerland.
   www.sciencedirect.com/science/journal/13882481
10. *Journal of Power Sources*
    Elsevier Science S. A. P. O. Box 564, 1001 Lausanne, Switzerland.
    www.journals.elsevier.com/journal-of-power-sources
11. 한국전기화학회지
    www.kecs.or.kr/publication/

◈ 전기화학 관련 웹사이트

1. Electrochemical Science and Techonology Information Resource(ESTIR)
   http://electrochem.cwtu.edu/estir
2. Electrochemistry Encyclopedia
   http://electrochem.cwtu.edu/encycl/
3. The Electrochemical Society, Inc.
   www.electrochem.org

연습문제

1. 우리 생활 주변에서 볼 수 있는 전기화학적 현상들을 생각나는 대로 적어보라.

2. 일반화학 등의 과목을 통해서 배운 주제 중에서 전기화학에 해당되는 내용을 요약해 보라.

3. 흔히 쓰는 '전극(electrode)'이란 말은 무엇을 의미하는지 생각해보자. 전지의 전극과 형광등이나 네온사인 장치에 쓰는 전극, 축전기(capacitor) 전극 사이에 공통점과 다른 점은 무엇인가?

4. 초중고 과학에서 배웠다고 생각되는 것 중에 다음 항목들을 비판하여 보라.

(a) 전기 회로에는 (+) 전기와 (−) 전기의 두 종류 전기가 흐르는데 그 둘이 만나야 불이 켜지거나 모터가 돌아간다.

(b) 전기 에너지의 단위는 watt이다. 따라서 전력 요금도 watt 단위로 나온다.

(c) 책에 쓰인 대로 실험해 보면 안 되는 실험이 있다.

(d) 독일이 낳은 가장 위대한 과학자는 아인슈타인이고 미국의 가장 큰 과학자는 에디슨이다.

2장

전기화학 셀, 전극 전위

2.1 전기화학 반응

대표적인 전기화학 반응으로 전지 내부에서 진행되는 반응을 꼽을 수 있다. 예를 들어 일상에서 흔히 사용되는 '**알칼리 전지**'의 전기화학 반응은 다음과 같다. 알칼리 전지 내부에 포함된 2개의 전극에서 각각 다른 종류의 반응이 진행된다. 하나의 전극인 아연 전극에서 아연 원자는 전자를 잃고(전자를 내어주고) 아연 이온으로 변하고, 그것은 동시에 전극과 접촉하고 있는 전해질 성분인 수산화 이온과 반응하여 수산화 아연 이온($Zn(OH)_4^{2-}$)이 된다.

$$Zn + 4OH^- \rightarrow Zn(OH)_4^{2-} + 2e^- \quad \text{(-)극 산화 반응}$$

또 다른 전극인 이산화 망가니즈 전극에서 이산화 망가니즈는 전자를 얻고(전자를 받아들이고) 옥시수산화 망가니즈(MnOOH)로 변한다.

$$MnO_2 + e^- + H_2O \rightarrow MnOOH + OH^- \quad \text{(+)극 환원 반응}$$

위와 같은 전지 반응의 예에서 보듯이 전기화학 반응의 가장 큰 특징은 전자가 반드시 반응에 참여하며, 한 전극에서는 전자를 잃고, 다른 전극에서는 전자를 얻는다는 점이다. 이 경우에는 아연은 전자를 잃고, 이산화 망가니즈는 전자를 얻는다. 일반적으로 화학 물질이 전자를 잃는 반응을 **산화**(oxidation) **반응**, 전자를 얻는 반응을 **환원**(reduction) **반응**이라고 한다. 따라서 이 경우에 아연 전극(−극)에서는 산화 반응이, 이산화 망가니즈 전극(+극)에서는 환원 반응이 진행된 것이다. 전기화학 반응의 또 다른 특징은 산화 · 환원 반응이 2개의 전극에서 분리되어 진행된다는 점이다. 다시 말해서 일반적인 화학 반응에서 반응물 간에 전자를 직접 주고받아 산화 · 환원이 진행되는 것과는 전혀 다른 모습이다. 따라서 자발적으로 진행되는 전기화학 반응의 한 전극에서 생성된 전자는 그 전극과 연결된 외부 도선을 따라 이동이 되고 전자를 받은 다른 전극에서 소모되는 과정을 반드시 거쳐야 된다. 위의 전기화학 반응도 산화 반응으로 아연에서 생성된 전자는 아연 전극과 연결된 도선을 통해서 이산화 망가니즈 전극에 도달하여 이산화 망가니즈의 환원 반응에 사용된 것이다. 이것은 자발적인 화학 반응이 전기화학 반응의 형식으로 '알칼리 전지'에서 진행되고 있는 것을 보여준 예이다.

또 다른 종류의 전기화학 반응으로 **전기분해**(electrolysis) **반응**이 있다. 이것은 2개의 전극이 포함된 전기화학 셀(cell)에 전기 에너지를 공급하여 비자발적인 화학 반응을 진행시키도록 하는 것이다. 흔히 전원으로 사용하는 배터리에서는 자발적인 화학 반응이 진행되어 전기 에너지를 얻는(생산) 것이며, 전기분해 반응은 원하는 화학 반응을 일으키기 위한 에너지를 전기 에너지의 형식으로 공급(소비)하는 것이다. 전기분해 반응의 한 예로 불순물이 섞인 구리를 순수한 구리로 만드는 전기화학 공정이 있다. 제련소에서 직류 전원을 전기화학 셀에 담긴 2개의 전극에 연결하여 전기 에너지를 공급하면 다음과 같은 전기화학 반응이 진행된다. 각 전극에서 진행되는 화학 반응은 다음과 같다.

Cu(불순물 포함) $\rightarrow Cu^{2+} + 2e^-$ (+) 전원에 연결된 전극: 산화 반응

$Cu^{2+} + 2e^- \rightarrow$ Cu(순도 높음) (−) 전원에 연결된 전극: 환원 반응

즉 전기분해 반응은 화학 반응계에 전기 에너지를 공급(소비)하여 원하는 화학 반응을 일으키는 전기화학 반응이다. 전기화학 셀에서 진행되는 전기분해 반응은 외부 전원의 (−)극에 연결된 전극에서는 환원 반응이, 외부 전원의 (+)극에 연결된 또 다른 전극에서는 산화 반응이 각각 진행된다. 2차 전지의 **충전** 반응도 전기분해 반응의 한 종류이다. 완전히 방전이 된 전지를 충전하려고 외부 전원을 연결한다. 이때 전원의 (−)극과 연결된 전기화학 셀의 전극에서는 환원 반응이, (+)극과 연결된 전극에서는 산화 반응이 진행된다.

2차 전지가 **방전**할 때(1차 전지의 방전도 마찬가지) 전지 내부에서는 자발적인 전기화학 반응이 진행되며, 산화 반응이 진행되는 전극의 극성은 (−)이고, 환원 반응이 진행되는 전극의 극성은 (+)이다. 충전할 때는 필요한 전원의 (−)극을 방전할 때 극성이 (−)였던 전극에, 전원의 (+)극을 방전할 때 극성이 (+)였던 전극에 연결하여 전기화학 반응을 진행시킨다. 그런 형식으로 전원을 연결해야만 (−)극에서는 방전할 때 산화되었던 전기 활성종이 다시 환원되고, (+)극에서는 방전할 때 환원되었던 전기 활성종이 다시 산화된다. 이제 충전이 완료된 전지는 다시 자발적인 반응이 진행될(방전할 수 있는) 수 있는 상태로 변한 것이다. 즉, 전지는 전기 에너지를 생산할 수 있는 상태가 된 것이다.

일단 반응의 종류(산화 혹은 환원)와 전극의 명칭을 일치시켜서 기억을 하는 방법이 있다. **산화 반응**(anodic reaction)은 **애노드**(anode)에서, **환원 반응**(cathodic reaction)은 **캐소드**(cathode)에서 진행된다고 기억을 하는 것이다. 그렇게 되면 전기 에너지를 생산할 때 혹은 소비할 때 모두 전기화학 셀의 각 전극에서 진행되는 반응의 종류와 전극의 명칭이 일치한다. 표 2.1에는 전지 방전 및 전기분해(전지 충전도 전기분해의 한 종류)할 때 진행되는 반응들의 예로 전극 명칭, 전지 반응의 종류, 전극의 극성(+, −)을 정리해 놓았다.

표 2.1 전극 반응에 따른 전극의 명칭과 그에 대응되는 전극의 극성

전극 명칭	전극 반응	전지 방전 (전기 에너지 생산)		전기분해, 전지 충전 (전기 에너지 소비)	
애노드 (anode)	산화 반응 (anodic reaction)	예: $Zn + 4OH^- \rightarrow Zn(OH)_4^{2-} + 2e^-$	(−)극	예: $Cu \rightarrow Cu^{2+} + 2e^-$	전원 (+)극에 연결
캐소드 (cathode)	환원 반응 (cathodic reaction)	예: $MnO_2 + H_2O + e^- \rightarrow MnOOH + OH^-$	(+)극	예: $Cu^{2+} + 2e^- \rightarrow Cu$ $2H^+ + 2e^- \rightarrow H_2$	전원 (−)극에 연결

표에서 알 수 있는 것처럼 전지 방전과 전기분해, 2가지 경우 전부 다 애노드에서 산화 반응, 캐소드에서 환원 반응이 진행된다. 물리 혹은 전자공학에서 전자를 방출하는 음극선이 전원의 (−)단자에 연결되어 항상 캐소드라는 용어를 사용하는 것과는 달리, 전기화학에서는 자발적으로 산화 반응이 진행되는 전극의 극성은 (−)이며, 비자발적인 화학 반응을 진행시키려고 외부 전원의 (−)극과 연결된 전극에서 환원 반응이 진행된다는 것을 이해하는 것이 반드시 필요하다. 또한 자발적으로 환원 반응이 진행되는 전극의 극성은 (+)이며, 비자발적인 화학 반응을 진행시키려고 전원의 (+)극과 연결된 전극에서는 산화 반응이 진행된다. 표 2.2에는 전극의 극성을 중심으로 전지 방전과 전기분해(전지 충전)할 때 진행되는 반응들의 예를 정리해 놓았다.

다시 강조를 하면, 전기화학 셀의 전극에서 진행되는 반응의 종류를 구분하지 않고 단지 (+)극은 양극, (−)극은 음극으로 혹은 애노드를 양극, 캐소드를 음극으로 단순히 우리말로 번역을 한다면 전극의 극성과 진행되는 전극 반응의 종류를 구분하는 것이 매우 혼란스러워진다는 것을 반드시 알아야 한다.

표 2.2 전극의 극성에 따른 전극 명칭과 그에 대응되는 전극 반응

전극 명칭 전극 극성	전극 혹은 전원의 극성	전지 방전 (전기 에너지 생산)	전기분해, 전지 충전 (전기 에너지 소비)
플러스 극	+	환원 반응(cathodic reaction) 예: $MnO_2 + H_2O + e^- \rightarrow MnOOH + OH^-$	산화 반응(anodic reaction) 예: $Cu \rightarrow Cu^{2+} + 2e^-$
마이너스 극	−	산화 반응(anodic reaction) 예: $Zn + 4OH^- \rightarrow Zn(OH)_4^{2-} + 2e^-$	환원 반응(cathodic reaction) 예: $Cu^{2+} + 2e^- \rightarrow Cu$ $2H^+ + 2e^- \rightarrow H_2$

또 다른 예로 2차 전지인 납 축전지 반응을 예로 들어 보자. 전지 내부에서 자발적으로 반응이 진행되어 전기 에너지를 얻는(생산) 반응은 다음과 같다.

산화 반응(애노드, 극성 −)

$Pb(s) + HSO_4^-(aq) \rightarrow PbSO_4(s) + H^+(aq) + 2e^-$

환원 반응(캐소드, 극성 +)

$PbO_2(s) + HSO_4^-(aq) + 3H^+(aq) + 2e^- \rightarrow PbSO_4(s) + 2H_2O(l)$

방전할 때 이 전지에서 산화 반응이 일어나는 전극(애노드)은 납(Pb)이고, 환원 반응이 일어나는 전극(캐소드)은 이산화 납(PbO_2)이다. 그때 납의 극성은 (−)이며, 이산화 납의 극성은 (+)이다. 만약에 전지가 완전히 방전되어 충전을 한다면 그때 전극 명칭과 전극 반응은 다음과 같다.

환원 반응(캐소드, 전원 "−"극에 연결)

$PbSO_4(s) + H^+(aq) + 2e^- \rightarrow Pb(s) + HSO_4^-(aq)$

산화 반응(애노드, 전원 "+"극에 연결)

$PbSO_4(s) + 2H_2O \rightarrow PbO_2(s) + HSO_4^-(aq) + 3H^+(aq) + 2e^-$

각각의 전극에서 충전할 때 진행되는 전극 반응은 방전할 때 진행되었던 전극 반응의 역이며, 방전할 때 전극의 극성과 충전할 때 전원의 극성에는 변함이 없다.

2.2 전기화학 셀

모든 전기화학 반응은 **전기화학 셀**(electrochemical cell)에서 진행된다. 셀은 전해질과 전극 및 그것들이 담겨 있는 용기(그릇)까지 모두 포함된 것을 의미한다. 따라서 앞서 설명한 자발적 화학 반응으로 전기 에너지를 생성하는 전지 혹은 배터리라 부르는 장치도 전기화학 셀의 한 종류이다. 또한 생체 안에서 혹은 금속 표면에서 우연히 혹은 자연적으로 전기화학 반응이 진행되는 곳에는 전기화학 셀이 구성되었다고 볼 수 있다. 일반적으로 '전지'라고 부를 때에는 자발적인 화학 반응이 진행되어 전기 에너지를 얻는 장치를 뜻한다. 그러므로 직류(DC) 전류(에너지)를 공급하는 대표적인 장치가 전지이다. 자발적인 화학 반응으로 전기 에너지를 얻는 전기화학 셀을 **갈바니 전지**(galvanic cell)라고도 한다.

한편 비자발적인 화학 반응을 진행시키려면 에너지(빛, 열, 전기)가 필요하다. 특별히 전기 에너지를 사용하여 화학 반응을 진행시키는 과정을 **전기분해**(electrolysis)라고 한다. 화학 반응이 진행되어 전기 에너지를 얻을 때와 마찬가지로 전기 에너지를 사용하여 화학 반응을 진행시킬 때에도 전기화학 셀이 필요하다. 그러므로 전기분해도 전기화학 셀에서 진행된다. '전지'라는 말은 좁은 의미로는 직류 전원의 공급 장치로 흔히 사용되지만, 넓은 의미에서는 전기분해를 위한 전기화학 셀도 포함하여 전지라고 부른다.

전기화학 셀을 구성하는 기본 요소를 그림 2.2.1에 나타내었다. 전기화학 셀은 전극, 전해질, 그것을 담는 용기로 구성되어 있다. 전극은 최소 2개이며 혹은 그 이상도 가능하다. 전극은 모두 전해질과 접촉되어 있다. 전극은 보통은 금속과 같은 도체이며 반도체도 사용 가능하다. 또한 전해질과 함께 다른 물질로 둘러싸인 고체를 전극으로 사용할 때도 있다. 전해질은 물 혹은 유기 용매에 양이온과 음이온으로 구성된 이온 화합물을 녹여 만든 것으로 액체 혹은 젤 형태의 고형물이며, 고분자 물질 자체를 이용하기도 한다. 앞 절의 마지막 부분에서 예로 든 아연 전극과 염화은 전극으로 이루어진 전지는 그림 2.2.2와 같이 나타낼 수 있다.

전지의 모습을 그림 대신에 간단한 표기법을 사용하여 나타내기도 한다. 그림 2.2.2의 전지를 표기법을 사용하여 나타내면 다음과 같다.

$$Zn|Zn^{2+},\ Cl^{-}|AgCl|Ag$$

여기서 1개의 짧은 세로 수직선(|)은 서로 다른 상(相, phase)이 접촉하고 있는 계면(interface)을 의미한다. 고체 Zn과 Zn^{2+} 및 Cl^{-} 이온이 포함된 액체 전해질이 접촉된 계면, 고체 AgCl과 전해질이 접촉된 계면, 고체 AgCl과 고체 Ag가 접촉된 계면은 모두 짧은 수직선으로 표시한다. Zn^{2+}과 Cl^{-} 중간에 찍은 쉼표(comma ,)는 같은 상(액

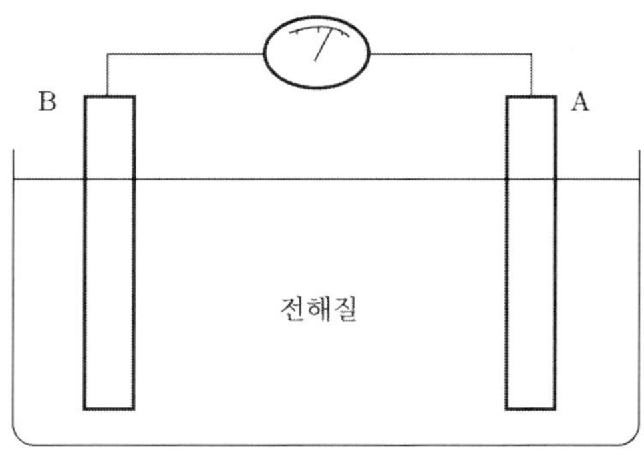

그림 2.2.1 기본적인 전기화학 셀(전지)의 구조

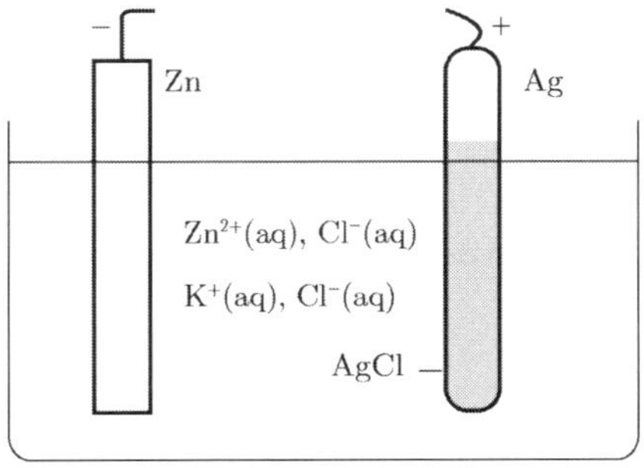

그림 2.2.2 $Zn|Zn^{2+}, Cl^-|AgCl|Ag$ 전지

체)에 두 종류의 이온이 공존하고 있다는 것을 나타낸다. 하나의 완성된 전지는 2개의 전극으로 구성되어 있으며, 각 전극에서 산화 혹은 환원 반응이 진행된다. 그런 이유로 각각의 전극을 따로 구별할 때는 **반쪽 전지**(half cell)라고 부르기도 한다.

하나의 전지에서 종류가 다른 2개의 전해질 용액이 사용되는 경우도 있다. 그러한 예로는 그림 2.2.3에 나타낸 다니엘(Daniel) 전지가 있다. 앞에서 사용한 표기법을 이용하면 이 전지는 간단히 $Zn \mid Zn^{2+} ⁞⁞ Cu^{2+} \mid Cu$로 나타낼 수 있다. 여기서 수직한 2개의 평행 세로 점선(⁞⁞)은 **염다리**(Salt bridge)를 나타낸다. 그림에서 보듯이 두 칸으로 나누어진 서로 다른 종류의 전해질 용액은 염다리로 서로 연결되어 있다. 염다리는 유리관 내부에 진한 KCl(혹은 NH_4NO_3) 용액과 한천으로 만든 젤이 채워진 기구이다. 이것의 역할은 전기화학 반응이 진행될 때 염다리에 포함된 이온들이 각 칸으로 이동되거나 혹은 각 칸에 있는 용액을 구성하는 이온들이 염다리 내로 이동이 될 수 있도록 하는 것이다. 따라서 염다리로 연결된 칸들 사이는 전기가 통하는 것이다. 이온들의 움직임 때문에 각 칸에 있는 용액은 전기중성을 이룰 수 있고, 그 결과 전지는 하나의 회로가 완성되고 전기가 흐르면서 작동이 된다. 염다리를 사용하지 않고 두 전해

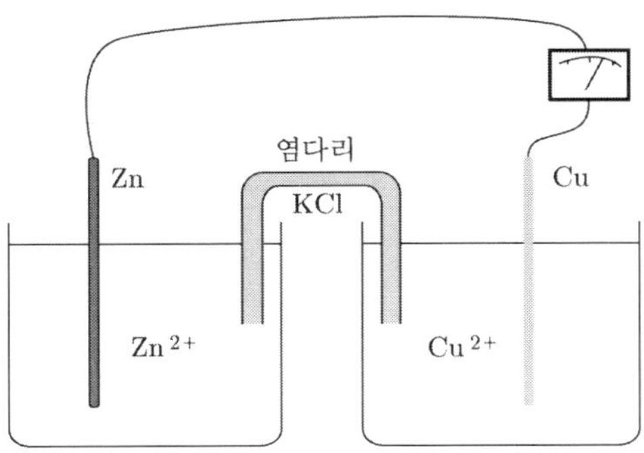

그림 2.2.3 염다리를 갖춘 다니엘(Daniel) 전지 $Zn|Zn^{2+} ⁞⁞ Cu^{2+}|Cu$

질 용액 사이에 용액을 따로 격리시키는 이온 투과성막을 설치하면 그 격막은 하나의 점선 '⁞'으로 표시한다.

2.3 전극 전위와 전극 전위차

전지를 구성하는 두 전극 사이의 **전위**(potential)의 **차이**(difference)는 두 전극의 종류가 다르기 때문에 발생되는 것이다. 즉 전지의 필수 조건은 전극을 구성하는 물질이 달라야 한다는 점이다. 그림 2.3.1에 나타낸 전지의 전위차는 전극 A의 전위에서 전극 B의 전위를 뺀 값이다. (물론 이와는 반대로 전극 B에서 전극 A의 전위를 빼도 원리상 잘못된 것이 없다. 그러나 전위가 높은 전극을 오른쪽에 표기하는 것은 오랫동안 사용해 온 관습이다. 전지의 전압이 (−)값으로 표시되는 것을 피하기 위한 수단이기도 하다.)

$$E_{\text{cell}} = E_{\text{A}} - E_{\text{B}} \tag{2.3.1}$$

전지에서 두 전극 간의 전위(potential) 차이가 전지의 전압(voltage)이다. 다시 말해 전압은 각각의 반쪽 전지가 나타내는 전위 값들의 차이(potential difference)인 것이다. 그런데 두 전극 사이에 전류가 흐르면, 전류의 세기에 따라 전지의 전압이 변한다. 만약에 전류가 전혀 흐르지 않으면 전지는 평형 상태에 있게 된다. 일반적으로 평형 상태에 있는 전극 간의 전위 차이를 전통적으로 '기전력(electromotive force)'이라고 부르고 emf로 표기해 왔다. 그러나 그것에 대한 정확한 표현은 **평형 전압**(equilibrium voltage)이며, 잘못 붙여진 이름인 '기전력'은 사용하지 않는 것이 좋다.

각 전극 전위의 절댓값 측정은 불가능하다. 각 전극의 전위는 전해질 용액의 전위와

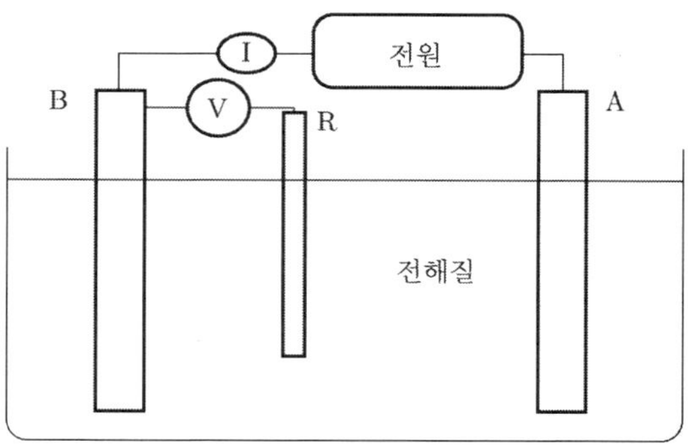

그림 2.3.1 극 전위의 측정. 제3의 전극 R은 기준전극이다.

비교해 보면 높거나 혹은 낮은 특정한 값을 나타낼 것으로 예상할 수 있다. 그런데 전해질과 전극의 전위 차이를 측정하려면 전해질 용액에 도선을 담가야 한다. 왜냐하면 측정 장치와 측정하려는 물질이 도선으로 반드시 연결되어야만 측정이 가능하기 때문이다. 그런데 전해질 용액에 도선을 넣는 것은 또 다른 전극이 추가되는 결과를 낳는다. 결국 측정을 위해서 추가된 전극과 전해질 사이에는 새로운 또 다른 전위 차이가 발생하기 때문에 전해질의 전위와 전극의 전위 차이에 대한 본래의 값을 역시 측정을 할 수가 없다. 따라서 측정되는 전압은 항상 두 전극 사이의 전위 차이일 뿐이다(26쪽 보충자료 '전위, 퍼텐셜' 참조).

일반적으로 전위 값은 하나의 전극이 갖는 전위를 기준 전위로 정하고, 관심 있는 전극의 전위는 기준 전위와 비교한 상대적인 값으로 측정된다. 예를 들어 그림 2.3.1에 나타낸 제3의 전극 R은 동일한 전해질 용액에 담겨 있다. 이 전극을 기준으로 전극 A, B에 대한 각각 전위의 상대적인 값이 측정될 수 있다. 측정되는 전압은 동일한 전극 R의 전위와 전극 A, B 각각에 대한 전위 차이가 된다. 이처럼 동일한 기준으로 사용되는 전극을 **기준전극**(reference electrode)이라고 한다. 그림 2.3.1에서 만약에 전극 A의 전위가 기준전극 R의 전위보다 1.0 V(volt, 볼트) 높고 전극 B의 전위는 0.5 V 낮을 경우에 전극 A와 B의 전위 차이는 $1.0 - (-0.5) = 1.5$ V가 될 것이다.

전극의 전위 측정을 위해 실험에 이용되는 실용적인 기준전극은 여러 종류가 있다. 흔히 실험에 잘 활용되는 칼로멜 전극과 은/염화은(Ag/AgCl) 전극들이 그것이다. 그러나 전위의 기준이 되며 표준으로 많이 사용하는 것으로 **표준 수소 전극**(standard hydrogen electrode, SHE로 줄임)이 있다. 산 용액에 잠긴 백금(Pt) 전극 표면에 수소 기체를 불어 넣으면, 수소 기체와 산 용액에 있는 수소 이온은 산화·환원 평형에 도달한다. 이것을 식으로 나타내면 다음과 같다.

$$H_2 \rightleftharpoons 2H^+ + 2e^-(Pt)$$

괄호 속에 Pt를 표기한 것은 백금은 산화·환원 반응에 참여하는 것이 아니며, 단순히 전자의 전달체로서 역할을 한다는 것을 나타낸 것이다. 위 반응이 특별한 조건(수소 기체의 압력은 1 bar이며 동시에 수소 이온의 활동도 역시 1인 조건)에서 평형에 도달했을 경우를 기준으로 삼고, 그것을 표준 수소 전극이라 한다. 그림 2.3.2에 개략적인 모형을 나타내었다. 표준 수소 전극을 간단한 표기법으로 나타내면 다음과 같다.

$$\text{Pt} \mid H_2\,(1\ \text{bar}) \mid H^+\,(\text{aq.}\ a = 1)$$

여기서 Pt는 수소와 수소 이온이 관여하는 산화·환원 반응의 촉매이며 동시에 전자 전달

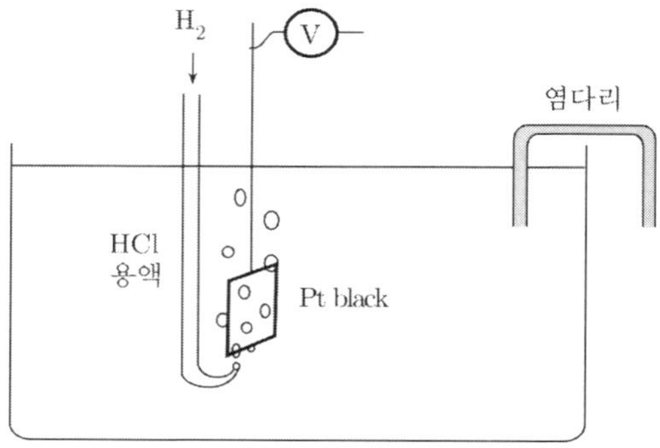

그림 2.3.2 수소 전극

체(도체) 역할을 한다. 반응식을 쓸 때 전자, e^- 다음에 백금을 (Pt)로 표기한 것은 전자 전달의 역할을 나타낸 것이다. 표준 수소 전극의 전위를 모든 온도에서 0 V라고 규약으로 정하였다. 그러나 수소 기체의 압력이 1 bar(정확히는 퓨가시티가 1, 퓨가시티는 2.4.1절에서 정의됨)이고, 동시에 용액에서 수소 이온의 활동도가 1인 조건을 만들기는 쉽지 않다. 그러므로 농도가 1 M인 염산 용액을 사용한 수소 전극을 기준전극으로 사용하기도 한다. 이것을 **노말 수소 전극**(normal hydrogen electrode, NHE로 줄임)이라고 한다. 이 전극은 수소 이온의 활동도가 정확히 1이 아니지만 표준 수소 전극의 전위와 비교하여 전위 차이가 매우 작고, 실험실에서 쉽게 반복해서 제작할 수 있다는 장점이 있다(1기압은 1.013 bar이므로 수소 압력을 1 bar 대신에 1기압으로 해도 실제적인 차이가 없다).

그림 2.3.3에 수소 전극과 Ag/AgCl 전극을 짝지어 만든 전지를 나타내었다. 그것은 Pt | H_2(1bar) | HCl | AgCl | Ag로 표기할 수 있으며, 만약에 염산 농도가 1 M인 조건이라면 두 전극의 전위 차이는 0.22 V이다. 따라서 수소 전극의 전위가 0이므로, 당연하게도 Ag/AgCl 전극의 전위는 0.22 V이다. 같은 방법을 이용하면 수소 전극과 짝을 이루는 여러 종류의 전극이 나타내는 전위를 측정하는 것이 가능할 것이다. 표준

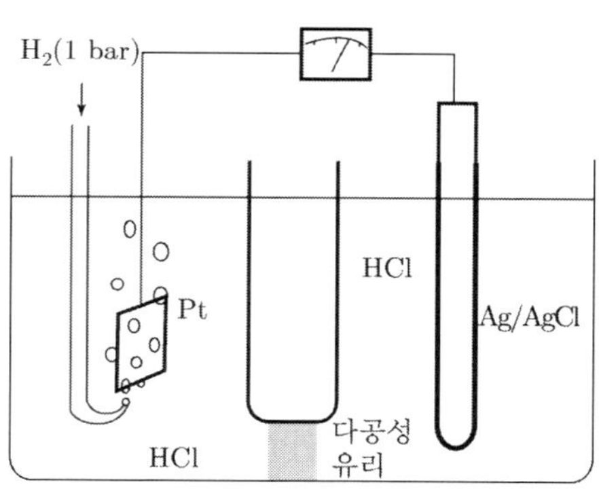

그림 2.3.3 (Pt) H_2 | HCl | AgCl | Ag **전지**

수소 전극의 전위를 기준으로 하여 하나의 전극이 띠고 있는 측정된 전위를 그 전극의 '전극 전위(electrode potential)'라고 한다. 전극 전위는 E로 표기하며, 그 전극 반응에 참여하는 모든 물질의 농도가 1 mol kg^{-1}일 때 (엄밀히는 활동도가 1일 때)의 E 값을 E°로 표기한다. E°는 **표준 전극 전위**라고 한다.

표준 수소 전극 이외에도 재현성 있는 전위를 띠는 전극의 제작이 가능하다. 그중에서도 안정적으로 전위를 유지하는 몇몇 전극들은 기준전극으로 사용한다. 수소 전극(SHE 혹은 NHE 전극)은 제작 및 관리, 취급이 어렵기 때문에, 실험에서는 다른 종류의 기준전극이 많이 사용된다. **은/염화은**(Ag|AgCl) 전극과 **칼로멜 전극** 등이 자주 사용되는 기준전극이다. 실험에 비교적 자주 이용되는 기준전극들의 전위, 전극 반응, 조건 등을 표 2.3에 나열하였다. 각 전위는 표준 수소 전극을 기준으로 나타낸 것이며, 특별한 조건에서 전극의 전위도 표기하였다. E°는 반응에 참여하는 모든 화학종의 활동도가 1인 조건에 해당되는 전위이며, E는 특별히 표시된 농도에서 전극의 전위이다.

수소 전극을 제외한 기준전극들은 모두 물에 거의 녹지 않는 금속염을 사용하며, 금속염을 구성하고 있는 음이온이 산화·환원 가역 반응에 참여한다는 공통점이 있다[1]. 또한 E°는 전류가 0이며, 전극 반응이 평형에 도달했을 때 나타내는 전위이다. 칼로멜 전극을 비롯하여 불용성 수은염을 사용하는 기준전극들은 수은염을 수은 및 전해질과 함께 섞어 만든 반죽으로 사용하기 때문에 전극과 접촉이 된다. 만약에 약간의 전류가 흘러 전극 반응이 진행되다고 하더라도, 전해질이 이미 수은염으로 포화되어 있기 때문에 전위가 일정하게 유지된다.

표 2.3 몇 가지 기준전극

전극	전극 반응	E°/V	E/V
(Pt)H_2 | H^+	$2H^+(aq) + 2e^- \rightleftharpoons H_2$	0	
Ag | AgCl(s)	$AgCl(s) + e^- \rightleftharpoons Ag(s) + Cl^-(aq)$	0.222	포화 KCl, 0.197
Hg | Hg_2Cl_2(s) (칼로멜 전극)	$Hg_2Cl_2(s) + 2e^- \rightleftharpoons 2Hg(l) + 2Cl$	0.280	포화 KCl, 0.2412(SCE) 1N KCl, 0.2801(NCE) 0.1M KCl, 0.3337
Hg | Hg_2SO_4(s)	$Hg_2SO_4 + 2e^- \rightleftharpoons 2Hg + SO_4^{2-}$	0.613	
Hg | HgO(s)	$HgO + H_2O + 2e^- \rightleftharpoons Hg + 2OH^-$	0.098	

1) D. J. Ives and G. J. Janz, ed. *Reference Electrodes, Theory and Practice*, Academic Press, 1961; R. G. Compton and G. H. W. Sanders, *Electrode Potentials*, Oxford University Press, 1996.

2.3.1 농도와 전극 전위

하나의 전극 전위가 어떻게 결정되는가를 살펴보자. Fe^{2+}, Fe^{3+} 이온을 형성할 수 있는 물에 잘 녹는 염, $Fe(NO_3)_2$와 $Fe(NO_3)_3$을 물에 녹인 용액에 백금 선을 담갔을 때를 상상해 보자. 용액에 있는 Fe^{2+}, Fe^{3+} 이온들이 평형 상태에 이르게 되면, 그것에 따라 백금 전위가 결정될 것이다. 이때 백금 전극의 전위는 하나의 기준전극을 사용하여 측정할 수 있다. Fe^{2+}, Fe^{3+} 이온의 평형은 다음과 같이 나타낸다.

$$\mathrm{Fe^{2+} \rightleftharpoons Fe^{3+} + e^{-}(Pt)}$$

여기서 e^{-}(Pt)는 백금으로 전자가 이동하는 것을 나타낸 것이며, 백금은 전극 반응에 참여하지 않는 전자 전달체로서 역할을 한다. 이상적인 전압계(voltmeter)를 사용하면 전류가 회로를 따라 흐르지 못하므로 평형이 이루어지는 것이다(이상적인 전압계의 조건은 나중에 설명할 것이다). 만일 Fe^{2+} 염을 더 첨가하여, Fe^{2+} 이온의 농도 $[Fe^{2+}]$를 증가시키면 평형은 오른쪽으로 이동할 것이고, 그것은 Pt로 더 많은 전자가 이동하므로 Pt 전극의 전위는 본래 전위보다 더 마이너스 전위로 이동하게 된다. 반대로 Fe^{3+} 이온의 농도($[Fe^{3+}]$)를 증가시키면 Pt 전극의 전위는 본래 전위보다 플러스 전위로 이동할 것이다. 이런 전극 전위 변화에 대한 정량적인 관계는 다음 식으로 나타낼 수 있다. 이것을 네른스트(Nernst) 식이라고 한다(엄밀한 관계식은 2.4절에서 다룰 것이다).

$$E = 0.77 + \frac{RT}{F}\ln\frac{[\mathrm{Fe^{3+}}]}{[\mathrm{Fe^{2+}}]} \tag{2.3.2}$$

여기서 F는 1몰의 전자가 갖는 전하량, 즉 96485 coul/mol의 크기를 갖는 패러데이(Faraday) 상수, R은 8.314 joule/mole · K의 크기를 갖는 기체 상수, T는 절대 온도이다. 이 식은 이온의 산화 상태의 비($[Fe^{3+}]/[Fe^{2+}]$)가 증가할수록 백금의 전위도 높아진다는 것을 말해준다. 이 식을 다니엘 전지의 구리 전극과 아연 전극에 적용해 보자. 전지에서 각 전극의 평형 반응은 다음과 같다.

$$\mathrm{Cu(s) \rightleftharpoons Cu^{2+}(aq) + 2e^{-}(Cu)} \quad 와 \quad \mathrm{Zn(s) \rightleftharpoons Zn^{2+}(aq) + 2e^{-}(Zn)}$$

이 경우에 양이온들의 농도가 커지면 전자가 소모되는 방향으로 평형이 이동할 것이다. 그 결과 금속 전극의 전위는 높아진다. 이 전극들에 대한 각각의 전위는 다음과 같다.

$$E_{\mathrm{Cu}} = 0.34 + \frac{RT}{2F}\ln[\mathrm{Cu^{2+}}] \tag{2.3.3}$$

$$E_{\mathrm{Zn}} = -0.76 + \frac{RT}{2F}\ln[\mathrm{Zn}^{2+}]$$

식 (2.3.2)와 (2.3.3)의 등식 기호 오른쪽 첫 번째 항의 값들은 각 반응계의 고유한 값이다. 이 값의 단위는 볼트(volt)이며, 그 값이 플러스(+)이고, 그 크기가 클수록 반응은 환원 반응으로 진행되려는 경향이 크다. 이 고유한 값들은 E°로 나타내고, 산화된 이온의 농도를 $[C]$라고 나타낼 경우 각 전극의 전위 E는 다음과 같은 네른스트 식으로 나타낼 수 있다.

$$E = E^\circ + \frac{RT}{nF}\ln[C] \qquad (2.3.4)$$

식 (2.3.4)에서 n은 반응에 참여하는 화학종의 산화수 변화이다. 그것은 정수(integer)이며 화학종 1몰에 관여한 전자의 몰 수이다. 식 (2.3.2)의 경우처럼 반응에 참여하는 화학종이 모두 이온일 때에는 각 이온의 농도 비는 $[C]$가 된다. 그러나 이 식들은 몰농도를 사용한 근사식이며 보다 정확한 계산에는 몰농도 대신에 활동도를 사용해야 한다. 이런 내용은 2.4절에서 열역학적 관점에서 설명할 예정이다.

전지의 전압 원인을 보다 정확하게 살펴보면 다니엘 전지($Zn \mid Zn^{2+} \,\vdots\vdots\, Cu^{2+} \mid Cu$)의 전압은 오른쪽의 Cu 전위와 왼쪽의 Zn 전위의 차이가 아니다. 왜냐하면 Zn 전극에 전압 측정 장치(voltmeter)를 연결하는 구리선(Cu′)이 반드시 접촉되기 때문이다. 그러므로 전압 측정을 위한 다니엘 전지는 정확히 (Cu') $Zn \mid Zn^{2+} \,\vdots\vdots\, Cu^{2+} \mid Cu$로 나타낼 수 있으며, 측정된 전압은 결국은 Cu와 Cu′의 전위 차이인 것이다. Cu와 Cu′은 둘 다 모두 구리이기 때문에 화학적 조성은 같고 전위만 다른 것이다. 도선의 중간에 다른 금속을 끼워 넣어도 전위 차이에는 아무 영향을 미치지 않는다. 일반적으로 다른 종류의 전지에서도 (Cu′)와 같은 표시는 생략하여 표기되는 경우가 거의 대부분이다. 그림 2.3.3과 같은 전지도 (Cu')(Pt)$H_2 \mid HCl \mid AgCl \mid Ag$(Cu)로 표기하는 것이 정확한 표현 방법이다.

보충자료 편리한 기준전극

수소 전극은 수소 기체를 공급하는 기구도 필요하고 사용하고 남은 수소를 안전하게 보관하고 관리하는 문제도 있어 편리하지 못하다. 산성 용액에 두 개의 백금선을 서로 가까이 담그고, 그 두 백금선 사이에 작은 전지를 연결해 주면 (−) 전극에서 수소가 발생한다. 이 전극의 전위는 가역적인 수소 전극의 전위와 거의 같다. 그것은 수소가 발생하는 백금 전극에서는 분극 정도가 작아서 전지의 전압의 대부분이 반대쪽 백금 전극의 분극에 쓰이기 때문이다. 즉 전류가 흐르는 비평형 상태이면서도 가역적 기준 전극의 역할을 하기 때문에 아주 정밀한 측정의 경우가 아니면 기준전극으로 사용하는 것이 가능하다. 이런 전극을 **동적 수소 전극**(dynamic hydrogen electrode)이라고 한다. 또 한 가지 실험실에서 편리하게 만들어 쓸 수 있는 전극은 팔라듐-수소 전극이다. 팔라듐은 수소를 잘 흡수하여 Pd H/Pd H_2의 평형이 표면에 가까운 고체상 내부에서 이루어지므로 팔라듐 선을 산성 용액에서 (−)극으로 삼아 전기분해를 계속하면 표면에서 생긴 수소가 흡수되어 가역적인 전극이 된다. 상당히 안정한 전위를 나타내므로 이 팔라듐 선을 그대로 기준전극으로 사용할 수 있다. 이 전극의 전위는 가역 수소 전극에 대하여 −0.05 V 정도의 값을 나타낸다. 물이 전혀 없는 유기 용매의 전해질 용액에서는 단순한 은(Ag) 선을 기준전극으로 사용하는 것이 가능한데, 이 경우에는 가역적인 산화·환원 쌍이 없으므로 **유사 기준전극**(pseudo-reference 또는 quasi-reference electrode)이라고 한다. 이 전극은 한 실험을 하는 동안은 전위의 변화가 거의 없이 상당히 안정된 전위를 나타낸다. 그러나 셀이 바뀔 때마다 가역적인 전극에 대한 보정을 하여 사용해야 한다.

보충자료 전위, 퍼텐셜

하나의 전극 전위는 그 전극의 내부 전위와 기준전극(예: 표준 수소 전극)의 내부 전위와 차이이다. '내부 전위'는 다음과 같이 정의된다.

- **내부 전위**(inner potential, Galvani potential, φ): 하나의 상 표면으로부터 무한히 떨어져 있는 단위 전하를 그 상의 내부로 옮기는 데 필요한 에너지. 그것은 그 상이 갖는 전하량과 상의 표면에 배열된 쌍극자의 크기로 결정이 된다. 내부 전위는 외부 전위 ψ와 표면 전위 χ의 합이다. $\varphi = \psi + \chi$
- **외부 전위**(outer potential, Volta potential, ψ): 하나의 상이 띤 전기적 퍼텐셜로, 전하량으로 결정된다. 즉 상으로부터 무한히 멀리 떨어져 있는 지점에 있는 단위 전하량을 상의 내부로 옮기는 데 필요한 에너지. 예컨대 전하량 q를 띠고 있는 반지름 r의 공 모양을 갖춘 금속의 외부 전위는 $\psi = q/4\pi\varepsilon_0 r$ 이고, 이것은 금속 내부에서 표면에 아주 가까운(곡률 반지름에 비하여) 곳까지 일정하다.
- **표면 전위**(surface potential, χ): 하나의 상 표면에 배열된 쌍극자 사이의 세기와 거리를 곱한 값인 쌍극자 모멘트로 결정된다. 상의 내부와 외부의 전위차로, 전기 이중층에 의한 전위도 포함된다. 단위 표면적마다 n개의 쌍극자가 있고, 그것이 띠는 쌍극자 모멘트의 수직방향 성분(표면에 대한)을 p라고 하면, $\chi = np$이다.

- 표면 전위가 존재하기 때문에 내부 전위 값은 측정이 안 된다. 이것이 각 전극에 대한 전위 절댓값을 잴(알) 수 없는 이유이다.
- 추가: z_i의 전하를 띠고 있는 화학종 i가 내부 전위 φ인 하나의 상에 놓여 있다고 하자. i의 화학 퍼텐셜이 μ_i이면 i의 **전기화학 퍼텐셜**(electrochemical potential, $\widetilde{\mu_i}$)은 $\widetilde{\mu_i} = \mu_i + z_i F \varphi$이다.

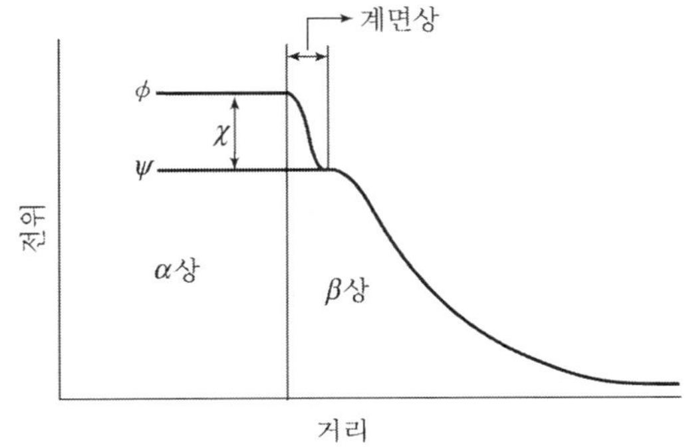

그림 2.3.4 두 개의 상이 접촉된 계면 근처에서 전위의 변화 모습

2.4 전지의 열역학

2.4.1 반응의 자유 에너지와 전지 전압

다니엘 전지 $Zn|Zn^{2+} \vdots\vdots Cu^{2+}|Cu$ (그림 2.2.3)에서 산화 반응과 환원 반응은 각각의 전극에서 동시에 진행된다. 그 결과 전지 전체의 반응은 다음과 같다.

$$Zn(s) + Cu^{2+}(aq) \rightarrow Zn^{2+}(aq) + Cu(s)$$

특정한 화학종 i의 **화학 퍼텐셜**(chemical potential, μ_i)은 일정한 온도와 압력에서 단위 몰의 변화에 따른 깁스(Gibbs) 자유 에너지, G의 증가율을 의미하며, 그것은 $(\partial G/\partial n_i)_{T,p}$로 정의한다. 만약에 화학종 i가 서로 다른 두 종류의 상에 모두 존재하며, 그것들의 농도가 평형에 이르렀으면 화학 퍼텐셜 μ_i의 값은 두 개의 상에서 동등하다. 화학 퍼텐셜은 i의 활동도(a_i)에 따라 변하며, 화학 퍼텐셜과 활동도의 관계는 $\mu_i = \mu_i^\circ + RT \ln a_i$으로 나타낸다(**활동도**는 매우 묽은 용액에서 농도에 거의 비례하는 양이며, 묽은 용액에서는 근사적으로 농도를 표준 농도로 나눈 것이기 때문에 차원이 없다(dimensionless). 즉 단위가 없다는 특징이 있다. 농도와 활동도의 정확한 정의는 5.2절에서 다룰 예정이다. 기체의 경우에는 활동도 대신에 퓨가시티(fugacity, p_i)를 사용한다. 그것은 낮은 압력에서 기체의 부분 압력을 표준 압력으로 나눈 값이다. 즉 기체에 대한 화학 퍼텐셜은 $\mu_i = \mu_i^\circ + RT \ln p_i$로 나타낼 수 있다. 여기서 p_i는 퓨가시티이며, 역시 차원이 없다. 위 전지 반응식에서 $Zn^{2+}(aq)$와 $Cu^{2+}(aq)$의 화학 퍼텐셜은 다음과 같이 나타낼 수 있다.

$$\begin{aligned} \mu_{Zn^{2+}} &= \mu^\circ_{Zn^{2+}} + RT \ln a_{Zn^{2+}} \\ \mu_{Cu^{2+}} &= \mu^\circ_{Cu^{2+}} + RT \ln a_{Cu^{2+}} \end{aligned} \tag{2.4.1}$$

한편 고체인 Zn(s), Cu(s)는 농도 변화가 없으므로, 그것의 화학 퍼텐셜은 각각 μ°_{Zn}, μ°_{Cu}로 일정하다. 이 반응에 대한 깁스(Gibbs) 자유 에너지(G)의 변화인 ΔG는 반응에 참여하는 화학종의 활동도에 따라 다음과 같이 나타낼 수 있다.

$$\begin{aligned} \Delta G &= \mu_{Zn^{2+}} + \mu^\circ_{Cu} - \mu_{Cu^{2+}} - \mu^\circ_{Zn} \\ &= \mu^\circ_{Zn^{2+}} + RT \ln a_{Zn^{2+}} + \mu^\circ_{Cu} - (\mu_{Cu^{2+}} + RT \ln a_{Cu^{2+}} + \mu^\circ_{Zn}) \\ &= \Delta G^\circ + RT \ln \frac{a_{Zn^{2+}}}{a_{Cu^{2+}}} \end{aligned} \tag{2.4.2}$$

여기에서 $a_{Zn^{2+}}$와 $a_{Cu^{2+}}$는 각각 용액에 있는 Zn^{2+}와 Cu^{2+}의 활동도이며, ΔG°는 반응에 참여한 모든 물질의 활동도가 모두 1일 때의 ΔG이다. 묽은 용액에서 활동도의 비는 농도의 비와 거의 같다. 따라서 위 식에서 사용된 활동도($a_{Zn^{2+}}$와 $a_{Cu^{2+}}$)를 농도($[Zn^{2+}]$와 $[Cu^{2+}]$)로 변경해도 ΔG는 거의 같은 값이 된다.

$$\Delta G \cong \Delta G^\circ + RT \ln \frac{[Zn^{2+}]}{[Cu^{2+}]} \tag{2.4.3}$$

한편 전자가 발생되는 왼쪽 전극(Zn)은 마이너스(−) 극이 되며, 전자를 소모하는 오른쪽 전극(Cu)은 플러스(+) 극이 된다. 자발적으로 진행되는 이 반응에 대한 자유 에너지의 변화(감소)는 결국 전지 반응계를 제외한 주위에 하는 일(net work)이 된다. 이것은 전극 반응으로 얻어진 일이므로 전기적인 일(electric work)이며, 그것의 크기는 전지의 전압(cell voltage) E_{cell}에 전하량을 곱한 것이다. E_{cell}은 자발적 반응에 대해서 +이다. 한편 자발적인 반응에 대한 자유 에너지 변화(ΔG)는 −이기 때문에, ΔG와

E_{cell}의 관계를 나타내는 등식이 성립되려면 − 부호가 붙어야 된다. 결국 전극 반응에서 주고받는 전자의 개수가 n이면 자유 에너지 변화(ΔG)와 전지의 전압(E_{cell})의 관계는 다음과 같다.

$$\begin{aligned} \Delta G &= -nFE_{cell} \\ \Delta G^{\circ} &= -nFE^{\circ}_{cell} \end{aligned} \tag{2.4.4}$$

여기서 F는 패러데이 상수이다. 반응에 참여하는 모든 화학종의 활동도가 1일 때 E_{cell}을 E°_{cell}로 표기하며, 그것을 표준 전지 전압이라고 한다(자유 에너지 변화, ΔG에 상첨자 °를 표시한 ΔG°도 반응에 참여한 모든 화학종의 활동도가 1이라는 조건임을 기억해라). 그러므로 위의 관계식을 정리하면 다니엘(Daniel) 전지의 전압에 대한 네른스트(Nernst) 식을 얻게 되며, 그것은 다음과 같이 표기할 수 있다.

$$\begin{aligned} E_{cell} &= E^{\circ}_{cell} + \frac{RT}{2F} \ln \frac{a_{Cu^{2+}}}{a_{Zn^{2+}}} \\ &= E^{\circ}_{cell} + 2.303\frac{RT}{2F} \log \frac{a_{Cu^{2+}}}{a_{Zn^{2+}}} \\ &\cong E^{\circ}_{cell} + 2.303\frac{RT}{2F} \log \frac{[Cu^{2+}]}{[Zn^{2+}]} \end{aligned} \tag{2.4.5}$$

여기서 $T = 298.15\ K$일 때 RT/F의 값은 $(8.314 \times 298.15/96485) = 0.02569\ V$이며, $2.303\,RT/F$의 값은 $0.05916\ V$이다. 이 값을 대입하면 다음과 같다.

$$E_{cell} = E^{\circ}_{cell} + \frac{0.05916}{2} \log \frac{a_{Cu^{2+}}}{a_{Zn^{2+}}} \tag{2.4.6}$$

한편 그림 2.3.3에 나타낸 전지 $[(Pt)\,H_2\,|\,HCl\,|\,AgCl\,|\,Ag\,(Pt')]$의 반응은 $AgCl(s) + \frac{1}{2}H_2 \rightarrow Ag(s) + Cl^-(aq) + H^+(aq)$이다. E°_{cell}은 $0.2223\ V$이므로 전지의 전위차는 다음과 같다.

$$E_{cell} = 0.2223 + \frac{RT}{F} \ln \frac{(p_{H_2})^{1/2}}{a_{H^+}a_{Cl^-}} \tag{2.4.7}$$

이 식은 수소 전극과 일반적인 산화·환원 반응이 포함된 전극으로 구성되는 전지에 대해서 일반적으로 적용되는 관계식으로 하나의 예이다.

산화·환원 반응이 포함된 전극 반응에 대한 하나의 예로 $Fe^{3+} + e^-(Pt) \rightleftarrows Fe^{2+}$가 있다. 이것을 확장하여 전극에서 진행되는 모든 산화·환원 반응을 일반화해서 나타내면 다음과 같다.

$$\nu_o O + n e^- \rightleftarrows \nu_R R$$

(여기서 O는 산화된 화학종, R은 환원된 화학종이며, ν_o과 ν_R은 화학량론적 반응 계수이고, n은 반응에 참여한 전자의 몰 수이다.) 만약에 위와 같이 표기된 산화·환원 반응이 진행되는 전극의 전위를 수소 전극을 기준전극으로 사용하여 측정한다면 다음과 같은 전지가 형성될 것이다.

$$(Pt)H_2(1\ bar) \mid HCl(a=1) \mid O,\ R(M)$$ (M은 전자 전달 역할을 하는 금속)

이 전지의 수소 전극에서 진행되는 반응은 다음과 같다.

$$\frac{1}{2} n H_2 \rightleftarrows n H^+ + n e^-$$

이 반응과 산화·환원 쌍이 포함된 전극 반응이 합쳐진 전지의 전체 반응은 다음과 같다.

$$\frac{1}{2} n H_2 + \nu_o O \rightleftarrows n H^+ + \nu_R R$$

따라서 전체 반응에 대한 자유 에너지 변화는 다음과 같이 나타낼 수 있다.

$$\begin{aligned} \Delta G &= \nu_R \mu_R^\circ + \nu_R RT \ln a_R + n\mu_{H^+}^\circ + nRT \ln a_{H^+} \\ &\quad - \left(\frac{n}{2} \mu_{H_2}^\circ + \frac{n}{2} RT \ln p_{H_2} + \nu_o \mu_o^\circ + \nu_o RT \ln a_o \right) \qquad (2.4.8) \\ &= \Delta G^\circ + RT \ln \frac{a_R^{\nu_R}\, a_{H^+}^n}{a_o^{\nu_o}\, p_{H_2}^{n/2}} \end{aligned}$$

한편 위 식에 $-\Delta G/nF = E_{cell}$, $-\Delta G^\circ/nF = E^\circ{}_{cell}$를 대입하고 양변을 $-nF$로 나누면 다음과 같은 식이 된다.

$$E_{cell} = E^\circ{}_{cell} + \frac{RT}{nF} \ln \frac{a_o^{\nu_o}\, p_{H_2}^{n/2}}{a_R^{\nu_R}\, a_{H^+}^n} \qquad (2.4.9)$$

결국 이것은 수소 전극과 산화·환원 쌍이 참여하는 또 다른 전극으로 형성된 전지의 전압이 수소 이온과 전극 반응에 참여하는 화학종의 활동도 및 수소 기체의 퓨가시티에 의존한다는 것을 표현하는 네른스트(Nernst) 식이다.

한편 화학종이 전하를 띠는 이온이라면, 그것의 퍼텐셜은 화학 퍼텐셜과 전기적 에너지, 즉 $z_i F\phi$가 합쳐진 것을 **전기화학 퍼텐셜**(electrochemical potential)이라고 하고 $\tilde{\mu}_i$로 표시한다. ϕ는 그 이온이 포함된 상이 갖고 있는 전기 퍼텐셜이다.

$$\begin{aligned}\tilde{\mu}_i &= \mu_i + z_i F\phi \\ \tilde{\mu}_i &= \mu_i^\circ + RT\ln a_i + z_i F\phi\end{aligned} \tag{2.4.10}$$

금속 M에 포함된 전자의 전기화학 퍼텐셜은 전자 $e^-(M)$의 전하가 -1이므로 다음과 같다.

$$\tilde{\mu}_{e(M)} = \mu_{e(M)} - F\phi_M \tag{2.4.11}$$

두 금속이 접촉해 있고 전류의 흐름이 없다면, 즉 전자가 두 금속 사이에서 평형에 도달했을 때에는 두 금속에 대한 전자의 전기화학 퍼텐셜이 동일하다. 예컨대 구리와 아연이 연결되었다면, $\tilde{\mu}_e(Cu) = \tilde{\mu}_e(Zn)$이 될 것이다.

반응에 참여하는 모든 화학종의 전기화학 퍼텐셜을 사용해도, 식 (2.4.5) ~ (2.4.7)과 같은 네른스트(Nernst) 식을 간단하게 이끌어 낼 수 있다. 이 경우에는 전자의 전기화학 퍼텐셜도 포함되어야 한다.

이번에도 다니엘 전지 $(Cu')Zn|Zn^{2+} ⁞⁞ Cu^{2+}|Cu$를 예로 들어 그것의 전압을 알아보자. 이 전지에서 진행되는 2개의 반응은 다음과 같다.

$$Cu^{2+}(aq) + 2e^-(Cu) \rightarrow Cu(s) \text{ 및 } Zn(s) \rightarrow Zn^{2+}(aq) + 2e^-(Zn)$$

위 반응에서 2개의 전자가 아연에서 발생되고 그것은 구리에서 소모된다. 따라서 전자를 포함하는 전체 반응식은 다음과 같다.

$$Zn(s) + Cu^{2+}(aq) + 2e^-(Cu) \rightarrow Zn^{2+}(aq) + Cu(s) + 2e^-(Zn)$$

구리 이온과 아연 이온의 전하는 모두 2+이므로 반응에 대한 깁스(Gibbs) 에너지 변화는 다음과 같다.

$$\widetilde{\Delta G} = \mu_{Cu} + \mu_{Zn^{2+}} + 2F\phi_{soln} + 2\tilde{\mu}_{e(Zn)} - \left(\mu_{Zn} + \mu_{Cu^{2+}} + 2F\phi_{soln} + 2\tilde{\mu}_{e(Cu)}\right) \quad (2.4.12)$$

순수한 금속의 활동도는 1로 변화가 없으므로 μ_{Cu}는 $\mathring{\mu}_{Cu}$로, μ_{Zn}는 $\mathring{\mu}_{Zn}$로 표기할 수 있다. 또한 Cu′과 Zn이 직접 접촉되어 있기 때문에 두 금속에서 전자의 전기화학 퍼텐셜은 같다. 즉 $\tilde{\mu}_{e(Zn)} = \tilde{\mu}_{e(Cu')} = \mu^{\circ}_{e(Cu)} - F\phi_{Cu'}$이다.

$$\begin{aligned}\widetilde{\Delta G} &= \mu^{\circ}_{Cu} + \mu^{\circ}_{Zn^{2+}} + RT\ln a_{Zn^{2+}} + 2F\phi_{soln} + 2(\mu^{\circ}_{e(Cu)} - F\phi_{Cu'}) \\ &\quad - \left[\mu^{\circ}_{Zn} + \mu^{\circ}_{Cu^{2+}} + RT\ln a_{Cu^{2+}} + 2F\phi_{soln} + 2(\mu^{\circ}_{e(Cu)} - F\phi_{Cu})\right] \quad (2.4.13) \\ &= \Delta G^{\circ} + FT\ln a_{Zn^{2+}} - RT\ln a_{Cu^{2+}} + 2F\phi_{Cu} - 2F\phi_{Cu'}\end{aligned}$$

여기서 ΔG°는 활동도 혹은 전위에 관계가 없는 모든 항들, 다시 말해서 위 첨자 °가 붙은 모든 항을 포함한다. 전지가 평형 상태에 있으면 반응에 대한 깁스(Gibbs) 자유 에너지의 변화는 0이어야 한다. 즉 $\widetilde{\Delta G} = 0$이다[2]. 또한 ϕ_{Cu}와 $\phi_{Cu'}$의 차이인 $\phi_{Cu} - \phi_{Cu'}$은 전지의 전압 E_{cell}이므로, 위 식을 정리하면 다음과 같은 식을 얻을 수 있다.

$$E_{cell} = -\frac{\Delta G^{\circ}}{2F} + \frac{RT}{2F}\ln\frac{a_{Cu^{2+}}}{a_{Zn^{2+}}} \quad (2.4.14)$$

또한 $-\Delta G^{\circ}/2F = \mathring{E}_{cell}$이므로 이 식은 결국 식 (2.4.5)와 같은 결과이다.

2.4.2 전지 전압과 전극 전위

앞서 설명한 것처럼 수소 전극이 포함된 전지에서 왼쪽 전극 $(Pt)H_2(1\ bar)|HCl(a=1)$의 전위는 $p_{H_2} = 1$ bar, $a_{H^+} = 1$일 때 0으로 정하였다. 그러므로 전지의 전위차는 곧 오른쪽 전극의 '전극 전위' E가 된다. 또한 그것은 반응에 참여하는 화학종의 활동도와 다음과 같은 관계를 갖는다. 이것은 곧 산화·환원 반응이 포함된 모든 전극의 전위를 알 수 있는 네른스트(Nernst) 식이다.

$$E = E^{\circ} + \frac{RT}{nF}\ln\frac{a_O^{\nu_O}}{a_R^{\nu_R}} \quad (2.4.15)$$

여기서 E°는 표준 전극 전위(standard electrode potential)이며, 특별히 $a_O = a_R = 1$일

---

2) 여기서 $\widetilde{\Delta G}$는 전자 및 모든 화학종들의 전기화학 퍼텐셜의 차이이며, 화학 퍼텐셜만을 포함하고 있는 ΔG(식 2.4.2, 2.4.4)와는 다르다는 것을 주의하여야 한다.

때 전극의 전위($E = E^o$)인 것을 알 수 있다. 이 식에서 지수 ν_O와 ν_R은 각각 산화된 화학종과 환원된 화학종의 화학량론적 계수를 나타낸다. 이것은 산화·환원 반응이 관여하는 모든 전극에 대해 성립이 되며, 결국 전극 전위에 대한 네른스트(Nernst) 식이다. 이 식의 오른쪽 두 번째 항 앞에 +기호가 있으면, ln 함수의 분자에는 산화된 화학종들의 활동도, 분모에는 환원된 화학종들의 활동도가 포함된다. n은 반응에 참여한 전자의 수이며, R은 기체 상수, T는 켈빈 온도, F는 패러데이 상수이다.

이 책에서는 전지를 구성하는 2개의 전극 사이에 존재하는 전위 차이, 즉 전지의 전압은 E_{cell}로, 하나의 전극 반응에 대한 전위는 E로 구별하여 표기하였다. 한편 식 (2.3.2)는 활동도 대신에 농도를 사용한 근사식이며, 식 (2.3.3) 역시 근사식이다. 식 (2.3.3)에서 환원된 화학종은 각각 금속 구리와 아연이다. 산화·환원 반응이 진행되어도 고체 금속의 농도는 변함이 없고, 활동도가 1이기 때문에 식에서 생략된 것이다.

예를 들어 몇몇 전극과 그것과 관련된 산화·환원 평형 식은 다음과 같다.

구리 전극	$Cu^{2+}(aq) + 2e^- \rightleftharpoons Cu(s)$
아연 전극	$Zn^{2+}(aq) + 2e^- \rightleftharpoons Zn(s)$
은/염화은 전극	$AgCl(s) + e^- \rightleftharpoons Ag(s) + Cl^-(aq)$
수소 전극	$H_2 \rightleftharpoons 2H^+ + 2e^-(Pt)$

또한 각 전극의 전위를 나타내는 네른스트(Nernst) 식은 다음과 같다.

$$\begin{aligned} E_{Cu} &= 0.34 + \frac{RT}{2F}\ln a_{Cu^{2+}} \\ E_{Zn} &= -0.763 + \frac{RT}{2F}\ln a_{Zn^{2+}} \\ E_{Ag} &= 0.2223 + \frac{RT}{F}\ln \frac{1}{a_{Cl^-}} \\ E_{H_2/H^+} &= \frac{RT}{2F}\ln \frac{(a_{H^+})^2}{p_{H_2}} = \frac{RT}{F}\ln \frac{a_{H^+}}{(p_{H_2})^{1/2}} \end{aligned} \tag{2.4.16}$$

일반적으로 반응에 여러 종류의 화학종이 포함되었을 경우에는 식 (2.4.15)의 대수함수(ln) 항의 분자와 분모에는 모든 화학종의 활동도가 포함되어야 완전한 네른스트(Nernst) 식이 된다. 반응에서 산화된 화학종의 활동도가 증가하면 전극 전위는 더 (+) 전위로, 환원된 화학종의 활동도가 증가하면 전극 전위는 더 (−) 전위로 변한다.

$$E = E^\circ + \frac{RT}{nF} \ln \frac{\Pi a_{O_i}^{\nu_{O_i}}}{\Pi a_{R_i}^{\nu_{R_i}}} \tag{2.4.17}$$

예를 들어 이산화 망가니즈 전극의 반응 및 전위의 변화에 대해 살펴보자. 이것과 관련된 전극 반응은 $MnO_2(s) + 4H^+(aq) + 2e^- \rightleftharpoons Mn^{2+}(aq) + 2H_2O$이며, 이 전극의 전위는 다음과 같다.

$$E = E^\circ + \frac{RT}{2F} \ln \frac{(a_{H^+})^4}{a_{Mn^{2+}}} \qquad E^\circ = 1.23\ V \tag{2.4.18}$$

여기서 MnO_2는 고체이고, 활동도가 1이기 때문에 분자에 나타내지 않았다. 또한 H_2O의 농도는 묽은 용액에서는 순수한 물과 가깝고 활동도가 1로 고정되어 있다고 보아 분모에 나타내지 않았다.

크로뮴 이온이 포함된 전극의 전위 변화도 살펴보자. 이 전극 반응은 다음과 같다.

$$Cr_2O_7^{2-}(aq) + 14H^+(aq) + 6e^- \rightleftharpoons 2Cr^{3+}(aq) + 7H_2O$$

두 종류의 크로뮴 이온($Cr_2O_7^{2-}$, Cr^{3+})을 포함하는 용액에서 담겨 있는 백금 전극($[(Pt)Cr_2O_7^{2-}, Cr^{3+}]$)의 전위는 다음과 같다.

$$E_{Cr} = E^\circ + \frac{RT}{6F} \ln \frac{a_{Cr_2O_7^{2-}}(a_{H^+})^{14}}{(a_{Cr^{3+}})^2} \qquad E^\circ = 1.36\ V \tag{2.4.19}$$

이 전극의 전위는 $Cr_2O_7^{2-}$ 이온과 Cr^{3+} 이온의 활동도에 의존하며, 동시에 그 이온들이 녹아 있는 용액의 pH에 따라서 민감하게 변할 것이다. 보다 구체적으로 말하자면, 이 전극의 전위는 pH가 1만큼 변할 때 (14/6) (2.303RT/F) volt, 즉 −140 mV 만큼 변하게 된다. 이 반응은 용액의 pH에 따라 전위가 민감하게 변화되는 많은 전극 반응 중 하나의 예이다.

모든 전지는 두 개의 전극으로 이루어진다. 전지의 전압, E_{cell}은 각 전극이 나타내는 전위의 차이이기 때문에 한 전극의 전위에서 다른 전극의 전위를 빼면 된다. 예를 들어 한 전극(①번 전극)의 전위를 E_1, 다른 전극(②번 전극)의 전위를 E_2라고 하면 전지의 전압은 $E_2 - E_1$가 될 것이다. 그런데 자발적 반응이 진행되는 전지의 전압을 플러스(+)로 나타내려면 전위가 높은 전극을 ②번 전극으로, 전위가 낮은 전극을 ①번 전극으로 정해야 된다. 여기서 전극에 ①, ②라는 번호를 붙인 것은 편의상 그렇게 한 것이며, $E_2 - E_1$가 플러스가 되려면 ②번 전극의 전위가 ①번 전극의 전위보다 높아야 하기 때문이다. 이것을 다음과 같이 표현할 수 있고, 이것은 식 (2.3.1)과 같은 것이다.

$$E_{\text{cell}} = E_2 - E_1 \tag{2.4.20}$$

이 식은 각 전극의 전위를 나타내는 네른스트(Nernst) 식 (2.4.17)을 이용하여, 전지의 전압을 나타내는 네른스트(Nernst) 식(식 (2.4.5) 혹은 (2.4.7))을 얻을 수 있게 해준다.

진한 염산 용액과 묽은 염산 용액이 서로 맞닿은 가상적인 경계면 양쪽의 전위는 다르다. 그것은 같은 구성 성분이지만 농도 차이로 인해 H^+, Cl^- 이온이 확산되면서 전위차가 발생하기 때문이다. 만약에 거름종이 혹은 이온 투과성막을 사이에 두고 농도는 다르지만 구성 성분이 같은 두 용액이 접촉해 있다면, 그 계면을 경계로 하여 양쪽의 농도차는 오랫동안 유지될 수 있을 것이다. 또한 경계면 양쪽에 서로 다른 종류의 전해질이 포함된 용액에 있을 경우에도 두 용액 사이에 전위차가 발생한다. 이런 형태로 발생되는 전위차를 **액간 접촉 전위**(liquid junction potential)라 한다. 보통 이런 전위의 크기는 수 mV 내외이지만, 경우에 따라서는 수십 mV가 되는 경우도 있다.

그림 2.3.3과 같은 전지의 양쪽 칸에 농도가 다른 HCl 용액 혹은 왼쪽 칸에는 HCl, 오른쪽 칸에는 다른 종류의 전해질(예: KCl 용액)이 있다면 다공성 칸막이 양쪽 경계면에 걸쳐 액간 접촉 전위가 발생한다. 그것은 $\Delta\varphi = E_L$이고 측정되는 전지 전압에 포함되므로 다음과 같이 나타낼 수 있다.

$$E_{\text{cell}} = E_{\text{Ag/AgCl}} - E_{\text{H}_2/\text{H}^+} + E_{\text{L}} \tag{2.4.21}$$

열역학 자료로 사용될 수 있는 정확한 전극 전위를 결정하는 데 액간 접촉 전위는 오차로 작용한다. 그러므로 전위 측정할 때 염다리를 사용하여 액간 접촉 전위의 영향을 가급적 최소로 만들어야 한다. 염다리 제작에는 이동성이 거의 동일한 양이온과 음이온으로 구성된 염을 사용한다(이온의 이동성에 관하여는 6장에서 이동도와 운반율이란 이름으로 상세히 설명할 예정이다). 예를 들어 염다리는 KCl 혹은 NH_4NO_3 염을 녹여 만든 진한 용액에 한천을 녹이고, U자형 유리관을 채워서 젤 상태로 굳힌 후 사용을 하는 것이 일반적이다. 염다리를 사용하면 액간 접촉 전위를 수 mV 이하로 줄일 수 있어서 E_L을 무시할 수준으로 줄일 수 있다. 염다리는 6장에서 자세히 설명할 예정이다.

보충자료 그릇된 명칭: '산화 전위', '환원 전위'

하나의 전극 전위 값 앞에 붙는 +, − 기호는 수소 기준전극과 비교하여 실제로 그 전극이 갖는 극성과 일치한다. 즉 전압 측정 장치에서 측정되는 +, − 극성과 동일하다. 그런데 과거에는 '산화 전위(oxidation potential)'와 '환원 전위(reduction potential)'라는 용어를 사용하면서, 동시에 산화 전위 = −(환원 전위)라고 사용하였기 때문에 극성을 파악할 때 많은 혼란을 가져 왔다. 예를 들어 아연 전극이 관여하는 $Zn^{2+}(aq) + 2e^- \rightleftharpoons Zn(s)$ 반응에 대해 환원 전위는 −0.763 V, 산화 전위는 +0.763 V라고 표기하였다. 언뜻 보기에는 Zn은 산화되기 쉽고 Zn^{2+}이 환원되기는 어려우므로 그렇게 표기하는 것이 합리적으로 보일 수도 있다. 그러나 전극의 dc 극성(polarity)은 산화 혹은 환원 과정에서 변경되는 일이 없으므로 전위 값의 부호의 바뀜은 혼란을 일으킨다. 1953년 IUPAC의 Stockholm 회의에서 측정되는 전극의 dc 극성에 맞는 부호를 따르며, 용어도 '전극 전위(electrode potential)' 또는 '전극 반응의 전위(potential of electrode reaction)'로 부르기로 정하였다. 전위 값의 기호는 과거의 '환원 전위'와 동일한 것으로 정하였다.* 그 결과 불편과 혼란이 사라지게 되었다. 현재에는 발행되는 거의 모든 물리화학과 전기화학 교과서 혹은 문헌에서는 IUPAC의 규약을 따르고 있다.

* International Union of Pure and Applied Chemistry, *Quantities, Units and Symbols in physical Chemistry*, 3rd ed., RSC Publishing, 2007, p.70.

일정한 압력에서 깁스(Gibbs) 에너지의 온도에 따른 변화율 $(\partial G/\partial T)_p$은 마이너스 부호가 붙은 엔트로피($-S$)이다. 따라서 전지 반응에서 온도에 따른 깁스(Gibbs) 에너지의 변화는 다음과 같다.

$$\left(\frac{\partial \Delta G}{\partial T}\right)_p = -\Delta S \qquad (2.4.22)$$

이 식과 $\Delta G = -nFE_{cell}$ 식을 결합하여 정리하면 온도 변화에 따른 전압의 변화 또한 엔트로피와 연관되어 있음을 알 수 있다.

$$\boxed{\left(\frac{\partial E_{cell}}{\partial T}\right)_p = \frac{\Delta S}{nF}} \qquad (2.4.23)$$

위 식을 이용하면 전지 반응(산화 반응과 환원 반응의 합)의 엔트로피(entropy) 변화를 계산할 수 있다. 전지 반응의 엔트로피 변화가 플러스인 전지는 온도가 올라갈수록 전지 전압이 커진다. $\Delta G = \Delta H - T\Delta S$ (변형하여, $\Delta H = \Delta G + T\Delta S$) 식과 식 (2.4.23)

을 결합하면 전지 반응의 엔탈피(enthalpy)는 다음과 같이 계산할 수 있다.

$$\Delta H = -nFE_{\text{cell}} + nFT\left(\frac{\partial E_{\text{cell}}}{\partial T}\right)_p \tag{2.4.24}$$

하나의 전극에 대한 온도 변화에 따른 전위의 변화 정도도 식 (2.4.23)과 같은 형식을 적용할 수 있다.

$$\left(\frac{\partial E}{\partial T}\right)_p = \frac{\Delta S}{nF} \tag{2.4.25}$$

그러나 E는 측정 대상 전극과 같은 온도에 있는 기준 수소 전극에 대하여 측정된 것임을 주의해야 된다(표준 수소 전극의 정의는 모든 온도에서 0이라고 약속한 것을 상기하기 바란다). 따라서 $(\partial E/\partial T)_p$가 하나의 전극 전위의 절대적인 온도 계수는 아닌 것이다.

2.4.3 가역 전극들의 종류

앞에서 설명한 것처럼 전지를 구성하는 전극들은 산화와 환원이 가역적으로 일어날 수 있는 물질들로 이루어진다. 여러 가지의 전극을 그 형태에 따라 다음과 같이 크게 분류할 수 있다.

제1종 전극: 그림 2.2.3의 Cu 전극과 Zn 전극, 그림 2.3.2의 수소 전극 등이 이에 속한다. 이들 전극들은 금속(또는 분자)과 그것이 산화된 양이온이 쌍을 이루어 가역 반응이 진행된다. 또는 분자와 그것이 환원된 음이온이 쌍을 이루는 전극들도 있다. 이 부류에 속한 전극들은 가장 간단한 전극이다.

제2종 전극: 그림 2.2.2와 그림 2.3.3의 $Ag/AgCl/Cl^-$ 전극 및 칼로멜 전극이 이에 속한다. 전극 물질이 3개의 상으로 구성된 것이 특징이며, 용매에 녹지 않는 고체를 포함하고 있다. 용액에는 반응에 참여하는 음이온이 녹아 있다. 이런 부류의 전극을 제2종 전극이라 한다. 이 전극들은 전위가 안정하고, 일정하게 유지되는 특징이 있다. 따라서 기준전극으로 많이 사용된다.

산화 · 환원 이온 전극: 한 종류의 원소로 이루어져 있으며, 산화 상태가 다른 두 이온 사이의 가역 반응으로 구성된 전극이다. 예를 들면 Fe^{2+} 이온과 Fe^{3+} 이온이 함께 포함된 용액에 백금을 담가 놓은 경우이다. 두 이온 간에는 산화 · 환원이 진행되며, 백금은 반응하지 않고 전자를 주고받는 전달체 역할만 한다. 전극 전위는 식 (2.3.1)과 같이 두 이온의 농도 비로 결정된다. 간단히 산화 · 환원 전극(redox electrode)이라고도 한다.

위와 같은 전극의 분류는 상당히 임의적이며 본질적인 차이에 근거를 둔 것도 아니다. 양이온 전극, 음이온 전극, 용융염 전극, 기체 전극, 아말감 전극 등과 같이 다르게 분류하는 교과서 혹은 문헌도 흔히 볼 수 있다.

2.5 형식 전위

앞 절에서 설명한 전극 전위를 계산할 수 있는 네른스트(Nernst) 식들은 화학종의 활동도가 포함된 엄밀한 식이다. 그러나 활동도 대신에 농도를 사용한 근사식은 다음과 나타낼 수 있다.

$$E = E^{\circ\prime} + \frac{RT}{nF} \ln \frac{[\mathrm{O}]^{\nu_\mathrm{O}}}{[\mathrm{R}]^{\nu_\mathrm{R}}} \tag{2.5.1}$$

여기서 $E^{o\prime}$은 전극의 표준 전극 전위 E^{o}와는 약간 차이가 있다. 활동도와 농도 사이의 관계는 $a_\mathrm{O} = \gamma_\mathrm{O}[\mathrm{O}]$, $a_\mathrm{R} = \gamma_\mathrm{R}[\mathrm{R}]$이며, γ_O, γ_R은 각각 산화 및 환원된 화학종의 활동도 계수이다(5.2절 참조). 따라서 $E^{o\prime}$과 E^{o}의 관계는 다음과 같다.

$$E^{\circ\prime} = E^{\circ} + \frac{RT}{nF} \ln \frac{\gamma_O^{\nu_O}}{\gamma_R^{\nu_R}} \tag{2.5.2}$$

예를 들어 앞에서 설명한 이산화 망가니즈 전극의 전위를 $E^{o\prime}$을 사용하여 나타내면 다음과 같다.

$$E = E^{\circ\prime} + \frac{RT}{2F} \ln \frac{[\mathrm{H}^+]^4}{[\mathrm{Mn}^{2+}]} \tag{2.5.3}$$

$E^{o\prime}$를 **형식 전위**(formal potential)라 한다. 결국 형식 전위와 표준 전극 전위의 차이는 농도와 활동도의 차이에 그 원인이 있다. 만약에 용액에 전지 반응에 참여하는 이온들과 착이온(complex)을 형성하는 리간드가 있을 경우 이온의 활동도는 리간드가 없는 용액에 있는 이온의 활동도보다 훨씬 작을 것으로 예상된다. 그러므로 착이온 형성 여부에 따라 형식 전위와 표준 전극 전위가 차이가 난다. 예를 들어 $Fe^{3+} + e^- \rightleftharpoons Fe^{2+}$ 반응에 대한 형식 전위의 크기가 HCl 용액 혹은 H_2SO_4 용액에서 표준 전극 전위의 크기와 다른 것도 철 이온들이 Cl^- 이온이나 SO_4^{2-} 이온과 착이온을 형성하기 때문이다. 그런 조건에서 $E^{o\prime}$ 값은 착이온 형성의 완결 정도에 따라 달라진다.

2.6 막전위

보통의 전극에서 발생되는 전위와는 다르게 특수 처리된 얇은 막을 사이에 두고 형성되는 전위가 있다. 예를 들어 그림 2.6.1에 나타낸 반투막(semipermeable membrane)은 고분자 음이온(R^-)은 너무 크기 때문에 막을 통과 못하지만, 작은 크기의 무기 이온들은 쉽게 통과할 수 있다. 이런 종류의 반투막을 사이에 두고 양쪽 칸에는 농도가 다른 KCl 용액이 있고, 어느 한쪽에 고분자 전해질 (polyelectrolyte) KR이 포함된 경우를 상상해 보자. 여기서 R은 음전하가 -1인 고분자를 나타낸다(단백질 혹은 합성 고분자로 만든 전해질에는 다수의 음전하를 띤 고분자 이온(R)들도 있다).

막을 통과할 수 없는 R^- 이온을 제외한 이온들은 막을 통해 이동하여 평형에 도달하고, 결국은 전기화학적 전위가 같게 된다. 이렇게 도달된 평형을 **도난 평형** 혹은 **도난 막평형**(Donnan membrane equilibrium)[3]이라고 하며, 그것에는 다음과 같은 등식이 성립한다.

$$\tilde{\mu}_+^{(\mathrm{I})} = \tilde{\mu}_+^{(\mathrm{II})}, \qquad \tilde{\mu}_-^{(\mathrm{I})} = \tilde{\mu}_-^{(\mathrm{II})} \tag{2.6.1}$$

여기서 위 첨자 I, II는 용액 상태라는 점은 같지만, 서로 다른 상을 의미한다. 또한 아래 첨자는 각각 양이온과 음이온을 나타낸다.

평형에서 2개의 상에 있는 양이온에 대한 관계는 다음과 같다.

$$\begin{aligned} RT\ln a_+^{(\mathrm{I})} + F\phi^{(\mathrm{I})} &= RT\ln a_+^{(\mathrm{II})} + F\phi^{(\mathrm{II})} \\ RT\ln\frac{a_+^{(\mathrm{I})}}{a_+^{(\mathrm{II})}} &= F\left(\phi^{(\mathrm{II})} - \phi^{(\mathrm{I})}\right) \end{aligned} \tag{2.6.2}$$

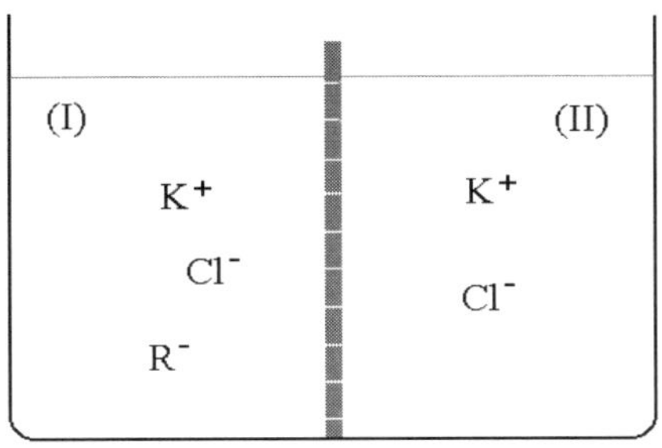

그림 2.6.1 도난(Donnan) 막평형

3) 막평형에 관한 연구에 공헌을 한 영국의 Frederick G. Donnan(1870-1956)의 이름을 붙였다.

마찬가지로, 평형에서 2개의 상에 있는 음이온에 대한 관계는 다음과 같다.

$$RT \ln a_-^{(\mathrm{I})} - F\phi^{(\mathrm{I})} = RT \ln a_-^{(\mathrm{II})} - F\phi^{(\mathrm{II})}$$
$$RT \ln \frac{a_-^{(\mathrm{II})}}{a_-^{(\mathrm{I})}} = F\left(\phi^{(\mathrm{II})} - \phi^{(\mathrm{I})}\right) \tag{2.6.3}$$

위 식들에 나타낸 $\left(\phi^{(\mathrm{II})} - \phi^{(\mathrm{I})}\right)$는 도난 막전위(Donnan membrane potential)라고 한다. 이 전위는 R^- 이온은 한쪽 칸에만 머물러 있기 때문에 다른 이온들이 막을 통해 이동하여 발생된 것이다. 그런데 식 (2.6.2)와 식 (2.6.3)에 있는 막전위$\left(\phi^{(\mathrm{II})} - \phi^{(\mathrm{I})}\right)$는 같으므로, 다음과 같은 이온 활동도 분포와 관련된 식을 얻을 수 있다.

$$\frac{a_+^{(\mathrm{I})}}{a_+^{(\mathrm{II})}} = \frac{a_-^{(\mathrm{II})}}{a_-^{(\mathrm{I})}} = \lambda \tag{2.6.4}$$

또는

$$a_+^{(\mathrm{I})}\ a_-^{(\mathrm{I})} = a_+^{(\mathrm{II})}\ a_-^{(\mathrm{II})} \tag{2.6.4$'$}$$

λ는 도난(Donnan) 분포 계수라고 한다. 평형에서는 또한 I, II 상은 각각 별도로 전기중성이 유지되어야 한다. 그러므로 각 상에서 양이온의 총 농도와 음이온의 총 농도는 같아야 되며, 그것은 다음과 같이 정리될 수 있다.

$$c_+^{(\mathrm{I})} = c_-^{(\mathrm{I})} + c_{\mathrm{R}^-}^{(\mathrm{I})}, \quad c_+^{(\mathrm{II})} = c_-^{(\mathrm{II})}$$

묽은 용액의 경우에는 양이온과 음이온의 활동도는 각각의 농도와 거의 같아서 $a_-^{(\mathrm{II})} = a_+^{(\mathrm{II})}$, $a_-^{(\mathrm{I})} = a_+^{(\mathrm{I})} - a_{\mathrm{R}}^{(\mathrm{I})}$이 될 것이다. 식 (2.6.4)로부터 분포 계수 λ는 다음과 같이 나타낼 수 있다.

$$\lambda^2 = \frac{a_+^{(\mathrm{I})}}{a_+^{(\mathrm{II})}} \frac{a_-^{(\mathrm{II})}}{a_-^{(\mathrm{I})}} = \frac{a_+^{(\mathrm{I})}}{a_+^{(\mathrm{I})} - a_{\mathrm{R}^-}^{(\mathrm{I})}} \tag{2.6.5}$$

따라서 λ는 1보다 크며 막전위는 $\left(\phi^{(\mathrm{II})} - \phi^{(\mathrm{I})}\right) > 0$가 된다. 이 식을 이용하면 처음 시작할 때의 농도로부터 λ와 막전위의 크기를 예측해 볼 수 있다.

2.7 전위의 측정

전지의 전압 혹은 전극의 전위는 전류가 흐르지 않는 조건에서 측정해야 된다. 전류가 흐르면 전극 반응이 진행되고, 평형이 깨져서 전위가 달라지기 때문이다. 전지를 사용할 때는 조금이라도 전류가 흐르기 마련이어서 알고 있는 전지의 전압과는 차이가 난다. 그러므로 전지의 전압은 통상적으로 기기 장치를 연결하지 않은 전압, 즉 '열린 회로 전압 (open circuit voltage)'이며, 이것은 곧 그 전지의 평형 전압이다.

일반적으로 전압은 전압계(electronic voltmeter 또는 electrometer)라고 부르는 장치로 정밀하게 측정할 수 있다. 이런 장치의 핵심은 그림 2.7.1에 있는 **연산 증폭기** (operational amplifier, op로 줄임)에 있다(연산 증폭기에 대한 설명은 부록 참조). 연산증폭기의 입력 단자에 해당하는 +, − 단자의 입력 저항(input impedance)은 대단히 크다. 따라서 측정 대상인 전지를 연결한다 해도 전류가 흐르지 않는다. 이런 회로는 입력 전위와 똑같은 전위가 출력(output)에 나타나도록 설계가 된 것이다. 출력은 증폭기 자체 전원(+ 전원과 − 전원)을 사용하므로, 출력 단자에서 전류가 흐르더라도 전지의 전압에는 전혀 영향을 미치지 않는다. 즉 이 연산 증폭기는 **전압 따름기**(voltage 혹은 potential follower)의 기능을 갖고 있다. 이것의 출력 단자에 전압계를 연결하면 전압계의 표시 장치에 눈금 혹은 숫자로 측정 대상이 되는 전지의 전압이 표시된다. 측정 대상 전지와 표시 장치 사이에 이런 연산 증폭기를 연결하면 측정 대상 전지의 전류를 전혀 사용하지 않고도 전압을 읽어낼 수가 있는 것이다. 정확한 측정을 위해서는 표준 전지의 전압으로 이 장치를 보정해서 사용해야 된다. 연산 증폭기의 기능과 응용 방법의 자세한 내용은 부록에서 설명하였다.

디지털 전압계(Digital voltmeter), pH 측정기(pH meter), 이온 측정기(ion meter)는 이런 종류의 전자식 전압계(electronic voltmeter)로 분류된다.

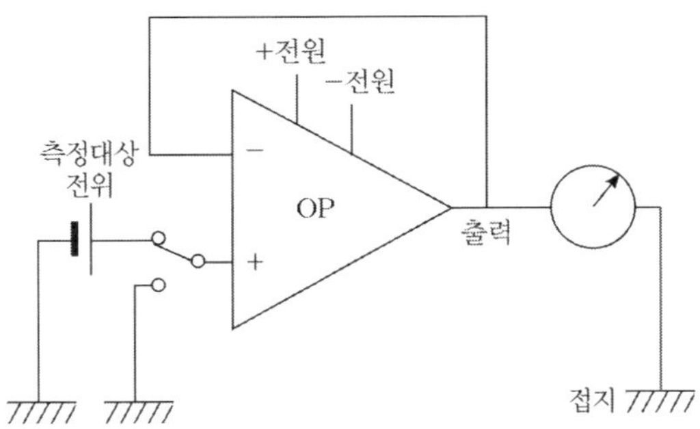

그림 2.7.1 전지(측정 대상)의 전압 측정. 전압 따름기를 기본으로 하는 전압계.
op: 연산 증폭기

보충자료 전위차계

전통적으로 전지의 평형 전압(emf)은 **전위차계**(potentiometer)(그림 2.7.2)를 사용하여 측정하였다. 전위차계는 정밀 가변 저항(P)의 크기를 조절하면 그에 따라서 직류 전원의 전위 조정이 가능하도록 되어 있다. 측정 원리는 직류 전원의 조정된 전위와 측정 대상인 전지의 전위 크기를 비교하여 그 크기가 정확히 같은 점을 찾는 것이다. 만약에 조정 전위와 전지 전위의 크기가 조금만 차이가 있어도 매우 민감한 검류계(G)에는 전류가 흐른다. 가변 저항을 변화해 가면서 직류 전원의 크기를 조절하다 보면 측정 대상인 전지의 전위와 정확히 같아서 검류계에 전류가 흐르지 않는 점이 있다. 그때 직류 전원의 전압이 곧 전지의 전압이다. 정밀 저항(P)의 조절 손잡이에 눈금이 그어져 있다. 만약에 전지의 전압을 측정하기 전에 표준 전지를 사용하여 조절 손잡이 눈금과 전압의 상관관계를 미리 파악해 둔다면, 눈금을 읽는 것만으로 즉시 전지의 전압을 알 수 있다. 전위차계에는 전압의 크기가 정확히 알려져 있고, 흔히 웨스턴 전지(Weston cell)라 부르는 표준 전지를 사용한다. 그 전지의 표기는 다음과 같다.

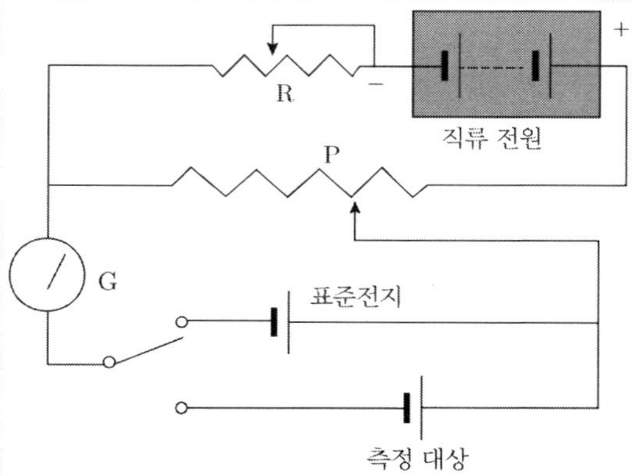

그림 2.7.2 전위차계의 기본 구조

$$12.5\%\mathrm{Cd} - \mathrm{II\,am} \mid \mathrm{CdSO_4(satd.)} \mid \mathrm{Hg_2SO_4(s)} \mid \mathrm{Hg}$$

$$E_{\mathrm{cell}} = 1.01830\ \mathrm{V} - 4.06 \times 10^{-5}(\mathrm{t} - 20)\ (t\text{는 섭씨 온도})$$

전압계의 눈금 보정에 대한 불확실성이 완전히 배제되는 엄밀한 전위의 측정은 이런 전위차계를 사용하는 것이 정확하다. 그런데 연산 증폭 장치가 발달된 요즘에는 보정까지 잘 되는 전자식 전압계가 제품으로 많이 나와 있기 때문에 전압을 측정할 때 굳이 전위차계를 사용할 필요가 거의 없다.

2.8 산화 · 환원 반응

산화 · 환원 반응은 전자의 주고받음을 통해서 진행되기 때문에 두 개의 전극 반응들로 분리하여 생각할 수 있다. 만약에 질산 은 용액에 구리 막대를 넣는다면 구리는 녹고 구리 표면에 은이 석출된다. 즉 전체 반응은 $Cu + 2Ag^+ \rightarrow Cu^{2+} + 2Ag$로 진행이 된다. 그러나 반응을 다음 2개의 반응으로 나누어 생각할 수 있다.

산화 반응: $Cu \rightleftarrows Cu^{2+} + 2e^-$ 환원 반응: $2Ag^+ + 2e^- \rightleftarrows 2Ag$

참고: $Cu^{2+} + 2e^- \rightleftarrows Cu \qquad E^\circ = +0.34$

$Ag^+ + e^- \rightleftarrows Ag \qquad E^\circ = +0.80$

실제로 이 두 반응은 두 개의 전극에서 따로 진행될 수 있다. 전극 반응이 진행되면 Cu 전극에서 발생되는 전자는 외부 회로를 통하여 Ag 전극으로 전달되어 소모된다. 질산 은 용액에 구리를 넣은 경우에는 용액에서 화학 반응이 진행된다. 그렇기 때문에 전극과 외부 회로를 거칠 필요가 없이 접촉하는 화학 물질 간에 직접 전자를 주고받아 반응이 진행되는 것이다. 은 전극과 구리 전극의 전위를 비교해 보면 Ag 전극의 전위가 Cu 전극의 전위보다 높다. 따라서 Ag 전극은 Ag^+ 이온이 전자를 받아 환원되므로 산화제 역할을, Cu 전극은 Cu^{2+} 이온으로 산화되며 전자를 주는 환원제의 역할을 한다.

표준 전극 전위의 값으로 화학종이 산화제로 혹은 환원제로 작용할지 여부를 판단할 수 있다. 만약에 표준 전극 전위의 값이 +이고, 큰 값이라면, 그것의 전극 반응에 관여하는 산화 · 환원 쌍 가운데 산화된 화학종들(예 : F_2, O_3)은 강력한 산화제이다. 반면에 표준 전극 전위의 값이 −이고, 큰 값이라면, 그것의 전극 반응에 관여하는 산화 · 환원 쌍 가운데 환원된 화학종들(예 : Li, Na)은 강력한 환원제이다. 부록 1에 다양한 산화 · 환원 쌍에 대한 표준 전극 전위를 나열하였고, 그중 몇 종류만을 골라서 표 2.4에 나타내었다. 산화제 혹은 환원제로서의 역할과 강약의 정도는 전극 전위에 따라 달라지는 것을 알 수 있다.

표 2.4 몇 가지 산화 · 환원 쌍의 표준 전극 전위(부록 1에 더 많은 종류의 반응이 나열되어 있다.)

산화제	반응	$E°/V$	환원제
	$K^+ + e^- \rightleftharpoons K(s)$	−2.926	K
	$Ca^{2+} + 2e^- \rightleftharpoons Ca(s)$	−2.84	Ca
	$Na^+ + e^- \rightleftharpoons Na(s)$	−2.714	Na
	$Zn^{2+} + 2e^- \rightleftharpoons Zn(s)$	−0.76	Zn
	$Fe^{2+} + 2e^- \rightleftharpoons Fe(s)$	−0.44	
	$H^+(aq) + e^- \rightleftharpoons \frac{1}{2}H_2(g)$	0	
	$Cu^{2+} + 2e^- \rightleftharpoons Cu$	+0.34	
	$Fe^{3+} + e^- \rightleftharpoons Fe^{2+}$	+0.771	
	$Ag^+ + e^- \rightleftharpoons Ag$	+0.80	
O_2	$O_2 + 4H^+ + 4e^- \rightleftharpoons 2H_2O$	+1.229	
$Cr_2O_7^{2-}$	$Cr_2O_7^{2-} + 14H^+ + 6e^- \rightleftharpoons 2Cr_3^+ + 7H_2O$	+1.36	
Ce^{4+}	$Ce^{4+} + e^- \rightleftharpoons Ce^{3+}$	+1.72	
O_3	$O_3(g) + 2H^+ + 2e^- \rightleftharpoons O_2 + 2H_2O$	+2.07	
F_2	$F_2(g) + 2e^- \rightleftharpoons 2F^-$	+2.866	

참고문헌

1. R. G. Compton and G. H. W. Sanders, *Electrode Potentials*, Oxford University Press, 1996.
2. D. R. Crow, *Principles and Applications of Electrochemistry*, 4th Ed., CRC Press, 2017.
3. D. B. Hibbert, *Introduction to Electrochemistry*, Macmillan, 1993, Chapt. 4.
4. D. T. Sawyer, A. Sobkowiak, and J. L. Roberts, *Electrochemistry for Chemists*, 2nd edn., Wiley, 1995, Chapt. 2, 5, 6.
5. A. J. Bard, R. Parsons, and J. Jordan, Eds. *Standard Potentials in aqueous Solution*, Marcel- Dekker, 1985.
6. P. J. Morgan and E. Gileadi, “Alleviating the Common Confusion caused by Polarity in Electrochemistry”, *J. Chem. Educ.,* 66, 912(1989).

연습문제

1. 다음과 같은 반응들을 이용한 전지를 구상해서 그림으로 나타내고 또한 전지를 기호로 나타내는 방법에 따라 표기하라.

(a) $Al(s) \rightarrow Al^{3+}(aq) + 3e^-$, $Cu^{2+}(aq) + 2e^- \rightarrow Cu(s)$

(b) $Ag_2O(s) + 2e^- + H_2O \rightarrow 2Ag(s) + 2OH^-$, $Zn(s) \rightarrow Zn^{2+}(aq) + 2e^-$

2. 수소 압력이 1 bar인 하나의 수소 전극의 전위는 포화 칼로멜 전극에 대하여 -0.327 V로 측정되었다. 용액의 pH는 얼마인가?

답 1.45

3. O_2/OH^-와 H^+/H_2의 평형 전위가 pH에 따라 각각 어떻게 변하는지를 수식과 그림으로 나타내라.

4. pH = 2.0인 수용액에서 $Cr_2O_7^{2-}$와 Cr^{3+}의 활동도가 각각 0.010, 0.0010일 때 이 용액에 담근 백금 전극의 전위는 얼마인가?(표준 수소 전극에 대하여)

$$E^\circ(Cr_2O_7^{2-}/Cr^{3+}) = 1.36 \text{ V}$$

답 1.12V

5. 다음의 표준 전극 전위들을 이용하여 염화은의 용해도와 용해도곱을 구하라.

Ag/Ag^+	$E^\circ = 0.7991$ V
$Ag/AgCl$, Cl^-	$E^\circ = 0.2223$ V

6. 열역학 데이터의 표를 참고하여 다음 전지에서 일어나는 반응의 ΔG°를 구하고 이로부터 E°를 계산하라.

(a) $(Pt)H_2(g) \mid HCl(aq) \mid Cl_2(Pt)$

(b) $Zn \mid ZnSO_4(Aq)$, $H_2SO_4(aq) \mid H_2 \mid Pt$

7. 납 축전지에서 일어나는 반응은 다음과 같다. 이 전지를 사용하여 1A의 전류를 10시간 동안 생산한다고 하면, 이때 소모되는 PbO_2와 H_2SO_4의 양을 계산하라.

+극 $PbO_2 + 4H^+ + SO_4^{2-} + 2e^- \rightarrow PbSO_4 + 2H_2O$

−극 $Pb + SO_4^{2-} \rightarrow PbSO_4 + 2e^-$

답 0.187 mole, 0.373 mole

8. 물의 표준 생성 자유 에너지는 $\Delta G_f^\circ = -237.13\ \text{kJmole}^{-1}$이다. 물을 전기분해에 필요한 최소 전압은 얼마인가?

9. 생체에서 에너지는 글루코오스의 산화로 얻는다. 이 반응이 전기화학적으로 일어난다면 해당하는 전지의 평형 전압은 얼마나 될까? 열역학적 데이터를 이용하라.

10. 전지 $\text{Pt} \mid H_2(g) \mid \text{HBr}(aq) \mid \text{AgBr}(s) \mid \text{Ag}$의 표준 전압은 온도에 따라 다음과 같이 변한다. 이 전지 반응의 표준 반응 엔트로피와 표준 반응 엔탈피를 구하라.

$$E^\circ / V = 0.07131 - 4.99 \times 10^{-4}(T/K - 298) - 3.45 \times 10^{-6}(T/K - 298)^2$$

답 $-96.4\ \text{JK}^{-1}\text{mol}^{-1}$, $-21.2\ \text{kJmol}^{-1}$

11. 수소 전극 $\text{Pt} \mid H_2(g) \mid H^+$의 전위 역시 다른 전지의 전위와 마찬가지로 온도에 따라서 변할 것이라고 예측할 수 있다. 이것을 측정할 수 있겠는가? 임의의 온도에서 모든 전극의 전위는 표준 온도(예컨대 25°C)에서 수소 기준전극에 대한 값으로 표시하는 것이 합리적인 것처럼 보인다. 그런데 규약에 의하면 표준 수소 전극의 전위는 모든 온도에서 0이라고 정하고 다른 전극의 전위는 같은 온도에서 표준 수소 전극에 대한 값으로 나타내도록 되어 있다. 그 이유를 설명하라.

12. 표준 전극 전위를 나열한 표에서 $Fe^{3+} + e^- \rightleftharpoons Fe^{2+}$ (E°_1)와 $Fe^{2+} + 2e^- \rightleftharpoons Fe$ (E°_2)에 대한 E°값들을 사용하고, 열역학 원리를 참조하여 $Fe^{2+} + 2e^- \rightleftharpoons Fe$에 대한 E°, 즉 E°_3를 구하라. 표에서 찾을 수 있는 값과 비교하라.

답 $FE^\circ_1 + 2FE^\circ_2 = 3FE^\circ_3$, $E^\circ_3 = -0.036\ \text{V}$

3장

전극과 용액의 계면: 전기 이중층

3.1 축전기 닮은꼴의 계면

전해질 용액에 금속을 담그면 금속 표면과 용액이 접촉하는 경계면이 자연스럽게 형성된다. 또한 금속 표면과 용액은 반대의 극성을 가진 전하들로 대전(electrification)이 된다. 전해질 용액은 많은 양의 용매에 양이온과 음이온으로 구성이 된 염이 녹아 있는 용액이다. 그 용액은 전체에 걸쳐서 전기중성을 유지하고 있다. 만약에 금속 표면이 (+) 혹은 (−) 전하를 띤다면 금속과 밀착하고 있는 용액에서는 금속 표면의 전하와 정반대의 전하를 띤 이온들이 배열하게 된다. 금속과 용액이 접촉하고 있는 경계면의 양쪽에 배열된 전하의 크기는 같고 부호는 반대라는 모델을 1879년에 헬름홀츠(Herman von Helmholtz)가 발표하였다. 이 헬름홀츠 모델에 따르면, 경계면을 중심으로 서로 마주한 금속(전극)과 용액은 마치 (+) 전하와 (−) 전하의 층들이 가까운 거리에서 서로 대치하고 있는 모습과 매우 닮아있다. 또한 그 두 층에 걸쳐 형성된 전기 전위(퍼텐셜)는 한 층에서 다른 층을 가로지르는 거리에 비례하고, 직선적으로 변화한다(그림 3.1.1). 이런 모델은 마치 2개의 금속판이 서로 마주하여 형성되는 축전기(capacitor)의 모양과 같다(부록 2 참조).

전극 표면에 형성된 전하와 그것에 접촉되어 있는 용액에 형성된 전하는 서로 마주하고 있다. 그것은 마치 2개의 층이 형성된 것으로 상상할 수 있어서 **전기 이중층**(electrical double layer)이라고 한다. 전극에 형성된 전하는 전자 전하(electronic charge)이다. 그것은 전기적으로 중성인 금속과 비교할 때 전자가 넘치는 경우에는 (−) 전하를,

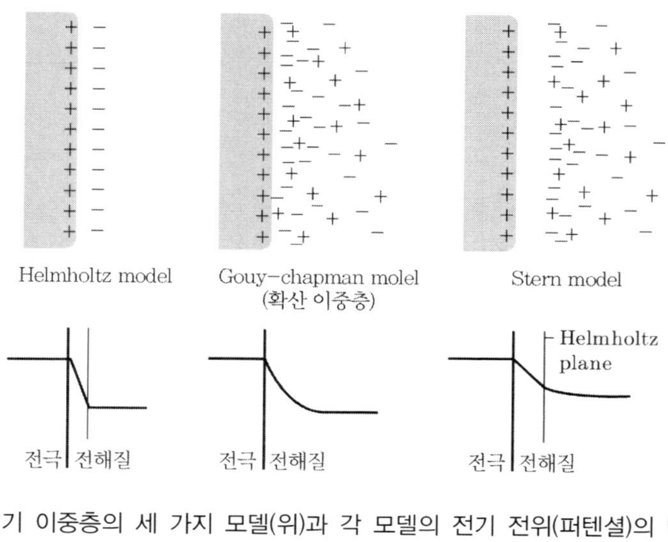

그림 3.1.1 전기 이중층의 세 가지 모델(위)과 각 모델의 전기 전위(퍼텐셜)의 변화(아래)

전자가 부족한 경우에는 (+) 전하를 띠게 된다. 반면에 용액에 형성된 전하는 이온 전하(ionic charge)이다. 그것은 전극의 전하와 반대의 전하이며, 그것의 원인은 용액을 구성하는 양이온과 음이온 중에서 어느 하나가 과량으로 몰려 있기 때문이다. 실제로 전극과 용액 사이의 전위(퍼텐셜)가 변할 때 경계면에 형성되는 전하량은 전위차에 따라 변하는 커패시턴스(축전 용량)를 나타낸다. 전극과 용액 사이에서는 전자가 이동하는 전기화학 반응이 있을 수 있다. 그러나 설령 반응이 있다 해도 경계면 영역의 상황에 크게 영향을 주지 않는 조건에서는 반응이 없을 때와 마찬가지로 서로 부호가 반대인 전하량이 마주하고 있다는 이 모형은 실제 상황을 비교적 잘 나타낸 것으로 볼 수 있다.

그러나 구이-채프먼(Gouy and Chapman)은 각각 1910년과 1913년에 전해질 용액에 있는 전하는 이온들이 점진적으로 퍼져서 분포하면서 형성된다는 그림과 같은 모형을 제안하였다. 그것이 곧 분산된 **확산 이중층**(diffuse double layer) 모델이며, 그들은 자신들의 모형에 대해 정량적 이론을 제시하였다(3.3절에서 설명). 그 후 1924년에 스턴(Stern)은 더 개선된 모형을 제시하였다. 스턴은 구이-채프먼의 확산 이중층 모형에서는 전극 표면의 전하 층과 용액의 전하 층 사이에 이온들이 접근할 수 없는 공간이 있다는 사실을 고려하지 않았다는 것을 발견하였다. 즉 두 층 사이에 전하가 없는 유한한 간격(공간)이 있다는 것이다. 그림 3.1.1에 헬름홀츠 모델, 구이-채프먼의 확산 이중층 모델, 스턴 모델을 비교하여 제시하였다. 각 모델의 위쪽 그림은 전극 표면이 (+) 전하로 대전된 경우에서 용액의 이온 분포 모습을, 단순화해서 나타낸 아래쪽 그림은 각각의 경우에 대한 전극과 용액에 걸쳐있는 전위(퍼텐셜)의 변화를 2차원 평면에 나타낸 것이다. 전극 표면이 (−) 전하로 대전된 경우에는 이온 분포와 퍼텐셜 단면이 뒤바뀐다. 스턴 모델에서 전하가 없는 공간이란 전극 표면과 **헬름홀츠**(Helmholtz) **평면** 사이의 간격을 의미한다.

F^- 이온을 제외한 많은 종류의 음이온들은 전극에 접촉하는 경향이 있다(그림 3.1.2). 이런 밀착(흡착)은 단순히 전기적 인력에 의한 것이 아니다. 그것은 이온과 금속 표면 간에 화학적 상호 작용이 원인이며, 이를 **특이 흡착**(specific adsorption) 혹은 **접촉 흡착**(contact adsorption)이라고 한다. 그러나 F^- 이온 및 크기가 작은 대다수의 양이온은 주위에 물 분자들이 많이 붙어있어서 알짜로 전극 표면에 달라붙기가 어렵다. 물은 극성을 띤 분자이므로 이온들 주변에 반대의 극성으로 배열되어 있다. 따라서 이온들은 이온 주변에 물이 달라붙어 있는 모습을 하고 있다. 마찬가지로 전극 표면에도 단분자층의 물 분자들이 직접 접촉하고 있을 수 있다. 따라서 용액에 있는 이온과 금속 표면은 대체로 물 분자 두 개 정도의 거리만큼 떨어져 있다고 볼 수 있다. 모델에서 보듯이 (−) 전하로 대전된 전극(금속) 표면에 대응되는 용액에는 밀착된 음

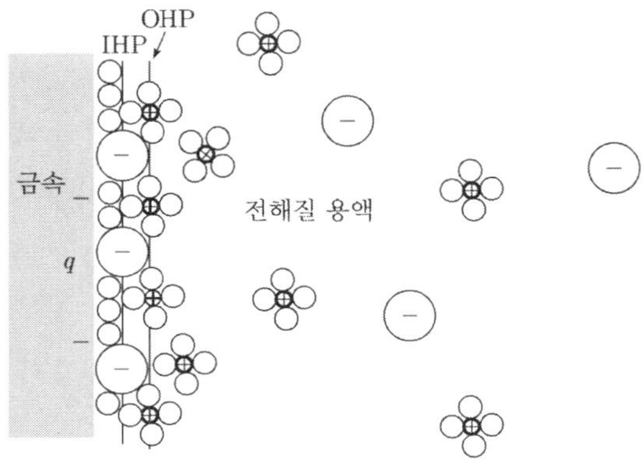

그림 3.1.2 전기 이중층에 대한 복크리스 등의 모형. 동그라미는 전극 표면 혹은 이온에 매달려 있는 물 분자. IHP는 내부 헬름홀츠 평면, OHP는 외부 헬름홀츠 평면을 말한다.

이온의 층과 조금 떨어진 거리에 있는 양이온의 층으로 구분이 되는 2개의 층이 있다고 여길 수 있다. 전극에 가까운 음이온의 층을 **내부 헬름홀츠 평면**, 바깥쪽의 양이온 층을 **외부 헬름홀츠 평면**이라고 한다. 스턴 모델의 헬름홀츠 평면이 두 종류로 나뉘는 것이다. 이 모형은 그레이엄(Grahame)에 의하여 원형이 제시되었고(1947), 후에 복크리스(Bockris) 등에 의해 구체화되었다[1].

그림 3.1.2는 복크리스 등(Bockris, Devanathan, Muller)이 제시한 이중층의 모형에 대한 것이다. 전극 표면에서 외부 헬름홀츠 평면까지 구간을 전기 이중층의 내부 층 혹은 **조밀 이중층**(compact double layer)이라고 한다. 그 외의 영역에 있는 층을 외부 층 혹은 **확산 이중층**(diffuse double layer)이라고 한다.

3.2 전극/전해질 용액이 만든 계면의 열역학

잘 섞이지 않는 두 용액이 접촉하고 있을 때, 혹은 금속이 수용액과 접촉하고 있을 때 두 개의 서로 다른 상 사이에는 경계면이 형성된다. 농도는 다르지만 동일한 성분을 포함하고 있는 두 용액이 접촉되었다고 가정하자. 이때 경계면을 중심으로 보면, 경계면 근처에서는 용액에 포함된 각 성분들의 농도는 하나의 상에서 다른 상으로 가로지르는 거리에 따라 변한다. 변하는 양상을 그림 3.2.1에 실선으로 나타내었다. 예를 들어 용질인 설탕이 비수 용매인 기름과 수용성 용매인 물에 모두 녹아 있는 두 용액

1) J. O'M. Bockris, M. A. Devanathan, and K. Muller, *Proc. Royal Soc.*, **A275,** 55 (1963).

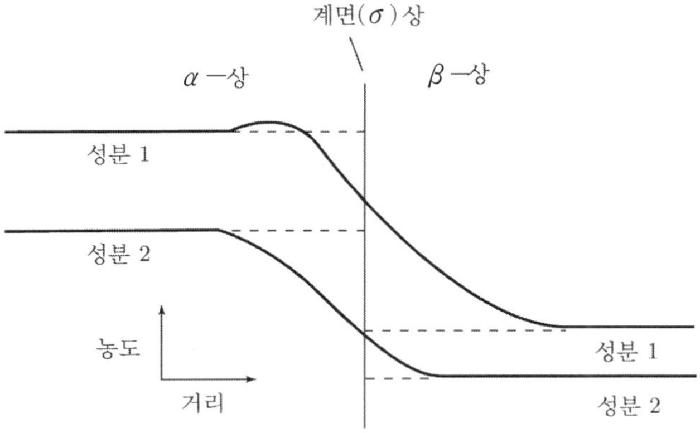

그림 3.2.1 계면에서 농도변화 모습: 계면상의 개념

이 서로 맞닿아 있다고 하자. 이때 용액에 녹아 있는 설탕의 농도는 경계면 근처에서 급격히 변하게 되며, 이 그림은 그것을 나타낸 것이라 볼 수 있다. 이 그림은 두 종류의 성분에 대한 변화 양상이 경계면에 대해서 수직인 방향을 따라 변하고, 각 성분의 농도 변화 모습도 각각 다르다는 것을 보여주고 있다.

한편 경계면으로부터 멀리 떨어진 두 개의 상 내부(bulk)는 각각의 성분 농도가 일정하게 유지된다는 것을 알 수 있다. 경계 지대 안에 임의로 설정한 면까지 각 성분들의 농도가 일정하다고 가정할 수 있다(그림 3.2.1의 점선). 이런 면을 보통 **계면**(interfacial plane 혹은 interface)이라고 한다. 통상적으로 상(phase)이라고 하면 3차원의 부피를 가지고 있다. 그러나 계면은 두께가 없으므로 부피도 없는 하나의 2차원적 상이라고 여겨 **계면상**(interphase)이라고도 한다.

그림 3.2.1에 나타낸 점선은 각 성분들의 농도가 각각의 상 내부에서 경계면(σ)까지 균일하며, 일정한 크기를 갖는다고 가정을 한 경우에 해당되는 농도 분포를 나타낸 것이다. 이것은 실제 상황에서 각 성분의 농도 분포를 나타낸 실선과 차이가 난다. 만일 농도가 급격하게 변하는 계면을 가정한다면 각 성분의 총량(총 몰 수)은 각 성분의 실질 총량(실선)과 차이가 난다. 가정에 따라 결정되는 가상의 총량은 실제의 총량보다 많거나 혹은 적을 수도 있다. 실제의 몰 수에서 가상의 몰 수를 빼서 그 차이 값을 $n_{i,\text{total}}^{(\sigma)}$로 표기한다. 이 값은 계면에 존재하고 있는 각 성분에 대한 과량 혹은 부족량이라 생각할 수 있다. 그림 3.2.1에 제시한 예는 성분 1에 대해서 $n_1^{(\sigma)} > 0$, 성분 2에 대해서 $n_2^{(\sigma)} < 0$가 된다.

용액 전체에 걸쳐있는 i 성분의 총 몰 수인 $n_{i,total}$은 α상과 β상에 있는 i의 몰 수(각각 $n_i^{(\alpha)}$, $n_i^{(\beta)}$)와 계면에 포함된 가상의 몰 수인 $n_i^{(\sigma)}$의 합이 될 것이다.

$$n_{i,total} = n_i^{(\alpha)} + n_i^{(\beta)} + n_i^{(\sigma)} \tag{3.2.1}$$

마찬가지로 계의 깁스(Gibbs) 자유 에너지에서도 다음 관계가 성립한다.

$$G_{total} = G^{(\alpha)} + G^{(\beta)} + G^{(\sigma)} \tag{3.2.2}$$

이 식에서 위 첨자 $^{(\sigma)}$로 나타낸 양(quantity)들은 용액 내부의 양과 비교해서 계면에 더 많은 양이 있음을 나타내는 것으로, 보통 **표면 과잉**(surface excess)이라고 한다. 따라서 위 식에 나타낸 $n_i^{(\sigma)}$와 $G^{(\sigma)}$는 각각 i 성분의 표면 과잉 몰 수와 표면 과잉 깁스(Gibbs) 자유 에너지이다.

한편 물질 혹은 이온의 표면 과잉 양은 계면상에 흡착되어 있다고 본다. 두 상이 만나는 경계 영역에서 계면의 위치는 임의로 정하는 것이므로, 표면 과잉 양의 크기는 계면의 위치에 따라 변하게 될 것이다. 한 성분의 표면 과잉이 0이 되도록 계면의 위치를 이동할 수는 있으나 이때 다른 성분의 표면 과잉은 반드시 0이 되지는 않는다.

화학 퍼텐셜, μ_i를 포함하고 있는 상의 내부에 적용되는 깁스(Gibbs) 자유 에너지 변화(dG)는 $dG = -SdT + Vdp + \Sigma \mu_i dn_i$ 이다. 계면상은 부피가 없으므로, 이 식을 계면에 적용하면 Vdp 항은 사라지고, **표면 장력**(**계면 장력**, γ)에 따른 에너지 변화를 나타내는 항인 γdA(A는 계면의 넓이)가 식에 포함된다. 또한 전극과 전해질 용액으로 형성된 계면은 일반적으로 전하를 띠는 계면(electrified interface)이기 때문에 전기 에너지의 변화 항인 φdQ가 포함되어야 한다. 여기서 φ는 Q 전하를 띠는 전극의 전위(전기적 퍼텐셜)이다. 결국 전하를 띠는 계면의 자유 에너지 변화를 나타내는 식은 다음과 같다.

$$dG^{(\sigma)} = -S^{(\sigma)}dT + \gamma dA + \phi dQ + \Sigma \mu_i dn_i^{(\sigma)} \tag{3.2.3}$$

만약에 일정한 온도일 때 자유 에너지 변화의 식은 다음과 같이 변형이 된다.

$$dG^{(\sigma)} = \gamma dA + \phi dQ + \Sigma \mu_i dn_i^{(\sigma)} \tag{3.2.4}$$

이 식을 적분하고 다시 미분하면, 계면상에 대한 자유 에너지 변화는 다음 식과 같이 나타낼 수 있다.

$$\begin{gathered} G^{(\sigma)} = \gamma A + \phi Q + \Sigma \mu_i n_i^{(\sigma)} \\ dG^{(\sigma)} = \gamma dA + \phi dQ + \Sigma \mu_i dn_i^{(\sigma)} + Ad\gamma + Qd\phi + \Sigma n_i^{(\sigma)} d\mu_i \end{gathered} \tag{3.2.5}$$

여기서 적분의 물리적 의미는 세기 성질(화학 퍼텐셜, 계면 장력, 전위(퍼텐셜))은 일정하게 유지하고, 크기 성질(면적 A, 전하량 Q, 몰 수 $n_i^{(\sigma)}$)은 0에서 일정한 양(크기)까지 차례로 조금씩 늘리는 것이다. 예를 들어 $\mu_i\, dn_i^{(\sigma)}$ 항의 적분은 농도를 일정하게 유지하면서(일정한 μ_i) 물질의 양을 점점 키우는 것이다. 식 (3.2.4)와 식 (3.2.5)를 비교하여 정리하면 계면에 대해서 다음과 같은 식을 얻는다.

$$Ad\gamma + Qd\phi + \Sigma\, n_i^{(\sigma)} d\mu_i = 0 \tag{3.2.6}$$

식 (3.2.6)은 깁스 듀헴(Gibbs-Duhem) 식의 한 예이며, 전기를 띠는 계면을 포함하는 경우에 적용할 수 있다. 이 식의 모든 항을 A로 나누고, 또한 $Q/A = q$ (단위 면적당 전하), $n_i^{(\sigma)}/A = \Gamma_i^*$(단위 면적당 표면 과잉)을 대입하면 식 (3.2.6)은 다음과 같이 변형된다.

$$-d\gamma = qd\phi + \Sigma\, \Gamma_i^*\, d\mu_i \tag{3.2.7}$$

예를 들어 하나의 (+) 이온과 하나의 (−) 이온으로 구성된 염을 하나의 용매에 녹인 용액에 대해서 식 (3.2.7)을 적용하면 다음과 같은 식이 된다.

$$-d\gamma = qd\phi + \Gamma_+^*\, d\mu_+ + \Gamma_-^*\, d\mu_- + \Gamma_o^*\, d\mu_o \tag{3.2.8}$$

여기서 아래 첨자 +와 −는 각각 양이온과 음이온을, o는 용매를 나타낸다. 앞선 설명처럼 임의로 설정한 계면의 위치에 따라 표면 과잉 몰 수는 변하게 된다.

만약에 계면의 위치를 용매의 면적당 표면 과잉인 Γ_o^*가 정확히 0이 되는 곳으로 설정한다면, 용매에 대한 표면 과잉 항은 이 식에서 사라지고, 결국 식은 다음과 같이 된다.

$$-d\gamma = qd\phi + \Gamma_+ d\mu_+ + \Gamma_- d\mu_- \tag{3.2.9}$$

여기서 Γ_+ 와 Γ_-는 각각 양이온과 음이온의 용매에 대한 **상대적 표면 과잉**(relative surface excess)이다. '상대적'이라고 함은 '용매에 대하여 상대적'이라는 뜻으로, Γ_+와 Γ_-의 크기는 용매의 표면 과잉이 0이 되는 곳을 계면으로 설정했을 때 해당하는 값임을 의미한다.

전극 전위(퍼텐셜)는 하나의 기준전극에 대해서만 측정이 가능하다. 예를 들어 은/염화은 전극($Ag|AgCl\,|\,Cl^-$) 혹은 칼로멜 전극($Hg|Hg_2Cl_2\,|\,Cl^-$)과 같이 음이온에 대해서 가역적인 기준전극을 사용했다고 가정을 하자. 그럴 경우에 그 기준전극의 전위(퍼텐셜)는 음이온의 농도(정확하게는 활동도, a_-)에 따라 다음과 같이 변한다.

$$\phi_{\text{ref}} = \text{Constant} + \frac{RT}{F}\ \ln\frac{1}{a_-} \tag{3.2.10}$$

한편 이 음이온으로 인해서 발생된 전위(φ)와 기준전극의 전위(φ_{ref})의 차이가 곧 전극의 측정 전위, E_-이다. 그러므로 측정 전위와 전위의 변화는 다음과 같이 표현할 수 있다.

$$E_- = \phi - \left(\text{Constant} - \frac{RT}{F}\ \ln a_-\right)$$
$$d\phi = dE_- - \frac{RT}{F}\ d\ln a_- = dE_- - \frac{d\mu_-}{F} \tag{3.2.11a}$$

이 식을 식 (3.2.9)에 대입하고 정리하면 다음과 같은 식이 된다.

$$-d\gamma = qdE_- + \Gamma_+ d\mu_+ + \left(\Gamma_- - \frac{q}{F}\right)d\mu_- \tag{3.2.11b}$$

이 식의 오른쪽 3번째 항에 단위 면적당 전하, $q = -F(\Gamma_+ - \Gamma_-)$를 대입하고 $(d\mu = d\mu_+ + d\mu_-)$를 넣어 정리하면 음이온의 계면 장력 변화에 관한 다음과 같은 식을 얻는다.

$$\begin{aligned} -d\gamma &= qdE_- + \Gamma_+(d\mu_+ + d\mu_-) \\ &= qdE_- + \Gamma_+ d\mu \end{aligned} \tag{3.2.12}$$

이것은 음이온으로 인한 전위를 기준전극의 전위와 비교하여 측정된 전위 E_-에 대한 것이기 때문에 식에 양이온의 표면 과잉(Γ_+)이 나타난 것이다. 만일 양이온에 대하여 동일한 경우를 적용하여 식을 정리한다면 음이온의 표면 과잉(Γ_-)에 대한 식은 $-d\gamma = qdE_+ + \Gamma_- d\mu$가 될 것이다. 다시 말하자면, 수소 이온(양이온)과 수소 기준전극을 사용하여 측정된 전위 E_+의 변화는 음이온의 표면 과잉과 관련된 식($-d\gamma = qdE_+ + \Gamma_- d\mu$)으로 표현할 수 있다는 것이다. 두 이온을 모두 포함하는 경우에는 다음과 같은 식으로 일반화하여 나타낼 수 있다.

$$\boxed{-d\gamma = qdE_\pm + \Gamma_\mp d\mu} \tag{3.2.13}$$

이것을 깁스–리프먼(Gibbs-Lippmann) 식이라고 한다. 이 식은 전해질이 포함된 용액의 계면 장력은 전극 전위의 변화와 계면에 있는 전해질의 농도 변화에 의존한다는 사실을 말해주고 있다. 이 식을 다시 정리하면 다음과 같다.

$$q = -\left(\frac{\partial\gamma}{\partial E_{\pm}}\right)_{\mu} \tag{3.2.14}$$

$$\Gamma_{\pm} = -\left(\frac{\partial\gamma}{\partial\mu}\right)_{E_{\mp}} \tag{3.2.15}$$

이 식은 일정한 농도 조건에서 전위에 따른 계면 장력의 변화로부터 전극 표면의 전하 밀도 q와 일정한 전위에서 농도에 따른 계면 장력의 변화로부터 표면 흡착량 Γ을 계산할 수 있는 근거가 된다.

3.2.1 전기 모세관 현상

모세관 현상은 계면 장력 때문에 발생한다. 수은과 같은 액체 금속과 전해질 용액이 만드는 계면에 대한 장력(계면 장력)은 모세관 실험으로 측정할 수 있다. 일반적으로 전극 면에서 계면 장력의 변화를 **전기 모세관 현상**(electrocapillary effect 또는 electrocapillarity)이라고 부른다. 전기 모세관 현상을 측정하는 실험 장치인 **모세관 전위계**(capillary electrometer)는 그림 3.2.2에 나타낸 것처럼 전해질과 수은이 접촉되는 모세관이 핵심 부분이다.

유리로 만든 모세관 속에 있는 수은과 기준전극 사이에 걸리는 전압을 조절하면 수은 기둥의 높이가 변한다. 모세관 속의 수은 표면은 전해질 용액 방향으로 볼록한 곡면을 이루고 있으며, 수은 기둥의 높이, 즉 수은의 중력은 계면 장력의 크기에 비례한다. 모세관 전위계는 수은의 전위(퍼텐셜)에 따라 수은의 계면 장력을 측정하는 실험 장치이다.

이 실험에서 주의할 점이 있다. 그림 3.2.2에 나타낸 것과 같은 장치에서 수은은 모세관의 위쪽에, 용액은 모세관의 아래쪽에 위치하고 있다. 만약에 모세관 안의 수은 표면이 아래로 내려오면 수은 기둥의 길이는 더욱 길어진다. 그 결과 수은이 아래 방

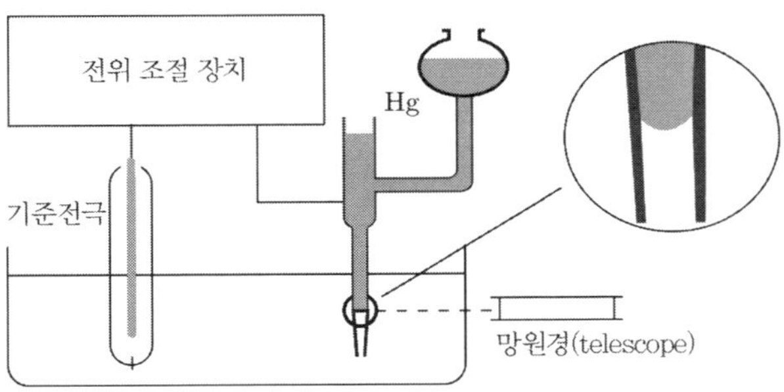

그림 3.2.2 모세관 전위계의 개략도

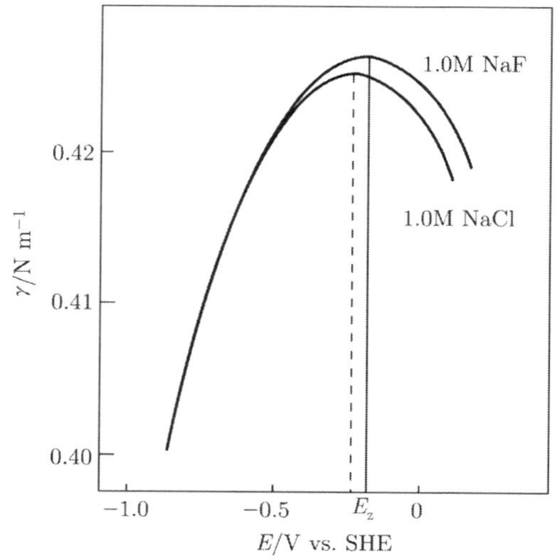

그림 3.2.3 수은–전해질 수용액에서 전극전위에 따른 계면 장력의 변화(electrocapillary curves)

향으로 내리미는 힘이 더욱 커지기 때문에 수은이 아래로 흘러버린다. 반대로 수은 표면이 올라가면 수은 기둥의 길이는 더욱 짧아져서 결국에는 수은 면이 수은 저장소로 올라가 버린다. 모세관 현상 때문에 생긴 힘과 중력 때문에 생긴 힘 사이에는 안정한 역학적인 평형이 없기 때문에 수은 표면의 위치가 정지하지 않아서 실험이 불가능하다[2]. 한 가지 해결 방법은 모세관의 내부 구멍이 아래로 내려올수록 안쪽 지름이 작아지는 모세관을 이용하는 것이다. 그런 모세관은 수은이 내려올수록 좁아진 모세관 때문에 수은주를 밀어 올리는 힘이 커져서(힘은 모세관 지름에 역 비례하므로) 역학적 평형 위치에 도달할 수 있도록 해준다. 이보다 더 좋은 방법은 모세관을 U-자형 관으로 만들고, 모세관의 열린 부분이 위쪽을 바라보도록 하는 것이다. 그러면 수은 기둥의 끝이 직선 아래 방향으로 놓인 모세관의 경우와 반대가 되므로 안정한 역학적 평형을 얻을 수 있다[3].

한편 측정된 수은 기둥의 높이를 계면 장력으로 환산할 수 있다. 그 계면 장력을 전위(퍼텐셜)에 대하여 그래프를 그린 것이 그림 3.2.3이다. 일반적으로 전하량 q는 전위, E에 따라 거의 비례($q = \mathrm{k}E$)하며, 계면 장력의 변화와 전하량의 관계는 $-d\gamma = qdE$이다. 따라서 γ는 E의 2차 함수이기 때문에 그림과 같이 포물선 모습을 나타낸다. 계

2) E. Gileady, *Electrode Kinetics for Chemists, Chemical Engineers, and Material Scientists*, VCH, 1993, p.245.

3) 이와 같은 U-자형 모세관으로 실험한 연구 보고서를 본 일은 없지만, 이 일에 관심이 있는 사람들이 이런 제안을 실험해 본다면 성공할 수 있을 것이다.

면 장력이 최대가 되는 점을 **전기 모세관 극대점**(electrocapillary maximum)이라고 한다. 이 점에서 q는 0이기 때문에 이것에 일치하는 전위를 **영전하 전위**(potential of zero charge)라고 한다. 그림에서 영전하 전위인 E_z보다 높은 전위에서는 수은의 표면은 (+) 전하를 띠고, 용액 쪽에 있는 (−) 전하를 띤 음이온들이 수은 표면 가까이 모이게 된다. 반대로 E_z보다 낮은 전위에서는 수은 표면은 (−) 전하를 띠고 용액 쪽에는 (+) 전하를 띤 양이온들이 수은 전극 표면 가까이 모이게 된다. 그림에서 보는 것처럼 수은 전극의 영전하 전위는 1 M NaF 용액에서 약 −0.20 V(vs. SHE)이며, 1 M NaCl 용액에서 약 −0.27 V이다. 수은 전극을 비롯한 몇몇 금속의 영전하 전위는 용액의 구성 성분에 따라 달라진다는 것을 알 수 있다(표 3.1).

F^- 이온을 제외한 할로겐 음이온들(Cl^-, Br^-, I^-)은 전극에 접촉(contact) 흡착(특이 흡착)하는 경향이 크다. 만약에 이런 음이온들이 수은 전극 표면에 흡착이 되면 전극에 (+) 전하를 유도하게 될 것이다. 따라서 접촉 흡착이 일어날 때는 그렇지 않을 때보다 전극의 전위를 더 (−)로 만들어야 전극의 전하를 0으로 유지할 수 있을 것이다. 그러므로 접촉 흡착의 경향이 큰 음이온이 포함된 전해질 용액에 담긴 수은 전극의 영전하 전위는 더욱 (−) 값을 나타낸다. 흡착 경향이 클수록 전하 이동의 크기는 더 커지며, 동시에 곡선의 최대점에 대응되는 전위 역시 (−) 방향으로 이동되는 것을 관찰할 수 있다. 그러나 크기가 작은 양이온들과 SO_4^{2-} 이온 및 ClO_4^- 이온 등은 접촉 흡착(특이 흡착) 정도가 약하다.

몇 가지 금속 전극의 영전하 전위를 표 3.1에 나열하였다. 금속마다 각각 영전하 전

표 3.1 몇 가지 금속 전극의 영전하 전위[4)]

금속/전해질	E_z/V vs. SHE
Hg/0.1 ~ 1 M NaF	−0.192
Hg/0.01 M KCl	−0.205
Hg/0.1 M KCl	−0.225
Hg/0.1 M KBr	−0.293
Hg/0.1 M Kl	−0.451
Ga/1 M $NaClO_4$ + 1 M $HClO_4$	−0.62
Au/0.02 M Na_2SO_4	0.23
Au(110)/10^{-3} M $HClO_4$	0.24
Pt/10^{-3} ~ 10^{-2} M H_2SO_4	0.2

4) R. S. Perkins and T. N. Andersen, Potentials of Zero Charge of Electrodes, in *Modern Aspects of Electrochemistry, No. 5*, J. O'M. Bockris and B. E. Conway, eds., Plenum, 1969.

위가 다르며, 금속이 고체일 경우에는 결정면에 따라 영전하 전위도 다를 것이라고 예측할 수 있다. 그러나 액체 금속(수은, 갈륨)의 영전하 전위와는 달리 고체 금속의 영전하 전위는 측정하기도 어렵고, 그 측정값도 부정확하여 정확도가 낮다. 수은 전극의 경우에 흡착 경향이 거의 없는 F^- 이온이 포함된 NaF 용액에서 관측되는 영전하 전위는 흡착 경향이 심한 Cl^-, Br^-, I^- 이온이 포함된 KCl, KBr, KI 용액에서 관측되는 영전하 전위보다 높다. 음이온의 흡착이 일어나면 영전하 전위는 더욱 (−) 전위로 이동하며, 농도가 진할수록 전위 이동의 크기는 더 커진다. 같은 농도의 KCl, KBr, KI 용액의 경우에는 흡착이 강한 I^- 이온이 포함된 용액에서 수은 전극의 영전하 전위가 가장 낮다는 것을 표에서도 확인할 수 있다.

한편 영전하 전위를 전극 전위의 기준으로 삼기도 한다. 하나의 전극 전위에서 그 전극의 영전하 전위를 빼서 얻은 전위 값을 **정규 전위**(rational potential)라 한다. 보통 어느 한 전극의 전위 값은 기준전극에 따라 달라진다. 그런데 정규 전위를 사용하면 그런 불편을 없앨 수 있고, 어느 정도 합리적인 기준으로 삼을 수도 있다. 그러나 정규 전위가 흔히 사용되는 것은 아니다.

전극 표면층과 그것에 밀착된 용액층에 전하가 있으면 그 사이에 전기장이 발생된다. 두 층은 서로 반대 부호의 전기를 가지며, 두 층 간의 거리는 1 nm 이하로 짧아서 전기장의 세기는 엄청나게 크다. 만약에 두 층 사이의 전위차가 1 V이고, 두께가 1 nm라고 한다면, 두 층 간에 걸려 있는 전기장의 세기는 $10^9\ Vm^{-1}$가 될 것이다. 이렇게 큰 전기장이 걸려 있고 동시에 그 전기장의 세기가 변화하는 환경은 이중층을 구성하는 용매의 구조 및 전자 전달 반응 등에 큰 영향을 미친다.

3.2.2 계면의 축전 용량

전기 이중층의 축전 용량(커패시턴스)은 $C' = dQ/dE$로 정의한다. 전하량(Q)이 퍼텐셜(E)에 따라 직선적으로 변한다면 어느 퍼텐셜 구간에 대한 전하량의 변화인 $\Delta Q/\Delta E$로 축전 용량을 정의할 수 있었을 것이다. 여기서 $\Delta Q/\Delta E$를 적분 커패시턴스라 부른다. 그러나 Q는 E에 따라 직선적으로 변하지 않기 때문에 전위 값에 따른 커패시턴스인 **미분 커패시턴스**(differential capacitance, $C' = dQ/dE$)로 정의해야 한다. 그러므로 단위 면적당 전하량($q = Q/A$)을 이용하고, 미분 커패시턴스를 C라고 하면 $C = dq/dE$이다. 따라서 영전하 전위와 커패시턴스를 측정하면 임의로 선택한 전위 E에서 전하량과 계면 장력을 계산할 수 있다. 단위 면적당 전하량(q)은 영전하 전위 E_z로부터 E까지 적분을 하면 얻는다.

$$q = \int_{E_z}^{E} C\,dE \tag{3.2.16}$$

이 식과 식 (3.2.13) 및 (3.2.14)을 이용하여 정리하면 다음과 같은 식을 얻는다.

$$\begin{aligned} \gamma &= \gamma^{\circ} - \int_{E_z}^{E} q\,dE \\ &= \gamma^{\circ} - \int_{E_z}^{E}\int C\,(dE)^2 \end{aligned} \tag{3.2.17}$$

전극 표면과 용액으로 이루어진 이중층에 전하를 띤 입자 혹은 이온이 모여들면, 같은 전하끼리 반발로 인해서 그 표면은 넓어진다. 이는 계면(표면) 장력이 감소할 때 나타나는 현상이다. 그림 3.2.3에서 보듯이 계면 장력이 최대인 점은 겉보기 전하가 0이 되는 전위와 일치한다. 그러므로 영전하 전위보다 낮은 전위 영역 혹은 높은 전위 영역에 있는 수은의 계면 장력은 영전하 전위에 있는 수은의 계면 장력보다 작을 수밖에 없는 것이다.

같은 전하의 반발로 발생되는, 표면을 넓히는 힘은 표면 장력에 반대로 작용하는 힘이다. 이 힘이 영전하 전위보다 높은 전위 혹은 낮은 전위에서 표면 장력이 낮아지는 원인이 된다. 식 (3.2.14)와 커패시턴스의 정의로부터 커패시턴스는 전위에 대한 계면 장력의 2차 미분 함수로 표현할 수 있다.

$$C = -\left(\frac{\partial^2 \gamma}{\partial E^2}\right)_{\mu} \tag{3.2.18}$$

보충자료 **전기화학적 '수은 심장'**

시계 접시에 묽은 산을 붓고, 수은이 산에 충분히 잠길 정도의 양을 놓으면 마치 수은 방울이 산 용액에 잠긴 것처럼 보인다. 이때 수은 방울의 가장자리에 철사(혹은 쇠못)를 놓으면 수은 덩어리가 꿈틀거리는 운동을 반복한다. 이런 수은 방울의 진동은 상당히 오랫동안(몇십 분) 계속되며, 그 움직임의 모습이 마치 심장이 뛰는 것과 닮았다고 하여 '수은 심장(mercury beating heart)'이라고 부르기도 한다. 이것은 학생들을 위한 시범 실험으로 오랫동안 이용해 왔으며, 그 작용 메커니즘에 대한 연구는 근래에도 계속되었다[5].

---

5) J. Keizer, P. A. Rock, S.-W. Lin, *J. Amer. Chem. Soc.* **101**, 5637 (1979); D. Anvir, *J. Chem. Educ.* **66,** 211 (1989), *ibid.* **67**, 753 (1990).

저자들은 연구실에서 실험과 관찰을 하기 쉬운 장치를 고안하였다. 그림 3.2.4에 나타낸 것처럼 유리 접시 대신 둥근 바닥 플라스크를 사용하였고, 쇠못 대신 끝부분이 S 자형으로 구부러지고 끝이 날카로운 쇠 막대를 사용하여 실험하였다. 수은 심장의 메커니즘에 대한 이해가 보다 명확해졌고, 진동이 일어나는 현상은 전기 모세관 현상과 직접 관계가 있다. 수은의 표면 장력이 변함에 따라 수은 덩어리 전체가 수축과 이완을 반복하는 것이다. 수은은 표면 장력이 큰 액체이다. 따라서 플라스크 밑바닥에 놓인 수은 방울(덩어리)은 표면을 최소화하려고 움츠러든 상태이며, 플라스크의 밑바닥에 모여 있어서 마치 둥글납작한 구처럼 보인다. 묽은 질산 용액에 담긴 철사의 표면은 산화되며, 그것은 다음 식과 같은 반응으로 나타낼 수 있다.

$$Fe \rightarrow Fe^{2+} + 2e^{-}$$

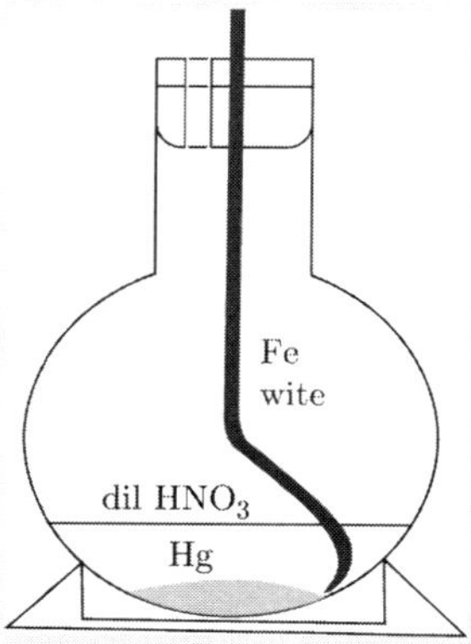

그림 3.2.4 '수은 심장'을 위한 실험장치

그 결과 철사 표면은 부식이 되고, 전자가 발생되어 철은 (−) 전기를 띤 상태가 된다. 한편 같은 산성 용액에 녹아있는 산소는 수은 표면에서 환원되며, 그 반응은 다음과 같다.

$$O_2 + 2H^{+} + 2e^{-} \rightarrow H_2O_2$$

따라서 수은 표면은 전자가 부족하게 되어 (+) 전기를 띤 상태가 된다. 질산 이온의 환원과 같은 환원 반응들이 진행되면 수은의 표면 장력이 감소한다. 이때 움츠러든 모양을 한 수은 방울은 펑퍼짐하게 퍼지면서 수은 방울 근처에 놓인 철사에 닿게 된다. 수은 덩어리와 철사가 서로 접촉되는 순간 두 금속이 띠고 있던 극성이 반대인 전하는 서로 중화된다. 이때 수은 방울의 표면 전하는 다시 본래대로 줄어들기 때문에 수은 방울의 표면 장력이 커진다. 그렇다면 수은 방울이 본래의 움츠러든 상태로 되돌아가기 때문에 수은 방울과 철사의 접촉이 끊어진다. 그후 철의 부식 반응과 수은 표면에서 산소의 환원 반응이 다시 진행되면 앞서 설명한 과정이 반복되는 것이다. 실험 장치의 플라스크 마개의 구멍은 공기(O_2)가 계속 공급되기 위해 필요한 것이다.

질산에 약간의 중크로뮴산 염을 넣고 실험을 한 적이 있다. 이 조건에서는 수은 표면에 눈에 보이는 막이 형성되는데, 그것이 메커니즘의 핵심인 듯 잘못 인식되기도 하였다. 그러나 중크로뮴산 이온 혹은 질산 이온이나 산소와 같이 환원될 수 있는 화학종이 반드시 포함되어야 한다는 것이 진동을 일으키는 필수 조건이다. 질산이나 중크로뮴산 이온이 환원되는 것이 도움은 될 수 있으나 이들의 환원 없이도 수은 방울의 맥동은 일어날 수 있다는 것이 확인됨으로써 결국 수은 표면에서 화학종의 환원과 철의 산화가 메커니즘의 핵심이라는 것이 확인되었다[6].

3.3 구이-채프먼 이론

3.1절에서 소개한 것처럼 구이-채프먼(Gouy and Chapman)은 각각 1910년과 1913년에 확산 이중층(diffuse double layer) 모형을 제안하였다. 그들이 제안한 전기 이중층은 전극층과 대립하는 전해질 용액층이고, 용액층에는 용액을 구성하고 있는 이온들이 점진적으로 불균일하게 분포되어 있다는 것이었다. 그들은 이 모형을 이용하여 전하와 전위(퍼텐셜)의 관계를 정량적 이론으로 서술하고 발전시켰다. 두 사람은 이론을 각자 독립적으로 발전시켰지만, 이들 이론의 공통점과 기본은 다음과 같다.

일반적으로 전기장 **E**는 전기 전위(ϕ, 퍼텐셜)의 위치에 따른 변화율 (1차원에서는 $d\phi/dx$)로 정의하며, 방향성을 지닌 벡터이다(부록 2 참조). 이를 수식으로 나타내면 다음과 같다.

$$\nabla \phi = -\mathbf{E}$$

$$\nabla = \mathbf{i}\frac{\partial}{\partial x} + \mathbf{j}\frac{\partial}{\partial y} + \mathbf{k}\frac{\partial}{\partial z} \tag{3.3.1}$$

(**i**, **j**, **k**는 각각 x, y, z축 방향의 단위 벡터)

또한 푸아송(Poisson) 법칙에 따르면, 전기장의 위치에 따른 변화율(1차원에서는 $d\mathbf{E}/dx$)은 단위 부피당 전하량인 전하 밀도 ρ에 비례한다. 따라서 위치에 따른 전위 변

---

6) C. Kim, I.-H. Yeo, and W. Paik, "Mechanism of the Mercury Beating Heart", *Electrochim. Acta*, **41**, 2829 (1996); J. O'M Bockris, A. K. N. Reddy, and M. Gamboa-Aldeco, *Modern Eletrochemisty*, 2nd Ed., Vol 2A, Plenum Publisher, 2000, p 1380.

화율과 전기장 변화율을 결합하여 식으로 나타내면 다음과 같다.

$$\nabla \cdot \mathbf{E} = -\nabla^2 \phi = \frac{\rho}{\epsilon} \qquad \text{푸아송(Poisson) 식} \tag{3.3.2}$$

$$\left[\text{참고,}\ \nabla^2 = \frac{\partial^2}{\partial x^2} + \frac{\partial^2}{\partial y^2} + \frac{\partial^2}{\partial z^2}\right]$$

여기서 ε은 **유전율**(permittivity)이다. 유전율은 진공의 유전율(ε_o)에 **유전 상수**(dielectric constant, ε_r)를 곱한 물리량으로, $\varepsilon = \varepsilon_r \varepsilon_o$이다. 만약에 이것을 전해질 용액에 대한 전위 및 전기장 변화율에 적용한다고 생각해 보자. 문제를 단순화하기 위해서 전극 표면을 평면으로 여기고, 전극 표면에 대해 수직 방향으로 뻗어 있는 1차원 전해질만을 대상으로 삼는다고 하자. 이와 같은 조건에서 푸아송(Poisson) 식을 1차원 전해질에 적용하면 다음과 같다.

$$-\frac{\partial^2 \phi}{\partial x^2} = \frac{\rho}{\epsilon} \tag{3.3.3}$$

또한 전하 밀도 ρ는 용액에 있는 양이온과 음이온들의 농도에 각각의 전하를 곱하고 그것을 모두 합친 양이 된다. 그것을 식으로 나타내면 다음과 같다.

$$\rho = F \Sigma z_i c_i \tag{3.3.4}$$

여기서 F는 패러데이 상수, z_i 및 c_i는 각각 이온의 부호가 포함된 전하 및 농도이다. 한편 계면과는 달리 계면에서 멀리 떨어져 있는 용액의 중심부(bulk)에서는 양이온과 음이온의 당량 농도가 같아서 전기중성이 유지된다. 즉 $\rho = 0$이다. 그러나 전극과 전해질이 접촉되어 형성된 계면의 근처에 있는 이온 분포는 전극의 전위 때문에 중심부의 이온 분포와는 다르다. 그곳에서 이온들의 농도는 **볼츠만**(Boltzmann) 분포를 따르며, 식으로 나타내면 다음과 같다.

$$c_i = c_i^{\circ} \exp\left(-\frac{z_i F \phi}{RT}\right) \tag{3.3.5}$$

식 (3.3.5)와 푸아송(Poisson) 식 (3.3.3)을 합치면 **푸아송-볼츠만**(Poisson-Boltzmann) 식이 된다.

$$-\frac{\partial^2 \phi}{\partial x^2} = -\frac{F}{\epsilon} \Sigma z_i c_i^{\circ} \exp\left(-z_i F \frac{\phi}{RT}\right) \tag{3.3.6}$$

한편 수학 정리를 사용하여, 식 (3.3.6)의 왼쪽 항을 다른 형태로 변경하면 다음과 같다.

$$\frac{1}{2}\frac{\partial}{\partial\phi}\left(\frac{\partial\phi}{\partial x}\right)^2 = \frac{\partial\phi}{\partial x}\frac{\partial}{\partial\phi}\left(\frac{\partial\phi}{\partial x}\right) = \frac{\partial^2\phi}{\partial x^2} \tag{3.3.7}$$

식 (3.3.7)과 식 (3.3.6)을 결합하고 정리하면 식 (3.3.8)의 첫 번째 식이 된다.

$$\begin{aligned}\frac{\partial}{\partial\phi}\left(\frac{\partial\phi}{\partial x}\right)^2 &= -2\frac{F}{\epsilon}\Sigma\, z_i c_i^\circ \exp\left(-\frac{z_iF\phi}{RT}\right)\\ \left(\frac{\partial\phi}{\partial x}\right)^2 &= \frac{2RF}{\epsilon}\Sigma\, c_i^\circ\left[\exp\left(-\frac{z_iF\phi}{RT}\right)-1\right]\\ \frac{\partial\phi}{\partial x} &= \left(\frac{2RF}{\epsilon}\Sigma\, c_i^\circ\left[\exp\left(-\frac{z_iF\phi}{RT}\right)-1\right]\right)^{1/2}\end{aligned} \tag{3.3.8}$$

여기서 식 (3.3.8)의 두 번째 식은 첫 번째 식을 적분한 결과이며, 식에 포함된 -1은 적분 상수이다. 적분 상수는 $\phi=0$일 때, $d\phi/dx$ 도 반드시 0이어야 되는 물리적 특성을 만족시키기 위한 것이다. 마찬가지 이유로 두 번째 식에서 세 번째 식으로 변경할 때 수학적으로는 $d\phi/dx$ 앞에 ±가 있어야 하지만, +일 때만 물리적 의미가 있어서 − 는 생략하였다.

한편 양이온과 음이온의 전하 크기가 같은 전해질 용액($z_+=-z_-=z$, 소위 $z-z$ 전해질)에서 거리에 따른 전위 변화율은 다음과 같이 나타낼 수 있다.

$$\begin{aligned}\frac{\partial\phi}{\partial x} &= \left(\frac{2RTc}{\epsilon}\right)^{1/2}(e^{-\alpha}+e^{\alpha}-2)^{1/2}\\ &= \left(\frac{2RTc}{\epsilon}\right)^{1/2}(e^{-\alpha/2}-e^{\alpha/2})\end{aligned} \tag{3.3.9}$$

$$\left[\text{참고},\ \alpha=\frac{zF\phi}{RT}\right]$$

여기서 z는 +이므로, $d\phi/dx$ 와 ϕ는 서로 부호가 반대로 되어야 물리적 의미를 갖기 때문에 제곱근의 +만을 선택하였다. 전위 변화율과 전위의 부호가 뒤바뀌어도 등식은 성립된다. 따라서 전극 면에서 수직 방향으로 멀어진 거리에 따른 퍼텐셜 변화율은 다음과 같은 식으로 나타낼 수 있다.

$$\frac{\partial\phi}{\partial x} = -2\left(\frac{2RTc}{\epsilon}\right)^{1/2}\sinh\left(\frac{zF\phi}{2RT}\right) \tag{3.3.10}$$

그런데 식 (3.3.1)에 따르면 전기장의 세기 E_x는 $-d\phi/dx$ 이다. 이온들이 전해질 용액에서 전극으로 가장 가까이 접근할 수 있는 거리를 $x = x_o$라고 할 때, 그 위치에서 전기장 E_o와 퍼텐셜 ϕ_o은 다음과 같은 관계를 갖는다.

$$E_o = 2\left(\frac{2RTc}{\epsilon}\right)^{1/2} \sinh\left(\frac{zF\phi_o}{2RT}\right) \tag{3.3.11}$$

한편 전극 면과 용액의 층이 형성하는 전기 이중층은 마치 축전기에서 마주하는 두 개의 전극 판과 같다고 볼 수 있다. 따라서 E_o와 전기 이중층의 단위 면적당 전하량 q_d 사이에는 $E_o = -q_d/\epsilon$의 관계가 있다(부록 2). 그러므로 q_d는 다음과 같다.

$$q_d = -2(2RTc\epsilon)^{1/2} \sinh\left(\frac{zF\phi_o}{2RT}\right) \tag{3.3.12}$$

실온에 놓인 수용액의 일반적인 조건인, $T = 298$ K, $\epsilon = 78\ \epsilon_0$, $\epsilon_0 = 8.854 \times 10^{-12}$ J^{-1} m^{-1} C^2와 농도 c의 단위를 mol m^{-3}에서 mol L^{-1}로 변경(c =1000 c')하고 각각을 식 (3.3.12)에 대입하면 다음 관계를 얻는다.

$$\begin{aligned} q_d &= -0.117\sqrt{c'}\ \sinh(19.47 z\phi_o)\ \mathrm{C\ m^{-2}} \\ &= -11.7\sqrt{c'}\ \sinh(19.47 z\phi_o)\ \mu\mathrm{C\ cm^{-2}} \end{aligned} \tag{3.3.13}$$

이것은 이온들이 확산 이중층에 분산되어 있을 때 얻을 수 있는 단위 면적당 전하량 (q_d)이다. 이 전하량은 또한 확산 이중층이 시작되는 x_o에서 끝나는 곳(∞)까지 전하 밀도(ρ)를 적분해서 얻은 값과 동일하기 때문에 다음과 같이 나타낼 수 있다.

$$q_d = \int_{x_o}^{\infty} \rho\, dx \tag{3.3.14}$$

만일에 특이 흡착이 일어날 경우에는 확산 이중층의 전하량 q_d뿐 아니라 특이 흡착된 이온들로 이루어진 내부 접촉층의 전하 밀도, q_i도 생각을 해야된다. 이 두 종류의 전하 밀도를 더한 전하량은 전극의 전하 밀도 q와 같고 부호는 반대이다. 따라서 전극의 전하 밀도 q와 전해질 용액이 나타내는 총 전하 밀도 $(q_i + q_d)$는 다음과 같은 관계가 된다.

$$q = -(q_i + q_d) \tag{3.3.15}$$

식 (3.3.15)는 전극이 띠는 전하와 전극과 접촉된 전해질 용액의 전하 층에 있는 총 전하는 전기중성(electroneutrality)을 유지한다는 사실을 수식으로 표현한 것이다. 이 식은 전극의 전위의 크기와 상관없이 항상 엄밀하게 적용할 수 있다.

3.4 전기 이중층의 커패시턴스

축전기의 커패시턴스는 퍼텐셜 변화에 대한 전하량의 변화율이다. 확산 이중층 역시 하나의 축전기처럼 생각할 수 있으므로, 확산 이중층의 단위 면적당 커패시턴스 C_d는 $C_d = (\partial q_d / \partial \phi_o)$로 표현할 수 있다. 이것과 앞 절의 구이-채프먼(Gouy-Chapmann) 이론에 따라서 확산 이중층의 전하량을 나타낸 식 (3.3.12)를 결합하면 C_d는 다음과 같은 식으로 나타낼 수 있다.

$$C_d = zF\left(\frac{2c\epsilon}{RT}\right)^{1/2} \cosh\left(\frac{zF\phi_o}{2RT}\right) \tag{3.4.1}$$

실온(25°C)에 있는 수용액에 대한 일반적인 값들($T = 298$ K, $\epsilon = 78\ \epsilon_0$, $\epsilon_0 = 8.854 \times 10^{-12}$ J^{-1} C^2 m^{-1})을 식 (3.4.1)에 넣고 계산한 C_d는 다음과 같다.

$$\begin{aligned} C_d &= 2.28\sqrt{c'} \cosh(19.47 z\phi_o)\ \text{C V}^{-1}\ \text{m}^{-2} \\ &= 228\sqrt{c'} \cosh(19.47 z\phi_o)\ \mu\text{F cm}^{-2} \\ &\quad [\text{참고},\ T = 298\ \text{K},\ \epsilon = 78\ \epsilon_0] \end{aligned} \tag{3.4.2}$$

이 함수를 그림으로 나타내면 그림 3.4.1과 같다.

한편 $\cosh(x)$의 크기는 $x = 0$일 때 최솟값 1이며, 그 외의 $x > 0$, 또는 $x < 0$에 대하여는 x의 절댓값에 따라 급격히 증가한다. 만일 위의 커패시턴스 식이 전기 이중층의 커패시턴스를 나타낸다면 1 M 용액의 경우에 $\phi_o = 0$에서는 $C_d = 228\ \mu$F cm^{-2}의 값을 나타낸다. 그러므로 $\phi_o = 0$가 아닐 때 커패시턴스 값은 228 μF cm^{-2}보다 크며, ϕ_o의 절댓값이 커질수록 커패시턴스 값은 급격히 증가할 것이라고 예상할 수 있다.

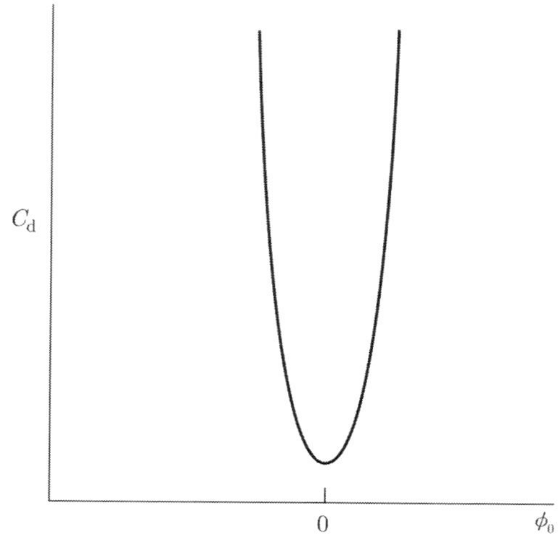

그림 3.4.1 구이-채프먼(Gouy-Chapmann) 식에 따른 전기 이중층의 커패시턴스

그런데 실험으로 측정된 커패시턴스 값은 농도에 별로 상관없이 10 ~ 30 μF cm^{-2}의 값을 나타낸다. 또한 퍼텐셜의 변화에 대한 커패시턴스의 크기 의존 역시 위 식과는 달리 완만하게 변화한다. 이런 사실을 뒷받침하는 실험 자료들은 그레이엄(Grahame)이 수은 전극을 사용하여 연구한 결과를 중심으로 정리된 것이며, 그 중 대표적인 것을 그림 3.4.2에 나타내었다[7].

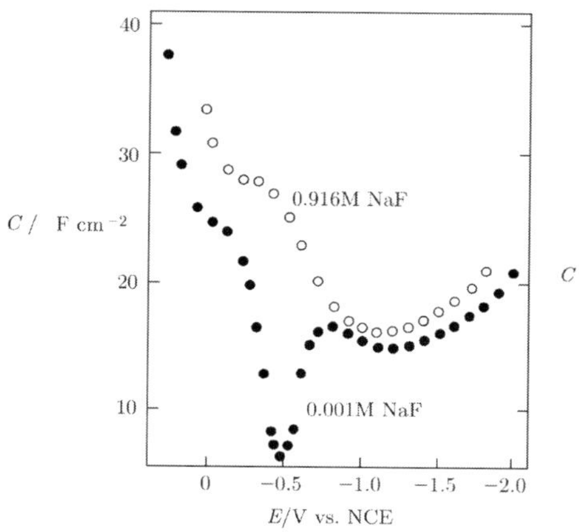

그림 3.4.2 NaF 용액과 수은 전극이 접촉된 계면에 대한 전기 이중층 커패시턴스의 변화. 묽은 용액(0.001M)과 진한 용액(0.916M)의 경우.

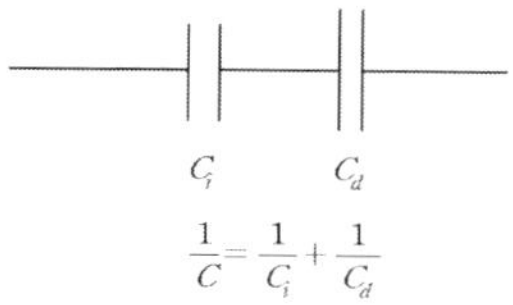

그림 3.4.3 직렬로 연결된 2개의 커패시터: 전기 이중층의 커패시터 모델

7) D. C. Grahame, *Chem. Rev.*, **41**, 441(1947); P. Delahay, *Electrical Double Layer and Electrode Kinetics*, Wiley, 1965.

그림에서 볼 수 있는 것처럼 아주 묽은 용액(예: 0.001 M NaF)의 경우가 아니면 전위에 따른 커패시턴스의 변화는 그리 급격하지 않다. 이론적으로 예측한 커패시턴스는 전기 이중층을 이온의 확산 이중층만을 고려하여 계산한 것이기 때문이다. 전기 이중층을 보다 현실에 맞는 모델을 이용하여 계산하면 실험 자료에 근접한 값을 얻을 수 있을 것이다. 다시 말해서 앞서 계산한 이론 커패시턴스 값은 확산 이중층만을 고려한 것이며, 보다 구체적인 전기 이중층 모델을 고려하여 커패시턴스 값을 계산하는 것이 타당하다고 생각할 수 있다.

3.1절에서 설명한 바와 같이 전기 이중층은 내부의 조밀 이중층과 외부의 확산 이중층이 맞대어 있다고 볼 수 있다. 이런 형태는 마치 2개의 축전기들이 직렬로 연결된 모델로 생각할 수 있다(그림 3.4.3).

확산 이중층에 대한 커패시턴스를 C_d, 조밀 이중층에 대한 커패시턴스를 C_i 라 하고, 만약에 두 종류의 커패시터가 직렬로 연결되었다면 전기 이중층에 대한 총 커패시턴스 C 는 다음과 같다.

$$\frac{1}{C} = \frac{1}{C_i} + \frac{1}{C_d} \qquad (3.4.3)$$

식 (3.4.3)을 이용해서 C_i의 크기를 어림짐작으로 계산해 볼 수 있다. 조밀 이중층의 두께는 약 3 Å, 유전상수 ϵ_r은 약 6으로 보는 것이 타당하다(ϵ_r이 물 내부의 유전 상수인 70~80보다 작게 보는 이유는 전기장이 세고 전극 수화의 영향을 받는 이중층에서는 물 분자 쌍극자들이 전기장에 따라 회전하는 것이 쉽지 않고, 뭉치를 이루지도 않고 개별적으로 움직이기 때문이다). 그 결과 C_i의 크기는 $6 \times 8.85 \times 10^{-12}$ C m^{-1} V^{-1} $/3 \times 10^{-10}$ m = 0.18 F m^{-2}, 즉 18 μF cm^{-2} 정도이다(부록 2 참조). 이 값은 구이-채프먼의 이론으로 계산한 값보다 월등히 작고 실험값에 가깝다. 직렬로 연결된 2개의 축전기에 대한 전체 커패시턴스의 크기는 작은 크기의 커패시턴스의 크기와 비슷하므로 실험값의 크기가 이해가 된다. 아주 묽은 용액에서는 $\phi_o = 0$ 근처에서 C_d값이 0에 가까워지므로 전체 커패시턴스도 작아진다. 이것은 그림 3.4.1의 경우와 같이 묽은 용액에서 커패시턴스가 날카로운 최솟값으로 나타나는 이유를 잘 설명할 수 있다. 이 최솟값이 나타나는 전극 퍼텐셜이 $\phi_o = 0$인 퍼텐셜, 즉 영전하 전위인 것이다. 그러므로 내부 이중층에 이온의 접촉 흡착이 없는 경우 전위에 따라 커패시턴스를 측정하는 것은 영전하 전위를 구하기 위한 유용한 실험이다. 예를 들어 하나의 전해질 농도에서 C_d는 구이-채프먼 이론(식 (3.4.1))으로 계산할 수 있다. 따라서 이 계산 값, C_d와 측정한 C를 식 (3.4.3)에 넣으면 C_i를 구할 수 있다. 이런 방법으로 구한 C_i와 식

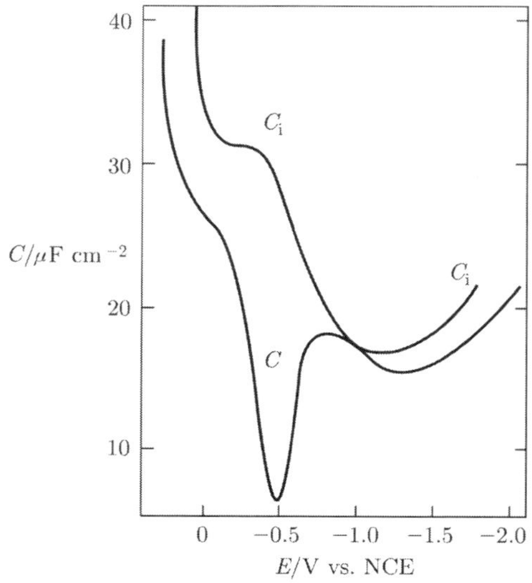

그림 3.4.4 계산된 전기 이중층 커패시턴스의 성분 C_i 와 C

(3.4.2)를 이용하여 여러 농도에서 계산한 C_d 값을 이용하면 전체 커패시턴스 C를 계산할 수 있다. 그림 3.4.4에 나타낸 C_i와 C의 곡선은 0.001 M NaF 용액에 대해서 이와 같은 과정을 거쳐 얻어진 것이다.

C_d는 농도에 따라서 많이 달라지지만 C_i는 농도에 거의 상관이 없다는 것이 밝혀졌다. 따라서 그레이엄(Grahame)은 하나의 농도에 대한 C 값으로부터 다른 농도의 C 값들을 구하였고, 그것이 실험값과 잘 일치함을 보여줄 수가 있었다. 그림 3.4.4의 C_i는 그림 3.4.2의 진한 용액의 커패시턴스 곡선과 닮은 모양이고 C는 묽은 용액에서 측정된 커패시턴스 곡선과 닮았다는 것을 알 수 있다.

지금까지 전기 모세관 현상과 커패시턴스 데이터를 전기 이중층의 모델을 사용하여 설명할 수 있다는 것을 보여 주었다. 그런데 이 모델은 전위가 금속 표면에서 불연속적으로 급격히 변화한다는 것을 가정한 것이다. 그러나 1980년대에 들어서서 전위가 불연속적으로 급격하게 변한다는 것은 사실과 다르다는 의견이 제시되었다. 금속 표면에서 금속의 파동 함수는 표면에서 갑자기 끊어지는 것이 아니고 용액 영역으로 약간은 연장되므로 전자의 분포 역시 용액의 일부 영역까지 연장될 것이다. 따라서 전위의 변화는 금속 면의 안팎으로 1 Å 정도의 범위 안에서 점진적으로 변하는 모델이 타당하다는 주장이 설득력을 얻게 되었다. 이 모델을 **젤리움(jellium) 모델**이라고 한다[8].

8) J. Goodisman, *Electrochemistry: theoretical foundations*, Wiley, 1987.

3.5 중성 분자들의 흡착

전극-전해질 계면에 전기적으로 중성인 유기 분자들이 흡착하는 것은 대체로 영전하 전위 근처에서 일어나는 현상이다. 영전하 전위로부터 멀리 떨어진 전위에서는 전하를 가진 이온들의 흡착이 강력하기 때문에 전기적으로 중성인 분자들은 전극 면을 차지하는 경쟁에서 밀려나기 때문이다. 중성 분자들이 흡착하는 경우에도 그 흡착량(표면 과잉)에 비례하여 계면 장력은 감소한다. 그 결과, 전기 모세관 현상 곡선의 최고점 근처가 전체적으로 낮아지고 심지어 펑퍼짐한 모양으로 나타난다(그림 3.5.1). 흡착량과 계면 장력의 상호관계는 물론 흡착량과 전극 전위의 상관관계도 유기 분자의 전극 반응 속도에 중요한 영향을 미친다.

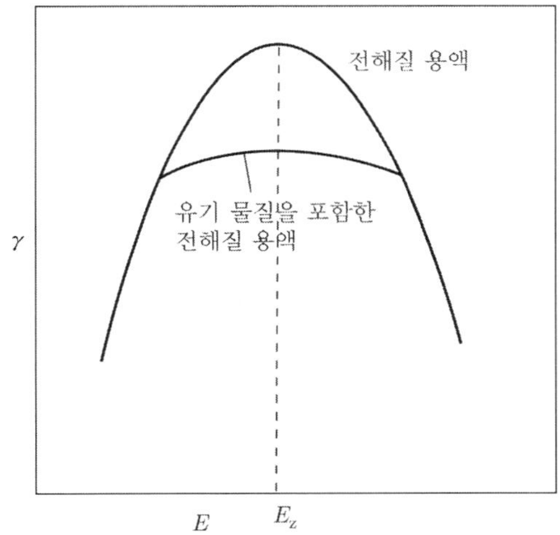

그림 3.5.1 유기 분자의 흡착이 일어났을 때 예상되는 전기 모세관 현상 곡선의 모양

참고문헌

1. D. C. Grahame, The Electrical Double Layer and The Theory of Electrocapillarity, *Chem. Rev.*, **41**, 441 (1947).
2. P. Delahay, *Electrical Double Layer and Electrode Kinetics*, Wiley, 1965. Part 1.
3. R. Parsons, Electrical Double Layer: Recent Experimental and Theoretical Developments, *Chem Rev*. **90**, 813 (1990).
4. R. Parsons, *Modern Aspects of Electrochemistry*, No. 1, Chapt. 3, Butterworth, 1954.

연습문제

1. 깁스-리프먼(Gibbs-Lippmann) 식과 전기 모세관 곡선(electrocapillary curve) 사이의 관계와 응용에 관하여 설명하라.

2. 다음은 1 M CsCl 용액에 담겨 있는 수은 전극의 계면 장력을 전위에 따라 나타낸 것이다. (a) 영전하 전위를 찾아라. (b) -0.2 V와 -0.6 V에서의 수은 표면 전하 밀도를 구하라.

$-E$/V vs. SCE	0.1	0.2	0.3	0.4	0.5	0.6	0.7	0.8
γ/N m^{-1}	0.376	0.397	0.411	0.419	0.423	0.420	0.414	0.406

답 (A) -0.50 V; (B) at -0.2V $q = 0.175$ C m^{-2} or 17.5 μC cm^{-2} ;
at -0.6V $q = -0.06$ C m^{-2} or -6 μC cm^{-2}

3. 어떤 전해질 용액에 있는 수은 전극의 계면 장력(γ)의 전위에 따라 변하는 정도인 변화율이 $\frac{d\gamma}{dE} = -110$ mN m^{-1} V^{-1}이라고 한다면, 수은 표면의 전하 밀도는 얼마나 되는가?

답 $q = 0.11$ C m^{-2} 또는 $q = 11$ μC cm^{-2}

4. 어느 금속과 전해질이 형성하는 계면의 축전 용량(capacitance)은 30 μF cm^{-2}로 일정하고, 영전하 전위(0.23 V vs. SHE)에서 계면 장력이 560 mN m^{-1}라고 할 때 계면 장력의 전위에 따른 변화를 스케치하라.

5. 어떤 전해질 용액에 있는 전극의 미분 커패시턴스는 소량의 n-heptane을 첨가하면 영전하 전위의 양쪽에서 뾰족한 극댓점들을 보인다. 그 이유를 해석하라.

4장

전극 반응의 속도

전기화학 반응은 전극 표면에서 진행되며 전자의 이동이 반드시 함께한다. 전자들이 일정한 시간 동안 이동하는 수가 많고 적음에 따라 전류의 세기가 달라진다. 전기화학 반응이 진행될 때 전류의 세기는 반응 속도에 그 반응과 관련되어 이동하는 전자수를 곱한 것과 같다. 그러므로 전기화학 반응 속도는 전류의 세기에 비례하므로 측정된 전류의 세기로 전극에서 진행되는 화학 반응의 속도를 나타낼 수 있다. 한편 전기화학 반응 속도는 전극의 전위에 의존한다. 왜냐하면 전류의 세기는 전극 전위에 따라 변하기 때문이다. 일반적으로 화학자들은 실험 환경에서 온도, 농도, 압력의 변화를 주어 관심 있는 화학 반응의 반응 속도를 조절한다. 그런데 일반적인 화학 반응과는 달리 전극에서 진행되는 화학 반응은 전극의 전위(혹은 전류)를 조절하여, 간편하고 신속하게 반응 속도를 조절하는 것이 가능하다. 심지어 전극에서 진행되는 화학 반응을 멈추게 하거나 혹은 역방향으로 진행되게 할 수도 있다. 이 장에서는 전극 반응의 속도가 전극 전위 혹은 다른 요인들 때문에 어떻게 변하고, 그것이 어떻게 결정되는지를 알아본다.

4.1 전압에 따라 변하는 전류의 세기

하나의 전극을 통해서 흐르는 전류의 세기는 그 전극의 전위에 따라 변한다. 전극에 걸어주는 전압의 크기를 변경하면, 해당 전극의 전위가 변한다. 전기화학 반응이 진행될 때 전극의 전위와 전류와의 상관관계를 흔히 사용하는 형식으로 나타내면 대체로 그림 4.1.1의 곡선과 같다. 그림에서 보듯이 전위가 평형 전위(E_{eq})에서 벗어나면 전류가 흐른다. 전류가 흐르지 않는 것처럼 보이는 전위를 평형 전위라 한다. 이 전위에서 전류가 0이 되는 이유는 산화 · 환원 반응이 전혀 진행되지 않거나 혹은 산화와 환원 반응의 진행 속도가 정확히 같기 때문이다. 한편 산화 전류는 평형 전위보다 전위가 높을수록, 환원 전류는 평형 전위보다 전위가 낮을수록 증가하며, 그 증가하는 크기와 모양은 전위에 따라 선형적으로 비례하지 않는다. 전류와 전위 사이의 관계를 나타내는 곡선의 모양(즉 전류 세기 i와 과전위 η의 함수 관계)은 다음 절에서부터 자세히 다룬다.

평형 전위 E_{eq}와 일정한 크기의 전류가 흐르는 전위 E는 차이가 있으며, 그 차이에 해당되는 전위를 **과전위**(過電位, overpotential 또는 overvoltage)라고 한다. 과전위는 보통 기호 η로 나타내며, $\eta = E - E_{eq}$이다. 그림 4.1.1에서 보듯이 전극에 흐르는 전류가 0이 되는 전위는 $E = E_{eq}$이므로, 이때는 $\eta = 0$ 이다. 또한 $\eta > 0$일 때는 산화 전류,

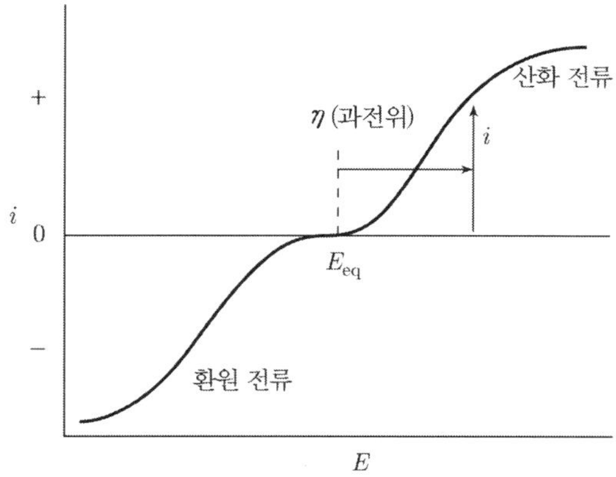

그림 4.1.1 전류 세기와 전압의 관계를 나타내는 개략도(IUPAC 규약: 산화 전류 +, 환원 전류 −로 표기)

$\eta < 0$일 때는 환원 전류가 흐른다. 그림에서처럼 과전위의 절댓값이 커질수록 전류의 세기는 커진다. 일반적으로 반응 속도를 높이려면 반응의 활성화 에너지를 낮추어야 한다. 전기화학 반응의 활성화 에너지를 낮추는 방법은 과전위를 증가시키는 것이다(**활성화 과전위**, activation overpotential). 일단 반응이 진행되면 반응에 참여하는 물질들의 농도가 변한다. 즉 반응이 진행되면 반응물과 생성물의 농도는 평형 전위에 있을 때 각각의 농도와는 다르다는 것이다. 반응이 진행되어 반응물이 감소하는 상황에서 일정한 속도로 반응을 진행시키려면 더 큰 과전위(**농도 분극 과전위**, concentration overpotential)를 걸어주어야 한다.

전극 반응에 적합한 용기에 담긴 전극에 전압 혹은 전류를 걸어주면 전극 표면에서 화학 반응이 진행된다. 반응이 진행되는 전극에 전압 혹은 전류를 걸어주는 장치를 **정전위기**(potentiostat)라고 부른다. 이름과 달리 정전위기는 전압 혹은 전류를 조절하는 기능도 갖추고 있다. 정전위기는 관심이 있는 화학 반응이 진행되는 전극(**작업전극**(working electrode), 또는 시험 전극(test electrode)이라고 함)과 상대가 되는 전극 (**상대전극**(counter electrode) 또는 **보조 전극**(auxiliary electrode)이라고 함) 사이에 전류가 흐르도록 하며, 기준전극으로는 전류가 전혀 흐르지 않도록 제작되어 있다. 실험을 진행할 때 기준전극은 작업전극에 되도록 가까이 놓는다. 이때 작업전극에 걸리는 전위는 기준전극의 전위와 비교한 상대적인 전위이다. 반응이 진행되기에 충분하고 일정한 전위가 작업전극에서 유지되면, 작업전극에서 발생된 전류는 정전위기의 회로와 상대전극을 통하여 흐른다. 작업전극의 전위에 따라 전류를 측정하려면, 일단 정전위기로 작업전극의 전위를 읽고 걸어주길 원하는 전위와 비교하여 2개의 전위가 서로 일치하

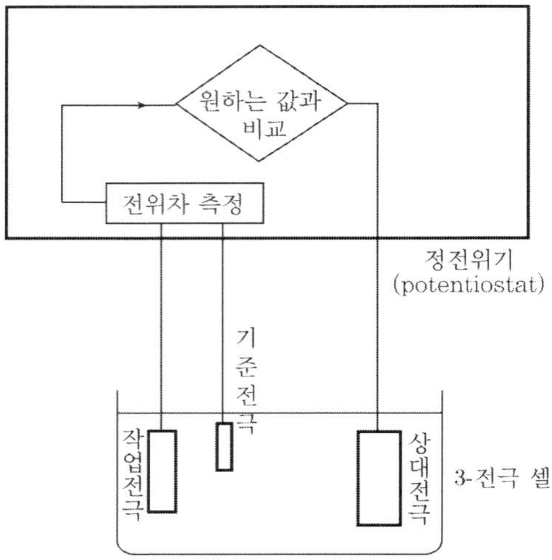

그림 4.1.2 전극 전위를 조절하는 실험의 개념도

도록 상대전극과 작업전극 사이를 흐르는 전류를 빠르게 조절하는 과정을 거친다. 정전위기는 이런 과정을 자동으로 할 수 있도록 설계 · 제작하였기에 간편하게 사용할 수 있다. 실험 방법과 장치의 구체적인 설명은 7장(연구 방법)에서 할 것이다. 이곳에서는 단순히 실험 장치의 전반적인 모습(그림 4.1.2)만 나타내었다. 이 그림은 실험에 필요한 작업전극, 상대전극, 기준전극을 갖춘 **3–전극 셀**과 정전위기의 연결 상태를 보여주고 있다.

4.2 전극 반응 속도와 활성화 과전위

일반적으로 전극 반응은 전극과 전해질 용액에 포함된 전기 활성종(electroactive species) 사이에 전자의 이동이 일어난다. 전기 활성종이란 전극 반응을 참여할 수 있는 모든 물질(분자 혹은 이온으로 이루어진 반응물과 생성물)을 말한다. 즉, 전기 활성종이 전극에 다가갈 수 있는 가장 가까운 위치까지 도달하면 전극에서 전자를 전달받거나 혹은 전기 활성종의 전자가 전극으로 전달될 것이다. 용액에 있는 전기 활성종의 대부분은 전극에서 멀리 떨어진 전해질 용액의 내부(bulk)에 있다. 그중 일부는 확산(diffusion), 대류(convection), 이동(migration)을 통해 전자를 주고받을 수 있는 전극과 전해질 용액이 형성한 계면까지 들고 난다(그림 4.2.1).

전자의 이동은 활성화 에너지(activation energy) 장벽을 넘어야 가능하다. 일반적인

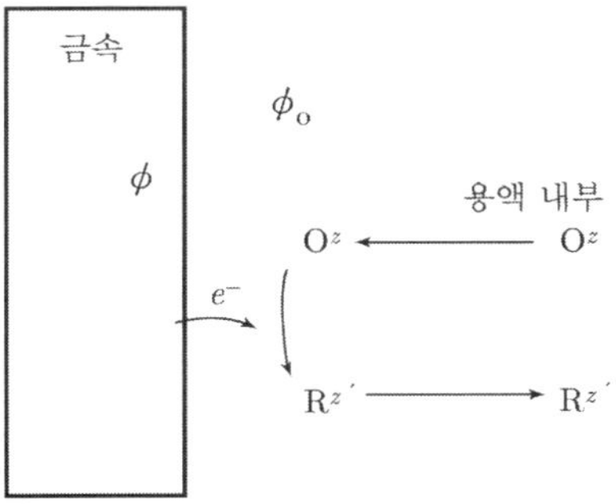

그림 4.2.1 전극과 용액이 접촉하고 있을 때 일어나는 전자 전달

화학 반응의 활성화 에너지는 열로 인한 분자의 운동 에너지 형태이지만, 전기화학 반응의 활성화 에너지는 전기 에너지가 더 크게 작용한다.

전기 활성종은 전극을 통해서 전자를 얻거나 잃을 수 있다. 환원은 전기 활성종이 전자를 얻는 것이며, 산화는 전기 활성종이 전자를 잃는 것이다. 전극 반응의 가장 큰 특징은 전극에 걸어준 전위에 따라 전기 활성종의 산화 혹은 환원이 모두 가능하다는 점이다. 산화 상태의 반응물을 O^z로, 환원상태의 생성물을 $R^{z'}$로 나타낼 때 두 상태의 산화 환원 반응은 다음과 같이 나타낼 수 있다.

$$O^z + n e^- \rightarrow R^{z'} : \qquad z' = z - n \tag{4.2.1}$$

위 반응에 전자가 참여하고 있다는 것은 결국 **전극 반응의 속도**를 전극에 흐르는 전류의 세기로 나타낼 수 있다는 것을 말해주고 있다. 위 반응에서 전자를 받아 환원되는 정반응을 생각해 보자. 전극 표면에서 전자를 받기에 적절한 위치(반응 위치)에 있는 O^z의 농도를 $[O]_e$, 반응의 속도상수를 k_c, 반응에서 이동하는 전자 수를 n이라 하면 환원 전류 i_c는 반응 속도 $k_c[O]_e$에 몰 당 전하량 nF를 곱한 것이므로 다음과 같은 식으로 나타낼 수 있다.

$$i_c = nFk_c[O]_e : \qquad k_c = k_c^{\infty} e^{-\frac{\epsilon_c^{\ddagger}}{RT}} \tag{4.2.2}$$

여기서 k_c^{∞}는 활성화 에너지 $\epsilon_c^{\ddagger}$가 0일 때 가상의 속도 상수이다.

반응할 수 있는 위치에 있는 O^z의 전위는 용액 내부(bulk)의 전위와 차이가 있다. 이 차이는 주로 전기 이중층이 원인이라고 볼 수 있다. 용액 내부의 전위와 비교하여 반응 위치의 상대적인 전기 퍼텐셜을 ϕ_o라 하면 전극 반응하기에 적절한 위치의 농도

$[O]_e$ 와 전극에서 떨어져 있는 내부 농도 [O]의 관계는 퍼텐셜 에너지 및 볼츠만 인자를 사용하여 다음과 같이 나타낼 수 있다.

$$[O]_e = [O]e^{-\frac{zF\phi_o}{RT}} \tag{4.2.3}$$

전극의 내부 전위(inner potential)를 ϕ라 하면 전하 이동에 대한 활성화 에너지($\epsilon_c^{\ddagger}$)는 전위와 상관이 없는 화학적인 부분($\epsilon_c^{\ddagger\circ}$)과 전위와 연관된 전기적인 부분 ($\alpha_c nF(\phi - \phi_o)$)으로 이루어져 있다고 볼 수 있다. 즉, 그것을 식으로 나타내면 다음과 같다.

$$\epsilon_c^{\ddagger} = \epsilon_c^{\ddagger\circ} + \alpha_c nF(\phi - \phi_o) \tag{4.2.4}$$

반응물과 생성물의 에너지가 반응 좌표에 따라 변하는 모양을 그림 4.2.2에 나타냈다. 그림을 분석해 보면 전극의 내부 전위 ϕ가 전자를 받는 반응물이 있는 위치의 내부 전위 ϕ_o 보다 $\Delta\phi(=\phi - \phi_o)$만큼 높아지면 전자 n개가 참여하는 반응물의 퍼텐셜 에너지는 $|nF\Delta\phi|$만큼 변한다는 것을 볼 수 있다. 만약 $\Delta\phi < 0$이면 전극의 내부 전위가 반응물의 내부 전위보다 더 낮은 경우이다. 그런데 (−) 전하를 띤 전자가 참여하기 때문에 계의 퍼텐셜 에너지는 오히려 높아지는 것이다. 그 결과 반응이 진행되는

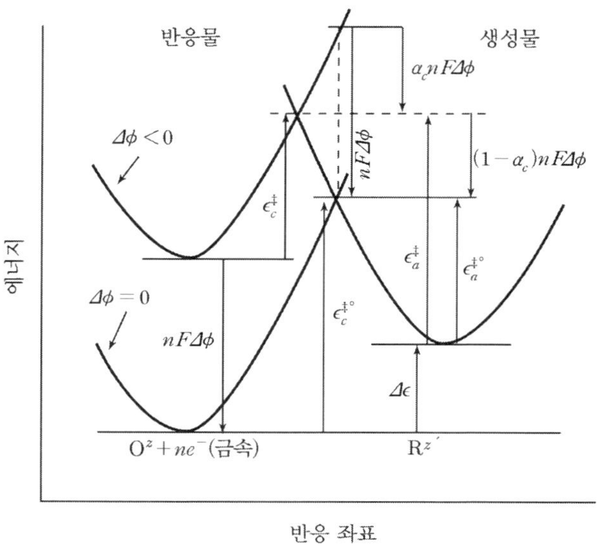

그림 4.2.2 전자 이동의 활성화 에너지와 전극 전위

방향의 활성화 에너지는 $\alpha_c nF\Delta\phi$만큼 더 낮아지는 효과가 있다. α_c는 $0 < \alpha_c < 1$의 범위에 있는 하나의 상수이며, 환원 반응에 대한 **전자 이동 계수**(transfer coefficient) 또는 **대칭 인자**(symmetry factor)라고 부른다. 단순한 환원 반응의 경우 α_c는 대체로 $\frac{1}{2}$인 경우가 많다(이동 계수와 대칭 인자를 서로 구별되는 개념으로 쓰기도 한다. 이것에 대해서 나중에 설명할 예정이다).

식 (4.2.2)와 식 (4.2.4)를 결합하면 다음 식을 얻는다.

$$k_c = k_c^{\circ\circ} \exp\left(-\frac{\epsilon_c^{\ddagger 0} + \alpha_c nF(\phi - \phi_o)}{RT}\right) \tag{4.2.5}$$

$\epsilon_c^{\ddagger o}$는 상수이고, 일정 온도에서 $\exp(-\epsilon_c^{\ddagger o}/RT)$ 역시 상수이므로 이것들을 k_c^{∞}와 결합하여 새로운 상수 $k_c^{o'}$로 나타내면 식 (4.2.5)는 다음과 같이 된다.

$$k_c = k_c^{o'} \exp\left(-\frac{\alpha_c nF(\phi - \phi_o)}{RT}\right) \tag{4.2.6}$$

식 (4.2.6)과 식 (4.2.3)을 결합하면 다음 식이 된다.

$$\begin{aligned} i_c &= nF[\mathrm{O}]k_c^{o'} \exp\left(-\frac{\alpha_c nF(\phi - \phi_o) + zF\phi_o}{RT}\right) \\ i_c &= nF[\mathrm{O}]k_c^{o'} \exp\left(-\frac{\alpha_c nF\phi}{RT}\right)\exp\left(\frac{(\alpha_c n - z)F\phi_o}{RT}\right) \\ i_c &= nF[\mathrm{O}]k_c^{o'} \exp\left(-\frac{\alpha_c nF\phi}{RT}\right)g \\ g &= \exp\left(\frac{(\alpha_c n - z)F\phi_o}{RT}\right) \end{aligned} \tag{4.2.7}$$

식 (4.2.7)의 g는 '반응 위치'의 퍼텐셜에 대한 보정 인자이며, 프룸킨(Frumkin) 인자라고도 부른다. 반응 위치는 대략 헬름홀츠(Helmholtz) 평면 근처라고 볼 수 있다. 전기 이중층의 설명에서 알 수 있듯이 ϕ_o는 작은 값이며 전극의 전위 ϕ에 따라 크게 변하지 않는다. 따라서 g 는 1과 크게 다르지 않은 일정한 값으로 볼 수 있다. 따라서 위 식을 근사적으로 표시해 보면 다음과 같다.

$$i_c = nF[\mathrm{O}]k_c^{\circ} \exp\left(-\frac{\alpha_c nF\phi}{RT}\right) \tag{4.2.8}$$

이것으로부터 환원 전류는 전극 전위가 낮아질수록 지수 함수적으로 커지는 것을 알 수 있다.

한편 위에서 설명한 환원 반응의 역반응인 산화 반응이 동일한 전극에서 진행될 수 있다.

$$R^{z'} \rightarrow O^{z} + ne^{-} : \qquad z' = z - n \tag{4.2.9}$$

이 산화 반응의 활성화 에너지 $\epsilon_a^{\ddagger}$에 미치는 $\Delta\phi$의 영향은 그림 4.2.2에 나타낸 것처럼 $(1-\alpha_c)nF\Delta\phi$이다. 또한 $\Delta\phi > 0$일 때 $\epsilon_a^{\ddagger}$가 감소하고, $\Delta\phi < 0$일 때 $\epsilon_a^{\ddagger}$가 증가하므로, 산화 반응에 대한 이동 계수($\alpha_a = 1 - \alpha_c$)를 도입하여 정리하면 다음과 같다.

$$\begin{aligned} \epsilon_a^{\ddagger} &= \epsilon_a^{\ddagger\circ} - (1-\alpha_c)nF(\phi - \phi_o) \\ &= \epsilon_a^{\ddagger\circ} - \alpha_a nF(\phi - \phi_o) \end{aligned} \tag{4.2.10}$$

한편 위의 환원 반응에 대한 식 (4.2.2), (4.2.3), (4.2.6), (4.2.7), 및 (4.2.8)과 대응이 되는 다음 식들, (4.2.11), (4.2.12), (4.2.13), (4.2.14), 및 (4.2.15)는 산화 반응에 해당한다.

$$i_a = nFk_a[R]_e : \qquad k_a = k_a^{\circ\circ} e^{-\frac{\epsilon_a^{\ddagger}}{RT}} \tag{4.2.11}$$

$$[R]_e = [R]e^{-\frac{z'F\phi_o}{RT}} \tag{4.2.12}$$

$$k_a = k_a^{\circ\prime} \exp\left(-\frac{\alpha_a nF(\phi - \phi_o)}{RT}\right) \tag{4.2.13}$$

$$i_a = nF[R]k_a^{\circ\prime} \exp\left(\frac{\alpha_a nF\phi}{RT}\right)g; \qquad g = \exp\left(\frac{(\alpha_c n - z)F\phi_o}{RT}\right) \tag{4.2.14}$$

산화수 변화에 대한 $z' = z - n$의 관계를 이용한 결과, 식 (4.2.14)에서 g 인자가 환원 반응의 경우와 동일하게 나왔다. 이 경우에도 g 인자를 생략하고 근사식으로 나타내면 다음과 같이 된다.

$$i_a = nF[R]k_a^{\circ} \exp\left(\frac{\alpha_a nF\phi}{RT}\right) \tag{4.2.15}$$

즉, 산화 전류는 전극 전위가 높아질수록 지수 함수적으로 증가하는 것을 알 수 있다. 지금까지 설명한 산화 전류 혹은 환원 전류는 전극 면적의 크기가 단위 표면에서 진행된 전극 반응에 관한 것이므로 당연히 단위 면적당 전류이다. 이것을 **전류 밀도**(current density)라고 한다. 전극 표면적을 A라 하고, 전류 밀도가 균일하다면, 전극 표면에 흐르는 총 전류 I는 전류 밀도 i에 A를 곱한 것이 될 것이다.

$$I = iA \tag{4.2.16}$$

4.3 전류-과전위 관계

하나의 전극에서 외부 회로로 흐르는 전류는 산화 전류와 환원 전류의 차이, 즉 $i = i_a - i_c$ 이다. 예를 들어 산화 전류와 환원 전류의 크기가 같다면 외부 회로로 흐르는 전류는 물론 0이고 반응계는 평형 상태에 도달한 것이다. 평형 상태에서 산화와 환원에 대한 각각의 전류 밀도의 크기는 같다. 이것을 **교환 전류 밀도**(exchange current density)라고 한다. 평형 상태의 전극 전위를 ϕ_e 라고 하면 위의 환원과 산화에 대한 각각의 관계식 (4.2.7)과 (4.2.15)로부터 교환 전류 밀도(i°)는 다음과 같이 나타낼 수 있다.

$$\begin{aligned} i^\circ &= i_{\mathrm{a}}^\circ = i_{\mathrm{c}}^\circ \\ i^\circ &= nF[\mathrm{R}]\mathrm{k}_{\mathrm{a}}^\circ \exp\left(\frac{\alpha_{\mathrm{a}} nF\phi_{\mathrm{e}}}{RT}\right) \\ &= nF[\mathrm{O}]\mathrm{k}_{\mathrm{c}}^\circ \exp\left(\frac{-\alpha_{\mathrm{c}} nF\phi_{\mathrm{e}}}{RT}\right) \end{aligned} \tag{4.3.1}$$

한편 과전위는 반응이 진행되는 전극의 전위와 평형 상태에 있는 전극의 전위와 차이, 즉 $\eta = \phi - \phi_e$이다. 이것과 식 (4.2.8) 및 식 (4.2.15)를 결합하면 환원 전류와 산화 전류를 교환 전류 밀도와 과전압의 함수로 나타낼 수 있다.

환원 전류:

$$\begin{aligned} i_{\mathrm{c}} &= nF[\mathrm{O}]\mathrm{k}_{\mathrm{c}}^\circ \exp\left(-\frac{\alpha_{\mathrm{c}} nF(\phi - \phi_{\mathrm{e}})}{RT}\right)\exp\left(-\frac{\alpha_{\mathrm{c}} nF\phi_{\mathrm{e}}}{RT}\right) \\ &= i^\circ \mathrm{e}^{-\frac{\alpha_{\mathrm{c}} nF\eta}{\mathrm{RT}}} \\ &= i^\circ \mathrm{e}^{-\alpha_{\mathrm{c}} nf\eta}; \qquad f = \frac{F}{RT} \end{aligned} \tag{4.3.2}$$

산화 전류:

$$i_{\text{a}} = i^{\circ}\text{e}^{\alpha_{\text{a}} n f \eta} \tag{4.3.3}$$

따라서 순 전류(net current), $i = i_a - i_c$ 는 다음과 같이 표현된다.

$$i = i^{\circ}\left(\text{e}^{\alpha_{\text{a}} n f \eta} - \text{e}^{-\alpha_{\text{c}} n f \eta}\right) \tag{4.3.4}$$

이 식이 소위 말하는 **버틀러-볼머 식**(Butler-Volmer equation)이다. 이 식은 과전위의 크기에 따라서 다음 세 가지 경우로 구분하여 정리할 수 있다.

첫째, 과전위의 크기가 아주 작아서(약 10 mV 혹은 그 이하) $|f\eta| \ll 1$인 경우이다. x가 작은 경우의 근사식($\text{e}^{x} \cong 1+x$)과 ($\alpha_a + \alpha_c = 1$)을 식 (4.3.4)에 적용하여 정리하면 다음과 같다.

$$\boxed{i \cong i^{\circ} n f \eta} \tag{4.3.5}$$

이것은 마치 저항체를 흐르는 전류와 전압의 관계를 주는 옴(Ohm)의 법칙같이 과전압과 전류가 정비례하는 관계임을 보여준다. 저항값은 $R_{\text{ct}} = RT/nFi^{\circ}$이며 이 저항을 **전하 이동 저항**(charge transfer resistance)이라고 한다.

둘째, 과전위의 절댓값이 커서(100 mV 정도 혹은 그 이상) $|f\eta| \gg 1$인 경우이다. 이런 경우는 산화 혹은 환원 반응이 일방적으로 우세하기 때문에 해당 반응의 역반응은 무시할 수 있을 정도로 작은 경우이다.

$$\boxed{\begin{aligned} &i \cong i^{\circ}\text{e}^{\alpha_{\text{a}} n f \eta}, && \eta > 0\text{일 때} \\ &\text{또는 } i \cong -i^{\circ}\text{e}^{-\alpha_{\text{c}} n f \eta}, && \eta < 0\text{일 때} \end{aligned}} \tag{4.3.6}$$

식 (4.3.4)를 그림으로 나타낸 것이 그림 4.3.1의 곡선이다. 그림에서 2개의 가는 점선(⋯)은 식 (4.3.4)의 2개의 항 각각에 해당한다. 다시 말해서 가는 점선(⋯)은 산화 및 환원에 해당되는 전류의 두 성분을 각각 나타낸 것이다. 굵은 선은 두 성분 전류의 합, 즉 전체 전류를 표시한 것이다.

그림에서 원점 근처는 $\eta \cong 0$에 해당하므로 전체 전류는 식 (4.3.5)와 같이 전압에 따라 선형적으로 비례하여 증가한다. 그러나 η가 증가하여 $\eta \cong 0$ 영역을 벗어나면 전류는 식 (4.3.6)과 같이 전압의 지수에 비례하므로 급격히 증가한다. 그러나 반응이 빨라지면 전류 세기의 증가는 점차 둔화되고, 결국에는 전위에 무관하게 일정한 값을 유

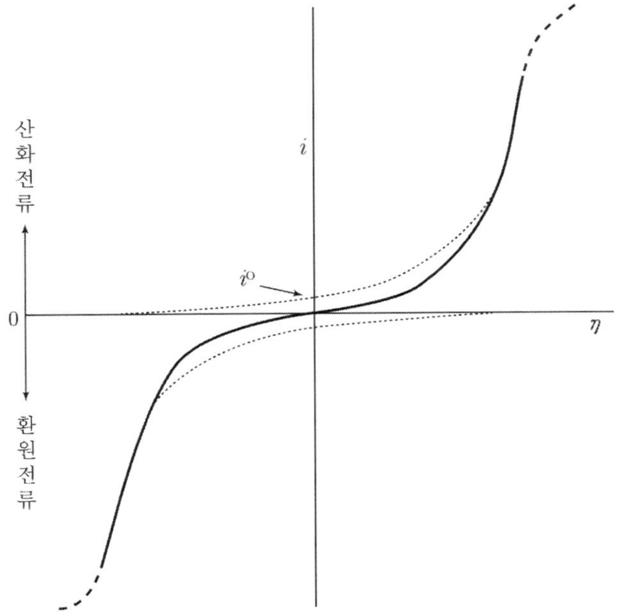

그림 4.3.1 전극의 과전위와 전류 세기의 관계

지한다. 그림에서 굵은 점선(---)으로 나타낸 선부터 이런 증상이 시작되는 부분이다. 반응물이 전극에 도달되는 가장 큰 요인은 확산이다. 그런데 실험 조건에서 전극 반응이 진행되는 지점까지 확산되어 도달하는 반응물의 양이 반응에서 필요로 하는 반응물의 양을 미처 따라가지 못할 경우가 발생한다. 이 경우에는 확산이 전류 증가를 방해하는 속도 결정 단계로 작용한다. 결국, 전극의 전위를 아무리 크게 증가시켜도 전류는 일정한 값을 유지할 수 밖에 없다. 이때에는 반응 속도가 전적으로 확산에 의존하는 상황이며, 그때 기록되는 전류를 **확산 제한(한계) 전류**(diffusion limited current)라고 한다.

식 (4.3.6)을 자연 로그($\ln i$) 형식으로 정리하면 다음과 같다.

$$\begin{aligned} \ln i &= \ln i^{\circ} + \alpha_{\mathrm{a}} n f \eta, \qquad \eta > 0\text{일 때} \\ \ln|i| &= \ln i^{\circ} - \alpha_{\mathrm{c}} n f \eta, \qquad \eta < 0\text{일 때} \end{aligned} \tag{4.3.7}$$

다시 상용 로그($\log i$) 형식으로 변환을 하고, $f = F/RT$를 대입하면 다음 식이 얻어진다.

$$\begin{aligned} \log|i| &= \log i^{\circ} + \frac{\alpha_{\mathrm{a}} nF}{2.303RT}\eta \quad (\eta > 0\text{일 때}) \\ &= \log i^{\circ} - \frac{\alpha_{c} nF}{2.303RT}\eta \quad (\eta < 0\text{일 때}) \end{aligned} \tag{4.3.8}$$

위 식을 변형하면 과전압과 전류의 관계를 나타내는 다음 식이 된다.

$$|\eta| = a + \frac{2.303RT}{n\alpha F}\log|i|; \ \alpha = \alpha_a \text{ 또는 } \alpha_c \qquad (4.3.9)$$

여기에 다시 한 번 2.303RT/F = 0.059 V(T = 298 K)을 대입하여 정리하면 다음 식이 된다.

$$|\eta| = a + \frac{0.059}{n\alpha}\log|i| \qquad (4.3.10)$$

이것은 전류 크기의 상용 로그 값은 과전위에 직선적으로 비례하여 증가한다는 것을 말해준다. 이 식을 그래프로 나타낸 것을 **타펠 도시**(Tafel plot)라 하며, 그림 4.3.2에 있는 것이 대표적인 타펠(Tafel) 도시의 모습이다.

오래 전에 전류와 과전위의 관계를 실험적으로 얻은 **타펠 식**(Tafel equation)은 식 (4.3.11)과 같다.

$$\eta = a + b\log|i| \qquad (4.3.11)$$

이 타펠(Tafel) 식은 앞서 전류와 과전위의 상관관계를 수식으로 이끌어낸 식 (4.3.10)과 닮아 있다. 식 (4.3.11)의 b는 '타펠(Tafel) 기울기'라 부르며, 이것은 $(0.059/n\alpha)$ V임을 알 수 있다. 그러므로 그림의 직선 부분을 이용하여 기울기 b를 쉽게 잴 수 있다. 그것으로부터 하나의 반응 단계에서 이동되는 전자 수 n과 α값의 곱인 $n\alpha$를 알 수 있다. 보통의 경우 α값이 0.5 정도라고 가정하면(참고자료) 정수인 n값이

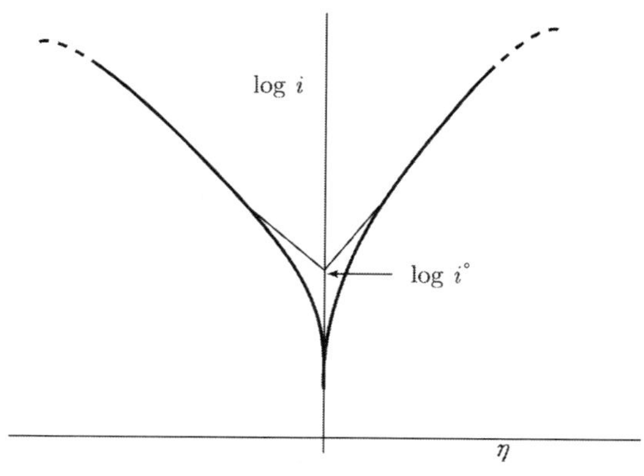

그림 4.3.2 전류-과전위 관계에 대한 Tafel 도시

결정된다. 그러므로 타펠(Tafel) 도시는 반응 메커니즘을 밝히는 데 유용한 수단이 될 수 있다. 예를 들어 상온에서 타펠(Tafel) 기울기가 0.12 V이면, $n=1$이고, 0.06 V이면 $n=2$이 될 것이다. 결국 반응의 속도 결정 단계에 참여한 전자의 수를 알 수 있게 되면 그럴듯한 반응 메커니즘을 추론하는 것이 가능한 것이다.

타펠(Tafel) 도시는 전류와 과전압의 직선 관계를 유지하는 영역은 길지 않고, 점선으로 나타낸 양 끝의 과전위 영역에서는 직선 관계에서 벗어난 것을 볼 수 있다. 앞서 설명한 것처럼 확산 속도가 반응 속도에 비해서 느리기 때문에 전체 반응 속도는 확산에 제한을 받기 시작한 것이다. 한편 직선성을 유지하는 전위 영역에서는 반응 속도는 주로 활성화 에너지에 의하여 좌우되므로 **활성화 지배**(activation controlled)를 받는다고 할 수 있다. 반면에 직선에서 갓 벗어난 전위 영역에서는 반응 속도는 확산 속도의 지배를 받기 시작하는 곳이다. 더 커다란 과전위 영역에 이르면 반응 속도는 완전한 **확산 지배**(diffusion controlled)를 받게 된다. 이때 전압전류 곡선에서 전류는 전압 축에 평행하며, 전위에 상관없이 일정한 값으로 유지되는 모습을 볼 수 있다. 앞서 설명한 확산 한계 전류가 이 전위 영역에서 관찰되는 것이다.

교환 전류의 크기는 속도 상수의 크기에 비례하며 반응 물질의 농도에 따라서도 변한다. 그러므로 어느 하나의 반응에 대해 교환 전류는 반응 물질들의 농도를 표준 농도인 1 M으로 정하여 측정한다. 이것을 그 반응의 '교환 전류'라 부르는데, 엄밀하게는 '표준 농도 교환 전류'라 부르는 것이 옳을 것이다. 표 4.1에 몇 가지 반응의 교환 전류와 이동 계수들을 정리하여 나열하였다.

표준 농도 교환 전류를 $i^{\circ\circ}$로 나타낸다면, 반응에 참여하는 물질들의 농도가 표준 농도일 때 식 (4.3.4)는 다음과 같은 식이 된다.

$$
\begin{aligned}
i &= i^{\circ\circ}\left(\mathrm{e}^{\alpha_{\mathrm{a}} n f \eta} - \mathrm{e}^{-\alpha_{\mathrm{c}} n f \eta}\right) \\
\eta &= E - E^{\circ}_{\mathrm{eq}}
\end{aligned}
\tag{4.3.12}
$$

여기서 과전위의 기준으로 사용된 E°_{eq}는 반응물의 임의 농도에 대한 평형 전위가 아니고 표준 농도에 대한 평형 전위이다. 표준 농도가 아닌 임의 농도들 [R], [O]에 대한 전류 세기는 다음과 같다.

$$
i = i^{\circ\circ}\left([\mathrm{R}]\mathrm{e}^{\alpha_{\mathrm{a}} n f \eta} - [\mathrm{O}]\mathrm{e}^{-\alpha_{\mathrm{c}} n f \eta}\right) \tag{4.3.13}
$$

이 식을 이용하여 평형 전극 전위에 대한 네른스트(Nernst) 식을 얻을 수 있다. 즉, 평형에서 전류는 0이기 때문에 식 (4.3.13)의 괄호 안의 값은 0이어야 한다. 그러므로 다

표 4.1 전극 반응의 교환 전류와 전자 이동 계수

반응	전극 및 반응 조건	교환 전류 밀도* ($mAcm^{-2}$)	전자 이동 계수(α_c)
$Fe^{3+}+e^- \rightarrow Fe^{2+}$	Pt, 각 이온의 활동도 0.1	0.23	0.43
$Fe(CN)_6^{3-}+e^- \rightleftarrows Fe(CN)_6^{4-}$	Pt, 각 이온의 활동도 0.1, 1 M NaCl	2.0	$\frac{1}{2}$
$Cd^{2+}+2e^- \rightarrow Cd(Hg)$	Cd^{2+} 농도 1 mM, Cd(Hg) 농도 0.04 M	30.0	$\frac{1}{2}$
$O_2+4H^++4e^- \rightarrow 2H_2O$	Pt, 1 N H_2SO_4	10^{-7}	$\frac{1}{2}$
$H^++e^- \rightleftarrows \frac{1}{2}H_2$	Hg, 1 N H_2SO_4 Pt, 1 N H_2SO_4	$10^{-9} \sim 1$	$\frac{1}{2}$
$CO_2+2H^++2e^- \rightarrow HCOOH$	Hg, 중성 수용액	$\sim 10^{-6}$	$\frac{1}{3} \sim \frac{1}{4}$
$Ag^++e^- \rightarrow Ag(Hg)$	Hg	5.4	0.53

* 특별한 언급이 없는 경우에 반응물의 상태는 표준 농도 또는 표준 압력에 대한 값이다.

음과 같은 식이 성립한다.

$$
\begin{aligned}
&[R]e^{\alpha_a nf\eta} = [O]e^{-\alpha_c nf\eta} \\
&e^{nf\eta} = \frac{[O]}{[R]} \quad [\text{참고};\ (\alpha_a + \alpha_c = 1),\ \eta = E - E^\circ_{eq}] \\
&E - E^\circ_{eq} = \frac{1}{nf}\ln\frac{[O]}{[R]}
\end{aligned}
\tag{4.3.14}
$$

이와 같이 네른스트(Nernst) 식은 전류가 0인 평형 상태에만 정확하게 적용할 수 있는 식이라는 것을 반드시 기억하면 된다.

참고자료 대칭 인자(symmetry factor)에 대한 이론

마커스(Marcus) 이론[9]으로 전자 전달 과정에 대한 대칭 인자의 크기를 짐작할 수 있다. 마커스는 이온 주위의 용매 구조의 진동, 즉 이온과 용매 사이의 좌표 변화에 따른 에너지 변화를 조화 진동자(harmonic oscillator) 모델을 사용하여 설명하였다. 산화된 화학종(O)과 환원된 화학종(R)의 진동수가 같다고 보면 조화 진동자 모델을 설명할 때 사용되는 2차 곡선은 동일한 모양을 갖게 된다. 또한 산화된 상태에 있는 화학종의

9) R. A. Marcus, *J. Chem. Phys.*, **43,** 679 (1965).

에너지 ε(O)와 환원된 상태에 있는 화학종의 에너지 ε(R)를 그림 4.3.3과 같이 나타낼 수 있다. 그림에서 x축은 O 또는 R의 중심 이온과 용매 분자 간의 좌표, 즉 **반응 좌표**(reaction coordinate)를 나타낸다.

용매화된 R과 O의 좌표는 서로 다르기 때문에 x축 상에서 다른 위치에 있다. R과 O의 최소 에너지가 되는 점의 x값을 각각 0과 x_R로 나타낸다면, $\epsilon(O)$와 $\epsilon(R)$은 다음과 같다.

$$\epsilon(O) = ax^2$$
$$\epsilon(R) = a(x - x_R)^2 + \Delta\epsilon \tag{4.3.15}$$

그림에서 보는 바와 같이 2개의 이차 곡선이 교차하는 곳, $x = x^{\ddagger}$에서 $\epsilon(O) = \epsilon(R)$이며, 이때 전자는 양자 역학적 터널링(tunnelling)으로 이동한다.

$$a(x^{\ddagger})^2 = a(x^{\ddagger} - x_R)^2 + \Delta\epsilon$$
$$x^{\ddagger} = \frac{ax_R^2 + \Delta\epsilon}{2ax_R} \tag{4.3.16}$$

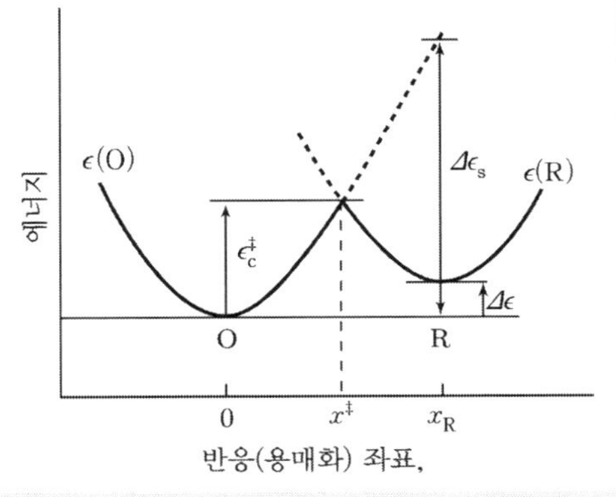

그림 4.3.3 대칭 인자와 퍼텐셜 에너지 곡선의 관계

산화된 화학종의 용매화 구조가 환원된 화학종의 용매화 구조와 동일한 구조(같은 x값)로 재구성되기 위한 에너지 증가를 $\Delta\epsilon_s$로 나타내면 그 크기는 $\Delta\epsilon_s = ax_R^2$이 될 것이다. 따라서 활성화 좌표 $x^{\ddagger}$와 환원 반응에 대한 활성화 에너지 $\epsilon_c^{\ddagger}$는 다음과 같다.

$$x^{\ddagger} = \frac{\Delta\epsilon_s + \Delta\epsilon}{2ax_R}$$
$$\epsilon_c^{\ddagger} = ax^{\ddagger 2} = \frac{(\Delta\epsilon_s + \Delta\epsilon)^2}{4\Delta\epsilon_s} \tag{4.3.17}$$

이제 식 (4.3.2)와 (4.2.2), (4.3.17)을 차례로 이용하여 정리하면 이동 계수는 다음과 같이 나타낼 수 있다.

$$\begin{aligned}\alpha_c &= -\frac{RT}{nF}\frac{\partial \ln i_c}{\partial \eta} \\ &= \frac{RT}{nF}\frac{1}{RT}\frac{\partial \epsilon_c^\ddagger}{\partial \eta} \\ &= \frac{(\Delta\epsilon_s + \Delta\epsilon)}{2nF\Delta\epsilon_s}\frac{\partial \Delta\epsilon}{\partial \eta}\end{aligned} \tag{4.3.18}$$

또한 $\Delta\epsilon = \Delta\epsilon_0 + nF\eta$ 식을 이용하여 식 (4.3.18)을 정리하면 다음 식이 된다.

$$\alpha_c = \frac{1}{2}\left(1 + \frac{\Delta\epsilon}{\Delta\epsilon_s}\right) \tag{4.3.19}$$

그림에서 보듯이 $\Delta\epsilon$가 $\Delta\epsilon_s$에 비하여 월등히 작으면 $\alpha_c \cong 1/2$이 된다. 실제로 많은 반응에 대한 대칭 인자는 이 값에 해당한다. 지금까지 간단히 소개한 이론으로 볼 수 있듯이 과전위에 따라 전류가 지수 함수적으로 증가하는 것은 활성화 에너지에 미치는 과전위의 영향으로 설명이 가능하다[10]. 또한 대칭 인자(혹은 이동 계수)의 크기가 대체로 0.5의 값을 갖는다는 것도 설명이 된다.

4.4 농도 분극

4.2절과 4.3절에서 살펴본 과전위와 전류의 관계는 전자 이동에 필요한 활성화 에너지가 전극 전위의 영향을 받기 때문에 생긴 것이다. 즉, 전기화학 반응에서 필수적으로 함께하는 전자의 이동에 영향을 미치는 **활성화 과전위**(activation overpotential)에 대해 설명한 것이다. 그런 이유로 활성화 과전위를 **전하(전자) 이동 과전위**(charge transfer overpotential)라고도 부른다. 이 절에서는 활성화 에너지와 상관없이 없는 다른 이유 때문에 발생되는 과전위에 대하여 설명할 것이다.

10) 그러나 마커스(Marcus) 이론은 과전위가 엄청나게 클 때에는 반응 속도가 과전위 증가에 따라 오히려 감소할 수 있음을 예상한다. 그런 예측에 맞는 실험 결과들도 있다. 참고: C. J. Miller, in *Physical Electrochemistry, Principles, Methods, and Applications*, I. Rubinstein, ed., Marcel-Dekker, 1995.

전극 반응이 일정 속도 이상으로 진행되면 전극 근처의 반응물 농도는 줄어든다. 반응이 진행되어 감소되는 반응물의 양이 용액 내부에서 전극 반응이 일어나는 곳까지 확산으로 보급되는 양보다 더 많기 때문이다. 이런 상황에서는 일정한 전위가 걸려있는 전극의 전류 밀도는 낮아진다. 따라서 이러한 상황이 발생하기 전의 전류 밀도 크기로 유지하기 위해서는 전극에 더 많은 과전위를 걸어야 된다. 이와 같은 현상으로 증가되는 과전위를 **농도 과전위**(concentration overpotential) 또는 **농도 분극 과전위**라고 한다. 또한 농도 과전위의 발생 원인이 되는 반응물 농도가 한정된 일정한 구역에서 차이가 일어나는 현상을 농도 분극(concentration polarization)이라고 한다. 전극의 과전위는 활성화 과전위 η_{ct}와 농도 과전위 η_c의 합으로 이루어져 있다.

$$\eta = \eta_{\mathrm{ct}} + \eta_{\mathrm{c}} \tag{4.4.1}$$

그림 4.3.1과 그림 4.3.2의 전류-과전위 곡선에서 과전위 축을 따라서 평행하게 구부러진 점선으로 나타낸 부분들이 농도차 분극을 나타낸다.

위에 설명한 2가지 종류의 과전위 원인 외에도 또 다른 종류의 과전위도 있다. 예를 들어 도금은 전극 표면에 처음 결정이 형성되고 그것이 점차 확대되어 표면을 덮는 방식으로 진행된다. 아주 작은 결정이 처음으로 형성되기 위해서는 표면 자유 에너지를 극복해야 된다. 그것을 위해서 전극에는 평형 상태의 전위보다 더 높은 과전위를 걸어 주어야 한다. 이렇게 결정화의 시작에 필요한 과전위를 별도로 결정화 과전위 η_{crystal} 라고 구분하기도 한다.

또한 반응이 진행되어 전류가 흐르기 시작하면 전극의 저항 및 전해질의 저항에 따른 전압 차이가 발생한다. 대부분은 전해질 저항과 전류 세기를 곱한 양에 해당하는 전압을 더 걸어주어야 반응이 진행된다. 이것은 소위 **저항 전위 강하**('I-R drop')라고 하는 것이다. 전지의 경우에는 이론 전압보다 더 작은 전압을 얻는데, 그 하나의 원인이 전압 강하이기도 하다. 그러나 전극 반응의 진행을 위해서 전압 강하에 해당되는 전압을 더 걸어 주어야 된다. 이것은 **저항 과전위**(ohmic overpotential), η_Ω로 나타낸다. 따라서 총 과전위 η_{total}의 크기는 모든 종류의 과전위를 합한 것이 될 것이다.

$$\eta_{\mathrm{total}} = \eta_{\mathrm{ct}} + \eta_{\mathrm{c}} + \eta_{\mathrm{crystal}} + \eta_\Omega$$

사실 '저항 과전위'라는 것은 실험이 이상적으로 되지 못하여 나타나는 착오이고 진정한 의미의 과전위라고 보기는 어렵다. 뒤에 실험 방법을 다룰 때 다시 논의할 것이다.

활성화 과전위 다음으로 보편적으로 일어나는 중요한 과전위는 농도 과전위이다. 농도 분극이 극심하게 일어나면 전극 반응이 진행되는 곳의 반응물 농도는 거의 0에 접근한다. 이때는 과전위를 아무리 많이 증가시킨다 해도 전류 세기는 일정한 수준에 머물며 더는 증가하지 않는다. 이런 상황에서 흐르는 전류를 **한계 전류**(limiting current)라고 하며, 전류의 크기는 전위와 상관없이 일정하다는 특징이 있다. 측정된 한계 전류 값을 이용하여 농도 분극에 대한 보정을 할 수 있다. 예를 들어 전류 세기가 작아 농도 분극이 일어나기 전에 전극 근처의 반응물 농도를 c라고 하고 전류 세기가 충분히 커서 전극 근처의 반응물 농도가 줄어들었을 때 반응물 농도를 c^*라고 하자. 반응물에 대한 전극 반응이 1차 반응이면 전류 세기는 농도의 비에 맞추어 줄어든다. 그러므로 환원 반응에 대한 식 (4.3.6)은 다음과 같이 된다.

$$i = i^\circ \frac{c^*}{c} e^{-\alpha n f \eta} \tag{4.4.2}$$

한편 **일정 상태**(steady state)에서 반응물이 소모되는 속도와 반응물이 확산으로 전극에 도달하는 속도는 같다고 볼 수 있다. 그러므로 전류 세기는 근사적으로 확산 속도를 결정짓는 농도 차이, $(c-c^*)$에 비례한다. 한계전류 i_L은 c^*가 0일 때 전류이므로 $i_L/i = c/(c-c^*)$이다. 이것을 다시 변형하면 $c/c^* = i_L/(i_L - i)$이 된다. 농도 분극이 일어나지 않았다는 가정에 맞는 전류, 즉 농도 분극이 보정된 전류 밀도, i_{corr}는 다음과 같이 나타낼 수 있다.

$$\begin{aligned} i_{corr} &= i^\circ e^{-\alpha n f \eta} \\ &= i \frac{c}{c^*} \\ &= i \frac{i_L}{(i_L - i)} \end{aligned} \tag{4.4.3}$$

이 식을 이용하고, 과전위, η에 대한 $\log i_{corr}$를 그래프로 그리면 직선 모양의 타펠(Tafel) 도시를 얻는다. 식 (4.4.3)을 다음 식과 같이 변형하면 전류 밀도 i의 변화를 과전위 η의 함수로 모의 실험(simulation)을 해 볼 수 있다.

$$\begin{aligned} i^\circ e^{-\alpha n f \eta} &= i \frac{i_L}{(i_L - i)} \\ i &= \frac{i^\circ e^{-\alpha n f \eta}}{\left[1 + \dfrac{i^\circ}{i_L} e^{-\alpha n f \eta}\right]} \end{aligned} \tag{4.4.4}$$

4.5 다단계 반응과 흡착의 영향

다른 화학 반응과 마찬가지로 전기화학 반응도 하나의 단계(elementary step)로만 이루어지지 않고 몇 단계를 거쳐서 하나의 완결된 반응으로 되는 경우가 있다. 예를 들어 수소 이온이 환원되어 수소 기체가 발생하는 반응(hydrogen evolution reaction)은 다음과 같은 여러 단계로 이루어질 수 있다(10.3절 참조).

$H_3O^+ + e^- \rightarrow H_{ad} + H_2O$	볼머(Volmer) 반응
$H_{ad} + H_2O \rightarrow H_3O^+ + e^-$	볼머(Volmer) 반응의 역반응
$H_{ad} + H_{ad} \rightarrow H_2$	타펠(Tafel) 반응
$H_{ad} + H^+ + e^- \rightarrow H_2$	헤이로브스키(Heyrovsky) 반응

H_{ad}는 흡착된 수소 원자를 나타낸다. 만약에 하나의 금속 전극에서 위의 첫째와 둘째 반응이 셋째와 넷째 반응보다 훨씬 빠르게 진행된다면 $H_3O^+ + e^- \rightleftarrows H_{ad} + H_2O$ 반응은 평형에 도달했다고 볼 수 있다. 이 평형 반응에서 전극 전위와 농도 사이의 관계는 네른스트(Nernst) 식과 유사한 형식으로 나타낼 수 있다.

$$E = E^\circ + \frac{RT}{F} \ln \frac{[H^+]}{\Theta_H}$$
$$\Theta_H \sim [H^+] \exp(-f\eta); \qquad \eta = E - E^\circ \tag{4.5.1}$$

여기서 Θ_H는 흡착된 수소 원자들로 전극 표면의 덮인 정도를 나타내는 **상대 덮임률**(relative coverage)이다. 또 타펠(Tafel) 반응은 대단히 느리고, 수소 발생이 주로 헤이로브스키(Heyrovsky) 반응으로 진행된다면 그때의 전류는 $k\Theta_H [H^+] \exp(-\alpha_c f\eta)$가 될 것이다. 헤이로브스키 반응이 완결되려면 2개의 전자 이동이 있어야 하므로 전체 전류는 다음과 같이 될 것이다.

$$\begin{aligned} i &= 2k\Theta_H [H^+] \exp(-\alpha_c f\eta) \\ &= 2k' [H^+]^2 \exp(-(1+\alpha_c) f\eta) \\ &= 2k' [H^+]^2 \exp(-\tilde{\alpha} f\eta) \end{aligned} \tag{4.5.2}$$

여기서 $\tilde{\alpha}$는 $\alpha_c + 1$이다. α_c가 0.5 정도라면 $\tilde{\alpha} \cong 1.5$가 될 것이다. 이 경우 속도 결정 단계는 헤이로브스키 반응에 대하여 $n = 1$임에도 불구하고 타펠(Tafel) 기울기는 약

40 mV가 될 것이다.

위의 여러 반응들 중에서 타펠 반응이 속도 결정 단계라고 한다면 반응 속도는 Θ_{H}의 제곱에 비례할 것이다. 그 결과 전류는 $\exp(-2nf\eta)$에 비례할 것이고 $\tilde{\alpha}=2$이고, 타펠(Tafel) 기울기는 약 30 mV가 될 것이다. 이처럼 α는 0.5 근처의 값이지만 $\tilde{\alpha}$는 좀 더 넓은 범위의 값이며 복합적인 요인으로 결정된다. 그러므로 α는 **대칭 인자**(symmetry factor)로, $\tilde{\alpha}$는 **이동 계수**(transfer coefficient)로 구분하여 서로 다른 개념으로 다루기도 한다. 즉, 퍼텐셜 에너지 곡선의 대칭성이 원인이 되는 단일 단계의 대칭 인자와 퍼텐셜에 의존하는 평형의 영향이 포함된 다단계 반응의 인자인 이동 계수가 다르다고 보는 것이다.

전극의 전위에 따라 양이온과 음이온이 전극 표면에 흡착되는 정도는 차이가 크다. 중성 분자 또한 3장에서 설명한 것처럼 그것이 흡착되는 정도는 전극 전위에 크게 좌우된다. 따라서 전극 전위는 활성화 에너지에 대해 영향을 미치는 것은 물론 반응 물질의 유효 농도를 변화시킬 수 있기 때문에 전류에 미치는 영향이 복잡하다. 예를 들어 중성 분자들은 영전하 전위 근처에서는 많이 흡착되지만 영전하 전위에서 벗어난 전위 영역에서는 흡착이 되지 못한다. 따라서 중성 분자들이 반응물로 참여하는 반응의 속도는 과전위를 크게 걸어주어도 오히려 줄어들어서 전류 밀도가 작아지는 경우들이 있다.

■ 흡착 등온식

전극 표면에 흡착되는 분자들의 흡착량은 일차적으로 용액에 있는 그 분자의 농도 c에 비례한다고 생각할 수 있다. 랭뮤어(I. Langmuir)는 표면의 비어 있는 자리에서만 분자의 흡착이 가능할 것이라고 생각을 했다. 표면의 덮인 정도를 나타내는 **덮임률**(coverage)을 θ라 한다면, 분자의 흡착 속도는 $(1-\theta)c$에, 탈착 속도는 θ에 비례할 것이다. 그러므로 흡착 속도와 탈착 속도의 비로 나타내는 평형 상수, K는 덮임률 θ와 농도 c의 함수로, θ 역시 농도와 평형 상수의 함수로 나타낼 수 있다. 그것을 식으로 나타내면 다음과 같다.

$$K=\frac{\theta}{c(1-\theta)} \quad \text{또는} \quad \theta=\frac{cK}{1+cK} \tag{4.5.3}$$

이 식을 **랭뮤어 흡착 등온식**(Langmuir adsorption isotherm)이라고 한다. 한편 덮임률은 분자의 수가 적은 묽은 농도에서는 농도에 비례하나 짙은 농도에서는 포화점에 도달하여 일정한 값을 나타낸다.

프룸킨(Frumkin)은 흡착된 분자 상호 간의 작용 때문에 평형 상수가 달라지므로 다음과 같은 등온식이 성립한다고 하였다.

$$\frac{\theta}{1-\theta} = cK' \exp(a\theta) \tag{4.5.4}$$

여기서 a는 흡착 분자들 사이의 상호 작용이 θ에 비례하는 경우에 적용되는 비례 상수이다.

템킨(Temkin)은 전극 표면은 흡착 에너지가 다른 여러 종류의 자리(site)들로 이루어져 있으며, 전극 표면은 불균일하다고 보았다. 또한 각기 다른 종류의 자리에 대한 흡착 자유 에너지는 흡착 정도(s)에 비례하여 변한다고 가정하였다. 만약에 β를 비례 에너지라고 한다면 다음과 같은 식을 얻을 수 있다.

$$\Delta G_{\mathrm{ads}} = \Delta G^{\circ}_{\mathrm{ads}} + \beta s \tag{4.5.5}$$

이러한 가정과 θ를 비례 상수로 사용하여 얻은 **템킨 흡착 등온식**(Temkin adsorption isotherm)은 다음과 같다[11].

$$\theta = \frac{RT}{\beta} \ln \frac{1+cK}{1+cK\exp\left(-\frac{\beta}{RT}\right)} \tag{4.5.6}$$

중간 정도의 덮임률을 만족하는 조건($cK \gg 1 \gg cK\exp(-\beta/RT)$)에서 템킨 등온식은 다음과 같이 간단하게 나타낼 수 있다.

$$\theta \cong \frac{RT}{\beta} \ln cK$$

위 식은 다결정성 금속 전극의 경우 잘 적용이 되는 등온식이다.

흡착된 물질의 반응 전류 밀도는 대부분의 경우 θ에 비례한다. 그러므로 흡착 특이성이 파악된 경우에는 그것에 가장 적합한 흡착 등온식을 이용해야 한다.

---

11) J. O'M. Bockris and S. U. M. Khan, *Surface Electrochemistry; A Molecular Level Approach*, Plenum, 1993, p.263 ; J. Koryta, J. Dvorak, L. Kovan, *Prinliples of Electrochemirstry*, 2nd ed., Wiley 1993, p.228.

참고자료 좋은 기준전극의 조건

전기화학 실험에서 기준전극은 반응이 진행되는 작업전극의 전위를 조절 혹은 측정하기 위해서 필요하다. 이미 2장에서 설명한 여러 종류의 기준전극 중에서 하나를 선택하여 사용하는 것이 보통이다[12]. 일반적으로 기준전극을 통해서는 전류가 거의 흐르지 않는 실험 조건에서 작업전극의 전위를 비교하는 데 기준전극이 이용되고 있다. 그러나 실제로 실험 과정에서 부주의 혹은 측정 기기의 결함 때문에 약간의 전류가 기준전극을 통해 흐를 수 있다. 그림 4.1.1 또는 그림 4.3.1, 그림 4.3.2 등에서 본 것처럼 전류가 흐르면 그 세기에 따라 전위가 바뀌므로 기준전극으로 전류가 일단 흐르면 기준전극의 '일정한 전위'를 신뢰할 수가 없게 된다. 또한 전류가 일단 흘러버린 기준전극은 기준전극 내부에 있는 물질들이 농도 분극의 영향을 받아서 전류가 끊긴 다음에도 상당한 기간 동안 기준전극의 전위에 영향을 미치게 된다. 기준전극으로 적합한 전극은 전류가 0에서 벗어나도 전위가 본래의 평형 전위에서 가급적 적게 벗어나는 전극이다. 그런 전극들은 전위-전류 곡선 기울기가 크다는 특징이 있다. 즉 교환 전류 밀도가 큰 전극이 기준전극으로 적합하다.

또한 표면적이 넓은 전극은 같은 크기의 전류가 흘러도 전류 밀도는 낮기 때문에 전위에 미치는 영향이 작다. 흔히 사용되고 있는 칼로멜 전극 혹은 Ag/AgCl 전극 등은 전극 반응이 잘 일어나서 교환 전류 밀도가 크다. 또한 전극 물질 간의 접촉 면적이 커서 전위가 안정적이고 일정하게 유지되는 특징이 있다. 더구나 실험실에서 직접 만들기가 어렵지 않다. 포화 칼로멜 전극은 전극과 접촉된 용액이 전해질로 포화되어 있다. 따라서 용매의 증발 혹은 일부 반응이 진행되어도 농도를 일정하게 유지하는 효과가 있어서 전위가 안정적이다. 공기 중에 있는 산소가 전극 내부로 들어가 용해되고, 용해된 산소가 환원될 수 있고 또는 용액에 있는 수소 이온이 환원될 수도 있어 전극의 전위에 영향을 미칠 수도 있다. 그러나 주된 전극 반응에 대한 교환 전류의 값이 큰 전극에서는 이런 것들은 문제가 되지 않는다. 2장의 표 2.1에 소개한 기준전극들은 이런 조건에 잘 맞는다.

4.6 전류와 더불어 변하는 전지의 전압

전지를 사용하여 비교적 큰 전류를 사용할 때 측정된 전지의 출력 전압은 전류를 사용하지 않거나 혹은 작은 전류를 사용할 때 전지의 출력 전압보다 작은 것을 흔히 경험한다. 이것은 그림 4.6.1과 같이 전지 내부에 있는 각 전극의 전위가 전류 세기

12) D. J. Ives and G. J. Janz, ed. *Reference Electrodes, Theory and Practice*, Academic Press, 1961.

(즉, 전극 반응의 속도)에 따라 달라지는 것으로 설명할 수 있다.

아래 그림은 전극 1과 전극 2 각각에서 전위에 따라서 전류가 변화하는 모양을 보여준다. 보통 전원으로 이용되는 전지(갈바니 전지)는 사용하지 않을 때 전류의 흐름은 없으며(전류 0), 이때 전지 내부에 있는 두 전극은 평형 상태에 있다. 따라서 두 전극의 과전압 η은 모두 0이므로 전지의 전압은 두 전극의 평형 전위의 차이, E_{rev}이다(E_{rev}는 전기 기술 용어로 소위 말하는 '**열린 회로 전압**(open circuit voltage)'이다). 그러나 전류가 흐르기 시작하면 전극 2(+극)에서는 환원 반응이, 전극 1(−극)에서는 산화 반응이 진행된다.

예를 들어서 갈바니 전지에서 일정한 크기의 전류가 흐르면 (+)극은 환원 전류가 흐르므로, 그것의 전위는 평형 상태의 전위보다 낮은 전위로 이동한다. 반면에 (−)극은 산화 전류가 흐르므로, 그것의 전위는 평형 상태의 전위보다 높은 전위로 이동한다. 결국 전지의 출력 전압 E_{cell}은 E_{rev}보다 크기가 줄어든 E_1이 된다.

반면 외부 전원을 연결하여 전지를 충전할 때 혹은 전기분해를 할 때는 전극 1(−극)에서는 환원 반응이, 전극 2(+극)에서는 산화 반응이 진행된다. 그 결과 전극 1의 전위는 평형 전위보다 더 낮은 전위로, 전극 2의 전위는 평형 전위보다 더 높은 전위로 이동한다. 그러므로 그림의 E_2에 해당하는 전압을 전기분해가 진행되는 전지에 걸어주어야 한다. 다시 말해서 전기 에너지를 가해서 전극에서 화학 반응이 진행되도록 하려면 평형 전지 전압(E_{rev})보다 큰 전압(E_2)을 걸어주어야 된다. 여기서 반드시 기억해야 할 사항은 전극의 극성은 그대로 유지되지만 갈바니 전지와는 달리 전기분해 전지 혹은 충전 전지에서는 (+)극에서 산화 전류, (−)극에서 환원 전류가 흐른다는 사실이다. 이런 특징을 표 4.2에 요약하였다.

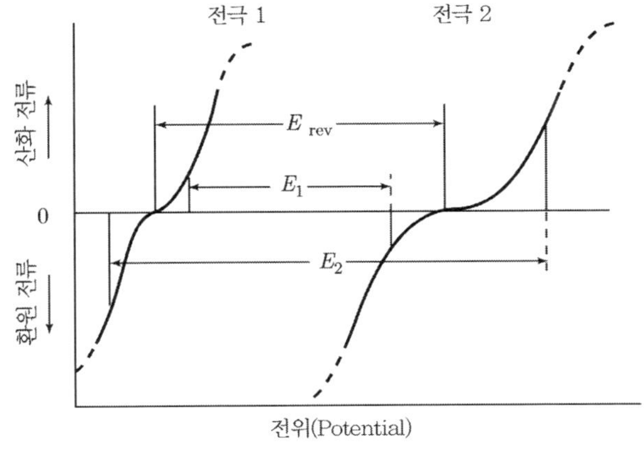

그림 4.6.1 전지를 이루는 2개의 전극에 흐르는 전류와 전압의 관계

표 4.2 갈바니 전지와 전기분해 전지의 비교

전지의 종류	(+)극과 (-)극의 전위 차이, E_{cell}	에너지 변환
갈바니 전지(galvanic cell)	$E_{cell} < E_{rev}$	화학 에너지 → 전기 에너지
전기분해 전지(electrolytic cell) 혹은 전지의 충전	$E_{cell} > E_{rev}$	전기 에너지 → 화학 에너지

4.7 반도체 전극과 금속 전극에 대한 이론

일반적으로 전기 부도체는 외부에서 전기장을 걸어주어도 전자들이 이동할 수 없다. 그러나 금속을 비롯한 도체는 전기장의 영향을 받아 전자들이 자유롭게 이동할 수 있다. 띠 이론(band theory)에 따르면[13] 고체를 구성하는 원자들의 오비탈들은 중첩되어 전자들이 채워질 수 있는 양자 역학적 상태들이 형성된다. 이 상태들 사이의 에너지 차이는 매우 작아서 많은 상태가 연속적으로 배열되어 띠를 이루고 있다. 에너지 준위 ϵ에 따라 상태들의 많고 적음을 나타내는 함수를 **상태 밀도**(density of state)라 한다. 상태 밀도 $D(\epsilon)$는 단위 에너지 간격에 존재하는 상태의 수이며, $D(\epsilon)d\epsilon$는 에너지 간격($d\epsilon$)에 있는 상태의 수를 나타낸다.

그림 4.7.1의 세로 좌표축(굵은 수직선)의 왼쪽에 나타낸 곡선들은 에너지 준위 ϵ에 따른 상태 밀도 $D(\epsilon)$를 나타낸 것이다. 왼쪽 그림의 D 곡선은 금속의 $D(\epsilon)$를 나타낸 것으로 그 모양은 금속마다 다르다. 금속의 상태 밀도를 표시한 D 곡선의 공통 특징은 곡선이 일정 범위 내에서 연속적이며, 모든 에너지 준위에 대해서 0이 아닌 값을

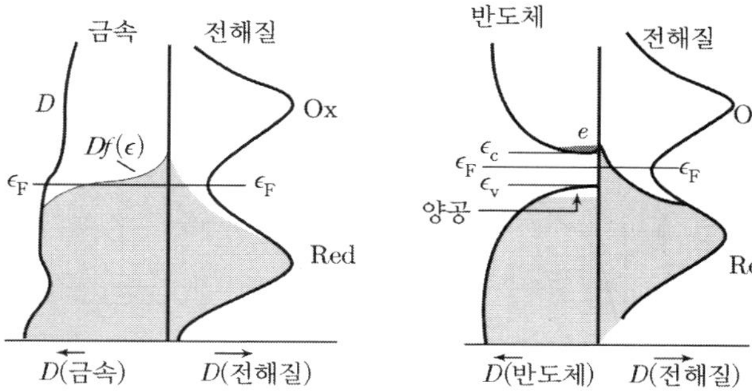

그림 4.7.1 금속(좌)과 반도체(우)의 전자 분포와 전해질의 상태 분포

13) C. Kittel, *Introduction to Solid State Physics*, 6th ed. Wiley & Sons, 1996.

갖고 있다는 것이다. 오른쪽 그림의 D 곡선은 반도체에 대한 것이다. 이 곡선의 특징은 금속의 D 곡선과 달리 D 값이 0이 되는 에너지의 범위가 존재한다는 것이며, 그것은 ϵ_v에서 ϵ_c까지 범위로 표시되어 있다. 즉 반도체는 금속과 달리 일정한 범위에 걸쳐서 에너지를 갖는 전자는 있을 수 없으며, 그 이유는 그 범위 내에 전자가 채워질 수 있는 상태가 존재하지 않기 때문이다. ϵ_v는 결합띠 전자들의 에너지의 최대치를, ϵ_c는 전도띠 전자들의 에너지의 최소치를 나타낸다.

전자의 점유율 $f(\epsilon)$와 상태 밀도 D를 곱한 것이 곧 전자 밀도이다. 그림 4.7.1에서 회색으로 채워진 부분이 전자 밀도이며, 회색 부분의 폭은 그것의 크기이다. 에너지가 낮은 상태의 전자들은 원자들 사이의 결합에 기여하는 전자들이고, 에너지가 높은 상태의 전자들은 자유롭게 이동이 가능하여 전도도에 기여하는 전자들이다. 에너지가 낮은 상태들의 띠를 **결합띠**(valence band)라고 하고 에너지가 높은 상태들의 띠를 **전도띠**(conduction band)라고 한다[14).

한편 에너지 준위 ϵ의 상태가 전자로 채워질 확률(점유율), $f(\epsilon)$은 다음과 같은 **페르미-디락**(Fermi-Dirac) **분포 함수**로 나타낼 수 있다.

$$f(\epsilon) = \frac{1}{e^{(\epsilon - \epsilon_F)/RT} + 1} \tag{4.7.1}$$

에너지 준위(ϵ)가 페르미(Fermi) 에너지 준위(ϵ_F)와 일치할 때, 즉 $\epsilon = \epsilon_F$일 때 $f(\epsilon)$는 1/2이다. 분포 함수 $f(\epsilon)$는 절대 0도 근처에서는 ϵ값이 ϵ_F보다 큰지 작은지에 따라 급격히 변하는 특징을 갖고 있다. 즉, 절대 0도 근처에서 $\epsilon > \epsilon_F$이면 $f(\epsilon) = 0$이고, $\epsilon < \epsilon_F$이면 $f(\epsilon) = 1$이다. 그러나 상온 근처에서 $f(\epsilon)$는 ϵ의 증가에 따라 점진적으로 감소하는 특징을 가진 함수이다. 즉, $(\epsilon - \epsilon_F) > RT$이면 $f(\epsilon)$는 대략 $\exp[(\epsilon_F - \epsilon)/RT]$가 되며, 볼츠만(Boltmann) 인자와 비슷한 분포 함수로 나타난다.

금속은 페르미 에너지 준위(ϵ_F) 근처에 전도띠가 형성되어 있다. 이는 전기장의 영향으로 쉽게 이동할 수 있는 전자들이 많다는 것을 의미한다. 따라서 금속은 매우 좋은 전기 도체가 된다. 한편 반도체는 그림 4.7.1의 오른쪽 그림에서 보는 것처럼 ϵ_F 근처에서 $D = 0$이고 ϵ_c와 ϵ_v 사이에 전자가 들어갈 수 있는 에너지 상태가 전혀 없다. 이 간격을 **띠간격**(band gap)이라고 하며, ϵ_g로 표기한다. 일반적으로 반도체들은 띠간격의 크기가 약 2~3 eV 내외인 것이 많다. 이런 특징 때문에 그림에서 위쪽에 나타낸 전도띠에는 아주 적은 수의 전자가 들어있고, 아래쪽에 나타낸 결합띠에는 전자가 비

14) N.Sato, *Electrochem. at Metal and Semiconductor Electrodes*, Elsevier 1998.

어있는 아주 적은 수의 양공(hole)이 있다. 양공(hole)은 원자들의 양전하를 전기적으로 중화하기에는 전자 수가 모자라는 상태이므로 (+) 전기를 띤다. 전도띠에 있는 적은 수의 전자는 (−) 전하를 띠고, 결합띠에 역시 적게 있는 양공(hole)은 (+) 전하를 띠고 있기 때문에 전기장의 영향으로 이동할 수 있다. 그 결과 반도체는 약간의 전도성을 띠게 된다. 부도체는 띠간격의 크기가 반도체보다 수 eV 이상 더 크기 때문에 전도띠에 전자가 존재하지도 않고, 결합띠에 양공(hole)도 존재하지 않는다.

그림 4.7.1의 세로 좌표축 오른쪽에 있는 곡선들은 전해질에 있는 이온들의 산화 상태와 환원 상태의 분포 함수를 나타낸 것이다. 전해질과 접촉하고 있는 전극(금속 혹은 반도체)의 페르미 준위와 전해질의 페르미(Fermi) 준위가 동등할 때 그 계는 평형상태에 있다. 전자는 전극의 채워진 상태에서 전해질의 비어있는 상태로, 또는 전해질의 채워진 상태에서 전극의 비어있는 상태로 약간씩 이동한다. 그러나 이동하는 정도가 같아서 서로 상쇄하므로 외부 회로에서 관찰되는 전류는 0이다.

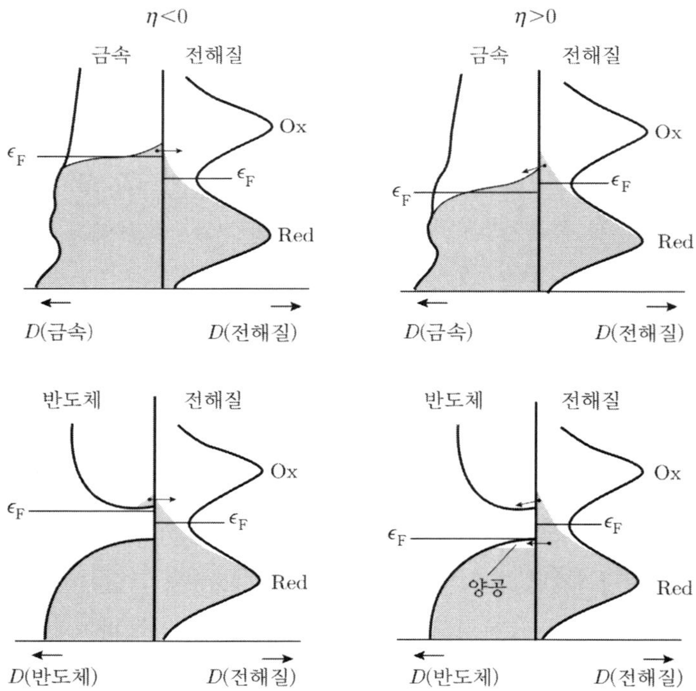

그림 4.7.2 전극과 전해질의 전자 분포와 전자의 이동. 위에 있는 2개의 그림은 금속 전극의 경우이고 아래에 있는 2개의 그림은 반도체 전극의 경우이다. 왼쪽은 전극에 (−) 과전위가 걸려 전자 에너지가 높아진 경우이고 오른쪽은 그 반대의 경우이다. 전자로 채워진 회색부분에서 시작하는 작은 화살표들은 전자의 이동을 나타낸다.

전극 전위가 평형 전위로부터 벗어나면 전극의 전자 에너지는 그림 4.7.2와 같이 변한다. 그림 왼쪽의 경우와 같이 금속의 전극 전위가 (−) 방향으로 이동하면 전자의 전하는 (−)이기 때문에 금속의 페르미 준위는 높아지고, 전자의 에너지는 증가한다. 반도체의 경우에는 전극 전위가 (−) 방향으로 이동하면 에너지가 높은 전도띠에 배치된 전자의 수가 증가한다. 그 결과 용액에 있는 산화된 상태의 화학종으로 전자들의 이동이 이루어진다. 다시 말해 환원 전류가 흐른다. 반면에 그림 오른쪽의 경우와 같이 전극 전위가 (+) 방향으로 이동하면, 그 반대 현상으로 인해서 산화 전류가 흐른다. 이때 환원 상태의 화학종의 전자가 반도체의 양공(hole)으로 이동한다. 전극 전위에 따라 전자는 전극으로 혹은 전해질로 이동하므로, 외부 회로에서 전자의 흐름, 즉 전류를 관찰할 수 있다.

전류의 세기는 대체로 지수 함수적으로 변한다. 전자의 분포 혹은 양공(hole)의 분포는 모두 전위의 영향을 받는 볼츠만 인자와 비슷하게 결정되기 때문이다. 과전위가 아주 큰 극단적인 경우가 아니라면 전류의 세기는 전위에 따라 버틀러 볼머(Butler-Volmer) 식과 비슷하게 지수 함수적으로 증가하고 감소하는 것이다.

4.8 반도체 전극에서 전기화학과 광전기화학

앞에서 설명한 것처럼 반도체에는 전도띠의 가장 낮은 에너지 준위와 결합띠의 가장 높은 에너지 준위가 서로 겹쳐지지 않고, 전자가 들어갈 수 없는 간격이 존재한다.

그림 4.8.1은 전자의 에너지 준위(세로축)가 전극 표면으로부터 수직 방향(가로축)을 따라 변화하는 모습을 나타낸 것이다. 전도띠의 가장 낮은 에너지 준위는 ϵ_c로, 결합띠의 가장 높은 에너지 준위는 ϵ_v로 표기하였다. ϵ_c와 ϵ_v는 각각 분자 오비탈의 최저 비점유 분자궤도함수(LUMO, Lowest Unoccupied Molecular Orbital)와 최고 점유 분자궤도함수(HOMO, Highest Occupied Molecular Orbital)에 해당한다.

반도체의 페르미 에너지 준위, ϵ_F는 ϵ_c와 ϵ_v 사이에 놓여 있다. 주기율표 14족의[15] 실리콘(Si)에 15족의 인(P), 비소(As)와 같은 전자 주개(donor)를 혼입(doping)하여 만든 반도체의 ϵ_F는 ϵ_c에 가깝다. 이것은 전도띠에 전자가 들어있는 n형 반도체의 특징이다. 반대로 실리콘(Si)에 13족의 갈륨(Ga), 인듐(In)과 같은 전자 받개(acceptor)를 혼입하여 만든 반도체의 ϵ_F는 ϵ_v에 가깝다. 이것은 결합띠에 양공(hole)이 있는 p형

15) IUPAC의 새로운 규칙은 '14족', '15족'이다. 이것은 과거에는 4, 5족이라고 불렀다.

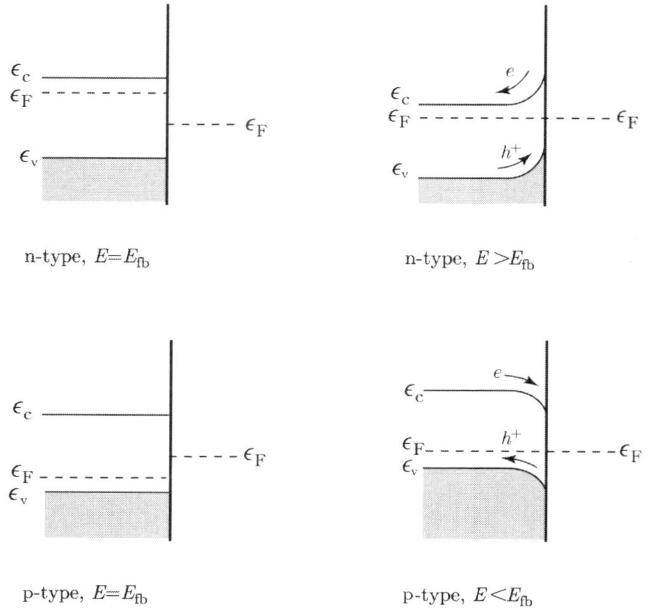

그림 4.8.1 반도체 전극의 띠간격과 띠 굽음, 및 광전기화학 반응에서 전하의 이동. 위쪽의 2개의 그림은 n 형 반도체, 아래쪽 2개의 그림은 p 형 반도체이다. 오른쪽 2개의 그림은 E와 E_{fb}가 달라서 띠 굽음이 일어난 상태를 나타낸 것이다.[e: 전자, h^+: 양공(hole)]

반도체의 특징이다. TiO_2, CdS, GaAs, InP 등과 같은 화합물 반도체는 원소들의 화학량론적 결합비가 약간 달라지면 n형 혹은 p형 반도체가 된다. TiO_2와 같은 산화물은 가열하거나 혹은 수소 처리를 통해서 화학량론비를 조절하여 쉽게 n형 반도체로 만들 수 있다.

반도체 전극 표면이 전해질 용액과 접촉하고 있으면서 반도체 전극의 전위가 변할 때 어느 특정한 전위에서는 그림 4.8.1의 왼쪽 그림과 같이 ϵ_c와 ϵ_v 전위가 전극 표면까지 그대로 유지된다. 그것을 일직선으로 나타냈다. 그러나 일반적인 전위에서는 그림 4.8.1의 오른쪽과 같이 ϵ_c와 ϵ_v 전위가 전극 표면 근처에서 높아지거나 혹은 낮아진다. 즉 n형 및 p형 반도체 모두 표면 근처에서 에너지 준위가 평탄하지 않고 구부러져 있는 것을 볼 수 있다. 이것을 **띠 굽음**(band bending) 현상이라고 한다. 전극 전위 E가 높아지면 전자의 전하가 (−)이기 때문에 페르미 준위의 에너지는 오히려 낮아진다. 그러므로 n형 전극의 전위, E를 높여주어 반도체의 페르미 준위와 전해질의 페르미 준위와 가까워지도록 하면 반도체의 결합띠와 전도띠가 전해질과 접촉된 계면 근처에서 마치 위로 굽은 모양처럼 보인다. 반대로 p형 전극의 경우는 E를 낮추어서 띠들이 아래로 굽은 모양처럼 보인다. 그런데 하나의 특정 전위에서만 띠 굽음이 나타나지 않는데, 그 전위를 **평활 전위**(flatband potential)라고 한다. 그림 4.8.1에서 평활 전위를 E_{fb}로 나타냈다. 왼쪽의 그림들은 띠 굽음이 없는 평활 전위에서 전해질의 페르미 준위와 반도체 전극의 페르미 준위가 다른 것을 보여주고 있다. 반도체 전극이 전해질과 평형에 있을 때(전해질과 반도체의 ϵ_F가 서로 같을 때) 혹은 전극에 임의의 전위가 걸려있을 때도 띠들은 일반적으로 구부러진 상태로 있다.

반도체 전극 표면 근처에 있는 띠 굽음 현상으로 전자는 띠 에너지가 낮은 쪽으로(n형 반도체의 경우 반도체 내부 쪽으로), 양공(hole)은 그 반대 방향으로 이동한다. 그림에서 에너지 준위는 전자를 기준으로 나타냈기 때문에 양공(hole)의 에너지 준위는 위로 갈수록 에너지가 낮은 것이다. 그러므로 전자는 구부러진 띠를 따라 '굴러 내려' 가고, 양공(hole)은 '굴러 올라'간다. 전자와 양공(hole)이 서로 반대 방향으로 이동하기 때문에 표면에 가까운 반도체 내에는 깊이에 따라 변하는 전하의 분포, 즉 공간 전하(space charge)가 생긴다. 이것은 마치 전해질 용액에 전기 이중층이 형성되는 것과 비슷하다. 따라서 반도체 전극의 전기 퍼텐셜은 전극 내부의 상당한 깊이까지 변하게 되는데, 이것은 금속과 완연히 다른 양상이다.

반도체 전극 표면 가까이 있는 양공(h^+)은 전해질에 있는 환원된 상태의 R을 산화시킬 수 있으며, 그 결과 발생된 전자가 상대전극인 금속 전극으로 이동하면 전해질에 있는 산화된 상태의 O를 환원시킬 수 있다.

$$R + h^+ \rightarrow O; \qquad O' + e^- \rightarrow R' \qquad (E > E_{fb}\text{인 경우})$$

산화 혹은 환원 전류의 세기는 금속 전극의 경우와 비슷하게 전위의 영향을 받는다.

4.8.1 광화학 전지

전해질 용액이 한쪽에는 반도체 전극, 다른 쪽에는 금속 전극과 접촉하여 전기적 평형을 이루고 있는 모습을 그림 4.8.2의 (A)에 나타내었다. 여기서 예로 들은 반도체 전극은 n형 반도체로 만든 것이다. 반도체와 전해질, 및 금속의 페르미 에너지 준위는 같은 높이에 있으며, 앞서 설명한 것처럼 전도띠와 결합띠는 용액 근처에서 위로 약간 굽어 있다.

이런 상황에서 반도체-전해질 계면에 빛을 쪼였을 때 발생된 전자의 흐름에 대한 개략적인 모습을 그림 4.8.2의 (B)에 나타냈다. 일단 반도체의 띠간격보다 큰 에너지($h\nu$)의 광자가 반도체로 흡수되면 결합띠에 있는 전자(ⓔ)는 전도띠로 이동하고 결합띠

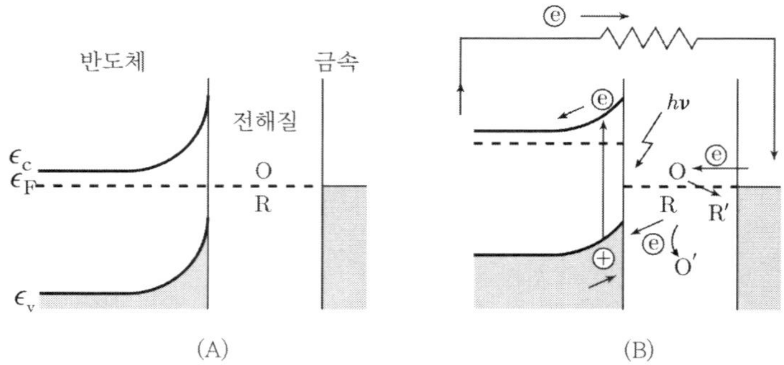

그림 4.8.2 광화학 전지의 작동원리. (A); 반도체 전극, 전해질, 금속 전극 사이의 평형 상태 및 에너지 준위를 보여준다. (B)는 반도체 전극에서 빛 에너지를 흡수하여 전자(ⓔ)와 양공(⊕)이 만들어지며, 띠 에너지 준위가 높아진 상태를 보여준다.

에는 양공(⊕)이 발생한다. 그 결과 반도체의 두 띠의 에너지 준위는 전체적으로 올라간다. 반면에 전해질과 접촉하고 있는 계면에서 에너지 준위는 그대로 유지되므로 전체적으로 띠 굽음의 정도는 줄어든다. 만약에 전자와 양공이 다시 만나서 재결합이 되면 열에너지를 방출하면서 소멸될 것이다. 그러나 띠 굽음으로 전자는 띠 에너지가 낮은 반도체 내부로, 동시에 양공은 반도체 표면 방향으로 이동하여 전해질로 옮겨가기 때문에 재결합이 일어날 가능성은 매우 낮다. 반도체로 흘러간 전자는 외부 회로를 따라 흐른다.

한편 전해질과 금속 전극의 에너지 준위는 변함이 없는 반면에, 반도체 전극의 전위만 낮아지기 때문에 금속 전극과 반도체 전극 사이에는 전위차가 발생된다(전자는 (−) 전하를 띠기 때문에 전자의 에너지 준위가 높아진다는 것은 전극의 전위는 오히려 낮아지는 것을 의미한다). 이런 원리를 적용하여 만든 것이 광전기화학 전지(photovoltaic cell)이다. 빛에 의해 유발된 전자의 이동으로 인해 전위차가 발생하고, 그것 때문에 전류가 흐를 수 있다. 즉, 빛 에너지가 전기 에너지로 변환된 것이다. 전해질에 있는 산화된 화학종(**O**)은 금속 전극으로부터 전자를 받아 환원될 수 있고, 환원된 화학종(**R**)의 전자는 반도체 결합띠의 양공과 결합하므로 구멍은 사라지고, 화학종은 산화된다. 이런 반응들이 계속해서 진행된다면 그것은 마치 빛 에너지를 이용해서 전기분해하는 것과 같다. 이런 원리가 작동하도록 고안된 장치가 광전해 용기(photoelectrolytic cell)이다. 1972년 후지시마(Fujishima)와 혼다(Honda)[16]는 n형

16) A. Fujishima, K. Honda, *Nature*, **238**, 37 (1972).

TiO_2(rutile) 전극을 사용해서 처음으로 물을 전기분해하는 데 성공한 결과를 논문으로 발표했다. 그것으로부터 광전기화학 분야가 실제로 처음 시작된 것이라 볼 수 있다. 산성 용액에서 TiO_2 전극과 상대전극(Pt)을 사용한 물 전기분해 반응은 다음과 같이 나타낼 수 있다.

$$TiO_2 \text{ 전극} \quad 2H_2O + 4h^+ \rightarrow 4H^+ + O_2$$

$$Pt \text{ 전극} \quad 4H^+ + 3e^- \rightarrow 2H_2$$

루타일(Rutile) 구조의 TiO_2는 대단히 안정한 물질이다. 그것의 띠간격은 약 3.0 eV 정도이기에 짧은 파장의 가시광선 및 자외선 영역의 빛만을 흡수할 수 있다. 그러므로 루타일 구조의 TiO_2는 태양 빛에서 가장 많은 부분을 차지하는 가시광선을 이용하기에는 부족한 점이 있다. 그러나 띠간격이 3 eV 미만인 반도체는 가시광선의 이용도를 높일 수 있다. 예를 들어 III-V족 화합물 반도체(예: GaAs) 혹은 II-VI족 화합물 반도체(예: CdS)는 띠간격이 3 eV 미만이다. 그런데 이런 종류의 반도체는 가시광선의 이용도를 높일 수는 있지만, 쉽게 부식이 되기 때문에 안정성이 문제가 있어 실용화하는 것은 어렵다. 최근에는 제조 방법을 달리하여 빛 양자 효율이 비교적 크고 안정성이 좋은 반도체 전극 물질을 찾는 노력이 부분적이나마 성공을 거두고 있다.

반도체에 빛을 쪼였을 때 진행되는 전극 반응의 속도는 반도체 표면에서 생성되는 전자 혹은 양공의 밀도와 그것들의 에너지 준위에 따라 결정된다. 광전기화학 반응은 반도체 전극에 빛을 쪼이지 않으면 반응이 전혀 일어나지 않다가 빛을 쪼이면 반응이 진행되는 특징을 갖고 있다. 반응의 진행 정도는 광전류의 세기를 측정하면 알 수 있다. **광전류**(photocurrent)는 빛을 쪼였을 때 발생되는 전류이다. 빛을 쪼이지 않았을 때 전극의 전위가 아주 높아지지 않는 한 전류는 0이겠지만, 경우에 따라서는 매우 약한 전류가 발생하기도 한다. 따라서 광전류는 두 종류의 전류 차이가 될 것이다(그림 4.8.3).

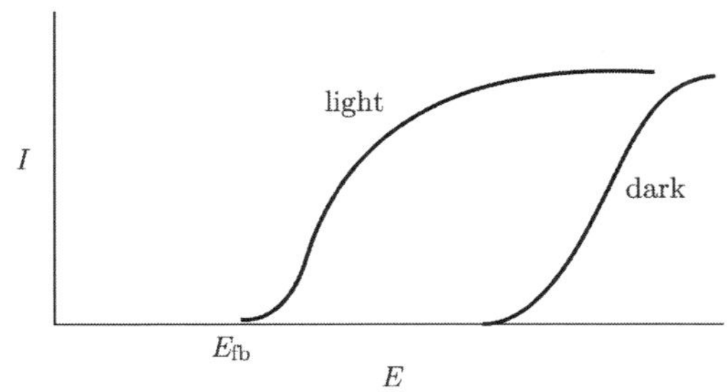

그림 4.8.3 반도체 전극에서 발생되는 광전기화학적 전류

한편 반도체의 종류에 따라 진행되는 전극 반응의 특성도 다르다. 그림 4.8.1로 짐작할 수 있듯이 n형 반도체에서 관찰되는 광전기화학 전류는 형성된 양공으로 인해서 반응물의 산화가 진행되는 산화 전류이다. 반면에 p형 반도체의 광전기화학 전류는 반응물의 환원이 원인이 되는 환원 전류이다.

최근 TiO_2는 에너지의 변환에 응용될 뿐 아니라, TiO_2를 이용한 광전기화학 반응이 실생활에서도 활용되고 있다는 점이 흥미롭다. 실제로 벽면에 흡착하는 냄새의 원인 물질, 세균, 오염 물질 등을 광전기화학 반응을 통해서 파괴할 수 있다는 연구 결과가 발표되었다. 더욱이 실내조명에서 발산되는 미약한 빛으로도 그런 종류의 물질들을 다른 물질로 변환하고, 결국은 파괴한다는 것을 발견하였다(참고문헌 후지시마(Fujishima) 참조).

4.8.2 반도체 전극의 커패시턴스

앞에서 설명한 것처럼 반도체 전극이 전해질과 접촉하면 일반적으로 표면 가까운 곳에 띠 굽음이 일어나고 공간 전하를 포함하는 꽤 두터운 층이 생긴다. 이 층은 전해질 용액에 형성되는 것과 흡사한 또 하나의 전기 이중층이다. 그러므로 이 전기 이중층에 대해서도 용액에 형성된 전기 이중층(3장 참조)처럼 취급할 수 있다[17]. 공간 전하와 관련된 전기장의 세기는 식 (3.3.8)과 같은 형식을 띨 것이다. 그러나 2가지 이온으로 구성된 전해질의 전기 이중층과는 달리 반도체에서는 주된 전하 운반체(n형 반도체는 전자, p형 반도체는 양공)만을 생각하면 된다. 따라서 식 (3.3.8)에 있는 여러 항에 대한 합산(Σ)은 적용할 필요가 없으므로 반도체 내부의 공간 전하에 대한 커패시턴스 C_{sc}는 다음과 같은 **모트-쇼트키**(Mott-Schottky) 식으로 나타낼 수 있다. 이것은 전해질의 커패시턴스에 적용되는 식 (3.4.1)에 대응되는 식이다.

$$C_{sc} = \left(\frac{e^2 \epsilon N_c}{2kT}\right)^{1/2} \left(-\frac{e\Delta\phi}{kT} - 1\right)^{-1/2} \tag{4.8.1}$$

여기서 N_c는 전하 운반체 밀도이며, $\Delta\phi$는 반도체 내부와 공간 전하가 형성된 표면 사이의 전위차이다. $\epsilon = \epsilon_r \epsilon_0$를 이용해서 식 (4.8.1)을 변형하면 이용하기 편리한 다음과 같은 식이 된다.

$$\frac{1}{C_{sc}^2} = \frac{2}{e\epsilon_r \epsilon_0 N_c}\left(-\Delta\phi - \frac{kT}{e}\right) \tag{4.8.2}$$

---

17) H. Gerischer, *Advances in Electrochemistry and Electrochemical Engineering*, **1**, 139(1961); H. Gerischer, in *Physical Chemistry: An Advanced Treatise*, H. Eyring, D. Henderson, and W. Jost, Eds., Vol IXA, Academic Press, 1970.

이 식에 $\Delta\phi = E_{\text{fb}} - E$ 및 $T = 298$을 대입하면, 상온에서 공간 전하의 커패시턴스는 다음과 같은 식으로 나타낼 수 있다.

$$\frac{1}{C_{\text{sc}}^2} = \frac{1.41 \times 10^{20}}{\epsilon_{\text{r}} N_{\text{c}}}(E - E_{\text{fb}} - 0.0257) \tag{4.8.3}$$

여기서 C_{sc}의 단위는 μFcm^{-2}이며, N_{c}의 단위는 cm^{-3}이다. 보통 반도체에서 형성되는 공간 전하의 커패시턴스는 약 $0.001 \sim 1\ \mu\text{Fcm}^{-2}$ 정도밖에 되지 않는다. 이 값은 전해질의 커패시턴스인 약 $20\ \mu\text{Fcm}^{-2}$에 비하여 월등히 작다. 그런데 반도체의 공간 전하 커패시터와 전해질의 전기 이중층 커패시터는 직렬로 연결된 것으로 볼 수 있다. 그러므로 전해질 용액에 반도체 전극을 담그고 전체 커패시턴스를 측정하면 반도체 자체의 커패시턴스에 해당하는 작은 값을 얻을 수 있다. $1/C_{\text{sc}}^2$ 을 E에 대하여 그래프를 그리면(Mott-Schottky plot) 실제로 직선이 얻어진다(그림 4.8.4). 직선의 기울기로부터 N_c를 얻을 수 있고, 외삽으로 연장하면 E 축과 맞닿는 절편으로부터 평활 전위, E_{fb}를 얻을 수 있다.

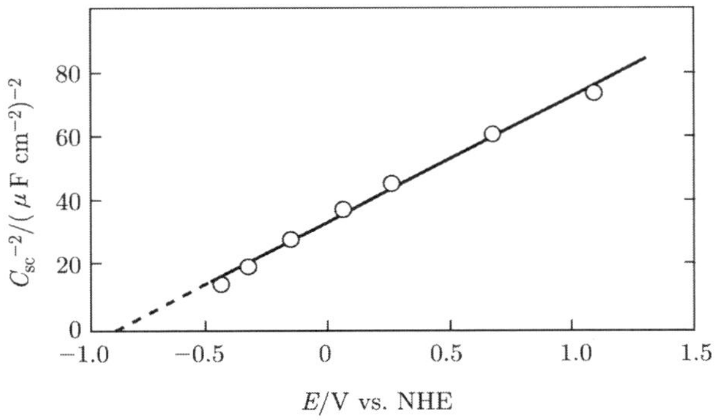

그림 4.8.4 묽은 황산 용액에 담긴 n형 반도체(GaP)의 커패시턴스를 얻기 위한 모트-쇼트키(Mott-Schottky) 도시

참고문헌

1. A. C. Fisher, *Electrode Dynamics*, Oxford Press, 1996.
2. P. Delahay, *Electrical Double Layer and Electrode Kinetics*, Wiley, 1965. Part 2.
3. K. J. Vetter, *Electrochemical Kinetics: Theoretical and Experimental Aspects*, Academic Press, 1967.
4. E. Gileadi, *Electrode Kinetics for Chemists, Chemical Engineers, and Materials Scientists*, VCH Publishers, 1993.
5. S. R. Morrison, *Electrochemistry at Semiconductor and Oxidized Metal Electrodes*, Plenum, 1980.
6. K. Uosaki and H. Kita, in *Modern Aspects of Electrochemistry*, No. 18, R. E. White, J. O'M. Bockris, and B. E. Conway, Eds., Plenum, 1986.
7. A. Fujishima, k. Hashimoto, T. Watanabe, TiO_2 *Photocatalysis: fundamentals and applications*, BKC, inc. Tokyo, 1999.
8. C. H. Hamann A. Hammett, W. Vielstich, *Electrochemistry*, Wiley-VCH, 1988, Chapter 4.
9. J. McHardy and F. Ludwig ed., *Electrochemistry of Semiconductors and Electronics: Processes and Devices*, Noyes Publications, Park Ridge, NJ 1992.

연습문제

1. 온도 293 K에서 Fe^{2+}와 Fe^{3+}이온을 포함하는 용액에서 진행된 $Fe^{2+} \rightleftarrows Fe^{3+} + e^-$ 반응에 대한 평형 전위는 0.75 V이었다. 전위에 따른 환원 전류의 크기가 다음과 같이 관찰되었다. 이 반응에 대한 교환 전류 밀도와 전자 이동 계수(transfer coefficient 또는 symmetry factor)는 얼마인가?

E/ V	0.7	0.65	0.60	0.55	0.50
I/mA	4.3	12.2	27.0	64.2	144

2. 백금 전극에서 $Fe^{2+} \rightleftarrows Fe^{3+} + e^-$ ($E^\circ = 0.77$ V) 반응이 일어날 때 교환 전류 밀도(exchange current density)는 $i^\circ = 2.56$ mA cm^{-2}이고 이 산화 전류에 대한 대칭 인자(symmetry factor)는 $\alpha_a = 0.5$이다. $E = 1.00$ V에서 10cm^2의 전극면에서 일어날 반응 전류값을 구하라.

3. 백금 전극에서 수소 발생 반응에 대한 교환 전류 밀도는 0.80 mA cm^{-2}이다. 1-전자 반응에 의해 속도가 결정되며, 과전위가 3 mV일 때 전류 밀도는 얼마인가? 이 계산을 하는 데 전자 이동 계수가 필요한가?

답 0.093 mA cm^{-2}, 필요치 않음

4. pH = 0인 용액에 있는 백금 전극에서 수소 발생 반응에 대한 교환 전류 밀도는 0.80 mA cm^{-2}이다. 만약에 전달 계수는 0.50이라면 전극 넓이가 5cm^2일 때 −0.12 V에서 흐르는 전류는 얼마인가? 1-전자 반응에 의하여 속도가 결정되고 농도 분극의 영향은 무시할 수 있다고 가정하라.

답 41 mA

5. (a) 랭뮤어(Langmuir) 흡착 등온식(adsorption isotherm)을 만든 기본 가정을 쓰고, (b) 농도와 덮임률 사이의 관계를 수식으로 나타내라.

6. 어떤 전극에서 반응 물질이 랭뮤어(Langmuir) 식에 따라 흡착되고 흡착된 분자들만 전극 반응으로 환원되는 경우에는 전류 밀도가 용액 중 반응 물질의 농도와 과전위로부터 어떤 영향을 받을까 예측하라(전극 반응은 흡착 평형의 도달 속도에 비하여 대단히 느리다고 가정할 때 또는 그 반대의 경우를 가정해서 문제를 해결하라).

7. 백금의 원자 반지름은 139 pm이다. 면심 입방(fcc) 구조를 가지는 백금 단결정의 (111) 표면 $1cm^2$에 노출된 원자 수는 얼마인가? 어떤 분자들이 백금 원자마다 하나씩 붙어 단분자층을 이룰 수 있다고 가정하고 표면 덮임률이 1.0일 때 표면 1 cm^2에 흡착되는 분자들의 몰 수를 구하라.

답 2.48×10^{-9} mole cm^{-2}

5장

전해질 용액

5.1 전해질

전해질 용액은 전기화학 반응 체계(system)를 구성하는 데 필수적인 성분이다. 전해질을 이루고 있는 이온들은 전류의 매체이며, 전류는 이온들의 이동과 직접 관련이 있다. 전해질은 염과 같은 이온 결합 화합물이거나 혹은 용매(물)와 반응하여 양이온과 음이온을 형성할 수 있는 산-염기 등의 공유 결합 화합물들이다. 하나의 염의 구성 성분과 마찬가지로 용액에서 양이온과 음이온은 공존하고, 각각의 농도는 서로 반대 부호의 전하량을 정확히 상쇄하는 크기를 갖는다. 즉 용액 전체로 볼 때 항상 **전기중성**(electroneutrality)이 유지된다. 단위 부피 속의 양이온, 음이온의 개수를 각각 N_+, N_-로 나타내면 다음과 같은 식이 성립된다.

$$N_+ z_+ = -N_- z_- \tag{5.1.1}$$

이 식은 양이온의 농도 N_+와 그것의 전하 z_+를 곱한 것이 음이온의 농도 N_-에 그것의 전하 z_-를 곱한 것과 크기는 같고 부호가 반대라는 것을 나타낸다. 이러한 전기중성은 용액의 모든 부분에 걸쳐서 성립한다. 다만 전극 근처에 있는 전기 이중층(electrical double layer)에서는 3장에서 살펴본 것처럼 부분적으로 양전하와 음전하가 분리되어 있어 공간 전하가 있을 수 있다. 그러나 전기 이중층의 전하량 총합 역시 (+) 전하와 (−) 전하가 서로 상쇄되어 0이 된다. 이온의 이동으로 전류가 용액을 따라 흐르는 경우에도 역시 전기중성은 유지된다.

염을 용매에 녹여서 만든 용액은 물론 용매 없이 염이 녹아 있는 상태의 용융염도 이온이 움직이기 때문에 전류를 흘리기 위한 도체로 사용된다. 실제로 비교적 높은 온도에 있는 여러 종류의 용융염(molten salt)들은 전기화학 공정이나 연료 전지의 전해질로 사용된다.

용액에 있는 이온들이 갖고 있는 전하 때문에 이온 주위로는 전기장이 형성된다. 또한 이온들은 용매 분자들과 상호 작용을 하며, 특히 물과 같이 쌍극자 모멘트가 있는 용매 분자는 크기가 작은 이온을 둘러싸고 있다. 마치 정전기적 인력이 작용하는 것처럼 용매 분자와 이온이 서로 단단히 묶인다. 이런 현상을 **용매화**(solvation)가 되었다고 말한다. 용매화된 이온은 용액 내에서 움직일 때 마치 한 덩어리처럼 움직인다. 그 덩어리는 이온 주위에 여러 개의 용매 분자들이 둘러싸여 있는 모양이다.

용액에 있는 이온들은 열운동으로 인해서 끊임없이 움직이고 있다. 그런데 이온 상호간의 정전기적 인력과 반발력은 열운동 에너지에 비하여 무시할 수 없을 정도의 크기이기 때문에 이온들의 이동성과 열역학적 성질에도 영향을 미친다. 이온의 이동성과 전기 전도도는 다음 장에서 확산 등의 문제와 함께 설명할 것이며, 이 장에서는 활동도와 그 밖의 열역학적 성질에 대하여 설명한다.

물은 염을 녹여 전해질 용액을 만들 때 용매로 가장 많이 이용되었고, 오랫동안 연구된 물질이다. 그러나 물이 아닌 용매를 사용해서도 전해질 용액을 만들 수 있다. 특별히 물이 아닌 용매가 필요한 조건에서는 여러 종류의 유기 물질이 용매로 사용되고 있다. 예를 들어 아세토나이트릴(acetonitrile), 프로필렌 카보네이트(propylene carbonate), 에탄올 등이 많이 사용되는 유기 용매이다. 물이 아닌 조건에서 실험을 할 경우에는 사차알킬암모늄(quaternary alkyl ammonium salt), 과염소산 리튬 등과 같이 유기 용매에도 잘 녹는 염을 유기 용매에 녹여서 전해질 용액을 만든다. 고분자 물질 혹은 무기 고체 물질이 전해질로 사용되기도 한다. 여러 가지 용매와 전해질의 쓰임은 10장에서 유기물의 반응 등을 다룰 때 자세히 설명할 것이다.

5.2 이온의 활동도

아주 묽은 용액에서 이온의 **활동도**(activity)는 농도에 정비례한다. 즉 i 이온의 활동도, a_i는 이온의 농도 m_i를 표준 농도 m°으로 나눈 것이다. 그러나 진한 용액에서는 이온 간의 평균 거리가 짧아지고, 정전기적 상호 작용의 영향 때문에 이온의 활동도 증가는 농도의 증가에 단순하게 비례하지 않는다. 그러므로 활동도 a_i는 농도에 따라 변하는 **활동도 계수**(activity coefficient) γ_i를 m_i/m°에 곱한 것이다.

$$a_i = \gamma_i \frac{m_i}{m^\circ} \tag{5.2.1}$$

이 식의 오른쪽은 용액의 농도(단위: mol kg^{-1})를 표준 농도(1 mol kg^{-1})로 나누었기 때문에 단위가 없다. 따라서 활동도 a_i도 단위가 없다. 분모에 있는 m°를 생략하여 식을 쓰는 경우도 많다. 그러나 이런 경우에는 표시되는 농도 m_i는 실제 농도를 표준 농도로 나눈 것이다. 즉 무차원(dimensionless)의 양으로 단위가 없는 m_i로 사용할 때 식은 다음과 같이 된다.

$$a_i = \gamma_i m_i \tag{5.2.2}$$

매우 묽은 용액의 경우에는 활동도 계수 γ_i는 1이다.

$$\lim_{m_i \to 0} \gamma_i = 1 \tag{5.2.3}$$

$$a_i = m_i,\ m_i \to 0$$

용액이 진할수록 γ_i 값은 1보다 작은 값으로 감소한다. 용액에 포함된 이온들의 전하가 클수록 그 감소 폭은 더 크다. 그러나 아주 진한 용액에서는 다시 증가하여 오히려 1보다 커질 수 있다.

그런데 한 종류의 이온만을 포함하는 용액은 있을 수도 없을 뿐 아니라 한 종류의 이온에 대한 활동도는 측정할 수가 없다. 양이온 또는 음이온만의 열역학적 성질이 아닌 양이온과 음이온이 함께 포함된 전해질 용액의 열역학적 성질이 측정되기 때문이다. 성분이 M_pX_q로 이루어진 염을 용액에 녹이면 각각의 이온들로 해리되므로 다음과 같은 식으로 나타낼 수 있다.

$$M_pX_q \rightleftarrows pM^{z+} + qX^{z-}$$

염의 몰랄 농도가 m인 경우에 양이온과 음이온의 몰랄 농도는 각각 $m_+ = pm$, $m_- = qm$이다. 또 용액을 **이상 용액**(ideal solution)과 **비이상 용액**(nonideal solution)으로 구분할 경우에 각 용액의 농도와 각 이온의 깁스(Gibbs) 자유 에너지 G는 다음과 같다.

이상 용액	$G_i = G_i^\circ + RT \ln m_i$	(5.2.4)
비이상 용액	$G_i = G_i^\circ + RT \ln a_i$	(5.2.5)

$$\begin{aligned} G &= pG_+ + qG_- \\ &= pG_+^\circ + qG_-^\circ + RTp \ln a_+ + RTq \ln a_- \end{aligned} \tag{5.2.6}$$

양이온과 음이온의 **평균 활동도** $a_\pm$를 다음과 같이 정의한다.

$$\begin{aligned} a_\pm^{(p+q)} &= a_+^p a_-^q \\ &= (m_+\gamma_+)^p (m_-\gamma_-)^q \end{aligned} \tag{5.2.7}$$

또한 양이온과 음이온의 활동도 계수는 각각 γ_+와 γ_-이며, 두 이온의 **평균 활동도 계수** $\gamma_\pm$를 $\gamma_\pm^{(p+q)} = \gamma_+^p \gamma_-^q$로 정의한다. 한편 양이온과 음이온의 몰랄 농도는 각각 m_+와 m_-이며, 그것의 평균 몰랄 농도 $m_\pm$을 $m_\pm^{(p+q)} = m_+^p m_-^q$로 정의한다. 그 결과 $a_\pm = m_\pm \gamma_\pm$가 되고 활동도에 관계없는 항들을 묶어 G°라 하면 식 (5.2.6)은 다음과 같은 식으로 정리된다.

$$\begin{aligned} G &= G^\circ + RT \ln a_\pm^{(p+q)} \\ &= G^\circ + RT \ln (m_\pm \gamma_\pm)^{(p+q)} \end{aligned} \tag{5.2.8}$$

각 이온에 대한 $G_i = G_i^\circ + RT \ln a_i$는 몰랄 농도와 활동도 계수에 대한 항과 활동도와 무관한 항(G_i°)으로 구분하여 다음과 같이 표현할 수 있다.

$$G_i = G_i^\circ + RT \ln m_i + RT \ln \gamma_i \tag{5.2.9}$$

식의 맨 오른쪽 항은 이온 상호 간의 작용 때문에 발생되는 **비이상성(nonideality)**이 원인이 되는 것으로 전체 깁스(Gibbs) 자유 에너지에서 이온-상호 작용이 기여하는 몫이다. 각 이온의 활동도 계수 γ_i와 마찬가지로 $\gamma_\pm$도 매우 묽은 용액에서는 1이고, 용액의 농도가 진해짐에 따라 감소하다가 아주 진한 용액에서 다시 증가하는 경향이 있다. 물론 용액의 농도가 아주 묽을 경우에 모든 용액은 이상 용액의 특성을 나타낸다. 표 5.1에 몇 종류의 전해질에 대해서 농도에 따른 활동도 계수를 나열하였다.

이온 분위기

농도에 따라 활동도 계수가 변화하는 경향을 완전히 이해하기는 어렵다. 그러나 정전기적 상호 작용이 원인이 되는 에너지 변화를 생각하여 발전해온 이론은 상당한 성공을 거두었다. 한 이온의 주위에는 그 이온의 전하와 반대 부호의 전하를 띤 이온들이 몰려든다. 물론 이온들은 끊임없이 열운동을 하고 있으므로 고정된 분포를 유지하

표 5.1 몰랄 농도에 대한 이온의 평균 활동도 계수

m[mol kg^{-1}]	0.001	0.005	0.01	0.05	0.1	1	2
KCl	0.965	0.927	0.901	0.815	0.769	0.606	0.576
HCl	0.966	0.928	0.904	0.830	0.796	0.809	1.01
$CaCl_2$	0.888	0.785	0.725	0.57	0.515	0.71	
$CuSO_4$	0.74	0.53	0.41	0.21	0.16	0.047	

는 것은 아니다. 어느 부분을 막론하고 양이온과 음이온이 섞여 있으며, 한 이온의 가까운 주위에는 평균적으로 반대 부호의 이온들이 많고, 거리가 멀어지면 용액 전체의 평균에 해당하는 전기중성(electroneutrality)이 되도록 이온들이 분포될 것이다. 예를 들어, 만약에 중심 이온이 양이온이면 양이온에 인접한 거리에는 음이온이 모여들게 되므로 (−) 전하가 우세할 것이고($\rho < 0$), 양이온에서 멀리 떨어진 거리에는 점점 양이온과 음이온의 분포가 같아져서 전하 ρ는 0에 가까워질 것이다. 이런 예처럼 한 이온 주위에 배열되는 다른 이온들의 분포를 **이온 분위기**(ionic atmosphere 또는 ion cloud)라고 한다(그림 5.2.1).

이온 분위기의 형태는 이온 농도가 진한 경우 더 촘촘하며, 이온 분위기 안의 이온 상호 작용은 주로 정전기적 인력과 반발이기 때문에 이온들의 전하 크기에 영향을 크게 받는다. 그러므로 **이온 세기**(ionic strength)를 다음과 같이 정의한다.

$$I = \frac{1}{2}\sum_i m_i z_i^2 \tag{5.2.10}$$

따라서 전해질의 종류에 따른 이온 세기 I를 계산해 보면 다음과 같다. 예를 들어 KCl과 같은 1-1 전해질의 이온 세기는 몰랄 농도 m과 같고, $CaSO_4$와 같은 2-2 전해질의 이온 세기는 $4m$, $CaCl_2$와 같은 1-2 전해질의 이온 세기는 $3m$, $Al_2(SO_4)_3$와 같은 2-3 전해질의 이온 세기는 $15m$이다[1]. 이온 분위기의 유효 크기는 이온 세기가 커

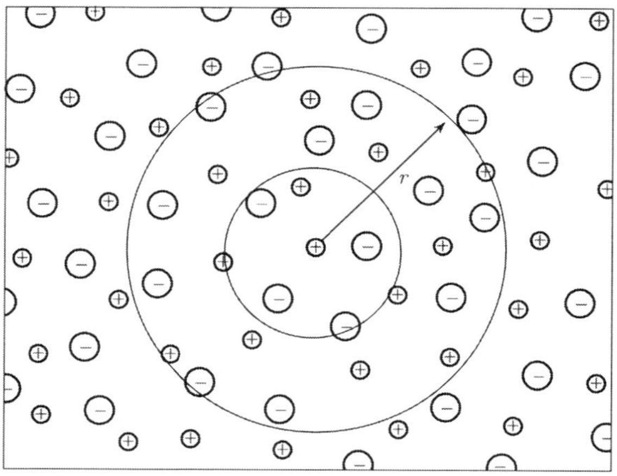

그림 5.2.1 용액에서 이온의 분포. 하나의 이온을 중심으로 형성된 이온 분위기

1) 이온 세기를 몰랄 농도가 아닌 몰농도를 사용해서 정의하기도 한다. 이 경우에도 몰농도를 표준 몰농도로 나누어 차원(dimension)이 없는 양으로 정의한다.

질수록 감소한다(다음 절에서 설명할 것이다).

활동도와 평형

평형 상수는 반응에 참여하는 화학종의 활동도의 비이다. 예를 들어 약산 HA의 해리 반응에 대한 평형 상수는 다음과 같이 정의한다.

$$K_a = \frac{a_{\mathrm{H}^+} a_{\mathrm{A}^-}}{a_{\mathrm{HA}}} \tag{5.2.11}$$

활동도는 몰농도에 활동도 계수를 곱한 것으로 나타내기도 한다. 즉 몰농도(molarity)를 이용하여 활동도를 정의하면 다음과 같은 식으로 표현할 수 있다[2].

$$a_{H^+} = \gamma_+ [H^+] \ ; \quad a_{A^-} = \gamma_- [A^-] \ ; \quad a_{HA} = \gamma [HA] \tag{5.2.12}$$

따라서 식 (5.2.11)에 식 (5.2.12)를 대입하면 다음과 같은 식을 얻는다.

$$\begin{aligned} K_a &= \frac{[H^+][A^-]}{[HA]} \frac{\gamma_\pm^2}{\gamma} \\ &= K_c \frac{\gamma_\pm^2}{\gamma} \end{aligned} \tag{5.2.13}$$

한편 일정한 온도에서 평형 상수 K_a는 상수이며 그 값은 정해져 있다. 그러나 농도비로만 나타내는 평형 상수 K_c는 평형과 관련된 화학종의 활동도 계수 값에 따라 변할 수 있다. 산 해리 반응에 직접 참여하지 않는 NaCl 같은 염을 첨가하게 되면 전해질의 농도가 커진다. 그 결과 $\gamma_\pm$는 대체로 감소하고 γ는 영향을 거의 받지 않기 때문에 K_c는 증가한다. 따라서 염을 첨가한 용액에서 산 해리 평형 상수 K_c는 커진다. 평형에 미치는 염의 효과를 직접 알아볼 수도 있다(연습문제 8번). 물에 잘 녹지 않는 AgCl과 같은 고체의 용해도 역시 그것의 평형과 전혀 상관이 없을 듯한 $NaNO_3$ 염을 첨가하면 용해도가 증가한다. 그것은 고체가 녹으면서 발생하는 Ag^+ 이온과 Cl^- 이온의 평균 활동도 계수가 $NaNO_3$ 때문에 감소하여 고체와 이온들 사이의 평형에 영향을 미치는 것으로 이해할 수 있다.

---

2) 몰농도를 기준으로 하는 또 다른 종류의 활동도 정의이며, 여기서도 각 농도는 표준 몰농도로 나누기 때문에 단위가 없는 양이다.

5.3 데바이-휘켈 이론

5.3.1 이온 분위기의 모델과 수학적 근사 방법

데바이(P. Debye)와 휘켈(E. Hückel)은 1920년경에 서로 독립적으로 이온 분위기에 대한 이론을 발표하고 발전시켜왔다. 그 이론의 가장 중요한 점은 식 (5.2.9)의 마지막 항 $RT\ln\gamma_i$를 전기적 상호 작용 에너지와 같게 취급했다는 것이다. 자세한 설명은 120쪽부터 나오는 [보충자료]에 있다. 이온의 분포에 대한 볼츠만 통계 처리와 정전기적 접근에 따르면 이온들 사이의 정전기적 상호 작용에 대한 에너지는 1몰의 이온(i)에 대해서 $-z_i^2e^2N_A/8\pi\epsilon(r_\mathrm{D}+r_0)$이다. 이 식에서 N_A는 아보가드로 수, ϵ은 유전 상수, r_D는 이온 분위기의 크기를 길이 단위로 나타낸 데바이 길이(Debye length), r_0는 이온들 간에 최대로 접근할 수 있는 거리이다. 그러므로 활동도 계수 γ_i와 데바이 길이 r_D 사이에는 다음과 같은 관계가 있다([보충자료] 식 (5.3.24)와 그에 따른 설명을 참조한다).

$$
\begin{aligned}
RT\ln\gamma_i &= -\frac{z_i^2e^2N_A}{8\pi\epsilon(r_\mathrm{D}+r_0)} \\
\ln\gamma_i &= -\frac{z_i^2e^2}{8\pi\epsilon(r_\mathrm{D}+r_0)kT}
\end{aligned}
\qquad (5.3.1)
$$

데바이 길이 r_D는 농도 증가에 따라 감소하며, $r_\mathrm{D}=\left(kT\epsilon/2IN_Ade^2\right)^{1/2}$이다(여기서 d는 용액의 밀도이다). 식 (5.3.1)의 분모에 있는 r_0는 대체로 용매화된 이온의 지름이며, 그것은 약 $\frac{1}{2}$ nm 정도이다. 그에 비해서 r_D는 묽은 용액에서 보통 수 나노미터(nm) 이상이다(표 5.2 참조). 따라서 r_D에 비하여 r_0를 무시할 수 있는 경우가 많으므로 다음과 같은 근사식을 얻을 수 있다.

$$
\begin{aligned}
\ln\gamma_i &\cong -\frac{z_i^2e^2}{8\pi\epsilon r_\mathrm{D}kT} \\
&= -\frac{z_i^2e^3N_A^{1/2}(2dI)^{1/2}}{8\pi(\epsilon kT)^{3/2}}
\end{aligned}
\qquad (5.3.2)
$$

식 (5.3.2)는 활동도 계수와 전해질 농도와의 관계를 나타낸다. 그러나 앞서 설명한 것처럼 양이온 또는 음이온만의 활동도 계수는 측정이 불가능하므로 측정 가능한 평

표 5.2 이온 세기에 따른 데바이 길이, 298K 수용액에 대한 값, $r_{\mathrm{D}}[\mathrm{nm}] = 0.305 I^{-\frac{1}{2}}$

$I[\mathrm{mol\ kg^{-1}}]$	10^{-4}	10^{-3}	10^{-2}	10^{-1}
$r_{\mathrm{D}}[\mathrm{nm}]$	30.5	9.6	3.05	0.96

균 활동도를 구하여야 한다. 우선 양이온과 음이온의 에너지에 대한 기여를 합하면 다음과 같다.

$$p \ln \gamma_+ + q \ln \gamma_- = -\left(pz_+^2 + qz_-^2\right) \frac{e^2}{8\pi\epsilon(r_{\mathrm{D}} + r_0)kT} \tag{5.3.3}$$

여기서 $p \ln \gamma_+ + q \ln \gamma_- = (p+q) \ln \gamma_\pm$이고, $pz_+^2 + qz_-^2 = (p+q)|z_+ z_-|$인 것을 이용하여 정리하면 다음과 같다.

$$\begin{aligned} \ln\gamma_\pm &= -\frac{|z_+ z_-| e^2}{8\pi\epsilon(r_{\mathrm{D}} + r_0)kT} \\ &\cong -\frac{|z_+ z_-| e^2}{8\pi\epsilon r_{\mathrm{D}} kT} \end{aligned} \tag{5.3.4}$$

식 (5.3.4)에 $r_{\mathrm{D}} = \left(kT\epsilon/2IN_A de^2\right)^{1/2}$, $\epsilon = \epsilon_{\mathrm{r}}\epsilon_0$를 대입하고 정리하면 다음과 같은 식을 얻을 수 있다.

$$\boxed{\ln\gamma_\pm = -\frac{|z_+ z_-| e^3 (2dN_{\mathrm{A}})^{1/2} I^{1/2}}{8\pi\left(\epsilon_0 \epsilon_{\mathrm{r}} kT\right)^{3/2}}} \tag{5.3.5}$$

이 식을 활동도 계수에 대한 데바이-휘켈의 **한계 법칙**(limiting law)이라고 한다. 한계 법칙이라 부르는 이유는 이 식을 이용해서 얻은 활동도 계수는 매우 묽은 용액의 경우에는 실험 자료와 아주 잘 맞지만, 용액의 농도가 진하면 진할수록 식 (5.3.5)의 이론값과 실험값의 차이가 더 벌어지기 때문이다. I는 농도에 비례하는 양이고, $\ln\gamma_\pm$는 I의 제곱근에 따라 감소한다. 따라서 $\gamma_\pm$는 농도가 0에 가까우면 1이 될 것이며, 농도가 증가함에 따라 점점 1보다 작은 값으로 감소한다. 이것은 실험으로 얻은 자료와 잘 일치한다(그림 5.3.1).

상온과 묽은 수용액의 조건에 맞는 상수들, $d = 1.00 \times 10^3\ \mathrm{kgm^{-3}}$, $\epsilon_0 = 8.854 \times 10^{-12}\ \mathrm{N^{-1}\ m^{-2}\ C^2}$, $\epsilon_{\mathrm{r}} = 78.5$, $T = 298\ \mathrm{K}$를 식 (5.3.5)에 대입하면 이온 세기 제

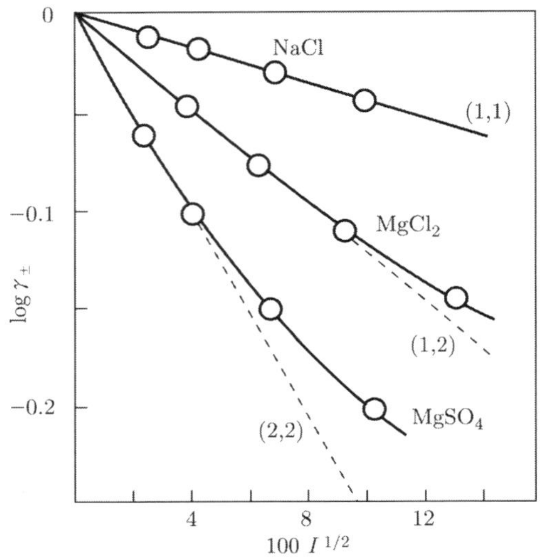

그림 5.3.1 활동도 계수와 이온 세기(농도)의 관계. 묽은 용액에서 $\log\gamma_{\pm}$는 이온 세기의 제곱근에 비례해서 감소한다.

곱근에 따른 활동도 계수의 자연 로그 혹은 상용 로그에 대한 기울기 값을 알 수 있다.

$$\begin{aligned}\ln\gamma_{\pm} &= -1.172\,|z_+z_-|I^{1/2},\\ \log\gamma_{\pm} &= -0.509\,|z_+z_-|I^{1/2}\end{aligned} \tag{5.3.6}$$

이온 세기에 따른 $\gamma_{\pm}$의 실제 변화(실선)와 식 (5.3.6)으로 계산한 값의 변화(점선)를 그림 5.3.1에 나타냈다. 두 값은 대체로 NaCl과 같은 1-1 전해질이며, 동시에 농도가 0.01 mol kg^{-1} 이하인 경우에 잘 일치한다. 그러나 $MgCl_2$와 같은 1-2 전해질 혹은 $MgSO_4$와 같은 2-2 전해질의 경우에는 아주 묽은 농도에서만 잘 일치하는 것을 볼 수 있다.

보충자료 **이온 전하와 이온 분위기 사이의 상호 작용 에너지**

이온의 활동도를 계산할 때 필요로 하는 이온 전하와 이온 분위기 사이의 상호 작용 에너지에 대한 내용을 정리한 데바이-휘켈 이론의 전개 과정은 다음과 같다.

부록 2에 정리한 바와 같이 위치에 따른 전기장 **E**의 변화율은 전기적 퍼텐셜 ϕ의 2차 미분 함수로 나타낸다.

$$\nabla \cdot \mathbf{E} = -\nabla^2 \phi = -\left(\frac{\partial^2 \phi}{\partial x^2} + \frac{\partial^2 \phi}{\partial y^2} + \frac{\partial^2 \phi}{\partial z^2}\right) \quad (5.3.7)$$

또한 전기장의 변화율은 그 위치에 대한 전기 밀도 ρ에 비례한다(푸아송(Poisson) 관계식).

$$\nabla \cdot \mathbf{E} = \frac{\rho}{\epsilon};$$
$$-\nabla^2 \phi = -\frac{\rho}{\epsilon} \quad (5.3.8)$$

그런데 라플라스 연산자(Laplacian operator), ∇^2은 식 (5.3.7)과 같이 직교 좌표 $(\partial^2/\partial x^2 + \partial^2/\partial y^2 + \partial^2/\partial z^2)$를 사용하는 것보다 극 좌표를 사용할 때 더 편리한 경우가 있다. 극 좌표를 이용하여 한 개의 이온을 좌표의 중심으로 보면 그 이온의 주위 환경이 구 대칭성을 갖기 때문에 방향성을 생각하지 않아도 된다. 따라서 ∇^2을 간단히 $(1/r^2)(\partial/\partial r)(r^2 \partial/\partial r)$로 대신할 수 있다. 이 경우 **푸아송(Poisson) 방정식**은 다음과 같이 나타낼 수 있다.

$$\frac{1}{r^2}\frac{\partial}{\partial r}\left(r^2 \frac{\partial}{\partial r}\right)\phi = -\frac{\rho(r)}{\epsilon} \quad (5.3.9)$$

$\rho(r)$은 전하 밀도를 중심 이온에서 멀어진 거리의 함수로 나타낸 것이다. 즉 이온 분위기의 거리에 따른 전하 분포이다. 이렇게 나타낸 것은 전기 이중층에 대한 구이-채프먼(Gouy-Chapman)의 이론과 같은 맥락이다. 구이-채프먼 이론에서는 직교 좌표를, 이곳에서는 극 좌표를 사용한다는 점이 다르다.

이온 분위기 내부의 전하 밀도는 양이온과 음이온의 전하에 각각 이온의 분포 밀도 (N_+와 N_-)를 곱한 것으로 결정된다.

$$\rho(r) = N_+ z_+ e + N_- z_- e \quad (5.3.10)$$

한편 N_+와 N_-는 각 이온들의 위치에 따른 전기 퍼텐셜에 대한 볼츠만(Boltzmann) 분포로 결정된다. 용액에 있는 i 이온의 평균 농도를 N_i°라고 하면 다음과 같다.

$$N_i = N_i^\circ \exp\left(-\frac{z_i e \phi}{kT}\right)$$
$$\cong -N_i^\circ\left(1 - \frac{z_i e \phi}{kT} + \frac{1}{2}\left(\frac{z_i e \phi}{kT}\right)^2 + \cdots\right) \quad (5.3.11)$$

위 전개식에서 ϕ는 이온들의 주위로 분포되어 있는 이온들 때문에 형성되는 전위이며,

대체로 0.01 V 미만의 작은 값이다. 따라서 $ze\phi/kT \ll 1$으로 가정하는 것에 무리는 없다. 그 결과 식 (5.3.11)의 괄호 속의 세 번째 항 이후에 나타나는 $ze\phi/kT$를 포함하는 높은 차수의 항들은 중요하지 않다. 양이온과 음이온에 대한 각각의 식에서 앞의 두 항만을 고려하고, 그것을 합하면 다음과 같이 된다.

$$\begin{aligned}\rho &\cong \left(N_+^\circ z_+ e + N_-^\circ z_- e\right) - \left(N_+^\circ z_+^2 e + N_-^\circ z_-^2 e\right)\frac{e\phi}{kT} \\ &= -\left(N_+^\circ z_+^2 e + N_-^\circ z_-^2 e\right)\frac{e^2\phi}{kT}\end{aligned} \tag{5.3.12}$$

식 (5.3.12) 윗 줄의 첫 번째 항이 사라진 것은 식 (5.1.1)과 같은 전기중성 조건이 충족되어야 하기 때문이다. 용액의 밀도를 d라 하면 $N_i = m_i N_A d$이다(N_A는 아보가드로 수). 이것을 이용하면 전하 밀도는 다음과 같다.

$$\rho = -\frac{2IN_{\mathrm{A}}de^2}{kT}\phi \tag{5.3.13}$$

이 결과는 전하 밀도는 퍼텐셜에 비례하고 부호는 반대라는 의미인데, 양이온 근처는 퍼텐셜이 (+)이므로 음이온들이 많이 몰리고, 음이온 근처는 그와 반대로 양이온이 많이 몰리기 때문이다. 식 (5.3.13)을 푸아송(Poisson)식 (5.3.9)에 대입하면 볼츠만 식의 지수 함수가 없어지고 일차항만 남아 있어 취급하기 쉬운 모양의 푸아송-볼츠만 (Poisson-Bolzmann) 식이 된다.

$$\begin{aligned}\frac{1}{r^2}\frac{\partial}{\partial r}\left(r^2\frac{\partial}{\partial r}\right)\phi &= \frac{2IN_{\mathrm{A}}de^2}{\epsilon kT}\phi \\ &= \xi^2\phi, \text{ 여기서 } \xi = \left(\frac{2IN_{\mathrm{A}}de^2}{\epsilon kT}\right)^{1/2}\end{aligned} \tag{5.3.14}$$

수식 $(\partial/\partial r)(r^2\partial/\partial r)\phi = 2r(\partial/\partial r)\phi + r^2(\partial^2/\partial r^2)\phi = r(\partial^2/\partial r^2)(r\phi)$을 이용하면 다음과 같이 정리된다.

$$\frac{\partial^2}{\partial r^2}(r\phi) = \xi^2(r\phi) \tag{5.3.15}$$

이런 형식의 미분방정식은 다음과 같은 일반 해(풀이)를 갖고 있다.

$$r\phi = A_1 \mathrm{e}^{\xi r} + A_2 \mathrm{e}^{-\xi r} \tag{5.3.16}$$

위 식의 등식 오른쪽에 있는 첫 번째 항은 거리가 멀어지면(r 증가) ϕ가 급격히 증가한다. 이것은 물리적인 의미를 생각해 보면 있을 수 없는 항이다. 따라서 $A_1 = 0$이고, 이 식이 물리적 의미를 가지려면 오로지 다음과 같은 형식을 갖추어야 한다.

$$\phi = A_2 \frac{\mathrm{e}^{-\xi r}}{r} \tag{5.3.17}$$

또 식 (5.3.13)과 결합하면 전하 밀도는 다음과 같이 표현할 수 있다.

$$\rho = \xi^2 \epsilon A_2 \frac{\mathrm{e}^{-\xi r}}{r} \tag{5.3.18}$$

이제 A_2만 해결하면 퍼텐셜을 알 수 있다. A_2는 하나의 이온 주위를 둘러싸고 있는 이온 분위기의 전하를 다 합한 것이 그 이온의 전하와 크기는 같고, 부호는 반대라는 사실을 이용하여 구할 수 있다. 이온 분위기 전하를 모두 합한다는 것은 그 이온에 가장 가까이 접근할 수 있는 거리 r_0로부터 무한대 거리까지 전하 밀도를 적분하는 것이다.

$$\begin{aligned} z_i e &= -\int_{r_0}^{\infty} \rho 4\pi r^2 dr \\ &= 4\pi\epsilon\xi^2 \int_{r_0}^{\infty} A_2 \frac{\mathrm{e}^{-\xi r}}{r} r^2 dr \\ &= 4\pi\epsilon\xi^2 A_2 \frac{\mathrm{e}^{-\xi r_0}}{\xi} \left(r_0 + \frac{1}{\xi} \right) \end{aligned} \tag{5.3.19}$$

그러므로 결국 A_2는 다음과 같이 나타낼 수 있다.

$$A_2 = \frac{z_i e}{4\pi\epsilon} \frac{\mathrm{e}^{\xi r_0}}{2 + \xi r_0} \tag{5.3.20}$$

식 (5.3.17)에 (5.3.20)을 대입하여 정리하면 전기적 퍼텐셜은 다음과 같다.

$$\phi = \frac{z_i e}{4\pi\epsilon r} \frac{\mathrm{e}^{(r_0 - r) r_{\mathrm{D}}}}{1 + r_0 / r_{\mathrm{D}}}, \ r_{\mathrm{D}} = \frac{1}{\xi} = \left(\frac{k\,T\epsilon}{2IN_{\mathrm{A}} de^2} \right)^{1/2} \tag{5.3.21}$$

r_{D}는 이미 앞에서 정의한 것처럼 데바이(Debye) 길이이며, 차원은 길이(length)이다. 퍼텐셜 ϕ가 대체로 r/r_{D}에 따라 지수 함수 형태로 감소하므로 데바이 길이는 이온 중심으로부터 그 이온의 영향으로 형성되는 퍼텐셜 크기가 대부분 감소한 $\frac{1}{\mathrm{e}}$까지 줄어든 거리라고 할 수 있다. 그런데 위 식들의 퍼텐셜 ϕ는 이온 분위기가 원인인 퍼텐셜,

ϕ_{atmo}와 이온 자체의 전하가 원인인 퍼텐셜, ϕ_i가 모두 포함된 것이다. 즉 $\phi = \phi_i + \phi_{atmo}$이다(그림 5.3.2 참고).

그러므로 이온 분위기만으로 형성되는 퍼텐셜 ϕ_{atmo}을 구하려면 위 식의 ϕ에서 이온 자체의 퍼텐셜 ϕ_i를 빼주어야 한다. 그런데 $\phi_i = z_i e/(4\pi\epsilon r)$이므로 ϕ_{atmo}는 다음과 같다(부록 2 참조).

$$\phi_{atmo} = \frac{z_i e}{4\pi\epsilon r}\left(\frac{e^{(r_0 - r)r_D}}{1 + r_0/r_D} - 1\right) \tag{5.3.22}$$

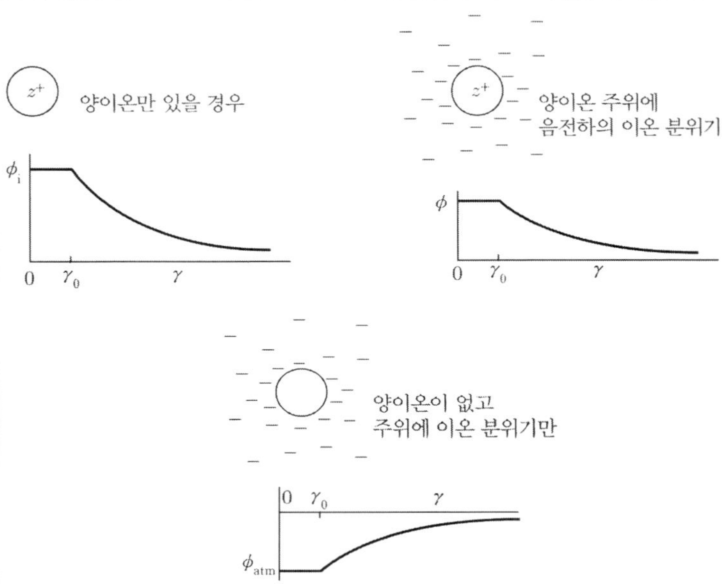

그림 5.3.2 데바이–휘켈 이론에서 생각하는 퍼텐셜 모델들

한 이온에 다른 이온들이 다가갈 수 있는 최단 거리 r_0는 이온들의 반지름 크기로 결정될 것이다. 만일 주목하는 중심 이온의 전하를 제거할 수 있다면 반지름 r_0의 전하 없는 구형 공간이 생길 것이다. 그 안의 퍼텐셜은 그 공간이 이루는 구 표면의 퍼텐셜과 같아질 것이다. 따라서 식 (5.3.22)에 $r = r_0$를 대입하면 다음과 같은 형식으로 그것의 퍼텐셜을 표현할 수 있다.

$$\phi_{\text{atmo}}(r \le r_0) = \frac{z_i e}{4\pi\epsilon r}\left(\frac{\mathrm{e}^{(r_0 - r)r_{\mathrm{D}}}}{1 + r_0/r_{\mathrm{D}}} - 1\right)$$
$$= -\frac{z_i e}{4\pi\epsilon}\frac{1}{r_{\mathrm{D}} + r_0} \tag{5.3.23}$$

이것이 이온들 사이의 전기적 상호 작용의 크기를 계산하는 데 필요한 퍼텐셜이다. 앞에서 중심 이온이 차지하는 공간에서 제거되었던 전하를 다시 충전하는 과정에 들어가는 일, 즉 계의 에너지 증가는 다음과 같다.

$$w_{\mathrm{e}} = N_{\mathrm{A}}\int_0^{z_i e}\phi_{\text{atmo}}(r \le r_0)\,d(z_i e)$$
$$= -\frac{z_i^2 e^2 N_{\mathrm{A}}}{8\pi\epsilon(r_{\mathrm{D}} + r_0)} \tag{5.3.24}$$
$$\cong -\frac{z_i^2 e^2 N_{\mathrm{A}}}{8\pi\epsilon r_{\mathrm{D}}}$$

아보가드로 수 N_{A}를 곱한 것은 1몰에 대한 계산이기 때문이다. 또한 근사식에서 r_0를 무시한 것은 r_0는 대체로 수화된 이온의 지름(수 옹스트롬) 정도인 데 비하여 r_{D}는 묽은 용액의 경우 보통 수십 옹스트롬 이상이기 때문이다(표 5.2 참조). 결국 전하를 채우는 데 필요한 일 w_{e}는 비이상성에 의한 에너지 증가인 $RT\ln\gamma_i$와 같고, 식 (5.3.1)의 표현은 이런 과정을 거쳐서 얻어진 것이다.

물이 아닌 용매에서는 농도에 따른 영향이 그림 5.3.1에 나타난 것보다 일반적으로 더 심하다. 그것은 그런 용매의 유전 상수가 무엇보다도 물의 유전 상수보다 작기 때문이다. 유전 상수 ϵ_{r}가 식 (5.3.5)의 분모에 있는 것으로 보아 같은 농도라 할지라도 활동도 계수가 감소되는 정도는 물이 아닌 용매에서 더 클 것이라고 짐작할 수 있다(연습문제 12번과 관련이 있다).

5.3.2 진한 용액: 확장된 데바이-휘켈 이론

데바이-휘켈(Debye-Hückel) 한계 법칙이 진한 농도의 용액에 대하여 실험값과 맞지 않는 이유는 이론에 사용된 모델과 식의 전개 과정에서 사용된 수학적 근사에 원인이 있다고 볼 수 있다. 우선 식 (5.3.1) 혹은 (5.3.24)에서 $r_0 \ll r_{\mathrm{D}}$라는 어림짐작으로 r_0를 무시하였다. 그렇지만 이 어림짐작은 진한 용액에서는 맞지 않으며, 그것으로 인한 오차가 있게 마련이다. 만약에 어림짐작이 없이 식 (5.3.4)를 이용하면 식 (5.3.5)와 약간 차이가 나는 다음 식을 얻을 수 있다.

$$\ln\gamma_\pm = -\frac{|z_+ z_-|e^3(2dN_A)^{1/2}}{8\pi(\epsilon_0\epsilon_r kT)^{3/2}}\frac{I^{1/2}}{1+Br_0I^{1/2}} \tag{5.3.25}$$

$$B = \left(\frac{2N_A de^2}{kT\epsilon}\right)^{1/2}$$

이 식이 앞의 식 (5.3.5)과 다른 점은 식 (5.3.5)에는 $I^{1/2}$ 항이 분자에만 있기 때문에 $I^{1/2}$가 증가하면 $\ln\gamma$는 단순히 감소하는 것으로 되어 있다. 그러나 식 (5.3.25)에는 $I^{1/2}$ 항이 분모에도 있어서 농도가 많이 커질 때는 $\ln\gamma$의 감소 정도가 줄어들게 되어 있다. 또 여러 과학자들이 농도가 진한 용액에서는 이상 용액에서 고려하지 않는 요인들을 고려하여 새로운 항을 추가하였다. 즉, 실제 용액에서는 이온에 많은 용매 분자가 묶이는 용매화 영향을 고려하여 이온 세기에 비례하여 $\ln\gamma$ 값이 증가하게 되는 항을 추가하였다.

$$\boxed{\ln\gamma_\pm = -\frac{|z_+ z_-|e^3(2dN_A)^{1/2}}{8\pi(\epsilon_0\epsilon_r kT)^{3/2}}\frac{I^{1/2}}{1+Br_0I^{1/2}} + CI} \tag{5.3.26}$$

식 (5.3.26)의 마지막 항은 농도가 매우 커지면 이온의 활동도 계수가 오히려 증가하는 현상을 나타내기 위한 것이다. 데바이-휘켈(Debye-Hückel) 한계 법칙을 나타내는 식 (5.3.4) ~ (5.3.6)들과 구별하여 식 (5.3.25) 및 (5.3.26)을 **확장된 데바이-휘켈 식**이라고 한다. 양이온과 음이온이 1:1인 전해질의 진한 용액에서 데바이-휘켈 한계 법칙과 확장 법칙의 식으로 구한 활동도 계수 값과 실험으로 얻은 활동도 계수 값을 비교한 결과를 그림 5.3.3에 나타냈다.

진한 용액에서 고려해야 될 또 다른 한 가지는 **이온 회합**(ionic association) 때문에 만들어지는 **이온쌍**(ion pair)이다. 이온쌍이란 이온 농도가 진해서 이온 사이의 평균 거리가 짧아졌을 때 부호가 다른 두 이온이 하나의 쌍을 이루는 것을 말한다. 이온쌍은 겉으로는 중성 분자처럼 행동할 것이다. 이온쌍의 수명은 오래 가지 않고 열운동 때문에 다시 각 개별 이온으로 나누어진다. 그러나 진한 용액에서 이온들이 독립적으로 운동을 하는 동안 이온쌍의 수명은 짧게나마 존재한다. 특히 유전 상수가 작은 유기 용매에서는 더 많은 이온쌍이 존재하며 삼중 또는 사중 회합체의 존재도 알려졌다. 이온 회합은 확장된 데바이-휘켈 이론에서 생각하는 요인들 말고도 이온들의 활동도를 낮추는 추가적 요인이다.

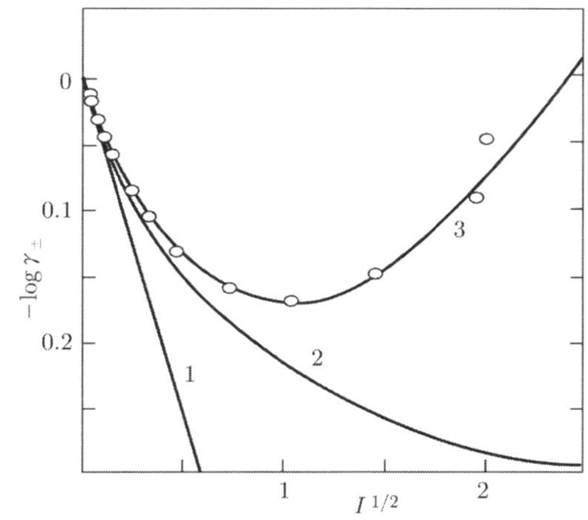

그림 5.3.3 NaCl의 평균 활동도 계수의 실험값과 데바이-휘켈 한계 법칙 및 확장된 이론식을 나타낸 그래프. 1선; 식 (5.3.5), 2선; 식 (5.3.25), 3선; 식 (5.3.26)

5.4 활동도와 표준 전극 전위의 측정

2장에서 전극 전위와 반응에 참여하는 이온의 활동도 관계를 설명하였고 그것은 다음과 같은 식으로 요약할 수 있다.

$$E = E^\circ + \frac{RT}{nF}\ln\frac{a_O^{\nu_O}}{a_R^{\nu_R}} \tag{5.4.1}$$

이 식은 2장의 식 (2.4.15)와 동일하다. 표준 전극 전위(E°)를 알고 있으면 전극 전위(E)를 측정하여 반응에 참여하는 이온의 활동도 혹은 활동도 계수를 파악할 수 있다.

예를 들어 HCl 수용액에 잠긴 Ag/AgCl 전극을 생각해 보자. 전극 반응은 $AgCl(s) + e^- \rightleftharpoons Ag(s) + Cl^-$이므로 전위는 식 (2.4.16)에 나타낸 것처럼 다음과 같다.

$$E_{Ag/AgCl} = E^\circ_{Ag/AgCl} + \frac{RT}{F}\ln\frac{1}{a_{Cl^-}} \tag{5.4.2}$$

만약에 $E^\circ_{Ag/AgCl}$와 $E_{Ag/AgCl}$를 측정하면 곧바로 Cl^- 이온의 활동도 a_{Cl^-}를 구할 수 있다. 그러므로 Cl^-의 몰농도를 알면 활동도 계수도 구할 수 있다고 생각할 수 있다. 그러나 이 전극 전위를 측정하려면 항상 다른 전극과 쌍을 이루어 전지를 만들어

야만 한다. 따라서 같은 용액에 수소 기준전극을 넣어 만든 전지,

$$(Pt)H_2 | HCl(m) | AgCl | Ag$$

를 생각해 보자.

이 전지의 왼쪽에 표기한 수소 전극의 전위는 식 (2.4.16)과 같으므로 다음과 같다.

$$E_{H_2/H^+} = \frac{RT}{F} \ln \frac{a_{H^+}}{(p_{H_2})^{1/2}} \tag{5.4.3}$$

또한 양쪽 전극의 전위차인 E_{cell}은 다음과 같다.

$$\begin{aligned} E_{cell} &= E_{Ag/AgCl} - E_{H_2/H^+} \\ &= E^\circ_{Ag/AgCl} + \frac{RT}{F} \ln \frac{p_{H_2}^{1/2}}{a_{H^+} a_{Cl^-}} \end{aligned} \tag{5.4.4}$$

수소 기체의 압력을 표준 압력인 1 bar로 유지할 때 E_{cell}은 다음과 같다.

$$\begin{aligned} E_{cell} &= E^\circ_{Ag/AgCl} - \frac{RT}{F} \ln a_{H^+} a_{Cl^-} \\ &= E^\circ_{Ag/AgCl} - \frac{RT}{F} \ln m_\pm^2 - \frac{RT}{F} \ln \gamma_\pm^2 \end{aligned} \tag{5.4.5}$$

이 전지의 E°_{cell}은 결국 AgCl 전극의 E°와 같다. 이 예에서 볼 수 있듯이 활동도 a 혹은 활동도 계수 $\gamma_\pm$의 측정은 항상 표준 전극 전위의 측정과 맞물려 있다. 2장의 2.3절과 2.4절에서 표준 전극 전위를 소개하였다. 그러나 그것의 정밀한 값이 어떻게 결정되는지는 설명하지 않았다. 언뜻 생각하면, $\gamma_\pm$가 정확히 1이 되리라고 생각하는 매우 묽은 용액에서 E_{cell}을 측정한다면 E_{cell}과 m으로부터 E°를 얻을 수 있을 것 같다. 그러나 아주 묽은 용액에서 측정되는 값들은 오차가 커서 이런 방법으로는 성공적으로 측정을 할 수가 없다.

지금부터는 데바이-휘켈 이론을 사용해서 표준 전극 전위 E°를 정밀하게 측정하는 원리를 이해해 보자. 이 경우 $I = m_\pm = m$이므로 식 (5.4.5)에 데바이-휘켈 한계 법칙을 적용하고, E°에서 아래첨자(Ag/AgCl)를 생략하면 다음과 같은 식이 된다.

$$E_{cell} + \frac{2RT}{F} \ln m = E^\circ - \frac{2RT}{F} \ln \gamma_\pm$$

$$= E^\circ + \frac{RT}{F}\frac{|z_+z_-|e^3(2dN_A)^{1/2}}{4\pi(\epsilon_0\epsilon_r kT)^{3/2}}m^{1/2} \tag{5.4.6}$$

여러 종류의 상당히 묽은 농도 용액에서 E_{cell}을 측정하고, 식 (5.4.6)의 윗줄에 있는 왼쪽 항, $E_{cell} + 2(RT/F)\ln m$을 $m^{1/2}$에 대하여 도시하면 직선이 얻어질 것이다. 이 직선을 $m = 0$까지 외삽하여 얻는 절편이 E°가 될 것이다. 일단 이런 방법으로 E° 값을 결정한 후에는 식 (5.4.5)와 측정된 E 값으로부터 특정 농도에 해당하는 평균 활동도 계수를 구할 수 있다.

5.5 전해질 용액에서 반응 속도

이온들 사이에 진행되는 반응의 속도는 이온들의 전하 부호에 크게 영향을 받는다. 반응하는 두 이온이 같은 부호이면 정전기적 반발로 서로 접근하는 것이 매우 어려워 활성화물을 형성하는 것이 거의 불가능하다. 반면에 서로 반대 부호를 가진 두 이온은 착물 형성이 매우 쉽다. 그러나 착물 형성의 쉽고 어려움 정도의 차이는 용액에 염을 녹여 그 농도가 커지면 다소 줄어든다. 이처럼 염의 농도 증가가 이온 사이의 반응 속도에 미치는 영향을 브뢴스테드(Brønsted) **염효과**(kinetic salt effect)라고 한다. 아이링(H. Eyring)의 **전이 상태 이론**(transition-state theory)에 따르면 속도 상수 k_r은 **활성화물**(activated complex)의 에너지, 즉 전이 상태에 도달하는 데 필요한 깁스(Gibbs) 자유 에너지 $\Delta G^\ddagger$에 의존하며, 다음과 같은 식으로 나타낸다[3].

$$k_r = \frac{kT}{h}e^{-\frac{\Delta G^\ddagger}{RT}} \tag{5.5.1}$$

그런데 착물을 형성하기 직전에 거리가 d_{AB}만큼 떨어져 있는 A, B 두 이온 사이의 전기적 상호 작용에 대한 에너지는 $z_Az_Be^2/4\pi\epsilon d_{AB}$이다. 따라서 활성화 에너지는 $\Delta G^\ddagger = \Delta G^{\ddagger\circ} + z_Az_Be^2N_A/4\pi\epsilon d_{AB}$라고 볼 수 있다. 그러므로 전하의 영향을 받지 않는 중성 분자와 비교하기 위해 중성 분자들에 대한 속도 상수를 k_0라 하면 다음 관계가 성립한다.

$$\ln k_r = \ln k_0 - \frac{z_Az_Be^2}{4\pi\epsilon d_{AB}kT} \tag{5.5.2}$$

3) 여러 종류의 물리화학 교재 혹은 다음 문헌을 참고하기 바란다. K. J. Laidler, *Chemical Kinetics*, McGraw-Hill, 1965; S. Glasstone, K. J. Laidler, and H. Eyring. *The Theory of rate Processes*, McGraw-Hill, 1941 등.

식 (5.5.2)를 보면 같은 부호의 이온들끼리 일어나는 반응에 대한 반응 속도 상수는 중성 분자들끼리 진행되는 반응에 대한 반응 속도 상수보다 대단히 작으며, 서로 반대 부호를 지닌 이온들끼리 일어나는 반응에 대한 반응 속도 상수는 중성 분자끼리 진행되는 반응에 대한 반응 속도 상수보다 훨씬 커진다는 것을 알 수 있다.

그러나 반응에 직접 관여하지 않는 전해질이 진한 농도로 함께 있을 경우에는 같은 부호 간에 진행되는 이온 반응 속도 상수는 약간 증가하고 반대 부호 간에 진행되는 이온 반응 속도 상수는 약간 감소한다. 또한 증가 혹은 감소하는 정도는 이온 세기에 따라 달라진다. 이처럼 반응 속도에 대한 염의 농도가 미치는 영향을 이해하는 데 데바이-휘켈 이론이 이용된다. 다음과 같이 반응에 참여하는 이온 A와 B의 전하가 각각 z_A, z_B이면, A^{z_A}와 B^{z_B} 이온들은 서로 접근해서 **활성화물**(activated complex), $(AB^{\ddagger})^{(z_A+z_B)}$을 형성할 것이다.

$$A^{z_A} + B^{z_B} \rightarrow (AB^{\ddagger})^{(z_A+z_B)} \rightarrow \text{생성물}$$

또한 전이 상태 이론에 따르면 활성화물의 농도는 반응물과 활성화물 사이의 평형으로 결정되고, 생성물이 만들어지는 반응 속도 역시 그 활성화물의 농도에 비례한다. 그러므로 반응 속도 상수는 용액의 이온 세기에 영향을 받는 것으로 이해할 수 있다. 반응물과 활성화물에 대한 평형을 나타내는 평형 상수 K는 다음과 같다.

$$K = \frac{C_{AB^{\ddagger}}}{C_A C_B}\frac{\gamma_{AB^{\ddagger}}}{\gamma_A \gamma_B};\ \text{즉}\ C_{AB^{\ddagger}} = KC_A C_B \frac{\gamma_A \gamma_B}{\gamma_{AB^{\ddagger}}} \tag{5.5.3}$$

이온 세기의 영향으로 γ 값들이 변하면 K 값과 C_A, C_B 값들이 일정할지라도 $C_{AB^{\ddagger}}$ 값이 변하게 된다. 반응 속도는 $C_{AB^{\ddagger}}$에 비례하므로 속도 상수는 $K(\gamma_A\gamma_B/\gamma_{AB^{\ddagger}})$에 비례한다.

$$\begin{aligned} k_r &= \sim K\frac{\gamma_A \gamma_B}{\gamma_{AB^{\ddagger}}} \\ &= k_0 \frac{\gamma_A \gamma_B}{\gamma_{AB^{\ddagger}}} \end{aligned} \tag{5.5.4}$$

식의 양변에 상용 로그(log)를 붙여 식을 정리하면 다음과 같다.

$$\log k_r = \log k_r^o + \log\left(\frac{\gamma_A \gamma_B}{\gamma_{AB^{\ddagger}}}\right) \tag{5.5.5}$$

k_r^o은 모든 화학종의 γ이 1인 경우에 해당되는 속도 상수이다. γ의 log 값들은 식 (5.3.2)를 따르므로 반응 속도 상수는 다음과 같이 나타낼 수 있다.

$$\log k_{\mathrm{r}} = \log k_r^o - A\left[z_A^2 + z_B^2 - (z_A + z_B)^2\right] I^{1/2}$$
$$\log k_{\mathrm{r}} = \log k_r^o + 2A z_A z_B I^{1/2} \qquad (5.5.6)$$

이것이 이온 세기 효과가 반응 속도 상수에 미치는 영향을 알 수 있는 브뢴스테드 식이다. 이 식을 식 (5.3.6)과 비교해 보면 상온에 있는 수용액의 경우 $2A$는 -0.509임을 알 수 있다. 실제로 $S_2O_8^{2-} + 2I^- \rightarrow I_2 + 2SO_4^{2-}$ 반응처럼 같은 부호의 전하를 띤 이온들 사이의 반응에 대한 반응 속도 상수 자체는 대단히 작지만, 염의 농도가 증가함에 따라 커진다. 반면에 $H_2O_2 + H^+ + 2Br^- \rightarrow 2H_2O + Br_2$와 같이 서로 다른 부호의 전하를 띤 이온 사이의 반응에 대한 반응 속도 상수 자체는 대단히 크지만, 염의 농도가 증가함에 따라 감소한다(그림 5.5.1).

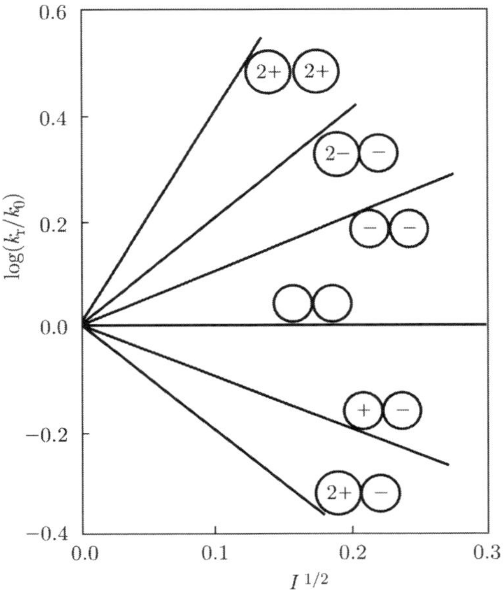

그림 5.5.1 반응 속도 상수에 영향을 미치는 이온 세기의 효과

참고문헌

1. B. E. Conway, "Ionic Interactions and Activity Behavior of Electrolyte Solutions", in *Comprehensive Treatise of Electrochemistry*, Vol. 5, Plenum, 1983. Chapter 2.
2. R. A. Robinson and R. H. Stokes, *Electrolyte Solutions*, 2nd Ed., Academic Press, 1959.
3. H. Harned and B. Owen, *Physical Chemistry of Electrolytic Solutions*, 2rd Ed., Reinhold, 1958.
4. P. W. Atkins, *Physical Chemistry*, 6th Ed., Oxford Press, 1998.
5. V. M. M. Lobo, *Handbook of Electrolyte Solutions*, Elsevier, 1989.

연습문제

1. 다음 각 용액의 이온 세기를 계산하라(m은 몰랄 농도 mol kg^{-1}을 나타냄).

(a) 0.01 m KCl (b) 0.01 m Na_2SO_4 (c) 0.10 m $CaCl_2$

(d) 0.10 m $Al_2(SO_4)_3$ (e) 0.02 m $AgNO_3$

2. 다음 각 혼합 용액의 이온 세기를 계산하라.

(a) 0.01 m NaCl + 0.01 m HCl

(b) 0.10 m $CuSO_4$ + 0.10 m H_2SO_4

(c) 1.00 m H_2SO_4 + 0.10 m $Al_2(SO_4)_3$ + 0.02 m Na_2SO_4

답 (b) 0.70 mol kg^{-1}, (c) 5.1 mol kg^{-1}

3. 298 K에서 0.10 mol kg^{-1} 황산구리 용액과 0.010 mol kg^{-1} 황산구리 용액에 대하여 데바이 길이를 구하라.

답 0.48 nm, 1.5 nm

4. 농도가 0.003 mol kg^{-1}인 KCl 용액과 $CuSO_4$ 용액에서 이온 분위기 크기를 추산하라.

답 5.6 nm, 2.8 nm

5. 표 5.1에서 KCl에 대하여 농도 0에서 0.05 mol kg^{-1}까지의 범위에서 한계 데바이-휘켈 식이 잘 맞는지 검정하라.

6. 데바이-휘켈 이론과 구이-채프먼 이론의 공통적인 특징과 다른 점을 비교하면서 각각에 대하여 간단하게 설명하라.

7. 다음은 1-1 전해질 용액에서 농도에 따라 측정된 이온들의 평균 활동도 계수 $\gamma_\pm$이다. 한계 데바이-휘켈 식이 잘 맞는지 검정하라. 좀 더 확장된 식이 잘 맞는지, 확장된 데바이-휘켈 식의 어떤 상수 값을 사용해야 진한 용액에서도 잘 맞는지 찾아보라.

m/mol kg^{-1}	0.1	0.5	1.0	2.0	5.0
$\gamma_\pm$	.778	.681	.657	.668	.874

8. 유기 산 용액의 전도도를 측정하면 산이 해리되어 형성되는 이온들의 농도를 계산할 수 있다. 아세트산 용액에 대하여 같은 방법으로 측정을 해서 농도로 나타낸 겉보기 해리 상수 K_c를 얻었고, 용액의 이온 세기에 따라 다음과 같은 표로 정리하였다. 먼저 농도에 따라 겉보기 해리 상수의 값이 왜 커지는지를 생각해 보라. 활동도로 표시되는 아세트산의 참 해리 상수와 pK_a를 계산하라.

$I/10^3$ mol dm^{-3}	0.01511	0.03649	0.0445	0.05410	0.12727	0.1480	0.2001	0.4156
$K_c/10^{-5}$	1.768	1.779	1.777	1.781	1.797	1.803	1.809	1.832

답 $pK_a = 4.756$

9. 은-염화은 전극과 수소 전극($p_{H_2} = 1$ atm)으로 구성된 전지의 전압에 대한 다음 데이터로부터 Ag/AgCl 전극의 표준 전극 전위를 구하라.

m(HCl)/mmol kg^{-1}	2.0	4.0	8.0	20.0	120
E/V	0.5438	0.5093	0.4751	0.4295	0.3430

10. 전해질 용액에서 반응 속도에 대한 염효과(kinetic salt effect)에 대하여 설명하라.

11. 착이온 $[CoBr(NH_3)_5]^{2+}$의 염기 용액에서 가수 분해 반응에 대한 속도 상수 k_r은 이온 세기 I에 따라 다음과 같이 변한다.

I	0.0050	0.0100	0.0150	0.0200	0.0250	0.0300
k_r/k_r°	0.718	0.631	0.562	0.515	0.475	0.447

이온 세기에 영향을 받는 이유는 무엇인가? 반응 활성화물의 전하는 얼마인가?

답 반응 속도 염 효과, +1

12. 식 (5.3.6)의 계수 0.509가 물의 경우 맞는 값인지를 확인하라. 에탄올(Ethanol, 매전 상수 24.5, 밀도 0.785 gcm^{-3})을 용매로 사용한다면 계수는 어떤 값이 되겠는가?

답 2.59

6장

운반 현상: 전기 전도와 확산

전해질 용액에서 이온들은 용매 분자들과 마찬가지로 쉬지 않고 열운동을 한다. 전기장 영향을 받는 이온들은 열운동에 따른 움직임뿐 아니라 전기장의 방향에 따른 움직임이 더해져서 전류의 전도가 가능하다. 이온이 전기장의 영향으로 이동하는 것을 **전기 이동**(migration, electrophoresis)이라고 하며, 이 현상 때문에 전해질 용액이 전기 전도성을 띠게 되는 것이다. 또한 이온 혹은 중성 분자들의 농도가 균일하지 않을 경우에 이온 혹은 분자들은 농도가 진한 쪽에서 묽은 쪽으로 이동한다. 이것을 **확산**(diffusion)이라고 한다. 전극에서 반응하는 물질이 계속해서 전극까지 이동하는 이유 중에는 확산 현상이 차지하는 비용이 크다. 또한 용액을 휘저어 주는 경우 용액 자체가 움직이며, 동시에 전극 반응 물질도 함께 움직인다. 이것을 **대류**(convection)라고 한다. 전기 이동, 확산, 대류는 전해질에서 전기가 흐르고, 전극 반응 물질이 전극으로 이동하는 데 있어서 세 가지 중요한 **운반 현상**(transport phenomena)이다.

6.1 전기 전도도의 측정

6.1.1 측정 용기와 브리지(bridge)

도체를 따라 흐르는 전류의 세기는 도체에 걸어준 전압에 비례하고 도체의 저항에 반비례한다(Ohm의 법칙). 그런데 저항 R은 도체의 길이 l에 비례하고 전류가 흐르는 단면적(cross section) A에 반비례한다. 도체의 고유한 값인 **저항도**(resistivity)를 R_o라고 하면 저항 R은 다음과 같이 나타낼 수 있다.

$$R = \frac{l}{A} R_o \qquad (6.1.1)$$

저항의 역수 $1/R$은 전기 **전도도**(conductance)라고 하며, 저항도의 역수 $1/R_o$은 **전도율**(conductivity)이라고 한다. 저항의 단위는 ohm 또는 Ω으로 표기한다. 전도도는 도체를 이루는 물질의 특성, 양과 모양 등에 따라서 변하지만, 전도율은 도체 물질의 특성에 따라서만 그 값이 변한다. 따라서 전기 전도도를 C_e로, 전도율을 σ로 표시하여 식으로 나타내면 다음과 같다.

$$\begin{aligned} C_e &= \frac{1}{R} \\ &= \sigma \frac{A}{l} \end{aligned} \qquad (6.1.2)$$

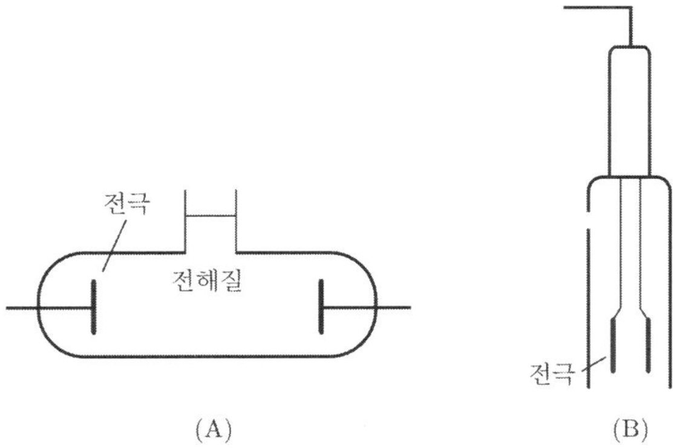

그림 6.1.1 전도도 측정을 위한 용기들. (A)는 전해질 용액을 부어서, (B)는 전해질 용액에 담가서 전도도를 측정하기에 적합한 모양이다.

전도도 단위는 흔히 S(지멘스, siemens)를 사용하며, mho, ohm^{-1}, Ω^{-1} 등의 문자와 기호도 함께 사용한다. 쉽게 짐작할 수 있듯이 전도도는 전해질을 구성하는 이온들의 농도, 이동성, 온도 등에 의존한다. 액체 전해질의 전도율을 측정하기 위해서는 그림 6.1.1처럼 두 개의 전극이 있는 전도도 측정에 적합한 용기가 필요하다. 흔히 사용되는 전도도 측정 용기는 그림에 있는 것 이외에도 여러 모양의 것들이 있다. 그러나 어떤 모양이든 그 안에 담긴 용액을 통해서 흐르는 전류는 전극 면에 대해 수직 방향으로만 가지런히 흐르지 않는다. 그러므로 전극 면적에 대한 전극 간의 거리의 비와 함께 용기 모양으로 결정되는 **'용기 상수(cell constant)'**, K_{cell}이 저항과 전도율의 관계를 결정한다. K_{cell}은 길이를 넓이로 나눈 것과 같은 m^{-1}의 차원을 갖고 있으며, 측정 저항과 용기 상수의 관계는 다음 식으로 나타낼 수 있다.

$$K_{\mathrm{cell}} = \sigma R \tag{6.1.3}$$

전도율 측정을 위한 측정 용기의 용기 상수를 안다면 용액에 담겨 있는 두 전극 사이의 저항을 측정하여 용액의 전도율을 결정할 수 있다. 역으로 이미 전도율이 알려진 표준 용액을 사용하여 용기 상수 K_{cell}을 결정할 수도 있다. 용기 상수가 K_{cell}인 측정 용기를 이용하여 측정한 저항(R)과 저항도(R_o)의 관계 및 전도도(C_e)와 전도율(σ)의 관계는 식 (6.1.1)과 (6.1.2)가 각각 변형되어 다음과 같이 된다.

$$R = K_{\mathrm{cell}} R_o \tag{6.1.1'}$$

$$C_e = \sigma / K_{\mathrm{cell}} \tag{6.1.2'}$$

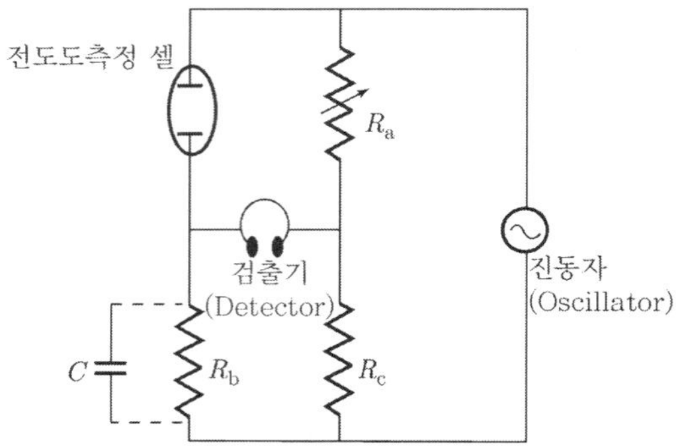

그림 6.1.2 전도도 측정용 교류 브리지

저항을 측정하려면 그림 6.1.2에 나타낸 **브리지 회로**와 교류 전원을 사용한다. 브리지의 한 축에 측정 용기를 연결하고 다른 축에 연결된 가변 저항 R_a를 조절하여 균형을 맞추어 준다. 그러면 측정하려는 저항 R은 다음과 같은 관계식을 이용해서 구할 수 있다.

$$R = R_a \frac{R_b}{R_c} \tag{6.1.4}$$

균형이 맞았다는 것을 알려주는 검출기(detector)로는 그림에 표시한 것처럼 이어폰 또는 다른 전자 장치를 사용할 수 있다. 검출기의 균형은 검출기 양쪽 끝의 전압이 같을 때 이루어진다.

교류 전원을 사용하는 이유는 분명히 있다. 만약에 직류를 사용하면 전류의 흐름으로 용액에서 전기분해가 진행된다. 그 결과 전극 근처에 농도 분극이 일어나고 용액 전체 농도의 변화도 일어나기 때문이다. 또한 직류를 사용하면 용액과 전극 사이에 형성되는 분극으로 인한 전위차가 측정값에 포함되어 측정 오차가 발생된다. 이는 교류를 사용해야 되는 또 다른 이유가 된다. 일반적으로 계면 전기 이중층의 커패시턴스는 충분히 커서 교류에 대한 임피던스는 무시할 정도로 작다. 전도도가 큰 용액을 측정할 때는 1 kHz 또는 그 이상 주파수의 교류 전원을, 저항이 커서 전도도가 작은 용액을 측정할 때는 60 Hz 정도 되는 주파수의 교류 전원을 사용한다.

그런데 전도도 측정 용기로 측정된 저항은 단순한 저항만을 나타내는 것이 아니라 커패시턴스가 포함된 임피던스(impedance)를 나타내기 때문에 약간 문제가 복잡하다. 다시 말해서 기준으로 사용된 저항들은 순수한 저항이지만 브리지의 한 축에 연결된 용기에는 저항과 커패시턴스가 함께 포함된 임피던스가 있다. 따라서 검출기 양단의 전압에 위상 차이가 있게 된다(부록 4 교류 회로 및 8.1절 참조). 그 결과 엄밀하게 말하자면 식 (6.1.4)와 같은 균형 조건에서조차 검출기의 균형은 이루어지지 않는다. 이러한 문제는 그림에서처럼 기준 저항 어느 하나에 적절한 축전기(capacitor, C)를 병렬로 연결하여 위상 차이를 최소화하는 방법으로 해결할 수 있다. 시행착오를 통해 검출기의 감도가 좋아지는 적절한 크기의 축전기를 찾을 수 있다.

6.1.2 4-전극 셀을 이용한 전도도 측정

브리지를 이용한 전도도 측정은 균형을 맞추기 위해 시간도 오래 걸리고, 위에서 설명한 것처럼 교류 전원의 사용에 따른 복잡성이 늘 함께 있기 마련이다. 직류를 사용하면서도 직류 사용으로 인한 분극 문제를 극복하고 곧바로 전도도 값을 읽을 수 있는, 필자 등이 고안한 방법을 그림 6.1.3에 나타내었다[1)2)].

이 방법의 핵심이 되는 점은 고체 시료의 전도도 측정 방법으로 주로 이용되는 4-단자 탐침법(4-probe method)과 비슷한 퍼텐셜 측정 방법과, 정전위기와 같은 되먹임 회로를 결합했다는 것이다. 그 원리는 그림 6.1.3의 (A)에 나타내었다. 용기 양쪽에 있

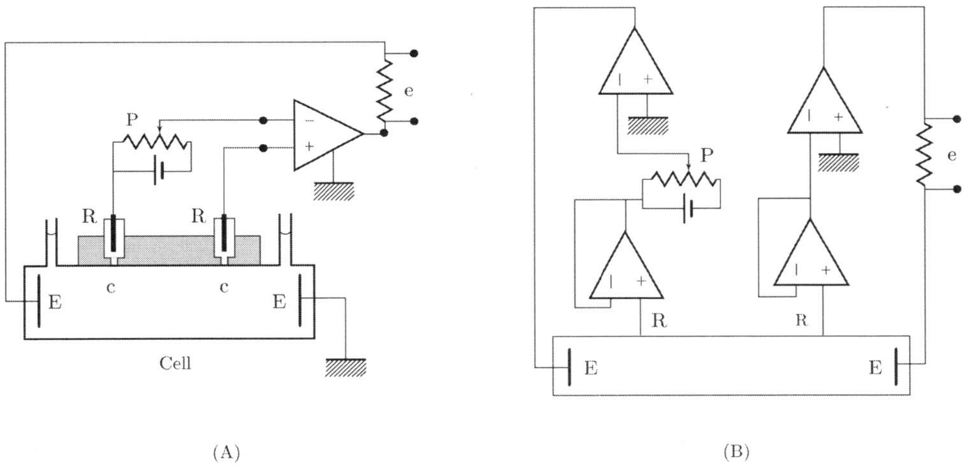

그림 6.1.3 퍼텐셜 측정/조절 장치와 4-전극을 이용한 용액의 전도도 측정 용기 및 전도도 측정에 대한 개략적인 모습; (A)는 기본 장치, (B)는 오차를 줄이기 위하여 개선된 회로 그림, R: 기준전극, c: 모세관, E: 전류 공급 전극, P:전위차 조절기, e:전도도 출력

1) J. Chon and W. Paik, J. *Kor. Chem. Soc.*, **20**, 129, 1976.
2) B. H. Vassos and G. W. Ewing, *Electroanalytical Chemistry*, Wiley and Sons, p.190, 1982.
G. W. Ewing, *J. Chem. Educ.* **45**, 463, 1973.

는 전류 공급 전극(E)들을 통하여 용액에 전류가 흐른다. 그때 중간에 위치한 전위를 감지하는 2개의 전극(R) 사이의 전압 차이가 일정하게 유지되도록 연산 증폭기와 전위차 조절기 P를 이용한다. 또한 전류는 연산 증폭기의 되먹임(feedback)이 되도록 연결한다. 이런 장치를 사용하면 전류의 세기를 출력 전위(e)로 읽을 수 있어서 전도도 값을 곧바로 알 수 있다. 이런 원리를 이용하면 두 모세관(c)과 용액이 접촉하고 있는 점들 사이의 전도도를 곧바로 읽을 수 있다. 또한 이런 모양의 용기에서 두 기준전극 사이에 흐르는 전류는 용기 축과 완전히 평행하므로 앞서 설명한 셀 상수는 전혀 생각할 필요가 없다.

그림 (B)는 (A)와 같은 장치에서 사용된 연산 증폭기가 이상적으로 작동되지 않기 때문에 발생하는 공통 모드 오차(common mode error)를 없애려고 고안한 개선된 회로도이다. 그림의 위쪽에 있는 2개의 출력 증폭기들은 각각의 입력 단자들이 접지(ground) 전위인 0에서 작용하도록 하였다. 아래쪽에 있는 2개의 전압 따름기(voltage follower)들은 전위 감지 전극(R)들의 각 전위가 변함없이 그대로 출력되게 하는 역할을 한다. 전위 감지 전극은 똑같은 기준전극을 사용하여 측정 용액과 모세관으로 연결된 관에 넣어서 사용한다. 정밀한 측정을 위해서는 증폭기들의 영점 조절 기능을 활용해서 기준전극들 사이에 있을 수 있는 조그만 차이까지지도 보정할 수 있다. 직류를 사용하기 때문에 긴 시간 측정을 한다면 전기분해로 인한 용액의 조성 변화를 염려할 수도 있다. 그러나 전류의 크기가 작기 때문에 측정 시간이 아주 긴 경우가 아니라면 문제될 것이 없다. 전위차 조절기의 전원으로 직류 전원 대신 진폭이 작은 교류를 사용하는 것도 가능하다. 이 장치는 흐르는 액체의 계속적인 전도도 변화를 기록하는 용도 혹은 빠른 반응계의 전도도를 추적하는 용도로도 적절하다.

6.2 용액의 전도율

용액의 전도도는 전해질을 구성하는 이온들의 농도와 그것들의 이동도(mobility)로 결정된다. **몰 전도율**(molar conductivity)은 전해질 1몰이 전도도에 기여하는 정도를 나타낸 것으로 보통 Λ로 표시한다. 단위 부피에 포함된 전해질의 양이 곧 전해질의 농도이므로 몰 전도율 Λ는 용액의 전도율 σ를 전해질의 농도 c로 나누면 알 수 있다.

$$\Lambda = \frac{\sigma}{c} \tag{6.2.1}$$

식 (6.2.1)에 사용되는 각 항의 단위는 다음과 같다. 우선 표준으로 사용되는 SI 단위는 σ는 S m^{-1}과 c는 mol m^{-3}이며, 그 결과 Λ는 S m^2 mol^{-1}이다. 그러나 아직도 관례에 따라 σ는 S cm^{-1}, c는 mol dm^{-3}, Λ는 S cm^2 mol^{-1}로 많이 사용된다. 관례에 따른 길이의 단위를 적용하면 위 식은 $\Lambda = 1000\sigma/c$로 된다.

강산 혹은 용액에 녹아서 거의 완전하게 양이온과 음이온으로 나누어지는 많은 종류의 염을 **강전해질**(strong electrolyte)이라고 한다. 반면에 유기산 혹은 질소를 포함하는 염기들처럼 용액에서 아주 작은 일부만 이온으로 되는 염들은 **약전해질**(weak electrolyte)이라고 한다. 강전해질의 몰 전도율은 양이온 몰 전도율 λ_+와 음이온 몰 전도율 λ_-를 합친 것으로 그것은 다음과 같이 나타낼 수 있다.

$$\begin{aligned} \Lambda &= \lambda_+ + \lambda_- && \text{(1-1 전해질의 경우)} \\ \Lambda &= \nu_+\lambda_+ + \nu_-\lambda_- && \text{(일반 전해질의 경우)} \end{aligned} \tag{6.2.2}$$

두 번째 식의 ν_+와 ν_-는 각각 생성되는 (+)와 (−) 이온들의 화학량론 계수들이다. 이온들의 열운동은 이온들을 마구잡이로, 지그재그 방향으로 움직이게 한다. 그런데 만약에 이온들이 외부 전기장의 영향을 받게 되면 열운동 때문에 이동될 뿐만 아니라 전기장 때문에도 이동된다. 전기장의 영향으로 이동하는 속도 v_i는 전기장의 세기 $-d\phi/dx$에 비례한다(ϕ는 전기 퍼텐셜이고 x는 거리).

$$v_i = u_i\left|\frac{d\phi}{dx}\right| \tag{6.2.3}$$

u_i는 단위 전기장 영향에 놓인 이온들의 이동 속도이며, 그것을 **전기 이동도**(electric mobility)라고 한다. 단위 전기장이란 전기장의 세기가 1 V/m일 때이다. 이온의 몰 전도율 λ_+와 λ_-는 각각의 전기 이동도(u_+와 u_-), 전하의 크기(z_+와 z_-), 전자 1몰의 전하량(F)을 곱한 것으로 다음과 같이 나타낸다.

$$\lambda_+ = z_+Fu_+; \qquad \lambda_- = |z_-|Fu_- \tag{6.2.4}$$

이온의 전기 이동도는 대체로 전하의 크기에 비례하고 이온의 크기에 반비례한다. 이온이 전기장의 영향을 받아서 이동하는 속도는 전기장의 세기에 전기 이동도를 곱한 것, 즉 $u_i d\phi/dx$와 같다. 또한 이온을 이동시키는 힘은 전하에 전기장을 곱한 것, 즉 $|z_i|ed\phi/dx$이다. 그런데 이온을 이동시키는 힘은 이온의 마찰력에 맞서기 때문에 이온은 일정한 속도를 유지하면서 이동할 수 있다. 이온의 마찰력은 이온의 이동 속도에

마찰 계수 R_i를 곱한 양이며, 이온을 이동시키는 힘과 마찰력의 관계는 다음과 같다.

$$\left| z_i e \frac{d\phi}{dx} \right| = R_i u_i \left| \frac{d\phi}{dx} \right| \tag{6.2.5}$$

따라서 다음 식이 성립된다.

$$u_i = \frac{|z_i| e}{R_i} \tag{6.2.6}$$

한편 스톡스(Stokes)의 유체 역학 관계식에 따르면 점성도 계수가 η인 액체 안에서 움직이는 반지름이 r_i인 공의 마찰 계수는 $R_i = 6\pi\gamma_i\eta$이다. 마찰 계수 R_i를 식 (6.2.6)에 대입하면 다음 식이 된다.

$$\boxed{u_i = \frac{|z_i| e}{6\pi r_i \eta}} \tag{6.2.7}$$

이 식으로부터 이온의 이동도는 이온의 반지름과 점성도 계수에 반비례하며, 전하에 비례한다는 것을 알 수 있다. 여기서 이온의 반지름이라고 함은 '이온 반경'으로 나타내는 이온 자체의 크기를 의미하는 것이 아니고, 용매 분자들로 단단히 둘러싸인 **용매화된** 이온의 크기인 유체 역학적 **유효 이온 반지름**(effective ionic radius)을 말한다. 즉 이온과 함께 이동하는 용매 분자들을 포함하는 덩어리의 반지름인 것이다.

강전해질에서는 한 가지 이온의 이동도 혹은 몰 전도율이 용액의 농도와 관계없이 거의 일정한 값을 나타낸다. 그러나 묽은 용액에서 진한 용액으로 갈수록 그 값들은 약간 줄어든다. 왜냐하면 이온들 사이의 거리가 가까워지면 상호 이온 간의 작용으로 이온의 이동이 어느 정도 제한을 받기 때문이다. 농도가 0에 가까워지면 이런 제한이 거의 없어지기에 몰 전도율이 최댓값을 나타낸다. 이것을 **한계 몰 전도율**(limiting molar conductivity)이라고 한다. 표 6.1에 몇 가지 이온의 한계 몰 전도율(Λ_o)과 이동도(u)를 나열하였다. 표에서 ±2의 전하를 띤 이온들은 ±1의 전하를 띤 이온들보다 몰 전도율이 크다는 것을 알 수 있다. 그것은 운반하는 전하량이 크므로 당연한 것이다.

몰 전도율을 이온의 전하수로 나눈 것을 당량 전도율이라고 한다. 즉 당량 전도율은 이동도에 패러데이 상수 F를 곱한 것이다. 전하가 1인 양이온 혹은 음이온의 몰 전도율은 당량 전도율과 같다. 그러나 Ca^{2+}, CO_4^{2-} 이온 등과 같이 전하가 2인 이온의 당량 전도율은 몰 전도율의 1/2이다. 알칼리 금속 이온들의 경우 반지름의 크기만을 생

표 6.1 이온의 한계 몰 전도율과 이동도(25°C 수용액)

이온	$\Lambda_0/\mathrm{Sm^2mol^{-1}}$	$u/\mathrm{m^2s^{-1}V^{-1}}$
H^+	349.8×10^{-4}	36.25×10^{-8}
Li^+	38.69×10^{-4}	4.010×10^{-8}
Na^+	50.11×10^{-4}	5.193×10^{-8}
K^+	73.52×10^{-4}	7.619×10^{-8}
NH_4^+	73.4×10^{-4}	7.61×10^{-8}
Ca^{2+}	119.0×10^{-4}	6.17×10^{-8}
Cd^{2+}	108×10^{-4}	5.6×10^{-8}
Zn^{2+}	105.6×10^{-4}	5.47×10^{-8}
OH^-	198.3×10^{-4}	20.55×10^{-8}
Cl^-	76.34×10^{-4}	7.912×10^{-8}
Br^-	78.4×10^{-4}	8.13×10^{-8}
I^-	76.85×10^{-4}	7.96×10^{-8}
NO_3^-	71.44×10^{-4}	7.404×10^{-8}
CH_3COO^-	40.9×10^{-4}	4.24×10^{-8}
ClO_4^-	68.0×10^{-4}	7.05×10^{-8}
SO_4^{2-}	159.6×10^{-4}	8.27×10^{-8}

각하면 반지름이 가장 작은 Li^+의 이동도가 가장 크고, Na^+, K^+ 순으로 이동도가 줄어들 것이라 예상할 수 있다. 그러나 표에서 보듯이 이동도는 오히려 $Li^+ < Na^+ < K^+$ 순으로 증가한다. 이는 앞서 설명한 것처럼 수화된 이온의 유효 크기가 $Li^+ > Na^+ > K^+$의 순으로 감소하기 때문이다.

표에서 볼 수 있듯이 수소 이온 H^+와 수산화 이온 OH^-의 이동도(u)는 유별나게 크다. 따라서 몰 전도율(Λ)도 유별나게 크다. 그것은 특별한 이유가 있기 때문이다. 즉 물에서 H^+ 이온은 그림 6.2.1과 같이 수화된 구조를 하고 있으며, H_3O^+ 혹은 $H_9O_4^+$의 형식을 하고 있다. 또한 이웃하고 있는 물 분자들과 수소 결합을 하고 있다. H_3O^+(혹은 $H_9O_4^+$) 이온의 하나의 O－H 결합과 옆에 놓인 물 분자 사이에 있는 수소 결합(O ⋯ H)은 직선상에 놓여 있고, 그들 중간에 놓인 H 원자의 위치가 약간 이동을 하면 O와 H 사이의 공유 결합과 수소 결합은 서로 뒤바뀔 수 있다. 그렇게 되면 원래의 H_3O^+와 바로 이웃해 있는 H_2O 분자의 역할은 뒤바뀌면서 (+) 전하의 중심 또한 이동된다. 이런 현상은 마치 H_3O^+가 한 분자 거리만큼 이동한 것과 같은 효과를 나타낸다. 방금 H_3O^+로 변한 분자가 약간 회전을 하고 그 분자의 옆에 있는 또 다른 H_2O 분자와 수소 결합을 한 후에 공유 결합과 수소 결합의 위치가 서로 바뀌게 되면

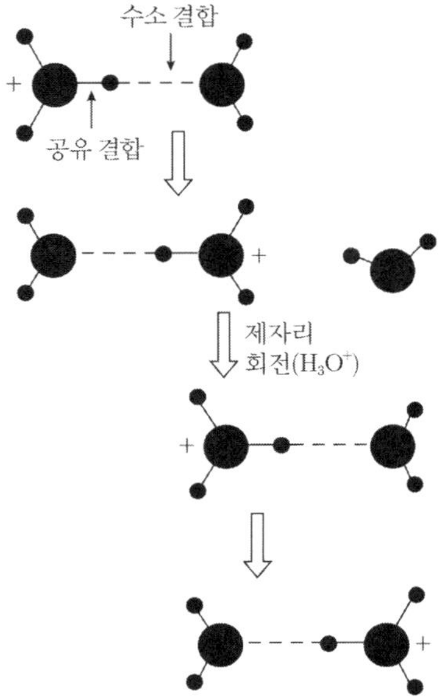

그림 6.2.1 H^+ 이온의 전하 전달에 대한 그로투스(Grotthuss) 메카니즘

그림의 가장 오른쪽에 있는 물 분자는 H_3O^+ 이온이 된다. 이 양성자 이동과 물 분자의 회전을 포함하는 과정에서 속도 결정 단계는 물 분자의 회전 속도이다. 작은 분자의 제자리 회전 속도는 다른 자리로 이동하는 속도보다 훨씬 빠른 과정이므로 (+) 전하의 이동은 매우 빠르게 진행되는 것이다. 즉 H_3O^+ 이온이 직접 자리 이동을 하는 것은 아니지만 (+) 전하의 이동과 물 분자의 회전은 H_3O^+ 이온이 이동한 것과 같은 효과를 나타낸다. 이런 식으로 H^+가 이동하는 작용 원리를 **그로투스(Grotthuss) 메커니즘**이라고 부른다[3].

OH^- 이온의 의외로 큰 이동도의 경우에도 같은 방법으로 설명할 수 있다. 즉 물 분자와 OH^- 이온 사이에는 수소 결합이 있고, 그 수소 결합이 공유 결합으로 서로 바뀌고, 그 후에 연속해서 일어나는 OH^- 이온과 물 분자의 제자리 회전은 OH^- 이온의 이동을 빠르게 하는 메커니즘이라고 이해할 수 있는 것이다.

3) 그로투스(Grotthuss) 메커니즘이란 이름은 사실은 적절하게 붙여진 이름이 아니다. 그로투스가 수용액의 전기분해에 대한 생각을 발표한 당시에는 이온의 존재와 움직임에 대하여 잘 알지 못하던 1809년이었다. 이후 1950년대에 이르러 아이겐(Eigen)은 H_3O^+ 이온은 더 수화된 $H_9O_4^+$ 이온이며, 물 분자들의 회전이 이들 이온들에 의한 H^+ 이온 이동의 속도 결정 단계라고 발표하였다. M. Eigen, *Proc. Roy. Soc., London, Ser A.*, **247**, 505, 1958.; *Angew. Chem.*, **75**, 489, 1963.

6.3 이온의 이동도와 운반율

전해질에서 양이온과 음이온의 이동은 모두 전해질을 통한 전기의 흐름, 즉 전류의 통과에 기여한다. 한 종류의 이온이 전체 전류의 흐름에 기여하는 정도를 그 이온의 **운반율**(transport number, 혹은 **전달률**, transference number)이라고 한다. 그것은 각 이온의 몰 전도율 또는 이동도의 비율로 결정된다. 한 종류의 양이온과 그에 대응되는 한 종류의 음이온이 존재할 때 양이온과 음이온에 대한 각각의 운반율, t_+와 t_-는 다음과 같다.

$$t_+ = \frac{\nu_+\lambda_+}{\nu_+\lambda_+ + \nu_-\lambda_-} = \frac{\nu_+ |z_+| u_+}{\nu_+ |z_+| u_+ + \nu_- |z_-| u_-}$$

$$t_- = \frac{\nu_-\lambda_-}{\nu_+\lambda_+ + \nu_-\lambda_-} = \frac{\nu_- |z_-| u_-}{\nu_+ |z_+| u_+ + \nu_- |z_-| u_-} \tag{6.3.1}$$

하나의 전해질 용액에 두 이온이 공존할 때 $t_+ + t_- = 1$이다. 일반적으로 여러 이온이 함께 있을 때 특정 이온의 운반율은 $t_i = c_i\lambda_i / \Sigma c_j\lambda_j$이며, 모든 이온에 대한 각 운반율의 합은 1이다($\Sigma t_i = 1$). 이동도가 큰 양이온과 이동도가 작은 음이온으로 이루어진 1-1 전해질은 $t_+ > 0.5$, $t_- < 0.5$가 되며, 양이온과 음이온의 이동도가 비슷한 전해질은 $t_+ \cong t_- \cong 0.5$이 될 것이다. 예를 들어 KCl 혹은 NH_4NO_3 전해질 용액의 경우에는 표에서 보듯이 그것을 구성하는 양이온과 음이온의 이동도가 큰 차이가 없다. 따라서 각 이온들의 운반율이 0.5에 가깝다. 그러나 HCl 전해질 용액의 경우에는 H^+ 이온의 이동도가 매우 크기 때문에 $t_+ > t_-$이다. 또한 KOH 전해질 용액에서는 OH^- 이온의 이동도가 크기 때문에 $t_+ < t_-$이다.

전해질의 전도율을 측정하고 전해질의 한 이온에 대한 운반율을 측정하면 각 이온의 몰 전도율을 결정할 수가 있다. 운반율을 측정하는 실험적 방법에는 여러 가지가 있으며, 그중에서 간단한 것은 **이동 계면법**(moving boundary method)이다. 운반율을 측정하기 위한 계면 이동 실험에 대한 하나의 예를 그림 6.3.1에 나타내었다. 이 장치의 가느다란 유리관 위쪽에는 측정하려는 전해질 용액을 채우고 아래쪽에는 측정하려는 전해질의 음이온과 동일한 음이온을 포함하고 있는 다른 종류의 전해질을 채운다. 아래쪽에 있는 것을 지시(표시) 전해질이라고 한다. 지시 전해질의 양이온은 측정하려는 전해질의 양이온보다 이동도가 느린 것을 선택한다.

그림은 H^+ 이온 운반율을 측정하기 위해 $CdCl_2$ 용액(표시 전해질) 위쪽에 HCl

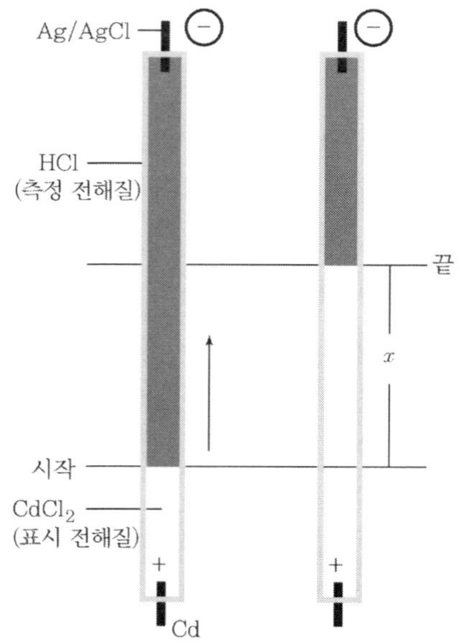

그림 6.3.1 H^+와 Cl^-의 운반율을 측정하기 위한 계면이동 실험

용액을 채운 것을 나타내고 있다. 유리관의 위쪽 용액에 담긴 전극에 (−) 전원을, 아래쪽 용액에 담긴 전극에 (+) 전원을 연결한다. 그 결과 Cl^- 이온은 아래로, H^+ 이온은 위로 이동하며, Cd^{2+} 이온은 H^+ 이온을 뒤따라 간다. 왜냐하면 Cd^{2+} 이온은 느린 편이므로 수소 이온을 앞지르지 않기 때문이다. Cd^{2+} 이온은 많이 뒤처지는 것은 아니고 바로 앞서가는 수소 이온의 뒤를 쫓아간다. 이는 조금 뒤떨어지게 되면 경계면 아래의 양이온 농도가 0에 가까워지므로 큰 전기장이 생겨서 양이온을 강하게 끌어올리기 때문이다. 그러므로 두 용액 사이에 분명한 경계면이 유지된다. 용액의 굴절률의 차이 때문에 눈으로도 두 용액으로 형성된 경계면을 식별할 수도 있다. 그러나 선명한 색을 띠는 지시약을 한쪽 용액에 소량 첨가하면 경계면을 분별하는 것이 더욱 쉬어진다. 일정한 시간 동안 통과한 전하량을 Q, 관의 단면적을 a, 농도를 c라 하고, 측정한 경계면의 이동 거리를 x라 하면, 양이온이 운반한 전하량은 $cxaF$이므로 수소 이온의 운반율은 다음과 같이 나타낼 수 있다.

$$t_+ = \frac{cxaF}{Q} \tag{6.3.2}$$

이 실험에서 양쪽 용액에 담그는 전극은 전극 반응의 결과로 기체가 생성되지 않거나 혹은 새로운 이온들이 만들어지지 않는 것을 선택하는 것이 좋다. 위의 예에서는 (−) 전극으로는 AgCl이 입혀진 Ag 전극을, (+) 전극으로는 Cd 전극을 사용하였다.

표 6.2 여러 종류의 전해질 수용액에서 양이온의 운반율

전해질	c/mol dm^{-3}					
	0	0.01	0.02	0.05	0.10	0.20
HCl	0.8209	0.8251	0.8266	0.8292	0.8314	0.9337
CH_3COOK	0.6427	0.6498	0.6523	0.6569	0.6609	-
KNO_3	0.5072	0.5084	0.5087	0.5093	0.5103	0.5120
NH_4Cl	0.4909	0.4907	0.4906	0.4905	0.4907	0.4911
KCl	0.4906	0.4902	0.4901	0.4899	0.4898	0.4894
KI	0.4892	0.4884	0.4883	0.4882	0.4883	0.4887
KBr	0.4849	0.4833	0.4832	0.4831	0.4833	0.4841
$AgNO_3$	0.4643	0.4648	0.4652	0.4664	0.4682	-
NaCl	0.3963	0.3918	0.3902	0.3876	0.3854	0.3821
LiCl	0.3364	0.3289	0.3261	0.3211	0.3168	0.3112
$CaCl_2$	0.4380	0.4264	0.4220	0.4140	0.4060	0.3953
Na_2SO_4	0.386	0.3848	0.3836	0.3829	0.3828	0.3828
K_2SO_4	0.479	0.4829	0.4848	0.4870	0.4890	0.4910

운반율을 측정하는 또 하나의 방법으로 히토르프(Hittorf) 법이 있다. 이 방법에서는 전해질이 담긴 기다란 관에 전류를 통과시킨 후 양쪽 전극 근처의 용액 성분을 따로따로 분석한다. 그 결과 실험 전 용액의 이온 성분과 실험 후 이온의 성분 변화를 비교하여 운반율을 구할 수 있다. 여러 종류의 전해질 수용액에 대한 양이온의 운반율을 표 6.2에 나타내었다.

6.4 전도율에 미치는 농도의 영향

아세트산과 같은 약전해질은 용액에서 일부만 이온화되며, 대부분은 전하를 띠지 않은 분자 상태로 남아있다. 그렇기 때문에 전기 전도에 기여하는 정도가 작다.

$$HX \rightleftarrows H^+ + X^- \qquad K_c = [H^+][X^-]/[HX]$$

위 식에서 이온화의 평형 상수 K_c는 농도에 영향을 거의 받지 않고 일정하다. 그러나 이온화 정도를 나타내는 해리도(degree of dissociation), α는 농도가 진할수록 작아진다. 즉 농도가 c일 때 해리도, 평형 상수 및 농도는 다음과 같은 관계가 성립한다.

$$K_c = \alpha^2 \frac{c}{(1-\alpha)} \quad ; \qquad \alpha \cong \left(\frac{K_c}{c}\right)^{1/2} \tag{6.4.1}$$

식 (6.4.1)의 오른편에 있는 식은 $\alpha \ll 1$의 조건일 때 해리도에 대한 근사식이다. 무한히 묽은 용액의 α는 1이므로 무한히 묽은 용액의 몰 전도율을 Λ_0라고 하면 몰 전도율(Λ)은 α에 따라 달라진다.

$$\Lambda = \alpha \Lambda_0 \tag{6.4.2}$$

그러므로 약전해질 진한 용액의 몰 전도율은 무한히 묽은 용액의 몰 전도율에 비해 상당히 많이 감소한다(그림 6.4.1). 몰 전도율을 측정하여 위의 관계식을 이용하면 해리도와 평형 상수를 비교적 쉽게 구할 수가 있다.

그러나 강전해질에서 농도가 전도율에 미치는 영향은 약전해질의 경우와는 매우 다르다. 강전해질은 농도에 무관하게 완전한 이온화가 이루어지므로 몰 전도율은 농도에 거의 무관하게 일정하다. 그러나 강전해질의 경우에도 실제로는 그림에서 보듯이 몰 전도율이 농도 증가에 따라 약간씩 감소하는 경향이 있다. 대체로 묽은 강전해질 용액의 몰 전도율은 농도의 제곱근에 비례하여 감소한다. 이것을 **콜라우슈(Kohlrausch) 법칙**이라 한다.

$$\boxed{\Lambda = \Lambda_0 - Kc^{1/2}} \tag{6.4.3}$$

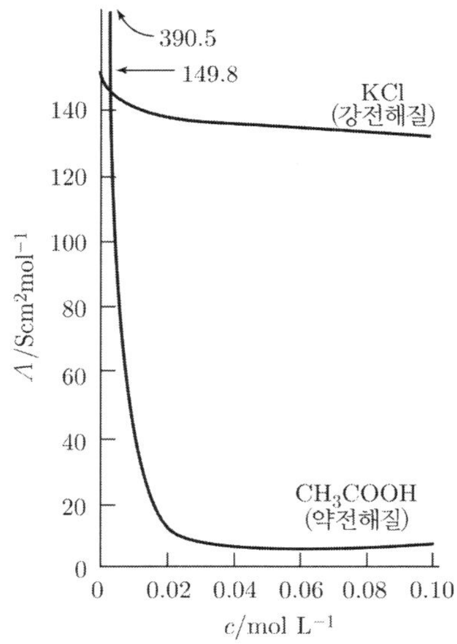

그림 6.4.1 전해질 농도에 따른 몰 전도율의 변화

강전해질 용액에서 농도 증가에 따라 몰 전도율이 감소하는 중요한 이유는 이온들의 이동도가 감소하기 때문인데, 5장에서 살펴본 이온 분위기 때문에 이온들의 활동도가 감소하는 것과 같은 이유이다. 이동도에 영향을 미치는 이온 분위기의 영향은 두 종류로 구별하여 생각할 수 있다.

첫 번째는 **비대칭 효과**(asymmetry effect) 또는 **이완 시간 효과**(time-of-relaxation effect)이다. 이온 분위기의 한 이온이 전기장의 영향으로 이동할 때 둘레의 이온 분위기가 재구성될 때까지 시간(이완 시간)이 걸린다. 미완성 상태의 재구성 이온 분위기는 중심에서 이동하는 이온과 비대칭적이다. 따라서 이온 분위기의 전하 중심이 이동하는 이온과 일치하지 않아서 마치 뒤에서 잡아당기는 역할을 하게 된다. 농도가 진할수록 이온 분위기의 영향이 크기 때문에 농도에 따라 이동도가 줄어드는 하나의 이유가 된다.

두 번째는 유체 역학적 저항의 영향이다. 반대 전하를 가진 이온들은 서로 반대 방향으로 이동할 때 주위의 용매 분자들을 끌고 함께 이동한다. 용매화에 참여하지 않은 용매 분자들도 움직이는 이온의 힘을 받는다. 그것은 용매의 점도(viscosity) 때문에 서로 상호 작용을 하는 것으로 이해할 수 있다. 점도는 또한 이동하는 용매 분자들이 그들의 운동 방향으로 이온들을 끄는 원인이 되기도 한다. 그러므로 서로 반대 방향으로 이동하는 이온들은 상대방 이온의 이동을 어렵게 만든다. 그 영향은 이온들 사이의 평균 거리가 가까울수록 크기 때문에 농도의 증가와 더불어 증가한다. 이것은 진한 용액으로 갈수록 몰 전도율이 감소하는 또 하나의 이유가 된다. 이것을 **점(성)도 효과**(viscosity effect) 또는 **전기 이동 효과**(electrophoretic effect)라고 한다.

이온들 혹은 콜로이드 알맹이들도 전기 이동도 차이로 분리가 가능하다. 혼합물 용액 혹은 용액을 적신 종이 등에 큰 전기장을 걸어주어 이온 혹은 콜로이드 입자들을 분리한다. 이런 실험 방법을 전기 이동(electrophoresis) 방법이라 하는데, 전기 이동 효과라는 이름은 이 실험 방법의 이름에서 유래된 것이다.

이온 회합(ion association)은 이온의 몰 전도율을 낮추는 또 하나의 요인이다(5.3절 참고). 진한 용액에서 흔히 일어나는 이온 회합으로 형성된 이온쌍(ion pair)들은 중성 분자와 같으므로 이온 회합이 상당히 진행된 전해질의 전도율은 약전해질의 경우처럼 전도율이 낮아진다.

보충자료 온사거(Onsager) 이론

온사거(L. Onsager)는 앞서 설명한 이온 분위기의 비대칭 효과와 전기 이동(점(성)도)

효과를 이용하여 전해질 농도가 증가함에 따라 몰 전도율이 감소하는 현상을 정량적으로 설명하였다. 양이온과 음이온의 전하(z) 크기가 같은 대칭 전해질($z_+ = |z_-|$ 조건을 만족하는 전해질)의 경우 몰 전도율과 농도의 관계는 다음과 같은 식으로 나타내며, 이 식을 데바이–휘켈–온사거(Debye-Hückel-Onsager) 식이라 부른다.

$$\Lambda = \Lambda^0 - \left[\frac{z^2 eF^2}{3\pi\eta}\left(\frac{2}{\epsilon RT}\right)^{1/2} + \frac{ze^2F\omega}{24\pi\epsilon kT}\left(\frac{2}{\epsilon RT}\right)^{1/2}\Lambda^0\right]c^{1/2}$$

이 식에서 c는 농도이고, η는 점성도 계수, ω는 하나의 보정 인자이다. ω는 이온들이 전기장의 방향으로만 움직이지 않고 모든 방향으로 마구잡이로 움직이는(불규칙 걷기, random walk) 열운동 현상을 가정하여 집어넣은 보정 인자이다. 대칭 전해질에서 ω값은 $z^2/(1+2^{-1/2})$이다. 위 식에서 대괄호, [ ] 안의 첫째 항은 점도 때문에, 둘째 항은 비대칭 효과 때문에 들어간 것이다. 두 항 모두 이온 분위기의 유효 지름인 데바이(Debye) 길이(r_D)에 반비례하기 때문에 농도의 제곱근을 곱한 것이다. 이 식과 콜라우슈(Kohlrausch)의 실험식, (6.4.3) 식과 비교하면 매우 유사한 것을 알 수 있다. 따라서 콜라우슈 식의 K는 이 식의 대괄호 [ ] 항을 이용하여 계산한 값과 비교해 볼 수 있을 것이다. 묽은 용액의 경우에 계산한 이론값은 실험값과 잘 일치한다.

보충자료 빈(Wien) 효과와 데바이-팔켄하겐(Debye-Falkenhagen) 효과

진한 전해질 용액에서 이온 분위기에 의한 이완 시간 효과와 점성 효과 때문에 몰 전도율이 감소한다. 그 효과들의 증거는 전기장이 대단히 클 때 혹은 교류의 주파수가 대단히 클 때 전도율이 증가하는 현상이다. 빈(Wien)은 1920년대에 전기장의 세기가 $10^6\ \mathrm{Vm^{-1}}$ 이상인 경우에는 전기장의 세기가 그보다 작은 경우(수 $\mathrm{Vm^{-1}}$에서 약 $10^5\ \mathrm{Vm^{-1}}$까지)보다 전도도가 수 % 더 증가하는 현상을 발표하였다*. 이것을 빈(Wien) 효과라 한다. 이 현상은 전해질의 농도가 클수록, 또는 이온 전하가 클수록 크게 나타난다. 전기장의 세기가 큰 경우에는 이온들의 이동 속도가 빠르기 때문에 이온의 주위에 이온 분위기가 형성되지 않는다. 따라서 이온 분위기에 때문에 전도율이 감소할 요인이 사라져 전도도가 증가한다.

만약에 교류 주파수가 대단히 커서 이온 분위기 재형성에 필요한 이완 시간($10^{-9} \sim 10^{-7}$ s)의 역수에 가까워지면 전해질의 전도도가 역시 수 % 증가하게 될 것을 데바이와 팔켄하겐이 예측하였다**. 그것은 Sack의 실험으로도 확인되었다.*** 데바이-팔켄하겐 효과 역시 이온 분위기의 형성이 방해를 받으면 전도도의 감소 요인이 사라지는 것을 보여주는 것이다.

유기산들과 같은 약한 전해질은 다른 이유로 대단히 센 전기장에서 전도도가 증가한다. 그것은 위에 설명한 이온 분위기 재형성의 방해와는 다른 이유이다. 이 현상은 2차 빈(Wien) 효과라 하며, 온사거(Onsagar) 등의 이론으로 설명할 수 있다. 약전해질의 전도도가 증가하는 이유는 센 전기장의 영향으로 약산의 해리가 증가하며, 그에 따라 이온 농도가 증가하기 때문이다.

* M. Wien, *Ann. Physik.* [5] **1**, 400(1929).

** P. Debye and H. Falkenhagen, *Physik. Z.* **29**, 121(1928).

*** H. Sack, *Phisik. Z*, **29**, 627(1928).

6.5 확산

분자 혹은 이온의 확산은 전기화학 반응이 진행될 때 반응물과 생성물의 이동과 관련된 중요한 운반 현상의 하나이다. 이온의 전기 이동은 전기장에 그 원인이 있다. 그러나 확산은 분자 혹은 이온들의 열운동이 원인이며, 그것은 용액 내에서 위치에 따라 농도의 차이가 나는 것을 줄여준다. 확산은 분자 혹은 이온이 진한 곳에서 묽은 곳으로 위치가 이동하는 현상이다. 물질의 이동은 거리에 따른 농도의 변화율, 즉 농도 기울기 dc/dx에 비례하며, 그것의 비례 상수인 **확산 계수**(diffusion coefficient), D에 역시 비례한다. 이것이 **픽(Fick)의 확산 제1법칙**이다.

$$J = -D\frac{dc}{dx} \tag{6.5.1}$$

이 식에서 J는 단위 시간에 단위 면적을 통과하는 물질의 양을 몰 수로 나타낸 **유량**(flux)이다. 분자 혹은 이온은 농도가 큰 곳에서 작은 곳으로 이동하기 때문에 등식의 오른쪽에 있는 식 앞에 $-$ 기호를 붙인 것이다(J는 $\mathrm{mol\ m^{-2}\ s^{-1}}$의 차원(dimension)을, dc/dx는 $\mathrm{mol\ m^{-4}}$의 차원을 갖고 있으므로 확산 계수 D는 $\mathrm{m^2\ s^{-1}}$의 차원을 갖고 있다는 것을 알 수 있다). 수용액에서 작은 분자 혹은 이온들의 확산 계수 D는 대체로 $\sim 10^{-9}\ \mathrm{m^2\ s^{-1}}$ 정도의 크기를 갖는다. 확산 계수는 이온의 이동도와 밀접한 관계가 있다.

확산 계수와 이온 이동도의 상관관계를 알아보자. 하나의 이온 i에 대한 확산과 전기 이동을 모두 포함하는 이온의 유량은 다음 식으로 나타낼 수 있다.

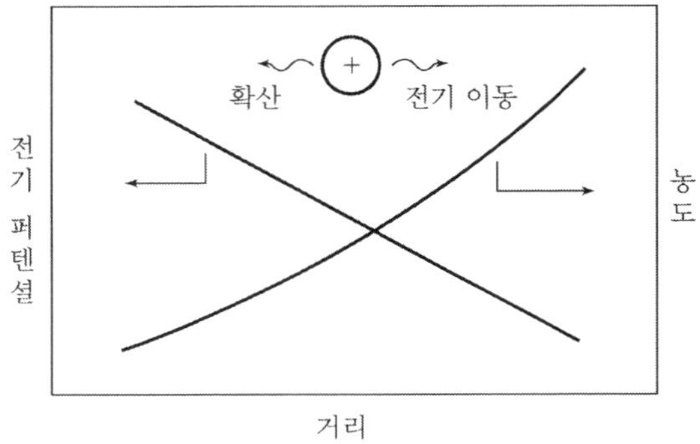

그림 6.5.1 전기 이동과 확산에 의한 +이온의 이동. 전기 이동과 확산이 서로 맞 대응되어 농도–거리 곡선이 시간에 따라 변하지 않는 평형 상태에 도달한 경우를 나타냈다.

$$J_{x,\,i} = -D_i\frac{dc_i}{dx} \mp c_i u_i \frac{d\phi}{dx}$$
$$(\text{삼차원의 경우, } \mathbf{J}_i = -D_i \nabla c_i \mp c_i u_i \nabla \phi) \tag{6.5.2}$$

$J_{x,\,i}$는 x축으로 따라 이동하는 i 이온의 유량이다. 이동도 u_i 앞에 붙은 $\mp$ 기호의 − 기호는 양이온에, + 기호는 음이온에 해당한다. 왜냐하면 양이온은 ϕ가 증가하는 방향의 반대 방향으로 이온이 이동하기 때문이다. 식 (6.5.2)는 용액의 움직임, 즉 대류가 없을 때 이온의 유량을 나타낸 것이다. 전기 이동으로 이온이 한 곳으로 많이 몰려 농도 기울기가 발생하면, 확산의 원인으로 역방향의 흐름이 발생하여 결과적으로 $J_{x,\,i}$가 0이 될 수 있다. 이런 상황은 그림 6.5.1과 같이 표현할 수 있다.

이온 이동이 평형 상태에 도달했을 때 위의 식은 다음과 같이 나타낼 수 있다.

$$0 = -D_i\frac{dc_i}{dx} \mp c_i u_i \frac{d\phi}{dx}$$
$$D_i\frac{d\ln c_i}{dx} = \mp u_i \frac{d\phi}{dx} \tag{6.5.3}$$

한편 농도 분포는 이온이 위치한 곳의 퍼텐셜 에너지에 의존하는 볼츠만 분포를 따라 결정이 될 것이다.

$$c_i = c_i^{\circ} \mathrm{e}^{-z_i \mathrm{e}\frac{\phi}{kT}} \tag{6.5.4}$$

$$\frac{d\ln c_i}{dx} = -\frac{z_i \mathrm{e}}{kT}\frac{d\phi}{dx} \tag{6.5.5}$$

식 (6.5.3)과 식 (6.5.5)를 비교 정리하면 다음과 같은 중요한 관계식을 얻는다.

$$\frac{D_i}{kT} = \frac{u_i}{|z_i|e} \quad \text{또는} \quad \frac{D_i}{RT} = \frac{u_i}{|z_i|F} \tag{6.5.6}$$

이 식은 확산 계수와 이동도가 비례 관계임을 보여준다. 이것을 **아인슈타인(Einstein) 관계식**[4]이라고 한다. 이것으로부터 곧바로 얻을 수 있는 확산 계수와 몰 전도율의 관계식을 **네른스트-아인슈타인(Nernst-Einstein) 식**이라 하며, 다음과 같다.

$$\Lambda_i = \frac{(z_iF)^2 D_i}{RT} \tag{6.5.7}$$

또한 식 (6.5.6)과 이온 이동도와 이온 크기의 관계를 나타내는 식 (6.2.7)을 결합하면 다음과 같은 **스톡스-아인슈타인(Stokes-Einstein) 관계식**도 얻는다.

$$D_i = \frac{kT}{6\pi r_i \eta} \tag{6.5.8}$$

이 식의 확산 계수도 물론 이온 자체의 크기가 아니라 용매화된 이온의 유효 이온 반지름, r_i로 결정된다.

식 (6.5.8)은 이온이 아닌 중성 분자에도 적용된다. 분자의 확산이 화학 퍼텐셜의 기울기 때문에 진행되는 현상으로 보며, 또한 분자 이동 때문에 발생되는 마찰력과 확산이 서로 대응되는 것으로 보면 분자에 관한 식도 유도할 수 있다. 식 (6.2.7) 혹은 식 (6.5.8)처럼 확산 계수(D)와 이동도(u)가 용매의 점도 계수에 반비례한다. 따라서 점(성)도가 다른 여러 종류의 용매에서 분자(또는 이온)의 크기가 크게 다르지 않다면 확산 계수와 점도 계수의 곱은 거의 일정하다. 마찬가지로 몰 전기 전도율과 점도 계수의 곱도 일정하다.

$$D\eta = \text{constant}$$
$$\text{또는} \quad \Lambda\eta = \text{constant} \tag{6.5.9}$$

이것을 **발덴(Walden) 법칙**이라고 한다. 수용액에서 H^+ 이온의 확산 계수는 다른 이온들의 확산 계수보다 월등히 큰 $10^{-8} m^2 s^{-1}$ 정도의 크기를 나타낸다. 그것은 H^+

4) A. Einstein, *Annalen der Physik*, **332**(8), 549, 1905.

이온이 예외적으로 커다란 이동도를 가질 수 있다고 설명한 그로투스(Grotthuss) 메커니즘을 따르기 때문이다.

네르스트-아인슈타인 식과 x축 방향에 대한 전기장 세기, $E_x = -d\phi/dx$의 관계를 이용하면 이온의 유량에 관한 식 (6.5.2)를 수정하여 다음과 같은 식으로 나타낼 수 있다.

$$\begin{aligned} J_{x,\,i} &= -D_i \frac{dc_i}{dx} - c_i \frac{z_i D_i}{RT} F \frac{d\phi}{dx} \\ &= -D_i \frac{dc_i}{dx} + c_i \frac{z_i D_i}{RT} F E_x \end{aligned} \tag{6.5.10}$$

6.6 전해질(염)의 확산

전해질의 성분인 양이온과 음이온의 확산 계수는 다르다. 그러나 외부 전기장의 영향이 없는 전해질 용액에서 확산이 진행되면 양이온과 음이온은 같은 속도와 같은 방향으로 나아간다. 양이온 혹은 음이온 중에서 어느 한 이온만 앞서 나아가면 그 주변의 전기중성이 깨어질 것이다. 그 결과 강력한 전기장이 형성되어 빠르게 나아가는 이온은 억제되고 뒤쳐진 이온은 끌려가게 된다. 두 이온 각각의 확산 계수의 평균에 해당하는 값인 유효 확산 계수가 전해질 전체의 확산 속도를 결정하게 된다. 유효 확산 계수를 정량적으로 가늠해 보기 위해서는 전기중성의 조건과 유량에 관한 식 (6.5.10)이 출발점이 된다. 양이온과 음이온이 같은 방향으로 움직이면서 전기중성이 유지된다는 것은 전류가 0이라는 것이다.

각 이온이 전류에 기여하는 것은 $z_i e J_i$이기 때문에 다음 식이 성립된다.

$$0 = z_+ J_+ + z_- J_- \tag{6.6.1}$$

한편 $c_i = \nu_i c$이므로 식 (6.5.10)과 (6.6.1)을 결합하면 다음과 같다.

$$0 = D_+ z_+ \nu_+ \frac{dc}{dx} + D_- z_- \nu_- \frac{dc}{dx} - D_+ z_+^2 \nu_+ \frac{Fc}{RT} E_x - D_- z_-^2 \nu_- \frac{Fc}{RT} E_x \tag{6.6.2}$$

식 (6.6.2)의 E_x는 확산 때문에 형성되는 전기장이므로, E_x^{diff}로 표기하고 식에 대입하여 정리하면 다음과 같은 식을 얻는다.

$$\mathrm{E}_x^{\mathrm{diff}} = \frac{RT}{cF}\frac{D_+z_+\nu_+ + D_-z_-\nu_-}{D_+z_+^2\nu_+ + D_-z_-^2\nu_-}\frac{dc}{dx} \tag{6.6.3}$$

전해질의 확산에 따른 유량(flux)은 양이온 혹은 음이온의 유량 가운데 어느 한 종류만으로도 구할 수 있으므로 다음 식이 성립된다.

$$J = \frac{J_+}{\nu_+} = \frac{J_-}{\nu_-} \tag{6.6.4}$$

또한 식 (6.5.10)을 이용하여 양이온에 대한 유량을 다음과 같이 나타낼 수 있다.

$$\begin{aligned} J_+ &= -\nu_+D_+\frac{dc}{dx} + \nu_+cF\frac{z_+D_+}{RT}\mathrm{E}_x \\ &= \left(-\nu_+D_+ + \nu_+z_+D_+\frac{D_+z_+\nu_+ + D_-z_-\nu_-}{D_+z_+^2\nu_+ + D_-z_-^2\nu_-}\right)\frac{dc}{dx} \end{aligned} \tag{6.6.5}$$

$$J = \left(-D_+ + z_+D_+\frac{D_+z_+\nu_+ + D_-z_-\nu_-}{D_+z_+^2\nu_+ + D_-z_-^2\nu_-}\right)\frac{dc}{dx} \tag{6.6.6}$$

전기중성이라는 의미는 $z_+\nu_+ = -z_-\nu_-$이다. 이것을 식 (6.6.6)에 적용하면 다음과 같이 된다.

$$J = -\frac{D_+D_-(\nu_+ + \nu_-)}{D_+\nu_- + D_-\nu_+}\frac{dc}{dx} \tag{6.6.7}$$

그러므로 $J = -D_{\mathrm{eff}}\,dc/dx$ 식과 식 (6.6.7)을 비교해 보면 유효 확산 계수, D_{eff}는 다음과 같고, 그것은 양이온과 음이온의 확산 계수의 평균적인 값이 될 것이다.

$$\boxed{D_{\mathrm{eff}} = \frac{D_+D_-(\nu_+ + \nu_-)}{D_+\nu_- + D_-\nu_+}} \tag{6.6.8}$$

또한 1-1 전해질은 ν_+와 ν_-가 각각 1이므로 D_{eff}는 다음과 같은 식으로 간략하게 나타낼 수 있다.

$$D_{\mathrm{eff}} = \frac{2D_+D_-}{D_+ + D_-} \tag{6.6.9}$$

이 식은 전해질의 양이온과 음이온이 용매만 있는 환경으로 확산이 진행될 때 적용할 수 있다. 만일 용액에 해당되는 전해질 이외의 다른 종류의 전해질이 큰 농도로 포함되어 있으면 용액의 전도도가 커서 확산에 의한 전기장이 형성되지 않는다. 그 결과 위와 같이 각각의 이온들이 그것들의 확산 계수에 비례하여 확산하지 못하는 복잡한 상황이 벌어지지 않는다. 그러므로 다른 종류의 전해질이 진한 농도로 함께 있는 경우에는 각 이온의 확산은 독립적으로 일어나고 각각의 확산 계수로 확산 속도를 계산한다. 그렇기 때문에 용액의 전도도를 증가시키려면 종류가 다른 전해질을 첨가하여 용액을 만든다. 그런 용액을 **지지 전해질**(supporting electrolyte)이라고 한다. 폴라로그래피를 비롯한 많은 실험에서 전극 반응에 참여하는 이온과는 다른 종류의 전해질을 지지 전해질로 첨가하는 것도 같은 이유이다.

엄밀히 생각하면, 확산 속도는 농도의 기울기가 아닌 활동도의 기울기에 의해서 결정된다. 따라서 위에서 다룬 내용은 대략적으로 접근한 것이기 때문에 정확한 관계식을 얻으려면 $(d\ln\gamma_\pm/d\ln c)$만큼의 보정이 필요하다. 예컨대 식 (6.6.8)을 보정하면 다음과 같이 나타낼 수 있다.

$$D_{\text{eff}} = \frac{D_+D_-(\nu_+ + \nu_-)}{D_+\nu_- + D_-\nu_+}\left(1 + \frac{d\ln\gamma_\pm}{d\ln c}\right) \tag{6.6.10}$$

6.7 확산에 따른 농도 변화

확산이 진행되는 한 지점의 농도는 시간(t)에 따라 변한다. 이 변화율은 농도의 거리에 대한 2차 미분 함수에 비례한다(**픽(Fick)의 확산 제2법칙**).

$$\frac{\partial c_i}{\partial t} = D_i\frac{\partial^2 c_i}{\partial x^2} \tag{6.7.1}$$

삼차원으로 확대한 일반적인 식은 다음과 같다.

$$\frac{\partial c_i}{\partial t} = D_i\nabla^2 c_i \tag{6.7.2}$$

또한 전극 반응 물질이 운반되는 원인을 1. 물질의 확산, 2. 전기장의 영향에 의한 물질의 전기 이동, 3. 용액의 대류에 따른 물질의 대류를 모두 포함한다면 시간에 따른 농도의 변화는 다음과 같이 나타낼 수 있다.

$$\frac{\partial c_i}{\partial t} = D_i \frac{\partial^2 c_i}{\partial x^2} - \frac{z_i}{|z_i|} u_i \mathrm{E}_x \frac{\partial c_i}{\partial x} - v_x \frac{\partial c_i}{\partial x} \qquad (6.7.3)$$

식 (6.7.3)의 E_x는 전기장의 x축 성분, 즉 $-d\phi/dx$이며, v_x는 용액 대류 속도의 x축 성분이다.

보충자료 식 (6.7.3) (픽(Fick)의 확산 제2법칙)의 이해

그림 6.7.1에 나타낸 모델과 같이 서로 Δx만큼 떨어져 있는 두 평면을 생각하자. x 위치의 평면에 있는 한 물질의 농도가 c이면 $x+\Delta x$ 위치의 평면에 있는 농도는 $c+\Delta x(dc/dx)$이다. 또한 x 위치의 평면에서 농도 기울기가 dc/dx이면 $x+\Delta x$ 위치의 평면에서 농도 기울기는 $dc/dx+\Delta x(d^2c/dx^2)$이다. x 평면의 유량과 $x+\Delta x$ 평면의 유량은 각각 다음과 같다.

$$J_x = -D\frac{\partial c}{\partial x} + \frac{z}{|z|} uc\mathrm{E}_x + cv_x$$

$$J_{x+\Delta x} = -D\left(\frac{\partial c}{\partial x} + \Delta x \frac{\partial^2 c}{\partial x^2}\right) + \frac{z}{|z|} u\left(c + \Delta x \frac{\partial c}{\partial x}\right)\mathrm{E}_x + \left(c + \Delta x \frac{\partial c}{\partial x}\right)v_x \qquad (6.7.4)$$

단위 시간 동안 두 평면 사이의 농도 변화는 두 평면의 유량 차이를 부피 Δx로 나눈 것이다. Δx를 부피라고 한 것은 이런 상황이 단위 단면적에서 진행되므로 거리는 결국 부피와 같은 차원을 갖기 때문이다.

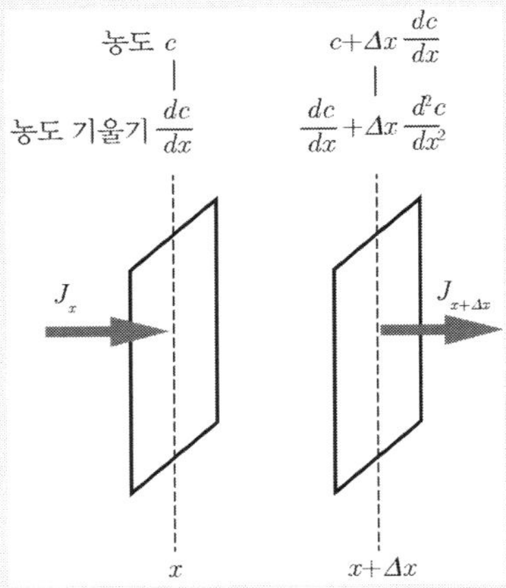

그림 6.7.1 확산에 따른 농도 변화에 대한 모델

$$\frac{\partial c}{\partial t} = \frac{1}{\Delta x}(J_x - J_{x+\Delta x})$$

$$= -D\frac{\partial^2 c}{\partial x^2} + \frac{z}{|z|}\mathrm{E}_x\frac{\partial c}{\partial x} - v_x\frac{\partial c}{\partial x} \quad (6.7.5)$$

결국 화학종 i의 운반에 대해 모든 조건을 생각한 것이 식 (6.7.3)이며, 대류와 전기장이 없고 오직 확산으로 물질이 운반 된다면 식 (6.7.1)을 적용할 수 있다.

전기화학 실험은 많은 경우에 전해질 농도가 진한, 즉 전도성이 좋은 용액에서 진행된다. 따라서 앞서 설명한 이유처럼 용액 내부에서는 전기장의 존재를 무시하고 물질 운반의 문제를 다룰 수 있다. 또한 실험 조건을 조절하여 용액의 대류로 인한 물질의 운반도 무시할 수 있는 조건에서 실험을 하는 경우가 많다. 그럴 경우 확산에 관한 방정식은 식 (6.7.1) 혹은 식 (6.7.2)와 같이 단순해진다. 그러나 단순하게 만든 식조차도 변수 x와 t를 포함하는 편미분 방정식이므로 간단히 풀리지 않는다. 그러므로 **라플라스 변환**(Laplace transformation)을 사용하고, 변수를 단일화하며, 실제 상황에 맞는 **경계 조건**(boundary condition)을 세워서 방정식을 풀어야 한다. 라플라스 변환에 대한 내용은 책 뒷부분에 있는 부록 5에 있다.

라플라스 변환을 응용하는 하나의 예를 보자. 만약에 전극에 아주 큰 과전위를 걸어주면 전류는 한계 전류에 도달할 것이다. 그때 전극 표면 근처의 반응 물질의 농도는 0에 가깝다. 이런 상황에서 반응물의 농도가 위치 혹은 시간에 따라 어떻게 변하는지를 알아보는 문제를 다루는 것이다.

전극 근처에서 반응 물질의 농도 변화는 확산의 영향을 제일 많이 받는다. 전극 표면에 대해서 수직인 방향을 x라 하며, 그 표면이 거의 평면이라면 확산 방정식은 식 (6.7.1)과 같다. 그것을 옮겨 적으면 다음과 같다.

$$\frac{\partial c_i}{\partial t} = D_i\frac{\partial^2 c_i}{\partial x^2} \quad (6.7.6)$$

이 방정식을 풀어서 농도의 위치와 시간에 따른 함수 $c(x, t)$를 얻는 것이 목표이다. 위 식 양변에 라플라스 변환을 하면 다음과 같은 변환 식을 얻는다.

$$\mathscr{L}\left[\frac{\partial c_i}{\partial t}\right] = \mathscr{L}\left[D_i\frac{\partial^2 c_i}{\partial x^2}\right] \quad (6.7.7)$$

라플라스 변환의 정의와 부분 적분을 적용하면 식 (6.7.7)의 등식 왼편은 다음과 같이 나타낼 수 있다.

$$\begin{aligned}\mathscr{L}\left[\frac{\partial c_i}{\partial t}\right] &= \int_0^{\infty} \frac{\partial c_i}{\partial t} e^{-st} dt \\ &= \left[c e^{-st}\right]_0^{\infty} - \int_0^{\infty} (-s) c e^{-st} dt \qquad (6.7.8) \\ &= -c(0) + su\end{aligned}$$

여기서 $c(x, t)$의 변환을 $\mathscr{L}[c] = u$라고 놓은 것이다. 전극 표면에서 멀리 떨어진 곳의 농도를 **벌크 농도**(bulk concentration)라고 한다. 벌크 농도를 c°라고 하면 $t = 0$일 때 전극 표면의 농도는 벌크 농도와 같다. 따라서 $c(0) = c^{\circ}$이다. 라플라스 변환 식 (6.7.7)의 오른편 항은 라플라스 변환과 x에 대한 미분의 순서를 서로 바꾸어도 마찬가지이므로 다음 식이 성립된다.

$$\mathscr{L}\left[D\frac{\partial^2 c_i}{\partial x^2}\right] = D\frac{\partial^2}{\partial x^2}\mathscr{L}[c] = D\frac{\partial^2 u}{\partial x^2} \qquad (6.7.9)$$

그 결과 변환된 미분방정식은 독립 변수가 x만으로 구성되는 일차원 미분방정식으로 변하게 된다.

$$D\frac{d^2 u}{dx^2} - su + c^{\circ} = 0 \qquad (6.7.10)$$

방정식 (6.7.10)의 일반 해는 $u = Ae^{-\alpha x} + B$의 형식을 갖고 있다. 물리적 의미를 생각하면 $e^{\alpha x}$ 항은 생각할 필요가 없다. 따라서 $\partial^2 u/\partial x^2 = \alpha^2 Ae^{-\alpha x}$이므로 다음 식이 성립된다.

$$D\alpha^2 Ae^{-\alpha x} - sAe^{-\alpha x} - sB + c^{\circ} = 0 \qquad (6.7.11)$$

한편 한쪽은 막혀 있고, 다른 한쪽은 무한히 긴 하나의 가상적인 관을 생각해 보자. 이것은 용액에 잠긴 전극의 평면과 그 평면에 수직 방향으로 용액이 펼쳐져 있는 조건을 말하는 것이다. 전극에 충분한 과전위가 걸려있는 경우 전극 표면에서 반응물의 반응 속도가 대단히 빠르다. 그 결과 전극 표면에서 반응물의 농도는 0에 가깝다. 이때 반응물이 벌크 농도의 위치로부터 전극 표면까지 운반되는 것은 확산이며, 그 확산 속도가 대체로 전체 반응 속도를 결정한다. 다시 말해서 확산 한계 전류가 측정되는 상황에 도달한 것이다. 과전위를 걸어준 순간을 시간의 시작점($t=0$)으로 잡고, 전극 표면에서 수직 방향으로 떨어진 거리를 x라 하면, 이런 경우에 대한 경계 조건들은 다음과 같다.

경계조건:

$t=0$일 때, $x \geq 0$ 범위에서 $c=c(0)=c^{\circ}$ (초기 벌크 농도)

$t>0$일 때, $x=0$ 에서 $c=0$

$x \to \infty$에서 $c=c^{\circ}$

식 (6.7.11)에 $x \to \infty$를 대입하면 $-sB+c^{\circ}=0$이므로 $B=c^{\circ}/s$가 된다.

또한 $x=0$, $c=0$의 조건을 식 (6.7.11)에 대입하면 $D\alpha^2 A - sA = 0$이므로 $\alpha = (s/D)^{1/2}$이다. 결국 식 (6.7.10)의 일반 해는 다음과 같다.

$$u = A\mathrm{e}^{-(s/D)^{1/2}x} + c^{\circ}/s \tag{6.7.12}$$

그런데 $x=0$에서 $c=0$이고 따라서 $u=0$이다. 따라서 $A=-c^{\circ}/s$를 얻는다. 그러므로

$$u = \frac{c^{\circ}}{s}\left(1-e^{-(s/D)^{1/2}x}\right) \tag{6.7.13}$$

역 라플라스 변환(inverse Laplace transformation)을 하면 최종 결과를 얻는다. 라플라스 변환에 대한 표를 이용하면 다음의 결과를 얻는다.

$$\mathscr{L}^{-1}\left[\frac{1}{s}\right]=1 \ ; \qquad \mathscr{L}^{-1}\left[\frac{1}{s}\mathrm{e}^{-ks^{1/2}}\right]=\mathrm{erfc}\left(\frac{k}{2\sqrt{t}}\right) \tag{6.7.14}$$

또한 $\mathscr{L}^{-1}[u]=c$, $\mathrm{erfc}(x)=1-\mathrm{erf}(x)$를 이용하여 정리하면 다음과 같은 식을 얻는다.

$$\boxed{c(x,\ t)=c^{\circ}\mathrm{erf}\left(\frac{x}{2\sqrt{tD}}\right)} \tag{6.7.15}$$

이 식이 바로 원하는 결과이며, 이것은 각각 임의의 시간, t와 위치, x에서 농도를 구할 수 있는 식이다. 참고로 erf(z)와 erfc(z)는 각각 z를 변수로 하는 **오차 함수**(error function)와 **상보 오차 함수**(complementary error function)라 부르는 함수이다. 이것들은 다음과 같은 식으로 정의되는 확률 적분의 함수들이다.

$$\mathrm{erf}(z)=\frac{2}{\sqrt{\pi}}\int_0^z \mathrm{e}^{-p^2}dp; \qquad \mathrm{erfc}(z)=1-\mathrm{erf}(z) \tag{6.7.16}$$

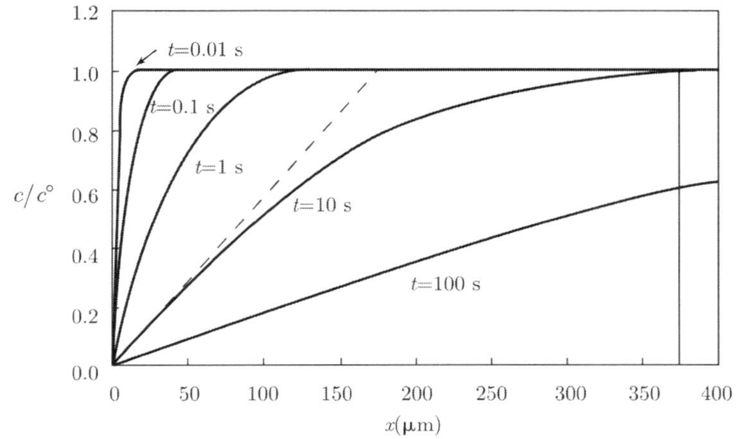

그림 6.7.2 큰 과전위가 걸린 전극의 표면 근처에서 거리와 시간에 따른 농도 변화 모습. $D = 1.0 \times 10^{-9}$ m^2s^{-1}로 계산한 결과이다. 10초가 지났을 때 확산층의 두께를 δ로 표시하였다.

오차 함수 erf(z)의 값은 0에서 1까지 가능하다. 필요한 범위의 z 값에 대한 해는 확률론 책 혹은 수표(mathematical table)에서 찾을 수 있다. 또한 이와 관련이 있는 확률적 분포를 이용하여 해를 구할 수도 있다. 이러한 결과를 사용해서 몇 개의 시간 t와 위치 x에서 반응물의 농도 분포에 대한 결과를 그림 6.7.2에 나타냈다. 농도는 전극 표면에 해당하는 $x = 0$ 위치에서 0이며, 전극 표면에서 멀리 떨어진 위치에서는 벌크 농도 $c°$에 접근한다는 것을 볼 수 있다. 또한 시간 t가 늘어날수록 거리(x)에 따른 농도 증가(기울기)가 완만하다는 것과 벌크 용액(거리; $x = \infty$, 농도; $c°$)과 비교하여 농도가 감소한 거리가 전극 표면에서 점점 멀어지는 것을 볼 수 있다. 전극 표면에서 거리에 대한 농도 변화율, 즉 기울기 dc/dx의 크기로만 보아서 농도가 $c°$에 도달하여 더 이상 변화가 없는 위치까지 범위를 보통 **확산층**이라 부르는데 그 두께는 $c°$를 dc/dx로 나눈 값이다. 확산층의 두께 역시 시간이 늘어날수록 점점 증가하는 것을 그림 6.7.2에서 확인할 수 있다.

예를 들어 폴라로그래피(polarography) 실험의 경우 전극의 전위가 충분한 과전위가 걸렸을 때 전극 표면으로부터 거리에 따른 반응 물질의 농도 변화는 그림과 같다고 볼 수 있다(정확하게 말하자면 폴라로그래피에서 사용되는 수은 방울 전극(mercury drop electrode) 혹은 미세 전극(microelectrode)의 경우는 평면 전극이라 할 수 없는 구형 전극이다. 이런 실험에서는 평면 전극과 구형 전극의 차이를 보정해야 되지만 원리상 크게 다른 것은 없다. 자세한 사항은 뒤의 7.7절에서 설명하고 토의할 것이다).

전류 세기는 반응 물질이 단위 시간에 전극에 도달하는 양에 따라 결정되므로 픽

(Fick)의 법칙을 적용할 수 있고, 그것은 확산층의 농도 기울기에 비례한다. 농도 기울기는 다음과 같은 식으로 나타낸다.

$$\left(\frac{dc}{dx}\right) = c^\circ \frac{d}{dx}[\mathrm{erf}(z)] \qquad \left(z = \frac{x}{2\sqrt{Dt}}\right)$$

$$= c^\circ \frac{2}{\sqrt{\pi}} \mathrm{e}^{-z^2} \frac{dz}{dx} \tag{6.7.17}$$

$$= \frac{c^\circ}{\sqrt{\pi Dt}} \exp\left(-\frac{x^2}{4Dt}\right)$$

이 식으로부터 전극 표면($x = 0$)에서 농도 기울기는 다음과 같다는 것을 알 수 있다.

$$\left(\frac{dc}{dx}\right)_{x=0} = \frac{c^\circ}{\sqrt{\pi Dt}} \tag{6.7.18}$$

위 식은 농도 기울기가 $(\pi Dt)^{1/2}$에 반비례한다는 것을 말해준다. 한편 $(\pi Dt)^{1/2}$은 길이의 차원을 갖는 양이다. 그림 (6.7.2)에서 농도 곡선의 접선이 c°에 이르는 거리가 δ이며, δ는 확산층의 두께이다. 확산 전류 밀도는 반응물의 유량(flux)에 nF를 곱한 것과 같으므로 픽(Fick)의 법칙과 결합하면 다음과 같다.

$$i_\mathrm{d} = nFD\left(\frac{dc}{dx}\right)_{x=0} \tag{6.7.19}$$

$$\boxed{i_\mathrm{d} = nFc^\circ \frac{D^{1/2}}{(\pi t)^{1/2}}} \tag{6.7.20}$$

이 식은 평면 전극에 대한 확산 전류 밀도를 나타낸 식으로, **코트럴 식**(Cottrell equation)이라고 한다.

이 식은 확산 전류가 시간의 제곱근에 역비례하여 감소하는 것을 나타낸다. 이런 경우와 같은 실험 조건에서 시간에 따라 전류가 변하는 모습을 관찰하고 측정하는 실험을 **시간전류법**(chronoamperometry)이라고 한다.

확산층의 두께, δ는 $(\pi Dt)^{1/2}$이므로 식 (6.7.20)은 다음과 같이 정리할 수 있다.

$$i_\mathrm{d} = nFD\frac{c^\circ}{\delta} \tag{6.7.21}$$

이 식은 용액을 일정 속도로 휘저어 확산층의 두께가 일정할 때 적용할 수 있다.

6.8 액간 접촉 전위

2장에서 서로 다른 종류의 전해질 용액이 한 계면에서 접촉할 경우 경계면 양쪽의 전위가 달라지는 현상, 즉 **액간 접촉 전위**(liquid junction potential)가 생긴다는 것을 설명했다.

$$\mathrm{M_a} \mid \text{liquid 1} \ \vdots\ \text{liquid 2} \mid \mathrm{M_b}(\mathrm{M_a})$$

$\mathrm{M_a}$, $\mathrm{M_b}$: 전극

위와 같이 액간 접촉이 있는 전지의 측정된 전위에는 a, b 두 전극의 전위 차이뿐 아니라 액간 접촉 전위(E_{L})도 포함하고 있다.

$$E_{\mathrm{cell}} = E_{\mathrm{b}} - E_{\mathrm{a}} + E_{\mathrm{L}} \tag{6.8.1}$$

이때 포함된 E_{L}의 크기를 계산으로 매우 정확하게 가늠해 볼 수 있는 경우가 많다. 계산의 기본 원리는 임의로 정한 위치에서 이온의 농도 차이로 확산이 진행될 때 이온의 이동과 연관된 자유 에너지 변화를 구하고, 그것으로부터 전위차를 계산하는 것이다[5].

두 용액이 접촉하는 경계면에서 이온들의 농도는 경계면의 수직 방향을 따라서 변하는 층을 갖는다고 생각할 수 있다. 그 변화의 단면은 경계면을 어떻게 만들고 유지하느냐에 따라 다르다. 대체로 두 용액이 마구 섞이지 않도록 흐름을 막는 좁은 통로들로 연결되어 있다고 본다. 경계면에 대해서 수직 방향의 좌표를 x라 하고, i 이온의 화학 퍼텐셜을 μ_i라 하자. 그리고 1몰의 i 이온이 농도가 진한 곳에서 묽은 곳으로 dx만큼 이동할 때 필요한 자유 에너지 변화는 $d\mu_i$로 나타낸다. i 이온의 운반율을 t_i라 하고, 이온들의 이동으로 1패러데이의 전하량이 이동한다면 i 이온의 이동에 따른 자유 에너지는 $t_i d\mu_i / z_i$가 된다. 거리(dx)에 따른 전위차를 $d\phi$라 할 때 모든 이온들이 기여한 전체 자유 에너지는 전기적 에너지($-Fd\phi$)와 같기 때문에 다음 식이 성립된다.

$$-Fd\phi = \Sigma \frac{t_i d\mu_i}{z_i} \tag{6.8.2}$$

용액 1과 용액 2가 접촉하는 경계면으로부터 충분히 떨어져 있어서 농도 변화가 없는 용액 1 내의 한 위치 ⓐ에서, 용액 2 내의 한 위치 ⓑ까지 위 식을 적분하면

5) D. A. MacInnes, *The Principles of Electrochemistry*, Dover, p.220, 1961.

$-F\Delta\phi$, 즉 $-FE_{\mathrm{L}}$이 된다. 그러므로 액간 접촉 전위는 다음 식으로 나타낼 수 있다.

$$E_{\mathrm{L}} = -\frac{1}{F}\Sigma\frac{1}{z_i}\int_{ⓐ}^{ⓑ} t_i d\mu_i \tag{6.8.3}$$

동일한 $M^{z+}X^{z-}$ 염을 포함하면서 농도만 다른 두 용액 사이의 경계면을 생각하자. 만약 이온의 운발율(t_i)은 농도에 따라 변함이 없다고 근사법(approximation) 가정을 하고, $d\mu_i = RTd\ln a_i$ 식을 이용하여 식 (6.8.3)을 적분하면 다음의 결과를 얻는다.

$$\begin{aligned} E_{\mathrm{L}} &= \frac{-t_+}{Fz_+}[\mu_+(ⓑ)-\mu_+(ⓐ)] + \frac{t_-}{F|z_-|}[\mu_-(ⓑ)-\mu_-(ⓐ)] \\ &= \frac{-t_+RT}{Fz_+}\ln\frac{a_+(ⓑ)}{a_+(ⓐ)} + \frac{t_-RT}{F|z_-|}\ln\frac{a_-(ⓑ)}{a_-(ⓐ)} \end{aligned} \tag{6.8.4}$$

각 용액에서 대체로 전기중성이 유지된다. 따라서 $z_+ = z = -z_-$인 조건이면 각 용액의 양이온과 음이온의 농도는 같아야 되기 때문에, $a_+(ⓑ) \cong a_-(ⓑ) \cong a_\pm(ⓑ)$; $a_+(ⓐ) \cong a_-(ⓐ) \cong a_\pm(ⓐ)$라고 할 수 있다. 또한 $t_+ = 1-t_-$을 이용하여 다시 정리하면 다음과 같다.

$$\begin{aligned} E_{\mathrm{L}} &= (2t_- - 1)\frac{RT}{zF}\ln\frac{a_\pm(ⓑ)}{a_\pm(ⓐ)} \\ &= (1-2t_+)\frac{RT}{zF}\ln\frac{a_\pm(ⓑ)}{a_\pm(ⓐ)} \end{aligned} \tag{6.8.5}$$

KCl 용액과 같이 $t_+ \cong t_- \cong 0.5$ 조건을 만족하는 용액은 진한 용액과 묽은 용액이 접촉할 때 액간 접촉 전위는 0에 가깝다. NH_4NO_3 용액들도 같은 이유로 액간 접촉 전위가 0에 근접한다. 그러나 양이온과 음이온의 이동도가 크게 차이가 나는 경우에는 농도와 전해질의 종류에 따라 액간 접촉 전위가 달라진다. 대표적인 예로서 HCl 용액은 $t_+ > 0.5$이므로 $a_\pm(ⓑ) > a_\pm(ⓐ)$일 때 $E_{\mathrm{L}} < 0$이다. 즉 진한 용액이 있는 곳의 전위가 묽은 용액이 있는 곳의 전위보다 낮은 것이다. 그것은 양이온의 확산이 음이온의 확산보다 빠르기 때문에 묽은 용액 방향으로 (+) 전하 이동이 있기 때문으로 이해할 수 있다.

농도가 다른 2개의 HCl 용액 (0.1 m HCl ⋮ 0.01 m HCl)이 접촉했을 때 형성되는 액간 접촉 전위는 계산값과 측정값이 모두 $E_{\mathrm{L}} \cong 39$ mV이다. 정밀한 전지의 전압 측정에서 이 정도 크기의 E_{L} 값은 무시할 수 없다.

한편 다음과 같은 두 계면의 액간 접촉 전위들은 꽤 작다(다음 쪽에 있는 식 (6.8.7), 핸더슨(Henderson) 식을 참조하자).

$$0.1\ \text{m HCl} \,\vdots\, \text{satd. KCl} \qquad E_{\text{L}} \cong +5\ \text{mV}$$
$$\text{satd. KCl} \,\vdots\, 0.01\ \text{m HCl} \qquad E_{\text{L}} \cong -3\ \text{mV}$$

진한 용액과 묽은 용액으로 계면이 형성되는 경우에는 진한 용액에 있는 이온들의 운반율이 크기 때문에 거의 진한 용액에 있는 이온들의 이동에만 의존하는 결과라고 이해할 수 있다. 이것에 대한 정량적 계산은 조금 뒤에 설명한다.

다음 예는 진한 HCl과 묽은 HCl 사이에 포화 KCl 용액이 놓여 있어 작은 E_{L} 값들을 나타내는 2개의 계면이 있는 경우이다. 농도가 다른 2개의 HCl 용액 사이의 전위차는 부호가 다르고 크기가 작은 위의 2개의 E_{L}이 합한 것과 같기 때문에 더욱 작아진다.

$$0.1\ \text{m HCl} \,\vdots\, \text{satd. KCl} \,\vdots\, 0.01\ \text{m HCl} \qquad E_{\text{L}} \cong +2\ \text{mV}$$

따라서 진한 HCl과 묽은 HCl 용액이 접촉할 때 중간에 진한 KCl 용액으로 만든 염다리(salt bridge)를 놓으면 액간 접촉 전위가 거의 무시할 수 있을 정도로 작아지는 것이다. 이것이 전기화학 전위 측정에서 흔히 염다리를 사용하는 중요한 이유이다.

HCl ⋮ KCl 계면과 같이 종류가 다른 전해질로 만들어지는 E_{L} 값을 계산하려고 식 (6.8.2)를 적분할 때 운반율들이 일정하다는 가정은 사용할 수 없다. 그러므로 플랑크(M. Planck)[6)]와 핸더슨(P. Henderson)[7)]은 각자 약간씩 다른 모델을 사용해서 적분하는 방법을 발표하였다. 핸더슨(Henderson) 방법을 간략히 소개하면 다음과 같다.

용액에 있는 i 이온의 농도를 c_i, 이동도를 u_i라고 하면 운반율 t_i는 다음 식으로 나타낼 수 있다.

$$t_i = \frac{c_i\,|\,z_i\,|\,u_i}{\sum_j c_j\,|\,z_j\,|\,u_j} \tag{6.8.6}$$

식 (6.8.6)을 이용하고, 동시에 각 이온의 농도가 계면 영역에서 거리에 정비례하여 변하며, 또한 활동도는 농도와 거의 같다는 것을 가정한다면 조금 번거로운 연산을 거

6) M. Planck, *Ann. physik*, [3] **39**, 161(1890); [3] **40**, 561(1980).

7) P. Henderson, *Z. physik. Chem.*, **59**, 118(1907); **63**, 325(1908).; D. A. MacInnes, *The Principles of Electrochemistry*, Dover, 1961, p.231.

쳐서 다음과 같은 결과를 얻을 수 있다.

$$E_L = \frac{RT}{F} \frac{\Sigma \frac{u_i}{z_i}(c_i\text{ⓑ} - c_i\text{ⓐ})}{\Sigma (c_i\text{ⓑ} - c_i\text{ⓐ})u_i} \ln \frac{\Sigma c_i\text{ⓐ}u_i}{\Sigma c_i\text{ⓑ}u_i} \tag{6.8.7}$$

이것이 핸더슨(Henderson) 식이다. 이 식을 농도는 같지만 종류가 다른 2개의 전해질 용액으로 형성되는 계면, 예를 들어 $HCl(c) \vdots KCl(c)$에 적용하면 다음과 같은 결과를 얻는다.

$$\begin{aligned} E_L &= \frac{RT}{F} \ln \frac{u_{H^+} + u_{Cl^-}}{u_{K^+} + u_{Cl^-}} \\ &\cong \frac{RT}{F} \ln \frac{\Lambda_{HCl}}{\Lambda_{KCl}} \end{aligned} \tag{6.8.8}$$

따라서 식 (6.8.8)은 농도가 같은 두 종류의 용액에 대한 몰 전도율(Λ)을 이용해서 액간 접촉 전위를 계산할 수 있는 식이다. 이것은 루이스-사젠트(Lewis-Sargent) 식이라고 알려졌다.

■ 액간 접촉이 있는 농도차 전지

다음과 같은 **농도차 전지**(concentration cell)는 한 종류의 성분으로 농도가 다른 두 용액이 염다리 없이 직접 접촉하고 있는 경우이다.

$$Ag \mid AgNO_3(c_1) \vdots AgNO_3(c_2) \mid Ag$$

(⋮ 표시는 액체와 액체의 접촉면을 나타낸다)

만약에 Ag^+와 NO_3^- 이온 각각의 활동도는 각 농도에서 평균 활동도와 거의 같은 값이라고 가정하고, $AgNO_3$의 농도가 c_1, c_2일 때 그것의 평균 활동도를 a_1, a_2라 한다면 이 전지의 전압은 두 전극의 전위 차이, $E_2 - E_1$과 액간 접촉 전위 E_L로 결정된다. 그러므로 E_L에 대하여 식 (6.8.4)를 적용하고, 전지의 전압 E_{cell}을 계산하면 다음과 같다.

$$\begin{aligned} E_{cell} &= E_2 - E_1 + E_L \\ &= \frac{RT}{F} \ln \frac{a_2}{a_1} + \frac{RT}{F}\left(-t_+ \ln \frac{a_2}{a_1} + t_- \ln \frac{a_2}{a_1}\right) \end{aligned} \tag{6.8.9}$$

$t_+ = 1 - t_-$를 적용하면 E_{cell}은 다음과 같다.

$$E_{\text{cell}} = 2t_- \frac{RT}{F} \ln \frac{a_2}{a_1} \tag{6.8.10}$$

식 (6.8.10)은 액간 접촉이 있는 농도차 전지를 만들어 **운반율**(transport number)을 정밀하게 측정하는 데 이용된다. 이럴 경우에는 액간 접촉을 오랫동안 안정한 상태로 유지하기 위해서 다공성 세라믹 혹은 다공성 고분자막을 액간 접촉면에 놓아서 사용하는 경우가 많다.

참고자료 간편하게 염다리 만드는 방법

전지의 두 칸으로 나뉜 용액들이 서로 섞이는 것을 방지하고 액간 접촉 전위를 최소로 만들기 위해서 염다리를 사용한다. 일반적으로 염다리는 포화 KCl 용액에 우뭇가사리(agar, 한천) 가루를 넣고 가열하여 녹인 용액을 사용한다. U자 모양으로 구부린 유리관에 가열된 용액을 채우고 식히면 용액이 굳어진다. KCl 용액이 굳은 우뭇가사리 젤에 갇혀 있으므로 U자 관을 두 용액이 담긴 칸 사이에 걸쳐 놓았을 때 사이폰 작용에 의한 용액의 이동은 일어나지 않는다(그림 2.2.3, 그림 2.3.2 참고).

그러나 이 방법으로 만든 염다리는 만드는 과정이 번거로울 뿐 아니라 흔히 용액이 마르거나 수축될 때 기포가 들어가서 U자 관 안에서 연결이 끊어지는 등 가끔 문제가 생긴다. 이런 문제가 없는 간편한 염다리를 만드는 방법은 다음과 같다. 우선 나일론 섬유로 엮어 만든 빨랫줄 모양의 노끈을 U자 관 길이에 맞게 잘라서 깨끗이 씻고 증류수에 넣고 끓여서 불순물을 제거한다. 그 후에 노끈을 U자 관을 채우듯이 밀어 넣고 유리관 길이 밖으로 나온 부분은 칼로 자른다. 이 끈을 포화(약 4.2M) KCl 용액에 한동안 담가 놓아 노끈을 완전히 적시도록 한다. U자 유리관의 내부 직경은 노끈을 밀어 넣을 수 있을 만큼이면 적절하다. 만약에 Cl^- 이온이 실험에 방해되는 경우에는 KCl 대신에 양이온과 음이온의 이동도의 차이가 작은 질산 암모늄(NH_4NO_3) 혹은 질산 칼륨(KNO_3)을 사용하면 된다.

참고문헌

1. J. Koryta, J. Dvorak, and L. Covan, *Princilpes of electrochemistry*, 2nd Eds., Wiley, 1993, Chapter 2.
2. C. Brett and A. O. Brett, *Electrochemistry: Principles, Methods, and Applications*, Oxford Univ. Press, 1993.
3. Comprehensive Treatise of Electrochemistry, Vol. 6, *Electrodics: Transport*, E. Yeager, J. O'M. Bockris, B. E. Conway, S. Sarangapani, Eds., Plenum, 1983.
4. D. A. MacInnes, *The Principles of Electrochemistry*, Dover, 1961.
5. C. H. Hamann, A. Hammett, W. Vielstich, *Electrochemistry*, Wiley-VCH, 1998, Chapter 2.

연습문제

1. Cl^- 이온의 이동도는 7.9×10^{-8} $m^2 s^{-1} V^{-1}$이다. 확산 계수와 몰 전도율을 구하여 표에 있는 값들과 비교하라.

2. 용액의 전도율을 측정할 때 교류 브리지를 사용하지 않고 간단한 '멀티미터'의 저항 측정 기능을 사용한다면 어떤 문제가 있는가?

3. 무한히 묽은 용액에서 K^+, Cl^- 이온들의 이동도(mobility)는 각각 7.62×10^{-4}, 7.91×10^{-4} $cm^2 s^{-1} V^{-1}$이다. KCl 용액의 한계 당량 전도율과 KCl의 묽은 용액 중 유효(평균) 확산 계수를 구하라. 이때 K^+ 이온의 운반율(transport number)은 얼마인가?

4. 점성도 계수가 8.9×10^{-4} $kg^2 m^{-1} s^{-1}$인 물에서 이온 반지름이 0.31 nm인 이온의 이동도를 구하고, 표 6.1에 있는 값들과 비교하라.

답 $u_i = 3.08 | z_i | \times 10^{-8}$ $m^2 s^{-1} V^{-1}$

5. 이온의 운반율을 측정하기 위한 계면 이동 실험을 하였다. HCl 용액과 $CdCl_2$ 용액 사이에 형성된 계면은 600초 동안 244 mm 이동하였다. 관의 반지름은 2.00 mm, HCl 농도는 0.025 mol dm^{-3}, 전류는 15.0 mA이었다. HCl 용액에서 H^+ 이온의 운반율을 계산하라. 또 표 6.1에 있는 H^+ 이온과 Cl^- 이온에 대한 자료를 이용하여 계산하고, 그 결과를 비교하라.

6. 확산 지배를 받는 전극 반응에 대하여 전류와 농도 및 시간 사이의 관계식(Cottrell equation)을 적어라. 관계식이 성립되기 위한 기본 가정, 수학적 취급의 요점, 결과 등에 대하여 간명하게 설명하라(수학적 처리의 구체적 연산 단계는 생략).

답 $i = nFC(D/\pi t)^{0.5}$

7. Ag^+ 이온의 확산 계수는 1.35×10^{-9} $m^2 s^{-1}$이다. 확산층의 두께가 전극 면으로부터 2.00 mm라고 가정하고 0.100 mol dm^{-3} $AgNO_3$(+ 지지 전해질)용액에서 은이 석출될 때 한계 전류 밀도를 구하라.

답 6.51 Am^{-2}

8. 전극 $Pt|Fe^{2+}$, Fe^{3+}의 평형 전위는 이온들의 활동도가 모두 0.1일 때 0.77 V이고 교환 전류 밀도는 0.25 mA cm^{-2}이다. 전극 전위가 0.85 V일 때와 2.0 V일 때 전류 밀도를 구하라. 전자 이동 계수(대칭 인자)는 0.5라고 가정하고 확산층의 두께는 0.40 mm로 잡아라. Fe^{2+} 이온의 확산 계수는 1.0×10^{-5} cm^2s^{-1}이다.

답 1.09 mA cm^{-2}(0.85 V에서); 24.1 mA cm^{-2}(2.0 V에서)

9. 확산에 의한 전위(차)(diffusion potential)란 어떤 것이고, 이것이 생기는 물리적 원인은 무엇이며, 그 크기는 무엇으로 좌우되는지 예를 들어 설명하라.

10. 포화 KCl 용액의 농도는 4.2 mol dm^{-3}이다. 이 포화 용액과 0.01 mol dm^{-3} KCl 용액 사이에 형성되는 액간 접촉 전위를 계산하라.

답 0.0031 V

11. 다음 전지의 측정될 전지 전압을 계산하라.

$$(Pt)H_2\,|\,HCl(m=0.001)\,\vdots\,HCl(m=0.01)|H_2(Pt)$$ (액간 접촉이 있는 전지)

12. 다음 전지에서 액간 접촉 전위를 제거하였을 경우와 그렇지 않은 경우 각각의 전지 전압을 구하라.

$$Pt\,|\,H_2(1atm)\,|\,HCl(0.001m)\,\vdots\,HCl(0.01m)\,|\,AgCl\,|\,Ag$$

0.001 m HCl, 0.01m HCl 용액 사이에서 H^+ 이온의 운반율은 0.820이다.

$$AgCl+e^- \rightarrow Ag+Cl^-,\ E^\circ=0.22\ V$$

답 0.52 V; 0.48 V $E_L=-0.038$ V

7장

연구방법 I

7.1 일정 전위 실험

하나의 전극 전위를 일정하게 유지하여 전극 표면에서 원하는 반응이 진행되도록 실험하는 경우가 많다. 이것은 **정전위(일정 전위) 실험**(potentiostatic experiment) 방법으로 사실상 모든 전기화학 실험의 기초라고 볼 수 있다.

전극 반응의 속도를 조절할 수 있는 여러 가지 변수 가운데 전극의 전위가 가장 중요하다. 그러므로 전극의 전위를 일정하게 유지(조절)하고 전극 반응이 진행되도록 한 후에 그 반응을 조사 연구하는 것이 실험의 기초가 된다. 여기서 의미하는 일정 전위는 전극과 접촉된 전해질 용액에 기준전극을 담그고, 그 기준전극의 전위를 기준으로 하여 반응이 진행되는 관심 대상이 되는 전극의 측정된 전위이다. 특히 기준전극은 관심 대상 전극에서 떨어져 있지 않고 매우 가까운 곳에 놓인다. 즉 전기 이중층의 두께 정도에 해당하는 거리만큼 떨어진 곳에 기준전극을 놓고 측정한 관심 전극의 전위인 것이다.

보통 작업전극이라 부르는 관심 대상이 되는 전극의 전위를 일정하게 유지하기 위해서 **정전위기**(poteniostat)를 사용한다. 작업전극을 일정 전위로 유지하는 방법은 기준전극에 대한 작업전극의 전위를 읽어 들이고, 읽어 들인 값과 원하는 일정 전위 값이 다를 경우에는 그 둘 사이의 값 차이가 없어질 때까지 상대전극과 작업전극 사이의 전류(또는 전위)를 조절한다. 그렇게 하면 결국에는 작업전극의 전위를 원하는 일정한 전위로 유지할 수 있게 만들 수 있다. 4장에서 간단히 설명한 것처럼 정전위기는 작업전극의 전위를 **되먹임**(feedback)하는 전자 장치를 사용하여 읽는 전위와 원하는 전위의 차이가 없을 때까지 자동으로 맞출 수 있도록 설계되어 있다(그림 4.1.2).

7.1.1 되먹임을 이용한 일정 전위 장치

그림 7.1.1(A)와 (B)는 그림 4.1.2에 나타낸 일정 전위 유지에 대한 개념을 실제로 만들어 낼 수 있는 전자 회로를 규정된 양식에 따라 나타낸 것이다. 그림 (A)에는 아주 간단한 정전위기로서 삼각형 도형으로 나타낸 **연산 증폭기**(operational amplifier)가 중심에 있으며, 그것의 오른쪽에 2개의 저항이 직렬로 연결되어 있다. 연결된 저항들은 전기화학 셀과 같은 역할을 할 때 전위 조절이 가능하다는 것을 보여준다. 연산 증폭기의 자세한 설명은 부록에 있다. 전기화학 셀과 비교하여 말하면 직렬 연결된 2개 저항의 한 끝은 작업전극(WE), 또 다른 끝은 상대전극(CE), 2개 저항의 중앙은 기준전극(RE)에 해당한다.

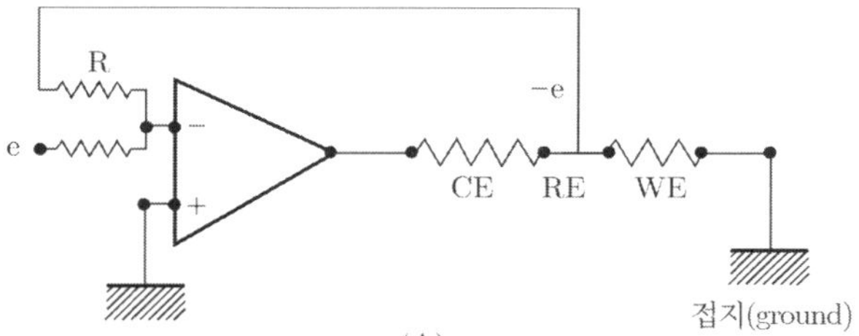

(A)

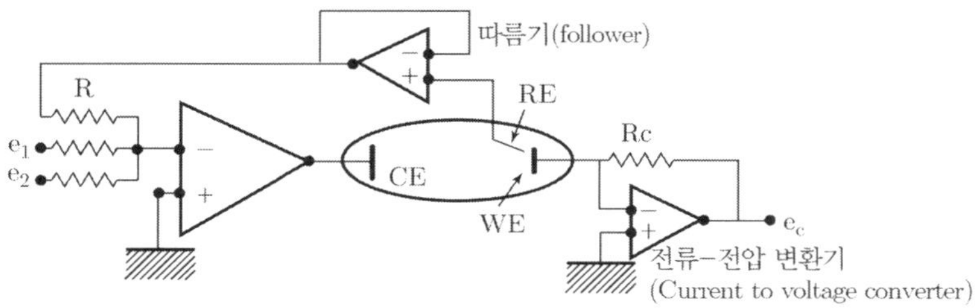

(B)

그림 7.1.1 정전위기의 전자 회로 요약도. (A)는 직렬로 연결된 2개의 저항이 전기화학 셀의 역할을 대신한 것이다. (B)는 좀 더 세밀한 회로와 전기화학 셀을 연결한 경우를 나타낸 것이다. CE: 상대전극, RE: 기준전극, WE: 작업전극, R: 입력 저항, e: 입력 전위

(A) 그림의 회로는 연산 증폭기에 동일한 크기의 입력 저항(R)을 그림과 같이 연결하고, **반전 입력**(inverting input) 단자((−) 표시가 되어 있는 입력 단자)에 전위(e)를 걸어주면 부호가 반대인 전위(−e)는 그대로 기준전극(RE)에 전달된다. 그림에 나타낸 것처럼 입력 전위가 e이면 기준전극(RE)의 전위는 −e가 된다. 그 결과 작업전극(WE)의 전위는 기준전극(RE)의 전위보다 e만큼 높아진다. 즉, 입력 전위를 조절한다면 기준전극에 대한(따라서 용액에 대한) 작업전극의 전위(접지의 전위 0 V)를 임의로 조절할 수 있다.

(B) 그림의 회로는 실험에서 사용되는 전기화학 셀에 담긴 3개의 전극을 타원형 안에 표시한 것으로 (A) 그림의 회로보다 더 구체적이다. (A) 그림과의 차이는, 첫째로 기준전극의 전위가 연산 증폭기의 입력 단자로 들어가기 전에, 역시 부록에서 설명할 따름기(follower)를 거치도록 한 것이다. 일반적으로 기준전극의 끝은 모세관이기 때문에 기준전극과 전해질 사이에는 매우 큰 저항이 걸려있다. 따라서 기준전극의 전위가 그대로 입력될 수 없을 뿐만 아니라 기준전극에서 연산 증폭기의 입력 단자로 연결된 도선은 잡음 전파를 받아들이는 안테나의 역할을 하는 단점이 있다(참고자료). 그러므로 따름기를 사용하여 미약한 기준전극의 전위 신호를 안정한 신호로 변경해 줄 필요

가 있는 것이다.

또한 (B) 그림에서 주의 깊게 보아야 할 점은 전류를 전압으로 변환할 수 있도록 작업전극과 접지(ground) 사이에 전류-전압 변환기를 연결한 것이다. 작업전극에 흐르는 전류는 되먹임 저항 R_c를 통해서 흐르므로 이 연산 증폭기의 출력 전압은 전류 세기 I에 비례하며, 그 크기는 $-IR_c$이다. R_c의 크기를 조절하면 전류 세기를 읽을 수 있는 범위를 임의로 조절하는 것이 가능하다. 작업전극의 전위는 접지와 동일하지만 직접 접지에 연결된 것은 아니다. 이럴 때 작업전극의 전위는 '**가상 접지**(virtual ground)'와 연결되었다고 말한다. 그림과 같이 왼쪽에 있는 연산 증폭기의 입력 저항 R을 동일한 크기의 저항 여러 개를 병렬로 연결해 놓으면 입력 전위 e_1, e_2 등을 합한 총 전위는 기준전극의 전위 e_R과 크기가 같고 부호는 반대이다. 이런 회로를 구성하면 종류가 다른 파형과 전위 e_2가 또 다른 전위 e_1과 합쳐진 전위를 입력 전위로 사용할 수 있다는 장점이 있다.

작업전극의 전위를 일정하게 유지하고 싶을 때 작업전극과 기준전극 사이에 있는 전해질의 저항은 그만큼의 오차를 일으킨다. 흐르는 전류의 세기와 저항값을 곱한 양에 해당하는 전위차(**즉 저항 전위 강하**, ohmic potential drop, I·R drop)가 되먹임 회로에서 전위로 합쳐진다. 따라서 저항 전위의 차이만큼 조절 전위에 오차가 생기는 것이다. 이 저항 전위의 차이 때문에 생기는 오차를 최소로 만들려면 기준전극을 가능한 한 작업전극 가까이에 놓아야 한다. 그러나 실제로는 거리를 좁혀도 저항을 완전히 피할 수 없다. 또한 기준전극을 작업전극에 너무 가까이 놓으면 기준전극이 작업전극의 앞을 가로막아 전류의 균일한 흐름을 방해하기 때문에 작업전극 표면의 전위 분포가 불균일하다는 단점도 있다. 이 문제를 해결하기 위하여 아주 유용하게 사용하는 것이 **루긴 모세관**(Luggin capillary, 혹은 **러긴 모세관**)이다.

루긴 모세관은 한쪽 끝의 지름이 매우 작은 모세관이며, 다른 한쪽 끝은 기준전극을 담글 수 있을 정도의 지름이 넓은 관 모양의 유리 기구이다. 유리를 세공할 때 유리관의 한쪽 끝을 잡아 빼어 만든 유리관으로 그림 7.1.2와 같이 사용된다. 관 안에는 전해질 용액이 채워져 있고 모세관의 열린 끝이 작업전극의 표면 가까이 놓이게 한다. 그럴 경우에 그 부분의 전위를 기준전극이 감지하는 것이므로 기준전극을 작업전극 아주 가까이에 놓는 효과를 볼 수 있다. 유리관에 담긴 전해질을 통해서는 전류가 흐르지 않기 때문에 저항 전위차가 발생하지 않는다. 관 끝부분이 매우 가늘기 때문에 작업전극으로 흐르는 전류의 방해 정도가 작으며 그림에서처럼 루긴(Luggin) 모세관의 위치를 전류가 주로 흐르는 면으로부터 비껴 놓거나 반대쪽에 놓으면 더욱 바람직하다.

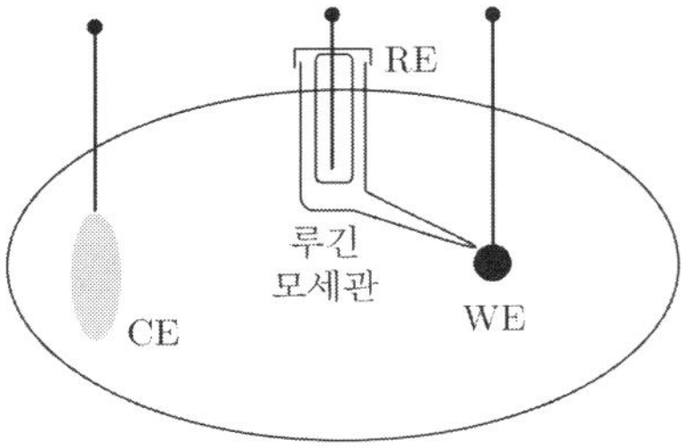

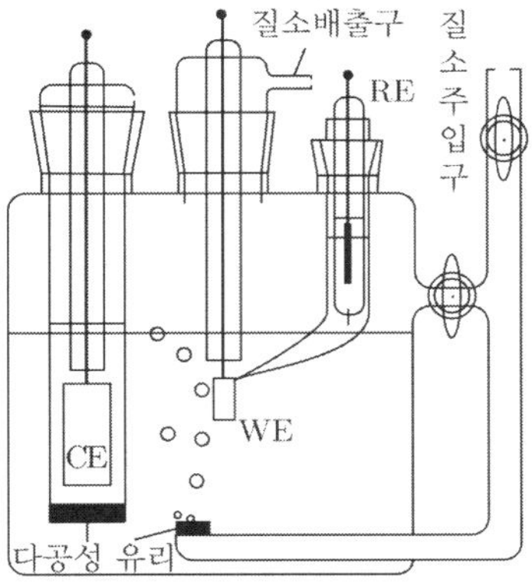

그림 7.1.2 (A) 삼 전극 셀과 루긴(Luggin) 모세관을 표시한 개략도, (B) 측정에서 실제로 사용되는 셀의 개략도. CE: 상대전극, RE: 기준전극, WE: 작업전극

보충자료 I·R 보정

판매되는 정전위기 가운데 'I·R 상쇄(I·R compensation)' 기능을 갖춘 것도 있다. 이것은 전류 크기(세기)에 비례하는 전압을 되먹임(feedback)하여 저항 전위차에 대해 상쇄가 되는 회로를 포함하고 있다(그림 7.1.3). 그러나 보정하려는 전위의 크기를 정확히 맞추는 일은 어려우므로 사용에 주의를 기울여야 한다. 특히 상쇄의 크기가 지나치면 전위의 진동을 일으키기도 한다. 그림 7.1.3에 사용된 상쇄 회로는 마이너스 되먹임을 사용하지 않고 플러스 되먹임을 사용하기 때문에 진동의 원인이 된다. 되먹임 신호를 점차 증가시키다가 진동이 시작되면 이미 상쇄가 너무 많이 된 것이므로, 적정한

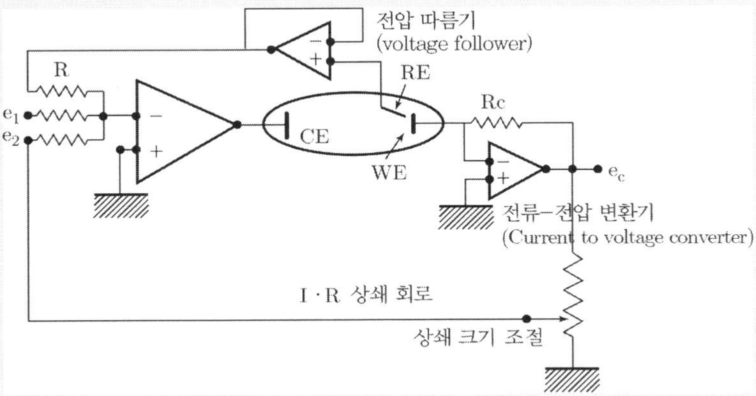

그림 7.1.3 플러스 되먹임을 이용한 I·R 상쇄 회로. CE: 상대전극, RE: 기준전극, WE: 작업전극

크기의 상쇄를 하려면 그것의 크기를 약간씩 줄여서 결국에는 진동이 일어나지 않는 점에서 멈춰야 한다. 이렇게 상쇄를 하면 기준전극의 위치가 작업전극으로부터 떨어져 있어도 어느 정도 I·R 오차를 줄일 수 있지만 이상적인 실험 방법이라고는 할 수 없다. 그러므로 이런 종류의 상쇄 회로를 사용하는 것보다 루긴(Luggin) 모세관을 사용하는 것이 저항 전위 강하(I·R drop)에 따른 오차를 최소화하는 방법으로 더 좋다.

참고자료 잡음 전파와 진동의 방지 대책

기준전극에 연결된 전선이 잡음 전파를 잡으면 흔히 전기적 진동이 일어난다. 이것은 특히 고주파 신호에서 피하기 어려운 위상 반전 때문에 심각해진다. 더구나 기준전극과 전해질 사이의 저항 혹은 루긴 모세관 끝의 저항이 너무 클 때 진동은 더욱 심해진다. 진동은 상대전극의 전위를 담당하는 연산 증폭기가 감당할 수 없는 **순응 전압**('compliance voltage')까지 도달하게 하며 전류 또한 진동하게 한다.

그러므로 기준전극을 연결하는 선은 가능한 한 짧게 해야 하며, 동축 케이블과 같이 접지와 연결할 수 있는 피복선으로 둘러싸인 전선을 써야 한다. 'I-R 상쇄'를 지나치게 적용하면 역시 진동이 일어난다. 진동을 완전히 제거하기는 어려우나 가능한 한 전파의 원천을 멀리하고 **차폐**(shielding, **가리움**)에 힘써야 한다. 기준전극과 상대전극 사이에 적절한 크기의 축전기를 연결하면 진동 억제에 효과적일 경우가 많다.

7.1.2 전위(퍼텐셜) 프로그램

수많은 전기화학 실험 및 측정에는 정전위기를 이용한다. 예를 들어 곧이어 설명하려는 순환 전압전류법(cyclic voltammetry), 폴라로그래피법, 교류 임피던스법, 펄스 전압법 등도 정전위기를 이용한다. 왜냐하면 정전위기의 전위(퍼텐셜) 입력 부분에 거의 모든 전위(퍼텐셜) 프로그램(파형, waveform)을 입력하는 것이 가능하기 때문이다. 예컨대 그림 7.1.1(B)의 전압 입력하는 단자에 시간(t)에 따라 선형적으로 변하는 전압(e_1)을 입력하면, 작업전극의 전위가 시간에 따라 증가(혹은 감소)하는 실험, 즉 폴라로그래피 실험 방법의 한 종류인 전위 훑기 실험을 할 수 있다.

$$E = E^{\circ} \pm vt$$

전압 변화 속도인 v의 부호를 (+)에서 (−)로 다시 (−)에서 (+)로 번갈아 바꿔주면서 전류를 측정한다면 그것은 곧 **순환 전압전류법 실험**이 된다. 또 시간에 따라 선형적으로 변하는 전압(e_1)을 하나의 단자에 걸어준 상태에서 또 하나의 작은 교류 전압 (e_2, $A\sin\omega t$)을 또 다른 단자에 걸어주면 전극에는 결국 두 전압이 합쳐진 다음과 같은 전압이 걸린다.

$$E = E^{\circ} \pm vt \pm A\sin\omega t$$

이런 전압 프로그램을 이용하면 교류 전압전류법(ac voltammetry) 실험을 할 수 있다 (8.1.6절 참조).

거의 대부분의 전기화학 실험 및 측정을 할 때는 실험에 앞서 불순물을 제거하는 것이 대단히 중요하고 필수적인 과정이다. 비록 불순물의 농도가 극히 작을지라도 불순물이 전극 표면을 충분히 덮어버려 원하는 반응을 관찰할 수 없는 경우가 매우 많다. 특별한 경우가 아니면 산소도 제거해야 할 불순물이다. 왜냐하면 산소 자체가 환원되는 전기화학 반응이 너무도 잘 일어나기 때문이다. 용액에서 산소를 제거하는 효과적인 방법은 순도 높은 질소 혹은 아르곤 기체를 용액 내로 통과시켜 주는 것이다.

7.2 일정 전류 실험

7.2.1 일정 전류 실험 장치

전극으로 일정 전류를 흘려주면서 진행하는 실험(일정 전류법(galvanostatic method))은 **일정 전류기**(galvanostat)를 사용한다. 일정 전류기는 전자 회로를 사용하여 일정한 세기의 전류가 시간에 따라 변함없이 작업전극을 통해 흐르도록 만든 장치이다. 일정 전류법 실험에서는 작업전극에 일정한 세기의 전류가 흐를 때 전극의 전위 변화를 시간에 따라 기록하는 것이 보통이다. 일정 전류기의 간단한 회로는 그림 7.2.1과 같다.

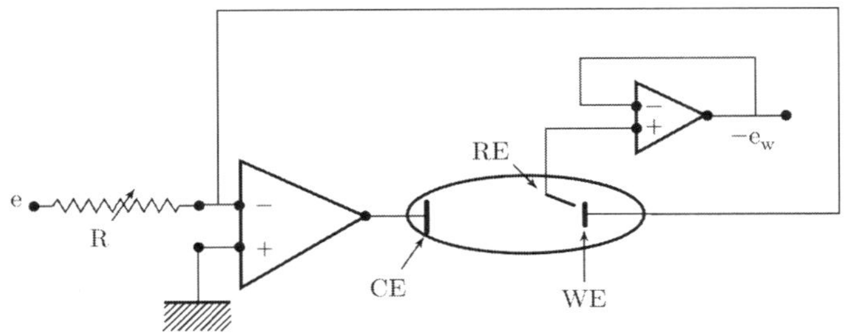

그림 7.2.1 일정 전류기와 전기화학 셀의 연결 모습. e: 입력전압, R: 가변저항, e_w: 작업전극전위, CE: 상대전극, RE: 기준전극, WE: 작업전극

그림 7.2.1의 회로는 입력 전압(e)을 저항 R로 나눈 값의 전류가 전부 되먹임 회로를 통해서 작업전극으로 흐르도록 설계된 것이다. 따라서 입력 전압 e와 R을 조절한다면 전류 크기(세기)를 조절하는 것이 가능하다. 작업전극의 전위는 접지와 같은 가상 접지(virtual ground)이기 때문에 기준전극에 대한 작업전극의 전위 e_w는 기준전극에 연결된 따름기(follower)의 출력 전위를 읽으면 알 수 있다. 이 회로는 정전위기에서 사용한 것과 비슷한 성능의 부품들을 약간 다르게 연결한 것뿐이다. 따라서 실용적인 전기화학 실험 장치는 연결 스위치 몇 개를 변경해 주면 정전위기로 혹은 일정 전류기로 변환하여 사용이 가능하도록 만든 것들이 대부분이다.

참고자료 **간단한 일정 전류 공급 장치**

작업전극에 일정한 전류를 공급하여 간단한 전기분해(전극에서 합성 등과 같은 화학 반응) 실험을 할 때 트랜지스터 하나만으로도 해결할 수 있다. 즉 다음 그림과 같은 전원을 만들어 사용하면 된다.

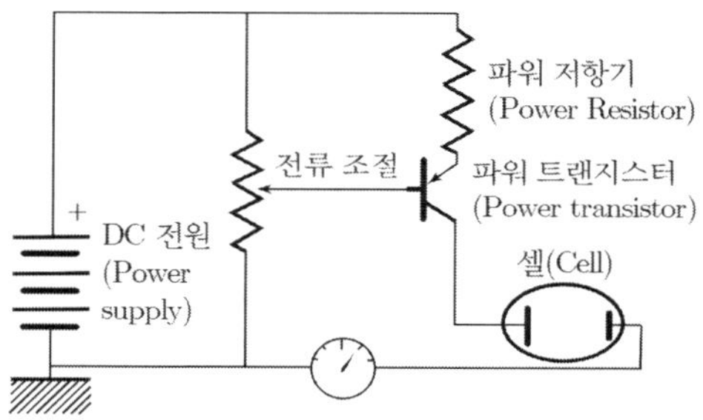

그림 7.2.2 트랜지스터 1개로 만든 간단한 일정 전류 공급 장치

7.2.2 일정 전류 실험에서 농도 변화

전기화학 셀로 전류가 흐르면 작업전극과 상대전극에서 반응이 일어난다. 용액에 있는 전기 활성 물질 중에 전극에 접근한 것만 반응할 수 있다. 따라서 전극 반응이 진행되면 전류의 세기가 극히 작은 경우를 제외하고 대부분의 경우에는 전극 표면 근처에 있는 전기 활성 물질의 농도는 시간에 따라 감소한다. 반응물의 농도 감소에 따라 전극에서 떨어져 있는 용액에 있는 반응물은 확산을 통해서 전극 근처까지 운반된다. 이런 경우에 농도의 시간에 따른 변화를 6장에서 본 바와 같이 픽(Fick)의 확산 제2법칙으로 나타낼 수 있다. 1차원 확산 및 3차원 확산의 경우를 구분하여 각각 다음과 같은 관계식으로 나타낼 수 있다.

$$\frac{\partial c_i}{\partial t} = D_i \frac{\partial^2 c_i}{\partial x^2} \quad (7.2.1)$$

$$\frac{\partial c_i}{\partial t} = D_i \nabla^2 c_i \quad (7.2.2)$$

평면 전극의 경우에는 전극 면과 수직인 방향을 x축으로 정하고 1차원 확산을 생각해 보자. 그런 조건에 맞는 거리와 시간의 변수, 각각 x와 t를 포함하는 편미분 방정식이 식 (7.2.1)이다. 이 방정식의 해를 얻기 위해서 6.7절에서 설명한 것과 같이 라플라스(Laplace) 변환을 통해 오직 x만 변수가 되는 다음과 같은 일차원 미분 방정식을 얻는다.

$$D\frac{d^2u}{dx^2} - su + c(0) = 0 \quad (7.2.3)$$

여기서 u는 농도, c_i의 라플라스(Laplace) 변환이다. 이런 형식의 미분 방정식은 일반적으로 지수 함수, $u = Ae^{-\alpha x} + B$ 형식의 해를 갖는다. 한편 $\partial^2 u/\partial x^2 = \alpha^2 Ae^{-\alpha x}$이므로 식 (7.2.3)에 대입하여 정리하면 다음과 같다.

$$D\alpha^2 Ae^{-\alpha x} - sAe^{-\alpha x} - sB + c(0) = 0 \quad (7.2.4)$$

벌크 용액(전극에서 비교적 멀리 떨어져 농도가 균일한 용액)의 농도를 c°라고 한다면 $t = 0$일 때 전극 표면의 농도는 벌크 농도와 동일하기 때문에 $c(0) = c^\circ$이다. 여기서 용액의 한쪽 방향은 전극으로 막혀있으며 다른 쪽 방향은 전극 표면으로부터 무한히 연장되어 있다고 볼 수 있다. 이런 조건은 용액에 잠긴 평면 전극과 그 전극 표면에 수직인 방향으로 용액이 펼쳐져 있는 것과 같은 모습이다. 일정한 세기의 전류가 흐르기 시작하는 순간을 시간의 출발점($t = 0$)으로, 전극 표면과 수직 방향의 거리를 x라고 할 때 그에 맞는 경계 조건들은 다음과 같다.

경계 조건:

$t = 0$ $\quad x \geq 0 \quad c = c(0) = c^\circ$ (초기 벌크 농도)

$t \geq 0$ $\quad x \to \infty \quad c = c^\circ$

$$t > 0 \qquad x = 0 \qquad nFD(\partial c/\partial x)_{x=0} = i(\text{일정})$$

여기서 맨 마지막 경계 조건은 전류가 순전히 확산이 원인이라는 것이다. 만약에 반응물이 전극에 흡착되어 있다면 이 조건은 맞지 않는다. 식 (7.2.4)에 $x \to \infty$를 대입하고 정리하면 다음과 같다.

$$-sB + c^\circ = 0 \tag{7.2.5}$$

이것으로부터 $B = c^\circ/s$를 얻는다. 또한 식 (7.2.4)에 $x = 0$를 대입하면 $D\alpha^2 A - sA = 0$이 되고, 이것으로부터 $\alpha = (s/D)^{1/2}$을 얻는다. 그러므로 $u = A\mathrm{e}^{-\alpha x} + B$에 대입하여 정리하면 다음과 같다.

$$u = A\exp\left(-\left(\frac{s}{D}\right)^{1/2} x\right) + \frac{c^\circ}{s} \tag{7.2.6}$$

한편 맨 마지막 경계 조건에 대한 라플라스(Laplace) 변환은 $(\partial u/\partial x)_{x=0} = i/nFDs$이다. 이 변환과 식 (7.2.6)으로부터 $A = -i/nFD^{1/2}s^{3/2}$을 얻는다. 결국 u는 다음과 같이 정리된다.

$$u = \frac{c^\circ}{s} - \frac{i}{nFD^{1/2}s^{3/2}}\exp(-(s/D)^{1/2}x) \tag{7.2.7}$$

마지막으로 농도 c를 얻으려면 u를 다시 역 라플라스 변환을 해야 된다. 역변환 표를 이용하여 $1/s$와 $\exp(-ks^{1/2})/s^{3/2}$를 역 라플라스 변환하면 c는 다음과 같다.

$$c = c^\circ - \frac{2it^{1/2}}{nF(\pi D)^{1/2}}\exp\left(\frac{-x^2}{4tD}\right) + \frac{ix}{nFD}\mathrm{erfc}\left(\frac{x}{2(tD)^{1/2}}\right) \tag{7.2.8}$$

이것이 바로 시간(t)과 전극에서 떨어진 거리(x)에 따라서 농도가 변하는 모습을 나타내는 수식이다. 비록 식이 다소 복잡하지만 시각적으로 표현한 것은 그림 7.2.3과 같다. 일정한 시간 t 동안에 용액에서 확산으로 이동하는 분자의 평균 제곱 거리(root mean square distance)는 $(2Dt)^{1/2}$로 알려져 있다. 따라서 식 (7.2.8)은 농도를 평균 제곱 거리와 전극으로부터 떨어진 거리(x)와 시간(t)의 함수로 표현한 것이라 할 수 있다.

전극 표면, 즉 $x = 0$는 특수한 경우이다. 따라서 식 (7.2.8)은 간단하게 정리되며, 그때 전극 표면의 농도 c^*는 다음과 같이 나타낼 수 있다.

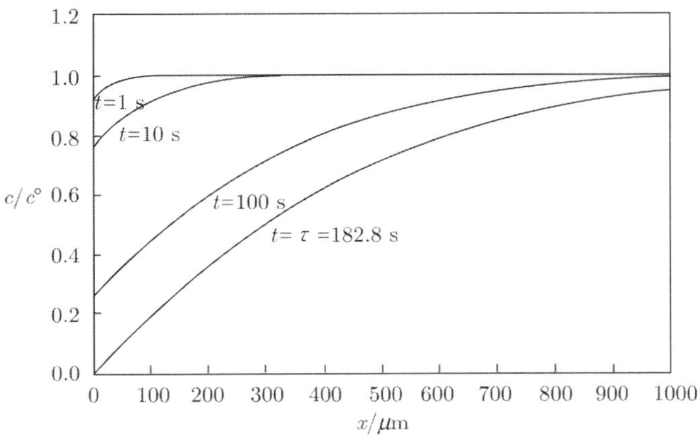

그림 7.2.3 일정 전류 조건에서 전극 표면 부근에서 시간(t)에 따른 반응물의 농도 변화. $i=10\ \mathrm{Am^{-2}}$, $D=1.0\times10^{-9}\ \mathrm{m^2s^{-1}}$, $c^\circ=50$ mM, $n=1$의 조건으로 계산한 결과이다.

$$c^* = c^\circ - \frac{2i\,t^{1/2}}{nF(\pi D)^{1/2}} \tag{7.2.9}$$

c^*가 0이 되기까지 걸리는 시간을 **전이 시간**(transition time)이라고 한다. 그림 (7.2.3)과 같은 조건에서 전이 시간은 182.8 s라는 것을 알 수 있다. 전이 시간을 τ로 나타내면 식 (7.2.10)을 얻을 수 있다.

$$t=\tau;\qquad c^*=0$$

$$\tau = \frac{\pi D(c^\circ nF)^2}{4i^2} \tag{7.2.10}$$

이것이 곧 샌드(Sand) 식이다. 이 식을 변형하면 i와 $\tau^{1/2}$가 역비례 관계가 있다는 것을 쉽게 알 수 있다.

$$i\tau^{1/2} = \frac{\sqrt{\pi D}}{2}nFc^\circ \tag{7.2.11}$$

예를 들어 작업전극에 일정한 산화 전류를 흘려주고 난 후에 전이 시간에 도달하면 전극 표면에서 산화될 수 있는 반응물이 사라진다. 이때 작업전극 전위는 매우 급작스럽게 상승한다(그림 7.2.4). 이처럼 일정 전류를 흘려주고 시간에 따른 전극의 전위를

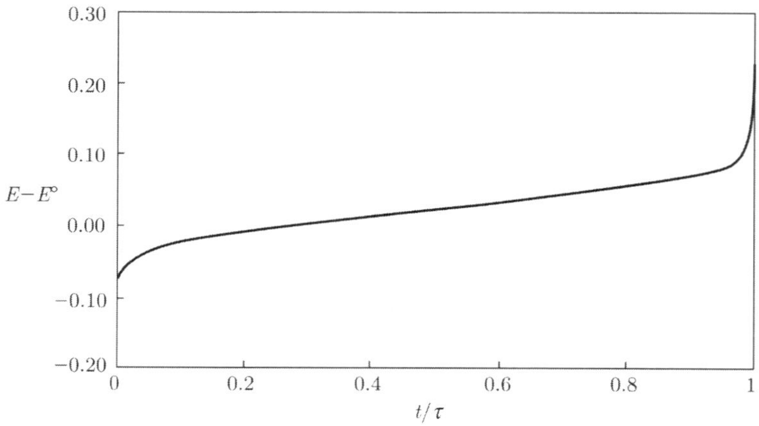

그림 7.2.4 일정 전류 실험에서 시간에 따라 측정한 전위의 변화모습(chronopotentiogram); 산화종과 환원종의 확산 계수가 동일한 경우에 대한 계산 결과.

기록하는 방법을 시간전위법(chronopotentiometry)이라고 한다. 이 방법을 사용하면 비교적 쉽게 전이 시간을 알아낼 수 있다.

7.3 전위(퍼텐셜) 계단과 펄스 실험

전극의 전위가 순간적으로 하나의 전위에서 갑자기 다른 전위로 바뀔 때, 두 전위의 차이를 전위 계단(potential step)이라고 한다. 전위 계단만큼 변경된 전위에서 다시 전위 계단만큼 전위를 바꾸어 본래의 전위로 되돌아가는 전위 변화 모습을 전위 펄스(potential pulse)라고 한다. 일정한 크기의 전위 계단만큼 전극의 전위가 변경되면 전극과 전해질 용액에 걸려있는 전위차가 갑자기 달라지며, 그런 조건에 맞는 새로운 전기 이중층의 형성 때문에 충전 전류가 발생한다. 충전 전류는 전기 이중층의 커패시턴스와 시간에 따른 전위 변화의 속도를 곱한 것, 즉 $I = C(dE/dt)$와 같다. 그러므로 전위 변화의 속도가 큰 순간에 해당하는 전류는 매우 크다. 실제 실험에 사용되는 전위 계단의 경우 전위 변화 속도는 무한대가 되지 않는다. 왜냐하면 기기 장치와 회로의 한계로 변화 속도 역시 일정한 한계를 나타낼 수밖에 없기 때문이다. 그 결과 충전 전류의 크기도 일정한 한계 범위 내에 있게 된다. 하나의 RC 회로에서 전위 계단에 대한 오름 시간(rise time)은 $1/RC$ 이며, 모양은 지수 함수를 따라 변한다. 따라서 전위 계단의 높이가 E_s 일 때 실제로 전극과 전해질 사이에 걸리는 퍼텐셜(E)과 전류는 시간에 따라 다음과 같이 변한다(부록 4의 끝부분 참고).

$$E = E_s\left(1 - e^{-t/RC}\right) \tag{7.3.1}$$

$$\frac{dE}{dt} = \frac{E_s}{RC}\mathrm{e}^{-t/RC}$$

$$I_{\text{charging}} = \frac{E_s}{R}e^{-t/RC} \tag{7.3.2}$$

즉 전기 이중층을 충전하는 전류, I_{charging}은 전위 계단의 맨 처음 시간에서는 E_s/R의 크기를 갖지만 시간이 많이 지나간 후에는 0으로 감소한다. 전극에 전위 펄스를 걸어줄 경우 전위 계단의 순방향과 역방향에 대한 대응은 각각 반대 방향의 계단에 대한 대응으로 나타날 것이다.

충전 전류의 크기가 감소하면 비로소 반응 전류가 보이게 된다. 전극에 펄스 형태로 걸어주는 새로운 전위가 어떤 전극 반응에 대한 큰 과전위에 해당된다면 반응 전류(충전 전류와 구별하여 **패러데이 전류**(faradaic current)라고 함)는 짧은 시간 안에 확산 전류가 된다(6장). 6장에서 본 바와 같이 확산 전류 밀도는 $(D/t)^{1/2}$에 비례하므로 역시 긴 시간이 지나면 0에 접근한다(식 (6.7.20)).

$$i_d = nFc^{\circ}\frac{D^{1/2}}{(\pi t)^{1/2}} \tag{7.3.3}$$

전위 펄스를 이용한 측정은 전기화학 분석에서 많이 응용된다(9장 참조). 전위 계단 혹은 전위 펄스는 정전위기와 같은 전기화학 실험 장비를 사용해서 비교적 쉽게 전극 전위 조절에 적용할 수 있다.

7.4 전위 훑음과 순환 전압전류 실험

전극 전위에 시간에 따라 일정한 속도로 변화를 주는 것을 **전위 훑음**(potential sweep)이라고 한다. 전위를 훑다보면 전극 전위가 전극 반응이 진행되기에 충분한 전위에 다다를 때가 있다. 그때에는 전류가 증가하는 것을 볼 수 있는데, 그것은 곧 반응이 진행되고 있다는 것을 의미한다. 즉 일정한 속도로 전위 변화를 주는 **선형 훑음 전압전류법**(linear sweep voltammetry) 실험에서는 다음과 같은 삼각파 모양의 전위-시간 파형의 전위를 전극에 걸어주면서 그에 대응하는 전류 $I(t)$를 측정한다. 전위에 따라 전류를 도시(plot)하면 그림 7.4.1(B)와 같은 모습의 전위-전류 곡선을 얻을 수 있다.

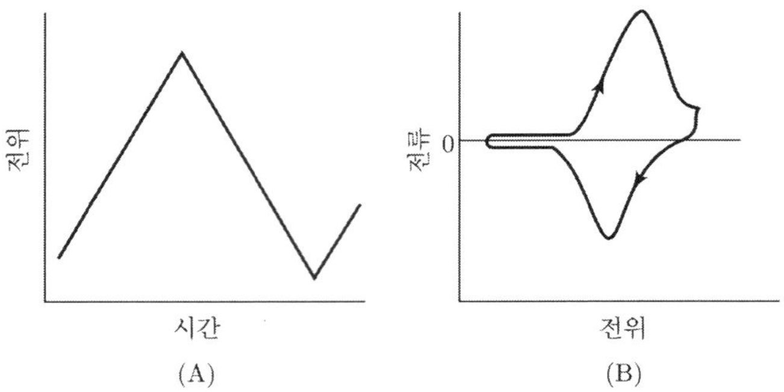

그림 7.4.1 순환 전압전류법에 이용되는 시간–전위 파형(waveform)(A)과 전위에 대응되는 측정된 전류를 도시한 전위–전류 곡선의 모습(B)

$$E = E^{\circ} \pm vt$$

폴라로그래피(polarography)는 선형 훑음 방식으로 전위 변화를 주는 수많은 실험 방법의 하나이다. 일정한 속도로 전위 훑기를 한 방향으로 진행하다가 어느 순간에 전위 훑기 방향을 반대로 하고, 이 과정을 반복하면서 전류를 측정하는 실험 방법이 **순환 전압전류법**(cyclic voltammetry)이다.

그림 7.4.1의 (A)에 나타낸 시간-전위 변화 모습은 순환 전압전류법 실험에서 사용되는 대표적인 시간-전위 파형(waveform)이다. (B)는 시간-전위 파형을 사용하여 전류를 측정하고, 전위-전류 변화 모양으로 나타낸 것으로 전형적인 **순환 전압전류그림**(cyclic voltammogram)이다. 전위가 (+) 방향으로 증가할 때 어느 전위 이상에 이르면 산화 전류가 증가하기 시작한다. 그런데 과전위가 아주 크게 걸리는 전위에서는 확산을 통해서 전극 표면으로 반응물이 이동하는 속도보다 반응물이 반응을 하고 사라지는 속도가 더 빠르기 때문에 전류가 감소하게 된다. 그 결과 전위가 더 증가할지라도 전류가 감소하기에 봉우리 모양의 전류가 관찰되는 것이다. 그런 후에 전위 훑기의 방향이 반대로 바뀌면 전류는 급격하게 감소한다. 그것은 산화되어 전극 주변에 머물던 반응 생성물이 환원되기 때문이다. 그후 충분한 전위가 걸리면 전극에서 환원 반응이 활발히 진행된다. 이때 전류의 부호도 바뀌고 봉우리 모양의 환원 전류가 관찰되는 것은 앞서 설명한 봉우리 산화 전류가 관찰되는 이유와 같기 때문이다.

반응이 일어나지 않는 전위 범위에서도 매우 작은 전류가 흐르는데((B) 그림의 왼쪽 부분) 이것은 전극 전위 변화에 따라 용액에 형성되는 전기 이중층의 전하 균형을 맞추기 위한 충전 전류이다. 위의 그림 (B)에 나타낸 순환 전압전류 곡선은 전극을 고정하고 용액을 휘젓지 않은 실험 조건에서 얻을 수 있는 대표적인 전위전류 변화 모양이다.

그림 7.4.2는 산소가 제거된 묽은 황산 용액에 백금 전극을 담그고 전위 훑음 속도를 100 mVs^{-1}로 전극의 전위 변화를 주면서 전류를 측정하고 얻은 순환 전압전류 곡선이다. 전위를 음의 방향으로 훑을 때 전위가 0 V(vs. NHE)에 가까워지면 H^+ 이온이 환원되면서 백금 표면에 흡착된다.

$$H^+ + e^- \rightarrow H_{ads}$$

이런 종류의 반응 때문에 몇 개의 봉우리 모양의 환원 전류를 관찰할 수 있다. 전위가 더욱더 낮아진다면 분자 상태의 H_2 기체가 발생하며 이때 전류가 급격하게 증가할 것이다. 그러나 H_2 기체 발생 직전에 전위 훑음 방향을 바꾸어 전위를 높여가면 봉우리 산화 전류들이 나타난다. 그림에서 보듯이 이 두 종류의 전류 모양은 전위 축을 중심으로 대칭이 되는 모양을 하고 있다. 이들 산화 봉우리 전류는 앞서 진행된 환원 반응의 역반응으로 전극 표면에 흡착된 수소가 산화되어 전극 표면으로부터 사라지는 과정에 해당하는 것이다. 여러 개의 작은 봉우리들의 상대적인 전류 크기와 전위의 위치는 백금 전극 표면으로 노출되는 결정면의 크기와 형태에 따라 다르다. 단결정 백금 전극을 사용하여 (111), (110) 또는 (100) 표면만을 용액에 노출시켜 똑같은 실험을 진행하면 각 결정면에 해당하는 봉우리의 전위 위치를 알아낼 수 있다. 그러나 다결정성(polycrystalline) 백금(실험실에서 흔히 사용하는 백금 전극도 고순도 다결정성 백금으로 만든다) 전극을 사용한다면 그림 7.4.2와 같이 여러개의 봉우리들이 겹쳐지는 모습의 순환 전압전류 곡선이 얻어진다.

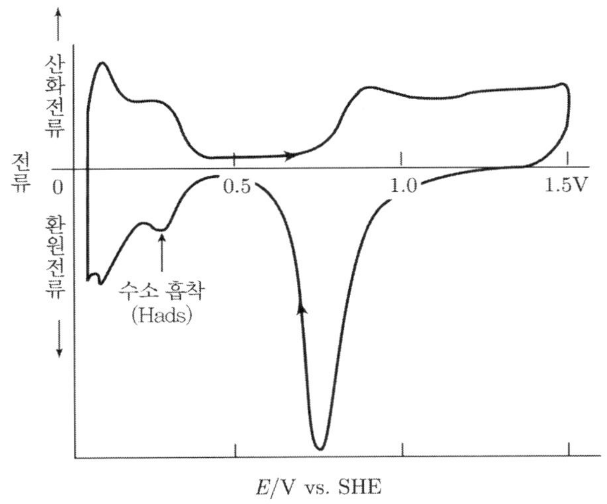

그림 7.4.2 황산 용액에서 측정한 백금 전극의 순환 전압전류 곡선

흡착 수소의 산화에 대응되는 봉우리 전류가 관찰되는 전위를 지나서 더 높은 전위로 훑음을 계속해도 아무 반응도 일어나지 않기 때문에 전류는 0에 가까운 값을 나타내는 전위 범위가 있다. 그러나 그 전위 범위 구간에서도 전극의 전위가 변하면서 그에 대응되는 전기 이중층의 충전이 이루어지기 때문에 크기가 작은 전류가 관찰된다. 전위 축과 평행한 작은 전류가 바로 전기 이중층의 충전을 위한 전류인 것이다. 전위가 약 0.8 V에 이르면 전류가 급격히 증가하는 것을 볼 수 있다. 이것은 백금 표면의 산화가 원인이 되는 전류이다.

$$Pt + H_2O \rightarrow PtOH + H^+ + e^-$$

$$PtOH \rightarrow PtO + H^+ + e^-$$

전위가 더욱 증가하여 약 1.5 V 이상이 되면 전류는 다시 급격히 증가하기 시작하는데 다음 반응과 같은 산소 발생 반응이 그 원인이다.

$$2H_2O \rightarrow 4H^+ + O_2 + 4e^-$$

그러나 그림에서 보는 것처럼 산화 전류가 급격히 증가하는 전위에 도달하기 전에 전위의 방향을 역으로 바꾸면 전기 이중층의 충전에 따른 전류 이외에는 따로 기여할 전류가 없다. 그러나 전위 훑음 방향을 바꾸어 전위를 낮추어가면 약 0.8 V 전위 근처에서 큰 환원 봉우리 전류가 나타난다. 그것은 앞서 산화된 백금 표면이 다시 환원되기 때문에 관찰되는 전류이다.

만일 전해질 용액에서 산소를 철저하게 쫓아내지 않은 채로 실험을 하면 산화된 백금층의 환원이 진행되기 전에 산소의 환원에 따른 환원 전류가 관찰된다. 또한 유기물질 같은 불순물이 용액에 있거나 혹은 전극 표면이 이런 물질들로 오염되어 있다면 이런 종류의 물질들이 산화되므로 전기 이중층의 충전 전류만 관찰되는 전위 영역에서도 산화 전류가 관찰된다. 이때에는 일반적으로 전위 증가에 따라 전류도 점점 증가하는 모양이 되므로 그림 7.4.2와 같은 전형적인 순환 전압전류 곡선이 얻어지지 않는다. 그러므로 이러한 순환 전압전류 실험은 백금 전극과 전해질 용액이 얼마나 깨끗한지를 점검하는 하나의 수단으로 사용할 수도 있다.

백금처럼 산화가 잘되지 않는 금속일지라도 반응성이 없는 전해질에서 전위 훑음을 한다면 전극 표면에서 흡착 및 단분자층으로 금속 산화물이 형성되는 반응이 진행되어 전류가 흐르므로 순환 전압전류 곡선을 얻을 수 있다. 단결정 금속 전극을 사용하여 얻은 순환 전압전류 곡선은 전해질에 노출되는 결정면에 따라 다른 모양을 나타낸

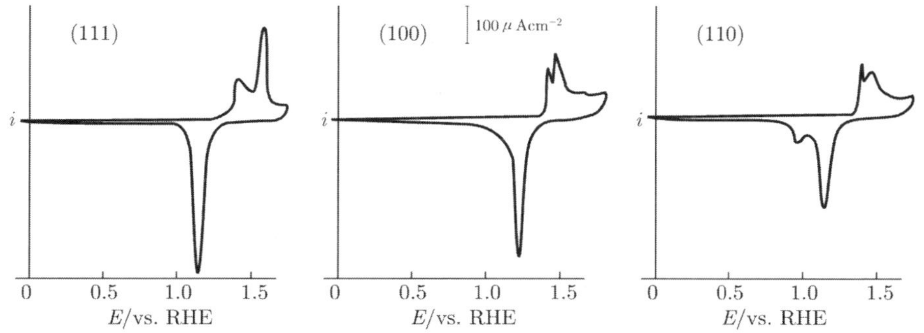

그림 7.4.3 묽은 산 용액에서 금의 세 종류 낮은 지수면에 대한 순환 전압전류 곡선

다. 그림 7.4.3은 금(Au)의 낮은 **지수면**(low index facet) 3개, 즉 (111), (100), (110) 면(facet)을 전극으로 사용하여 얻은 순환 전압전류 곡선들이다. 백금의 경우처럼 전위가 양의 방향으로 증가함에 따라 AuOH 또는 AuO 와 같은 산화물 단층이 형성되면서 그에 해당하는 산화 전류의 봉우리들을 관찰할 수 있으며, 그것은 결정면에 따라 차이가 난다[1]. 낮은 전위 방향으로 전위 훑기를 할 때도 약 1.2 V 부근에서 관찰되는 큰 봉우리 전류는 백금의 경우처럼 금의 산화된 표면이 다시 환원되는 것이 원인이다. 그러나 보다 더 낮은 전위 영역에서 수소 흡착에 따른 봉우리 전류들이 관찰되었던 백금과는 달리 금 전극에서는 관찰되지 않는데, 이것은 금의 특징이다.

그림 7.4.4는 전해질 용액에 산화·환원 쌍으로 이루어진 반응물이 있을 때 얻어지는 순환 전압전류 곡선의 봉우리 부근의 전형적인 모양이다. 특히 산화, 환원 봉우리 근처에서 특정한 전위 명칭 및 그에 맞는 봉우리 전류 표기를 어떻게 정의하고 있는지를 체계적으로 보여준다. 순환 전압전류 곡선의 해석은 적절한 경계 조건을 이용하여 확산 방정식 $dc/dt = Dd^2c/dx^2$을 풀고, 그것의 해를 이용할 때 가능하다. 휘젓지 않은 용액에서 전하 이동이 **가역 반응**[2](reversible reaction)으로 진행되면 산화 전류 봉우리보다 약간 낮은 전위에서 환원 전류 봉우리가 관찰된다. 이 경우에 확산 방정식의 해를 구하려고 라플라스 변환을 이용해도 해석 가능한 해를 구할 수가 없기 때문에 수치 변환을 한 결과를 이용한다.

---

1) D. M. Kolb and J. Schneider, *Electrochim. Acta*, **31**, 929(1986).; A. Hamelin, *J. Electroanal. Chem.*, 407, 1(1996).

2) 전기화학 반응의 속도론적 관점에서 볼 때 '가역적(reversible)'이라 함은 산화 반응과 환원 반응이 평형 전위 근처에서 비교적 빠르게 진행된다는 것을 가리킨다. 다시 말해서 교환 전류 밀도가 큰 경우이다. 반대로 교환 전류 밀도가 작아서 과전위가 커야만 반응이 관찰되는 경우를 **'비가역적(inreversible)'**이라 한다. 그러나 두 종류의 명확한 구분을 하기는 곤란하다. 이런 경우의 가역성은 열역학적인 의미에서 이야기하는 가역성과는 구별되는 개념이다.

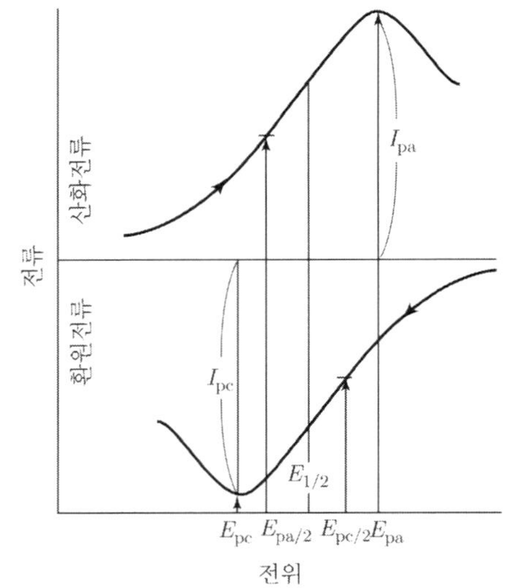

그림 7.4.4 순환 전압전류 곡선의 봉우리 근처의 개략적인 모습과 봉우리 근처의 특정한 전위 및 전류의 표기들. E_{pa}: 산화 봉우리 최대 전위, I_{pa}: 산화 봉우리 최대 전류, E_{pc}: 환원 봉우리 최대 전위, I_{pc}: 환원 봉우리 최대 전류

가역 반응에 대한 봉우리 전류 밀도는 다음과 같다[3].

$$i_p/A\ \text{cm}^{-2} = 2.69\times 10^5\ n^{3/2}(Dv)^{1/2}c^\circ(25°\text{C에서}) \tag{7.4.1}$$

여기서 v는 전위 훑기 속도(scan rate, V s^{-1})이며, c°는 반응물의 농도이고 단위가 mol cm^{-3}이다. 또한 D는 확산 계수이고 단위는 cm^2s^{-1}이다. 산화 봉우리 전류 혹은 환원 봉우리 전류의 크기는 훑기 속도의 제곱근에 비례한다. 그림 7.4.4에서 최대 산화 전류에 일치하는 봉우리 전위는 E_{pa}, 최대 환원 전류에 일치하는 봉우리 전위는 E_{pc}, 그 봉우리 전위의 중간 크기의 전위는 $E_{1/2}$이다. 각 최대 봉우리 전류 크기의 1/2에 해당하는 전위들을 각각 $E_{pa/2}$, $E_{pc/2}$로 나타내었다.

25℃에서 E_{pa} 혹은 E_{pc}와 $E_{1/2}$의 관계는 다음과 같다.

$$\begin{aligned} E_{pa} &= E_{1/2} + 1.11\frac{RT}{nF} = E_{1/2} + \frac{28.5\text{ mV}}{n} \\ E_{pc} &= E_{1/2} - 1.11\frac{RT}{nF} = E_{1/2} - \frac{28.5\text{ mV}}{n} \end{aligned} \tag{7.4.2}$$

3) J. E. B. Randles, *Trans, Faraday Soc.*, 1948, **44**, 327.; A. Sevick, *Coll. Czech. Chem. Comm.*, 1948, **13**, 349.; R. S. Nicholson and I, Shain, *Anal. Chem.*, 1964, **36**, 706.

$$(E_{\rm pa} - E_{\rm pc})/{\rm mV} = \frac{57.0}{\rm n} \quad (7.4.3)$$

$E_{1/2}$는 폴라로그래피의 반파 전위 $[= E_{\rm rev} \pm RT/nF\ln(f_{\rm red}D_{\rm ox}/f_{\rm ox}D_{\rm red})]$에 해당한다. 가역 반응의 경우에 이 봉우리 전위들은 전위 훑기 속도에 따라 변하지 않고 일정하다.

한편 매우 비가역 반응의 경우에는 산화 혹은 환원에 대응되는 봉우리 전위들이 가역 반응의 경우와는 달리 서로 가까이에 위치하지 않고 아주 멀리 떨어져 있는 것을 볼 수 있다. 즉 $(E_{\rm pa} - E_{\rm pc})$는 $\frac{57.0}{n}$ mV보다 훨씬 큰 값이고 경우에 따라서는 역반응에 해당하는 봉우리 전류가 전혀 없을 수도 있다. 한편 봉우리 전위($E_{\rm p}$)는 반응 속도 상수(k), 전자 이동 계수(α) 및 훑기 속도(v) 등에 좌우된다.

$$E_{\rm p} = {\rm constant} \pm \frac{30\ {\rm mV}}{\alpha n'}\log v \quad (7.4.4)$$

n'는 속도 결정 단계(rate determining step) 반응에서 이동한 전자 수이다. 여기서 'constant'는 평형 전위와 반응 속도 상수 k 등에 따라 결정되는 값이다. 이 식에서 볼 수 있는 것처럼 비가역적인 반응의 두드러진 특징은 봉우리 전위 $E_{\rm p}$의 위치가 훑기 속도 v에 따라 높은 과전위로 이동한다는 것이다.

25℃에서 비가역 반응에 대한 봉우리 전류 밀도는 다음과 같다.

$$i_p/{\rm Acm}^{-2} = 3.0 \times 10^5(\alpha n')^{1/2} n(vD)^{1/2} c^{\circ} \quad (7.4.5)$$

가역 반응의 경우와 마찬가지로 비가역 반응에서도 $i_{\rm p}$는 $v^{1/2}$에 비례한다.

i_p(혹은 I_p)의 크기를 그림 7.4.4의 그림처럼 단순히 x축에서 봉우리 끝점까지 측정하여 판단하는 것은 옳지 않을 수 있다. 왜냐하면 그림 7.4.5에서 나타낸 것처럼 산화 전류가 흐르는 전위에서 전위 훑음 방향을 바꾸면 환원 봉우리 전류가 나타나는 전위에서도 산화 반응이 동시에 진행될 것이기 때문이다. 그러므로 기준선(baseline)을 x축이 아니고 그림의 점선처럼 정하여 환원 전류의 기준으로 정하는 것이 타당하다.

산화 · 환원이 두 단계의 가역 반응으로 진행되는 메틸 바이올로젠(methyl viologen, paraquat)으로 순환 전압전류법 실험을 하면 두 쌍의 봉우리를 관찰할 수 있다. 그것에 대한 하나의 예를 그림 7.4.6에 나타냈다.

전극 표면에 흡착된 반응물만 반응에 참여할 때에는 확산이 전압전류 관계에 영향을 주지 않는다. 반응 생성물도 흡착되어 있으면 반대 방향으로 전위를 훑을 때 역반

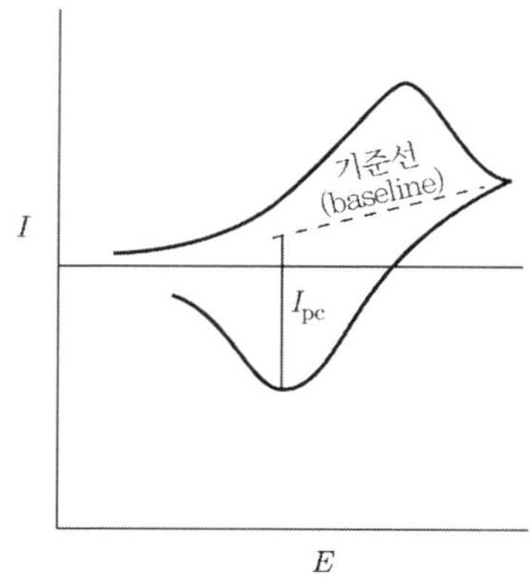

그림 7.4.5 산화와 환원이 동시에 진행되는 반응의 전류 기준선

응이 진행되어도 역시 확산과는 상관이 없다. 전극 표면에 흡착된 물질들의 반응이 정반응과 역반응이 모두 가역적으로 진행되면 순환 전압전류 곡선의 모양은 그림 7.4.7과 같다.

전위 좌표를 시간으로 변환하여 곡선이 포함하고 있는 면적을 측정하면 흡착된 물질의 몰 수를 계산할 수 있다. 왜냐하면 시간-전류 곡선을 적분하는 것으로 전하량을 계산할 수 있기 때문이다.

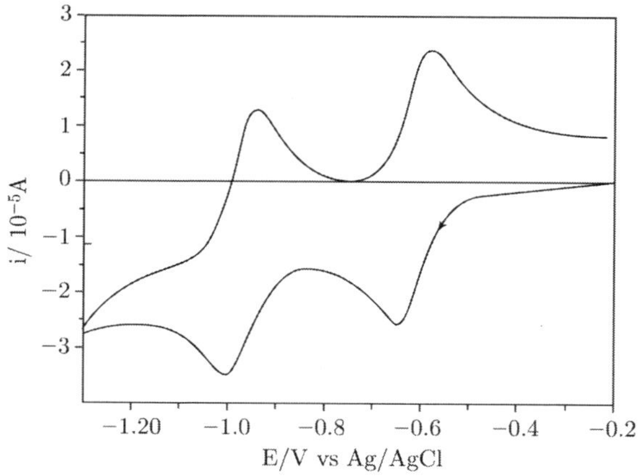

그림 7.4.6 물과 DMF 혼합 용매(부피 비: 9:1)에 녹아 있는 1.0 mM N,N′−dimethylbipyridinium 염(viologen)의 순환 전압전류 곡선[4]. 작업전극: 유리질 탄소 전극, 전위 훑기 속도: 0.2 Vs^{-1}.

4) J. Y. Kim, C. Lee, J. W. Park, *J. Electroanal. Chem.*, **504**, 104-110 (2001).

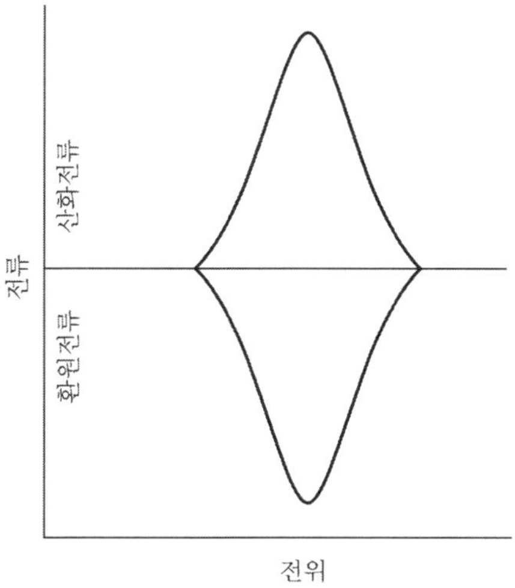

그림 7.4.7 흡착된 물질의 가역적인 산화·환원 반응에 대한 순환 전압전류 곡선

7.5 전하량법

전류가 일정시간 동안 전기화학 셀의 전극으로 흐르면 그 전하량만큼 반응이 진행된다. 예를 들어 $AgNO_3$ 용액에 2개의 은 막대를 담그고 각각 (+)극, (−)극으로 하여 전류를 흘리면 다음과 같은 반응이 진행된다. 즉 (−) 전극 표면에는 금속 은이 석출되고, (+) 전극 표면에서는 금속 은이 산화되어 Ag^+ 이온($Ag^+(aq)$)이 만들어진다.

$$Ag^+(aq) + e^- \rightarrow Ag(s) \quad (-극)$$
$$Ag(s) \rightarrow Ag^+(aq) + e^- \quad (+극)$$

환원이 진행되는 (−)극에서 금속으로 환원된 Ag^+ 이온의 몰 수는 소모된 전자의 몰 수와 같다. 따라서 만약에 전자 1몰의 전하량(1패러데이= 96485쿨롱)이 흐르면 전극에서 1몰의 Ag 금속이 석출된다(패러데이 법칙). 마찬가지로 Ag^+ 이온으로 산화되어 용액으로 녹아 들어가는 (+)극은 1몰만큼 질량 감소가 일어난다.

일정한 세기의 전류가 일정한 시간 동안 전극으로 흐를 경우에 총 전하량은 전류 세기와 시간을 곱한 양과 같아서 다음 식과 같이 나타낼 수 있다.

$$Q = It \tag{7.5.1}$$

전류의 세기가 시간에 따라 변하는 경우에 총 전하량은 다음과 같이 나타낼 수 있다.

$$Q = \int_0^{\tau} I(t)dt \tag{7.5.2}$$

일반적으로 전하량을 측정할 때에는 전류 세기를 기록하여 적분을 하는 방법을 사용한다. 그러나 전통적인 **전하량법**(coulometry)은 위의 반응식처럼 반응이 진행될 때 은 전극의 질량 변화를 측정하는 방법을 사용해 왔다. 즉 그림 7.5.1과 같이 관심이 있는 반응이 진행되는 반응 용기에 은 전극 셀(전하량 측정을 위한 셀, coulometry cell)을 직렬로 연결하고 실험을 진행한다. 그 후 은 전극의 질량 변화를 측정하여 반응 셀로 통과한 전하량을 구하는 것이다.

같은 원리로 구리의 석출을 이용하는 전하량 측정 셀도 있다. 그러나 현대에는 이런 화학적인 방법에만 의존하여 전하량을 측정할 이유는 없으며 전자 장치를 사용하여 비교적 쉽게 전하량을 측정할 수 있다.

연산 증폭기를 이용한 적분기(그림 A 3.4(B))를 제작하여 전하량을 측정할 수 있는 방법은 부록 3에서 덧붙여 설명한다. 최근에 판매되는 전기화학 실험 장치는 보통 디지털 적분 회로를 사용하여 총 전하량을 바로 읽을 수 있다.

한편 전하량의 일부만 특정 반응에 사용되고 나머지 전하량이 부반응에 쓰이는 경우도 적지 않다. 위에서 예로 든 Ag^+ 이온을 제외한 환원될 수 있는 다른 물질이 없을 때는 통과되는 전하량 모두가 Ag^+ 이온의 환원에만 사용될 것이다. 그러나 예를 들어 질산 은을 전해질 용액으로 사용할 때 그 용액에 진한 농도의 H^+ 이온이 함께 있다면 2개의 양이온이 서로 경쟁적으로 환원된다. 따라서 통과된 전하량의 일부만이 Ag^+ 이온의 환원에 이용된다. 한편 총 전하량 중에서 관심의 대상이 되는 반응(이 경우 Ag^+ 이온의 환원)에 사용된 전하량의 분율을 **전류 효율**(current efficiency)이라고 한다. 산성 용액의 경우와는 다르게 중성 용액에서는 Ag^+ 이온의 환원에 모든 전하량이 사용되므로 이때는 전류 효율이 100%라고 할 수 있다.

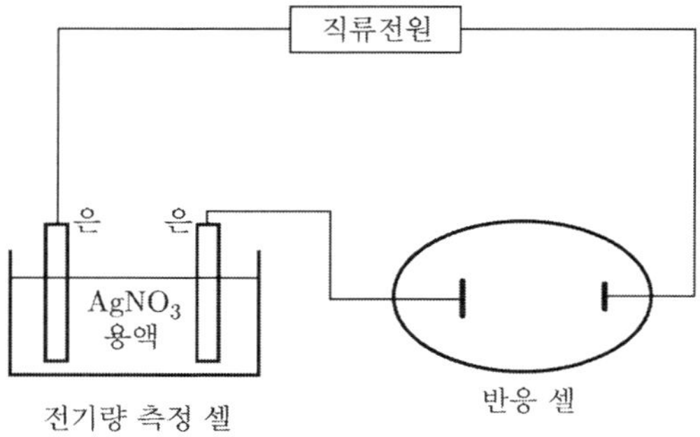

그림 7.5.1 은 전극의 질량 변화를 이용한 전하량 측정을 위한 전통적 실험장치

산성 용액에서 백금 전극을 사용하여 순환 전압전류 실험을 하는 경우(그림 7.4.2) 0 V 근처의 전위에서 음전위 방향으로 전위를 훑을 때 나타나는 봉우리들은 수소 이온이 환원되어 수소가 되고 그것이 백금 표면에 흡착되기에 관찰되는 것이라고 설명을 했다. 산소가 없는 용액에서 이 반응은 거의 100% 전류 효율로 진행되며, 그것의 역과정(전위가 양전위 방향으로 변할 때)에 대한 효율도 마찬가지이다. 백금의 표면적 1 cm^2 마다 수소의 **단분자층**(monolayer)이 형성될 때 필요한 전하량은 약 220 $\mu C\,cm^{-2}$로 계산된다. 이 값이 그림 7.4.2의 왼쪽에 있는 산화 혹은 환원 봉우리에 해당하는 각각의 넓이에 해당하는 전하량이다(연습문제 14번 관련). 전극 표면이 거칠기 때문에 실제 면적은 평면으로 가정하여 계산한 겉보기 면적인 기학학적인 면적보다 큰 경우가 많다. 실제 면적을 겉보기 면적으로 나눈 값을 **거칠기 인자**(roughness factor)라고 한다. 백금 표면을 연마하여 거울처럼 매우 평탄하게 보이는 경우에도 거칠기 인자가 흔히 2~3 정도는 된다. 흡착된 수소의 단분자층에 해당하는 전하량은 실제 면적에 비례한다. 따라서 거칠기 인자가 1보다 클 때 순환 전압전류 곡선의 환원 봉우리 전류를 시간(훑기 속도를 알면 환원이 진행되는 전위 범위에 해당하는 시간을 계산할 수 있음)에 대하여 적분하면 대부분의 경우에 220 $\mu C\,cm^{-2}$보다 큰 값을 얻을 수 있다.

금 전극의 경우에는 금 표면에 형성된 산화물이 환원되는 것에 해당하는 환원 봉우리(그림 7.4.3)를 이용하여 전하량을 가늠해 볼 수 있다. 그때 구한 전하량은 금의 실제 표면적을 기준으로 약 400 $\mu C\,cm^{-2}$ 정도이다. 이 값을 이용하면 금 전극 표면의 실제 면적을 구할 수 있다. 이런 방법은 전하량법으로 금속 표면의 거칠기 인자를 구하는 것이 가능하다는 것을 말해준다. 촉매 효과를 보기 위해서 전극 표면을 다공성으로 만들 때 거칠기 인자가 수백 ~ 수천에 이르는 경우도 있다.

7.6 회전 전극

7.6.1 회전 원판 전극

전극 반응 속도를 연구하는 매우 좋은 실험 방법 중에는 회전 전극을 사용하는 방법이 있다. 그림 7.6.1(A)에 나타낸 회전 전극은 절연체(보통 테플론과 같은 플라스틱 재료를 사용)로 만든 원통형 몸통의 중심에 도체 기둥(스테인리스 철)을 삽입하고, 그 끝부분에 원판 모양의 전극 재질(예: 백금 또는 금)을 접합한 것이다. 전극으로 사용하는 원판의 금속 표면은 절연체 몸통의 평평한 밑면과 일치하도록 만든다. 따라서 이런

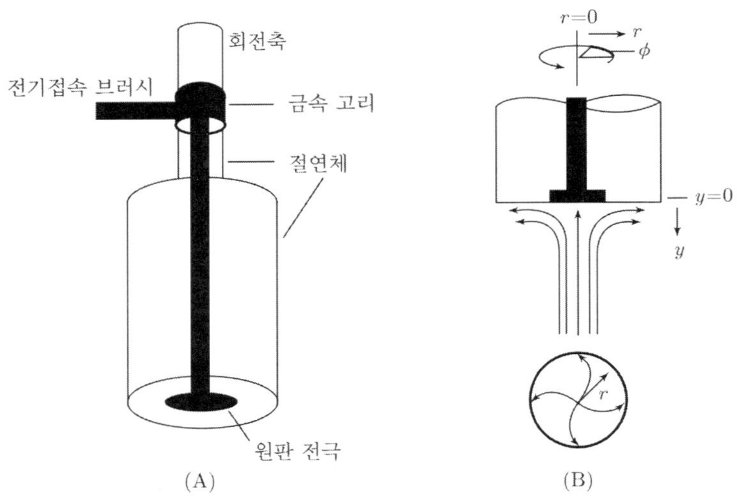

그림 7.6.1 회전 원판 전극의 구조(A)와 전극 아래에서 용액의 흐름(B)

전극을 용액에 담그면 결국 금 혹은 백금 표면만 용액과 접촉이 된다. 절연체 몸통을 통과한 도체 기둥 부분은 용액에는 전혀 노출되지 않고 전자 장치로 연결되어 용액과 접촉된 원판 모양의 금속 전극의 전위를 조절할 수 있다. 또한 회전 장치를 사용하여 전극 몸통을 회전시키면 전기 접속 브러시가 도체 기둥의 옆 방향에서 연속적으로 접촉되도록 설계가 되어 전자 장치와 연결이 끊어지지 않는다. 그러므로 도체 기둥을 회전 속도를 조절할 수 있는 모터 장치에 연결하면 **회전 원판 전극**(rotating disk electrode, RDE)을 원하는 속도로 회전하면서 실험을 할 수 있다.

회전 원판 전극과 접촉하는 전해질 용액은 점성 때문에 회전하는 전극을 따라서 회전한다. 그러나 빠른 속도로 회전하는 전극의 원심력 때문에 전극 면의 바로 아래에 놓인 액체는 전극 중심으로부터 바깥 방향으로 내몰린다. 그 결과로 전극 바로 밑에 공간이 생기지 않도록 전극 면에 대해 수직 방향에 있던 액체는 전극을 향하여 이동하게 된다(그림 7.6.1(B)). 이런 액체의 흐름 때문에 전극 반응은 휘저은 용액의 경우처럼 확산 속도의 영향을 덜 받게 된다. 즉 확산층의 유효 두께가 얇아져서 확산 한계 전류가 증가한다.

대류와 확산으로 인한 농도 변화를 나타내는 방정식은 다음과 같다(식 (6.7.3) 참조).

$$\frac{dc}{dt} = D\nabla^2 c - \boldsymbol{v} \cdot \nabla c \qquad (7.6.1)$$

즉, 위 식의 등호 오른쪽에 있는 첫 번째 항은 위치에 따른 농도 차이에 따라 물질이 확산되면서 생기는 농도 변화를 나타낸다(확산 제2법칙). 두 번째 항은 대류 속도 v에 따른 농도 변화를 나타낸다. 그림 7.6.1(B)에는 원판 전극 표면의 중심이 원점($r = 0$)이 되는 원통 좌표계(r, ϕ, y)를 표시하였다.

회전 원판 전극 아래에서는 회전각에 따른 농도 변화는 없고($\partial c/\partial\phi = 0$), 중심에서 멀어진 거리 r에 따른 변화도 없다($\partial c/\partial r = 0$)고 가정을 하면 식 (7.6.1)은 전극 면에 대해 수직 방향으로 떨어진 거리, y에 대한 1차원 방정식으로 다음과 같이 나타낼 수 있다.

$$\frac{dc}{dt} = D\frac{\partial^2 c}{\partial y^2} - v_y\frac{\partial c}{\partial y} \tag{7.6.2}$$

한편 시간에 따라 농도 변화가 없는 일정 상태(steady state) 조건이 되면 위 식의 등호 왼편은 0이 되므로 다음과 같은 식이 된다.

$$v_y\frac{\partial c}{\partial y} = D\frac{\partial^2 c}{\partial y^2} \tag{7.6.3}$$

또한 유체역학 계산으로 밝혀진 y축 방향의 액체 흐름 속도, v_y는 $y \to 0$의 조건에서 다음과 같다[5].

$$v_y = -0.51\omega^{3/2}\nu^{-1/2}y^2 \tag{7.6.4}$$

식 (7.6.4)에서 ω는 회전 각속도, ν는 **동적 점도**(=점도 계수/밀도, kinematic viscosity)이다. 이 식을 식 (7.6.3)에 적용하여 정리하면 다음과 같은 식이 된다.

$$\frac{\partial^2 c}{\partial y^2} = -\frac{y^2}{B}\frac{\partial c}{\partial y} \qquad \left(B = \frac{D\nu^{1/2}}{0.51\omega^{3/2}}\right) \tag{7.6.5}$$

이 식을 이용하여 y방향에 따른 농도 변화, 즉 $\partial c/\partial y$를 구하면 다음 식과 같다.

$$\frac{\partial c}{\partial y} = \left(\frac{\partial c}{\partial y}\right)_{y=0}\exp\left(-\frac{y^3}{3B}\right) \tag{7.6.6}$$

전극 면($y = 0$)의 농도 기울기 $(\partial c/\partial y)_{y=0}$는 일정하다고 볼 때 식 (7.6.6)을 적분하면 전극에서 멀리 떨어진 벌크 용액의 농도 $c°$는 식 (7.6.8)과 같이 나타낼 수 있다[6].

5) V. G. Levich, *Physicochemical Hydrodyanamics*, Prentice-Hall, 1962.

$$\int_0^{c^\circ} dc = \left(\frac{\partial c}{\partial y}\right)_{y=0} \int_0^{\infty} \exp\left(-\frac{y^3}{3B}\right) dy \tag{7.6.7}$$

$$c^\circ = \frac{2.6789}{3}\left(\frac{\partial c}{\partial y}\right)_{y=0} (3B)^{1/3} \tag{7.6.8}$$

위 식에 B를 대입하고 정리하면 전극 면에서 거리에 따른 농도 변화 $(\partial c/\partial y)_{y=0}$에 대한 식을 얻는다.

$$\left(\frac{\partial c}{\partial y}\right)_{y=0} = 0.620 c^\circ \omega^{1/2} D^{-1/3} \nu^{-1/6} \tag{7.6.9}$$

한편 확산 전류 I_d는 $nFAD(\partial c/\partial y)_{y=0}$이고, 이것과 식 (7.6.9)를 합치면 식 (7.6.10)이 된다. 이 식은 일정한 농도에서 회전 원판 전극을 사용할 때 확산 전류가 회전 속도에 따라 어떻게 변하는지를 나타내는 **레비치**(Levich) 식이다. 이 식에서 A는 전극 면적이며 다른 기호들은 이 책에서 통상적으로 사용하는 것과 다르지 않다.

$$I_d = 0.620 nFAD^{2/3} \omega^{1/2} \nu^{-1/6} c^\circ \tag{7.6.10}$$

이 식으로부터 확산 전류는 전극 면적(A), 농도(c), 반응 참여 전자수(n) 등에 비례한다는 것을 충분히 예상할 수 있다. 또한 확산 전류가 회전 속도 ω의 제곱근에 비례함을 알 수 있다. 예를 들어 그림 7.6.2는 전극의 회전 속도를 달리하면서 측정된 전류의 상대적 크기를 나타낸 것이다. 이것으로부터 과전위가 충분히 큰 전위 영역에서 측정된 확산-한계 전류는 회전 속도의 제곱근에 비례한다는 것을 알 수 있다.

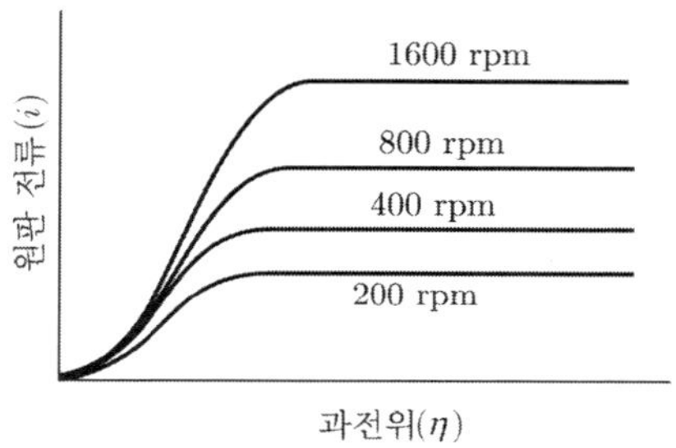

그림 7.6.2 회전 원판 전극의 회전 속도에 따른 전류의 증가. rpm: rotation per minute

---

6) 이 풀이를 얻으려고 $y^3/3B = z$로 놓으면 오른편의 적분은 $3^{-2/3}B^{1/3}\int_0^{\infty} z^{-2/3}e^{-z}dz$이며 이는 감마 함수를 포함하므로 $\Gamma(1/3) = 2.6789$ 를 이용하였다. 부록 5(2) 참조.

7.6.2 회전 고리–원판 전극

회전 원판 전극으로 사용되는 금속 원판의 중심과 동일한 중심을 갖는 가느다란 고리 모양의 금속 원판을 회전 원판 외곽에 배치하여 또 하나의 전극으로 사용하는 것이 **회전 고리–원판 전극**(rotating ring-disk electrode, RRDE)이다(그림 7.6.3).

고리 전극의 전위는 원판 전극의 전위와 별도로 조절할 수 있다. 원판 전극에서 전극 반응 결과 형성된 반응 생성물은 원심력 때문에 액체의 흐름을 따라 바깥쪽 고리 전극을 거쳐 지나게 된다. 이때 고리 전극의 전위를 조절하면 반응 생성물이 고리 전극에서 환원 혹은 산화되는 것이 가능하다. 이런 방법을 사용하면 중심 전극에서 만들어진 반응 생성물의 종류와 양을 알아낼 때 유용하게 이용할 수 있다. 또한 중심 전극에서 진행되는 반응 중간체(intermediate)를 검출하는 데 사용될 수도 있다. 그런데 중심 전극에서 만들어진 생성물 전부가 고리 전극에서 반응할 수는 없고, 생성물의 일부만 고리 전극에서 반응한다. 반응하는 양은 고리 전극의 전류 크기로 짐작할 수 있다.

원판 전극에서 발생된 반응 생성물의 양과 고리 전극에서 반응하는 양의 비율을 **수집 계수**(collection coefficient)라고 한다. 수집 계수는 두 전극 사이의 간격과 전극 크기와 같은 기하학적 조건으로 결정된다. 또한 원판 전극의 전류에 대한 고리 전극의 전류의 비 역시 수집 계수가 좌우한다. 판매되는 원판-고리 전극의 수집 계수는 전극 제작 회사가 검정하여 그 값을 제공하는 것이 보통이다.

회전 원판-고리 전극으로 실험을 할 때 원판 전극의 전위와는 별도로 고리 전극의 전위를 조절할 수 있는 장치가 필요하다. 이런 장치를 **이중정전위기**(bipotentiostat)라고 하며, 그 회로를 그림 7.6.4에 나타냈다. 그림 7.1.1에 있는 정전위기 회로와 마찬가지

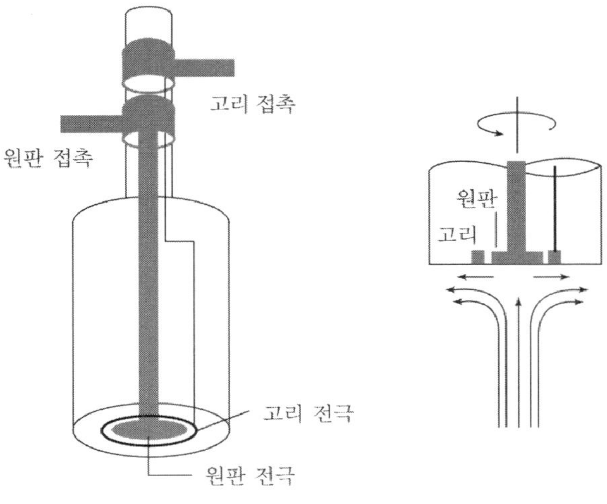

그림 7.6.3 회전 원판–고리 전극

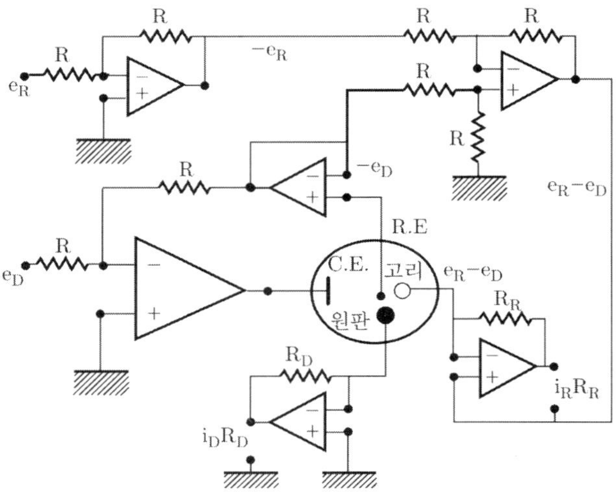

그림 7.6.4 이중 정전위기의 구조
●: 원판 전극, ○: 고리 전극, CE: 상대전극, RE: 기준전극

로 원판 전극의 전위는 기준전극의 전위보다 e_D만큼 차이가 난다. 또한 그림 위쪽에 있는 추가로 배치한 2개의 연산 증폭기를 이용하여 고리 전극의 전위는 $e_R - e_D$만큼 걸리도록 하였다. 결국 $-e_D$의 전위에 있는 기준전극보다 고리 전극의 전위는 e_R만큼 높은 전위가 걸린다는 것을 이해할 수 있다.

회전 원판-고리 전극을 이용하여 실험을 진행한 하나의 예를 그림 7.6.5에 나타냈다. 이 그림은 염기성 용액에 회전 고리-원판 전극을 담그고 용액에 녹아 있는 산소의 환원 반응을 조사한 결과이다. 중심 원판 전극은 금으로, 고리 전극은 백금으로 만든 것을 사용하였다. 금 전극에서는 과전위가 아주 크지 않으면 산소가 과산화 수소로 환

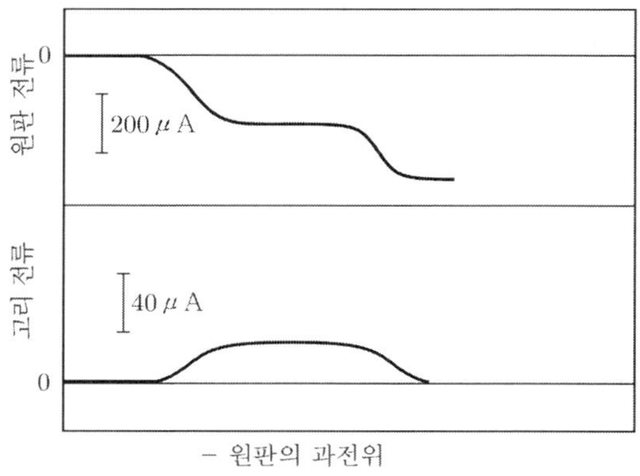

그림 7.6.5 산소 환원 반응에 대한 회전(금 원판 전극-백금 고리 전극) 전극의 실험 결과

원되는 2-전자 전달 반응이 주로 일어난다.

$$O_2 + 2H_2O + 2e^- \rightarrow H_2O_2 + 2OH^-$$

그러나 과전위가 더 커지면 산소가 수산화 이온으로 환원되는 4-전자 전달 반응이 일어난다.

$$O_2 + 2H_2O + 4e^- \rightarrow 4OH^-$$

원판 전극의 전위는 음전위 방향으로 훑는 동안 고리 전극의 전위는 약 1.0 V(vs. RHE[7]))에 고정한다. 만약에 과산화 수소가 있으면 고리 전극에서 산화 반응 ($H_2O_2 \rightarrow O_2 + 2H^+2e^-$)이 진행되도록 실험을 설계한 것이다. 원판 전극의 전위가 변함에 따라 2-전자 반응은 4-전자 반응으로 변할 것이며, 그에 따라 전달되는 전자의 수가 증가한다. 따라서 원판 전극의 확산 한계 전류는 증가하는 것을 볼 수 있다. 원판 전극의 전위가 2-전자 반응이 주로 일어나는 전위 범위에서만 과산화 수소가 발생하기 때문에 고리 전극의 전류는 이 전위 범위에서만 측정할 수 있다는 것을 그림은 보여주고 있다.

7.7 구형 전극과 극미세 전극

7.7.1 구형 전극(spherical electrodes)

지금까지 설명한 확산과 연관된 문제들(6.5절, 6.7절, 7.2절 참고)은 선형 확산(linear diffusion)만 적용이 가능한 평면 전극을 대상으로 하였다. 그러나 폴라로그래피 실험 또는 산화(혹은 환원) 벗김 실험 등에서 사용하는 전극은 구형 전극이다(9장 참조). 구형 전극은 1920년대부터 수은 방울을 전극으로 이용하는 폴라로그래피 실험에 사용되어 왔다. 그러한 이유로 구형 전극과 관련된 문제들은 중요하게 다루어 왔고 이론적인 주목도 많이 받았다. 전통적인 폴라로그래피에서는 모세관 끝에서 연속적으로 떨어지는 수은 방울을 전극으로 사용한다. 그러나 모세관에 매달린 채 고정된 수은 방울을 전극으로 사용하여 여러 가지를 실험한 경우도 있다. 이 절에서는 우선 구형 전극에

7) 전위 값을 가역 수소 전극(reversible hydrogen electrode, RHE)과 비교하여 표시하는 경우가 있다. 가역 수소 전극의 전위는 $-(2.303RT/F)[\text{pH}]$이므로 pH에 따라 다른 값을 나타낸다. 그런데 산소의 환원 반응처럼 수소 이온 농도에 따라 변하는 전위는 $E° - (2.303RT/F)[\text{pH}]$로서 같은 pH 의존도를 갖고 있으므로 용액의 pH에 무관하게 RHE에 대하여 같은 전위를 갖는다.

관한 확산 및 전류를 생각해 보고 이것을 미세 전극으로 확장해 설명한다.

구형 전극 주위의 확산은 3차원의 **구형 확산**(spherical diffusion)이므로 그것에 맞는 다음과 같은 픽(Fick)의 구형 확산 식을 풀어야 한다[식 (6.7.2)와 식 (5.3.9) 참조].

$$\frac{\partial c_i}{\partial t} = D_i\left[\frac{\partial^2 c_i(r,\ t)}{\partial r^2} + \frac{2\partial c_i(r,\ t)}{r\partial r}\right] = D_i \frac{1}{r}\frac{\partial^2}{\partial r^2}(rc) \tag{7.7.1}$$

여기서 r은 전극의 중심으로부터 떨어진 거리이다. 구형 전극의 반지름을 r_o라 할 때 이 확산 식의 초기 조건은 다음과 같다.

$$t = 0; \quad r \geq r_o; \quad c_o = c_i^o$$

또한 경계 조건은 다음과 같다.

$$t \geq 0; \quad r \rightarrow \infty; \quad c_o = c_i^o$$

이것 외에도 필요한 경계 조건은 실험의 종류에 따라 결정된다.

구형 전극을 이용하는 전기화학 실험의 하나의 예로 이미 6.7절에서 설명했던 시간 전류법(chronoamperometry) 실험을 생각해보자. 이 실험에서 일어나는 전기화학 반응은 다음과 같은 간단한 산화·환원 반응이며, 반응의 형식 전위는 $E^{0'}$이라 하자.

$$\mathrm{O} + n\mathrm{e}^- \rightleftharpoons \mathrm{R}$$

만약에 전극에서 산화형 반응물(O)이 환원될 때 확산의 제한을 받을 만큼 전극에 전위 계단(potential step)으로 충분한 음의 전위 E(즉 $E \ll E^{0'}$)를 걸어주는 경우 다음과 같은 경계 조건이 성립한다.

$$t > 0; \quad r = r_o; \quad c_\mathrm{O} = 0$$

그런데 $B = rc_\mathrm{O}$라 놓고, 식 (5.3.15)를 얻을 때와 같은 풀이를 적용하여 정리해 보면 식 (7.7.1)은 다음과 같이 된다.

$$\frac{\partial B(r,\ t)}{\partial t} = D_i \frac{\partial^2 B(r,\ t)}{\partial r^2} \tag{7.7.2}$$

이 방정식은 6.7절에서 다루었던 선형 확산에 대한 식과 같은 형식을 갖추고 있다. 이것의 해는 비교적 쉽게 얻을 수 있으며 다음과 같이 나타낼 수 있다.

$$c_{\mathrm{O}}(r,\ t) = c_{\mathrm{O}}^{0}\left[1 - \frac{r_o}{r}\,\mathrm{erfc}\left(\frac{r - r_o}{2D_{\mathrm{O}}^{1/2}t^{1/2}}\right)\right] \tag{7.7.3}$$

이 식에서 알 수 있는 것은 전극 표면에서 반응물(O)의 농도가 0이지만 표면에서 떨어진 거리가 멀수록 반응물의 농도는 점차 증가한다는 것이다. 이런 경향은 평면 전극의 경우와 다를 바가 없다(식 (6.7.15) 및 그림 6.7.2 참조).

한편 식 (7.7.3)을 이용하여 전류의 크기를 구하려면 먼저 $r = r_o$에서 거리와 시간에 따른 농도 변화(유량(flux))를 알아내야 한다. 결국 식 (7.7.3)을 미분하면 유량(flux)을 나타내는 다음과 같은 식을 얻는다.

$$\left(\frac{\partial c_{\mathrm{O}}(r,\ t)}{\partial r}\right)_{r = r_o} = c_{\mathrm{O}}^{0}\left[\frac{1}{\sqrt{\pi D_{\mathrm{O}} t}} + \frac{1}{r_o}\right]$$

이것을 이미 알고 있는 관계식(식 (6.7.19)′)에 대입하면 식 (7.7.4)와 같은 구형 확산 전류에 대한 식을 얻는다[참고: 식 (6.7.19)은 전류 밀도에 대한 것이므로, 전류의 크기를 구하려면 전극 면적(A)을 곱해야 식 (6.7.19)′을 얻는다].

$$I_{\mathrm{d}} = nFDA\left[\frac{\partial c_i(x,\ t)}{\partial x}\right]_{x=0} \tag{6.7.19′}$$

$$\boxed{I_{\mathrm{d}} = nFAD_{\mathrm{O}}c_{\mathrm{O}}^{0}\left[\frac{1}{\sqrt{\pi D_{\mathrm{O}} t}} + \frac{1}{r_o}\right] = nFAD_{\mathrm{O}}c_{\mathrm{O}}^{0}\left[\frac{1}{\delta} + \frac{1}{r_o}\right]} \tag{7.7.4}$$

여기서 $\delta = \sqrt{\pi D_{\mathrm{O}} t}$ 로 확산층의 두께이다. 이 식은 구형 전극에 적용되는 **코트럴 식**(Cottrell 식, 식 (6.7.20))이다. 식 (7.7.4)의 등호의 오른편 괄호를 보면 구형 전극의 확산 전류는 시간에 따라 변하는 항과 시간에 따라 변하지 않는 항($1/r_o$)이 있다는 것을 알 수 있다. 이 식으로부터 알 수 있듯이 구형 전극에서 측정되는 전류는 동일한 면적의 원판 전극에서 측정되는 전류보다 더 크다. 시간에 따라 변하지 않는 전류는 구형 전극의 반지름이 작을수록 총 전류에 상대적으로 더 많이 기여할 수 있다. 또한 원판 전극의 경우 전해 시간이 길어지면 전류는 0이 되는 데 반해 구형 전극의 경우에는 일정한 크기의 잔류 전류가 관측된다는 것을 예상할 수 있다. 그러나 전극의 반지름이 충분히 크면 구형의 특징이 없어지므로 전류의 크기는 선형 확산으로 얻을 수 있는 전류의 크기와 비슷해진다. 다시 말해서 반지름이 충분히 큰 구형 전극은 $1/r_o$가 0에 가까워질 것이기 때문에 평면 전극처럼 다루어도 큰 차이가 없을 것이다.

구형 전극와 평면 전극에 대해 측정한 전류의 차이는 시간전류법(chronoamperometry)에서도 나타나겠지만, 전류 대신 전하량을 측정하는 **시간전하량법**(chromocoulometry)에서 더 큰 차이를 볼 수 있다. 전류의 크기를 나타낸 식 (7.7.4)를 적분하면 다음과 같이 전하량에 관련된 식을 얻는다.

$$Q(t) = \frac{2nFAD_O^{1/2}c_O^0t^{1/2}}{\pi^{1/2}} + \frac{nFAD_O^{1/2}c_O^0t}{r_o} \tag{7.7.5}$$

이 식은 시간 t의 제곱근($t^{1/2}$)에 비례하는 항과 t에 비례하는 항으로 구분된다. 만약 시간에 따라 전류를 적분할 경우 평면 전극과 구형 전극에 대한 전하량의 차이는 전해 시간이 길어질수록 더 크게 날 것이다. 그 차이는 적지 않지만 대부분의 실험에서 전극 모양이 평면과 구형이라는 차이로 인하여 발생되는 차이는 비교적 적고, 많은 경우에 그 차이를 무시할 수 있을 정도로 작다. 그러나 앞서 설명한 것처럼 구형 전극의 반지름이 아주 작을 때는 그 차이가 매우 커지므로 측정된 자료의 해석에 주의를 기울여야 한다.

구형 전극을 사용해서 폴라로그래피와 전압전류법 실험을 할 경우에도 원판 전극을 사용해서 같은 실험을 한 것과 차이가 난다. 폴라로그래피는 9장에서 비교적 자세히 설명할 예정이다. 그런데 전압전류법 실험의 경우 봉우리 전위를 넘어선 전위 범위에서 식 (7.7.4)에 나타난 잔류 전류는 일정 상태에 도달할 것으로 예상된다. 그러나 이것은 전압전류 곡선을 해석하는 데 커다란 차이가 나지 않으므로 여기서는 생략한다.

7.7.2 극미세 전극(ultramicroelectrodes)

극미세 전극(초미세 전극)은 미국의 캔자스 대학교(Univ. of Kansas)의 아담스(R. N. Adams) 교수가 마취된 쥐의 뇌세포에 극미세 전극을 꽂아서 생리활성 대사물질의 검출 · 분석을 위해 사용한 것이 맨 처음이었다. 그는 매우 미세한 탄소 반죽(carbon-paste) 전극을 만들어 사용하였다. 극미세 전극의 실험 방법 혹은 이론은 최근 많은 발전을 해 왔다[8]. 일반적으로 **미세 전극**(microelectrodes)은 일정 시간 동안 전기분해를 해도 용액의 농도에 큰 영향을 주지 않는 크기의 전극을 의미한다. 그러나 아주 미세한 탄소 전극이 나온 후에는 전극의 지름이 전기분해할 때 만들어지는 확산층의

---

8) R. N. Adams, *Anal. Chem.*, **48**, 1126A(1976).

두께와 비교될 정도로 작은 전극이라면 그것을 **극미세 전극**(ultramicroelectrodes)이라고 부른다. 대략 크기로 구분한다면, 일반적으로 전극의 지름이 약 수 μm 또는 그 이하일 때 극미세 전극의 특징이 관찰된다. 그러나 이미 알고 있듯이 확산층의 크기, 즉 $(\pi D \cdot t)^{1/2}$는 전해 시간의 함수이며 변하기 때문에 아무리 극미세 전극을 사용한 실험일지라도 실험 내용에 따라 극미세 전극의 특징이 나타나지 않을 수도 있다. 따라서 단순히 크기에 따라 미세 전극과 극미세 전극을 구분한다는 고정된 생각은 옳지 않다.

극미세 전극의 장점은 몇 가지로 요약할 수 있다. 첫째로 극미세 전극을 사용하는 통상적인 실험 조건에서 관측되는 전류의 크기는 pA~nA 정도로 매우 작다. 따라서 저항이 원인이 되는 저항 전위 강하(ohmic potential drop)의 크기가 작아서 전위를 더 정확하게 측정할 수 있다. 뿐만 아니라 극미세 전극을 사용하면 저항 전위 강하의 크기가 매우 작기 때문에 저항이 큰 용액 혹은 심지어 전해질이 없는 용액에서도 전기화학 측정이 가능하다. 두 번째로 전극의 크기가 확산층의 크기와 비슷하거나 혹은 작기 때문에 입체적으로 구형 또는 반구형의 확산이 진행된다(아래 참조). 따라서 넓이가 같은 전극 가운데 잡음 대 신호비(signal to noise ratio)가 큰 전극이 극미세 전극이다. 한편 구형 또는 반구형의 확산이 일어나기 때문에 극미세 전극에 적합한 전류 방정식은 구형 전극의 것과 매우 유사하다. 마지막으로 잡음 대 신호비를 높여주는 또 다른 이유는 전극 면적에 직접 비례하는 전기 이중층 충전 전류가 작다는 것이다. 이런 여러 가지 장점과 전극의 크기가 매우 작지 않으면 불가능한 실험에도 사용할 수 있다는 점에서 지난 20여 년간 이 분야는 커다란 발전을 해 왔다.

지금까지 여러 연구자들이 사용한 다양한 형태의 극미세 전극 모양을 그림 7.7.1에 나타냈다. 이 가운데 아무래도 (a)와 같은 모양의 미세 원판 전극이 제작하기도 가장 쉬울 뿐 아니라 사용하기도 편리하다.

앞에서 설명한 것처럼 전극이 극미세 전극인지 아닌지를 구별하는 것은 그렇게 쉽

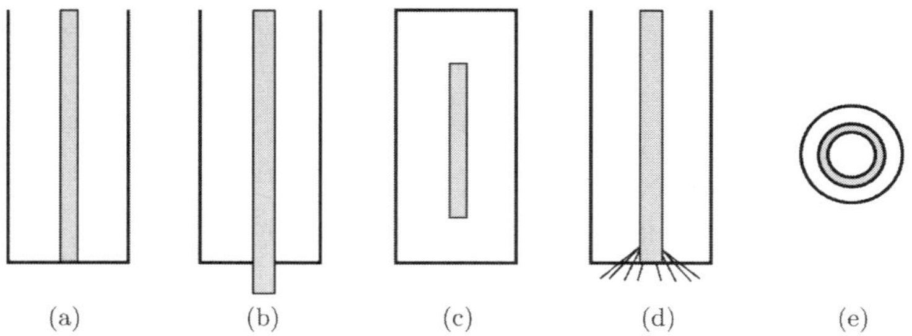

그림 7.7.1 극미세 전극의 종류: (a) 미세 원판(microdisk), (b) 미세 줄(microwire), (c) 미세 띠(microband), (d) 미세 열(micro array), (e) 미세 고리(microring).

지는 않다. 예를 들어 구형 전극이 극미세 전극인지 아닌지를 구별할 때 식 (7.7.4)에서 나타낸 것처럼 전류의 크기에 대해 전해 시간 의존 항과 의존하지 않은 항의 상대적인 기여 정도를 파악해야 된다. 즉 확산 전류 혹은 제한 전류를 나타내는 식 (7.7.4)의 첫 항은 선형 확산이 원인이기 때문에 전류는 전해 시간에 따라 변한다. 그러나 둘째 항은 팽창하는 확산 장(diffusion field), 즉 가장자리 확산(edge diffusion)이 원인이므로 전류는 관측되는 시간에 무관하다. 극미세 전극에서 선형 확산이 안 일어날 경우에는 가장자리 확산이 항상 관측되는 특징이 있다. 다시 말해서 전형적인 극미세 전극에서는 전해 시간에 무관한 일정 상태 전류가 늘 관측된다. 그런데 일정 상태(steady state)에 도달했을 때는 식 (7.7.4)의 괄호에 있는 항들의 상대적 크기가 다음 조건을 만족해야 한다.

$$\frac{1}{(\pi D_i t)^{1/2}} \ll \frac{1}{r_o}$$

혹은 괄호에 있는 왼쪽 항이 오른쪽 항의 1/10 이하가 되는 경우에 일정 상태는 다음 조건을 만족한다.

$$\frac{10}{(\pi D_i t)^{1/2}} \leq \frac{1}{r_o}$$

일정 상태를 만족하는 조건을 다시 정리하면 결국 확산층 $(D_i t)^{1/2}$과 반지름 r_o의 비가 다음 식을 만족하는 경우이다.

$$\frac{(D_i t)^{1/2}}{r_o} \geq 5.6 \qquad (7.7.6)$$

식 (7.7.6)은 확산층의 크기[$(D_i t)^{1/2}$]가 구형 전극의 반지름(r_o)보다 약 5~6배 정도 될 정도로 지름이 작은 전극은 극미세 전극이라고 판단하는 기준을 보여주고 있다. 이 식을 적용하여 하나의 예를 들어 극미세 전극일지 아닐지를 판단해 보자. 전형적인 확산계수, 5×10^{-6} cm^2/s을 갖는 반응 물질을 1초 동안 전기분해한다고 할 때, 전극의 반지름이 4×10^{-4} cm, 즉 4 μm이면 이 전극은 극미세 전극이라고 할 수 있는 것이다.

여기서 구형 전극을 예로 들었지만 실제로 구형 극미세 전극을 만들기는 쉽지 않다. 왜냐하면 그렇게 작은 구형 전극의 한쪽은 전기 접촉이 되어야 하고, 이와 같은 접촉 때문에 엄밀한 구형을 만들기는 쉽지 않을 것이기 때문이다. 실제로 판매되는 전극 및 앞서 설명한 제작법을 따라서 만든 전극은 모두 미세한 원판형 전극이다. 그런데 전극

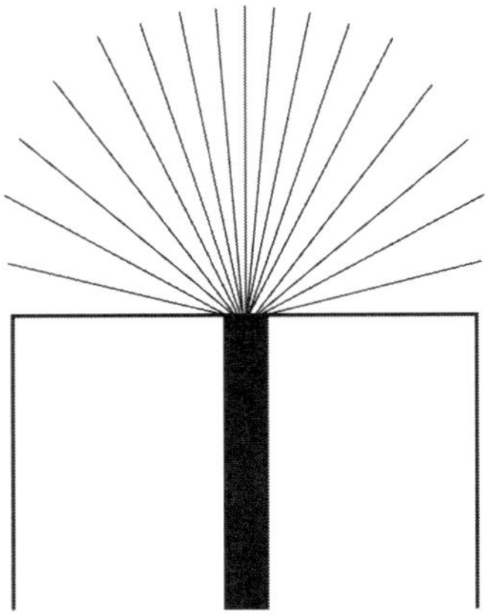

그림 7.7.2 미세원판 전극 주변에서 반응물의 확산 모형

의 크기가 작아질수록 선형 확산보다는 가장자리 확산이 상대적으로 더 중요해지는 것을 알 수 있다. 따라서 그림 7.7.2에서 보는 것처럼 극미세 원판 전극의 경우에도 선형 확산보다 반구형 확산을 더 중요하게 생각해야 된다는 것을 알 수 있다. 이 절에서는 전극 평면 주위가 거의 무한대의 큰 절연체로 둘러싸인 극미세 원판 전극의 경우만을 구체적으로 생각해 보자.

앞서 설명한 것처럼 극미세 전극의 특성은 그 형태가 어떻든 간에 반구 형태의 전극 특성과 매우 유사하다. 그런 전극의 시간-전류식은 식 (7.7.4)와 비슷한 형식을 갖추고 있으며, 다음 식과 같이 나타낼 수 있다.

$$I_{\mathrm{d}} = \frac{nFAr_o^2 D_{\mathrm{O}} c_{\mathrm{O}}^0}{2}\left[\frac{1}{(\pi D_{\mathrm{O}} t)^{1/2}} + \frac{1}{r_o}\right] \tag{7.7.7}$$

극미세 전극에서 관찰될 수 있는 전류를 구하기 위해 여러 전기화학자들이 노력하였다. 극미세 전극을 이용해서 가장 많이 하는 실험은 아무래도 순환 전압전류법 실험이다. 이미 7.4절에서 설명한 것처럼 보통 크기의 전극을 사용한 경우에는 전류는 전압에 따라 증가하다가 봉우리 전류의 최고점을 지난 후에 다시 감소한다. 그러나 극미세 전극을 사용하면 9장에서 설명할 폴라로그래피 혹은 7.6절에서 설명했던 회전 원판 전극을 이용한 전류 측정의 경우와 마찬가지로 전위 증가에 따라 전류는 증가하다가 특정한 전위 이상으로 전위가 높아지면 전위에 관계없이 전류는 일정한 값을 유지한다(그림 7.7.3 참조).

보통 크기의 전극에서 전위의 훑기 속도(scan rate)를 아주 빠르게 하는 것은 힘들 때가 많다. 왜냐하면 훑기 속도를 높일 경우 전류가 크게 증가하여 커다란 저항 전위

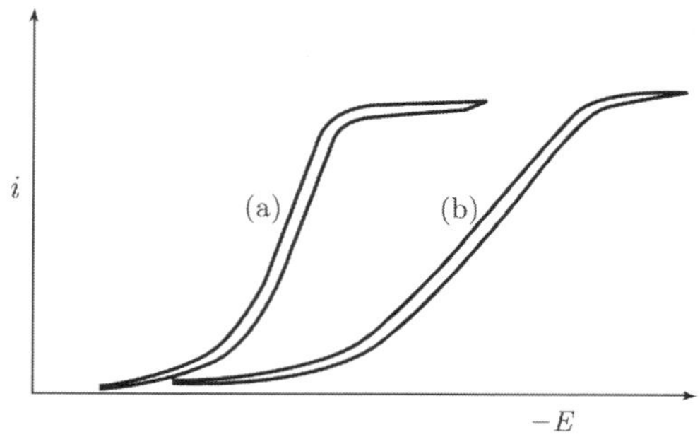

그림 7.7.3 미세 원판 전극에서 관측되는 순환 전압전류 곡선: (a) 가역 반응 (b) 비가역 반응

강하(I · R drop)가 관측되기 때문이다. 그것은 전압전류 곡선이 매우 일그러진 형태로 나타나는 결과를 낳는다. 뿐만 아니라 전위 훑기 속도가 빨라지면 전기 이중층의 충전 전류가 커지게 되어 측정되는 전류가 매우 부풀려진다. 이런 단점을 극복한다는 점에서 극미세 전극은 장점을 갖는다. 극미세 전극의 경우 단위 면적당 패러데이 전류가 비패러데이 전류에 비해 매우 크기 때문에 상대적으로 위에서 강조하여 설명한 여러 어려운 점들이 많이 없어진다. 이런 이유로 극미세 전극에도 적용이 가능한, 훑기 속도가 매우 빠른 정전위기가 설계되었으며 최근에는 상용화되기도 했다. 가장 빠른 훑기 속도로 100,000 V/s에서 2,000,000 V/s까지 가능한 것이 보고된 바 있다. 이 정도의 크기의 훑기 속도를 사용하면 종래에 불가능하던 전기화학 반응들까지 연구할 수 있다.

예를 들어 EC 반응 메커니즘(다음 절 참조)은 전자 이동으로 산화 혹은 환원된 생성물이 매우 빠른 속도의 화학 반응을 통해 다른 화합물로 변환된다. 이런 과정은 보통 크기의 전극을 사용하면 느린 훑기 속도 때문에 역반응에 대응되는 전류가 전혀 관측되지 않을 것이다. 그러나 미세 전극을 사용하면 매우 빠른 훑기 속도로 전위를 변화시킬 수 있으므로 빠른 반응 속도로 진행되는 화학 반응을 포함하는 EC 반응들을 쉽게 연구할 수 있다. 즉 관찰할 수 있는 화학 반응 속도의 범위를 확대할 수 있는 것이다.

7.8 순간적인(과도기) 전기화학 측정 방법을 이용한 화학 반응의 연구

전기화학 반응은 단독으로 진행되는 것만이 아니고 일반적인 화학 반응과 짝을 지어 진행되는 경우도 많다. 그렇기 때문에 앞서 설명한 시간전위법(chronopotentionmetry) 혹은 순환 전압전류법 등과 같이 반응 순간의 변화를 파악할 수 있는 **순간적인 전기화학 방법**(transient electrochemical methods)을 이용한 기술이 필요한 것이다.

7.8.1 전극 반응과 짝진 화학 반응들(Coupled Reactions)[9]

지금까지 7장에서 설명한 여러 종류의 전기화학 실험 방법들은 전극 반응 이외에 다른 화학 반응은 관여되지 않는 것이었다. 그러나 실제 전극 반응이 진행될 때 화학 반응이 짝을 이루지 않는 경우는 매우 드물다. 하나의 화합물을 환원 혹은 산화시킬 때는 화학 반응은 전극 반응보다 앞서거나(precede) 혹은 뒤따라(follow) 진행되는 경우가 많다. 이 절에서는 전극 반응이 화학 반응의 전 혹은 후에 진행될 때 전기화학 실험의 결과는 어떤 영향을 받는지를 살펴보자.

예를 들어 $Ag(NH_3)_2^+$를 전기화학적으로 환원시킬 때 이 착물은 먼저 해리된 후에 Ag^+ 이온이 전극에서 환원되는 것으로 해석하고 있다. 이를 반응 단계로 나누어 보면 다음과 같다.

$$Ag(NH_3)_2^+ \rightarrow Ag^+ + 2NH_3 \qquad C \qquad (7.8.1)$$

$$Ag^+ + e^- \rightarrow Ag \qquad E \qquad (7.8.2)$$

이 경우에 착물의 해리가 되는 화학 반응(C)(식 (7.8.1))은 전극 반응(E)(식 (7.8.2))보다 앞서 진행되기 때문에 **앞선 반응**(preceding reaction)이라고 한다. 이렇게 두 반응(즉 (7.8.1)과 (7.8.2) 반응)이 짝을 이룰 때 반응은 **CE 메커니즘**(chemical-electrochemical reaction mechanism)을 따른다고 말한다. 화학 반응 후에 진행되는 전극 반응은 사실 (7.8.1) 반응으로 나타낸 착물의 해리 정도(degree of dissociation)에 의존한다. 다시 말해 $Ag(NH_3)_2^+$가 얼마나 안정한가에 달려있다.

그러나 유기 화합물을 산화 혹은 환원시킬 경우에 전기화학 반응으로 먼저 물질이 생성되고, 그 후에 그것이 용매 혹은 다른 화합물과 반응하는 경우가 많이 있다. 이럴 때 화학 반응은 전기화학 반응 후에 진행되므로 **후속 반응**(following reaction)이라고 한다. 예를 들어 다음과 같은 반응이 진행되는 경우를 생각하자.

$$R + e^- \rightarrow R^{-\cdot} \qquad E \qquad (7.8.3)$$

9) 이와 같은 반응의 짝지움과 그 영향의 취급은 라인머쓰(Reinmuth)가 처음으로 소개하였다: A. C. Testa and W. H. Reinmuth, *Anal. Chem.*, **33**, 1320(1961).

$$R^{-}\cdot + H_2O \xrightarrow{k_c} RH\cdot + OH^{-} \qquad C \qquad (7.8.4)$$

$$RH\cdot + e^{-} \rightarrow RH^{-} \qquad E \qquad (7.8.5)$$

$$RH^{-} + H^{+} \rightarrow RH_2 \qquad C \qquad (7.8.6)$$

이런 일련의 반응은 전극 반응과 화학 반응이 연속해서 교대로 짝을 이루면서 진행되고 있다. 따라서 이런 반응은 ECEC 메커니즘을 따라 진행된다고 말한다. 많은 전기화학적 산화 혹은 환원 반응은 이런 예처럼 여러 종류의 반응들이 서로 얽혀서 진행된다.

위의 예는 화학 반응 결과 생성된 화합물은 출발 반응물과도 다르다. 그러나 전기화학 반응에 이어서 진행되는 후속 화학 반응이 전극 반응에 사용되는 처음 출발 반응물을 생성하는 경우도 있다. 예를 들면 Ag^{+}는 진한 질산 용액에서 전기화학 산화 반응을 거치면 Ag^{2+}로 변하는데 그것을 반응식으로 나타내면 다음과 같다.

$$Ag^{+} \rightarrow Ag^{2+} + e^{-} \qquad E \qquad (7.8.7)$$

이때 생성된 Ag^{2+}는 그 자체로도 매우 강한 산화제이기 때문에 즉시 물과 반응하여 물은 산화되고, 자기 자신은 Ag^{+}로 환원된다. 즉 다음과 같은 반응이 진행된다.

$$4Ag^{2+} + 2H_2O \rightarrow 4Ag^{+} + 4H^{+} + O_2 \qquad C' \qquad (7.8.8)$$

이때 Ag^{2+}는 Ag^{+}로 되돌아 왔기 때문에 물의 산화 반응에 대한 촉매 역할을 했다고도 볼 수 있다. 이런 이유로 이런 종류의 반응은 **촉매 반응 메커니즘**(catalytic reaction: EC′ mechanism) 혹은 **매개 반응 메커니즘**(mediated reaction mechanism)을 따른다고 말한다.

지금까지 설명한 반응들은 몇 가지 예를 들은 것으로 어떠한 반응도 전기화학 반응과 짝을 이루어 진행될 수 있다. 그런 반응들은 CE, EC, CE′ 등의 반응 메커니즘으로 진행된다고 표현하지만, 사실은 반응 메커니즘이 여러 겹으로 짝을 이루어 진행될 수 있다. 그렇기 때문에 하나의 반응에 대해서 매우 다양한 메커니즘들을 생각하고 제안할 수가 있다. 다음 절에서는 열역학 변수 혹은 반응 속도 변수들이 전기화학 실험 결과에 미치는 영향에 대해서 간단히 살펴보고자 한다.

7.8.2 전기화학 반응에 대한 열역학적 영향

우선 EC 반응을 예로 들어 설명해 본다. 네른스트(Nernst) 식은 전기화학 반응과 열역학의 관계를 설명하는 대표적인 식이다. 따라서 네른스트 식이 화학 반응과 짝을 이룰 경우에 어떤 영향을 받는가를 살펴볼 수 있다. 그것은 반응 (7.8.3)에 대하여 다음 식으로 표현되는 네른스트 식을 적어 놓고 보면 쉽게 이해할 수 있다.

$$E = E^{0'} + \frac{RT}{nF} \ln \frac{C_R}{C_{R^{-}\cdot}}$$

여기서 $C_{R^{-}\cdot}$의 크기는 전기화학 반응 후에 진행되는 화학 반응의 반응속도 k_c에 따라 달라진다. 결국 화학 반응이 없는 $C_{R^{-}\cdot}$을 기준으로 k_c의 크기에 따라 그것이 줄어드는 정도가 결정된다. 화학 반응이 진행되면 $C_{R^{-}\cdot}$이 작아지고, 그 결과 화학 반응이 진행되지 않을 경우와 비교하여 ln 항의 $\frac{C_R}{C_{R^{-}\cdot}}$의 값은 좀 더 커질 것이다. 그런데 k_c가 매우 크면 ln 항의 값이 무한대로 커질 수도 있다. 그럴 경우 전극 전위는 화학 반응이 진행되지 않는 경우에 비하여 엄청나게 큰 값으로 바뀌게 된다. 다시 말해서 전극 전위의 범위는 k_c에 따라 크게 영향을 받을 것이다. 이런 조건에 맞는 화학 물질의 농도를 구하려면 6.7절 및 7.2절에서 본 것처럼 반응식 (7.8.4) 및 (7.8.5)에 적합한 픽(Fick)의 확산 방정식을 세우고 그것을 풀어서 해를 구해야 된다. 즉 픽(Fick)의 확산 제2법칙은 R에 대해서 식 (7.2.1)′으로, $R^{-}\cdot$에 대해서는 식 (7.8.9)으로 표현할 수 있다.

$$\frac{\partial c_R}{\partial t} = D_R \frac{\partial^2 C_R}{\partial x^2} \qquad (7.2.1)'$$

$$\frac{\partial c_{R^{-}\cdot}}{\partial t} = D_{R^{-}\cdot} \frac{\partial^2 C_{R^{-}\cdot}}{\partial x^2} - k_c C_{R^{-}\cdot} C_{H_2O} \qquad (7.8.9)$$

식 (7.8.9)에 대한 적절한 경계 조건에 맞추어 식을 풀면 $C_{R^{-}\cdot}$을 구할 수 있고, 그것을 위의 네른스트 식에 넣어주면 정확한 전위 변화의 크기를 알 수 있을 것이다. 이와 같은 방법을 사용하여 위에서 설명한 여러 종류의 짝진 반응(coupled reaction)들의 문제를 해결할 수 있다.

참고문헌

1. A. C. Fisher, *Electrode Dynamics*, Oxford, 1996.
2. R. N. Adams, *Electrochemistry at Solid Electrodes*, Marcel Dekker, 1969.
3. A. J. Bard and L. R. Faulkner, *Electrochemical Methods: Fundamentals and Applications*, Wiley, 1980, Chapter 4.
4. E. Yeager, J. O'M. Bockris, B. E. Conway, S. Sarangapani, Eds., *Comprehensive Treatise of Electrochemistry*, Vol. 9, *Electrodics: Experimental Techniques*, Plenum, 1984.
5. C. Brett and A. O. Brett, *Electrochemistry: Principles, Methods, and Applications*, Oxford University Press, 1993, Chapter 5, 6.
6. P. T. Kissinger and W. R. Heineman, *Laboratory Techniques in Electroanalytical Chemistry*, Marcel Dekker, 1984.
7. Southampton Electrochemistry Group, *Instrumental Methods in Electrochemistry*, Ellis Horwood, 1985.
8. M. Fleischmann and S. Pons, D. R. Rolison, P. P. Schmidt, Eds., *Ultramicroelectrodes*, Datatech Systems, Inc., Morganton, NC, 1987.
9. R. M. Wightthan and D. O. Wipf, "Voltammetry at *Ultramicroelectrodes*", in *Electroanalytical Chemistry*, Vol. 15, A. J. Bard, Ed., Marcel Dekker, New York, 1989.
10. A. J. Bard, F.-R. F. Fan, and M. V. Mirkin, "*Scanning Electrochemical Microscopy*," in *Electroanalytical Chemistry*, Vol. 18, A. J. Bard, Ed., Marcel Dekker, New York, 1989.
11. E. Gileadi, *Electrode Kinetics for Chemists, Chemical Engineers, and Materials Scientists*, VCH, 1993.
12. A. J. Bard and L. R. Faulkner, *Electrochemical Methods - Fundamentals and Applications*, 2nd Ed., Wiley, New York, 2001: Chapter 12.
13. Z. Galus, *Fundamentals of Electrochemical Analysis*, 2nd Ed., Wiley, New York, 1994.
14. D. D. Macdonald, *Transient Techniques in Electrochemistry*, Plenum, New York, 1977.
15. D. Pletcher, *Chem. Soc. Rev.*, **4**, 471(1975).
16. D. H. Evans, *Accts, Chem. Rds.*, **10**, 313(1977).
17. D. H. Evans, *Chem. Rds.*, **90**, 739(1990).
18. C. P. Androeux, P. Hapiot, and J.-M. Saveant, *Chem. Rds.*, **90**, 723(1990).

연습문제

1. 대부분의 전기화학 실험에서 기본 장비로 사용되는 정전위기(poteniostat)의 일반적인 회로의 개요 그림을 그리고 셀의 연결을 나타내어라.

2. 전기화학 실험을 할 때 셀의 작업전극과 기준전극 사이에 놓인 용액의 저항이 전위차에 어떤 문제를 일으키는지, 그에 대한 대책은 어떤 것이 있는지 설명하라.

3. 전기화학 셀에 있는 루긴(Luggin) 모세관은 어떤 목적으로 쓰이는지, 어떤 모양으로 만들어 어떻게 설치하는지 설명하라.

4. 황산 용액에 담긴 다결정 Pt 전극의 순환 전압전류 곡선 모양을 스케치하고 전위 영역에 따라 진행되는 반응 및 그것의 의미를 설명하라.

5. 다음 자료는 농도가 0.05 M인 특정 유기 물질에 대해서 훑기 속도(v)를 변화시키면서 순환 전압전류법 실험을 한 결과이다. 전극의 면적은 0.001 cm^2이다. 다음 자료를 분석하여 반응의 가역성 여부, 반응에 참여한 전자의 수, 분자의 확산 계수를 알아내라.

v/mVs^{-1}	i_p(산화)$/\mu A$	i_p(환원)$/\mu A$	$-E_p$(산화)/V	$-E_p$(환원)/V
250	8.9	9.1	0.18	0.24
200	7.9	8.0	0.20	0.23
150	6.9	6.8	0.19	0.22
100	5.6	5.7	0.20	0.23
50	4.0	3.9	0.20	0.23

6. 일정 전류법 실험에서 시간에 따라 전위는 완만한 변화를 보이다가 갑자기 크게 변하는 순간이 있다. 그것을 전이 시간이라고 한다. 전류 밀도가 1.00 $mAcm^{-2}$일 때 전이 시간은 3.2초였다. (a) 전류 밀도가 0.50 $mAcm^{-2}$일 때 전이 시간은? (b) 반응 전자 수는 1이고 반응물의 확산 계수는 2.5×10^{-9} m^2s^{-1}이라면 용액의 농도는 얼마인가?

답 (a) 12.8 s, (b) 4.18 mM

7. 0.0010 M Pb^{2+} 용액에서 수은 전극을 이용하여 0.10 $mAcm^{-2}$의 일정 전류를 흘려 납을 석출시키는 실험을 하였다. 그때 전이 시간은 7.8 s였다. 이 자료를 이용하여 납 이온의 확산 계수는 얼마인지 계산하라.

8. 회전 원판 전극(rotating disk electrode)을 쓰는 실험 방법을 설명하라. 이때 확산 전류, 확산 계수, 회전 속도, 반응물의 농도 등을 포함하는 관계식을 설명하라.

9. 회전 원판 전극(rotating disk electrode)과 회전 원판-고리 전극(rotating ring-disk electrode)을 그림으로 나타내라. 또한 이 전극을 사용한 실험 자료에서 얻을 수 있는 정보는 어떤 것이 있는지 설명하라.

10. 회전 원판-고리 전극 실험에서 다음과 같은 반응들이 원판 전극 면에서 경쟁적으로 진행된다.

$$A + e^- \rightarrow B; \quad A + e^- \rightarrow C$$

고리 전극에 C의 산화 반응($C \rightarrow D + e^-$)이 진행될 수 있는 충분한 전위를 걸어주었다. 그 고리 전극의 거둠률은 0.20이다. 판 전극과 고리 전극의 전류가 각각 0.30 mA, 0.020 mA라면 판 전극에서 진행되는 두 경쟁 반응의 진행 비율과 두 반응 각각의 전류 효율은 얼마나 되는가?

11. 그림 7.6.5는 금 전극에서 일어나는 산소 환원 반응에 대하여 회전 원판-고리 전극(rotating ring-disk electrode)을 이용한 실험 결과이다. 고리(Pt) 전극의 전위는 1.0 V(vs. RHE)로 유지하였다. 이 결과가 무엇을 의미하는지 해석하라.

12. 그림 7.4.1(B)와 그림 7.7.3에 있는 순환 전압전류 곡선의 모양은 왜 서로 다른지를 설명하라. 분자 혹은 물질의 전기화학적 특성을 연구하기 위하여 서로 다른 특성의 전극을 사용할 경우의 장단점을 설명하라.

13. 극미세 전극을 사용하여 순환 전압전류법 실험을 할 때 왜 봉우리 전류가 관측되지 않는지를 설명하라.

14. 그림 7.4.2에 나타낸 황산 용액에서 측정된 백금의 순환 전압전류 곡선은 전위 훑기 속도가 0.05 $V sec^{-1}$이었다. 전류 축의 단위는 수직 방향 1 cm당 100 μA의 전류라고 가정하자. 전위가 0.4 V로부터 0 V근처까지 이동하는 동안 측정된 환원 전류를 이용하여 흐른 전하량을 구하라. 이 전하량은 대부분 $H^+ + e^- \rightarrow H_{ads}$의 반응에 대응되는 것이라 볼 수 있다. 흡착 분자의 몰 수는 얼마인가? 또한 4장 연습문제 7번에서 얻은 흡착 분자의 몰 수 2.48×10^{-9} mol cm^{-2}와 비교하여 이 실험에서 사용한 전극의 실제 표면적을 구하라.

15. 용액에서 진행되는 화학 반응이 전기화학 반응에 미치는 영향에 따라 짝진 반응들(coupled reactions)의 종류를 나열하라. 또한 화학 반응들과 짝을 이룬 전기화학 반응을 설명하기 위한 미분 방정식(들)을 적어라.

8장

연구 방법 II

8.1 교류 측정과 임피던스

8.1.1 전극 계면의 임피던스

전극 반응의 속도(4장)에서 설명한 것처럼 전기화학 반응의 속도는 여러 종류의 실험 조건에 따라 달라진다. 이미 설명했듯이 반응 속도를 측정할 때 여러 가지 방법을 사용할 수 있다. 전기화학 반응의 반응 속도를 전자 이동 속도라고 생각한다면 그것은 곧 전자의 이동 과정의 쉬움 혹은 어려움의 정도라 볼 수 있다. 다시 말해서 전류가 흐를 때 겪는 저항의 역수라는 개념으로도 표현할 수 있을 것이다. 그것은 전기화학 반응이 진행될 때 전자의 이동 경로를 작업전극에서 전해질을 거쳐 상대전극까지 하나의 전기 회로로 여긴다면 저항의 개념을 이용하여 전기화학 반응을 설명할 수 있을 것이라고 보는 것과 같다. 실제로 전기화학 반응이 진행될 때 전자는 전극과 접촉된 전해질로 구성되는 계면에 형성되는 전기 이중층을 건너뛰어야 한다. 전기 이중층을 건너뛴 전자는 전해질 용액도 통과해야 한다. 한편 전기 이중층은 그림 3.1.1에서 본 것처럼 서로 다른 전기 부호를 갖추고 있는 두 개의 판이 서로 마주 보는 전기 축전기(electric capacitor)와 같은 구조이다. 실제로 전기 이중층은 이상적이지는 않지만 전기 축전기의 성질을 갖고 있다. 따라서 전극과 전해질이 접촉되어 만들어진 계면은 사실상 저항과 축전기가 병렬로 연결된 회로로 간주된다. 또한 이상적인 전기화학 반응은 저항과 축전기로 구성되는 **등가 회로**(equivalent circuit)의 특성으로 비교적 잘 설명을 할 수 있다. 따라서 작업전극-전해질-상대전극으로 연결되는 경로의 전기적 특성은 그에 상응하는 저항과 축전기의 용량으로 나타낼 수 있으므로 저항과 축전기로 된 회로의 특성을 측정한 결과를 이용하여 전기화학 계(system)를 설명할 수 있다. 전자 이동의 어려움 정도는 단순한 저항이 아니기 때문에 전기화학 계는 소위 **임피던스**(impedance)로 설명을 한다. 이런 설명에 근거하여 그림 3.1.2에 나타냈던 전극과 전해질의 계면을 전기회로에 사용되는 부호(저항과 축전기)를 사용하여 그림 8.1.1에서 등가 회로로 나타낸 것을 볼 수 있다[1]. 이 그림의 의미는 이 절에서 설명할 내용에 대한 이해가 깊어짐에 따라 더욱 명확해질 것이라 생각한다. 일반적으로 받아들이는 임피던스의 의미와 간략한 설명은 부록 4를 참조하기 바란다.

임피던스를 측정하여 전기 회로를 분석하고 의미를 부여하는 작업은 전기 및 전자 공학에서는 오래전부터 해왔다. 또한 전기화학 연구에 그런 개념을 도입한 시기도 비교적 오랜 시간이 흘렀다. 특히 부식 또는 전지의 연구와 같은 분야에서는 오랫동안

1) B.Chang and S.M. Park, *Annual Review of Anal. Chem.*, **3**, 207-229, 2010.

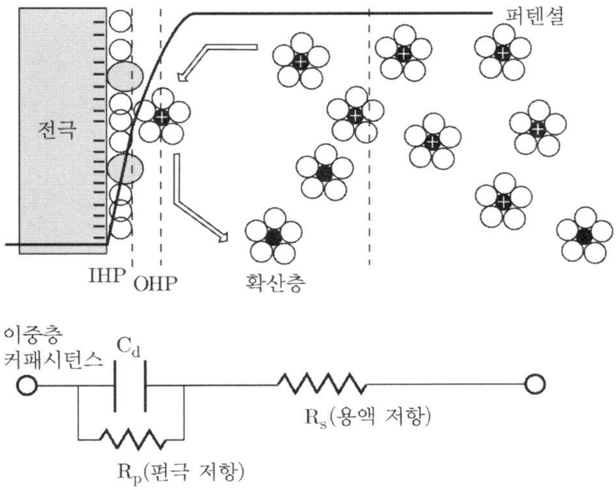

그림 8.1.1 전해질과 전극 사이의 계면(위)과 그것에 대한 등가 회로(아래)

임피던스를 측정하고, 그것으로 전극(반응) 현상에 대한 설명을 많이 해 왔다. 임피던스 측정법은 최근까지도 전기화학자들에게 인기 있는 실험 도구는 아니었으나 요즈음에는 측정 기기의 발전과 더불어 전기화학 문제를 광범위하게 해석하려는 노력이 맞물리면서 그것을 많은 전기화학 실험에 사용하고 있다.

어느 분야에서든 모든 문제를 한꺼번에 해결해 주는 실험 방법은 없으며 임피던스 측정법 또한 예외는 아니다. 임피던스 측정법도 다른 측정법과 마찬가지로 장점과 단점을 동시에 가지고 있다. 따라서 임피던스 측정법을 다른 방법과 함께 사용하여 하나의 방법으로는 도저히 얻을 수 없는 정보를 얻음으로써 서로 상호 보완이 되도록 할 수 있다. 임피던스 법의 배경은 전기화학 계를 전기 회로처럼 다룬다는 것이다. 그것은 임피던스를 측정하여 전체 전기화학 반응계를 비교적 쉽게 설명할 수 있다는 점에서 매우 유용하다. 또한 전자 이동 속도가 크지 않거나 혹은 전자 이동의 경위가 복잡한 전기화학 반응을 연구할 때 임피던스 측정법은 매우 유용하다. 그런 것의 예로 금속의 부식 반응 혹은 피막(film)이 입혀져 있는 전극에 대한 실험을 들 수 있다. 일반적으로 피막은 축전기의 특성을 갖고, 따라서 흔히 사용되는 직류 측정법을 사용하면 쉽게 해석하기 힘든 결과가 얻어지기 때문이다. 나중에 설명하려는 전기분광학적 방법, 확장 x-선 흡수 미세 구조 분광법(EXAFS, extended X-ray absorption fine structure spectroscopy) 등의 방법을 임피던스 법과 함께 이용하면 전기화학 반응이 진행되면서 피막의 성분 혹은 성분 변화에 관한 정보는 물론 전기화학적인 특성에 대한 자료를 동시에 얻을 수 있다. 그것은 결국 전기화학 반응계에 대한 종합적인 모습과 특성을 파악할 수 있는 길이 된다.

이 절에서는 임피던스 측정법에 관한 기초를 다루고 그것을 응용한 예에 대해 간단히 설명할 것이다. 좀 더 깊은 내용을 학습하려는 독자는 첨부한 참고문헌들을 보기 바란다[1].

8.1.2 전기화학과 임피던스

전기 회로에 교류 전류가 흐를 때 저항, 축전기 및 유전기가 나타내는 특징은 무엇이며, 이런 모든 부품의 전체에 걸친 임피던스의 해석과 의미에 대해서는 부록 4를 참조하기 바란다. 이 절에서는 전기화학 셀(electrochemical cell)에서 임피던스라고 부르는 복합 저항을 측정했을 때 그 자료의 해석에 대해서 간단히 살펴보기로 한다. 우선 전기화학 셀의 여러 측면을 설명한 2장을 참조하는 것이 필요하다.

앞에서 여러 번 설명한 전기화학 실험을 위한 전기화학 셀은 작업전극과 상대전극은 물론 필요에 따라 기준전극이 있고, 동시에 전해질이 있어야 완성된다. 전해질 용액에 전기 활성 물질(electroactive substance)이 있을 때 작업전극에 전기분해가 가능한 물질이 산화 혹은 환원되기에 충분한 전위를 걸어주면 산화 혹은 환원 반응이 진행되고, 그것에 따르는 패러데이 전류가 흐른다. 동시에 **용량성 전류**(capacitive current)도 함께 흐른다.

우선 패러데이 전류를 먼저 생각해 보자. 패러데이 전류는 작업전극에 걸린 전위가 평형 전위로부터 떨어진 정도에 따라 다르다. 다시 말해서 과전압의 크기에 따라 전류의 크기가 결정되며 전류와 과전압과의 관계는 식 (4.3.4)와 같은 버틀러-볼머(Butler-Volmer) 식으로 나타낸다. 과전압의 크기가 전위 방향에 상관없이 어느 정도 커지면 버틀러-볼머(Butler-Volmer) 식의 2개 항 가운데 하나의 항은 다른 항에 비하여 크기가 아주 작아져서 무시할 수 있다. 그런 경우에는 버틀러-볼머(Butler-Volmer) 식은 결국 타펠(Tafel) 식으로 정리된다는 것을 이미 설명했다. 버틀러-볼머(Butler-Volmer) 식에 맞는 전류와 과전압의 관계는 이미 그림 4.3.1에서 나타냈지만 임피던스 개념을 설명하기 위하여 그것의 일부분을 다시 그려 그림 8.1.2에 나타냈다. 전자가 전극에서 용액으로 혹은 그 반대 방향으로 이동하는 경우 극복해야 될 저항의 크기는 이 그림으로부터 쉽게 구할 수 있다. 그 저항은 바로 $\Delta i/\Delta\eta$로 표시되는, 기울기의 역이다. 이것을 **편극 저항**(**분극 저항**, polarization resistance, R_{p})이라고 말한다. 대부분의 책이나 문헌에서 편극 저항과 **전하 이동 저항**(charge transfer resistance, R_{CT})을 혼용하여 사용하고 있으나 이 책에서는 이것들을 구별해서 사용한다. 왜냐하면 특정한 과

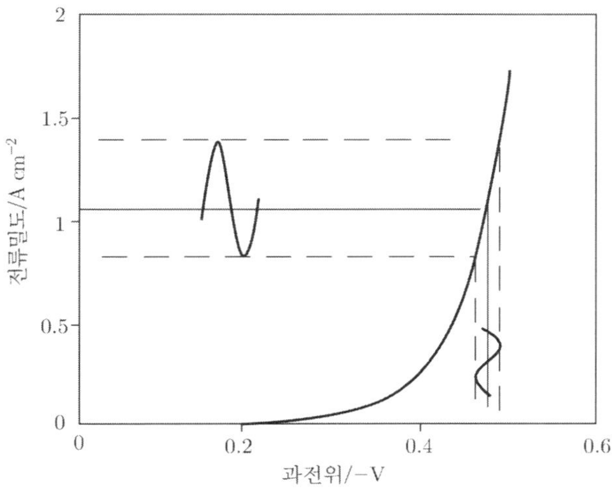

그림 8.1.2 전극에 음(−)의 방향으로 전위를 걸었을 때 버틀러−볼머(Butler−Volmer) 식에 따른 전위−전류 곡선. 전위에 교류 전위를 중첩한 모습(y축과 평행하게 삽입된 그림)과 그에 대응되어 측정되는 교류 전류의 모습(x축과 평행하게 삽입된 그림). 사용한 교환 전류는 1×10^{-4} A cm^{-2}이며 α값은 0.50이다.

전압 η에서 측정된 편극 저항을 R_p라고 한다면 과전압이 $\eta = 0$ V인 특수한 경우에 측정된 저항이 전하 이동 저항 R_{CT}이기 때문이다. 하나의 전기화학 반응계를 사용하여 여러 개의 과전압(η)에서 그에 해당되는 R_p들을 측정한 자료를 이용하면 R_{CT} 값을 구할 수 있다. 이것은 임피던스 측정의 응용을 다룬 8.1.8절에서 다시 간략하게 설명할 것이다. 사실 편극 저항은 작업전극에 직류 전위를 걸어주고 전류를 측정한 후에 앞서 설명한 방법으로 기울기를 구하면 그 값을 얻을 수 있을 것이다. 그러나 이런 경우에는 직류 전류의 흐름을 방해하는 저항만 구할 뿐 전극과 전해질의 환경이 형성하는 축전기의 특성까지 포함하는 임피던스를 구하는 것은 불가능하다. 더구나 그림에 나타낸 것처럼 평형 전위에 해당하는 전위인 과전압이 0 V일 때 기울기는 0에 가까워지므로 그때 저항은 무한대로 접근한다.

하나의 평형 전위와 매우 작은 크기의 교류 신호를 합한 전위를 작업전극에 걸어준 후 측정된 전류의 특성을 해석하여 임피던스를 구하는 것이 더 바람직하다. 그림 8.1.2에 있는 것처럼 특정한 평형 전위에서 작은 교류 신호를 과전압으로 전위의 변동(y축과 평행하게 삽입된 그림)을 준 후에 측정된 전류는 그림과 같은 교류 전류(x축과 평행하게 삽입된 그림)이다. 이때 측정된 교류 전류의 크기는 교류 전위의 크기, 저항, 축전기의 크기에 따라 결정된다. 또한 측정된 교류 전류는 걸어준 교류 전위의 위상과 비교할 때 **상이동**(phase shift)이 없을 수도 혹은 커다란 상이동이 일어났을 수도 있다. 만일 작업전극의 환경에서 축전기의 특징이 전혀 보이지 않는다면 전자 이동의 쉽고 어려운 정도는 편극 저항 R_p와 용액 저항 R_s에만 의존할 것이다. 그러나 작업전극과 전해질 간의 계면에 축전기(C_d)의 특성이 나타난다면 작업전극은 그림 8.1.1에 나타낸 등가 회로의 경우처럼 R_p와 C_d가 병렬로 연결된 회로로 간주되며, 결국 전자 이동은 이러한 경로를 거쳐 이루어지는 모형으로 제안할 수 있다. 만일 R_p와 C_d가 직렬로 연결되어 있다면 전기 축전기처럼 직류를 차단하는 역할을 할 것이다(부록 4 참조). 즉, 직류 전류가 통과하지 못하는 상황이 되므로 전기화학 실험을 할 수 없음을 의미한다. 따라서 저항과 축전기는 병렬로 연결될 수밖에 없다. 이런 상황이라면 전자는 $R_p - C_d$ 병렬 회로를 거쳐야 하므로 상이동이 관측될 것이고, 그때 일어나는 상이동의 정도는 R_p와 C_d의 값에 따라 결정된다. 이 등가 회로에 가해준 과전압의 크기가 비교적 작아서 전극 반응이 물질 운반에 영향을 받지 않는 경우라면 간단히 전자 이동만 일어나는 제한된 전기화학 반응계에서 측정된 결과와 비교적 잘 들어맞는 모형으로 삼을 수 있다.

8.1.3 임피던스의 간단한 모형과 수식 표현

그림 8.1.1에 나타낸 등가 회로 혹은 모형으로 제시한 회로에 대해 수학적 표현을 생각해 보자. 일단은 용액 저항(R_s)을 뺀 부분만을 우선 생각한다. 앞서 설명한 것처럼 직류 전류가 이런 형식의 회로를 통과한다면 저항을 통해서 우회해 갈 것으로 예상된다. 왜냐하면 축전기는 직류 전류는 통과할 수 없을 만큼 커다란 저항이 걸리기 때문이다. 그러나 교류 전류는 병렬로 연결된 두 개의 부품인 저항과 축전기를 통해서 흐른다. 이 때 두 종류의 저항을 모두 합한 전체 저항은 옴(Ohm)의 병렬 규칙을 따른다. 다시 말해서 저항이 기여하는 저항과 축전기가 기여하는 저항을 각각 $Z_2(\omega)$와 $Z_3(\omega)$라고 한다면 전체 임피던스 $Z_1(\omega)$는 다음과 같은 식으로 나타낼 수 있는 것이다.

$$\frac{1}{Z_1(\omega)} = \frac{1}{Z_2(\omega)} + \frac{1}{Z_3(\omega)} \tag{8.1.1}$$

위 식의 괄호에 있는 ω는 각속도, 즉 $2\pi f$(f는 주파수)이므로 전체 임피던스는 물론 각각의 저항도 교류 주파수의 함수라는 것을 의미한다. 그런데 내용을 들여다보면 Z_2는 R_p이고, Z_3는 $1/(j\omega C_d)$이기 때문에 식 (8.1.1)은 다음과 같은 식으로 정리된다.

$$\frac{1}{Z_1(\omega)} = \frac{1}{R_p} + j\omega C_d \tag{8.1.2}$$

위 식에서 등호의 오른쪽 두 번째 항은 허수 항이어서 허수의 연산자 j, 즉 $(-1)^{1/2}$가 붙어 있다. 그림 8.1.1에 나타낸 전체 회로의 복합 저항은 R_s와 $Z_1(\omega)$가 합쳐진 것이다. 그러므로 R_s와 식 (8.1.2)를 정리하여 얻는 $Z_1(\omega)$를 합한 복합 저항 $Z(\omega)$는 다음과 같은 식 (8.1.3)으로 나타낼 수 있다. 그런데 식 (8.1.3)과 같은 형식을 갖추려면 복소수 함수에 관한 간단한 정의를 이용해서 정리하는 과정을 거쳐야 된다. 즉, 식 (8.1.2)를 정리하면 $Z_1(w) = \dfrac{R_p}{1+jR_p w C_d}$이 되는데 분모에 허수 항이 없도록 분모와 분자에 각각$(1-jR_p w C_d)$를 곱한 후에 정리하면 다음과 같다.

$$
\begin{aligned}
Z_1(w) &= \frac{R_p}{1+jR_p w C_d} \\
&= \frac{R_p(1-jR_p w C_d)}{(1+jR_p w C_d)(1-jR_p w C_d)} \qquad (8.1.2') \\
&= \frac{R_p(1-jR_p w C_d)}{1+R_p^2 w^2 C_d^2}
\end{aligned}
$$

이것을 직렬로 연결된 용액 저항, R_s와 합치면 다음과 같은 전체 임피던스 $Z(w)$를 나타내는 식이 된다.

$$Z(\omega) = R_s + Z_1(\omega) = R_s + \frac{R_p}{1+\omega^2 R_p^2 C_d^2} - \frac{j\omega R_p^2 C_d}{1+\omega^2 R_p^2 C_d^2} \qquad (8.1.3)$$

이 식에서 알 수 있는 중요한 사실은 그림 8.1.1의 회로에 대한 복합 저항은 주파수의 함수라는 것과 아울러 복합 저항은 실수 부분(식 (8.1.3)의 두 번째 등호 다음에 있는 두 항)과 허수 부분(맨 마지막 항)으로 구분할 수 있다는 것이다. 또한 R_s를 제외하고는 나머지 두 항은 모두 주파수에 따라 변하며, 그 변하는 모양이 서로 다르다는 것을 알 수 있다. 식 (8.1.3)을 실수 부분과 허수 부분으로 구분하여 식을 간략히 나타내면 다음과 같다.

$$Z = Z' + jZ'' \qquad (8.1.1)'$$

여기서 Z'과 Z''은 모두 옴(Ohm, Ω)의 단위를 갖는 양으로 각각의 크기는 다음 식과 같다.

$$Z' = R_s + \frac{R_p}{1 + \omega^2 R_p^2 C_d^2}$$

$$Z'' = \frac{-\omega R_p^2 C_d}{1 + \omega^2 R_p^2 C_d^2}$$

이와 같이 실수 부분과 허수 부분이 함께 어우러져 있는 식의 해석은 쉽지 않다. 따라서 몇 가지의 해석 방법이 제시되었다. 이곳에서는 특정 주파수에서 실수 부분의 함수로 허수 부분을 도시(plot)하는 **나이퀴스트(Nyquist) 도시**에 대해 알아본다.

실제 실험 상황에서 작업전극과 전해질 용액의 계면이 모형설계(modeling)되는 단계를 알아보기 위하여 계면 자체를 하나의 임피던스로 생각한다. 또한 그림 8.1.1에 제시된 모형설계에 적합한 등가 회로를 이용하여 각 부품의 특성을 반영하는 임의의 값을 사용하여 나이퀴스트 도시를 하고, 그것에 대해 설명한다. 이런 유형의 분석과 설명이 전기화학 셀에서 실제로 일어나는 움직임과 일치하는지를 분석해 본다. 그것을 위해서 일단 R_s는 107 Ω, R_p는 1115 Ω, C_d는 20 μF로 하고, 주파수는 10^5 Hz에서 10^{-4} Hz 범위로 하여 위 식들(Z'과 Z'')을 이용하여 나이퀴스트 도시를 해 보자. 여기서 임의로 결정한 값들은 대략 전도성이 낮은 비수용액에서 비가역적인 전기화학 반응이 진행될 때 얻을 수 있는 값들과 비슷하다. 또한 최근에 판매되는 임피던스 측정 장치는 보통 주파수가 10^6 Hz에서 10^{-4} Hz의 범위까지 측정이 가능하기 때문에 앞서 설정한 주파수 범위는 타당하다고 볼 수 있다. 만일 작업전극과 전해질 계면에서 축전기의 특징이 전혀 없어서 단순히 R_s 혹은 R_s와 R_p의 합으로만 나타내는 경우에는 모두 교류 주파수에 영향을 받지 않을 것이다. 따라서 이 경우는 그림 8.1.3의 x축

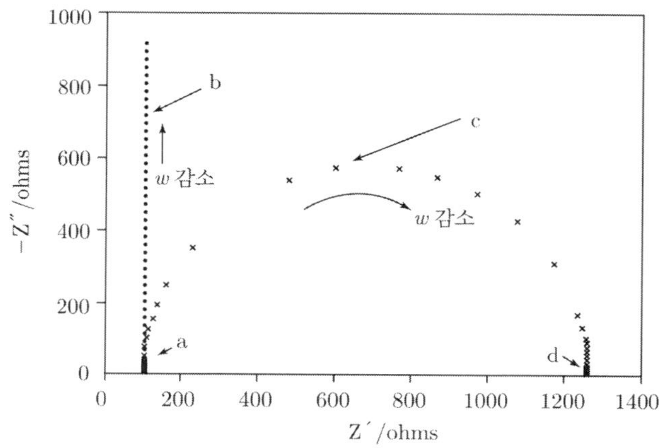

그림 8.1.3 식 (8.1.3)을 그래프로 나타낸 임피던스 및 그림 8.1.1에 나타낸 등가 회로에 대한 임피던스

과 절편인 2개의 점, a(107 Ω) 및 d((107 + 1115) Ω)는 설명될 수 있을 것이다.

만일 전극과 전해질의 계면을 R_s와 C_d가 직렬로 연결되었다고 여긴다면 이것은 나이퀴스트 도시에서 점 a에서 y축과 평행하게 수직으로 그려진 점선 (b)라는 설명이 가능하다. 왜냐하면 이 경우의 복합 저항 $Z(\omega)$는 R_s와 C_d의 직렬 저항인 다음 식으로 나타낼 수 있기 때문이다.

$$Z(\omega) = R_s - \frac{j}{\omega C_d} \tag{8.1.4}$$

만약에 계면에 단순히 C_d 하나만 연결되었다면 저항은 $1/(j\omega C_d)$이며, 복소수 정의를 이용하여 축전기 항을 다시 정리하면 임피던스는 위 식과 같음을 알 수 있다.

결국 식 (8.1.4) 등호의 오른쪽 두 번째 항은 주파수에 따라 크기가 결정되지만 첫 번째 항은 주파수와 관계가 없는 R_s 하나뿐이어서 점 a로 표시된다. 그러나 C_d가 포함된 임피던스는 주파수가 작아질수록 값이 증가하므로 주파수와 무관한 실수를 나타내는 점 a로부터 y축에 평행한 직선 b로 표시되는 것이다. 그러나 식 (8.1.3)이 적용되는 경우는 지금까지 설명과 다르다. 하나의 주파수에서도 임피던스는 실수값과 허수값이 있으므로 실수 부분은 x축으로, 허수 부분은 y축으로 하여 도시한다면 하나의 점이 될 것이다. 실제로 복합 저항을 주파수 범위를 정해서 각 주파수에 따라 얻는 계산값을 점으로 표시해 보면 그림 8.13의 c처럼 반원형의 모양이 얻어진다.

이제 식 (8.1.3)과 그림 8.1.3을 다시 한번 깊이 생각해 볼 필요가 있다. 일단 식 (8.1.3)만으로도 몇 가지 사실을 알 수 있다. 첫째로 주파수가 무한대라면 식은 어떻게 해석이 될 것인가? 식의 등호 오른쪽에 있는 둘째 및 셋째 항은 0이 되어 사라지며, 결국 용액의 저항인 R_s만 남는다. 이것은 그림에서 x축의 왼쪽 절편(점 a)에 해당한다. 그러나 주파수가 0이라면 식은 $R_s + R_p$만 남는다. 이것은 그림에서 x축의 오른쪽 절편(점 d)에 해당한다. 또한 식의 허수 부분은 그림의 c선과 같은 반원의 중간에서 최댓값을 갖는다. 그렇지만 반원의 최댓값은 의외로 쉽게 구할 수 있고, 그것에 맞는 조건을 알아내는 것은 어렵지 않다. 일단 최댓값을 찾기 위해서는 식의 허수 항 Z''을 ω에 대하여 미분하고, 그때 얻은 미분 결과가 0이 되는 조건을 찾으면 되는 것이다. 결국 최댓값이 충족되는 조건이란 $R_p \cdot C_d = 1/\omega = 1/(2\pi f)$가 된다. $R_p \cdot C_d$는 RC 회로의 시간 상수(time constant, τ)이기도 하다. 이것은 곧 전기화학 반응계의 시간 상수이며, 반응이 어느 정도 쉽게 진행되는지를 알아내는 지표가 된다. 이런 유형의 분석을 하여 전기화학 반응계와 비교를 하고, 전기화학 반응에 대한 해석을 하는 것이 **전기화학적 임피던스법**(electrochemical impedance spectroscopy)이다. 다시 말해서 임피던스를 측정하여 얻을 수 있는 R_s, R_p C_d는 바로 우리가 다루는 전기화학 반응을 결정하는 계면을 그림을 그리듯이 생생하게 표현할 수 있는 가장 중요한 인자들이다.

문제는 실제 전기화학 반응계에서 전극/전해질 계면의 특성이 과연 그림 8.1.1에 나타낸 회로의 특성과 일치하며, 측정된 복합 저항이 그림 8.1.3과 같이 보일 수 있느냐에 있다. 전기화학 반응계에서 특이하고 복잡한 변수 혹은 다른 원인이 없는 경우에는 실제 측정된 임피던스의 변화는 그림 8.1.3에 나타낸 나이퀴스트 도시와 거의 같다. 그러한 실제의 예를 그림 8.1.4에 나타냈다. 이 그림에 나타낸 여러 개의 임피던스 곡선은 0.050 M $Fe(CN)_4^{4-}$가 포함된 0.50 M KNO_3 용액에서 각각의 백금 전극에 여러 가지 직류 전위를 걸어주고 각각의 전위에서 측정한 임피던스를 도시한 것이다[2]. 그런데 이 그림에 담겨 있는 내용은 실제 전극 실험과 비교할 때 매우 특정한 조건에 한정된 것이다. 다시 말해서 전극에 일정한 전위가 걸린 상태에서 전자가 금속 전극에서 전극/전해질 계면을 건너뛰어 전해질로 이동하거나 혹은 그 반대 방향으로 이동할 때 그 경로에서 마주치는 저항 혹은 축전기의 거동을 나타내고 있을 뿐이다. 왜냐하면 4장과 6장에서 설명했던 전기화학 반응에서 매우 중요하게 생각했던 물질 운반의 영향은 전혀 생각하지 않고 있기 때문이다. 과전압의 크기가 크거나 혹은 비록 과전압의 크기가 작더라도 오랜 시간 전기분해가 진행되면 물질 운반은 매우 중요해진다. 따라서 이런 중요한 요인을 고려하지 않고 전기화학 반응 전체를 해석하는 것은 매우 합당

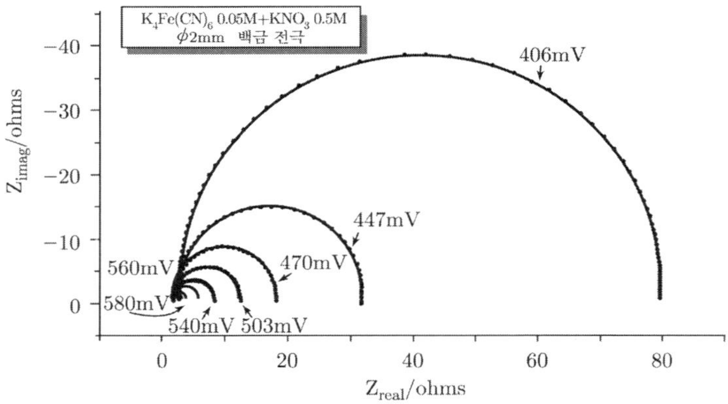

그림 8.1.4 물질 확산을 생각하지 않은 조건에서 $Fe(CN)_4^{4-}$가 산화될 때 측정한 임피던스 곡선들. 표시한 숫자는 측정할 때 백금 전극에 걸어준 직류(D.C) 전위이다.

---

2) 이 임피던스 도시는 높은 주파수에서 낮은 주파수로 훑으면서 각 주파수의 작은 교류 전위를 직류 전위에 합쳐서 임피던스를 측정하는 전통적인 방법을 사용하지 않았다. 대신 디락 델타(Dirac-delta) 함수의 적분된 형태인 계단 전위를 걸어주고 전류를 측정한다. 이 전류를 미분하여 얻은 신호를 푸리에(Fourier) 변환하여 얻은 결과를 도시한 것이다. 이런 방법은 전통적인 임피던스 방식에 비하여 매우 짧은 시간 안에 임피던스를 측정할 수 있다는 장점이 있다(J.-S. Yoo and S.-M. Park. *Anal. Chem.*, **72,** 2035, 2000).

하지 않은 일이다. 다음 절에서 이런 내용을 다루려고 한다.

8.1.4 반응 물질의 확산이 포함된 임피던스

이제까지 설명했던 임피던스와 관련된 내용들은 실제로 전극 반응이 진행되는 전기화학 셀에 근거한 것이 아니다. 그것은 전기화학 셀의 흉내를 내는 전기 회로를 모델로 만들고, 그 회로(등가 회로)에 대해서 설명을 한 것이었다. 그럼에도 불구하고 모델과 실제로 진행되는 전극 반응의 거동이 제한된 범위 안에서 서로 일치한다는 것을 알았다. 잘 알고 있듯이 전기화학 셀에서 반응이 진행될 때에는 물질의 운반이 전기화학 반응의 속도를 결정하는 데 매우 중요하다. 이제부터는 물질의 운반이 셀의 임피던스에 미치는 영향을 생각해 보자. 이미 5장과 7장에서 설명한 것처럼 특별한 경우를 제외하고는, 전극에서 산화 혹은 환원될 수 있는 화합물은 전극 근처의 농도 차이로 전극을 향해서 혹은 전극으로부터 확산되어 이동된다. 이런 경우에 확산은 픽(Fick)의 제2법칙으로 나타낼 수 있다는 것도 이미 알고 있다. 또한 4장에서 설명했듯이 전극 반응의 속도는 버틀러-볼머(Butler-Volmer) 식으로 나타낼 수가 있다. 이번에는 물질의 확산이 임피던스를 측정하기 위하여 전극에 걸어준 교류 전압(전류) 때문에 어떤 영향을 받을지를 생각해 보자.

다시 한번 그림 8.1.1에 나타낸 것과 같은 등가 회로를 생각해 보자. 이번 경우에 R_p는 패러데이 전류의 흐름에 따른 저항과 물질 운반에 따른 저항이 모두 포함되어 있고, 그것이 어떤 종류의 저항(임피던스)인지 알 수 없다. 따라서 이런 임피던스를 Z_f라고 부르며, Z_f 역시 주파수의 함수일 수도 있는 저항 R_w와 축전기 C_f로 이루어졌다고 가정을 하자. 전극에 교류 전위를 걸어주면 전극 표면의 전위가 시시각각으로 변하게 될 것이다. 그에 맞추어 반응 물질의 표면 농도 역시 그에 대응하여 변할 것이다. 더구나 교류 방향에 따라 물질의 확산 방향이 달라질 것이다. 특히 확산으로 인한 농도 변화가 교류 전위 변화에 미처 대응을 하지 못하는 경우도 발생할 수 있다. 이 두 종류의 현상이 일치하지 않아서 상이동(phase shift)이 일어나는 경우는 마치 축전기에서 일어나는 현상과 비슷한 양상을 따를 수도 있다. 따라서 이런 특이한 저항은 물질 운반에 따라 영향을 받으며, 또한 물질 운반도 주파수에 따라 영향을 받기 때문에 축전기와 비슷한 특성을 나타낸다. 이런 회로에 사인파(sine wave) 전위를 걸어주어 동요(섭동)를 일으킨다고 하자. 또한 이 상태에서 R_s와 C_d는 생각하지 말고, R_w와 C_f가 직렬 연결된 회로에 전류가 흐를 때 발생되는 임피던스, Z_f만을 생각해 보자. 만약에 이런 회로에 대한 임피던스의 주파수에 대한 응답 특성을 알고 난 후에 생각하지 않았던 부분을 합친다면 전체 회로에 대한 임피던스의 특징을 알아낼 수 있을 것이다.

한편 R_w와 C_f의 직렬 회로를 따라서 흐르는 전류는 다음과 같이 나타낼 수 있다.

$$I = I_p \sin \omega t \quad (8.1.5)$$

이 식에서 I_p는 $\sin \omega t$의 값이 1일 때 전류의 최댓값이다. R_w와 C_f가 직렬로 연결된 경우 두 성분에서 각각 있는 전위차의 합은 다음과 같은 식을 나타낼 수 있다.

$$\boxed{E = I \cdot R_w + \frac{Q}{C_f}} \quad (8.1.6)$$

식 (8.1.6)을 시간에 대하여 미분하면 다음과 같은 식을 얻는다.

$$\frac{dE}{dt} = R_w \frac{dI}{dt} + \frac{1}{C_f}\frac{dQ}{dt}$$

이 식에 교류 전류(식 (8.1.5))를 대입하여 정리하면 다음과 같은 식으로 변한다.

$$\frac{dE}{dt} = R_w I_p \omega \cos \omega t + \frac{I_p}{C_f} \sin \omega t \quad (8.1.7)$$

한편 전하가 이동할 때 전기화학 계의 전위는 흐르는 전류(I), $C_O(0, t)$ 및 $R_R(0, t)$의 함수이므로 $E = f[I, C_O(0, t), C_R(0, t)]$로 나타낼 수 있다. 이 전위(E)의 시간에 따른 변화는 다음 식과 같이 나타낼 수 있다.

$$\frac{dE}{dt} = \frac{\partial E}{\partial I}\frac{\partial I}{\partial t} + \frac{\partial E}{\partial C_O(0, t)}\frac{dC_O(0, t)}{dt} + \frac{\partial E}{\partial C_R(0, t)}\frac{dC_R(0, t)}{dt} \quad (8.1.8)$$

여기서 $\partial E/\partial I$ 항은 곧 전자 이동과 관련이 있는 R_p이고, 편미분으로 표시한 나머지 항들은 반응 속도와 연관이 있는 것들이다. 라플라스(Laplace) 변환을 적용하면 결국 전극 표면의 농도는 각각 다음 식으로 나타낼 수 있다[2].

$$C_O(0, t) = C_O^* + \frac{1}{nFAD_O^{1/2}\pi^{1/2}}\int_0^t \frac{I(t-u)}{u^{1/2}}du \quad (8.1.9)$$

$$C_R(0, t) = C_R^* + \frac{1}{nFAD_R^{1/2}\pi^{1/2}}\int_0^t \frac{I(t-u)}{u^{1/2}}du \quad (8.1.10)$$

그런데 식 (8.1.5)에 삼각 함수의 관계식(식 (8.1.11))을 적용하면 식 (8.1.9)와 (8.1.10)의 등호 오른쪽 2번째에 있는 적분 항은 식 (8.1.12)와 같게 된다.

$$\sin\omega(t-u) = \sin\omega t \cos\omega u - \cos\omega t \sin\omega u \tag{8.1.11}$$

$$\int_0^t \frac{I_p \sin\omega(t-u)}{u^{1/2}} du = I_p \sin\omega t \int_0^t \frac{\cos\omega u}{u^{1/2}} du - I_p \cos\omega t \int_0^t \frac{\sin\omega u}{u^{1/2}} du \tag{8.1.12}$$

이런 적분 유형을 식 (8.1.9) 및 (8.1.10)에 적용하고, 적분을 계산하면 농도에 관한 정보를 얻는다. 이것으로부터 전극 표면의 농도는 앞서 설명한 것처럼 시시각각으로 변하는 것을 알 수 있다. 그러나 실제로는 교류 전류가 흐르기 시작하고 일정 시간이 흐른 후에 농도는 일정 상태(steady state)에 도달한다. 왜냐하면 교류 전류가 흐르는 상황에서 사실상 온전히(net) 한쪽 방향으로만 진행되는 전기화학 반응은 없을 것이기 때문이다. 따라서 몇 차례의 전위가 순환된 후에 전류는 일정 상태에 도달하게 될 것이고, 그럴 경우는 사실상 식 (8.1.12)의 적분 구간의 최댓값을 무한대(∞)로 정하면 가능하기 때문에 식은 다음과 같이 된다.

$$\int_{ss} \frac{I_p \sin\omega(t-u)}{u^{1/2}} du = I_p \sin\omega t \int_0^\infty \frac{\cos\omega u}{u^{1/2}} du - I_p \cos\omega t \int_0^\infty \frac{\sin\omega u}{u^{1/2}} du \tag{8.1.13}$$

한편 적분 표를 이용하면 식 (8.1.13) 등호의 오른쪽 적분 값은 $I(\pi/\omega)^{1/2}$이 된다는 것을 알 수 있다. 이 결과를 농도를 나타내는 식 (8.1.9) 및 (8.1.10)에 대입하여 정리하면 다음과 같은 식을 얻는다.

$$C_O(0,\ t) = C_O^* + \frac{I_p}{nFA(2D_O\omega)^{1/2}}(\sin\omega t - \cos\omega t) \tag{8.1.14}$$

$$C_R(0,\ t) = C_R^* + \frac{I_p}{nFA(2D_R\omega)^{1/2}}(\sin\omega t - \cos\omega t) \tag{8.1.15}$$

이 식을 이용하면 식 (8.1.8)에 있는 시간에 따른 농도 변화를 나타내는 미분 형식의 항들, $dC_O(0,\ t)/dt$ 및 $dC_R(0,\ t)/dt$를 계산할 수 있다[2]. 그 계산 결과는 다음과 같은 식이 된다.

$$\frac{dC_O(0,\ t)}{dt} = \frac{I_p}{nFA}\left(\frac{\omega}{2D_O}\right)^{1/2}(\sin\omega t + \cos\omega t) \tag{8.1.16}$$

및

$$\frac{dC_R(0,\ t)}{dt} = \frac{I_p}{nFA}\left(\frac{\omega}{2D_R}\right)^{1/2}(\sin\omega t + \cos\omega t) \tag{8.1.17}$$

식 (8.1.16)과 (8.1.17)을 식 (8.1.8)에 적용하면 전극 표면에서 시간에 따른 전위 변화를 알게 된다. 한편 네른스트 식이 다음과 같다는 것은 이미 알고 있다.

$$E = E^0 + \frac{RT}{nF}\ln\frac{C_O}{C_R}$$

위 식에서 C_R을 상수로 놓고, E를 C_O에 대해 편미분하면 $\partial E/\partial C_O = RT/nFC_O$가 된다. 이것을 식 (8.1.8)에 있는 항에 대입하고 $\partial E/\partial I$는 R_p이라는 것은 이미 알고 있기 때문에 식 (8.1.8)을 다음과 같이 변형할 수 있다.

$$\frac{dE}{dt} = \left(R_p + \frac{\sigma}{\omega^{1/2}}\right)I_p\,\omega\cos\omega t + I_p\,\sigma\omega^{1/2}\sin\omega t \tag{8.1.18}$$

여기서 σ는

$$\sigma = \frac{RT}{n^2F^2A\sqrt{2}}\left(\frac{1}{D_O^{1/2}C_O^*} + \frac{1}{D_R^{1/2}C_R^*}\right) \tag{8.1.19}$$

이다.

한편 식 (8.1.18)의 $I_p\,\omega\cos\omega t$ 및 $I_p\sin\omega t$ 항은 각각 dI/dt 및 I이므로 식 (8.1.18)과 (8.1.7)을 비교하면 흥미로운 결과를 얻을 수 있다. 즉, 식 (8.1.7) 등호의 오른쪽 첫 번째 항에서 R_w는 식 (8.1.18) 등호의 오른쪽 첫 번째 항에 있는 $R_p + \sigma/\omega^{1/2}$와 같으며, 식 (8.1.7)의 $1/C_f$는 식 (8.1.18) 등호의 오른쪽 두 번째 항에 있는 $\sigma\omega^{1/2}$와 같아야 한다는 것을 알 수 있다. 그 결과 다음 등식이 성립된다.

$$\boxed{R_w = R_p + \sigma\omega^{-1/2}} \tag{8.1.20}$$

$$\boxed{1/C_f = \sigma\omega^{1/2}} \tag{8.1.21}$$

결국 Z_f는 2개의 부분으로 이루어진 것으로, 그 하나는 식 (8.1.20)으로 표현되는 R_w이고 다른 하나는 식 (8.1.21)로 표현되는 Z_f''이다. 식 (8.1.20)의 등호 오른쪽 두 번째 항은 주파수에 영향을 받는 저항임을 알 수 있다. 이 저항이 소위 말하는 **와버그**

저항(Warburg resistance)이다. 식 (8.1.21)의 C_f는 소위 말하는 유사 축전기(pseudo-capacitor) 혹은 와버그(Warburg) 축전기이다. 유사 축전기의 임피던스는 $Z_f'' = -(\omega C_f)^{-1}$(식 (8.1.4) 참고)이므로, 식 (8.1.21)과 결합하면 $Z_f'' = -\sigma\omega^{-1/2}$이다. 전체 패러데이 임피던스(faradaic impedance) Z_f는 이 둘의 합으로 이루어진다. 그것을 식으로 나타내면 다음과 같다.

$$Z_f = R_w + Z_f'' = R_p + \sigma\omega^{-1/2} - j\sigma\omega^{-1/2} \qquad (8.1.22)$$

식 (8.1.22)에서 와버그(Warburg) 임피던스를 이루는 2개의 항은 서로 90°의 위상 차이가 있다. 또한 R_w와 $-Z_f''$은 각각 $\omega^{-1/2}$의 함수이므로 Z_f 혹은 $-Z_f''$를 y축, $\omega^{-1/2}$를 x축으로 하는 그래프를 그리면 일직선이 된다. 이 그래프의 기울기로부터 σ를 구할 수 있고, σ와 확산 계수의 관계식(식 (8.1.19))을 이용하여 확산 계수를 짐작해 볼 수 있다. 마찬가지 방법으로 R_w와 $\omega^{-1/2}$의 그래프에서 절편은 R_p가 된다. R_w와 $-Z_f''$의 크기는 정확히 같고 두 성분이 서로 직교하므로 그것들의 합은 $\left[(R_w)^2 + (Z_f'')^2\right]^{1/2}$이다.

$$Z_w = \left(\frac{2}{\omega}\right)^{1/2}\sigma \qquad (8.1.23)$$

이들 와버그(Warburg) 임피던스의 허수 항을 실수 항에 대하여 그래프를 그리면 직선이 되며, 그 직선의 기울기는 1인 것을 알 수 있다.

지금까지 R_w와 C_f가 직렬 연결된 임피던스 Z_f만 생각하고 문제를 해결하였다. 이제 전체를 종합해서 보려면 그림 8.1.5에 나타낸 랜들(Randles)의 등가 회로로 돌아가 보자. 그러려면 식 (8.1.2)의 R_p 대신에 지금까지 구한 Z_f로 대체하여 $Z_1(\omega)$으로 하며, 이것을 식 (8.1.3)에 넣어 정리해 보면 다음과 같은 식을 얻는다.

$$Z(\omega) = R_s + \frac{R_P + \sigma\omega^{-1/2}}{\left(\sigma\omega^{1/2}C_d + 1\right)^2 + \omega^2 C_d^2\left(R_P + \sigma\omega^{-1/2}\right)^2} - \frac{j\left[\omega C_d\left(R_P + \sigma\omega^{-1/2}\right)^2 + \sigma\omega^{-1/2}\left(\omega^{1/2}C_d\sigma + 1\right)\right]}{\left(\sigma\omega^{1/2}C_d + 1\right)^2 + \omega^2 C_d^2\left(R_P + \sigma\omega^{-1/2}\right)^2} \qquad (8.1.24)$$

이 식은 전기화학 셀에서 진행되는 전기화학 반응에 대한 총 임피던스를 표현하는

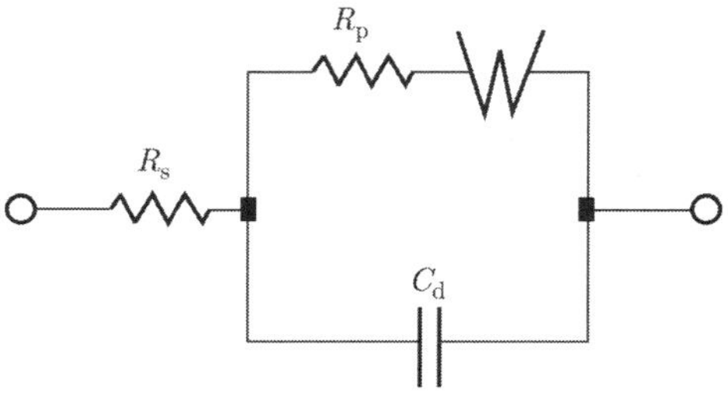

그림 8.1.5 물질 운반(확산)을 생각하여 설계한 등가 회로
Rs: 용액 저항, Rp: 편극 저항, W: 와버그 임피던스, Cd: 축전기

수식이며, 그림 8.1.5에 도시한 랜들(Randles) 등가 회로의 거동을 완전하게 따른다. 이 식으로 설명할 수 있는 전기화학 반응계에서 얻어지는 임피던스 신호를 이용해서 나이퀴스트(Nyquist) 도시를 하면 그림 8.1.6과 같은 모양이 나타난다. 그림은 걸어준 교류 전위의 주파수에 따라 다른 모양의 그래프가 그려져 있다는 것을 보여주고 있다. 즉 비교적 높은 주파수 영역에는 그림 8.1.3에서 보았던 반원이 보이는 반면 낮은 주파수 영역에는 45° 기울기의 직선이 보인다.

이제 식 (8.1.24)가 주파수의 변화에 따라 어떻게 해석될 수 있을까 생각해 보자.

첫째로 낮은 주파수 영역에서 특히 주파수가 0에 가까울 때($\omega \rightarrow 0$) 식은 다음과 같이 변한다.

$$Z = R_s + R_p + \sigma\omega^{-1/2} - j\left(\sigma\omega^{-1/2} + 2\sigma^2 C_d\right) \tag{8.1.25}$$

이 식은 곧 낮은 주파수 영역에 나타나는 직선 방정식이며, 그 직선의 기울기는 1이

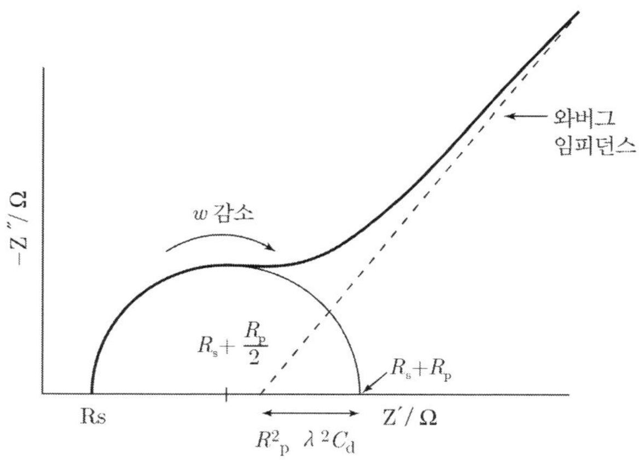

그림 8.1.6 그림 8.1.5에 나타낸 등가 회로에 대한 임피던스 신호

된다는 것을 알 수 있다. 이 식을 외삽(extrapolation)하여 만나는 x축 절편은 $R_s + R_p - 2\sigma^2 C_d$이 되므로 절편으로부터 σ와 C_d를 얻을 수도 있다. 이 직선이 나타나기 전에는 전극 반응은 반응 속도에 따라 달라지므로 반응 속도의 지배를 받는다. 그러나 이 선이 나타나기 시작하는 매우 낮은 주파수 영역에서는 전극 반응은 반응 물질의 확산에 따라 달라지는 확산의 지배를 받는다.

둘째로 주파수가 높은 영역에서는 이미 얻었던 식 (8.1.3)과 같이 변한다.

$$Z(\omega) = R_s + \frac{R_p}{1+\omega^2 R_p^2 C_p^2} - \frac{j\omega R_p^2 C_d}{1+\omega^2 R_p^2 C_p^2} \tag{8.1.3}$$

이 식의 등호 오른쪽에 있는 첫째와 둘째 항을 $Z'(\omega)$, 세 번째 항에서 복소수(j)를 제외한 나머지 부분을 $Z''(\omega)$라 놓고, 식을 정리하면 다음과 같다.

$$Z'(\omega) = R_s + \frac{R_p}{1+\omega^2 R_p^2 C_p^2}$$

$$Z''(\omega) = \frac{\omega R_p^2 C_d}{1+\omega^2 R_p^2 C_p^2} \tag{8.1.26}$$

$$\left(Z'(\omega) - R_s - \frac{R_P}{2}\right)^2 + [Z''(\omega)]^2 = \left(\frac{R_P}{2}\right)^2$$

이 식은 실수축(x축)은 $R_s(\omega \to \infty$일 때)와 $R_s + R_P(\omega \to 0$일 때)의 두 점을 가로지르는 원 방정식[$(x-h)^2 + (y-k)^2 = r^2$, h, k는 각각 원의 중심점, r은 원의 반지름]이고 그 원의 반지름은 $R_P/2$라는 것을 알려준다.

마지막으로 앞서 설명한 것처럼 와버그(Warburg) 임피던스는 낮은 주파수 영역에서 나타나며 실수 항에 대해서 허수 항을 도시하면 기울기가 1인 직선으로 나타난다. 또한 그 직선과 실수축의 절편은 $R_s + R_p$보다 $R_p^2 \lambda^2 C_d$만큼 작은 점에서 만나게 된다는 것을 알 수 있다. 여기서 λ는 다음과 같은 식으로 정의된다:

$$\lambda = \frac{k_f}{\sqrt{D_O}} + \frac{k_b}{\sqrt{D_R}}$$

위 식에서 정반응 속도 상수 k_f와 역반응 속도 상수 k_b는 과전위의 부호가 양 혹은 음으로 정해지면 그중 하나는 없어진다. 따라서 이 방법은 전기화학 반응의 속도 상수를 구하는 데도 유용하게 이용될 수 있다.

이제까지 설명에 사용한 전기화학 반응은 용액에서 일어나는 것에 적용하지만 다른 종류의 화학 반응 혹은 전기화학 반응들과 겹쳐지지 않았을 경우에 적용이 된다. 만약에 전기화학 반응이 하나 이상일 경우 혹은 하나의 반응이라 할지라도 몇 단계를 거치는 반응이라면 반원이 두 개 이상 가까이 붙어 있는 경우도 관측될 수 있다. 만약에 1개 이상의 반원이 관측되면 각각의 반원들을 풀어내기(deconvolution)를 해야 하는데, 그것을 위한 컴퓨터 프로그램은 쉽게 구매할 수 있다.

진행되는 전기화학 반응에서 확산이 절반 정도 기여할 때에는 낮은 주파수 영역에서 와버그(Warburg) 임피던스가 관측된다. 그러나 확산의 기여도가 매우 큰 조건, 예를 들어 얇은 층의 전해 셀(thin layer electrochemical cell)에서 진행되는 반응은 높은 주파수 영역에서 와버그(Warburg) 복합 저항이 관측된다. 이 경우에 관련된 식은 그렇게 쉽지는 않지만 어느 정도 수학 연산을 해보면 다음과 같은 식을 얻을 수 있다[4].

$$Z(\omega) = R_s + R_p\left[1 + \frac{k_f \cdot \tanh\left(l(j\omega/D_O)^{1/2}\right)}{(j\omega/D_O)^{1/2}} + \frac{k_b \cdot \tanh\left(l(j\omega/D_R)^{1/2}\right)}{(j\omega/D_R)^{1/2}}\right] \quad (8.1.27)$$

이 식에서 l은 작업전극과 상대전극 사이의 거리이며, 전해 셀의 두께에 해당된다. 식 (8.1.27)을 나이퀴스트(Nyquist) 법으로 도시하면 그림 8.1.7과 같은 그래프를 얻을 수 있다. 이 식은 얇은 층(thin layer) 혹은 전도성 고분자와 같은 박막 형태로 된 전기 활

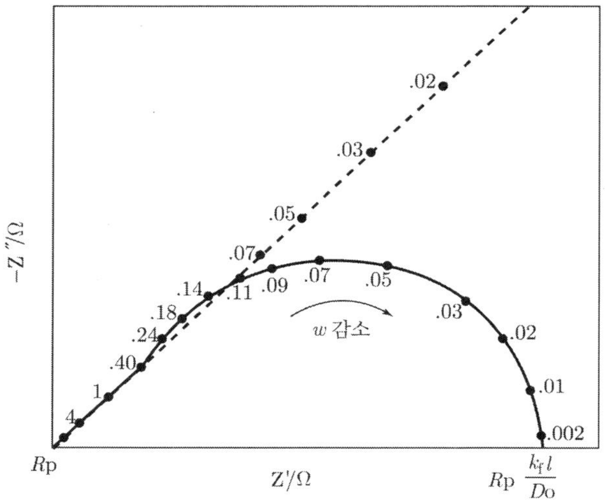

그림 8.1.7 얇은층 전해 셀에서 가역 전기화학 반응으로 얻을 수 있는 임피던스 신호.[3] 숫자는 주파수(kHz)이다.

3) M. Sluyters-Rehbach and J.H. Sluyters, *Electronal Chem.* Vol. 4. A.J.Bard Ed., Marcel Dekker, M.Y. 1970.

성 물질의 복합 저항을 주파수의 함수로 측정하는 경우에 적용되고 다음과 같은 내용을 예상할 수 있다.

일단 높은 주파수 영역($\omega \to \infty$ 일 때)에서 $\tanh l\left(j\omega/D_{\mathrm{O}}^{1/2}\right)$은 1이 되므로, 반응 속도 상수의 부호를 따져보면 오른쪽 큰 괄호의 값은 1이 되고, 식은 다음과 같이 간단해진다.

$$Z(\omega) = R_{\mathrm{s}} + R_{\mathrm{P}} \tag{8.1.28}$$

이 식으로부터 R_{p}를 얻을 수 있다. 또한 식 (8.1.27)을 보고 직감적으로 알아차리는 것은 쉽지 않지만, 이것은 높은 주파수 영역에서 **반 무한성 확산**(semi infinite diffusion) 전해셀에서 관측되는 와버그(Warburg) 임피던스처럼 45° 기울기의 직선으로 증가하다가 낮은 주파수 영역에서 반원으로 끝맺음이 되는 경우이다. 주파수가 아주 낮아서 $l\left(j\omega/D_{\mathrm{O}}^{1/2}\right)$이 0에 가까우면 $\tanh x \simeq x$이고, 결국 $\tanh l\left(j\omega/D_{\mathrm{O}}^{1/2}\right) \simeq l\left(j\omega/D_{\mathrm{O}}^{1/2}\right)$이 된다. 정반응(forward reaction)의 반응 속도 k_{f}가, 역반응의 반응 속도 k_{b}에 비해 훨씬 크도록 과전위를 가했을 경우에 식 (8.1.27)은 다음과 같이 정리된다.

$$\begin{aligned} Z(\omega) &= R_{\mathrm{s}} + R_{\mathrm{p}}\left(1 + \frac{k_{\mathrm{f}} l (j\omega/D_{\mathrm{O}})^{1/2}}{(j\omega D_{\mathrm{O}})^{1/2}}\right) \\ &= R_{\mathrm{s}} + R_{\mathrm{p}}\left(1 + \frac{k_{\mathrm{f}} l}{D_{\mathrm{O}}}\right) \end{aligned} \tag{8.1.29}$$

이것은 낮은 주파수 영역에 있는 x축 절편은 식 (8.1.29)로 표시된다는 것을 알 수 있다. 또한 이 절편을 이용하면 이런 종류의 전극 반응계에 대해서 몇 가지 반응 상수를 구할 수 있다.

8.1.5 임피던스 도시 방법

임피던스를 측정한 결과를 어떤 형식의 그래프로 나타낼지를 선택하는 것은 매우 중요하다. 왜냐하면 그래프를 보고 자료에 대한 물리적인 의미를 영상화시키는 방식이 사람마다 다르기 때문이다. 이 절에서는 임피던스 결과를 처리하여 그래프로 나타내는 방법에 대해 간단히 살펴본다.

이미 앞 절에서 여러 번 설명했고 때에 따라서는 구체적으로 논의를 한 것처럼 실수값 $Z(\omega)'$의 함수로 허수값 $-Z(\omega)''$을 도시하여 그래프로 나타내는 **나이퀴스트**(Nyquist) **법** 혹은 **콜–콜**(Cole-Cole) 법이 매우 많이 사용된다. 이것은 이미 8.1.3절에서 자세히 설명했으므로 참조하기 바란다.

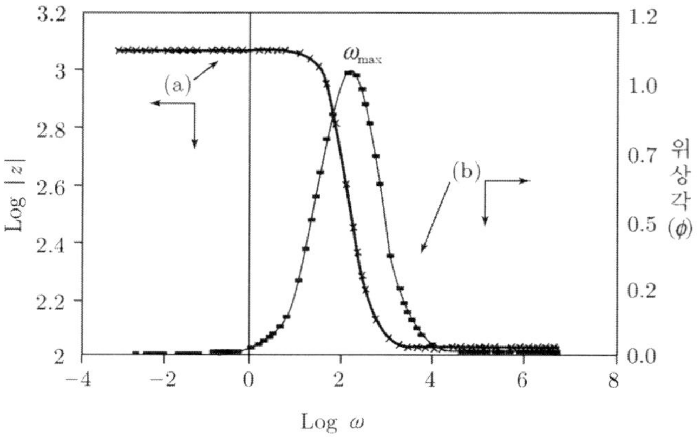

그림 8.1.8 그림 8.1.3과 같은 자료를 사용해서 만든 보드 도시(Bode plots): (a) $\log|Z|$ vs. $\log\omega$ 도시 및 (b) ϕ vs. $\log\omega$ 도시. 위상각의 단위는 $\pi/2(=90°)$이다.

나이퀴스트 법 다음으로 많이 사용되는 **보드(Bode) 법**이 있다. 이 방법은 크게 두 가지로 나뉜다. 하나는 $\log\omega$의 함수로 $\log|Z(\omega)|$를 도시하는 방식이다. 또 다른 하나는 $\log\omega$의 함수로 실수와 허수의 두 벡터 Z'과 Z'' 사이의 위상각 ϕ를 도시하는 방식이다. 여기서 $|Z(\omega)| = [Z'^2(\omega) + Z''^2(\omega)]^{1/2}$과 $\tan\phi = Z''(\omega)/Z'(\omega)$이 적용된다. 그림 8.1.3과 같은 자료를 사용해서 보드 법으로 도시한 것이 그림 8.1.8이다.

이와 같은 형식으로 나타낸 그래프의 해석은 식 (8.1.3)에 비추어 보면 비교적 쉽게 할 수 있다.

$$Z(\omega) = R_s + \frac{R_p}{1 + \omega^2 R_p^2 C_d^2} - \frac{j\omega R_p^2 C_d}{1 + \omega^2 R_p^2 C_d^2} \qquad (8.1.3)$$

즉 $\log|Z(\omega)|$의 한곗값은 주파수가 아주 낮은 영역에서는 $\log(R_s + R_p)$로, 주파수가 아주 높은 영역에서는 $\log R_s$로 접근한다는 것을 쉽게 알 수 있다. 주파수가 높지도 낮지도 않은 중간 영역의 주파수에 대해서는 식 (8.1.3)의 오른쪽 맨 끝에 있는 허수 항만 남게 되어 다음과 같은 식으로 간략히 정리가 된다.

$$Z(\omega) \cong R_s - \frac{1}{\omega C_d^2} \qquad (8.1.30)$$

따라서 R_s를 무시하고 남은 양에 대한 절댓값의 상용 로그는 다음과 같이 된다.

$$\log|Z(\omega)| = -\log\omega - \log C_d \qquad (8.1.31)$$

이 식을 이용해서 $\log\omega$의 함수로 $\log|Z(\omega)|$를 도시하면 기울기가 -1이 되는 직선을 얻고, 그것의 절편은 $-\log C_d$가 된다는 것을 알 수 있다. 또한 $\log\omega$가 0일 때 $|Z(w)|$는 바로 $1/C_d$라는 것도 알 수 있다.

그림 8.1.8(b)에 나타낸 것처럼 $\log\omega$의 함수로 두 벡터 사이의 위상각(ϕ)을 도시하면 ϕ의 최댓값을 볼 수 있다. 이것에 해당하는 주파수 ω_{max}는 다음 식과 같다는 것을 증명할 수 있다.

$$\omega_{max} = \frac{1}{R_p \cdot C_{dl}} \cdot \left[1 + \frac{R_p}{R_s}\right]^{1/2} \tag{8.1.32}$$

이 식에서 해석에 필요한 여러 인자를 쉽게 구할 수 있을 것이다.

마지막으로 $\log\omega$의 함수로 허수 부분의 임피던스 $Z(\omega)''$을 도시하는 방법도 흔히 사용된다[4](참고문헌 [4]). 하나의 예를 그림 8.1.9에 나타냈다. 이미 나이퀴스트 도시에서도 보았던 것처럼 $Z(\omega)''$은 특정 주파수에서 최댓값을 띠게 된다. 따라서 $\log\omega$ vs. $Z(\omega)''$을 도시하면 종(bell) 모양을 띨 것이라 쉽게 예상할 수 있다. 켄디그와 맨스필드(Kendig & Mansfeld)는 종 모양의 오른쪽 반을 적분한 값이 R_p인 것을 증명하였고, 그 식은 다음과 같다[5].

$$R_p \cong \left| \int_{-\infty}^{\log\omega_{max}} Z''(\omega) \cdot d\log_{10}\omega \right| \tag{8.1.33}$$

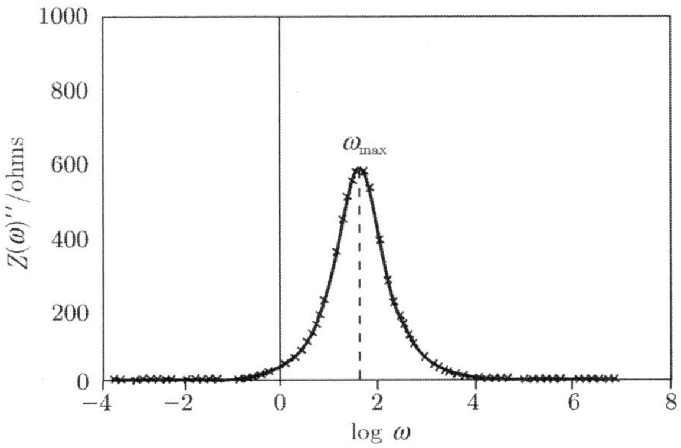

그림 8.1.9 그림 8.1.3의 자료를 이용해서 식 (8.1.33)으로 얻은 켄디그와 맨스필드(Kendig & Mansfeld) 도시. 본문 참조.

4) M Kendig and F. Mansfeld, *Corrosion*, **39**, 466, 1982.

5) Ibid.

이 방법으로 R_p 값도 어렵지 않게 구할 수 있다. 주파수 간격을 좁혀서 주파수 10단위(decade) 변화마다 측정하면 보다 정확한 값을 얻을 수 있다.

지금까지 자료를 이용해서 그래프를 그리는 여러 종류의 방법을 보여주는 이유는 실제 실험계는 매우 복잡하기에 어느 한 방법만으로는 명확한 해석을 하는 것이 힘들 때가 많기 때문이다. 예를 들자면 실제 측정 자료을 이용해서 나이퀴스트 법으로 그래프를 그려보면 잘 정의된 반원을 얻지 못하여 찾으려고 하는 값을 얻기가 어려운 경우가 많다. 특히 전극 혹은 전해 조건이 명확하게 정의되지 않은 경우 그래프는 이상한 모양으로 나타날 수가 있다. 이런 경우에는 지금까지 설명한 다른 도시(plot)들을 이용하여 해석에 필요한 여러 값을 좀 더 쉽게 구할 수도 있다. 그러나 많은 경우에 이런 수단을 사용해도 만족할 만한 답을 얻지 못할 때가 있다. 지금까지 설명한 방법을 이용해도 답을 찾기 어려우면 여러 종류의 등가 회로를 설계하고, 그 회로를 이용한 임피던스 식을 얻고, 식에서 얻어진 값들을 컴퓨터로 계산해야 한다. 그 후 이 값들을 나이퀴스트 법 혹은 다른 방법으로 도시를 한 후에 측정된 신호와 비교하는 방법을 사용하기도 한다. 이런 작업에 필요한 프로그램들을 쉽게 구매할 수 있으며 때로는 전자공학에서 많이 사용하는 회로 모의실험 프로그램(circuit simulation program)을 이용할 수도 있다.

8.1.6 교류 전압전류법(AC Voltammetry)

지금까지 설명했던 것처럼 임피던스 방법은 전극 화학 반응에 관련된 저항 성분을 전기 부품으로 등가 회로를 만들어 그곳으로 전류가 흐를 때 전체 저항의 특성을 파악하여 전기화학 반응을 설명하는 데 매우 적절하게 활용하는 것이었다. 또한 지금까지 사용한 방법은 과전위를 고정시켜 놓은 일정 상태(steady state)의 조건에서 실험을 했다. 그러나 같은 실험을 전위를 변화시켜 가면서도 얼마든지 할 수 있으며 그런 상황에서는 또 다른 정보를 얻을 수 있다. 이 절에서는 과전위의 변화와 함께 교류 전위를 걸어주어 전류의 변화를 측정하는 실험 방법인 교류 전압전류법에 대하여 간단히 생각해 본다.

교류 전압전류법(ac voltammetry)은 경사(ramp) 전위를 사용하여 전위를 증가시키면서 동시에 진폭이 작은 교류 전위를 경사 전위와 합쳐서 작업전극에 걸어주면서 임피던스를 측정하고, 측정 자료에서 구할 수 있는 전류를 전위의 함수로 나타내는 전기화학 실험법이다. 이때 교류 한 주기의 평균값이 곧 경사 전위이며 교류의 주파수는 일반적으로 10 Hz에서 100,000 Hz 범위에 있는 것을 사용한다. 임피던스로부터 얻어지는 전류와 교류 전위 사이의 위상 차이(위상차)도 중요한 요소이다. 교류 전압전류법은 직류 전위가 만들어내는 농도 분포와 크기가 작은 교류 전위가 만들어내는 조그만 농도의 요동(fluctuation)을 반영하여 임피던스를 측정하는 방법이라고 생각하는 것이 적절하다. 이러한 농도의 변화 때문에 전위는 항상 조그만 범위에서 커졌다, 작아졌다 할 것이므로 전기화학 반응은 가역적으로 진행될 것이다. 따라서 전극 반응의 가역 여부를 판단하기에 알맞은 방법이다. 여기서는 가역 전기화학 반응만을 비교적 상세히 논의하기로 하자.

이미 설명한 것처럼 교류 전압전류법은 근본적으로 임피던스를 측정하는 것이며, 전해 과정에서 물질의 확산과 깊이 관련이 되어 있으므로 식 (8.1.23)에서 출발하는 것이 자연스럽다. 왜냐하면 이 식은 물질 확산과 관련된 임피던스에 관한 방정식이며, 또한 패러데이 반응에 대한 임피던스를 제공하기 때문이다.

$$Z_W = \left(\frac{2}{\omega}\right)^{1/2}\sigma \tag{8.1.23}$$

$$\sigma = \frac{RT}{n^2F^2A\sqrt{2}}\left(\frac{1}{D_O^{1/2}C_O^*} + \frac{1}{D_R^{1/2}C_R^*}\right) \tag{8.1.19}$$

가역적인 전기화학 반응에서 전자의 이동 속도는 매우 빠르므로 전자 이동이 원인이 되는 저항을 무시할 수 있다. 따라서 이 식은 전극의 표면 혹은 용액에 상관없이 적용할 수 있다. 따라서 이 식은 전극 표면의 경우 다음과 같이 나타낼 수 있다.

$$\sigma = \frac{RT}{n^2F^2A\sqrt{2}}\left(\frac{1}{D_O^{1/2}C_O(0,\ t)} + \frac{1}{D_R^{1/2}C_R(0,\ t)}\right) \tag{8.1.34}$$

여기서 $C_O(0,\ t)$와 $C_R(0,\ t)$는 전극 표면에서 각 화학종의 평균 농도이고 이것들은 네른스트 식으로 쉽게 구할 수 있다. 그런데 전극 표면의 농도는 전극에 걸리는 교류 전위 때문에 수시로 변하므로 평균 농도라는 것을 기억해야 된다. $C_O(0,\ t)$와 $C_R(0,\ t)$ 및 그것들의 상호 관계는 이미 4장에서 설명했던 것처럼 직류 전위(E_{dc})에 따라 결정되며 $C_O(0,\ t)$과 $C_R(0,\ t)$은 각각 다음과 같은 식으로 나타낼 수 있다.

$$C_O(0,\ t) = C_O^*\left(\frac{\xi\theta}{1+\xi\theta}\right) \tag{8.1.35}$$

$$C_R(0,\ t) = C_R^*\left(\frac{\xi\theta}{1+\xi\theta}\right) \tag{8.1.36}$$

여기서 C_O^*는 이미 여러 번 설명했듯이 산화된 화학종(O)의 벌크 용액 농도, ξ는

$(D_O/D_R)^{1/2}$, θ는 $C_O(0, t)$와 $C_R(0, t)$의 비율이다. θ는 네른스트 식을 이용하여 다음과 같은 형태로 나타낼 수 있다.

$$\frac{C_O(0, t)}{C_R(0, t)} = \theta = \exp\left[\frac{nF}{RT}(E_{dc} - E^{\circ\prime})\right] \tag{8.1.37}$$

따라서 식 (8.1.35)와 (8.1.36)을 식 (8.1.34)에 넣고 이 결과를 다시 식 (8.1.23)에 적용하면 패러데이 반응에 대한 임피던스를 얻을 수 있는데, 그것의 결과는 다음 식과 같다.

$$Z_W = \frac{RT}{n^2F^2A\omega^{1/2}D_O^{1/2}C_O^*}\left(\frac{1}{\xi\theta} + 2 + \xi\theta\right) \tag{8.1.38}$$

이 식의 $\xi\theta$는 식 (8.1.37)로부터 다음과 같은 식으로 나타낼 수 있다.

$$\begin{aligned}\xi\theta &= \left(\frac{D_O}{D_R}\right)^{1/2} \exp\left[\frac{nF}{RT}(E_{dc} - E^{\circ\prime})\right] \\ &\cong \exp\left[\frac{nF}{RT}(E_{dc} - E_{1/2})\right]\end{aligned} \tag{8.1.39}$$

따라서 식 (8.1.38)의 괄호는 $(e^{-a} + 2 + e^{a})$의 형태로서 이것은 $4\cosh^2(a/2)$로 대체할 수 있다. 여기서 a는 식 (8.1.39)에서 보는 것처럼 $\frac{nF}{RT}(E_{dc} - E_{1/2})$이다. 그러므로 식 (8.1.38)은 다음과 같은 식으로 변형할 수 있다.

$$Z_W = \frac{4RT}{n^2F^2A\omega^{1/2}D_O^{1/2}C_O^*}\cosh^2\left(\frac{a}{2}\right) \tag{8.1.40}$$

이제 전류(I_{ac})는 교류 전위(E_{ac})를 임피던스(식 (8.1.40))로 나누면 얻을 수 있으며, 그 값은 다음과 같다.

$$I_{ac} = \frac{E_{ac}}{Z_w} = \frac{n^2F^2A\omega^{1/2}D_O^{1/2}C_O^*\,\Delta E}{4RT\cosh^2(a/2)}\sin\left(\omega t + \frac{\pi}{4}\right) \tag{8.1.41}$$

여기서 ΔE는 교류 전위의 최댓값이다.

한편 이 전류의 위상은 가역적인 전극 반응계에서 교류 전위의 위상과 45°의 차이를 갖는다는 것을 앞 절에서 이미 살펴보았다. 따라서 전류에 대한 직류 부분의 최대 크기는 다음과 같은 식으로 나타낼 수 있다.

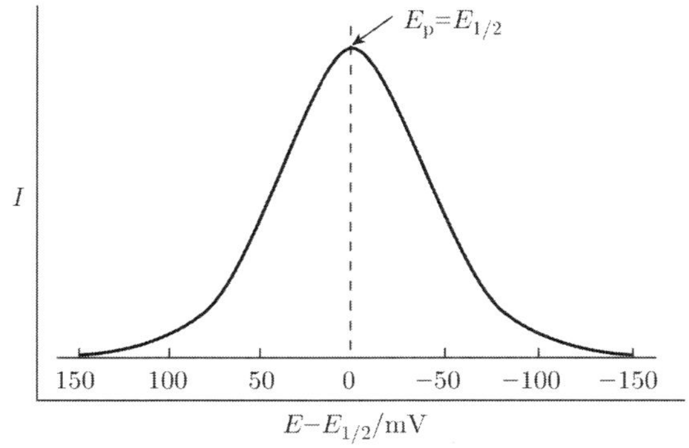

그림 8.1.10 가역 전기화학 반응에 대한 교류(ac) 전압전류 곡선

$$I = \frac{\Delta E}{Z_w} = \frac{n^2F^2A\omega^{1/2}D_O^{1/2}C_O^*\Delta E}{4RT\cosh^2(a/2)} \tag{8.1.42}$$

이를 통해 I는 a의 함수이며, a 역시 반파 전위의 함수라는 것을 알 수 있다. 그러므로 직류 전위(E_{dc})가 반파 전위($E_{1/2}$)일 때 $\cosh^2(a/2)$는 1이 되므로 최대 전류는 다음과 같은 식으로 나타낼 수 있다.

$$I_p = \frac{n^2F^2A\omega^{1/2}D_O^{1/2}C_O^*\Delta E}{4RT} \tag{8.1.43}$$

식 (8.1.42)을 사용하여 직류 전류를 반파 전위를 중심으로 양방향의 전위에 대해 그래프를 그려본 결과를 그림 8.1.10에 나타냈다. 이것으로부터 반파 전위에서 전류는 최댓값을 나타내며 전류의 모습은 양방향 전위에 대해서 대칭으로 분포되어 있다는 것을 알 수 있다. 이것은 펄스 차이 전압전류법(differential pulse voltammetry)(9장) 혹은 얇은 층 셀(thin-layer cell)에서 측정한 전압전류 곡선과 비슷한 모양을 가진다. 또한 식 (8.1.42)를 보면 이 전류는 n^2, $\omega^{1/2}$, C_O^* 등에 직접 비례한다는 것을 알 수 있다. 이론적으로는 교류 전위의 크기는 무엇이든 상관이 없다. 그러나 전류 봉우리들 사이의 분해능(resolution)을 높이고 전류와 ΔE가 비례하려면 교류 전위의 크기 ΔE가 $10/n$(mV) 범위 이내가 되어야 한다. 이런 조건에서 얻은 최대 봉우리 전류 크기의 절반에 대응하는 전위의 폭(half peak width)은 상온에서 $90.4/n$(mV)이다.

8.1.7 임피던스 측정 실험들

지금까지 임피던스의 개념을 설명하였고, 그것을 이용하여 전기화학 반응을 해석하는 방법에 대해 설명하였다. 이제까지 임피던스의 이론에 대해 많이 설명했으므로 이 절에서는 실제 실험에 적용하여 임피던스 자료를 얻는 방법에 대해 생각해 본다.

임피던스라고 부르는 저항은 저항뿐만 아니라 축전기 혹은 인덕터(inductor)의 특성도 함께 측정해야 하므로 단순한 직류 방법으로 측정하면 전류의 위상 변화를 일으키는 허수 항 혹은 위상각 등과 같은 요소들을 구할 수 없다는 것을 쉽게 짐작할 수 있다. 따라서 임피던스를 측정할 때는 교류를 사용해야 한다.

교류 신호를 흘려주어 임피던스를 측정할 때 초기에는 교류 브리지(ac bridge)를 사용하는 방법 혹은 실험 계에서 발생하는 교류 전류를 오실로스코프의 y축으로 잡고 계에 걸어준 교류 신호를 x축으로 하여 그릴 수 있는 소위 말하는 리사주 도형(Lissajous diagram)을 만들어 필요한 정보를 얻는 방법들을 사용하였다. 그러나 이 방법들은 개별 주파수마다 측정을 해야 하는 번거로움이 있고, 시간도 엄청나게 많이 걸린다. 따라서 요즘에는 이와 같은 방법을 사용하지 않는다. 요즈음은 고정위상 증폭기(lock-in amplifier)를 이용하는 위상 감별 검출법(phase sensitive detection), 고속 푸리에 변환법(fast Fourier transform, FFT), **주파수 응답 분석법**(frequency response analyzer, FRA)을 사용하고 있다. 그런데 고정위상 증폭기를 사용하는 방법은 관련 기기가 상품화되어 한때 사용된 적이 있었으나 1 Hz 이하의 주파수에서 사용하기 힘들다는 단점이 있다. 현재 상품으로 만들어져 가장 널리 보급되는 기기를 이용하는 것은 주파수 응답 분석법이다. 이곳에서는 이 방법의 원리만 간략히 설명한다.

전극 반응을 일으키려고 전해 셀에 걸어주는 교류 전위 신호는 다음과 같이 나타낼 수 있다.

$$E(t) = E_{\max} \cdot \sin \omega t \qquad (8.1.44)$$

그 결과 측정되는 전류 신호의 위상은 전해 셀에 걸어주었던 전위 신호의 위상과 다를 뿐만이 아니라 측정 대상이 되는 반응계의 전체 임피던스에 따라 전류 신호의 크기도 달라질 것이다. 전류의 위상을 처음에 걸어준 전위 신호의 위상과 같은 신호와 전위 신호의 위상과 90° 위상 차이가 나는 신호로 분리하는 방법은 두 개의 표준 신호, 사인(sine) 함수와 코사인(cosine) 함수에 대한 상관관계(correlation)를 함수로 나타내는 것이다. 이러한 개념의 흐름을 그림 8.1.11에 나타냈다.

위에서 설명한 전위 신호를 작업전극에 걸어주었을 때 측정되는 신호는 다음과 같다.

$$S(t) = |H(j\omega)| \Delta x_0 \sin[\omega t + \phi(\omega)] + \sum_{m=2} A_m \sin[m\omega t + \phi_m(\omega)] \qquad (8.1.45)$$

이 식은 전기화학 셀에서 나오는 비선형 신호를 사인(코사인) 함수로 나타낸 것이다.

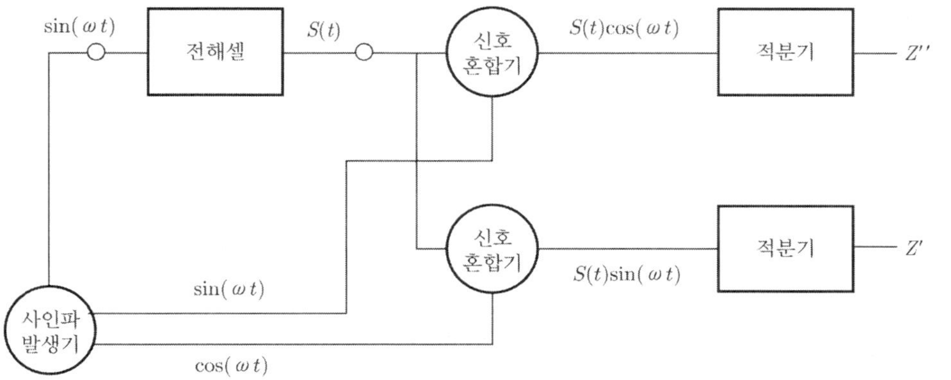

그림 8.1.11 주파수 응답 분석법의 원리. 여기서 $S(t)$는 전해 셀에서 나오는 신호이다.

이 식을 이용하여 걸어준 신호의 위상과 위상 차이가 0°인 신호와 위상 차이가 90°인 신호를 분리하여 실수 및 허수 영역의 임피던스를 구한다. 그러려면 이를 위해서 기준으로 사용되는 사인 및 코사인 함수와 관계가 있는 상관 함수를 구해야 한다. 이 함수는 신호 혼합기(signal mixer)에서 측정 신호에 각각 사인 및 코사인 함수를 곱한 후에 그것을 다시 시간에 대해 적분을 하면 얻을 수 있다. 식으로 나타내면 다음과 같다.

$$Z' = \frac{1}{T}\int_0^T S(t) \cdot \sin(\omega t)dt \tag{8.1.46}$$

$$Z'' = \frac{1}{T}\int_0^T S(t) \cdot \cos(\omega t)dt \tag{8.1.47}$$

여기서 T는 교류의 한 주기이며, 단위는 시간이다. 이론으로는 식 (8.1.46)에서 첫 번째 조화파(harmonic wave)만 남고, 나머지 항들의 값은 0이 될 것이다.

측정할 때 많은 잡음(noise)이 따라 들어오지만 잡음의 크기는 적분 시간이 길수록 줄어들게 될 것이다. 잡음을 줄이기 위해서 적분 시간을 한없이 길게 할 수는 없다. 잡음의 띠너비(bandwidth)는 적분할 때 중심 주파수의 주기 횟수를 늘릴수록 줄어든다. 즉 잡음의 띠너비(Δf)와 측정 중심 주파수(f)와의 관계는 다음과 같다.

$$\frac{\Delta f}{f} = \frac{1}{N} \tag{8.1.48}$$

여기서 N은 중심 주파수의 총 주기 횟수이다.

이 방법을 사용할 때 총 주기 횟수를 100회 이상 적분한다 해도 1 Hz 이상의 주파수 영역의 경우에는 그렇게 긴 시간이 걸리지 않는다. 그러나 1 mHz 혹은 그 이하의 주파수를 사용하는 경우에는 매우 긴 시간이 필요하다. 임피던스를 측정할 때 걸어주는 전위 혹은 실험 조건을 조절하여 측정하려는 반응계가 평형에 도달한 후에 적분 시간을 길게 하여 측정하는 것이 중요하다.

최근에 불연속 푸리에 변환(discrete time Fourier transform)을 사용하여 전 주파수 영역의 임피던스를 매우 짧은 시간 안에 측정하는 방법이 알려졌다[6]. 이 방법은 측정 시간이 단축되어 여러 가지 장점이 있지만 확산 항에 관한 정보를 얻지는 못한다.

8.1.8 전기화학 연구에 임피던스 측정의 응용

임피던스 측정법은 오래전부터 알려져 왔고 전기화학 연구에 소개된 것도 꽤 오래되었다. 그러나 이 방법이 전기화학의 연구에서 많이 이용되며 인기를 누리게 된 것은 비교적 최근의 일이다. 현재까지 임피던스 방법을 이용하여 매우 많은 연구가 이루어졌으며 이것을 총괄하여 다루기에는 그 양이 너무 방대하다. 여기에서는 몇 가지의 예를 들어 이 방법이 유용하다는 것을 보여주려고 한다.

앞에서 설명한 것처럼 특정한 전기화학 반응에 대하여 여러 과전위에서 R_p 값을 얻을 수 있다. 이 값들은 R_{CT} 혹은 교환 전류를 구하는 데 사용될 수 있다. $R_p = d\eta/dI$로 정의되기 때문에 다음과 같은 식을 이용하면 전류를 구할 수 있다.

$$I = \int \frac{1}{R_p} d\eta$$

이 전류 값을 이용하여 $I-E$ 곡선 그래프를 얻으며, 버틀러-볼머 식을 사용하여 그래프에서 교환 전류(i^o)를 얻을 수 있다. 결국 교환 전류와 식 ($R_{CT} = RT/nFi^o$)을 이용하면 R_{CT}를 구할 수 있다(4.3절 참조).

전기화학 반응에 대해서 임피던스 측정하여 해석하는 것은 매우 다양한 분야에서 이용하고 있다. 예를 들어서 생화학 센서, 부식 반응, 반도체 전극, 미달 전위 석출 현상, 전지에 응용이 되는 전극 물질의 거동 등이 그것이다. 빠른 푸리에 변환법과 같은 새로운 기술의 개발은 임피던스 방법의 활용 범위를 더 넓히고 있다.

수용액에서 진행되는 부식 반응은 전기화학 반응이라는 것은 잘 알려진 사실이다 [6]. 따라서 부식률 측정과 부식 메커니즘 연구에 전기화학적 방법을 사용할 수 있다. 부식률 측정은 곧 부식 저항(R_{corr})을 측정하는 것이 되므로 부식 연구에 임피던스 방법이 다른 어떤 방법보다 많이 사용되었다. 따라서 부식 연구가 임피던스 측정 방법에

6) 8.1.3절에 있는 그림 8.1.4와 그에 관련된 설명 및 각주 2)에 인용된 논문 참조.

많은 발전을 가져온 것도 사실이다. 그것과 더불어 부식 전문가들은 임피던스 데이터 결과를 해석하는 방법을 많이 개발하였다. 부식 연구에 임피던스 측정을 이용한 예에 대해서는 참고문헌들([6]~[8])을 살펴보기 바란다.

빠른 임피던스 측정법은 부식 반응에 대해서도 적용할 수가 있다. 부식 억제 물질을 첨가했을 때, 부식이 되는 차단막을 입혔을 때, 부동화 막이 형성될 때 빠른 임피던스 측정법으로 임피던스를 측정하여 분석하면 보다 실시간으로 부식의 메커니즘을 추적하는 것이 가능하기 때문이다.

전지와 연료 전지에서 진행되는 주요한 반응들이 전기화학 반응이라는 것도 잘 알려져 있다. 전지와 관련된 전기화학 반응은 여러 가지 종류가 있다. 예를 들면 전지에서 사용되는 전해질은 수용성 혹은 비수용성 용매에 이미 잘 알려진 염을 녹인 경우가 대부분이다. 그러나 고체 전해질로 지르코니아(zirconia) 혹은 알루미나(β-alumina), 혹은 고분자 전해질(polyethylene oxide(PEO)) 등을 사용하기도 한다[11]. 뿐만 아니라 리튬 염화싸이오닐(Li/$SOCl_2$)처럼 용매인 동시에 반응 물질로 사용되는 경우도 있다. 이들 전해질과 전극이 형성하는 계면은 매우 복잡해서 다른 실험 방법으로는 알아내지 못할 정보를 임피던스 측정으로 얻는 경우가 많다. 특히 고체 전해질 혹은 고분자 전해질(PEO)을 사용할 때에는 전도도도 낮을 뿐 아니라, 고체와 고체가 접촉되어 독특한 계면이 이루어지고, 그 계면이 균일하다는 보장도 없다[7].

리튬 이온 전지에서 전극 소재에 따른 Li^+ 이온의 확산은 물론 전해질에서 Li^+ 이온의 이동과 관련하여 측정된 임피던스는 효율적인 전지의 설계 및 새로운 전극 물질의 개발에 도움을 줄 수가 있다. 리튬 이온 전지에 대한 모델을 설정하고 반 전지의 등가 회로(그림 8.1.12)를 제시하여 보다 구체적인 전극 반응을 추적하려는 노력도 하고 있다[8].

한편 리튬 이온 전지의 (+)극으로 사용되는 $LiFePO_4$ 전극 및 전도성 고분자(PEDOT 혹은 PPy)와 탄소(Carbon)를 입힌 $LiFePO_4$ 전극들의 전하 이동 저항(charge transfer resistance, R_{CT})을 임피던스 방법으로 측정하였다. 전도성 고분자 혹은 탄소를 입힌 전극의 전하 이동 저항이 현저히 줄어드는 것을 관찰하였고, 그것으로 $LiFePO_4$ 전극의 결정형태가 고유 용량(specific capacity)의 크기에 영향을 준다는 것을 알아냈다[9].

생화학 센서에 대한 다소 복잡한 면을 띠는 층의 분석에도 빠른 푸리에 변환 임피던스 측정법이 활용되고 있다. 그것은 폴리피롤과 프루시안블루로 구성된 복합층에 글

7) J. El Bauerle, *J. Phys. Chem. Solids*, **30**, 2657, 1969.
8) W. Choi, H-C. Shin, J. M. Kim, J-Y. Choi, W-S. Yoon, *J. Electrochem. Science and Tech.* **11**, 1, 2020.
9) H-C. Dinh, S. Mho, I-H. Yeo, *Electroanal.*, **23**, 2079, 2011.

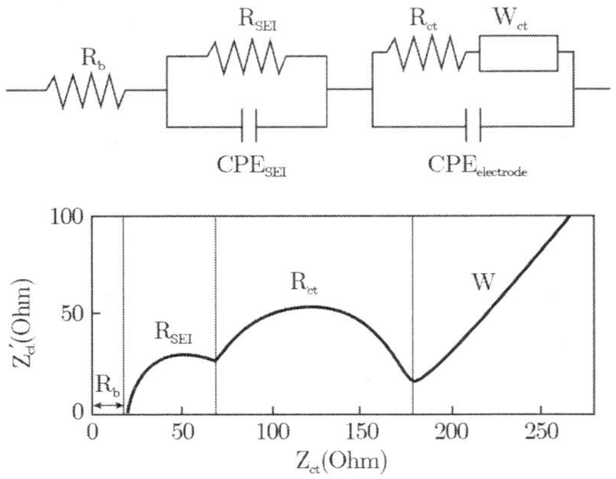

그림 8.1.12 리튬 이온 전지의 반쪽 전지에 대한 등가 회로의 모델
R_b: 셀의 벌크 저항(전해질, 분리막, 전극 포함)
R_{SEI}, CPE_{SEI}: 계면층의 저항 및 축전 용량
R_{ct}, $CPE_{electrode}$: 전하 이동 저항 및 전기 이중층 축전 용량
W: 전극 물질에 대한 리튬 이온의 확산 효과

루코오스 산화 효소가 포함된 비교적 복잡한 전극의 임피던스를 측정하여, 글루코오스 산화 효소의 역할과 시간에 따른 신호의 감소 이유를 설명하고 있다[10]. 더구나 임피던스 측정을 직접 바이오 센서를 활용하여 환경 호르몬의 검출에 응용하기도 한다. 이러한 예들은 전기화학 반응에 대한 임피던스 측정법의 활용 범위가 점점 더 넓어지고 있음을 의미한다[11]. 이미 잘 알려진 반응을 임피던스 측정법으로 재확인하기도 한다. 예를 들어 매달린 수은 방울 전극에서 Cd^{2+}의 환원 반응에 대해서 임피던스 측정법을 적용하였다. 환원 전위의 함수로 임피던스를 측정하였고, 편극 저항, 이중층 축전 용량 및 와버그 임피던스 등을 이용하여 그것들을 해석하였다. 그 결과 편극 저항과 와버그 임피던스는 반파 전위에서 최솟값을 가지지만 축전 용량은 같은 방식으로 증가하는 양상을 띤다고 보고하였다[12].

8.2 수정 결정 미량무게분석법

전극에서 일어나는 반응 혹은 흡착 때문에 전극의 질량이 미세하게 증가 또는 감소

10) A. Valiuniene, A. Rekertaite, A. Ramanaviciene, L. Mikoliunaite, A. Ramanaviciusa, *Colloids and Surfaces* A: **532**, 165-171, 2017.
11) R. Radhakrishnan, I. Suni, C. Bever, and B. Hammock, *Sustainable Chem. Eng.(ACS)*, **2**, 1649-1655, 2014.
12) K. Darowicki and P. Slepski, *J. Electroanal. Chem.* **547**, 1-8, 2003.

하는 것을 측정하는 방법으로 **전기화학적 수정 결정 미량무게분석법**(electrochemical quartz crystal microgravimetry, EQCM)이 있다. 이 방법에서는 진동이 가능한 수정 결정 위에 금속 박막을 입혀서 그것을 전극으로 사용한다. 전극 반응 결과 전극 표면에 얇은 막이 생기거나 전극 전위의 변화에 따라 흡착되는 양이 변하면 진동 주파수는 감소한다. 왜냐하면 전극에 물질이 붙으면 전극의 질량이 증가하고, 질량의 증가는 주파수의 감소를 가져오기 때문이다. 수정 결정 미량무게분석법 실험은 진동 주파수의 변화를 측정하여 전극 표면에 달라붙은 흡착층 혹은 표면막의 질량을 구하는 것이다.

전극의 밑받침으로 사용되는 얇은 두께의 수정판은 전자 시계의 진동자와 같은 원리로 작동한다. 수정판에 전기장을 걸어주면 변형을 일으키는 스트레스가 생긴다. 수정의 고유 진동수(ν_o)는 힘 상수(k)와 유효 환산 질량(μ)의 비로 결정이 되며, 다음과 같은 식으로 나타낼 수 있다.

$$\nu_o = \frac{1}{2\pi}\left(\frac{k}{\mu}\right)^{1/2} \tag{8.2.1}$$

여기서 k는 수정 결정의 크기와 강도(modulus)로 결정되는 힘 상수(force constant)이다. 수정처럼 압전 현상(piezoelectric effect)을 나타내는 결정은 전기장을 걸어주면 기계적 변형이 일어난다. 따라서 이 방법에서 사용되는 수정은 결정축에 대하여 적절한 각도로 잘라낸 후 양면을 전극으로 만든 것이다. 그 전극에 수정 결정의 고유 진동수에 가까운 교류를 걸어주면 엇밀림 진동(shear oscillation)이 계속된다. 큰 질량과 아주 작은 질량이 묶여있을 때 환산 질량은 작은 질량에 의하여 결정되므로 전극 표면에 물질이 붙을 경우 그 물질의 질량이 비례하여 결정의 유효 환산 질량이 증가한다. 물질이 없는 경우의 진동수와 비교해 보면 질량의 증가분에 해당하는 만큼 진동 횟수는 줄어든다. 즉, 주파수의 감소가 일어난다. 주파수가 줄어드는 정도(크기)는 질량 증가의 크기에 정비례한다. 수정 결정 미량무게분석법에서 사용되는 수정은 특수한 방향으로 잘라서(AT-cut) 온도 변화에도 영향을 받지 않는 얇은 판 모양이다. 이런 특성을 지닌 얇은 두께의 수정 결정판 양면에 얇은 금속(예를 들면 금)막을 입힌 것이다(그림 8.2.1). 이런 종류의 수정 진동자는 오래전부터 기체 흡착 양을 측정하는 실험에 사용되기도 했다. 이것을 용액과 접촉된 환경에서도 사용할 수 있다는 것이 알려지면서 전기화학 실험에 응용하게 된 것은 1980년대 이후이다. 전극 반응에서 전극의 역할을 하는 한 면은 전해질과 접촉하고 다른 면은 셀의 외부로 노출되어 전해질의 접촉이 없다. 양 전극 사이에 발진 장치를 연결하면 결정의 양면 사이에 진동 전압이 걸리도록 설계되어 있다.

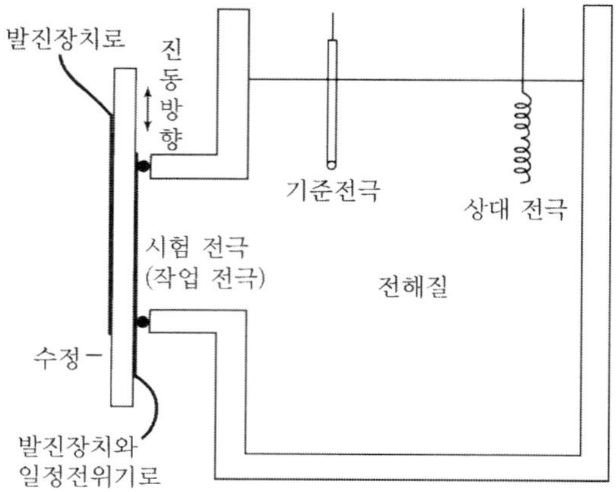

그림 8.2.1 진동 수정 전극과 전기화학 셀의 구성

앞서 설명한 것처럼 진동수의 변화는 전극 표면에 붙는 물질의 질량 증가 m에 정비례한다. 그것은 다음과 같은 식으로 나타내며, 이것을 **사우어브레이**(Sauerbrey) 식이라 한다.

$$\delta\nu = -\frac{2\nu_o^2}{A(\beta\rho)^{1/2}} m \tag{8.2.2}$$

이 식에서 A는 전극 면적, β는 수정 결정의 엇밀기 탄성률(shear modulus), ρ는 밀도이다. 전기화학 실험에서 사용되는 결정은 보통 두께가 수백 μm 이고 진동수가 5 MHz 또는 10 MHz 등의 진동 주파수 특성을 갖춘 것으로, 그것을 이용하면 전극 표면에서 일어나는 질량의 변화를 약 ng/cm^{2}의 민감도로 감지할 수 있다. 이 정도의 아주 작은 질량 변화도 민감하게 측정하는 것이 가능하기 때문에 작은 분자 혹은 이온들의 단분자층 혹은 그 이하의 흡착까지도 측정이 가능하다. 또한 이런 특징의 전극은 금속 표면의 산화, 전도성 고분자의 생성 및 그것의 산화 환원에 따른 질량의 변화, 금속 이온의 미달 전위 석출 등의 연구에도 이용되고 있다[13)].

한편 이 전극의 전위를 변화하면서 제자리(*in situ*) 측정을 한다면 전류의 변화와 동시에 질량 변화의 정보를 얻을 수 있다. 그림 8.2.2는 아세토나이트릴 용액에서 싸이올(thiol) 분자들이 금 전극 표면에 흡착될 때 제자리 측정으로 얻은 산화 전류와 주파수 감소 및 주파수 감소에 대응되는 질량의 증가를 나타내는 그래프이다.

13) S. Bruckenstein and R. Hillman, *Electrochemical Quartz Crystal Microbalance Studies of Electroactive Surface Films*, in A. T. Hubbard ed., *Handbook of Surface Imaging and Visualization*, CRC, 1995; D. A. Buttry and M. D. Ward, *Chem. Rev.* **1992**, 92, 1355; M. D. Ward, *Principles and Applications of the Electrochemical Quartz Crystal Microbalance*, in I. Rubinstein Ed. *Physical Electrochemistry*, Marcel-Dekker, 1995.

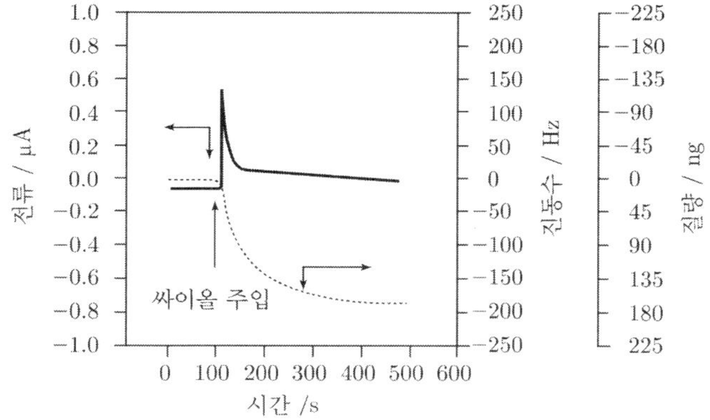

그림 8.2.2 수정 결정 미량무게분석법-금 전극에 흡착된 도데칸싸이올(dodecanethiol)의 흡착에 따른 산화 전류(실선)와 진동수의 감소 및 환산된 질량의 증가(점선)[14]

8.3 분광학 실험

8.3.1 분광법의 도입

전통적인 전기화학 실험은 전위 혹은 전류만을 측정하고, 그것을 이용하여 전기화학 반응의 메커니즘을 알아내거나 혹은 미루어 짐작을 한다. 그렇지만 그런 메커니즘 혹은 미루어 짐작한 메커니즘은 제시하는 중간 물질등에 대한 직접적인 증거가 없는 경우가 많았다. 따라서 1960년대 이전의 전기화학 반응의 연구들은 전기화학 이론에 기초한 동력학적 거동 혹은 열역학 자료 등을 측정된 자료와 비교하고 분석하여 결론을 내리는 것이 대부분이었다. 이런 방법이 갖는 한계들은 임피던스 측정과 같은 방식으로 다소 보완될 수 있었지만 아직도 제한된 범위 내에서 실험과 해석이 가능한 것도 사실이다. 그런데 1964년에 쿠와나(Kuwana) 등이 전기분광학 실험을 소개한 이후부터 전통적인 전기화학 실험의 한계가 다소 극복이 되면서 전기화학 연구는 다시 활기를 띠게 되었다[15]. 쿠와나(Kuwana) 등은 투명 전극을 사용하여 전기화학 실험을 하면서 근자외선에서 가시광선에 이르는 파장 영역에서 스펙트럼을 측정하였다. 그들은 측정된 근자외선/가시광선(uv-vis) 스펙트럼의 흡수 띠가 매우 넓어서 중간체 검출은 다

14) S. Eu and W. Paik, *Chem. Lett.*, **1988**, 405.; W. Paik, S. Eu, K. Lee, S. Chon, and M. Kim, *Langmuir*, **16,** 10198, 2000.

15) T. Kuwana, R. K. Darlington, and D. W. Leedy, *Anal. Chem.*, **36**, 2023, 1964.

시 한계에 도달한다는 것을 곧 알게 되었다. 이런 종류의 한계를 극복하기 위하여 1980년대에는 전기화학 실험을 하면서 적외선[16] 혹은 라만(Raman)[17] 스펙트럼을 측정하였다. 그것은 진동분광학(vibrational spectroscopy) 실험을 이용하여 전기화학 반응의 중간체를 검출하려는 노력이었다[12]. 진동분광학은 근자외선/가시광선 스펙트럼의 많은 단점들을 보완하므로 비록 실험 방법이 까다롭긴 하지만 전기화학 실험에서 생성되는 중간체의 검출에 커다란 도움이 되는 것이 사실이다.

전기화학 반응 중간체들끼리 반응이 진행되어 그것들의 중간체 혹은 생성물의 들뜬 상태가 만들어지고, 이 들뜬 상태의 형광을 측정하는 실험인 소위 전기 발생(electrogenerated) 화학 발광[18](chemiluminescence) 혹은 전기 화학 발광(electro-chemiluminescence, ECL) 실험 또한 얼마 동안은 많은 사람의 관심을 끌었다. 전기화학 발광 실험은 들뜬 상태의 분자의 성질을 연구하고, 화학 발광의 메커니즘을 이해하는 도구로 널리 사용되었다. 근래에는 전기 화학 발광 실험에서 빛의 증폭(lasing) 현상을 관찰했다는 연구 결과도 나왔다[19].

X-선 분광법을 이용한 표면 분석 방법 또한 최근에 도입되어 전기화학 실험을 하는 동안 진행되는 전극 표면의 변화를 알아내는 데 널리 사용되고 있다. 이런 종류의 실험들은 처음에는 X-선의 세기가 약했기 때문에 딴자리(*ex situ*) 측정이 대부분이었다. 그러나 최근에는 방사광 가속기에서 만들어진 광선의 세기가 크기 때문에 제자리(*in situ*) 실험이 가능하면서 점차 자리를 잡아가고 있다. 따라서 이런 분광법의 이용은 점점 더 많아지고 누구나 이용할 수 있는 기술이 되고 있다. 이 방법은 그 자체만으로도 충분히 논의할 주제가 되기에 8.5절에서 간략히 설명할 예정이다.

다음 절에서는 근자외선/가시광선 전기분광학 실험의 원리를 소개하며, 전기분광학을 응용한 몇 개의 예에 대해서 간략히 설명할 것이다.

8.3.2 흡수 전기분광학 실험

앞서 설명한 것처럼 전기분광학 실험은 '전극 반응을 볼 수 있는' 필요성을 느낀[20] 캔자스(Kansas) 대학의 아담스(Adams) 교수의 대학원생이었던 쿠와나(Kuwana)가 학위를 받은 후에 시작하였다. 그는 빛이 전부 투과하는 **광학적 투명 전극**(optically

16) 참고문헌 2의 17장 참고.
17) 참고문헌 2의 17장 참고.
18) S.-M. Mark and D. A. Tryk. Rev. *Chem. Intermed.*, **4**, 43, 1981.
19) T. Horiuchi, O. Niwa, and N, Hatakenaka, *Nature*, **194**, 659, 1998.
20) T. Kuwana 교수가 Kansas 대학의 대학원 재학시절 R. N. Adams 교수의 지도하에 phenylene diamines의 유도체의 전기화학적 산화 반응에 관하여 연구할 때 그 생성물인 quinone들이 색을 가지는 이유로 Adams 교수가 자주 하던 얘기라고 한다.

transparent electrode, OTE)을 전기화학 실험에 처음으로 이용하였다. 이 방법은 초기에는 투명한 전극을 사용하여 근자외선/가시광선 파장 범위의 빛이 투과하도록 설계하여 실험을 진행한 것이 많았다. 그보다 훨씬 뒤에는 전극이 윤이 나도록 매우 잘 연마해서 반사 전극을 사용한 실험도 발표되었다[21]. 이들 두 종류의 전극을 사용한 전기화학 셀의 구조를 그림 8.3.1 및 그림 8.3.2에 나타냈다.

그림 8.3.1에 있는 전기화학 셀은 판매되는 분광기의 빛이 전극을 가로질러 통과하도록 설계되었지만, 그림 8.3.2에 있는 전기화학 셀은 반사 전극에 빛이 닿을 수 있도록 분광기를 조립해서 사용하고 있다. 다음 절에 그 내용을 소개할 것이다. 두 종류의 실험 방법은 모두 전극 표면에서 진행되는 전극 반응의 중간체 혹은 최종 생성물의 스펙트럼을 측정하는 것이 목적이다. 따라서 전극 표면의 반응 층으로 빛이 통과되는 것이 필수 조건이다. 그림 8.3.1과 같은 셀에 사용되는 전극은 빛을 투과하는 물질인 소위 ITO(indium tin oxide)를 입힌 유리 슬라이드이거나 혹은 미세한 금망 전극(gold grid electrode)을 두 개의 얇은 유리판 사이에 끼운 것이다. 그것은 광학적 투명 얇은 층 전극(optically transparent thin-layer electrode, OTTLE)이라 부르는 것이다. ITO 전극은 약 350 nm보다 짧은 파장의 빛을 흡수하며 동시에 전기 전도체의 특징을 갖고 있다. 빛이 ITO 전극을 통과하므로 실험에서 측정되는 흡수 스펙트럼은 전극 반응의 중간체 혹은 최종 생성물의 빛의 흡수 특성을 반영하는 것으로 해석을 할 수 있다. 얇은 층 전극(OTTLE)은 금망 전극을 만들 때 사용된 금줄의 굵기에 따라 다르지만

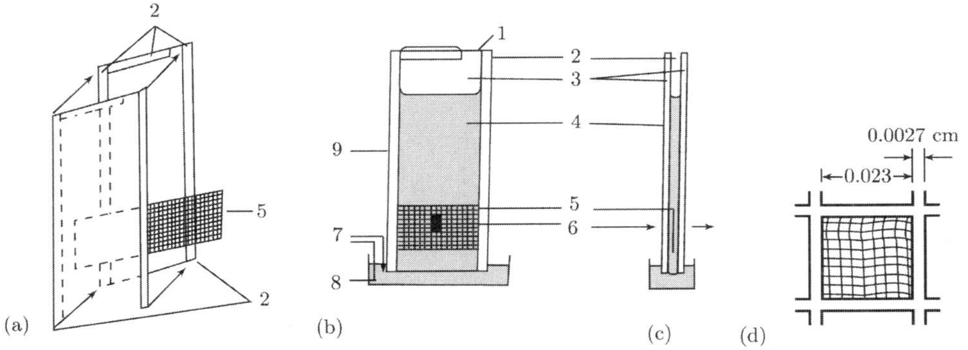

그림 8.3.1 광학적으로 투명한 얇은 층 전극: (a) 전해 셀의 조합, (b) 앞에서 본 전해 셀, (c) 옆에서 본 전해 셀, (d) 1인치당 100개의 선으로 이루어진 금망 전극의 크기. (1) 용액을 새로 넣을 때 감압 장치에 연결하는 부분, (2) 테플론 테이프 격자(Teflon tape spacer), (3) 현미경 슬라이드, (4) 용액, (5) 투명한 금망 전극, (6) 분광기의 빛의 통로, (7) 기준 및 상대전극, (8) 용액을 담는 용기, (9) 전해 셀을 조립하기 위해 사용한 에폭시(epoxy) 층. T. P. DeAngelis and W. R. Heineman, *J. Chem. Ed.*, **53**, 594(1976).

21) C.-H. Pyun and S.-M. Park, *Anal. Chem.*, **58**, 251, 1986.

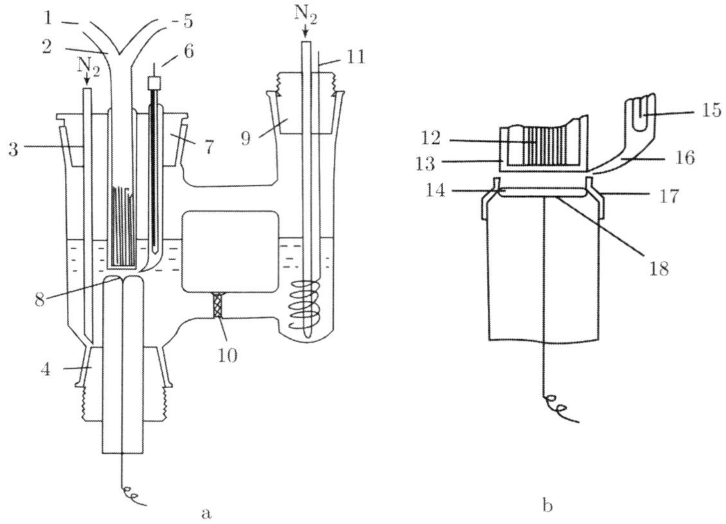

그림 8.3.2 반사형 전극을 사용한 전기분광학 실험의 전해 셀. 이 전해 셀은 벌크 셀(a) 또는 얇은 층 셀(thin layer cell)(b)로 사용할 수 있다. 1. 광원, 2. 광섬유, 3. 산소의 제거 및 용액을 채우는 용도 등으로 사용할 수 있는 유리관, 4. 테플론 마개, 5. 광전자 증배관 또는 CCD, 6. 기준전극, 7&9. 테플론 마개, 10. 가는 소결 유리, 11. 상대전극, 12. 광섬유, 13. 석영 유리관, 14, 석영 유리판, 15, 기준전극 끝, 16, 루긴 모세관, 17, 열수축 테플론 관, 8 & 18, 작업전극

보통 투과도는 약 70~85% 정도이다. 반사 전극은 거의 모든 금속 전극을 거울 면처럼 만들면 사용할 수 있으며, 또한 유리 혹은 수정 표면에 얇은 금속 박막을 입힌 것을 사용할 수도 있다.

반사 전극을 이용한 광 특성 측정은 전극 표면에서 반사되는 빛을 다시 모아야 하기 때문에 두 갈래 광 섬유관(bifurcated optical fiber)을 사용하는 것이 일반적이다. 두 갈래 광 섬유관을 사용하지 않고 전극 후면에서 일어나는 반사, 즉 내부 반사(internal reflectance)를 이용한 실험[22]도 가능하다. 그러나 이 방법은 비교적 까다롭고 응용 한계가 있기 때문에 이곳에서는 설명하지 않는다.

전기분광학 실험은 투과형 전극을 사용하든 혹은 반사형 전극을 사용하든 실험의 특징으로 볼 때 홑살 분광 실험(single beam spectrometric experiments)을 선택할 수 밖에 없다. 따라서 분광기는 전기분해 실험 전, 전기분해하는 동안, 전기분해 후 각각 빛의 세기를 측정해서 기록할 수 있는 성능을 갖추어야 한다. 앞서 설명한 것처럼 빛이 지나가는 통로에서 전기분해를 하기 때문에 전극 반응의 중간체 혹은 최종 생성물이 빛을 흡수하면 빛의 세기가 줄어든다. 이런 이유로 전기화학 분광법 실험이 가능한

22) W. Hansen,T. Kuwana, R. Osteryoung, *Anal. Chem.*, **38**, 1810(1966).

것이다. 기초 분석화학 과목에서 이미 비어-램버트(Beer-Lambert) 법칙을 배워서 알고 있듯이 흡광도 A(absorbance)는 다음과 같이 정의된다.

$$A = -\log\frac{I_x}{I_0} \tag{8.3.1}$$

여기서 I_x는 전기분해하는 동안 혹은 전기분해 후에 측정된 빛의 세기이며 I_0는 전기분해하기 전에 측정된 빛의 세기이다.

다음과 같은 전기분해 반응이 진행되는 경우를 생각해 보자.

$$\mathrm{O} + n\mathrm{e}^- \rightarrow \mathrm{R} \tag{8.3.2}$$

생성물(R)이 반응물(O)과는 다른 파장의 빛을 흡수할 때 혹은 반응물(O)은 빛을 흡수하지 않고 생성물(R)만이 빛을 흡수할 때 비교적 좋은 전기분광학 실험 자료를 얻을 수 있다. 선택한 파장 영역에서 반응물(O)은 빛을 흡수하지 않고 생성물(R)만 빛을 흡수하는 경우에 흡수 분광학에서 널리 이용되는 비어-램버트(Beer-Lambert) 법칙을 사용하면 다음과 같은 식을 얻을 수 있다.

$$A_{\mathrm{R}} = \epsilon_{\mathrm{R}} \int_0^{\infty} C_{\mathrm{R}}(x,\ t)\,dx \tag{8.3.3}$$

여기서 ϵ_{R}은 R의 몰 흡광도(molar absorptivity)이고 $C_{\mathrm{R}}(x,\ t)$는 전기분해하는 동안 전극에서 떨어진 거리 x와 전기분해 시작한 후에 경과된 시간 t에서 전기분해 생성물 R의 농도이다. 빛의 통로에 놓인 모든 R은 전부 빛을 흡수하므로 전극 표면으로부터 빛이 통과한 전체 거리에 걸쳐서 적분한 것이다. 이것의 의미를 나타낸 것이 곧 식 (8.3.3)이다. 위 식에서 알 수 있는 사실은 흡광도는 시간의 함수이기 때문에 전기화학 실험의 특징을 정확히 알아야만 적분의 의미를 찾을 수 있다는 것이다. 왜냐하면 전기분해할 때 농도는 끊임없이 변하고 그 변화하는 특징은 7장에서 이미 살펴보았듯이 실험 방법에 따라 다르기 때문이다. 따라서 위 식으로 흡광도를 표현하면 식으로서는 완전하지만, 이 식의 물리적인 의미를 부여하기는 쉽지 않다.

실제 실험에서 전기분해하는 동안에 흡광도를 연속적으로 측정한다면, 생성되는 R의 양은 전기분해 시간 동안 소비된 전하와 관련이 있을 것이라는 생각은 쉽게 할 수 있다. 전해 셀의 용액을 젓지 않고 전기분해를 할 때 정전위 혹은 정전류 실험을 선택할 수 있다. 어떤 선택을 하든 전기 이중층의 충전에 필요한 전하량을 무시하고, 전류를 적분하여 얻은 값을 패러데이 법칙에 적용하여 계산된 양은 Q/nFA가 되며, 그것은 전기분해로 얻어진 물질의 총량으로 식 (8.3.3)의 적분 양과 일치할 것이다. 따라서 정전위 실험의 경우에 측정되는 전류는 코트럴(Cottrell) 식을 따를 것이라고 예측할 수 있다. 그것을 적분하면 이미 잘 알고 있는 시간전하량법(chromocoulometry)에 적용될 수 있는 것으로 다음과 같은 식을 쉽게 유도할 수 있다. 만약에 식 (6.7.20)으로 나타낸 전류를 시간에 대해 적분을 하고, 그것을 식 (8.3.3)과 결합하면 다음과 같은 식을 얻을 수 있다.

$$A_R = \frac{2\epsilon_R C_O^* D_O^{1/2} t^{1/2}}{\pi^{1/2}} \tag{8.3.4}$$

여기서 C_O^*는 O의 초기 농도이고 D_O는 O의 확산 계수인 것을 이미 알고 있다. 확산 지배 영역에 해당하는 하나의 전위를 전극에 걸어주고 전기분해를 하면서 생성되는 R의 흡광도를 시간에 따라 측정할 수 있다. 그런 조건에서 실험을 하여 측정된 시간-전하 곡선과 흡광도의 상호 관계를 설명해주는 것이 곧 식 (8.3.4)이다. 이 식으로부터 흡광도는 t의 제곱근에 직접 비례하므로 흡광도를 $t^{1/2}$에 대하여 도시를 하면 직선이 얻어진다는 것을 알 수 있다. 그림 8.3.3에 나타낸 것이 바로 그런 조건에서 실험한 결과이다[23]. 한편 직선의 기울기로부터 확산 계수 D_O를 쉽게 계산할 수 있다. 식 (8.3.4)는 다분히 상식적인 생각과 실험 조건에 맞는 식을 이용하여 만들었다. 그러나 지금부터는 이것을 좀 더 일반적인 전기화학 실험의 경우를 적용하여 식을 만들어보자.

앞서 설명했던 것처럼 전기분해를 할 때 일정한 전위를 걸어 준 경우에는 흡광도와

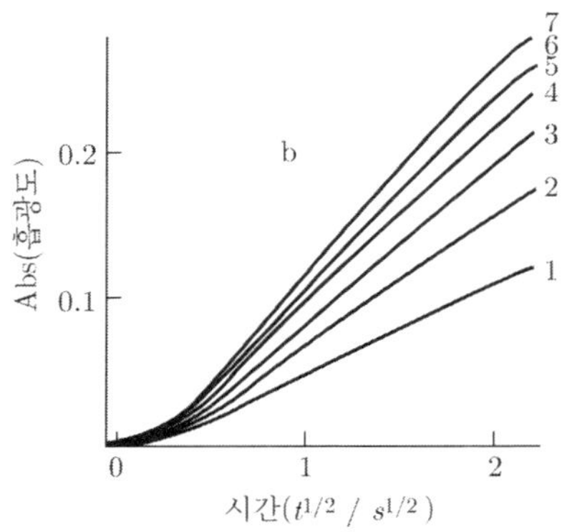

그림 8.3.3 완충 용액(0.50 M NaCl, 0.10 M $H_2PO_4^-$)에 있는 $Fe(CN)_4^{2-}$(20 mM)가 산화되는 동안 기록한 흡광도의 변화. 걸어준 전위는 1. 0.25, 2. 0.27, 3. 0.29, 4. 0.31, 5. 0.33, 6. 0.35, 7. 0.39 V(vs. Ag | AgCl)이다.

23) C. Zhang and S.-M. Park, *Bull. Kor. Chem. Soc.*, **10**, 302, 1989.

시간 혹은 흡광도와 전위의 관계를 얻을 수 있다. 그러나 전기화학 실험은 반드시 일정한 전위로만 실험하는 것이 아니며, 시간에 따라 전위의 변화를 주면서 전류를 측정하는 순환 전압전류법(cyclic voltammogram, CV)이 보다 많이 사용된다. 따라서 우선 전기분광학 실험으로 전기화학 반응의 중간체 혹은 생성물의 스펙트럼을 측정하여 그것들의 스펙트럼 특징을 파악한다. 그 후 분광기의 파장을 중간체 혹은 생성물의 특징에 해당되는 적합한 파장(예: 최대 흡수 파장)에 고정해 놓은 후 순환 전압전류법 실험을 하면서 흡광도를 측정한다면 중간체 또는 생성물이 생성 혹은 소멸되는 전위를 알아낼 수 있을 것이다. 이런 방법으로 측정된 흡광도를 전위의 함수로 그래프를 그린 것이 순환 전압흡광도 곡선(cyclic voltabsorptogram, CVA)이고, 그것을 순환 전압전류 곡선과 직접 비교할 수는 없다. 그러나 순환 전압흡광도 곡선은 순환 전압전하량 곡선(cyclic charge-voltage curve)과 직접 비교 가능하지만, 순환 전압전하량 곡선의 변화는 순환 전압전류 곡선의 변화보다 완만하기 때문에 특별한 정보를 얻기는 어렵다. 왜냐하면 순환 전압-전하량 곡선와 순환 전압-흡광도 곡선은 두 종류 모두 적분 형식의 신호이기 때문이다. 전위 변화에 따라 측정되는 정보는 아무래도 미분 형식이고, 그것은 반응 속도를 가늠해 볼 수 있는 순환 전압전류 곡선에서 더 뚜렷하게 나타나기 마련이다. 따라서 두 종류의 실험에서 얻은 직접 비교가 가능한 곡선은 순환 전압흡광도 곡선(CVA)을 미분하여 얻은 곡선과 순환 전압전류 곡선이 될 것이다. 이런 이유 때문에 순환 전압흡광도 곡선(CVA)을 미분하여 얻을 수 있는 소위 말하는 미분 순환 전압 흡광도법(derivative cyclic voltabsorptometry, DCVA)이 시작되었다[24]. DCVA는 반사형 전극을 이용한 전기분광학 실험에 대하여 처음으로 얻었으며, 그것과 연관되는 식들을 제안하였다.

식 (8.3.2)와 같은 반응으로 R이 생성될 때 필요한 전하의 총량은 측정된 전압전류 곡선의 전류를 적분하면 쉽게 얻을 수 있다. 또한 패러데이의 법칙과 비어-램버트(Beer-Lambert) 법칙을 결합하면 전하량과 흡광도의 관계를 알 수 있는 다음과 같은 식을 얻을 수 있다.

$$Q = \int_0^t I dt = nFS \frac{A_R}{2 \cdot 1000 \cdot \epsilon_R} \tag{8.3.5}$$

여기서 S는 전극의 표면적이고 나머지 기호들은 일반적으로 두루 사용되는 것들이다.

---

24) (a) C. Zhang and S.-M. Park, *Anal. Chem.*, **60**, 1641(1988); (b) C. Zhang and S.-M. Park, *Bull. Kor. Chem. Soc.*, **10**, 302(1989).

다만 여기서는 흡광도를 A로 사용하고 있어서 혼돈을 피하기 위해서 면적을 S로 사용하였다. 식 (8.3.5)의 오른쪽 분모에 있는 숫자 2는 반사 전극으로 전기분광학 실험을 하면 빛을 흡수하는 물질이 있는 전기화학 반응 층을 빛이 들어갈 때와 나갈 때 모두 통과하기 때문에 포함된 것이다(그림 8.3.2 참조). 또한 1000은 화학에서 사용하는 농도 단위 mole/L를, 전기화학 실험에서 흔히 사용하는 농도 단위 mole/mL로 변경했기 때문에 포함된 것이다. 이 식의 오른쪽 분수에 있는 값($nFSA_R$)은 비어-램버트(Beer-Lambert) 법칙을 이용하여 전기분해에서 생성된 R의 양을 계산하기 위한 것이다. 몰 단위로 나타낸 계산된 R의 양과 패러데이 법칙으로 계산된 전하를 대응시키면 위와 같은 식이 가능하다는 것을 알 수 있다. 따라서 식 (8.3.5)의 양쪽을 미분하면 왼쪽은 dQ/dt이며, 그것은 곧 I이고, 오른쪽은 dA_R/dt이며, 그것은 다음과 같은 식으로 정리할 수 있다.

$$\frac{dA_{\mathrm{R}}}{dt} = \frac{2000I\epsilon_{\mathrm{R}}}{nFS} \tag{8.3.6}$$

이 식은 사실상 어떤 형식의 전기화학 실험을 할지라도 전류를 알 수 있다면 이용이 가능한 것이다. 즉 이 식의 등호 오른쪽에 있는 I 대신 전기화학 실험 측정에서 얻은 혹은 측정하기 위해서 사용한 전류 i로 대체하면 그 실험 조건에 대한 dA/dt를 쉽게 얻을 수 있다. 예를 들어 일정 전위 실험에서 측정된 전류는 코트럴(Cottrell) 식으로 나타내므로, 이것을 식 (8.3.6)에 대입하면 식 (8.3.4)를 미분한 것처럼 보이는 다음 식이 된다.

$$\frac{dA_{\mathrm{R}}}{dt} = 2000\,\epsilon_{\mathrm{R}} C_{\mathrm{O}}^{*} \left[\frac{D_{\mathrm{O}}}{\pi t}\right]^{1/2} \tag{8.3.7}$$

이 식은 R의 생성 속도를 흡광도를 측정하여 표현한 dA_{R}/dt 신호와 정전위를 걸어주고 전기분해할 때 반응 속도에 해당하는 전류는 정확히 비례한다는 것을 보여준다. 이 식을 적분하고 단위를 다르게 하면 식 (8.3.4)와 비슷하지만 그 크기는 2배인 것을 알 수 있다. 따라서 식 (8.3.4)는 식 (8.3.6)에서 얻을 수 있는 식 가운데 하나의 특별한 형식을 갖춘 식에 불과하다.

식 (8.3.6)에 순환 전압전류법에서 사용되는 전류 식을 대입하고 정리하면 그것과 직접 비교할 수 있는 식이 얻어진다. 가역 전기화학 반응에서 순환 전압전류법에서 측정되는 봉우리 전류는 식 (7.4.1)과 같고, 이것을 대입하여 정리하면 식 (8.3.8)을 얻는다.

$$I_{\mathrm{p}} = 2.69 \times 10^5 n^{3/2} S D_{\mathrm{O}}^{1/2} C_{\mathrm{O}}^{*} v^{1/2} \tag{7.4.1}$$

$$\left[\frac{dA_{\mathrm{R}}}{dt}\right]_{\mathrm{p}} = 5.58 \times 10^{3} n^{1/2} \epsilon_{\mathrm{R}} D_{\mathrm{O}}^{1/2} C_{\mathrm{O}}^{*} v^{1/2} \tag{8.3.8}$$

즉 순환 전압전류법 실험과 마찬가지로 최대 신호가 나타난다. 만약에 전기화학 반응이 확산 지배 반응이라면 이 봉우리 신호는 전위의 훑기 속도의 제곱근($v^{1/2}$)에 직접 비례한다는 것을 알 수 있다. 한가지 흥미로운 사실은 순환 전압전류법(CV) 실험과 미분 순환 전압 흡광도법(DCVA)실험을 동시에 진행해서 i_{p}와 $[dA_{\mathrm{R}}/dt]_{\mathrm{p}}$를 얻게 된다면, 이것으로부터 R의 몰 흡광 계수(molar absorption coefficient)를 쉽게 구할 수 있다는 것이다. 다시 말해서 식 (8.3.8)을 식 (7.4.1)로 나누고, ϵ_{R}에 대하여 정리하면 다음과 같은 식이 된다.

$$\epsilon_{\mathrm{R}} = 48.2 n S \frac{(dA_{\mathrm{R}}/dt)_{\mathrm{p}}}{i_{\mathrm{p}}} \tag{8.3.9}$$

이 식은 전극의 표면적, S를 알면 봉우리 전류(I_{p}) 및 봉우리 신호($[dA_{\mathrm{R}}/dt]_{\mathrm{p}}$)로부터 몰 흡광 계수를 쉽게 구할 수 있다는 것을 말해준다. 이것은 O 혹은 R의 농도를 모르면서도 몰 흡광 계수 ϵ_{R}을 구할 수 있는 방법이다.

8.3.3 전기분광학 실험에 대해 더 알아보기

앞 절에서 설명한 것처럼 초기 전기분광학 실험은 투명한 얇음 층 전극(OTTLE)을 작업전극으로, 상대전극 및 표준 전극을 갖춘 전기분광학 셀을 사용하였다. 전극의 전위를 정전위기에 연결하여 전기분해를 하면서 동시에 분광계의 단색화 장치와 빛의 검출기 사이에 작업전극을 배치하여 빛이 통과하면서 혹은 반사한 후에 스펙트럼을 측정하는 방식이었다. 이와 같은 방법으로 측정을 할 때는 전위를 일정하게 걸어준 후에 전체 파장 범위를 훑어서 스펙트럼을 측정하기 때문에 실험 시간이 길다는 단점이 있었다. 따라서 이런 방법은 아주 안정한 중간체 혹은 생성물의 스펙트럼을 비교적 긴 시간 동안 측정하는 경우에는 만족스런 결과를 얻을 수 있다. 그러나 특정한 파장에서 매우 짧은 시간 안에 흡광도의 변화를 추적하는 실험의 경우에는 셀 대응 시간(rise time)이 따라가지 못한다. 그것은 광학적 투명 얇은 층 전극(OTTLE)을 사용할 경우에는 셀에 매우 얇은 층의 용액이 있고 용액과 전자가 비교적 큰 저항을 느끼면서 전자를 주고받기 때문이다. 또한 정전위기와 전극의 연결 부위에 따라 같은 전극일지라도 거리에 따라 전위가 다를 수가 있기 때문이다. 다시 말해서 정전위기와 전극의 연결점이 매우 가까울 경우에 걸어주는 전위는 실험에서 걸어주려는 전위에 비교적 가까울 것이다. 그러나 거리가 멀수록 용액과 전극 사이에 걸리는 저항 전위 강하(ohmic drop)가 합쳐지면 걸어준 전위와 실제 느끼는 전위가 매우 다를 수 있다. 이런 문제를 해결하려고 ITO를 입힌 전극을 사용했으나, 산화 인듐 혹은 산화 주석은 파장이 약 350 nm 이하가 되는 빛을 흡수하므로 측정하려는 스펙트럼의 영역에 제한을 받게 된다.

이런 결점들을 해결하기 위하여 고안한 방법이 반사 전극을 이용하는 실험이다. 이 실험 방법은 분광계의 성능에 맞추어 전기화학 셀을 고안하는 것이 아니라 전기화학 셀을 중심으로 분광계를 설계하기 때문에 적합한 모듈(module)을 조합하여 하나의 분광계를 조립하는 것이다. 그렇게 하면 기기를 상황에 맞게 운용할 수 있을 뿐 아니라 위에서 설명한 몇 가지 단점들을 보완할 수 있다. 초기의 반사 전극을 이용한 실험은 광섬유를 통해서 빛을 전극 표면에 비춘다는 것 외에는 기존의 단색화 장치(monochromator)를 사용했기 때문에 투과형 전극을 이용한 실험과 크게 다르지 않았다. 그럼에도 불구하고 이 방법은 삼 전극의 배치 방식이 투과형 방법보다 전류가 훨씬 더 잘 흐르도록 되어 있기 때문에 용액 저항의 영향을 훨씬 적게 받는다(그림 8.3.1 및 그림 8.3.2 참조). 뿐만 아니라 이 방법은 전기화학에서 매우 중요한 역사적 의미를 갖는 수은 전극조차도 작업전극으로 사용할 수 있다. 개선된 모듈을 사용하여 분광계를 제

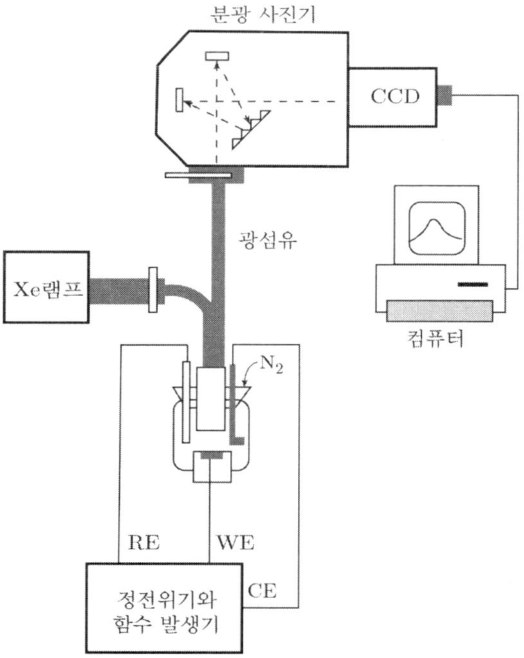

그림 8.3.4 전하결합장치(CCD) 검출기를 이용하여 조립한 전기분광학 실험 장치의 개략도. RE: 기준전극, WE: 작업전극, CE: 상대전극

작하기 때문에 반사형 전기분광학 실험장치도 점차 개선되었다. 그림 8.3.4에 최근에 판매되는 전하 결합 장치(charge-coupled device, CCD)를 이용한 전기화학 셀의 조립 모양을 나타냈다.

전하 결합 장치(CCD)의 검출기는 재래식 분광계와는 달리 스펙트럼을 측정하려고 전체 파장 영역을 훑어야 할 필요가 없다. 따라서 전 파장 영역의 스펙트럼을 매우 짧은 시간(예: 25 ms) 동안에 측정할 수 있다. 이처럼 스펙트럼 기록 시간이 매우 빨라져서 순환 전압전류 실험을 하면서도 실시간으로 매 10 mV 혹은 50 mV 간격으로 스펙트럼을 측정할 수 있다.

미분 순환 전압 흡광도법(DCVA) 실험은 사실 거의 모든 종류의 광측정 방법으로 쉽게 할 수 있다. 재래의 장치로 흡광도를 측정하는 경우, 예를 들면 시작 물질 혹은 중간 물질이 다른 물질의 방해 없이 흡수하는 특정한 파장에 고정시켜 놓은 상태에서 전극의 전위를 변화하면서 흡광도를 측정한다. 그 후에 흡광도를 전위에 따라 미분을 하고, 그것에 훑기 속도를 곱하면 된다. 이것을 수식으로 나타내면 $(dA/dE)\cdot(dE/dt)=(dA/dE)\cdot v=dA/dt$이므로 앞 절에서 설명한 식에 맞는 자료를 얻을 것으로 예측이 된다. 만약 전하 결합 장치(CCD)를 검출기로 사용하고 반사형 전극으로 실험을 하는 경우에도 동력학적 측정법과 같은 측정이 가능하다. 또는 순환 전압전류법 실험을 하면서 거의 실시간 전위 간격으로 스펙트럼을 측정한 경우에는 전체 데이터에서 일정한 파장의 흡광도(absorbance)를 추출하여 그래프를 그리면 전압 변화에 따른 미분 흡광도를 얻을 수 있다.

다음 절에서 이런 종류의 실험 가운데 몇 개의 예를 들어서 전기분광학 실험이 전기화학 반응의 중간체를 검출 혹은 반응 메커니즘을 연구하는 데 큰 도움이 될 수 있다는 것을 설명할 것이다.

8.3.4 전기화학적 흡수 분광법의 응용

전기화학적 흡수 분광법은 초기부터 전기화학 반응의 중간체 혹은 최종 생성물의 흡수 스펙트럼을 측정하여 전기화학 반응 메커니즘을 알아내는 데 폭넓게 사용되었다. 실험 조건은 생성물 혹은 반응 중간체가 비교적 안정한 가장 간단한 경우이며, 하나의 예를 그림 8.3.5에 나타냈다. 이 스펙트럼은 전해질 용액(1 M $HClO_4$)에 10 mM Mn(II)이 있을 때 전극의 전위를 1.20 V[vs. Ag | AgCl 전극(포화 KCl)]에서 1.65 V까지 변화를 주면서(훑기 속도 5 mV/s) 40 mV마다 스펙트럼을 1개씩 측정한 것이다[25]. 이 그림을 보면 전위 증가에 따라 스펙트럼이 서서히 변하는 것은 분명히 알

25) H. Zhang and S.-M. Park, *J. Electrochem. Soc.*, **141**, 2422, 1994.

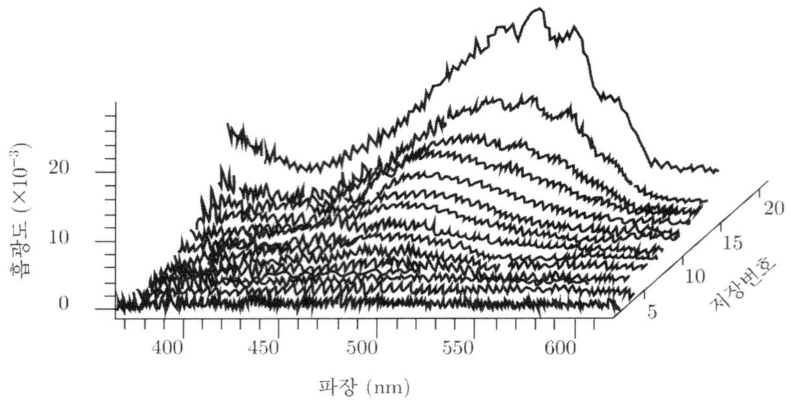

그림 8.3.5 Bi가 혼입(dope)된 PbO_2 전극에서 Mn(II)를 산화시키는 동안에 측정된 흡수 스펙트럼. 전해질(1.0 M $HClO_4$) 용액에 10 mM Mn(II)가 포함되어 있고, 1.20 V에서 5 mV/s로 전위의 변화를 주면서 8초마다 기록했다. 각주 25에 인용한 논문 참조.

수 있지만, 그것이 어떤 화학종인가를 구별하기는 쉽지 않다. 따라서 각 전위별로 측정된 스펙트럼을 하나씩 구별하여 그림 8.3.6에 나타냈다. 이 그림으로부터 알 수 있는 사실은 1.35 V 및 1.50 V에서는 475 nm의 흡수 봉우리를 갖는 스펙트럼이 얻어지는 반면 1.65 V에서는 525 nm 부근의 흡수 봉우리를 갖는 스펙트럼으로 변한다는 것이다. 이 스펙트럼들과 망가니즈의 여러 산화 상태의 이온 혹은 화합물의 흡수 스펙트럼들과 비교한 결과, 1.35 ~ 1.50 V에서 측정된 스펙트럼은 Mn(III)의 화학종에 해당되며, 1.65 V에서 측정된 스펙트럼은 MnO_4^-에 해당된다는 것을 쉽게 알 수 있다. 그러므로 이 반응은 관측된 실험 조건에서 Mn(II)가 Mn(III)를 거쳐서 최종 산화물인 MnO_4^-로 산화된다는 것을 알 수 있다.

이런 유형의 전기분광학 실험은 전기화학 반응으로 전극 표면에 형성되는 고분자막의 특성 연구에도 매우 유용하게 이용되었다[26]. 전도성 고분자막은 전기분해 반응으로 전극 표면에 비교적 쉽게 형성되기 때문에, 전도성 고분자막에 대한 전기분광학 실험은 투과형 전극 혹은 반사형 전극을 사용하여 비교적 쉽게 진행할 수 있다. 전도성 고분자는 전도성을 띨 때 가시광선 파장의 빛을 매우 잘 흡수하기 때문에 전기분광학 실험을 하는 것이 비교적 쉽다. 이것에 대한 보다 자세한 설명은 10.4 및 10.5절을 참조하기 바란다.

---

26) (a) S.-M. Park in "*Handbook of Conductive Molecules and Polymers,*" H. S. Nalwa Eds., Vol. 3, Wiley, Chichester, England, 1997; (b) M. Zagorska, A. Pron, and S. Lefrand in "*Handbook of Conductive Molecules and Polymers,*" H. S. Nalwa Eds., Vol. 3, Wiley, Chichester, England, 1997.

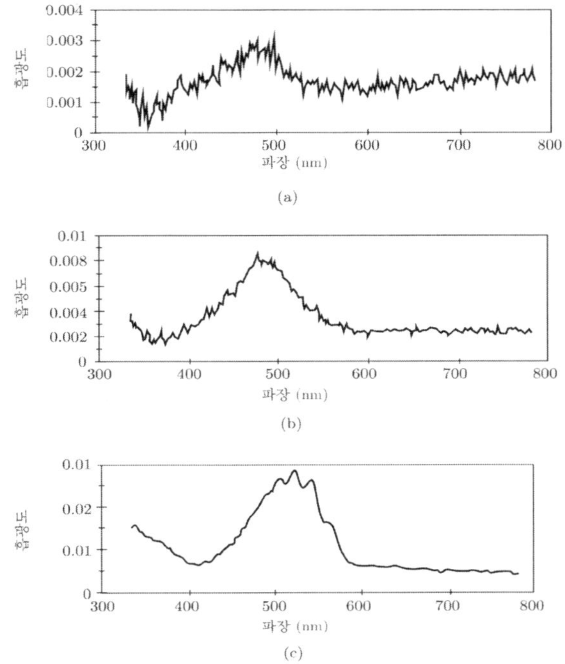

그림 8.3.6 그림 8.3.5에 있는 스펙트럼에서 (a) 1.35 V, (b) 1.50 V 및 (c) 1.65 V에 해당하는 스펙트럼.

전기분광학 실험이 중요하게 응용되는 분야로 금속의 산화 반응 혹은 부식 반응에 대한 연구 등을 꼽을 수 있다. 전자기파는 금속 전극을 통과하지 못하기 때문에 투과형 전극을 이용한 전기분광학 실험은 불가능하다. 그러나 대부분의 금속은 빛을 매우 잘 반사하므로 전극 자체의 전기화학 반응에 반사형 전극을 사용한 전기분광학 실험을 하는 것은 적합할 때가 많다. 많은 금속들은 금속 자체는 빛을 잘 반사시키지만 금속 산화물 혹은 금속이 전기화학 반응을 거쳐서 만들어진 생성물들은 빛을 흡수하기 때문이다. 하나의 예로 염기성 용액에서 니켈 전극에 전위를 걸어주어 산화를 유도하면 처음의 산화 단계에서 $Ni(OH)_2$가 생성된다. 그렇게 만들어진 $Ni(OH)_2$는 초기에는 α형이지만 시간이 지나거나 혹은 전위를 높이면 결정수를 흡수하고 분자 내 재배치를 통하여 β형으로 바뀐다. 일단 산화되어 형성된 α-$Ni(OH)_2$는 Ni(0)로 다시 환원이 가능하지만 β-$Ni(OH)_2$는 환원이 불가능하기에 니켈 전극은 부동화(passivation) 상태가 된다. 이런 종류의 산화 니켈들이 더욱더 산화가 되면 α-$Ni(OH)_2$는 γ-NiO_2로, β-$Ni(OH)_2$는 β-NiOOH로 변한다. 불행히도 α- 및 β-$Ni(OH)_2$는 그 흡수 스펙트럼이 같아서 비교할 수가 없다. 그러나 그림 8.3.7에 있는 것처럼 두 종류의 산화 니

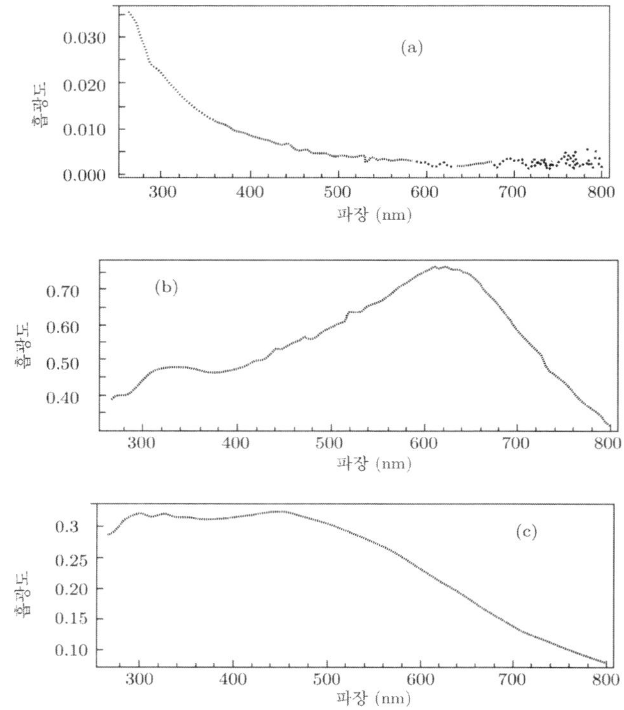

그림 8.3.7 제자리 실험으로 기록한 스펙트럼들. (a) α−$Ni(OH)_2$, (b) β−NIOOH, (c) γ−NiO_2

켈 화학종이 더 산화된 β-NiOOH와 γ-NiO_2에 해당하는 스펙트럼은 $Ni(OH)_2$의 스펙트럼과 다를 뿐만 아니라 그 둘의 스펙트럼들도 서로 매우 달라서 쉽게 구별할 수 있다[27].

한편 $Ni(OH)_2$의 스펙트럼을 제외하고는 β-NiOOH와 γ-NiO_2의 스펙트럼의 흡수띠들은 매우 넓다. 그것은 산화 니켈의 성분이 NiOOH 혹은 NiO_2 같이 정확하게 성분을 나타낼 수 없기 때문이다. 다시 말하면 Ni(III) 및 Ni(IV)가 적절하게 섞여 있고, β-NiOOH의 니켈 산화수는 약 3.25인 반면 γ-NiO_2의 니켈 산화수는 약 3.75로 알려져 있기 때문에 니켈의 산화수는 정확하게 3 혹은 4와 같은 정수로 구분되지 않는다.

그림 8.3.7에 나타낸 스펙트럼을 보면 니켈이 산화하면 α- 혹은 β-$Ni(OH)_2$로부터 시작해서 β-NiOOH와 γ-NiO_2로 변화될 것이라는 것을 알 수 있다. 따라서 특정한 조건에서 니켈 전극을 산화시키면 β-NiOOH와 γ-NiO_2를 얻을 수 있다는 사실도 파

27) C. Zhang and S.-M. Park, *J. Electrochem. Soc.*, **136**, 3333, 1989.

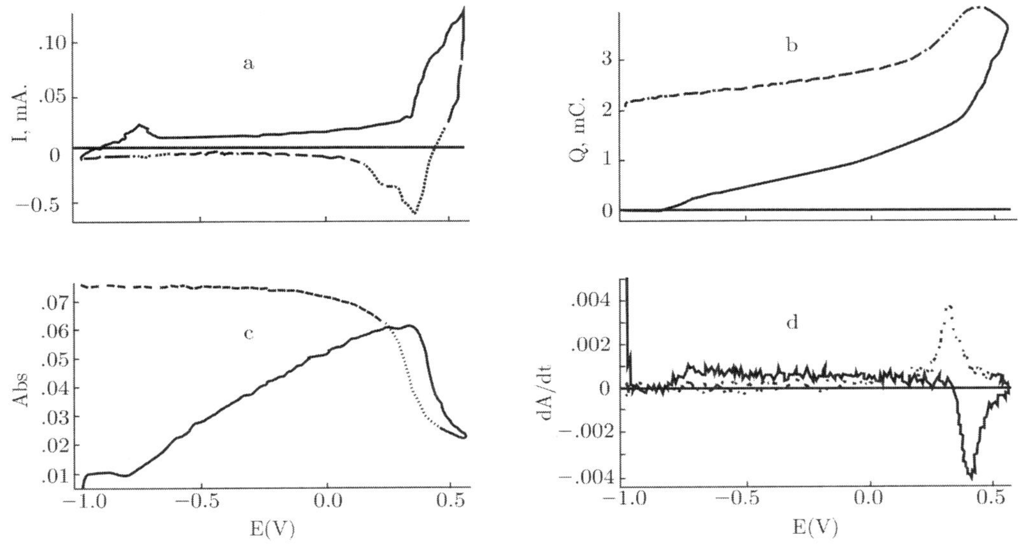

그림 8.3.8 (a) 방금 연마한 Ni 전극을 사용하여 10mV/s로 훑으면서 얻어진 CV, (b) CV를 적분해서 얻은 Q vs. E plot, (c) 흡광도를 전위에 대해 그래프를 그린 A vs. E plot, (d) (c)의 데이터를 미분해서 얻은 순환 전압 미분 흡광 곡선.

악할 수 있다.

그러나 이런 종류의 실험은 메커니즘을 밝힐 때 이용하는 것이 쉽지 않고 오히려 DCVA 실험이 훨씬 더 강력한 도구로 사용될 수 있다. 일단 파장 266 nm을 선택하여 DCVA와 순환 전압전류법(CV) 실험을 동시에 하면 그림 8.3.8과 같은 곡선들을 얻을 수 있다. 우선 순환 전압전류 곡선으로부터 알 수 있는 것은, 0.5 V 근처 전위에서 측정된 전류는 명확하지 않아서 실제로 어떤 일이 진행되는지 알기가 힘들다(그림 8.3.8(a)). 그런데 266 nm 파장에서 기록한 미분 순환 전압 흡광 곡선(DCVA)은 우선 −0.7 V 전위 부근에서 α-$Ni(OH)_2$가 형성되기 시작하는 것이 명확하게 보인다(그림 8.3.8(d)). 그것이 형성되는 반응 속도는 전위 증가에 따라 차츰 감소하다가 약 0.35 V 전위에서 α-$Ni(OH)_2$가 급격히 산화되는 것으로 여겨진다. 왜냐하면 이 전위부터 DCVA 신호가 갑자기 감소하다가 0.45 V 근처의 전위에서 최소 신호가 검출되고 그 후 다시 증가하기 시작했기 때문이다. 이것은 α-$Ni(OH)_2$가 산화되어 만들어진 γ-NiO_2의 환원이 시작되면서 $Ni(OH)_2$가 많아지고 있는 것을 반영한다. 그런데 이때 만들어지는 환원 생성물은 β-형 $Ni(OH)_2$일 가능성이 높다. 왜냐하면 α-$Ni(OH)_2$는 앞서 설명한 것처럼 오랜 시간 동안 묵히거나(aging) 혹은 전위를 높이면 β-형으로 바뀌기 때문이다. 이것은 전기화학적으로 방금 만든 α-$Ni(OH)_2$의 미분 순환 전압 흡광 곡선과 전위를 높여서 혹은 상당한 시간 후에 형성된 β-$Ni(OH)_2$를 산화시켜 얻는 미분 순환 전압 흡광 곡선이 차이가 난다는 것으로부터 알 수 있는 것이다. 이와 같은 실험을 하면 $Ni(OH)_2$가 산화될 때 각각 다른 종류의 화합물로 산화되는 전위를 비교적 정확히 알아낼 수 있다.

8.4 타원 편광법

전극 표면에 흡착 또는 전극 반응으로 만들어지는 얇은 막들의 생성과 변화를 조사하는 전기화학적 방법으로 타원 편광을 이용하는 실험 방법을 타원 편광법이라 한다.

8.4.1 타원 편광법의 원리

광은 전자기파이므로 전기장의 파동으로 나타낼 수 있다. 선형 편광이 두 상(相)의 경계면(여기서는 전극 물질인 금속과 그것과 접촉하고 있는 전해질 용액이 이루는 계면)의 한 상에서 다른 상으로 입사되어 반사되면 일반적으로 타원 편광으로 변한다(그림 8.4.1(A)). 타원 편광의 정도는 금속의 광학 성질은 물론 금속 표면에 있는 얇은 막의 성질에 따라 민감하게 달라진다. 편광의 변화 정도를 측정하여 표면에 있는 막의 두께(τ로 나타냄)와 굴절률 n을 알아내고, 그 특성을 분석하는 것이 **타원 편광법**(ellipsometry)의 목표이다.

입사광과 반사광의 진행 방향을 모두 포함하는 가상의 평면을 입사면이라고 할 때 빛을 이루는 전기장의 입사면과 평행한 성분(p 성분)과 수직인 성분(s 성분)으로 나누어 생각할 수 있다. **선형 편광**(linearly polarized light, **평면 편광**이라고도 함)은 s 성분

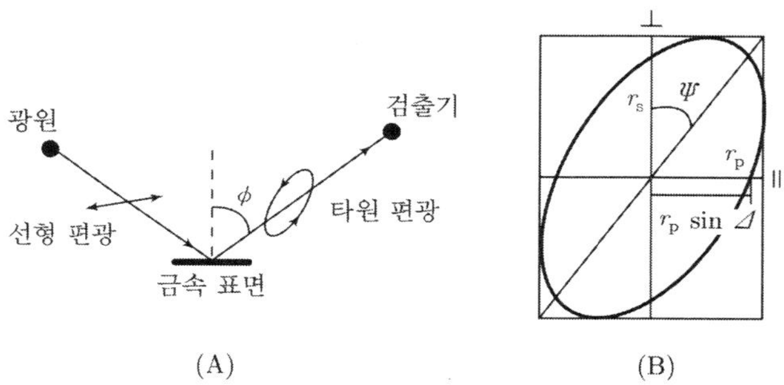

그림 8.4.1 금속 표면에서 반사 후 편광 상태의 변화 모습(A) 및 타원 편광의 특징을 나타내는 전기장의 수직 성분과 수평 성분 및 변수들(B)

과 p 성분이 일정한 진폭으로 위상차가 없이 함께 진동하는 특성을 가진 빛이다.

두 성분은 각각 다음과 같이 진동하는 전기장의 파동으로 나타낼 수 있다.

$$E_{\rm p} = E_{\rm p}^{\circ}\, {\rm e}^{j\omega t}$$
$$E_{\rm s} = E_{\rm s}^{\circ}\, {\rm e}^{j\omega t} \tag{8.4.1}$$

$E_{\rm p}^{\circ}$와 $E_{\rm s}^{\circ}$는 각각 p 성분과 s 성분의 진폭이고, ω는 각속도로 주파수(f)에 2π를 곱한 양이며, j는 $\sqrt{-1}$이다.

진동하는 전기장을 나타내는 복소수 함수에서 실제 물리적인 양으로 대응되는 것은 실수 부분뿐이다. 선형 편광이 하나의 표면에 입사되어 반사될 때 일반적으로 반사광의 p 성분과 s 성분의 위상은 서로 같지 않다. 따라서 반사광 전기장의 p 성분과 s 성분을 각각 $E_{\rm p}^{r}$와 $E_{\rm s}^{r}$라고 하면 그것은 다음과 같은 식으로 나타낼 수 있다.

$$E_{\rm p}^{r} = E_{\rm p}^{r\circ}\, {\rm e}^{j(\omega t+\delta_{\rm p})}$$
$$E_{\rm s}^{r} = E_{\rm s}^{r\circ}\, {\rm e}^{j(\omega t+\delta_{\rm s})} \tag{8.4.2}$$

여기서 δ_p와 δ_s는 각각 s 성분과 p 성분의 위상(phase)이다.

입사광 전기장에 대한 반사광 전기장의 비가 반사 계수이다. 따라서 각 성분의 반사 계수들은 다음과 같이 식으로 나타낼 수 있다.

$$r_{\rm p} = \left(E_{\rm p}^{r\circ}/E_{\rm p}^{\circ}\right){\rm e}^{j\delta_{\rm p}} = |\, r_{\rm p}\,|\, {\rm e}^{j\delta_{\rm p}}$$
$$r_{\rm s} = \left(E_{\rm s}^{r\circ}/E_{\rm s}^{\circ}\right){\rm e}^{j\delta_{\rm s}} = |\, r_{\rm s}\,|\, {\rm e}^{j\delta_{\rm s}} \tag{8.4.3}$$

2종류의 반사율 $|\, r_{\rm p}\,|$와 $|\, r_{\rm s}\,|$의 비를 $\tan\Psi$로, 2종류의 위상 δ_p와 δ_s의 차이를 Δ로 정의하면 $r_{\rm p}$와 $r_{\rm s}$의 비는 다음과 같은 복소수 함수로 나타낼 수 있다.

$$\boxed{\frac{r_{\rm p}}{r_{\rm s}} = (\tan\Psi)\exp(j\Delta)} \tag{8.4.4}$$

$r_{\rm p}/r_{\rm s}$는 복소수이며 크기 부분($\tan\Psi$)과 위상 부분(${\rm e}^{j\Delta}$)으로 구분된다. p 성분과 s 성분의 위상 차이가 나는 경우, 즉 $\Delta \neq 0$이면 **타원 편광**(elliptically polarized light)이 된다(그림 8.4.1(B)).

하나의 경계면을 두 개의 상이 서로 맞대고 있을 때 그 물질들의 매질을 각각 l, m

이라고 하면, 이 경계면에서 빛의 p 성분과 s 성분에 대한 반사 계수(Fresnel 계수) $r_{\mathrm{p}}(l, m)$, $r_{\mathrm{s}}(l, m)$는 각각 다음과 같다[28].

$$r_{\mathrm{p}}(l, m) = \frac{n_l \cos\phi_m - n_m \cos\phi_l}{n_l \cos\phi_m + n_m \cos\phi_l}$$

$$r_{\mathrm{s}}(l, m) = \frac{n_m \cos\phi_m - n_l \cos\phi_l}{n_l \cos\phi_l + n_m \cos\phi_m} \tag{8.4.5}$$

n_k는 k번째 매질의 굴절률, ϕ_k는 그 매질에 대한 빛의 입사각이다.

빛을 반사하는 금속 표면이 막으로 덮여 있을 때 빛은 전해질, 막, 금속의 세 가지 매질을 모두 거치게 된다. 각각의 매질을 1, 2, 3번이라고 하면 막으로 덮인 금속을 지나는 편광 성분 p, s에 대한 반사율 r_{p}, r_{s}는 각각 다음과 같다(드루드(Drude) 식).

$$\begin{aligned} r_{\mathrm{p}} &= \frac{r_{\mathrm{p}(1,2)} + r_{\mathrm{p}(2,3)} \exp(-j\delta)}{1 + r_{\mathrm{p}(1,2)} + r_{\mathrm{p}(2,3)} \exp(-j\delta)} \\ r_{\mathrm{s}} &= \frac{r_{\mathrm{s}(1,2)} + r_{\mathrm{s}(2,3)} \exp(-j\delta)}{1 + r_{\mathrm{s}(1,2)} + r_{\mathrm{s}(2,3)} \exp(-j\delta)} \end{aligned} \tag{8.4.6}$$

이 식에서 빛이 막을 통과하는 길이 δ와 막의 두께 τ는 서로 다음과 같은 관계가 있다.

$$\delta = \frac{4\pi\tau n_2}{\lambda} \cos\phi_2 \tag{8.4.7}$$

그러므로 r_{p}와 r_{s}는 모두 막의 두께, τ와 막의 굴절률, n_2의 함수이며, 따라서 식 (8.4.4)의 Ψ와 Δ를 포함하는 모든 부분도 τ와 n_2의 함수이다. 실험에서 Ψ와 Δ를 측정하고 계산과정을 거쳐 τ와 n_2의 값을 알아낼 수 있다. 금속이나 반도체와 같이 빛을 흡수하는 매질에 대한 굴절률의 특성은 복소수 $\mathrm{n} = n - j\boldsymbol{k}$로 나타낸다. 빛이 흡수되지 않고 투과하는 보통의 매질(유전체)의 굴절률 n은 실수 부분 n만 남고, 허수 부분 $\boldsymbol{k}$는 0이 된다. $\boldsymbol{k}$는 흡광 계수에 해당한다. 그러므로 광학 상수 굴절률과 흡광 계수(n

---

28) 광학 원리에 대한 일반적인 참고서적: (a) F. A. Jenkins and H. E. white, *Fundamentals of Optics*, 4th ed., McGraw-Hill, 1976; (b) O. S. Heavens, *Optical Properties of Thin Solid Films*, 2nd ed., Dover Publications, New York, 2011; (c) M. Born and E. Wolf, *Principles of Optics*, 6th Ed., Pergamon Press, 1980; (d) Max Born, Emil Wolf, et al. *Principles of Optics*: Electromagnetic Theory of Propagation, Interference and Diffraction of Light, 7th ed, Cambridge Unv. Press, 1999, (e) J. B. Marion, *Classical Electromagnetic Radiation*, 2nd ed. Harcourt College Pub. 1980. 타원 편광에 관한 문헌: R. M. A. Azzam and N. M. Bashara, *Ellipsometry and Polarized Light*, North Holland Personal Library, 1999.

과 k)는 막의 물리적 특성을 나타내는 중요한 값들이다.

8.4.2 타원 편광법의 실험과 응용

비록 구체적으로 계산을 하지 않더라도 많은 경우에 타원 편광 실험으로 측정한 표면 막의 Δ와 Ψ 값을 표면 막이 없을 때의 값(Δ°, Ψ°)과 비교해서 차이가 나는 정도를 보면 표면막의 생성을 반 정량적으로 알아볼 수 있다. 표면막이 있을 때와 없을 때 값의 차이, ($\Psi^\circ - \Psi$)와 ($\Delta^\circ - \Delta$)는 막의 두께가 얇으면($<$ 10 nm) 막의 두께에 비례한다. 대체로 수 nm 두께의 막에 대해서 $d\Delta = \Delta^\circ - \Delta$는 1~2도 또는 그 이상이며 $d\Psi = \Psi^\circ - \Psi$의 크기는 $d\Delta$ 크기의 약 1/10 정도이다. 그러므로 수 옹스트롬(Å) 두께의 얇은 막이 생긴다고 해도 $d\Delta$는 충분한 감도로 측정될 수 있는 양이다.

전형적인 수동식 **타원 편광기**(ellipsometer) 및 전기화학 셀에 배치한 시료 전극(작업전극)의 배열 모습을 그림 8.4.2에 나타냈다. 빛은 광원에서 출발하여 시료 전극에서 반사되어 광 검출기로 이용되는 광전증배관(photomultiplier tube) 혹은 광다이오드에 도달한다. 광원으로 레이저와 같은 단일 파장의 광원 혹은 간섭 필터 혹은 단색화 장치(monochromator)를 통과한 단일 파장의 빛이 사용된다. 편광을 만드는 2개의 편광 프리즘 가운데 시료 통과 전의 입사된 빛에 대한 것은 편광판(polarizer), 시료 통과 후 검출기 전 반사된 빛에 대한 것은 분석판(analyzer)이라고 부른다. 빛의 위상 차이, Δ를 측정하기 위하여 빛이 시료에 도달하기 전에 빛의 두 성분의 위상 차이를 미리 조절할 수 있도록 $\frac{1}{4}\lambda$판(quarter-wave plate)이 배열되어 있다. 이렇게 하면 두 성분의 위상 차이 $-\Delta$의 타원 편광이 시료에 닿은 후에 반사되는 빛은 다시 선형 편광이 된다.

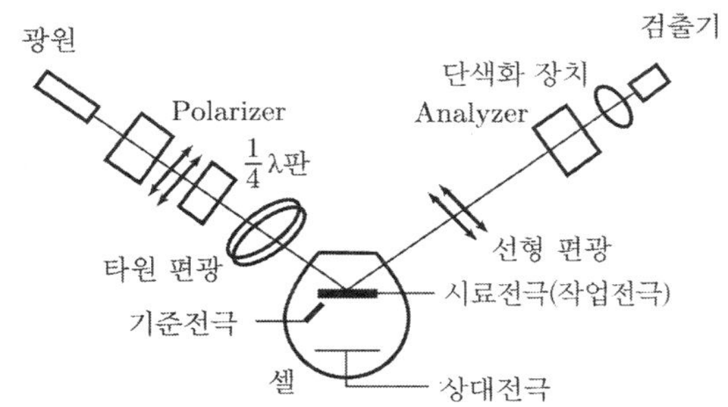

그림 8.4.2 타원 편광 실험장치: 빛 통과 경로에 배열된 시료전극의 위치 및 전기화학 셀의 모습

흡광성을 띤 막의 n, k, τ 측정

표면막이 금속 혹은 반도체 특성을 띠면 그 막의 광학 상수는 복소수이다. 다시 말해서 흡광 계수 k_2가 0이 아니기 때문에 미지수는 3개(n_2, k_2, τ)이다. 그러나 타원 편광법의 기본이 되는 식 (8.4.4)는 Δ와 Ψ에 관한 2개의 식뿐이다. 식 (8.4.4)는 1개의 식처럼 보이지만 실수 부분과 허수 부분으로 이루어져 있으므로 실제로는 2개의 식이라는 의미이다. 만약에 막이 일정한 광학 상수를 유지하면서 성장하는 것으로 가정을 한다면 임의로 정한 n_2, k_2 값에 대하여 τ에 변화를 주면서 Δ와 Ψ의 계산을 하고, Δ와 Ψ를 각각의 좌표축으로 삼아 그래프를 그리면 곡선이 얻어진다. 만약에 계산으로 얻어진 곡선과 실험으로 얻은 곡선과 일치한다면 계산할 때 임의로 정한 n_2, k_2 값은 실제 막의 n_2와 k_2가 된다. 이처럼 곡선 맞춤(curve fitting)의 시행착오를 거치면 표면 막의 미지수 n_2, k_2, τ 를 결정할 수 있다. 이런 방법은 전극 표면에서 산화가 진행되면서 막의 성장이 계속 이어질 때 쉽게 적용할 수 있어서 많이 이용된다.

그러한 방법을 사용한 예를 그림 8.4.3에 나타냈다. 이것은 금속 표면에 가상의 피막이 성장하여 두께가 증가할 경우 수용액에서 측정될 수 있는 $\Delta-\Psi$의 변화를 계산으로 알아내서 그래프로 그려 본 것이다. 피막의 광학 상수에 따라 $\Delta-\Psi$의 궤적이 달라지는 것을 볼 수 있다. 막이 성장하지 않는 경우 혹은 성장하면서 광학 상수들이 변하는 막은 앞서 설명한 곡선 맞추기 방법을 적용할 수가 없다. 그런 단점을 해결하기 위해서 삼변수 타원 편광법(three-parameter ellipsometry)이 고안되었다. 이 방법은 타원 편광의 각도 Δ와 Ψ를 측정하고 동시에 반사율을 측정하여 광학 상수를 결정하

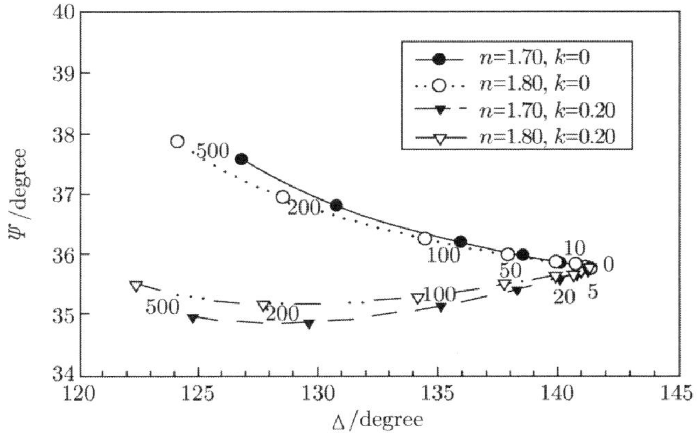

그림 8.4.3 금속 표면에서 자라는 피막의 두께 증가에 따른 Δ와 Ψ의 변화. 금속의 광학 상수는 $1.99-3.44\,j$(니켈의 광학 상수)로 가정하고, 광선의 파장은 6328 Å (He-Ne laser 파장). 물의 굴절률은 1.336, 입사각은 55° 로 계산하여 Δ의 함수로 Ψ를 도시한 것이다. 곡선을 따라서 적혀있는 숫자는 피막의 두께이며, 단위는 Å 이다.

는 새로운 방법이다[29]. 반사율 R은 Δ와 Ψ를 나타내는 식과는 별개로 n_2, $\boldsymbol{k}_2$, τ에 대한 독립된 식이다.

$$R = f(n_2,\ \boldsymbol{k}_2,\ \tau) \tag{8.4.8}$$

실험에서는 R 값 자체를 측정할 필요는 없고 막의 생성에 따른 반사광의 세기 변화를 광 검출기로 읽으면 된다. 다만 삼변수 타원 편광법을 적용할 때 주의할 점은 적절한 입사각 선택 등과 같은 실험 조건을 가장 적합한 조건으로 만들어 최대한으로 오차를 줄여야 한다는 것이다[30]. R 값의 변화를 민감하게 측정할 수 있는 입사각은 보통의 타원 편광 실험에서 많이 적용하는 입사각보다 약 10° 이상의 작은 각을 사용한다.

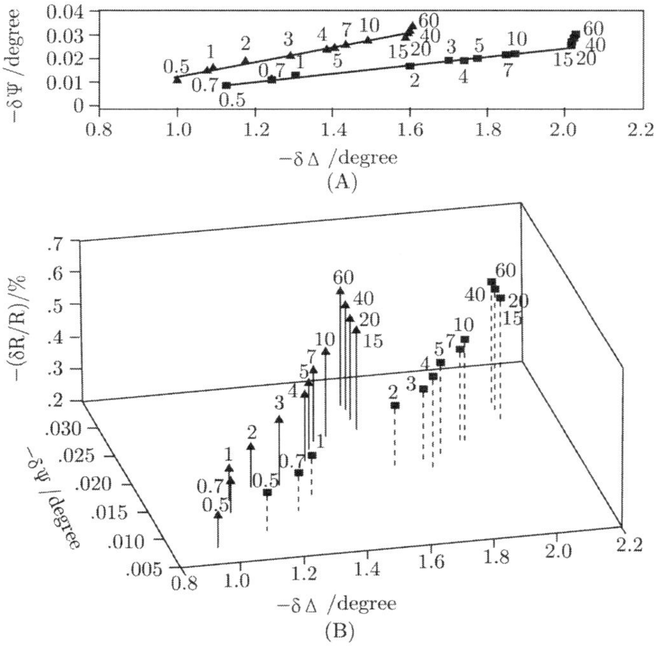

그림 8.4.4 전해질 용액에 담긴 크로뮴 전극에 부동화 전위를 걸어주어 부동화막이 만들어질 때 측정된 Δ, Ψ, R의 변화. (A) $d\Delta$와 $d\Psi$만을 나타낸 2차원 그림, (B)는 $d\Delta$와 $d\Psi$는 물론 dR까지 나타낸 3차원 그림. ■ pH 4.6; ▲ pH 6.0[31]

29) W. Paik and J. O'M Bockris, Surf. Sci, **28**, 61, 1971. ; W. Paik, "Ellipsometry in Electrochemistry" in *Modern Aspects of Electrochemistry*(#25), O'M Bockris, B.E. Conway, and R.E. Whith Eds., Plenum Press, New York, Chapter 4(pp.191-252), 1993.

30) G. Chung, D. Lee, and W. Paik, *Bull. Kor. Chem. Soc.* **12**, 477, 1991.

31) S. Gottesfeld, in *Electroanalytical Chemistry: A series of Advances*, Vol 15, A. J. Bard. Ed., Marcel Dekker, 1989.

삼변수 타원 편광법 및 분광학적 타원 편광법의 활용

삼변수 타원 편광법을 전기화학적 연구에 적용한 하나의 예를 그림 8.4.4에 나타냈다. 이것은 pH 4.6 또는 6.0 완충 용액에서 크로뮴 전극에 부동화 전위(0.6 V vs. 0.1 N KCl 칼로멜 전극)를 걸어준 후에 Δ, Ψ, R의 변화를 시간에 따라 측정한 것이다[32]. 부동화막의 형성에 따른 변화는 거의 0 ~ 60초 시간 이내에 마무리가 되었다. 이런 측정 자료를 이용하여 계산한 최종 부동화막의 두께는 1.55 nm이며, 막의 복소수 굴절률은 $n = 2.40 - j0.008$이었다.

타원 편광법이 특별히 전기화학 연구에 적합한 이유는 다음과 같이 정리할 수 있다. (1) 관심의 대상인 전극 반응이 진행되는 전극 면을 전기화학 셀 밖으로 꺼내지 않고 그대로 두고 제자리 실험(*in situ*)을 할 수 있다. 다시 말해서 전기화학 실험 조건에서 반응이 전극 표면에서 계속 진행되고 있을 때 실시간으로 전극에서 일어나고 있는 변화를 추적할 수 있는 방법으로 적합하다. (2) 타원 편광법은 민감도가 매우 높은 실험 방법이다. 이를 이용하여 작은 분자 혹은 이온의 단분자층과 같은 민감한 변화조차도 측정할 수 있다. 나노미터(nm) 두께의 막을 측정하거나 혹은 수 옹스트롬(Å)의 두께 변화도 문제없이 추적 관찰할 수 있다. (3) 막의 두께는 물론 막의 광학 성질을 측정하기 때문에 막의 전자 구조를 비롯한 다른 물리적 성질을 미루어 짐작할 수 있다. 지난 40여 년간 타원 편광법은 전기화학 실험에서 금속 표면에 형성되는 부동화막의 특징, 금속 표면에 흡착되는 이온층 혹은 분자층, 단분자막, 전해 석출(electrodeposition)로 만들어진 금속막, 전도성 고분자막 등을 연구하는 데 적절하게 사용되어 왔다[33][34].

적외선부터 가시광선 및 자외선까지 넓은 범위의 파장을 사용하여 Δ와 ψ에 대한 자료를 얻고, 그 Δ, ψ의 스펙트럼과 표면 막의 구성 및 전자적 특성의 모델들과 혹은 이미 알려진 표면들로부터 측정된 스펙트럼 자료들과 비교하여 표면층을 이해하는 실험 방법을 분광학적 타원 편광법(spectroscopic ellipsometry)이라고 한다[35]. 이것을 이용하여 여러 층 혹은 점진적으로 변하는 층으로 이루어진 표면에 대한 광학 상수와 더 나아가서 그 표면의 물리-화학적 전자적 성질까지도 미루어 짐작해 보는 연구 결과들이 주목을 받고 있다[36]. 분광학적 타원 편광법을 사용하면 광학 상수는 물론 결정 격자의 진동 및 자

---

32) C. Kim and W. Paik, *J. Electrochem. Soc.*, **144**, 1581, 1997.

33) S. Gottesfeld, in *Electroanalytical Chemistry: A series of Advances*, Vol 15, A. J. Bard. Ed., Marcel Dekker, 1989.

34) R. H. Muller, in *Techniques for Characterization of Electrodes and Electrochemical Precess*, R. Varma and J. R. Selman, Ed., John-Wiley, 1991.

35) K. Vedam, *Thin Solid Films*, **313**, 1(1998); D.E. Aspness, in *Optical Properties of Solids: New Developments*, B.O. Separion, Ed., North-Holland, 1976.

36) H. G. Tompkins and J. N. Hilfiker, *Spectroscopic Ellipsometry: Practical Application to Thin Film Characterization*, Momentum Press, 2016; H. Fujiwara, *Spectroscopic Ellipsometry: Principles and Applications*,

유 전하 운반체의 특성을 조사할 수 있고, 가시광선 및 자외선 파장을 사용하여 막의 전자 특성 및 띠너비(band gap), 엑시톤(exciton)의 특성을 알아내는 것 등이 가능하다.

8.5 X-선 분광법

지금까지 설명했던 전기분광학 실험들은 전기분해할 때 만들어지는 중간체 혹은 생성물이 빛을 흡수하는 특성이 있어야 가능하다. 전위 혹은 전류에 따라 반응물 혹은 생성물의 특성을 추적할 수 있는 빛의 변화를 분석하면 전기화학 반응 메커니즘을 밝히는 데 매우 유용하다는 것을 알았다. 또한 타원 편광법은 전극 표면에 형성되는 박막을 이해하는 매우 효과적인 실험 방법이라는 것도 알았다. 그러나 많은 전기화학 실험들은 전극 자체의 화학 성분이 변화하거나 혹은 그 구조의 변화가 심한 경우도 드물지 않다. 이런 종류의 반응을 전기분광학법 혹은 타원 편광법으로 추적하는 것은 큰 도움이 되지 않을 때가 있다. 그런 경우, X-선 분광법을 이용하면 전극의 결정 구조 혹은 반응에 참여하는 화학 성분의 변화에 대해서 좀 더 확실한 정보를 얻을 수 있기 때문에 해당 반응의 연구에 많은 도움을 받을 수 있다. 이 절에서는 X-선 분광법에 대해 간단히 설명한다.

8.5.1 X-선 분광법의 원리

X-선 분광법은 분석하려는 물질의 원자에 대해서 X-선의 흡수 혹은 반사를 측정하여 그 원자의 정보를 알아낸다([9],[10]). 말하자면 하나의 물질에 대한 X-선 회절 스펙트럼(diffraction spectrum)을 분석하면 그 물질의 결정 구조 정보를, X-선 흡수 스펙트럼(absorption spectrum)을 분석하면 그 물질을 이루고 있는 원자의 배열 상태 및 원자가 정보를 얻을 수 있다. 초기 실험에서는 사용했던 X-선의 세기가 비교적 약했기 때문에 거의 완벽한 진공에서만 X-선 측정이 가능했다. 그러나 요즘은 방사선 가속기가 만들어내는 매우 강력한 세기의 X-선을 이용하여 제자리(*in situ*) 실험도 비교적 쉽게 할 수 있다. 따라서 이 절에서는 X-선의 반사(산란 또는 회절) 및 흡수 현상과 그 스펙트럼의 해석에 대해 간략히 설명한다.

X-선이 하나의 물질을 통과할 때 그것은 물질을 이루고 있는 원자의 전자들과 마주친다. 전자의 속도가 빛의 속도보다 느리면 그 전자들은 X-선의 전기장(electric field)

Wiley, 2007.

과 상호 작용을 거쳐 가속되므로 X-선과 같은 주파수의 빛이 되어 각 방향으로 방출(산란)된다. 이때 산란된 전자파를 X-선이 산란되는 원점으로부터 거리 R 및 방위각 θ에서 측정하면 그 전자파의 세기 I_e는 다음 식과 같이 나타낼 수 있다. 이 식을 톰슨 방정식이라 한다.

$$I_e = \frac{e^4 \mu_0^2 I_0}{16\pi^2 R^2 m^2 c^4}\left(1 + \frac{\cos^2\theta}{2}\right) \tag{8.5.1}$$

여기서 e는 전하, μ_0는 진공에서 유전 상수, I_0는 X-선의 초기 세기, m은 전자의 질량, c는 빛의 속도이다. 원자 주위에 전자가 여러 개 있으면 소위 전자 산란도 생각해야 되며, 전자 산란 인자 f_e는 다음과 같이 나타낸다.

$$f_e = \int_0^{\infty} 4\pi r^2 \rho(r)\left(\frac{\sin(4\pi r \sin\theta/\lambda)}{4\pi r \sin\theta/\lambda}\right) dr \tag{8.5.2}$$

여기서 r은 반지름, $\rho(r)$은 전자 밀도, λ는 X-선의 파장 혹은 전자의 평균 자유 행로(mean free path)이다. 특정한 원자에 대한 산란 인자는 그 원자 주위의 모든 전자에 대한 산란 인자의 합으로 다음과 같이 나타낼 수 있다.

$$f_i = \sum_n \int_0^{\infty} 4\pi r^2 \rho(r)\left(\frac{\sin(4\pi r \sin\theta/\lambda)}{4\pi r \sin\theta/\lambda}\right) dr \tag{8.5.3}$$

만일 $\sin(\theta/\lambda)$의 값이 작으면 f_i는 다음의 값으로 정리가 된다.

$$f_i \rightarrow \sum_0^{\infty} 4\pi r^2 \rho_n(r) dr \tag{8.5.4}$$

이것은 결국 그 원자가 갖고 있는 전자의 수, z와 같다.

결정성 물질에서 X-선 산란이 일어나는 경우에 산란된 빛의 파장과 각도는 원자 사이의 거리와 관련이 있기에 다음과 같은 **브래그(Bragg)** 식으로 나타낸다.

$$n\lambda = 2d \sin\theta \tag{8.5.5}$$

여기서 d는 결정의 층간 거리이다. X-선은 결정의 층간 거리, 파장, 반사각에 따라 보강 간섭(constructive interference), 상쇄 간섭(destructive interference)이 일어난다. 브래그(Bragg) 식은 보강 간섭의 조건일 때 적용이 된다. 결국 이 법칙은 보강 간섭이 일어나는 특정한 각도는 예측할 수는 있지만 그것의 세기는 알 수 없다. 결국 보강 간섭이 진행된 후 빛의 세기는 앞서 설명한 산란 인자와 브래그(Bragg) 법칙으로부터 단위 결정 격자 내에 있는 모든 원자의 산란 인자를 생각해서 알아내는 수밖에 없다. 3차원의 결정 격자의 평면(hkl)에서 얻어지는 전자파 세기는 방금 설명한 산란 인자를 사용하여 다음과 같은 식으로 나타낸다.

$$F_{hkl} = \sum_i f_i \exp[2\pi j(kx_i + ky_i + lz_i)] \tag{8.5.6}$$

회절점의 세기는 F_{hkl}의 제곱에 비례한다. 결정성 물질들은 이 회절 세기가 특정한 각도에서 뚜렷한 봉우리 모양으로 관찰되며, 그 각도에 대한 회절 빛의 세기를 분석하면 원자 배열에 관한 정보를 얻을 수 있다. 회절 빛의 세기는 각도의 함수로 나타내며 3차원 결정 격자의 경우 로렌츠 형(Lorentzian type)과 닮아 있다. 회절선이 나타나는 각도와 그것의 세기를 분석하면 결정성 물질의 결정 구조를 확인할 수 있다. 그러나 비결정성 물질이라고 X-선 산란이 일어나지 않는 것은 아니다. 이 경우에도 회절 무늬는 나타나지만, 앞의 경우처럼 뚜렷한 봉우리 신호가 나타나지 않고 방사형 모양의 무늬로 보인다. 그런 이유로 전기화학 실험에서 사용되는 전해질에서도 뚜렷하지 않은 회절 스펙트럼을 얻을 수 있지만, 전기화학 실험이 결합된 X-선 분광법의 감도는 낮아진다.

X-선 광자(photon)는 산란되기도 하지만 흡수되면 전자를 보다 높은 에너지 준위로 전이시켜 준다. 이 경우에는 흡수되기 전 빛의 세기 I_0와, 흡수된 후 빛의 세기 I 사이에는 잘 알려진 **램버트(Lambert) 법칙**을 적용할 수 있고, 그것은 다음 식과 같다.

$$I = I_0 \exp(-\mu_m m) \tag{8.5.7}$$

여기서 m은 단위 면적당 질량, μ_m은 질량 흡수 계수이다. μ_m 값은 X-선의 파장에 따라 증가하지만 이 둘의 상관관계는 간단하지 않다. 왜냐하면 그 값은 파장에 따라 비교적 완만하게 증가하다가 갑자기 소위 '**흡수 끝**(absorption edge)'이 나타나며, 흡광도는 계단함수의 형태를 나타내기 때문이다. 전형적인 X-선 흡수 스펙트럼을 그림 8.5.1에 나타냈다. 이 스펙트럼을 보면 X-선의 에너지가 증가할 때 흡수 계수가 갑자기 증가하고, 그 후에는 진동하는 모양을 띠면서 서서히 감소하는 것을 알 수 있다. 이 스펙트럼에는 4개의 영역으로 나누어 볼 수 있다. 흡수 끝의 에너지 영역(영역 B)은 원자에 따라 특정한 값을 갖고 있으며 또한 흡수 끝 에너지의 위치는 원자의 원자가(valence)에 따라 수 eV씩 이동하기도 한다. 따라서 흡수 끝 에너지로 원자를 구별할 수 있으며, 원자가가 0인 원자의 흡수 끝 에너지로부터 이동한 에너지의 크기로 그 원자의 원자가도 알 수 있다. 이처럼 흡수 끝 에너지를 분석해서 구성 원소의 정보를 얻

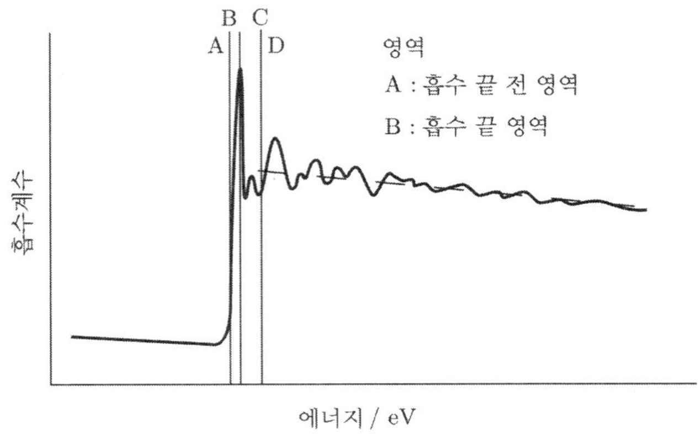

그림 8.5.1 전형적인 X-선 흡수 스펙트럼. A는 흡수 끝의 전(pre-edge) 영역, B는 흡수 끝 영역(edge), C는 흡수 끝 근처(near edge) 영역, D는 EXAFS 영역.

는 방법을 X-선 흡수 끝 구조(X-ray absorption near edge structures, XANES) 분광법이라 한다.

흡광도는 흡수 끝 에너지 영역을 지나고 계단 함수로 증가한 후에 500~1000 eV 범위의 X-선 에너지 영역에서 진동하면서 감소한다. 이 영역(영역 D)을 분석하면 확장 X-선 흡수 상세 구조(extended X-ray absorption fine structure, EXAFS)를 알 수 있다. 이 스펙트럼의 진동 구조는 구성 원자들의 상호 작용에 따라 다르다. 이것을 그림 8.5.2에 나타낸 배열된 원자단의 구조로 간단히 생각해 보자. 만약 중앙에 놓인 원자가 X-선 광자를 흡수했다고 하면 그것으로부터 광전자가 방출될 것이다. 그것으로 형성된 파동은 그 원자를 둘러싸고 있는 다른 원자들 때문에 후방 산란(back scattering)이 일어난다. 또한 방출된 파동은 후방 산란 결과로 발생되는 전자파(점선)와 간섭을 일으킨다. 이러한 종류의 간섭은 흡수되는 X-선의 에너지의 변동에 따라 생기는 위상차

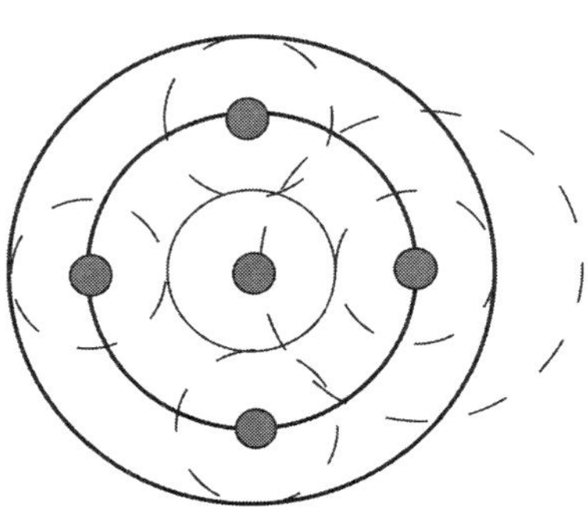

그림 8.5.2 X-선 흡수 후 방출되는 전자파동(실선)과 후방 산란(back scattering: 점선)파동이 서로 간섭을 일으키는 모습

때문에 보강 간섭 혹은 상쇄 간섭이 된다. 간섭 때문에 전자파의 세기가 커지거나 혹은 줄어들어서 측정되는 전자파는 마치 진동하는 것처럼 보인다(영역 D). 이 진동하는 모양의 흡수 영역을 정규화(normalization)하여 소위 '운동량 공간(momentum space)'이라고 부르는 흡수율, $\chi(k)$을 다음과 같은 식으로 나타낸다.

$$\chi(k)=\frac{m}{4\pi h^2 k}\sum_j \frac{N_j}{r_j^2} S_j(k)\sin[2kr_j+2\delta_j(k)]\,e^{\frac{-2r_j}{\lambda}}\,e^{-2k^2\delta_j^2} \tag{8.5.8}$$

여기서 $S_j(k)$는 이웃하고 있는 N_j 원자의 j번째 전자 껍질(shell)이 기여하는 후방 산란파의 크기, λ는 전자의 평균 자유 행로, k는 들뜬 광전자의 운동 에너지로부터 얻은 운동량, $\delta_i(k)$는 상전위(phase shift), r_j는 중심 원자와 그것 주위를 둘러싸고 있는 j번째 원자와 떨어진 거리이다. 이 식의 $e^{-2k^2\delta_j^2}$항은 소위 데바이-월러(Debye-Waller) 인자라고 부르며, 열운동이 원인이 되는 진동이라고 해석한다. 이 식을 푸리에 변환하면 다음과 같은 식을 얻는다.

$$F(r)=\frac{1}{2\pi}\int e^{-2kr}\chi(k)dk \tag{8.5.9}$$

이 식은 중심 원자에서 r_j만큼 떨어져 있는 j번째 원자 껍질(shell)의 봉우리 신호를 의미한다. 이것을 통해 분석하려는 물질의 중심 원자 주위에 다른 원자들의 배열 형태에 관한 정보를 얻는다. 이것이 바로 X-선 흡수 상세 구조에 대한 자료를 분석하는 기초 이론이다. 즉 X-선 흡수 스펙트럼을 측정하고 X-선 흡수 상세 구조(EXAFS) 영역의 자료를 푸리에 변환을 하면 되는 것이다. 그러나 봉우리 신호가 반드시 껍질(shell)의 위치의 신호와 일치하는 것은 아니다. 그 이유는 식 (8.5.8)의 sine 괄호 안에 있는 두 번째 항이 $\delta(k)$만큼의 상전위(phase shift)가 일어나는 것을 반영하고 있기 때문이다. 상전위 때문에 일어나는 위치의 변화는 구조를 알고 있고 동일한 원자들로 구성된 화합물의 X-선 흡수 상세 구조 스펙트럼을 이용해서 보정한다. 최근에는 개발된 컴퓨터 프로그램을 이용하면 원자의 위치와 배열에 관한 매우 정확한 정보를 얻을 수 있다. 그 정보를 해석하면 분석하려는 물질의 구조에 관해 알 수 있다.

8.5.2 X-선 분광법 실험

실험실에서 주로 사용하는 X-선 광원은 Cu 혹은 Mo의 Kα 선이다. 그런데 이들은 세기가 약해서 단색화 장치(monochromator)를 사용하기 힘들고 간단한 필터를 사용해야 하는 경우가 많다. 이런 이유로 확장 X-선 흡수 상세 구조(EXAFS) 스펙트럼을 측정하기 쉽지 않고 또한 제자리 실험이 불가능한 경우도 많다. 그러나 요즘에는 제자리 실험은 방사광 가속기에서 방출되는 X-선을 사용하면서 점점 더 많이 진행하고 있다. 가속기 X-선의 세기는 매우 크기 때문에 단색화 장치를 거쳐도 충분히 세기가 큰 X-선 파장을 얻을 수 있어서 제자리 실험이 쉬워진다. X-선의 세기가 충분히 크면 분해능이 매우 좋은 X-선 흡수 끝 구조(XANES) 혹은 확장 X-선 흡수 상세 구조(EXAFS) 스펙트럼을 실시간으로 얻을 수 있으므로 결정의 상태를 정확하게 해석하는 것이 가능해진다.

X-선 분광법에 이용하는 전기화학 셀의 제작은 어렵지 않으며 다른 종류의 전기분광학 실험에 사용되는 셀과 비슷한 조건들을 갖추면 된다. 즉 입사광 혹은 반사광이 방해받지 않아야 하며, 필요한 부품 혹은 부분에서 광원의 흡수 및 반사가 최소가 되어야 하며, 전극에서 전류 혹은 전위의 분포가 균일하도록 셀을 설계해야 한다.

X-선 분광 실험은 빛이 반사(Bragg 형)되거나 혹은 투과(Laue 형)되는 방법으로 할 수 있다. 반사 실험에서도 8.3.4절에서 이미 설명한 수직 반사(normal reflection)를 사용하지 않고 45도를 비롯한 실험 여건에 맞는 적절한 각도를 선택한다. 입사광이 들어오는 방향의 창 물질은 기계 강도가 높아야 하고 X-선 투과도가 좋아야 한다. 창의 두께는 약 5 ~ 25 μm 정도이고 창의 재료로는 고분자인 마일러(myler, 플라스틱, 듀퐁사의 상품명) 혹은 펫트(PETE)(Melinex: 듀퐁사의 상품명) 등이 많이 이용된다. 창은 실험자가 셀의 내부를 들여다볼 수 있도록 투명한 것이 좋다. 투과식 혹은 반사식 실험 방법에서 전해질 용액의 흡수를 줄이려면 창의 두께가 얇아야 한다. 특히 투과식 실험에서 사용하는 전극의 두께는 매우 얇아야 충분한 세기의 X-선이 투과될 수 있다. 셀은 흑연 창과 흑연 작업전극, 백금 선을 사용하는 상대전극, 루긴 모세관(Luggin capillary)에 담긴 Ag/AgCl(포화 KCl 용액) 기준전극으로 구성된다. 탄소는 X-선을 흡수하지 않으므로 창과 동시에 전극으로 많이 사용된다. 이런 실험에는 X-선 광원을 비롯한 광 측정 장치와 동시에 전극의 전위와 전류를 제어하는 정전위기와 같은 전자제어 장치가 필요하다. 전극의 전위를 일정하게 유지한 후에 X-선의 흡수 혹은 반사 실험을 할 때도 있고, 때로는 일정한 간격의 펄스 전위를 걸어주면서 펄스 전위에서 광 변화를 측정한 뒤 그 차이를 자료로 이용하기도 한다.

8.5.3 X-선 분광법의 응용

X-선 분광학 실험은 전기화학 실험을 하는 동안 물질의 구조 변화 등을 직접 추적할 수 있다는 장점이 있다. 그렇기 때문에 X-선 분광학은 지금까지 금속 혹은 합금의 부식 연구, 금속/합금의 전기 도금 연구, 이차 전지 혹은 연료 전지의 전극 촉매 연구

등에 매우 효과적인 수단으로 사용됐다. 그러나 현재까지도 X-선 분광법은 일부 이용자들만 제한적으로 사용하고 있다. 그것은 실험 시설에 큰 비용이 들기 때문이다. 그러나 방사광 가속기 시설이 일반 연구자에게도 개방이 되면서 비교적 쉽게 이용할 기회가 오기 시작했다. 앞으로 이 분야의 많은 발전을 기대하고 있다. 현재 포항가속기 연구소에는 오직 전기화학 실험을 위한 확장 X-선 흡수 상세 구조(EXAFS) 스펙트럼을 얻을 수 있는 빔 라인 및 전기화학 실험 시설이 갖추어져 있다. 더구나 이 빔 라인이 낼 수 있는 X-선의 에너지 범위가 4500 ~ 25,000 eV로 비교적 넓은 영역이기 때문에 전기화학 실험을 하면서 동시에 다양한 전극 및 전극 표면의 물질의 EXAFS 스펙트럼을 측정하는 것이 가능하다.

8.6 주사 탐침을 이용한 전극 표면의 조사

전극 표면의 입체 굴곡을 원자 혹은 분자의 크기의 분해능(resolution)으로 조사하려면 표면 위를 정밀하게 더듬는 날카로운 바늘을 이용하는 방법이 있다[37]. 이 바늘을 탐침(probe)이라 부른다. 흔히 **주사 터널링 현미경법**(scanning tunneling microscopy, STM)이라 부르는 실험 방법에서 주사 탐침(scanning probe) 기술은 이 방법의 핵심이다.

그림 8.6.1은 주사 터널링 현미경법 실험에 대해 간략히 나타낸 것이다. 시료 표면에 매우 가깝게 놓인 탐침은 표면과 평행한 방향인 x축과 y축뿐 아니라 수직인 방향인 z축으로도 움직일 수 있다. 압전(piezo) 결정을 연결하고 각 좌표축에 따라 알맞은 전압을 걸어주면 원하는 방향으로 탐침을 움직일 수 있다. 압전 결정은 기계적인 힘을

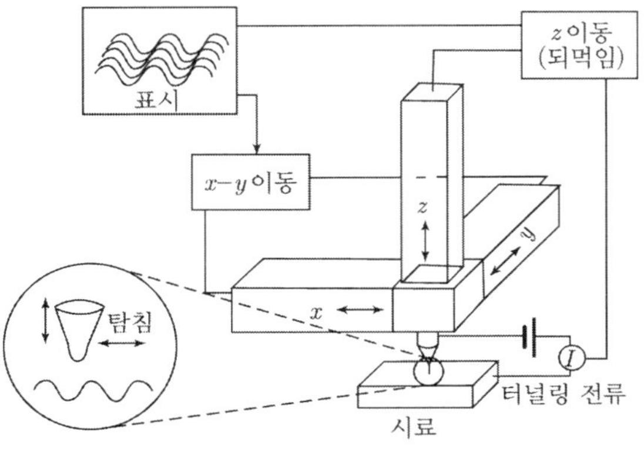

그림 8.6.1 주사 탐침 실험을 위한 장치의 개략도

37) S. N. Magonov and M.-H. Whangbo, *Surface Analysis with STM and AFM: Experimental and Theoretical aspects of Imaging Analysis.*, VCH, 1996.

가하면 전압이 발생하는 압전 현상(piezoelectric effect)을 나타낸다. 탐침을 움직이는 것은 압전 결정에 전압을 걸어주면 결정의 크기가 변하는 현상, 즉 역압전 현상을 이용하는 것이다. 이것을 이용하면 탐침의 위치를 수 옹스트롬(Å) 크기로 아주 세밀하게 조정하면서 전체 영역을 마이크로미터 범위까지 움직일 수 있다.

주사 터널링 현미경법(STM) 실험에서 시료와 탐침 사이에 전압을 걸어주면 시료 표면과 탐침 끝이 매우 가까울 때 전자 터널링(tunneling)이 일어난다. 터널링의 많고 적음에 따라 전류의 세기가 결정된다. 전류는 표면과 탐침 사이의 거리가 커지면 지수함수적으로 급격히 감소한다. 탐침을 표면과 일정한 거리(z)를 유지하고, 표면과 평행한 방향(x축 혹은 y축)으로 이동하면서 전류의 세기를 기록하면 움직인 축을 따라 시료 표면과 탐침 사이의 거리 분포를 알 수 있다. 즉 탐침 이동 방향의 선을 따라 시료 표면의 높낮이 변화를 알 수 있는 것이다. 표면의 높낮이 변화를 알 수 있는 또 다른 방법은 전류 세기를 되먹임 장치에 입력하여 탐침이 표면과 평행한 방향으로 이동을 하여도 전류의 세기가 일정하게 유지되도록 탐침의 z좌표가 변하도록 하는 것이다. 이 방법 역시 시료 표면의 높이 변화를 측정하는 방법이다. 최대로 분별할 수 있는 거리 분해능(resolution)은 약 0.1 Å 이다.

주사 터널링 현미경(STM) 기술은 1980년대 진공에서 전도체 표면을 검사하기 위하여 발명되었다(바이닝과 로헤르(Binning과 Rohrer)의 업적; 1986년 노벨상 수상). 그 후 발전을 거듭하여 주사 탐침 기술은 전극 표면의 제자리(*in situ*) 측정에도 이용할 수 있게 되었다. 주사 전기화학 현미경법(scanning electrochemical microscopy, SECM)[38]은 전해질 용액에서 전극과 탐침 사이에 흐르는 전류를 측정하는 기술이다. 탐침은 유리관에 금속을 넣고 밀봉을 한 후에 끝을 갈아서 금속 표면의 끝만 용액에 노출되도록 한다. 탐침과 전극 사이에 있는 이온들 혹은 전극 반응 물질 때문에 전류가 흐른다. 이 전류를 분석하면 미세한 구역별로 구분하여 물질의 물리화학적 특성과 반응 특성을 알아낼 수 있다. SECM의 분해능은 주사 터널링 현미경의 것보다 좋지 않다.

전자 터널링을 이용하지 않고도 표면을 조사하는 방법이 있다. 탐침을 미세하게 훑으면서 특히 전극 표면의 모양 혹은 흡착 분자들의 표면 배치를 알아내는 좋은 방법으로 원자 힘 현미경법(atomic force microscopy, AFM)이 있다. 이 방법은 전축 바늘처럼 용수철 막대에 고정한 탐침이 시료 표면을 표면과 평행한 방향으로 이동할 때 탐침의 끝의 원자들과 시료 표면 원자들 사이의 상호 작용 힘 때문에 탐침의 높낮이가 미세하게 변하는 것을 기록하는 것이다. 원자 힘 현미경법(AFM)은 터널링 방법과 달리 시료 표면이 전도성을 띠지 않아도 된다는 장점도 있다. 원자 힘 현미경법(AFM)의 공간 분

38) A. J. Bard, G. Denault, C. Lee, D. Mandler, D. O. Wipf, *Acc. Chem. Res.*, 1990, **23**, 357.

리 분해능은 주사 터널링 현미경(STM)의 분해능보다 좋지 않다.

현재에는 주사 탐침을 이용한 표면 검사 실험법이 발달하였기 때문에 전극 표면의 원자 분자까지 '보면서' 실험하는 것이 가능하게 되었다. 단결정 표면에 배열된 원자들도 보이고 그 원자 위에 흡착된 화학종의 규칙적인 배열도 볼 수 있다. 흡착 원자의 이동도 제자리 실험으로 관찰하기도 한다. 이런 실험들은 실험실 환경에서 오는 진동이 완전히 차단되어 측정 장치에 전혀 영향을 주지 말아야 성공할 수 있다. 그것은 물체의 아주 조그만 진동에 따라 변하는 진폭조차도 원자의 스케일의 진폭 변동보다 크기 때문이다. 탐침 재료는 텅스텐, 백금, 백금의 합금 등이며 식각(etching, 에칭)하여 끝을 뾰족하게 만든다. 원자 힘 현미경법(AFM)에 사용되는 탐침은 다이아몬드 혹은 질화규소로 만든 것이다. 탐침은 거울이 달린 용수철 막대에 고정되어 있다. 그 거울에 레이저 빛을 쪼이고 반사될 때 반사각의 변화를 기록하여 탐침의 이동 거리에 따른 높이변화(z축)를 읽는다.

지금까지 설명한 것처럼 표면의 원자 및 분자들의 배열을 조사하는 기술들의 공통점은 원자 크기로 미세하게 움직일 수 있고 조절 가능한 탐침들을 사용하는 것이다. 그러한 움직임과 조절은 역압전 현상을 이용한 것이다. 이것은 표면 원자들에 아주 가깝게 접근하여 움직이므로 주사 탐침 또는 근접 탐침(proximal probe)이라고도 한다. 근접 탐침을 사용하는 표면 조사 방법으로 측정된 표면 분자들의 배열 모습들의 예를 그림 8.6.2에 실었다. 첫째 그림(A)은 티올 분자들이 금 단결정 표면에 자기 조립으로

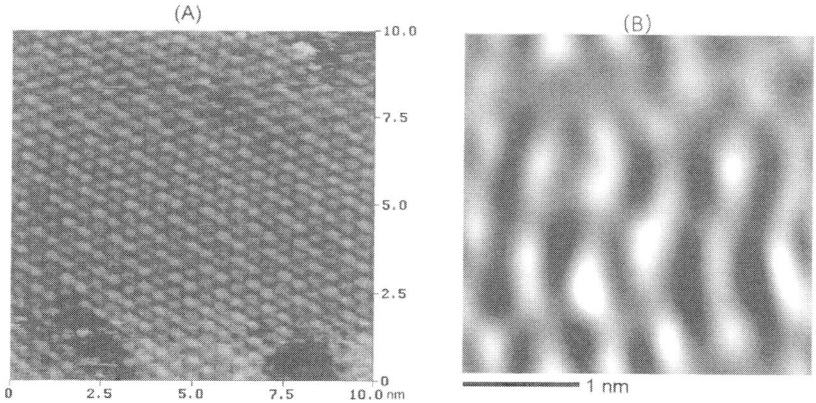

그림 8.6.2 주사 탐침 기술로 조사한 금속 표면에 흡착된 분자들의 배열. (A) 금 결정표면에 흡착된 티올 분자들의 자기조립 상태를 나타낸 STM 사진[39] (B) 은 결정표면에 흡착된 안트라퀴논-2-카르복실산 분자들을 나타낸 AFM 사진[40]

39) Kohei Uosaki(Hakkaido U.) 제공

40) *Lamgmuir*, **1998**, *14*권 표지 그림[p.6113 김관 등(Han, S. W.; Ha, T. H.; Kim, C. H.; Kim, K.)의 논문에서]

형성한 단분자막(10.6.2절 참조)을 주사 터널링 현미경(STM)으로 조사한 결과이다. 밝고 어두운 부분의 표면 높낮이는 등고선과 같이 나타난다. 밝은 곳이 표면의 높은 곳(티올 분자의 끝 부분)이며, 티올 분자들이 규칙적으로 배열된 것을 알아볼 수 있다. 이것은 티올 분자 바로 밑에 있는 금 표면의 원자들의 배열이 규칙적이기 때문이다. 둘째 그림(B)은 은(silver) 결정면에 흡착된 안트라퀴논-2-카복실산 분자들의 배열을 나타낸 것이다. 이것은 원자 힘 현미경법(AFM) 기술의 한 종류인 측면 마찰력 탐침법으로 조사한 결과이다. 밝은 부분은 마찰이 큰 곳(분자의 몸체가 있는 곳)이고 어두운 부분은 마찰이 작은 곳(비어있는 곳)이다. 길쭉한 벽돌 모양으로 보이는 것은 이 유기산 분자들이 만드는 납작한 분자 평면들이 서로 평행하고 촘촘하게 서 있는 상태로 배열된 것을 나타낸다.

근접 탐침은 표면을 굴곡을 그려낼 수 있을 뿐만 아니라 표면의 원자를 원하는 위치로 이동할 때도 사용된다. 이런 기술로 원자들을 모아 한두 개의 분자를 만들거나 특수한 구조의 원자 배열을 만드는 것이 가능하게 되었다. 이런 기술은 앞으로 혁신적인 기술을 낳을 나노 과학(nanoscience)과 나노 기술(nanotechnology)을 발전시키는데 핵심적인 역할을 할 것이다[41].

참고문헌

1. J. R. MacDonald, *Impedance Spectroscopy*, Wiley/Interscience, New York, 1987.
2. A. J. Bard and L. R. *Faulkner, Electrochemical Methods*, 2nd ed., Wiley, 2001.
3. I. Rubinstein, Ed., *Physical Electrochemistry*, Principles, Methods, and Applications, Marcel-Dekker, 1995.
4. C. Gabrielli, "*Identification of Electrochemical Processes by Frequency Response Analysis,*" Technical Report No. 004/83, Solartron, Hamphshire, England, 1984.
5. R. de Levie in *Advances in Electrochemistry and Electrochemical Engineering*, P. Delahay and H. Gerischer Eds., Vol. 6, Wiley/Interscience, New York, 1967.
6. J. O'M. Bockris and S. U. M. Kahn, *Surface Electrochemistry*, Plenum, New York, 1993, Chapter 8.
7. F. Mansfeld in *Advances in Corrosion Science and Technology*, Vol. 6, Plennum Press, New York, 1976.
8. I. Epelboin, C. Gabrielli, M. Keddam, and H. T. Takenouti, "*Progress in Electrochemical Corrosion Testing,*" Proceedings of the ASTM Symposium, F. Mansfeld and U. Bertocci

41) Special Roports by R. Dagani, and by M. Jacoby, *C&EN*, October 16, 2000, p.27-35

Eds, ASTM Publications, Washington, DC., 1981.

9. J. R. MaCullum and C. A. Vincent Eds., *Polymer Electrolyte Reviews*, Elsevier Applied Science, London, 1987.
10. R. J. Gale, ED., *Spectroelectrochemistry* – Theory and Practice, Plenum Press, New York, 1988.
11. H. D. Abruňa Ed., *Electrochemlcal Interfaces – Modern Techniques for In-Situ Interface Characterization*, VCH Publishers, Inc, New York, 1991.
12. P. T. Kissinger and W. R. Heineman, *Laboratory Technigues in Electroanalytical Chemistry*, Marcel Dekker, 1984.
13. R. Greef, R. Peat, L. M. Peter, D. Pletcher, and J. Robinson, *Instrumental Methods in Electrochemistry*, Ellis Horwood, 1985.
14. 「新編 電氣化學測定法(일본어)」, 일본전기화학회, 1988.
15. M. E. Orazem and B. Tribollet, *Electrochemical Impedance Spectroscopy*, Wiley, 2008.

연습문제

1. 다음은 간단한 산화·환원 전극 반응 시스템에 대한 임피던스 그림이다. 용액의 저항, 편극 저항, 와버그(Warburg) 임피던스 등을 그림에 나타내고 그림이 나타내는 의미를 간단히 설명하라. 또한 이 데이터로부터 R_s, R_p, C_d 및 W의 값을 구하는 방법을 설명하라.

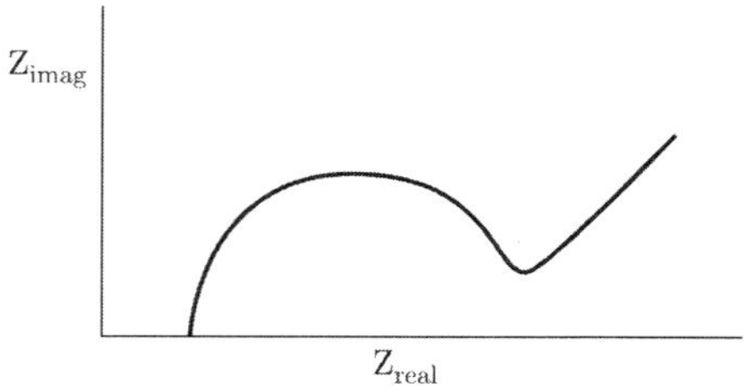

2. 식 (8.3.4)를 유도하라. 이 식을 시간전하법에 사용되는 식과 비교하고 이들로부터 어떤 정보를 얻을 수 있는가를 설명하라.

3. 전기분광학 실험에서 전기화학적으로 생성된 물질의 몰 흡광도를 구하는 방법을 설명하라.

4. 타원 편광법(ellipsometry)의 원리를 간단히 설명하라. 이것을 방법으로 사용하는 측정된 자료로부터 얻을 수 있는 정보는 무엇인지 설명하라.

5. 삼변수 타원 편광 실험이 이변수 타원 편광 실험과 비교하여 다른 점은 무엇인가?

6. 전극 표면에 만들어지는 얇은 막을 연구한 학생이 타원 편광 실험 결과를 발표하였다. 그 학생의 발표 자료에는 다음과 같은 데이터가 포함되어 있었다. 그런데 중요한 한 가지가 빠졌다. 그것은 무엇인가?

   포함된 것: 사용 파장, 용액의 굴절률, 위상차 각도 Δ, 진폭비 각도 Ψ

   답 광선의 입사각. 입사각의 값이 없이 측정되는 Δ와 Ψ는 정량적 의미가 없다.

7. 주사 탐침을 사용하는 표면 분석법들의 공통적인 핵심 기술은 무엇인가? 주사 터널링 현미경법과 주사 전기화학 현미경법, 원자 힘 탐침법의 특징은 무엇인지 설명하라.

8. 이차 전지의 충·방전 과정에서 전극의 성분, 결정 구조, 표면 형태(morphology) 등의 변화를 파악하려면 어떤 실험이 적합할 것인가?

9장

전기화학 분석법

9.1. 전기화학을 이용한 분석 방법

9.1.1 역사적 배경

전기화학을 화학 물질의 분석에 이용할 수 있도록 한 출발점은 폴라로그래피(polarography)의 발명이었다. 폴라로그래피는 1922년 체코의 과학자 헤이로브스키(J. Heyrovsky)가 발명한 것으로 그에게 1959년 노벨화학상 수상의 영예를 안겨주었다. 초기의 폴라로그래피를 이용한 물질의 분석 방법은 분석 감도가 낮고, 검출 한계는 높았지만 화학 물질을 분석하는 새로운 방법이라 주목을 받았다. 실제로 1933년 뉴욕타임스에 폴라로그래피가 소개된 적도 있다.

초기의 폴라로그래피는 분석하려는 화학 물질(분석물)의 농도가 적어도 10^{-5} M 정도 되어야 검출이 가능했다. 그 정도 농도의 물질은 검출 한계가 너무 높아서 물질의 미량 분석에 적합하지 않았다. 그러나 그것을 응용한 다양한 분석 방법들이 연구 개발된 현재에는 분석물의 검출 한계 농도가 10^{-11} M까지도 낮아졌다.

폴라로그래피는 분석물이 포함된 용액에서 작업전극으로 사용하는 적하 수은 전극(dropping mercury electrode)에 전위를 걸어주면서 그에 대응되는 전류를 측정하는 전기화학 분석법이다. 전류는 전극에 걸어준 전위에 따라 분석물이 전기분해가 되기 때문에 발생되는 것이다. 측정된 전류를 걸어준 전위의 함수로 도시하여 그래프를 그리며, 그 그래프를 **폴라로그램**이라 부른다. 그렇지만 적하 수은 전극을 사용하기 때문에 발생하는 잡음은 이 방법을 이용하여 분석물의 농도 및 특성을 파악하는 데 장애 및 한계로 작용한다. 따라서 폴라로그래피와 관련된 많은 연구는 신호 대 잡음 비율(signal to noise ratio)을 개선하기 위해서 진행되었다고 볼 수 있다. 그 결과 등장한 새로운 전기화학 분석법이 곧 tast polarography, normal pulse polarography(NPP), differential pulse polarography (DPP), square wave pulse polarography(SWPP) 등이었다. 새로운 방법들의 분석 감도는 대폭 향상되었고, 이들을 이용하면 일반 실험실에서도 분석물의 검출 한계가 약 $10^{-8} \sim 10^{-9}$ M 되는 정도까지도 어렵지 않게 분석 작업을 할 수 있다.

9.1.2 전기화학 분석법의 장점과 한계

모든 분석 방법들과 마찬가지로 전기화학 분석법도 장단점을 가지고 있다. 전기화학 분석법의 가장 큰 장점은 가격 경쟁력과 간편성이지만, 검출 한계가 다소 높다는 단점도 있었다. 그러나 개선된 전기화학 분석법은 분광 분석법 못지않게 감도가 좋고, 검출 한계가 낮은 편이다. 특히 색을 띤 미지 시료의 분석, 화학종의 산화수 분석은 다른 분석 방법에 비해 전기화학 분석법의 큰 장점이라 할 수 있다. 또한 전기화학 분석에 필요한 기기들은 다른 분석 기기에 비해 크기가 작아서 운반하기도 쉽고, 유지 관리하기가 쉽다.

9.1.3 전기화학 분석법 발전과 종류

폴라로그래피의 발명은 전기화학을 활용하여 화학 물질을 분석할 수 있는 계기가 되었다. 즉, 전기화학이 분석화학을 포함하는 광범위한 학문 영역으로 확대하는 전기를 마련한 것으로 평가할 수 있다. 전기화학 방법으로 물질을 분석하려면 전극을 이용하여 분석물이 녹아 있는 용액의 전위를 감지하거나 혹은 전극에서 분석물의 산화·환원 반응이 진행될 때 발생하는 전류와 같은 물리량들을 측정할 수 있어야 한다. 이 장에서는 화학 물질의 분석에 이용되는 여러 종류의 전기화학 분석법을 소개할 예정이다. 그것은 크게 전위차법, 전류법, 전하량법, 전압전류법으로 분류할 수 있다. 전위차법은 용액에 담긴 전극의 전위를 측정하여 관심 대상이 되는 분석물의 농도를 파악하는 전기화학 분석법이다. 전위차법에서는 분석물이 어떠한 형태의 화학 반응도 겪지 않으므로 다른 전기화학 분석법들과 구별이 된다. 반면에 전위차법을 제외한 다른 전기분석 방법은 전극에서 산화·환원 반응이 진행된다. 그 방법들은 일정한 조건에서 분석물의 산화·환원 반응 결과로 발생하는 여러 가지 전기 신호(전류, 전하량, 또는 전류와 전위의 상관관계)를 측정하여 분석을 하고, 분석물의 종류 혹은 농도를 알아내는 전기화학 분석법이다. 방법들의 이름(전류법, 전하량법, 전압전류법)에서 이미 측정되는 전기 신호가 무엇인지 알 수 있다.

9.2 전위차법(Potentiometry)

이 방법은 지시전극(indicator electrode)을 사용하여 용액에 있는 분석물이 나타내는 전위를 측정하여 분석물의 정보를 알아낸다. 분석물의 특성에 따라 사용되는 지시전극의 종류는 매우 다양하다. 전위 측정을 위해서는 최소한 기준전극, 지시전극, 전압 측정 장치(potentiometer, 전위차계)가 필요하다. 전위를 측정하는 방법은 2.7절을 참조하기 바란다.

지시전극의 전위는 용액의 구성 성분, 즉 분석물의 종류와 농도는 물론 전해질의 종류에 따라 변한다. 또한 지시전극의 특성과 재질에 따라 측정 가능한 분석물의 종류가 달라진다. 지시전극의 재질로는 금속, 고체 혹은 액체막 등이 주로 이용된다. 지시전극의 전위는 네른스트 식을 따르며, 용액에 있는 특정한 화학종의 활동도와 연관이 있다. 측정된 전위를 네른스트 식에 대입하면 그 화학종의 활동도(a)를 구할 수 있고, 활동도와 활동도 계수(activity coefficient, γ)의 관계($a = \gamma[c]$)를 이용하여 화학종의 농도를 구할 수 있는 것이다. 따라서 전위를 측정하면 화학종의 농도 $[c]$를 알아낼 수 있다는 것이 전위차법이 화학 물질의 분석에 이용되는 근거이다.

분석물이 포함된 용액에 분석물에 적합한 지시전극과 기준전극을 담그고 전위 측정 장치를 이용하여 전위를 측정한다. 이때는 전극을 통해서 전류가 흐르지 않아야 한다. 만약 전류가 흐르게 되면 용액에 있는 분석물이 변화되므로 전위의 변화를 가져오기 때문이다. 또한 전류가 흐르면, 그로 인해서 저항 전위 강하(iR drop) 및 편극 등으로 측정하는 전위가 변할 수 있기 때문이다. 전위 측정 오차를 줄이기 위해서 전위 측정 장치의 입력 임피던스(input impedance)는 지시전극의 저항과 용액의 저항을 합한 저항보다 훨씬 더 커야한다. 예를 들어 저항이 매우 큰 이온 선택성 지시전극의 경우에는 내부 저항이 100 MΩ 이상 되므로 입력 임피던스가 10^{12} Ω 이상 되는 전위 측정 장치를 사용해야 전위 측정 오차를 최소로 줄일 수 있다.

9.2.1 지시전극의 종류

전위차법에 이용되는 지시전극의 종류에 대해 2.4.3절에 간략히 설명하였다. 이 절에서는 보다 구체적인 예와 방법을 통해서 지시전극의 역할을 알아본다.

9.2.1.1 금속 지시전극(metal indicator electrode)

가장 많이 이용되는 지시전극은 순수한 금속이다. 은, 구리, 카드뮴 등의 순수한 금속은 동일한 금속 이온이 포함된 용액에 담가서 지시전극으로 사용한다. 예를 들어, 은 이온을 포함하는 용액에 기준전극 및 은(silver) 지시전극을 담가서 두 전극 사이의 전위차를 측정하면 은 이온의 농도를 알 수 있다. 이것과 관련된 반쪽 반응은 다음과 같다.

$$Ag^{+}(aq) + e^{-} \rightarrow Ag$$

은 지시전극의 전위를 네른스트 식을 이용하여 나타내면 25°C에서 다음과 같다.

$$E = E^{o}_{Ag+/Ag} - 0.0591 \ \log \frac{1}{a_{Ag^{+}}}$$

여기서 a_{Ag^+}는 은 이온의 활동도이다. 순수한 금속 은의 활동도는 1이기 때문에 로그 함수의 분자는 1이다. 전위차계로 측정된 전위는 결국 기준전극의 전위와 은 지시전극의 전위의 차이이다. 만약 표준 수소 전극을 기준전극으로 사용하였다면 측정 전위 E_m은 다음과 같다.

$$\begin{aligned} E_m &= E(\text{은 전극}) - E(\text{수소 전극}) \\ &= E(\text{지시전극}) - E(\text{기준전극}) \\ &= E(\text{지시전극}) \end{aligned}$$

기준전극으로 사용된 표준 수소 전극의 전위가 0.000 V이므로, $E_m = E(\text{지시전극}) = E(\text{은 전극})$이 된다. 결국 측정된 전위는 이온의 활동도의 로그값에 비례하므로 전위의 측정을 통해 은 이온의 활동도를 알 수 있고, 활동도와 농도의 관계식을 이용하면 용액에 있는 은 이온의 농도를 알 수 있다.

위의 예처럼 금속 전극은 용액에 있는 그 금속 전극과 일치하는 금속 이온의 활동도를 측정할 수 있다. 뿐만 아니라 그 금속 이온과 안정한 착물을 형성하거나 혹은 잘 녹지 않는 화합물(용해도곱 상수가 매우 작은 화합물)을 형성하는 음이온의 활동도도 측정할 수 있다. 예를 들어 염화 이온을 포함하며, 염화은으로 포화된 용액에 은 전극을 지시전극으로 사용하면 염화 이온의 활동도를 알 수 있다. 이것에 대한 반쪽 반응은 다음과 같다.

$$AgCl(s) + e^- \rightarrow Ag(s) + Cl^-(aq)$$

또한 이 반응에 대한 은 전극의 전위를 네른스트 식으로 나타내면 다음과 같다.

$$\begin{aligned} E &= E^o_{Agcl/Ag} - 0.0591 \log \frac{\{Ag(s)\}\{Cl^-\}}{\{AgCl(s)\}} \\ &= E^o_{Agcl/Ag} - 0.0591 \log a_{Cl^-} \end{aligned}$$

결국 이 식은 은 전극의 전위는 염소 이온의 활동도(a_{Cl^-})의 상용 로그 값에 비례한다는 것을 말해주고 있다.

같은 개념으로 수은 이온과 안정한 착물을 형성하는 EDTA(Y^{4-})의 지시전극으로 수은 전극을 사용할 수 있다. EDTA가 포함된 용액에 소량의 EDTA와 수은 이온의 착물(HgY^{2-})을 첨가하고, 수은 전극을 사용하여 전위를 측정하면 EDTA의 활동도를 알아낼 수 있다. 수은 전극에서 진행되는 반쪽 반응을 나타내면 다음과 같다.

$$HgY^{2-}(aq) + 2e^- \rightarrow Hg(l) + Y^{4-}(aq)$$

따라서 수은 전극의 전위를 네른스트식으로 나타내면 다음과 같다.

$$E = E^o_{HgY/Hg} - \frac{0.0591}{2}\log\frac{a_{Y^{4-}}}{a_{HgY^{2-}}}$$

한편 HgY^{2-}의 형성 상수(formation constant)는 매우 커서 HgY^{2-}의 활동도($a_{HgY^{2-}}$)는 일정하다고 생각해도 될 것이다. 따라서 위 식은 다음과 같이 변형될 수 있다.

$$E = K - \frac{0.0591}{2}\log a_{Y^{4-}}$$

상수 K는 다음과 같다.

$$K = E^o_{HgY/Hg} - \frac{0.0591}{2}\log\frac{1}{a_{HgY^{2-}}}$$

만약에 용액에 산화형 이온과 환원형 이온이 쌍으로 함께 있으며, 지시전극으로 적합한 금속 지시전극이 없을 경우에는 백금, 금, 탄소 등을 지시전극으로 사용할 수 있다. 그중에서도 백금이 지시전극으로 많이 이용되며, 이것을 이용하여 측정된 전위는 용액에 있는 산화·환원 이온 쌍의 전위를 반영한다. 만약 두 가지 산화 상태의 철 이온(Fe^{2+}, Fe^{3+})이 혼합된 용액에 백금 지시전극을 담그면 그 지시전극의 전위는 다음과 같이 나타낼 수 있다.

$$E = E^o_{Fe^{3+}/Fe^{2+}} - 0.0591\log\frac{a_{Fe^{2+}}}{a_{Fe^{3+}}}$$

측정 전위 E_m은 기준전극의 전위(E_{ref})와 지시전극의 전위 차이이므로 다음과 같다.

$$E_m = E^o_{Fe^{3+}/Fe^{2+}} - 0.0591\log\frac{a_{Fe^{2+}}}{a_{Fe^{3+}}} - E_{ref}$$

표준 수소 전극에 사용되는 백금 전극 또한 두 종류의 산화 상태에 있는 수소(H^+, H_2)에 감응하는 일종의 지시전극으로 생각하면 된다.

9.2.1.2 유리막 지시전극(glass membrane indicator electrode)

막전극의 전위 발생의 원리는 2.6절에 설명하였다. 이 절에서는 전위 측정에 사용되는 막과 그것을 이용한 전위 측정 과정을 설명할 예정이다. 앞 절에서 금속 지시전극의 전위는 특정 화학종 혹은 그것에 대응되는 금속 이온 쌍에 감응하여 결정된다는 것을 알 수 있었다. 얇은 막(membrane)도 지시전극으로 사용할 수 있으며, 그런 막으로 지시전극을 만든 대표적인 예로 유리전극을 들 수 있다.

유리 지시전극은 두께가 매우 얇은 유리막(0.03 ~ 0.1 mm)을 이용하여 제조한다. 얇은 유리막을 사이에 두고 막의 양쪽 용액에 있는 수소 이온의 활동도 차이가 전위 발생의 원인이다. 유리막의 전위는 수소 이온의 활동도를 반영하고 있으므로 전위를 측정하여 수소 이온의 활동도의 정보를 파악하는 것이다. 유리막의 성분을 조절하여 만든 지시전극은 용액에 포함된 많은 이온 중에서 어느 한 이온에만 선택적으로 감응하는 것이 가능하다. 그런 특성을 갖춘 유리막 지시전극은 여러 종류의 이온이 혼합된 용액에서도 오직 하나의 이온에만 선택적으로 감응을 한다. 만약 특정 성분의 유리막이 오로지 수소 이온의 활동도에만 감응한다면 그 막은 수소 이온 선택성 전극(hydrogen ion selective electrode)이 된다. 또한 얇은 막을 특정 성분으로 이루어진 액체막, 결정성 고체막으로 제조하는 것도 가능하다. 잘 고안이 된 얇은 막은 특정한 이온은 물론 특정한 분자에 대해서도 선택적으로 감응한다.

● pH 측정

수용액의 pH를 측정할 때 가장 많이 사용되는 **유리전극**(glass electrode)은 얇은 유리막 내부에 묽은 염산 용액이 들어 있고 그 용액에 Ag/AgCl 전극이 담겨 있는 그림 9.2.1과 같은 구조를 하고 있다. 유리막의 양쪽 표면은 수화되어 있고, 그것은 젤(gel)로 이루어진 얇은 층을 형성하고 있다. 수화된 젤 층의 두께는 대개 $10^{-5} \sim 10^{-4}$ mm이다. 수화된 젤과 용액에 있는 수소 이온은 다음과 같은 이온 교환 반응을 진행할 가능성이 높다.

$$—SiO\text{-}Na^+ + H^+ \;\text{———}\; SiO^-H^+ + Na^+$$

이것은 규산 소듐과 실리카로 조성된 젤(gel)이 물과 접촉된 계면에서 일어나는 반응이다. 즉, 유리가 물과 접촉된 계면에서 진행되는 일반적인 반응인 것이다. 그러므로 유리전극을 다음과 같이 나타낼 수 있다[1].

$$Ag \mid AgCl \mid HCl \,\rule{2pt}{10pt}\, glass \,\rule{2pt}{10pt}\, H^+(\text{test solution})$$

여기서 '▌glass▌'는 얇은 유리막이고, ▌은 수화된 얇은 젤 층이다. 이 젤에는 Na^+와

---

1) W. E. Morf, *The Principles of Ion-Selective Electrodes and of Membrane Transport*, Elsevier, 1981.

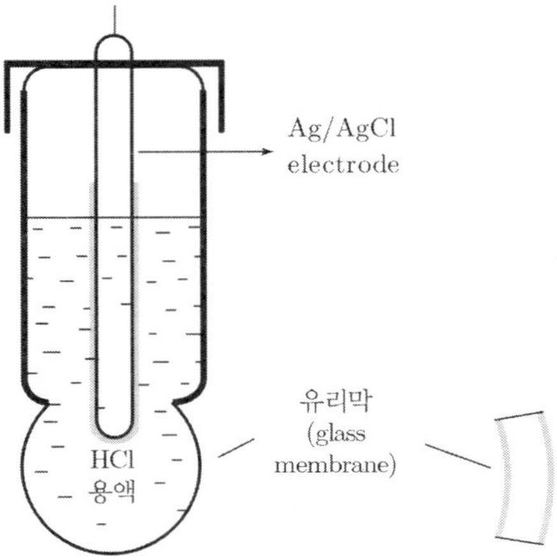

Ag | AgCl | HCl |유리막| H^+(시험 용액)

그림 9.2.1 유리전극

H^+ 이온이 차지할 수 있는 자리가 있고, 젤의 Na^+는 측정하려는 용액에 있는 H^+와 자리바꿈을 할 수 있다. 즉 다음과 같은 이온 교환 평형이 가능하며, 평형 상수는 활동도의 비가 된다.

$$Na^+(G) + H^+(aq) \rightleftarrows Na^+(aq) + H^+(G)$$

$$K = \frac{a_{H^+(G)}a_{Na^+}}{a_{Na^+(G)}a_{H^+}} \tag{9.2.1}$$

여기서 '이온(G)'는 수화된 젤에 있는 화학종, '이온(aq)'는 용액에 있는 화학종을 의미한다. 유리막의 단위 부피에 포함된 Na^+ 이온과 H^+ 이온의 자릿수의 총합(N)은 일정하고, 몰랄 농도는 활동도와 거의 같으므로 그것을 다음과 같은 식으로 나타낼 수 있다.

$$m_{Na^+(G)} + m_{H^+(G)} = a_{Na^+(G)} + a_{H^+(G)} = N \tag{9.2.2}$$

이것을 식 (9.2.1)과 결합하면 식 (9.2.3)을 얻는다.

$$K = \frac{a_{H^+(G)}a_{Na^+}}{(N - a_{H^+(G)})a_{H^+}} \tag{9.2.3}$$

위 식을 용액과 젤 층의 수소 이온 활동도의 비로 나타내면 다음과 같다.

$$\frac{a_{H^+}}{a_{H^+(G)}} = \frac{a_{Na^+} + K a_{H^+}}{NK} \tag{9.2.4}$$

한편 평형에 도달한 경우 젤과 용액에서 수소 이온의 전기화학 퍼텐셜은 같으므로 다음과 같은 식이 성립된다.

$$\tilde{\mu}_{H^+(G)} = \tilde{\mu}_{H^+(soln)} \tag{9.2.5}$$

결국 평형 상태의 전기화학 퍼텐셜은 다음과 같다.

$$\mathring{\mu}_{H^+(G)} + RT \ln a_{H^+(G)} + F\phi^{G} = \mathring{\mu}_{H^+(soln)} + RT \ln a_{H^+} + F\phi^{soln} \tag{9.2.6}$$

유리막의 안과 밖에 담긴 두 기준전극 사이의 퍼텐셜 차이, E_g는 $(\phi^G - \phi^{soln})$을 반영할 것이므로 위 식을 이용하여 다음 관계식을 얻는다.

$$\begin{aligned} E_g &= E^\circ + \frac{RT}{F} \ln \frac{a_{H^+}}{a_{H^+(G)}} \\ &= E^\circ + \frac{RT}{F} \ln \frac{1}{NK} + \frac{RT}{F} \ln\left(a_{Na^+} + K a_{H^+}\right) \\ &= E^{\circ\prime} + \frac{RT}{F} \ln K a_{H^+} \quad (a_{Na^+} \ll K a_{H^+} \text{일 때}) \end{aligned} \tag{9.2.7}$$

E°와 $E^{\circ\prime}$은 유리막의 안과 바깥 계면의 비대칭 때문에 발생하는 퍼텐셜 차이, 즉 **비대칭 전위(asymmetry potential)**를 포함하고 있다. 비대칭 전위는 유리막 내부 및 외부에 동일한 성분의 용액이 있을 때 유리막의 전위를 말한다. 만약에 유리막을 중심으로 H^+의 활동도가 정확히 같다면 그때의 전위는 0이 되어야 한다. 그러나 실제 측정에서 0이 되는 경우는 흔하지 않다. 이러한 비대칭 전위가 발생하는 원인으로 얇은 유리막의 성분이 내부와 외부에서 동일하지 않다는 점, 막이 가진 고유의 스트레인으로 인한 변화, 외부 막의 변질 등을 들 수 있다. 더구나 막의 특성이 시간에 따라 조금씩 변하기도 한다. 따라서 pH를 측정하는 유리막은 사용할 때마다 보정을 해야 한다. 위 식은 유리전극의 전위, E_g를 측정하여 pH를 알 수 있는 근거가 된다. $pH = -\log a_{H^+}$이므로 식 (9.2.7)을 정리하면 다음과 같은 식이 된다.

$$\boxed{pH \cong \frac{F}{2.303RT}\left(E^{\circ\prime} - E_g\right) + \log K} \tag{9.2.8}$$

일반적으로 사용되는 유리 지시전극에 대한 K 값은 10^{12}보다 크다. 용액의 pH가 높을수록 E_g는 작다. 용액의 pH가 낮은 경우에는 $a_{Na^+} \ll K a_{H^+}$의 근사로 인한 문제가 없으나 용액의 pH가 높은 경우에는 오차가 발생한다. 염기성 용액에서 금속 이온의 활동도가 수소 이온의 활동도보다 훨씬 크기 때문이다. 그런 조건이라면 유리 젤 층에서 수소 이온의 교환보다 알칼리 금속 이온의 교환이 훨씬 활발하게 진행될 것이다. 그것은 유리막이 알칼리 금속 이온에 감응하는 지시전극으로 작동되는 것을 의미한다.

일반적으로 pH가 9 이하인 용액에서는 알칼리 금속 이온에 의한 오차가 작다. 그러나 용액의 pH가 10 이상인 용액에서는 수소 이온의 활동도가 상대적으로 작기 때문에 유리전극이 소듐 이온, 포타슘 이온과 같은 알칼리 금속 이온에 더 잘 감응한다. 그 결과 측정된 pH는 실제 pH보다 낮다. 이것을 **알칼리 오차**라 한다. 이 오차의 주요 원인으로 소듐 이온을 들 수 있다. 만약 유리막의 구성 성분을 조절하여 소듐 이온(Na^+)에 대한 감응 정도를 대폭 줄인다면 pH가 높은 용액에서 수소 이온의 활동도를 보다 정확하게 측정할 수 있을 것이다. 유리막의 주요 성분은 SiO_2, Na_2O 및 CaO 등이다. 유리막의 표면은 SiO^-Na^+ 형태로 고정된 SiO^- 위치에 소듐 이온이 회합(association)된 구조이다. 실제로 유리 성분인 Na_2O를 Li_2O로 변경하면 소듐 이온에 대한 감응 효과를 현저하게 줄일 수 있어 매우 높은 pH 용액(pH = 14)에서도 수소 이온의 활동도를 측정할 수 있다. 수화된 젤 층에서 수소 이온 이외에도 다른 1가 양이온은 물론 2가 양이온(M^{2+})들도 이온 교환이 진행된다. 만약 특정한 성분의 유리막에서 수소 이온보다 특정한 양이온의 교환 반응이 더욱 선택적이라면 그것을 그 양이온의 이온 선택성 전극으로 사용할 수 있다. 특별히 하나의 이온이 나타내는 활동도의 로그(logarithm)값에 비례하는 전위를 측정할 수 있는 전극을 **이온 선택성 전극**(ion selective electrodes)이라고 한다.

9.2.1.3 액체막 전극(liquid membrane electrode)

얇은 액체막을 지시전극으로 사용할 수 있다. 액체막의 원리는 앞서 설명한 유리 전극과 같다. 액체막을 중심으로 양쪽에 있는 용액에 있는 특정 이온의 활동도 차이로 인해서 발생하는 전위를 측정하면 미지 시료에 있는 특정 이온의 활동도(농도)를 구할 수 있다. 보통 액체막의 성분은 유기 용매에 특정 이온과 상호 작용을 하는 유기 이온 교환체가 녹아 있다. 이온 교환체의 역할은 분석하려는 양이온과 선택적 결합을 하는 것이다. 그림 9.2.2에 칼슘 이온에 대한 액체막 전극을 개략적으로 나타냈다. 이 전극은 유기 이온 교환체 및 유기 용매가 포함된 다공성 플라스틱막으로 막혀 있는 원통형

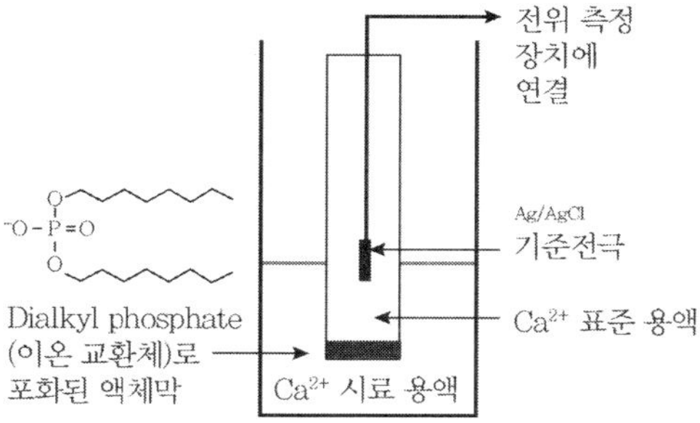

그림 9.2.2 칼슘 이온 측정을 위한 액체막 전극

모습을 하고 있다. 플라스틱막은 액체막의 지지체 역할을 한다. 액체막의 내부 용액은 일정한 농도의 칼슘 이온이 녹아 있으며, 염화은으로 포화된 Ca^{2+} 표준 용액이 채워져 있다. 그곳에 은/염화은 전극을 담가 내부 지시전극으로 사용한다. 유기 용매에 녹은 액체 이온 교환체는 소수성 다공성 플라스틱막으로 스며든다. 이것은 마치 얇은 액체막이 플라스틱 지지체에 붙어 있는 모습을 생각하면 된다. 이 막의 특성은 소수성이므로 막을 중심으로 외부의 수용성 미지 시료 용액과 내부의 수용성 용액이 분리되어 있다. 예를 들어 칼슘 이온 교환체로 주로 많이 사용하는 것으로 이알킬인산염(dialkyl phosphate) 분자가 있다. 이 분자 2개는 1개의 칼슘 이온이 결합하며 다음과 같은 평형 상태를 유지할 수 있다.

$$[(RO)_2POO]_2Ca \rightleftharpoons 2(RO)_2POO^- + Ca^{2+}(aq)$$

여기서 R은 분자량이 매우 큰 지방족 혹은 방향족 유기 화합물의 작용기를 의미한다.

전위 발생의 원리는 유리전극의 것과 거의 같다. 얇은 액체막의 내부 용액에 있는 칼슘 이온의 활동도는 일정하게 유지되고, 외부 용액에 있는 칼슘 이온의 활동도에 따라 전위가 달라진다. 막의 내부에 있는 일정한 활동도(농도)의 칼슘 이온과 이온 교환체는 계면에서 평형을 이루게 되며, 그 결과 막의 내부는 일정한 전하를 띠게 된다. 그러나 막의 외부 전하는 미지 시료 용액에 있는 칼슘 이온의 활동도에 따라 변하게 될 것이다. 따라서 막의 내부 전하는 일정하게 유지되고, 막의 외부 전하는 칼슘 이온의 활동도에 따라 변하게 되므로 막을 가로질러 전위 차이가 발생하는 것이다. 즉 얇은 액체막의 전위 E는 다음과 같이 나타낼 수 있다.

$$E = \text{constant} - \frac{0.0591}{2}\log\frac{a_{Ca^{2+}}(\text{표준})}{a_{Ca^{2+}}(\text{시료})}$$

막의 내부 용액에 있는 칼슘 이온 활동도를 일정하게 유지하고 있기에 전위 변화가 없어서 위 식은 다음과 같이 나타낼 수 있다.

$$E = K + \frac{0.0591}{2}\log\ a_{Ca^{2+}}(\text{시료})$$

즉, 지시전극의 전위가 시료 용액에 있는 칼슘 이온의 활동도에 비례하므로 칼슘 이온의 농도를 결정할 수 있는 것이다. 이런 특성을 지닌 막의 경우 칼슘 이온에 대한 감응 정도는 마그네슘 이온의 감응 정도에 비해 약 50배, 소듐 이온 혹은 포타슘 이온에 비해 약 1000배 이상 높은 선택성을 갖고 있다. 이러한 유형의 전극은 시간이 지남에 따라 이온 교환체가 흘러나와 성능이 떨어진다는 단점이 있다. 그러나 고분자막에 이온 교환체를 결합시켜서 얇은 막으로 사용하여 이런 종류의 막이 갖는 단점을 보완하도록 진화하고 있다. 마찬가지로 음이온 교환체가 포함된 액체막을 제조하여 음이온 선택성 전극으로 사용할 수 있다.

9.2.1.4 결정막 전극(crystalline membrane electrode)

앞서 설명한 유리막 및 액체막을 이용한 지시전극처럼, 결정성 고체의 얇은 막도 지시전극으로 활용할 수 있다. 결정막 지시전극의 시작은 수용액에 녹지 않는 플루오린화 란타넘(LaF_3)에 유로퓸(Eu(II))을 혼입시킨 결정으로 얇은 막을 제조하여 플루오린 이온 선택성 전극으로 사용한 것이었다.[2)] 혼입된 결정의 전도도는 순수한 플루오린화 란타넘 결정의 전도도에 비해 상당히 증가하였고, 이것의 막 전위는 플루오린 이온의 활동도에 비례하는 특징을 갖추고 있다. 이를 응용하여 결정의 구성 성분인 특정한 이온에 감응할 수 있는 이온 선택성 지시전극이 잇달아 개발되었다. 예를 들어서 할로젠 이온과 은 이온으로 형성되는 결정의 얇은 막은 염소 이온, 브로민 이온, 아이오딘 이온에 대한 이온 선택성 전극으로 사용할 수 있다. 할로젠 은(AgX)의 결정에서 할로젠 이온에 변화를 주면 그것의 음이온에 상응하는 이온 선택성 전극을 만들 수 있다. 또한 황화 은(Ag_2S) 결정막은 황 이온의 이온 선택성 전극으로 사용된다. 이외에도 황화 은(Ag_2S) 결정에 황화 납(PbS), 황화 카드뮴(CdS), 황화 구리(CuS)를 혼합하거나 혹은 혼입한 결정으로 만든 얇은 막은 납 이온, 카드뮴 이온, 구리 이온에 대한 이온 선택성 전극으로 사용할 수 있다. 몇몇 이온에 대한 결정막 전극을 사용한 예를 표 9.1에 나타냈다.

2) J.J. Lingane, *Anal. Chem.*, **40**, 935(1968), M.S. Frant and J. W. Ross. Jr., *Science*, **154**, 1553(1966).

표 9.1 결정막 이온 선택성 전극을 이용한 분석

분석이온	농도 범위 M	주요 방해 이온
Br^-	10^6 to 5×10^{-4}	CN^+, I^-, S^{2+}
Cd^{2+}	10^{-5} to 1×10^{-2}	Fe^{2+}, Pb^{2+}, Hg^{2+}, Ag^+, Cu^{2+}
Cl^-	10^6 to 5×10^{-4}	CN^-, I^-, Br^-, S^{2-}
Cu^{2+}	10^{-5} to 1×10^{-2}	Hg^{2+}, Ag^+, Cd^{2+}
CN^-	10^{-5} to 1×10^{-4}	S^{2-}
F^+	Sat'd to 1×10^{-2}	OH^-
I^-	10^6 to 5×10^{-4}	
Pb^{2+}	10^{-2} to 1×10^{-2}	Hg^{2+}, Ag^+, Cu^{2+}
Ag^+/S^{2-}	10^6 to 1×10^{-4}	Hg^{2+}
(Ag^+, S^{2-})	10^6 to 1×10^{-2}	
SCN^+	10^6 to 5×10^{-4}	I^-, Br^-, CN^- S^{2-}

*From Orion Guide to Ion Analysis. Boston, MA: Orion Research, 1983.

9.2.1.5 효소 전극(enzyme electrodes)

효소가 포함된 암모늄 이온 선택성 전극으로 요소 분자를 검출하는 방법도 고안되었다. 이 전극은 유리막을 비롯한 얇은 막에 효소를 고정(immobilized)시켜 특정 분자의 반응을 유도하고, 그 반응 생성물이 나타내는 전위를 측정하여 특정 분자의 농도에 관한 정보를 알 수 있도록 설계된 것이다. 효소 반응의 특징은 효소가 특정한 분자에 대해서만 선택적으로 반응한다는 것이다. 예를 들어 다음과 같은 유레이스(urease) 효소는 요소를 분해하여 암모늄과 중탄산 이온을 형성한다. 이 반응을 식으로 나타내면 다음과 같다.

$$NH_2CONH_2 + H_2O + H^+ \xrightarrow{\text{효소(urease)}} 2NH_4^+ + HCO_3^-$$

앞서 설명한 수소 이온에 감응하는 유리전극 겉면에 유레이스 효소(urease)가 포함된 젤 층을 고정해 지시전극으로 사용할 수 있다. 이 전극을 요소가 포함된 용액에 담그면 요소는 젤 층으로 확산하여 침투된다. 그때 젤 층에서는 요소가 유레이스 효소와 반응하여 암모늄 이온과 중탄산 이온(HCO_3^-)으로 변한다. 생성된 암모늄 이온은 해리되어 수소 이온이 생성된다. 그러므로 유리전극으로 전위를 측정하면 수소의 활동도를 알 수 있다. 결국 효소 반응과 유리전극으로 요소의 농도를 파악하는 분석 방법인 셈이다. 또한 유리전극 대신에 HCO_3^- 이온 선택성 전극을 이용하여도 요소의 분석이 가능할 것이다. 결국 이 전극은 요소 분자의 정량 분석을 할 수 있는 지시전극으로 사용할 수 있다. 이런 원리를 적용하여 적절한 효소 및 막전극을 결합하여 만든 지시전극은 특정 분

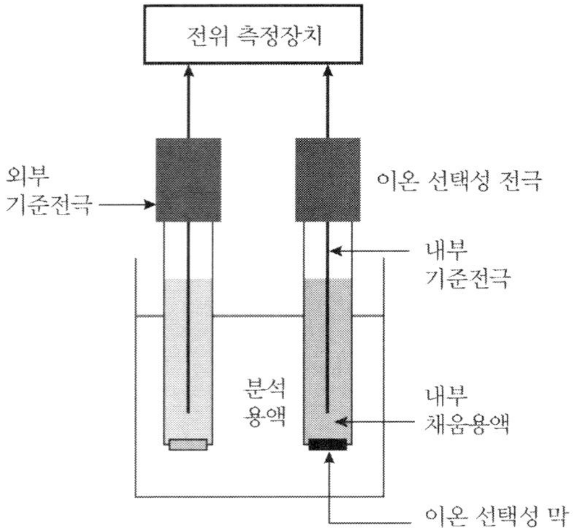

그림 9.2.3 이온 선택성 전극과 전위 측정을 위한 실험 장치

자에 선택적으로 감응을 할 수 있어서 분자 선택성 전극이 될 수 있다.

생체 시료의 분석물에는 이온이 아닌 생리 활성 분자들도 많이 포함되어 있다. 효소 전극은 예를 들어 요소, 포도당(glucose)과 같은 화합물을 분석해야 할 때도 적용할 수 있다. 그것은 막 전극 표면에 특정 효소를 침윤(impregnate) 혹은 덧붙인 젤 층에 포함시켜 1차로 효소가 분석물을 분해하여 이온이 생성되고, 그 이온에 적합한 이온 선택성 막전극을 이용하거나 혹은 새롭게 제작한 전극으로 다양한 화합물의 분석도 가능한 실험 방법이다. 근래에 이와 같은 방법을 사용하여 여러 가지 물질의 분석 방법 개발에 관하여 많은 연구가 이루어졌다.

9.2.1.5 선택 계수(selectivity coefficient)

일반적으로 이온 선택성 전극(ion selective electrodes)의 특징은 여러 종류의 이온이 포함된 용액에서 하나의 특정 이온에 대해서만 선택 감응을 한다는 것이다. 이온 선택성 전극과 그것을 이용한 전위 측정 장치의 모습을 그림 9.2.3에 나타냈다. 분석하려는 이온에 대한 선택성을 나타내려면 2.6절 및 3.2절에서 논의한 바와 같이 전극 양쪽의 계면과 용액에서 분석 이온들 사이에 평형이 이루어지고, 그것으로부터 전위가 결정되어야 한다. 따라서 분석 이온의 활동도에 따른 전위는 pH 전극에 사용했던 표현과 거의 유사하다. 보다 일반적인 형태로 막전위 E_m을 나타내면 다음과 같다.

$$E_\mathrm{m} = E_\mathrm{const} \pm \frac{RT}{z_i F} \ln\left(a_i + \sum_{j=1}^{j} K_{i,j} \cdot a_j\right) \tag{9.2.9}$$

여기서 E_{const}는 막의 조성 및 막의 내부에 있는 용액 성분과 농도에 따라 결정되는 일정한 전위이고, i는 분석 대상이 되는 이온, j는 i 분석에 훼방이 되는 모든 이온이다. E_{const} 다음에 있는 부호는 + 혹은 −일 수 있고, 그것은 이온의 전하에 따라 결정이 되는데, (+) 이온은 +, (−) 이온은 −로 적용하면 된다. 그리고 $K_{i,j}$는 선택 계수이며, 그것은 방해 이온 j가 분석 이온 i에 대한 방해 정도를 나타내는 척도이다. $K_{i,j}$가 작으면 작을수록 i 이온에 대한 선택 감응이 높다는 것을 의미하며, 이상적인 이온 선택성 전극인 경우에 $K_{i,j}$는 0이다.

만약 한 종류의 양이온만을 포함한 용액에 해당 이온에 대한 이온 선택성 전극을 담그면 그것이 나타내는 지시전극의 전위는 다음과 같이 나타낼 수 있다.

$$E = E_{const} + \frac{0.0591}{n}\log a_{M^{n+}}$$

여기서 n은 이온의 전하이며 $a_{M^{n+}}$는 이온의 활동도이다. E_{const}는 이온의 활동도를 정확히 알고 있는 용액에서 전위를 측정하면 결정할 수 있는 상수이며, 이온 선택성 전극을 구성하는 내부 기준전극, 그 내부 기준전극이 담겨 있는 용액, 막의 구성 성분에 의존한다. 이론적으로는 1가 양이온의 경우 측정된 전극 전위를 이온 활동도의 상용 로그값[log $a_{M^{n+}}$]에 대해 그래프를 그리면 기울기가 59.1 mV가 되는 직선을 얻는다. 그러나 많은 경우 이론값에서 약간 벗어나 크기가 작은 기울기 값을 얻는 것이 보통이다.

구체적인 예를 들어 선택 계수의 의미를 살펴보자. 만약 두 종류의 양이온(예: 소듐 이온과 포타슘 이온)이 혼합된 용액에 소듐 이온 선택성 전극으로 전위를 측정한다면, 그 전극의 전위는 다음과 같이 나타낼 수 있다.

$$E_{Na,K} = E_{const} + 0.0591 \log (a_{Na^+} + K_{Na,K}a_{K^+})$$

$E_{Na,K}$는 전극 전위, 선택 계수 $K_{Na,K}$는 이 전극에서 포타슘 이온의 감응 정도를 나타내는 숫자이다. 만약에 이 전극이 소듐 이온에만 100% 감응을 한다면 $K_{Na,K}$는 0이 될 것이며, 소듐 이온과 감응 정도가 동일하다면 $K_{Na,K}$는 1이 될 것이다. $K_{Na,K}$는 소듐 이온 측정에서 포타슘 이온의 방해 크기를 숫자로 표시한 것이며, 이것이 선택 계수의 물리적 의미이다. 용액에 포함되어 선택 이온의 지시전극에 대한 감응을 나타내는 모든 양이온들은 고유의 선택 계수를 갖는다. 그러나 이온 선택성 전극이 매우 효과적으로 사용되려면 분석하려는 이온을 제외한 다른 이온의 감응은 없어야 되므로 대부분의 경우 다른 종류의 이온에 대한 선택 계수 값은 무시할 정도로 매우 작다. 이온 선

택성 전극의 전위는 이온의 활동도에 따라 달라지므로 이온 농도에 따른 전극의 전위 변화는 실험으로 결정하는 것이 맞다. 왜냐하면 대부분의 실험에서 분석을 통해 파악하려는 정보는 활동도보다는 농도이기 때문이다. 따라서 시료와 매우 비슷한 성분을 갖춘 매질의 용액에서 이온의 농도 변화에 따라 전극 전위를 측정하고, 검정 곡선(calibration curve)을 얻어야 실제 분석에서 더욱 유용하게 이용할 수 있다.

9.3 전위차법 적정

전위차법 적정(potentiometric titration)은 분석물이 담긴 용기(비커)에 전위 측정을 위한 전극을 담그고, 뷰렛(buret)에서 적정시약(액)(titrant)을 첨가하면서 전위를 측정하는 분석 방법의 하나이다. 그 반응의 종류는 산화 · 환원 반응이며, 적정액 부피에 대하여 측정된 전극의 전위를 그래프로 그리면 적정 곡선을 얻을 수 있다. 적정 곡선을 분석하여 종말점을 결정하고, 그것으로부터 분석물의 농도를 결정하는 과정을 거친다.

예를 들어 농도를 알 수 없는 Fe^{2+} 이온 용액을 농도를 정확히 알고 있는 Ce^{4+} 용액으로 적정을 하는 전위차법 분석을 생각해 보자. 철 이온 용액이 담겨 있는 적정 용기에 백금 전극과 기준전극을 담그고 Ce^{4+} 적정액을 뷰렛에서 적정 용기에 서서히 첨가하면서 전위차계를 이용하여 적정액의 첨가에 따른 전위를 측정한다.

적정 반응에 관련된 철 이온과 세륨 이온에 대한 표준 전극 전위는 다음과 같다.

$$Fe^{3+} + e^- \rightleftharpoons Fe^{2+} \qquad E^\circ = 0.771\ \text{V}$$
$$Ce^{4+} + e^- \rightleftharpoons Ce^{3+} \qquad E^\circ = 1.72\ \text{V}$$

Ce^{4+} 용액이 Fe^{2+} 용액에 첨가되면 적정 용기에서 다음과 같은 반응이 진행된다.

$$Fe^{2+} + Ce^{4+} \rightarrow Fe^{3+} + Ce^{3+}$$

적정 반응은 Fe^{2+}의 몰 수와 Ce^{4+}의 몰 수가 정확히 1:1이 되는 점에서 완결된다. 전위차법 적정에서는 용액의 전위를 측정하여 적정 반응의 종말점을 찾아낸다. 엄밀히 구분하자면 종말점(end point)은 실험으로 결정되는 적정 반응이 완결되는 점을, 당량점(equivalent point)은 이론적으로 계산한 적정 반응이 완결되는 점을 말한다.

첫 번째로 Fe^{2+}를 포함하는 용액에 백금 전극과 기준전극을 담그고 전위차계를 이용하여 백금 지시전극의 전위를 측정한다. 적정이 시작되기 전이지만 불순물 혹은 공기에 노출된 Fe^{2+}가 산화되어 형성된 Fe^{3+}가 Fe^{2+}와 함께 용액에 있기 마련이다. 백금 전극의 전위는 Fe^{2+}와 Fe^{3+}의 농도(활동도), 즉 $[Fe^{2+}]$와 $[Fe^{3+}]$로 결정되며 다음과 같이 나타낼 수 있다.

$$E = 0.771 + \frac{RT}{nF}\ \ln\frac{[Fe^{3+}]}{[Fe^{2+}]}$$

그런 조건에서 적정 시작 전 측정되는 전위 E로는 0.771 V보다 훨씬 작은 전위가 관찰될 것이다. 왜냐하면 용액에 있는 철 이온은 대부분 Fe^{2+}이며, Fe^{3+}는 매우 소량이기 때문이다. 적정이 정확히 종말점의 중간 지점에 도달하면 용액에 있는 두 종류의 철 이온의 농도($[Fe^{2+}]$와 $[Fe^{3+}]$)는 같아지므로 E는 0.771 V이다. 종말점에 가까워지면 용액에 남아 있는 Fe^{2+}는 Ce^{4+}와 반응하여 거의 다 없어진다. 따라서 $[Fe^{2+}]$는 0에 가까워 E는 급격히 커진다. 종말점을 지난 후 Ce^{4+} 용액이 더 첨가되면 그때부터 백금 전극의 전위는 Ce^{4+}와 Ce^{3+}의 농도 비로 결정이 된다. 종말점을 지난 후 첨가된 Ce^{4+}는 반응할 수 있는 Fe^{2+}가 더이상 용액에 없기 때문에 반응하지 않고 남아 있고, 그 결과 Ce^{3+}는 종말점 이후에는 추가로 생성되지도 않는다. 다만 늘어난 부피만큼 그것의 농도는 변하게 될 것이다. 결국 $[Ce^{3+}]$와 $[Ce^{4+}]$로 결정되는 전위는 다음과 같다.

$$E = 1.72 + \frac{RT}{nF}\ \ln\frac{[Ce^{4+}]}{[Ce^{3+}]}$$

만약에 Ce^{4+}의 몰 수가 종말점의 몰 수보다 2배 더 첨가되었을 때 위 식의 자연 로그항의 분자와 분모가 같게 된다. 그 지점에서 백금 전극의 전위는 1.72 V가 될 것이다. 적정액의 부피에 따라 전위가 변화는 모습인 산화·환원 적정 곡선은 그림 9.3.1과 같다.

그림에서 E^{o}_{1}, E^{o}_{2}는 각각 환원제(예: Fe^{2+})와 산화제(예: Ce^{4+})의 표준 전극 전위이다. 위의 예처럼 환원제와 산화제가 1:1 진행되는 산화·환원 반응에 대한 종말점의 전위는 E^{o}_{1}, E^{o}_{2}의 중간값(E_e)을 갖고, 그 값을 중심으로 급격한 전위 변화가 진행된다. 전위를 적정액(산화제)의 부피에 대하여 미분하고, 그 값을 적정 부피에 대하여 그래프를 그리면 그림 9.3.1의 내부 그림과 같이 보인다. 이것은 미분 함수 dE/dV의 최대점이 종말점과 같은 점인 것을 이용하여 보다 쉽게 종말점을 결정할 수 있는 방법이다. 전위차 적정을 하는 자동화 기계 장치는 이런 원리를 이용하여 적정의 종말점을 알려준다.

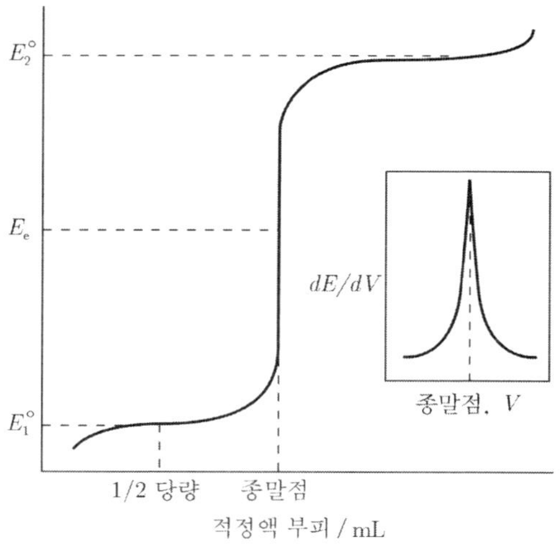

그림 9.3.1 전위차법 적정 곡선(적정액 부피에 따른 전위의 변화 모습). 내부 그림; 전위를 산화제의 부피에 대해서 미분한 결과 모습

전위차 적정은 산화 · 환원 적정은 물론 적절한 전극을 사용하여 전위를 측정하면 산-염기 중화 적정 혹은 침전 형성 적정 등에도 확대하여 적용할 수 있다. 중화 적정은 종말점을 중심으로 종말점 전후에 급격한 pH의 변화가 일어난다. 따라서 pH 전극으로 전위의 변화(결국은 pH의 변화)를 측정하면 어렵지 않게 종말점을 결정할 수 있다.

9.4 전위차법 센서

전위를 측정하여 전기화학 센서(potentiometric sensors)로 활용하는 방법은 2종류로 구분이 된다. 첫 번째 방법은 이미 설명한 것처럼 비활성 전극을 사용하여 용액에 있는 분석물의 농도에 따른 전위차를 측정하는 것이다. 두 번째 방법 역시 이미 설명한 이온 선택성막을 이용한 기능성 전극으로 전위차를 측정하는 것이다. 실제로 이온 선택성 전극으로 사용 가능한 전극 물질은 분석물과 평형을 이룰 수 있는 것이면 모두 가능하다. 예를 들어 앞서 설명했던 분석 이온과 같은 이온을 포함하는 불용성염 혹은 그것과 착물을 형성할 수 있는 금속 이온을 포함하는 화합물, 이온 교환이 가능한 유기염 화합물들, 혹은 이온과 주인–손님 작용(host-guest interactions)을 할 수 있는 화합물들이 그것이다.

포피린(porphyrins) 혹은 포피린 유도체는 그 중심에 특정한 금속 이온을 포함하는 분자를 형성할 수 있다. 근래에는 그런 종류의 분자들을 이용하여 이온 선택성막을 만들면 다른 방법으로는 분석하기 힘든 NO_3^- 또는 NO_2^- 등과 같은 음이온의 분석도 가능하다는 것이 밝혀졌다. 포피린을 포함한 그런 종류의 유도체 분자들은 중심 금속 이온의 수직 방향으로 리간드가 없다. 따라서 분자의 수직 방향으로 음이온이 접근하여 음이온과 분자 간 평형이 형성되면 음이온 센서로서 기능할 수 있는 것이다. 음이온의 경우에 이온 교환제로 4뷰틸 암모늄(4 butyl-ammonium) 염을 사용하면 친수성 이온에 대한 선택성이 뛰어난 것은 잘 알려져 있다. 이것이 소위 호프마이스터 계열(Hofmeister series)의 이온 교환제이다. 즉 친수성 이온은 선택성을 나타내기는 쉽지 않아서 친수성 이온을 선택적으로 검출할 수 있는 음이온 센서가 필요하였고, 그것에 대한 많은 연구가 진행되었다.

최근에는 주인-손님 분자 간의 상호 작용을 이용한 이온 선택성 센서가 많이 개발되고 있다. 예를 들어 왕관형 에터(crown ethers)나 칼릭스아렌(calixarene)계의 화합물들이 알칼리 이온의 센서로 사용되고 있다.[3] 비타민 K를 K^+의 센서로, 항생제의 일종인 논악틴(nonactin)을 NH_4^+의 센서로 이용하고 있다. 그것 역시 주인-손님 분자 간의 상호 작용을 이용하고 있는 것이다. 주인 분자로 이용되는 논악틴과 최근에 합성된 암모늄 이온의 분자 구조를 그림 9.4.1에 나타냈다[4]. NH_4^+ 분석에 이용되는 논악틴의 K^+의 선택 계수 $K_{i,j}$는 약 0.1 정도이다. 따라서 K^+ 농도가 NH_4^+ 농도의 약 10배 정도가 되는 용액을 분석할 때 이것을 센서로 사용한다면 효과적으로 NH_4^+의 분석을 할 수 없다. 세 개의 피라졸기가 암모늄 이온을 둘러싸도록 설계된 그림 9.4.1(b)에 나타낸 화합물, 3,5-tris(3,5-dimethyl-pyrazol-1-ylmethyl)-2,4,6-triethylbenz ene은 논악틴

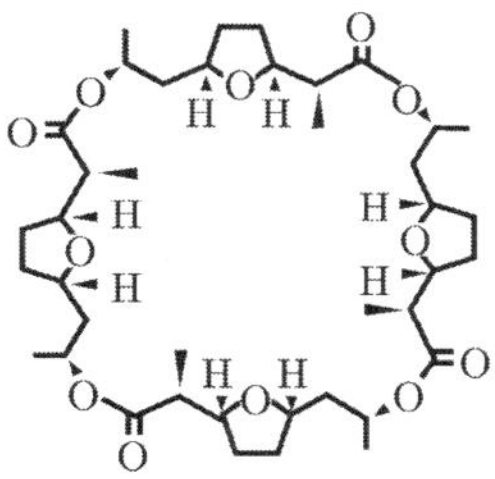

(a)

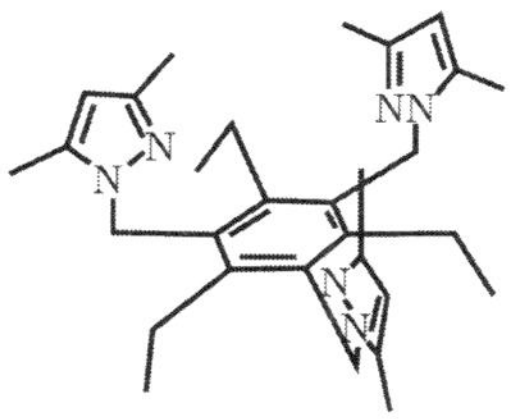

(b)

그림 9.4.1 (a) 논악틴과 (b) 1,3,5-tris(3,5-dimethyl-pyrazol-1-ylmethyl)-2,4,6-triethylbenzene

---

3) T. D. Chung, *Ph. D. thesis*, Seoul Nat'l. Univ., 1997.

4) J. Chin, C. Walsdorff, B. Stranix, J. Oh, H. J. Chung, S.-M. Park, and K. Kim, *Angew. Chem. Intl. ED.*, **38**, 2756, 1999.

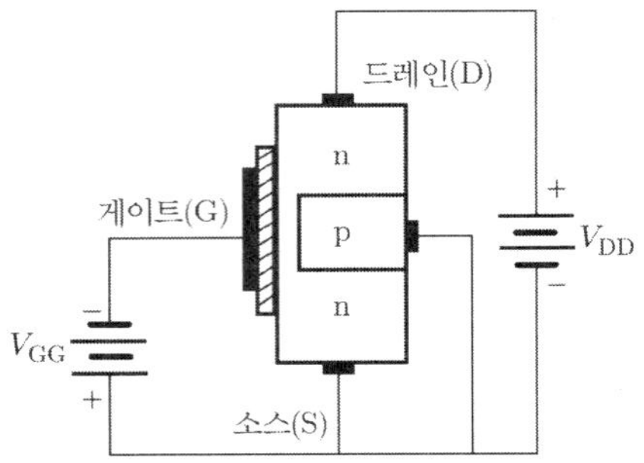

그림 9.4.2 금속 산화물 장 효과 트랜지스터(metal oxide field effect transistor: MOSFET): n: n형 반도체, P: P형 반도체

에 비하여 더 좋은 선택성을 갖고 있지만 검출 한계는 논악틴보다 높아서 활용성이 떨어질 수 있다. K^+의 농도가 높은 생체 시료에서 NH_4^+ 이온의 분석은 매우 필요한 것이므로 선택성이 뛰어난 전극막 물질의 개발이 요구된다.

특정 이온에 감응한다는 이온 선택성 센서의 또 다른 장점은 반도체 소자로 아주 작게 만들 수 있어 앞으로도 발전이 크게 기대되기 때문이다. 대표적인 예로는 **장 효과 트랜지스터**(field effect transistor, FET)를 이용한 센서가 있다. FET의 구조를 그림 9.4.2에 나타냈다. 이 장치는 드레인(drain, D)에서 소스(source, S)로 전원을 연결한 상태에서 게이트(gate, G)의 전위를 조절하면 드레인에서 소스로 흐르는 전류의 크기를 조절할 수 있다. 전류의 크기는 게이트의 전위에 따라 변하는 특징이 있다. 이것을 이온 선택성 전극으로 활용하려면 이론적으로 게이트 표면에 이온 선택성막을 입혀 놓으면 된다. 만약에 분석하려는 물질이 포함된 용액이 선택성막이 입혀진 게이트와 접촉하면 게이트의 전위가 변하게 되며, FET에 흐르는 전류의 크기가 변하게 될 것이다. 결국 전류의 크기는 게이트에 입혀진 이온 선택성막의 전위를 결정하는 분석물의 양에 의존하게 될 것이다. 이렇게 이온 선택성막을 입힌 FET를 ISFET(ion selective field effect transistor)라 부른다. ISFET의 예를 그림 9.4.3에 나타냈다. 예를 들어 이온 선택성막으로 불용성 결정 고체, AgBr을 사용하였다면 이 ISFET는 Ag^+ 이온 혹은 Br^- 이온에 감응하는 센서로써 사용이 가능할 것이다. 막과 접촉하는 용액에 Ag^+ 혹은 Br^- 이온이 포함되었다면 그것 때문에 게이트의 전위는 변하게 되고, 그 정도에 따라 드레인에서 소스로 흐르는 전류의 양도 변하게 될 것이다.

최근에는 수많은 생체 시료 및 다양한 환경 시료에 대한 신속하고 정밀한 분석을 필요로 한다. 분석하려는 물질이 매우 다양하기 때문에 새로운 분석법 개발 및 연구 또한 활발하게 진행되고 있다. 여러 종류의 시료들을 분석할 때 이온 선택성 센서는

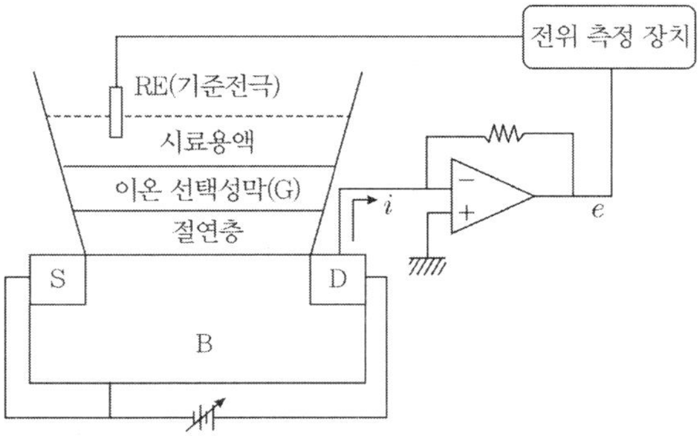

그림 9.4.3 장효과 트랜지스터를 이용한 이온 선택성 전극의 전위 측정에 대한 개략도. 소스(S)에서 드레인(D)으로 흐르는 전류는 이온 선택성막(G)의 전위에 따라 변하며, 막(G, 게이트)의 전위는 감응하는 이온 양에 의존한다. S,D: n형 반도체, B: p형 반도체

가장 큰 장점을 갖고 있다. 왜냐하면 적은 비용으로 대량 생산이 가능하며, 사용이 비교적 간편하고 측정 자료의 전산화가 쉽고, 사용자의 훈련에 많은 시간이 필요하지 않기 때문이다. 현재 미국에서는 임상 분석에서 이온 선택성 센서가 가장 많이 사용되고 있고, 진단에 필요한 분석물의 종류와 양은 더 많이 늘어나고 있는 실정이다. 이러한 경향은 앞으로도 계속될 전망이기에 이온 선택성 센서와 관련된 연구에 큰 노력과 비용이 들어갈 것으로 예상된다.

9.5 전압전류법

지금까지 설명한 전위차법 분석에서 분석물은 어떤 화학적 변화도 일어나지 않는다. 그러나 전압전류법(Voltammetry)에서는 분석물의 산화·환원 반응이 진행되어 화학적 변화가 있다. 전위차법은 시료가 본래의 형태를 유지하는 **비파괴 분석법**이라면, 전압전류법은 시료의 일부가 화학 변화를 겪는 **파괴 분석법**이다. 전압전류법은 작업전극에 전위를 걸어주어 전극 표면에서 분석물의 산화·환원이 진행되면서 발생하는 전류를 측정한다. 따라서 전위 변화에 대응되는 전류 변화를 측정하여 전위와 전류의 관계 그래프를 그리고, 그것을 해석하면 분석물에 대한 정성 혹은 정량 분석을 할 수 있다. 전압전류법에 사용되는 작업전극의 재질은 주로 백금, 금과 같은 고체 금속이다.

특별히 수은을 작업전극으로 사용하는 전압전류법을 **폴라로그래피**라고 부른다. 폴라로그래피는 수은 전극에서 분석물의 환원 반응이 진행될 때 발생하는 환원 전류를 측정하여 분석물의 종류 혹은 농도를 알아내는 전기화학 분석법이다. 수은을 작업전극으로 사용하기 때문에 수은 자체가 산화되는 단점이 있다. 따라서 수은이 산화되는 전위 영역에서는 수은 산화 때문에 발생되는 전류가 섞이는 문제점이 있어서 배타적으로 분석물의 전류만을 측정할 수가 없다. 결국 이용 가능한 전위 범위가 분석물이 환원되는 영역으로 제한된다. 폴라로그래피의 작업전극은 모세관의 끝으로부터 일정한 시간 간격으로 떨어지는 적하 수은 전극(dropping mercury electrode, dme) 혹은 매달린 수은 방울 전극(hanging mercury electrode, hme)이다.

한편 작업전극을 백금 전극으로 하여 수용액 전해질에서 pH= 0.0인 조건에서 실험을 하면 작업전극의 전위가 0 V(vs. SHE) 이하에서 물의 환원으로 수소 기체가 격렬하게 발생한다. 따라서 이런 조건에서 금속 이온의 환원에 따른 전류만을 측정하는 것은 불가능하다. 그러나 수은 전극에서는 수소 환원에 대한 과전위가 매우 크기 때문에 수소 이온이 환원되기 이전에 금속 이온들의 환원이 가능하다. 그런 특성은 수은 전극을 이용하여 금속 이온의 환원 전류만을 측정하는 데 문제가 없다는 것을 의미한다. 더욱 중요한 사실은, 많은 금속이 환원된 후에도 상당한 활성을 가지고 있기 때문에 다시 물에 녹을 수 있지만, 수은 전극에서는 환원된 이온이 수은과 아말감을 형성하기 때문에 물에 다시 녹지 않는다는 것이다. 이것은 전극으로서 매우 중요한 특성이다. 폴라로그래피 실험에서는 비교적 작은 전류가 흐르므로 상대전극을 사용하지 않아도 가능하다. 따라서 기준전극을 상대전극으로 동시에 사용하는 것도 가능하다.

9.5.1 폴라로그래피

9.5.1.1 DC 폴라로그래피에서 측정되는 확산 전류

폴라로그래피 실험에서 사용하는 적하 수은 전극에서는 수은 방울이 유리 모세관 끝에서 일정한 간격(주기)을 두고 용액으로 떨어진다. 떨어지는 주기는 모세관의 반지름과 수은 보관 용기의 높이에 의존하며, 약 0.5 ~ 3초 정도이다. 따라서 작업전극의 역할을 할 수 있는 수은 방울의 수명(lifetime)은 수은 방울이 모세관 끝에서 자라기 시작하여 용액으로 떨어질 때까지이다. 전극의 전위는 그림 9.5.1(B)에 나타낸 것처럼 약 1 ~ 10 mV/s의 속도로 변화를 주면서 수은 전극에 걸어준다. 폴라로그래피에서 사용하는 전위-시간 파형(potential waveform)은 그림 7.4.1(A)에 있는 순환 전압전류법에서 사용하는 전위 파형과 다르다. 폴라로그래피에서 수은 전극의 전위는 음의 방향으로 계속 전위 변화를 주고 그 변화 속도 또한 매우 느리다. 전극의 전위 변화 속도가 수은 방울의 수명보다 상대적으로 느리면 수은 방울이 모세관에 매달려 작업전극의 역할을 하는 동안에 마치 일정 전위를 걸어주고 전류를 측정하는 실험과 같다. 그런 실

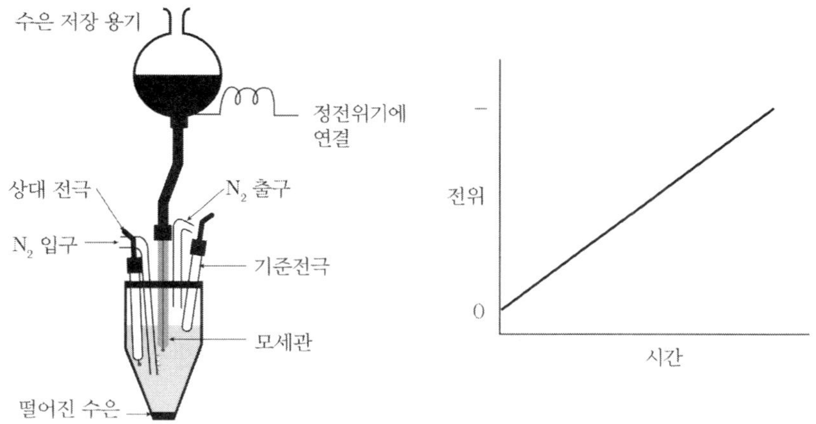

(A) (B)

그림 9.5.1 (A) 폴라로그래피 실험에 사용되는 전기화학 셀의 모습, (B) 폴라로그래피 실험에 사용되는 전위–시간 파형(waveform)

험 방법은 일정 전위 실험(7.1 절 참조)과 매우 유사하다. 따라서 측정되는 전류는 역시 6.7절에서 설명했던 코트럴(Cottrell) 식(식 (6.7.20))의 전류처럼 변한다.

일정 전위를 걸어주고 전류를 측정하는 것과 폴라로그래피에서 전류를 측정하는 것은 비슷하지만 약간의 차이가 있다. 엄밀히 말하면 식 (6.7.20)의 전류는 일차원 확산층을 갖는 원판 전극으로 측정되는 반면에 폴라로그래피의 전류는 거의 구형 전극으로 측정되는 것이다. 또한 전극의 크기가 시간의 함수로 커지므로 그런 효과를 생각하면 확산층 모델이 일차원 확산층 모델과 다르다(7.7.1절 참조). 그러나 전기 활성 물질이 구형 전극으로 확산하는 모델은 너무 복잡하고 수은 전극의 형태도 방울이 시작하는 단계에서는 원판 전극의 형태와 크게 다르지 않다고 볼 수 있다. 따라서 수은 전극을 원판 전극과 같다고 가정한 후에 전극이 커지는 것으로 모델을 단순화시켜도 크게 문제가 되지 않는다고 보는 것이다. 그런데 적하 수은 전극은 몇 가지의 중요한 특징이 있다. 수학으로 접근해서 문제를 살펴보기 전에 먼저 적하 수은 전극의 특징을 자세히 살펴보면 다음과 같다.

① 전극 표면이 계속해서 변하면서 일정 시간이 지난 후에 수은 방울이 떨어지면 새로운 전극이 시작된다. 그것은 전기화학 실험에서 전기 활성 물질이 반응 전 혹은 후에 흡착되어 전류에 영향을 주는 효과가 아주 적거나 혹은 전혀 없다는 것을 의미한다.

② 전극이 시간에 따라 확산층이 용액을 향해 계속 팽창하므로 수은 방울이 커지면 확산층의 두께는 계속 줄어드는 것과 같은 효과가 있다. 이것의 영향을 생각해야 된다.

③ 전극의 팽창은 확산에 영향을 미치고 동시에 대류(convection)에 의한 물질 운반에도 영향을 미친다.
④ 수은 방울 전극은 두꺼운 유리 모세관으로 둘러싸여 있어서 소위 가림움 효과(shielding effect)의 영향을 받는다.
⑤ 마지막으로 가장 중요한 점은 전극이 시간에 따라 점차 커지고 있으므로 전극 면적은 시간에 비례하여 점점 증가한다는 사실이다.

수은 방울 전극의 면적은 시간에 따라 증가하는 방향으로 변한다. 그것이 코트럴(Cottrell) 식에 미치는 영향을 알아보기 위해서 코트럴(Cottrell) 식의 면적 항을 우선 생각해 보자. 수은 방울의 표면적 $A(t)$는 수은 방울이 떨어지는 순간부터 측정된 시간 t의 함수이며, $A(t)=4\pi[r(t)]^2$이 된다. 왜냐하면 수은 방울의 반지름 $r(t)$가 시간에 따라 변하기 때문이다. 따라서 일정한 시간 간격으로 떨어지는 수은 방울 전극의 총 무게 역시 시간의 함수이며 다음과 같은 식으로 나타낼 수 있다.

$$V(t)\cdot d = mt = \frac{4}{3}\pi[r(t)]^3 d$$

여기서 m은 mg/s의 단위를 갖는 수은 방울의 유속이며, d는 수은의 밀도이다. 이 식을 $r(t)$에 대해 정리하여 면적 식에 대입하면 면적은 다음과 같은 식으로 변한다.

$$A(t)=4\pi\left(\frac{3}{4\pi d}\right)^{2/3} m^{2/3} t^{2/3}$$

이 면적을 단위 면적당 확산 전류의 식(코트럴(Cottrell) 식, 식 (6.7.20))에 곱하면 수은 전극의 전류는 다음과 같은 식으로 나타낼 수 있다.

$$I_{\mathrm{d}}(t)=4\left(\frac{3}{4\pi d}\right)^{2/3}\pi^{1/2} m^{2/3} nFC_{\mathrm{O}}^{*} D_{\mathrm{O}}^{1/2} t^{1/6}$$

식에 π 값, F 값, 수은 밀도(1.354×10^4 mg/cm^3)를 대입한다. 또한 전극 표면이 팽창하면서 분석물의 확산층이 줄어드는 결손 영향(deletion effect)에 대한 인자 $(7/3)^{1/2}$을 곱하여 식을 정리하면 다음과 같은 식이 된다.

$$I_{\mathrm{d}}(t)=708nD_{\mathrm{O}}^{1/2} C_{\mathrm{O}}^{*} m^{2/3} t^{1/6} \qquad (9.5.1)$$

이 식은 시간 t와 수은 방울 무게의 증가 속도가 포함되어 있을 뿐이며, 근본적으로

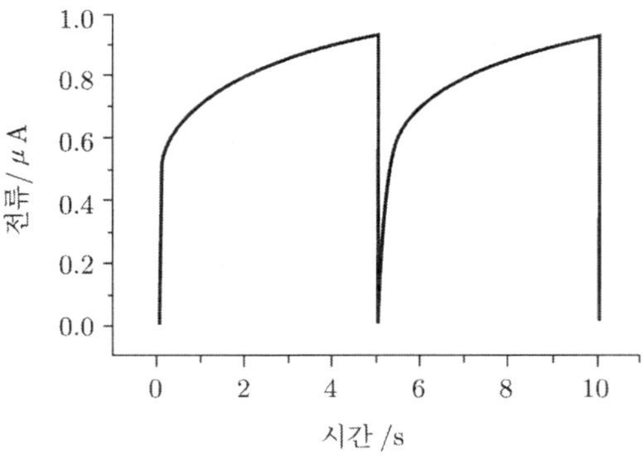

그림 9.5.2 $n = 1$, $D_O = 1 \times 10^{-6}$ cm^2/s, $C_O^* = 1$ mM, $m = 1$ mg/s의 조건으로 계산한 확산 전류

코트럴(Cottrell) 식과 다르지 않다. 이 식은 이것을 처음 알아낸 과학자 이코빅(D. Ilkovic)의 이름을 따서 **이코빅(Ilkovic) 식**이라고 한다[5]. 이 식에 있는 각 항의 단위는 각각 $I_d(t)$는 A(ampere, 암페어), 농도 C_O^*는 mole/cm^3, D_O는 cm^2/s, m은 mg/s, t는 sec이다.

이코빅(Ilkovic) 식은 수은 방울이 매달린 시간 동안 측정되는 확산 전류가 분석물의 환원에 따른 전자 이동 숫자 n, 분석물의 농도 C_O^* 및 시간의 1/6제곱에 비례하여 증가한다는 것을 말해주고 있다. 따라서 일정한 전위를 걸어준 수은 방울 전극에서 실험을 통해서 측정되는 확산 전류 $I_d(t)$는 그림 9.5.2에 나타낸 시간 전류 곡선의 형태를 따른다. 이 곡선은 각각의 변수 조건을 입력하여 계산한 결과이다. 실험을 진행할수록 수은 방울의 숫자는 늘어나며, 동시에 각 수은 방울에 걸리는 전위는 시간에 비례하여 더 음전위로 변화시키면서 전류를 측정한다. 그에 따라 측정되는 확산 전류는 0에서 전위를 따라 증가하게 된다. 그런데 전위가 특정 값 이상으로 커지면 전극의 반응은 분석물의 확산 속도의 지배를 받게 되므로 더이상 전류가 증가하지 않고, 일정한 값으로 유지된다. 이런 방법으로 측정된 전류를 전위의 함수로 그래프를 그리면 그림 9.5.3과 같은 모습이 되며, 이것을 **폴라로그램**(polarogram)이라고 부른다. 이 폴라로그램은 특정한 전위 이상에서는 전위가 변해도 전류의 크기는 일정하다는 특징을 갖고 있다. 이런 전류의 특징은 이미 7.4절에서 설명한 선형 훑음 전압전류법(linear sweep voltammetry)에서 관찰되는 봉우리 전류의 특징과 서로 대비가 된다. 전위 훑음 실험

5) 원 논문에 관심 있는 독자는 D. Ilkovic, *Collect. Czech. Chem. Commun.*, **6**, 498, 1934. ; *J. Chim. Phys.*, **35**, 129, 1938. 을 보기 바란다. 20세기 초기에는 *Collect. Czech. Chemical Communication*이 전기화학 발전에 매우 중요한 논물들을 많이 실었다.

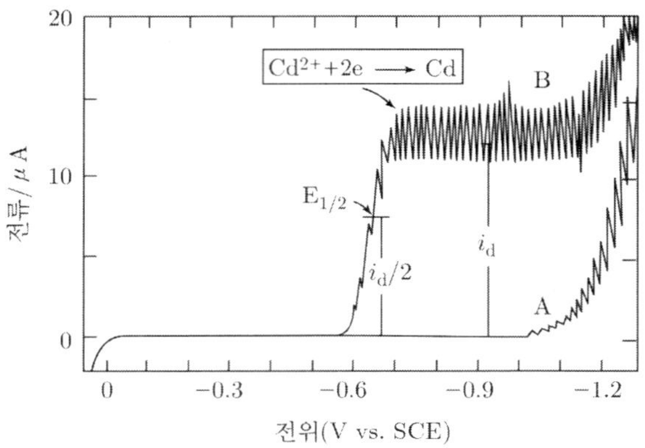

그림 9.5.3 전해질(1M HCl)에서 측정된 폴라로그램: (A) 용액에 Cd^{2+}가 없는 경우, (B) 0.50 mM Cd^{2+}가 있는 경우

조건에서는 전위의 변화에 따라 전류를 측정할 때 확산층의 두께가 계속해서 증가한다. 그런데 큰 과전위가 걸려 있음에도 불구하고 전극으로 운반되는 분석물의 유량(flux)이 전극 반응 속도에 비해 느리기 때문에 전류는 감소된다. 그런 현상이 반영되어 관찰되는 모습이 봉우리 전류이다. 그러나 폴라로그래피 실험 조건은 새로운 방울이 형성될 때마다 새로운 확산층을 형성하여 전류는 일정한 크기를 유지할 수 있게 된다. 또한 수은 방울이 용액으로 떨어질 때 발생하는 대류 때문에 새로운 초기 조건이 형성되는 것도 전류의 크기가 일정하게 유지하는 것에 어느 정도 기여를 한다.

결국 폴라로그래피에서 전위가 변해도 평탄(plateau) 전류를 유지하는 영역에서 진행되는 전기화학 반응은 오직 분석물의 확산에만 제한을 받는다. 이런 전류를 확산 전류(diffusion current, I_d), 한계 전류(limiting current) 혹은 확산 한계 전류(diffusion limited current)라고 부른다. 이 확산 전류는 식 (9.5.1)에서 보듯이 실험 조건에서 농도에 직접 비례한다. 이것이 곧 폴라로그래피로 분석물의 정량 분석을 할 수 있는 근거인 것이다. 한편 확산 전류의 1/2에 해당하는 전위와 일치하는 전위를 반파 전위(half-wave potential, $E_{1/2}$)라 부르며, 다음과 같은 식으로 나타낼 수 있다[6].

$$E_{1/2} = E^{\circ\prime} + \frac{RT}{nF}\ln\frac{D_R^{1/2}}{D_O^{1/2}} \tag{9.5.2}$$

이 식에서 D_R, D_O는 환원 혹은 산화된 분석물의 확산 계수이고, 대부분의 실험 조건

6) D. T. Sawyer, A. Sobkowiak, J. Roberts, "Electrochemistry for Chemists: 2nd Ed., Wiley, 1995.

에서 $D_R \cong D_O$ 이므로 $E_{1/2} \cong E^{\circ\prime}$ 이다. $E^{\circ\prime}$ 은 식 (2.5.2)로 정의된 형식 전위이다. 결국 실험적으로 반파 전위를 측정하는 것은 표준 전위(E°)와 근사값인 형식 전위($E^{\circ\prime}$)를 측정하는 것과 같다. 따라서 반파 전위는 화학종 고유의 특성을 반영하는 상수인 셈이다. 이것이 곧 폴라로그래피 실험으로 물질의 정성 분석을 할 수 있다는 배경인 것이다. 폴라로그래피 측정이 매우 중요한 것은 바로 이 점이다. 즉 확산 전류로 분석물의 농도를 알아내고, 동시에 분석물에 대한 열역학적 상수를 직접 측정하여 물질의 확인도 가능하다는 것이다. 전위를 변화하면서 전류를 측정하여 관찰되는 봉우리 전위도 궁극적으로 열역학적 전위에 대응이 되겠지만, 그것은 전극 반응이 가역적이라는 가정이 성립되는 조건에서만 가능하다. 반면에 폴라로그래피 측정은 반응의 가역성을 가정하지 않더라도 열역학 전위를 측정할 수 있다.

9.5.1.2 DC 폴라로그래피의 한계

앞 절에서 설명한 것처럼 DC 폴라로그래피에서 수은 방울 전극으로 측정되는 전류는 이코빅(Ilkovic) 식으로 계산되며 예측이 가능하다. 분석물의 농도가 작을 경우 분석물의 환원으로 발생하는 패러데이 전류의 크기는 매우 작다. 그 패러데이 전류의 크기가 수은 방울 전극의 전기 이중층 충전에 필요한 충전 전류의 크기와 비슷해지는 상황에서는 충전 전류는 더 이상 무시할 수 없는 잡음이 된다. 충전 전류(잡음)의 크기가 패러데이 전류(신호)의 크기와 비교하여 1/3 이상이 되면 패러데이 전류의 측정이 어려워지고 검출 한계에 도달하게 된다. 여기서 충전 전류의 특성과 성격에 대해 간단히 살펴본다.

단위 면적당 커패시턴스가 C_d 인 전기 이중층을 충전하는 데 필요한 전하의 양 Q_d 는 $Q_d = C_d \cdot A(t) \cdot (E_z - E)$ 라고 나타낼 수 있다. 여기서 E_z 는 전극 표면의 전하가 0일 때 전위이며, 수은 방울의 면적은 시간에 따라 변하기 때문에 $A(t)$ 로 나타냈다. 전기 이중층의 충전 전류는 전하를 시간에 대해 일차 미분한 양과 같으므로 충전 전류는 다음과 같이 나타낼 수 있다.

$$I_c = \frac{dQ_d}{dt} = C_d(E_z - E) \cdot \frac{dA(t)}{dt}$$

이 식은 C_d 가 전위에 따라 변하지 않고 일정하다는 가정에서 성립이 된다. 위 식에 식 (9.5.1)을 유도할 때 사용했던 면적을 대입하여 정리하면 충전 전류는 다음과 같은 식으로 표현된다.

$$I_c = 0.00567\, C_d (E_z - E) m^{2/3} t^{-1/3} \tag{9.5.3}$$

그리고 식 (9.5.1)의 전류를 식 (9.5.3)의 전류로 나누면 신호 대 잡음비(S/N)를 얻는다. 이때 C_d는 20 μF, 확산 계수는 $D = 1.0 \times 10^{-6}$ cm^{2}s^{-1}로 가정하고, 계산을 해 보면 다음과 같다.

$$\frac{I_d(t)}{I_c} = \frac{S}{N} = 2 \quad \text{또는} \quad 3 = 6 \times 10^6 \cdot \frac{C_O^* \cdot t^{1/2}}{(E_z - E)}$$

이 식에 $(E_z - E)$를 0.2 V, t를 4 s로 하여 최소 농도를 계산해 보면 $C_o^* = 5 \times 10^{-8}$ mol cm^{-3} $= 5 \times 10^{-5}$ M이 된다. 그런데 전류가 잡음 발생과 같은 형식의 미분값이기 때문에 대부분의 경우에 이 정도의 농도보다 검출 한계 농도는 더 높기 마련이다. 실제로 분석물의 농도가 1×10^{-5} M 이하일 경우 측정되는 패러데이 전류의 크기는 전기 이중층 충전 전류의 크기와 비슷하다. 그럴 경우는 신호와 잡음이 경쟁하는 상황이기 때문에 분석물에 대한 뚜렷한 폴라로그램을 얻기가 어렵다. 따라서 DC 폴라로그래피로 정량 분석을 할 수 있는 검출 한계 농도는 약 1×10^{-5} M 정도이다. 이 정도의 검출 한계로는 분석물의 미량 분석을 기대하기가 매우 어렵다. 따라서 검출 한계를 낮추기 위하여 많은 연구와 노력이 있어왔다. 그 결과들을 다음 절에서 소개할 것이다.

9.6 벗김 분석법

지금까지 설명한 폴라로그래피를 이용한 전기 분석법은 전위를 변화시킬 때 주로 분석물이 환원될 때 발생하는 전류를 측정하고, 전류의 크기가 분석물의 양에 비례하는 것을 근거로 물질의 정량 분석에 이용하는 것이다. 그런데 전류는 분석물의 전기분해가 원인이 되는 패러데이 전류와 분석물의 양과는 상관없이 존재하는 비패러데이 전류(예를 들어 충전 전류)로 구성된다. 분석법의 민감도를 높이는 노력은 비패러데이 전류가 최소가 되거나 혹은 사라지는 조건에서 패러데이 전류를 측정하는 것이었다. 시간-전위 파형의 변화, 전류 채취 시간의 선택, 펄스 전위의 크기 등 여러 조건의 변화를 주고 노력한 결과 검출 한계를 10^{-8} M까지 내릴 수 있었다. 그러나 그런 방법도 한계에 부딪혀 더는 분석 감도를 개선하는 것이 어렵다. 이런 한계를 극복하기 위해서 고안된 방법이 산화(혹은 환원) 벗김 분석법이다. 이 절은 벗김 분석법(stripping voltammetry)에 대해 설명한다.

9.6.1 산화 벗김 분석법

산화 벗김 분석법에서는 매달린 수은 방울 전극(hanging mercury drop electrode)을 사용하고, 일정한 환원 전위에서 일정 시간 동안 분석물을 수은 방울에 농축한 후에 농축된 분석물이 산화될 수 있도록 전극의 전위를 걸어주면서 발생하는 전류를 측정한다. 산화 벗김 분석법에 이용되는 시간-전위 파형(wave from)과 그에 대응되는 가상의 전위-전류 곡선을 그림 9.6.1에 나타냈다. 그림 9.6.1(a)에서 볼 수 있듯이 이 분석의 첫 번째 단계는 분석물의 환원에 필요한 전위(E_D)를 일정 시간(t_D) 동안 걸어주는 것이다. 이때 전극으로 더 많은 분석물이 접근할 수 있도록 용액을 일정한 속도로 저어 주는 것이 필요하다. 수은 방울 전극에서 금속 이온은 환원되어 석출되면서 금속이 되고, 그것은 동시에 수은과 아밀감을 형성하여 전극에 녹아 있게 된다. 이것을 식으로 나타내면 다음과 같다.

$$M^{n+}(aq) + Hg + ne^- \rightarrow M(Hg)$$

여기서 M(Hg)는 M이 수은에 녹아 있는 상태, 즉 아말감을 의미한다.

두 번째 단계는 금속을 농축할 때 사용했던 전위를 시작으로 일정한 속도로 양(positive)의 방향으로 전위의 변화를 주는 것이다. 그림의 경사 전위가 그것이다. 그때

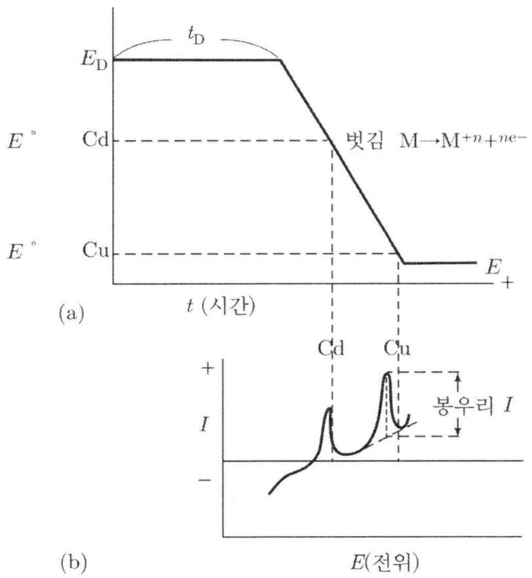

그림 9.6.1 (a) 벗김 분석법에서 사용하는 시간-전위 파형, (b) 산화 벗김 분석에서 측정되는 전압전류 곡선. E_D: 석출 전위, t_D: 농축 시간

전극에 아말감 형태로 녹아 있던 금속은 그것의 산화되기에 충분한 전위를 거치면 다시 금속 이온으로 산화되어 용액으로 녹아든다. 일반적으로 벗김 반응에 대한 반응식을 다음과 같이 나타낼 수 있다.

$$M(Hg) \rightarrow M^{n+}(aq) + Hg + ne^-$$

이때 측정되는 전류는 봉우리 모습을 띤다. 이것은 금속 이온으로 산화되면서 용액에 녹아 들어가는 현상과 맞물려 있다. 이것을 **벗김 전류**(stripping current)라고 한다. 이 전류는 전위를 양의 방향으로 줄 때 금속의 산화되면서 발생하는 것이므로 산화 벗김 분석법이라 부른다.

산화 벗김 분석법으로 얻을 수 있는 전형적인 전압전류 곡선을 그림 9.6.1(b)에 나타냈다. 실제로 사용되는 농축 시간과 경사 전위의 훑기 시간의 비는 그림 9.6.1(a)에 나타낸 것보다 훨씬 크며, 전체 시간은 약 30분 혹은 그 이상이다. 정량 분석을 위해서는 농축시킬 때의 조건인 용액의 전체 부피, 용액을 저어주는 속도, 석출 전위를 걸어주고 농축하는 시간 및 그 밖의 실험 조건은 일정하게 유지해야 한다. 일정한 실험 조건으로 농도를 미리 알고 있는 금속 이온 표준 용액을 사용하여 측정된 산화 벗김 전압전류 곡선을 분석하고, 그것에 적합한 검정 곡선을 작성한다. 실제 시료를 분석할 때에도 동일한 실험 조건을 적용하여 전위-전류 곡선을 측정한다. 그 전류의 크기를 검정 곡선의 전류와 비교하면 시료에 포함된 분석물의 양을 결정할 수 있다.

벗김 분석법은 분석물을 농축하여 그것의 감도를 높이는 방법이다. 그러므로 용액에 있는 금속 이온의 농도가 매우 낮아 앞서 설명한 폴라로그래피 방법으로 환원 전류를 측정하기 힘든 경우에도 적용할 수 있다. 작은 부피의 수은 전극에 금속 이온을 환원시켜 일단 석출하여 농축을 하면 그 농도가 매우 높아지므로 전류의 크기를 증가시킬 수 있다. 따라서 이 방법은 7.5절에서 설명한 전하량법에서 대상 물질을 모두 전기분해하는 형식과 감도가 높은 폴라로그래피 또는 전압전류법의 형식(전위 변화에 따른 전류 측정)을 결합한 방법이다. 더구나 선형 훑음 전압전류법은 그 감도가 뛰어나지 못해서 9.11절에서 설명할 DPP 혹은 OSWPV 등의 방법으로 감도를 매우 높일 수 있었다. 벗김 분석법은 농축 시간, 전위, 용액의 젓는 속도 등과 같은 실험 조건을 조절하여 분석물을 농축한 후에 전압전류법을 사용하기 때문에 그 방법의 검출 한계를 약 10^{-11} M 정도까지 낮춘 분석 방법이다. 납 혹은 카드뮴 이온의 분석에 적용하여 검출 한계가 약 0.010 ppb 정도까지 낮추었다는 결과도 보고되었다[7]. 결국 이 방법은 분석 시간이 늘어나는 것을 감수하면서 분석 감도를 높이려고 개발된 것이다.

---

7) S. D. Brown and B. R. Kowalski, *Anal. Chim. Acta*, **107**, 13, 1979.

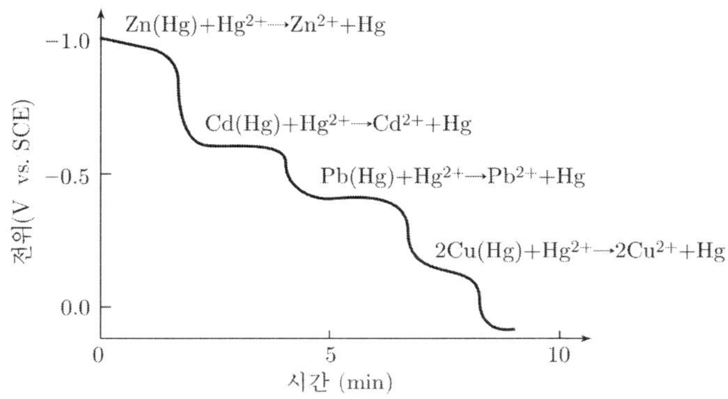

그림 9.6.2 1.5 μM의 Zn(II), Cd(II), Pb(II) 및 Cu(II)와 0.5 M의 NaCl을 포함하는 용액에서 수은 박막 전극을 사용하여 −1.25 V(vs. SCE)에서 3분간 전기분해한 뒤 500 μM의 Hg(II)로 산화시키면서 얻은 전위

벗김 분석법은 산화 벗김 전류를 측정하여 분석물의 농도를 결정하는 방법이 일반적이다. 그런데 자그너와 그라넬리(Jagner and Graneli)는 농축된 분석물이 화학 반응으로 산화되는 동안 변하는 전위를 측정하여 소위 말하는 정전위 벗김 분석법(potentiostatic stripping analysis(PSA))을 개발하였다[8]. PSA는 농축된 금속을 벗길 때 산화 전극 전위를 걸어주는 대신에 농축된 금속보다 표준 전극 전위가 큰 산화제를 용액에 첨가하여 화학 반응이 진행되는 방법을 사용했다. 그 화학 반응으로 수은에 농축된 금속이 산화되면서 전위가 변화되는 것을 측정하는 것이다. 이 방법의 개념은 벗김 분석법과 비슷하다. 그러나 농축된 금속을 벗겨내는 방법이 다르고 사용하는 전극도 수은 방울 전극이 아니고 얇은 수은 박막 전극이라는 점에서 다르다.

정전위 벗김 분석법에서 수은 박막 전극에 환원되어 농축된 금속은 첨가된 산화제와 반응하여 금속 이온이 되어 용액에 녹아 들어간다. 그것을 반응식으로 나타내면 다음과 같다.

$$\underset{(\text{산화제})}{M(Hg) + \text{oxidant}} \rightarrow M^{n+} + \underset{(\text{환원제})}{\text{reductant}} + Hg$$

산화제로는 산소, Hg^{2+}, Cr(VI) 등이 사용된다. 산화 벗김 반응이 진행되는 동안 수은 박막에 있는 금속이 전극 표면으로 이동하는 것을 촉진하려고 전극을 회전시켜 주거나 혹은 용액을 적절한 유속으로 흘려준다. 몇 개의 금속 이온을 수은 박막 전극에 농축시킨 전극에서 산화제를 첨가한 후 전극의 전위를 기록하면 그림 9.6.2와 같은

8) D. Jagner and A. Graneli, *Anal. Chim. Acta*, **83**, 19, 1976.

모습이 된다. 이 그림에서 보는 것처럼 하나의 금속이 수은 박막 전극에서 완전히 산화되고, 그 농도가 0으로 접근하면 매우 급격한 전위 변화가 관찰된다. 한 종류의 금속이 산화되는 동안에 유지되는 전위는 전극에 있는 그 금속의 농도($[\mathrm{M(Hg)}]$)와 용액에 녹은 금속 이온의 농도($[\mathrm{M}^{n+}]$)를 이용하여 네른스트 식으로 계산할 수 있다. 그것을 식으로 나타내면 다음과 같다.

$$E = E^{\circ} + \frac{2.304\,RT}{n}\log\frac{[\mathrm{M}^{n+}]}{[\mathrm{M(Hg)}]}$$

따라서 전위로부터 벗겨지는 금속의 종류를 확인할 수 있다. 이 방법의 벗김 단계는 수은 박막 전극에 농축되어 있는 금속이 첨가된 산화제로 화학 반응을 하면서 연속적으로 적정되는 것과 마찬가지이다. 이때 전극의 박막에 녹아 있던 농축된 금속의 양은 적정 시간에 비례하므로 벗김 시간을 측정하면 분석물의 양을 알 수 있다. 곧 정량 분석의 근거가 되는 것이다. 그 시간은 다음과 같은 식으로 나타낼 수 있다.

$$t_{\mathrm{M,\ strip}} \propto \frac{[\mathrm{M}^{n+}]\,t_{\mathrm{d}}\delta_2}{\delta_1 D_{\mathrm{O}}[\mathrm{O}]} \tag{9.6.1}$$

여기서 t_{d}는 금속의 농축(석출) 시간이고, δ_1과 δ_2는 금속이 환원되는 과정과 산화되는 과정에서 형성되는 각각의 확산층 두께이며, D_{O}와 $[\mathrm{O}]$는 각각 산화제(oxidant)의 확산 계수와 농도이다. 산화제의 농도와 용액의 젓는 속도가 일정하면 위 식은 다음과 같이 표시할 수 있다.

$$t_{\mathrm{M,\ strip}} \propto \left([\mathrm{M}^{n+}]\,t_{\mathrm{d}}\right)$$

일정 전위가 유지되는 측정된 벗김 시간은 금속 이온의 농도와 농축 시간에 비례한다. 납 이온의 농도를 이 방법으로 분석하여 검출 한계를 약 10^{-10} M까지 낮추었다는 결과가 발표되었다[9].

벗김 분석법은 지금까지 설명한 것처럼 주로 금속 이온의 분석에 적용하도록 개발되었다. 그러나 근래에 수은 전극에 유기 화합물이 흡착하는 성질을 이용하여 유기 화합물의 벗김 분석을 한 실험들이 많이 보고되었다. 일반적으로 흡착 현상은 전기화학 측정에서 문제를 일으키거나 혹은 방해가 될 것으로 생각되지만 이것을 잘 이용한다면 화합물의 분석에 이용할 수 있다. 예를 들어 수은 방울 전극으로 heme, chlorpromazine,

---

9) A. Graneli, D. Jagner, and M. Josefson, *Anal. Chem.*, **52**, 2220, 1980.

phenothiazines, codenine, cocaines, digitozin, 9,10-phenanthrenequinone, oxoamorphine, polychlorinated biphenyls 등과 같은 유기 화합물을 정량 분석한 결과가 발표되었고, 또한 탄소 반죽, 흑연 및 백금 전극 등을 이용한 유기 화합물의 분석도 보고된 바 있다. 이 분석 방법은 유기 약품이나 유기 공해 물질의 정량 분석에 적용할 수 있다. 벗김 분석법의 응용은 참고문헌 5를 읽어보기 바란다.

9.6.2 환원 벗김 분석법

환원 벗김 분석에서는 1차로 수은 방울이 산화되도록 전원을 걸어 준다. 그 결과 형성되는 수은 이온(Hg^+)과 분석하려는 음이온과 결합하여 수은막을 형성한다. 혹은 산화된 분석물이 수은 표면에 농축되도록 한다.

농축:

$$Hg \rightarrow Hg^+ + e^-$$

$$2Hg^+ + 2X^- \rightarrow Hg_2X_2(s) \text{ (불용성염)}$$

벗김:

$$Hg_2X_2(s) + 2e^- \rightarrow 2Hg + 2X^-$$

그 후 전극 전위를 농축 전위에서 보다 낮은 전위로 일정한 속도로 변화를 주면서 그 때 발생되는 환원 전류를 측정한다. 환원 벗김 분석에서는 농축할 때 산화 반응, 막형성 반응, 혹은 수은 표면에 흡착이 진행되며, 전류를 측정할 때 환원 반응이 진행된다. 농축되면서 형성되는 화합물은 수은 방울 표면에 흡착 혹은 수은과 화합물을 형성하여 수은 표면에 모여 있게 된다. 농축이 끝난 후에 수은 방울의 전위를 음의 방향으로 변화를 주면 특정한 전위에서 농축된 분석물이 환원이 되거나 아말감이 수은으로 환원이 되면서 봉우리 전류가 발생한다. 그 전류의 최댓값 혹은 전류를 시간에 따라 적분한 전하량을 분석물의 농도에 대해 그래프를 그려서 검정 곡선을 얻으며, 관심 있는 분석물의 정량 분석에 응용할 수 있다. 환원 벗김 분석으로 정량할 수 있는 분석물은 Cl^-, Br^-, Se(IV), S^{2-}, RSH, SCN^- 등이 있으며, 검출 한계는 10^{-12} M 정도이다[10)11)].

10) W. M. Peterson and R. V. Wong, *Fundamentals of stripping voltammetry, Am. Lab*, Nov. 1981.
11) L. Laglera, J. Santos-Echeandia, S. Caprara, and D. Monticelli, *Anal. Chem.*, **85**, 2486, 2013.

9.7 전류법

전류법(amperometry)은 전압전류법의 한 부분이다. 앞서 설명한 것처럼 전압전류법에서 특정한 전위 이상의 전위 범위에서는 확산 한계 전류를 관찰할 수 있다. 그런 전위 범위 영역에서는 전위의 크기에 상관없이 전류의 크기는 일정하며 변하지 않는다. 이때 전류의 크기는 분석물의 농도에 비례한다는 것이 전류법 분석의 근거이다. 전류법은 작업전극의 전위를 확산 한계 전류가 측정될 수 있는 하나의 전위에 고정하고 분석물의 농도 변화에 따른 전류의 크기를 측정하여 분석물의 농도를 결정하는 분석 방법이다. 따라서 시료를 전류법으로 분석할 때는 우선 분석물의 표준 용액을 통해 일정 전위에서 분석물의 농도 변화에 따른 전류의 크기를 측정하여 검정 곡선을 완성한다. 그 후에 같은 조건에서 시료 용액에 대한 전류를 측정하고, 검정 곡선과 비교하면 시료에 포함된 분석물의 농도를 결정할 수 있다. 즉, 전류를 측정하여 분석물의 농도를 직접 결정할 수 있는 것이다. 또한 분석물과 반응하는 시약을 첨가하여 첨가된 시약의 부피에 따라 전류를 측정하여 분석물의 양을 간접적으로 결정할 수 있는 전류법 적정이 있다.

9.7.1 일정 전위 전류법

전류법으로 글루코오스(포도당)를 분석한 예를 들면 다음과 같다. 앞서 설명한 효소 전극처럼 글루코오스 산화 효소를 백금 전극 표면에 고정시킨다. 이 전극을 글루코오스가 포함된 용액에 담그고 백금 전극의 전위를 +0.6 V(vs. SCE)로 유지한다. 글루코오스는 글루코오스 효소에 의해서 산화되어 글루코오스산과 과산화 수소로 변한다. 그것을 식으로 나타내면 다음과 같다.

$$\text{글루코오스} + O_2 + H_2O \xrightarrow{\text{GOD}} \text{글루코오스산} + H_2O_2$$

전위가 걸려있는 백금 전극에서 과산화 수소가 산화되면서 전류가 발생한다. 이 전류의 크기는 글루코오스의 농도에 비례하므로 글루코오스의 농도를 알아낼 수 있다. 만약 글루코오스가 특정 실험 조건에서 백금 전극에서 직접 산화 혹은 환원이 되면서 동시에 확산 한계 전류 조건으로 반응이 진행된다면 효소 전극을 사용하지 않고도 글루코오스의 농도를 알아낼 수 있다.

용존 산소 분석을 위해 많이 사용되는 클락(Clark) 전극 역시 일정 전위에서 전류를 측정하는 방법을 사용한다[12]. 클락(Clark) 전극의 모습을 그림 9.7.1에 나타냈다. 그것

12) D. Parker, J. *Phys. E: Sci. Instrum.*, **20**, 1103 (1987).

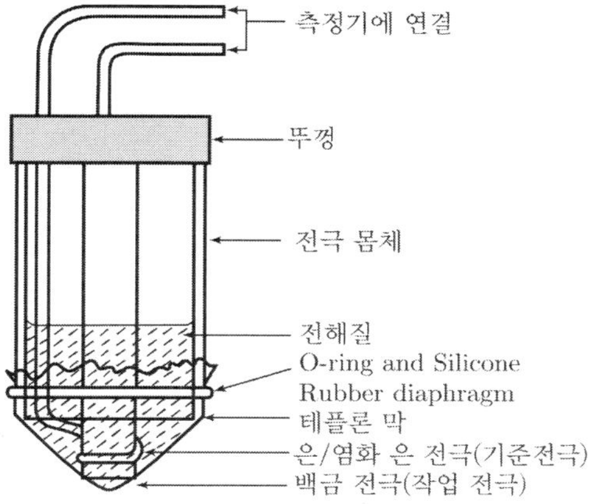

그림 9.7.1 클락(Clark) 전극의 구조

은 테플론으로 싸인 백금 전극과, 상대전극이면서 기준전극인 Ag | AgCl 전극으로 모두 2개의 전극으로 이루어져 있지만 겉으로 보기엔 마치 하나의 전극처럼 제작하여 센서로 사용한다. 이 센서의 작업전극의 전위는 기준전극에 대하여 -0.60 V가 걸려 있다. 그때 테플론막을 통과한 산소가 백금 전극에서 환원되면서 전류가 발생한다. 측정된 전류의 크기는 산소의 농도에 비례한다. 이 전극은 충분히 작게 만들 수 있어서 수술을 하는 신생아의 탯줄 혈관에 넣어 산소의 농도를 측정하여 신생아의 숨 쉬는 상태를 관찰하는 데 사용되었다[13]. 이때 혈액에 녹아있는 산소는 약 20~50초 동안에 테플론막을 통과하고 확산으로 작업전극에 도달하면 환원이 된다. 이때 측정된 환원 전류로부터 산소의 양을 계산한다. 그 결과는 환자에게 산소 공급 여부를 결정하는 자료로 사용되었다. 이처럼 클락(Clark) 전극은 산소 측정에 주로 이용되지만 포도당 측정 센서로도 이용될 수 있다. 포도당 센서의 근본 구조는 산소 센서와 마찬가지이다. 단지 백금 전극을 둘러싸고 있는 테플론막에 포도당 산화 효소(glucose oxidase(GOD))를 부착시키거나 혹은 스며들게 하여 효소가 테플론막을 통과하는 포도당을 산화시키게 한 것이다. 이 반응은 다음 식과 같이 진행된다.

$$C_6H_{12}O_6 \xrightarrow{O_2,\ GOD} C_6H_{10}O_6 + H_2O_2$$

glucose gluconolactone

반응 결과 생성된 과산화 수소는 클락(Clark) 전극에서 환원된다. 측정된 환원 전류를 포도당(glucose)의 농도 혹은 양과 연관을 지으면 포도당 센서로 활용할 수 있다. 그런

13) E. M. McCann, S. L. Goldman, J. P. Brady, *Pediatric Research*, **4**, 313(1987).

데 이 반응이 진행되려면 산소가 반드시 필요하다. 하지만 혈액에 녹아 있는 산소만으로는 그 양이 부족하기 때문에 산소를 공급해 주어야 한다. 그 후 산소의 공급이 없이도 매개체를 이용한 포도당 센서들도 계속 개발되고 있다. 이런 종류의 센서에서 매개체는 산소의 역할을 대신하기 때문에 혈액의 산소 농도에 상관없이 포도당 농도를 측정할 수 있다는 장점이 있다.

알코올 센서도 전류를 측정하는 방법을 이용한다. 음주 여부를 판단하기 위해서 운전자의 입으로 불어내는 공기가 알코올 센서로 유입되면 공기에 포함된 알코올이 산화된다. 이때 발생하는 전류를 측정하면 알코올의 양을 알 수 있는 것이다. 산소 센서와 다른 점은 전극 재료의 종류가 다르며, 분석물의 환원 전류가 아닌 산화 전류를 측정한다는 것이다.

전류법 분석을 위한 일회용 포도당 센서를 스크린 인쇄(screen printing)법으로 제작하고 동시에 비타민 C, 요산(uric acid)과 같이 포도당 산화에 방해되는 물질을 미리 제거하는 방법으로 측정의 민감도를 높이는 연구 결과도 있었다[14]. 그것은 다공성 나이트로셀룰로스(nitrocellulose)에 이산화 납 층을 인쇄하여 포도당과 함께 층을 통과하는 방해 물질은 이산화 납과 반응하여 미리 산화되므로 전극에는 포도당만 도달할 수 있도록 고안된 방법이다.

앞서 설명한 것처럼 전류법은 한계 환원 전류 혹은 한계 산화 전류를 측정하여 분석물의 양을 알아내는 방법이다. 그런데 이 방법은 분석물의 양이 비교적 많아야 되며, 어떤 형태로든 전해질이 있어야 한다는 어려움이 있다. 이런 단점을 극복하기 위하여 최근에는 미세 전극을 전류법 측정에 많이 사용하고 있다. 7.7.2절에서 설명한 것처럼 미세 전극을 이용하면 전위를 걸어 주었을 때 일정 상태에 빠르게 도달하므로 감응 시간이 짧다는 장점이 있다. 또한 면적이 작아서 커패시턴스가 작기 때문에 패러데이 전류에 비해 잡음 신호의 크기가 작다. 미세 전극은 측정하려는 전류의 절대 크기가 작기 때문에 용액 저항에 의한 저항 전위(iR) 강하 역시 작다. 그러므로 전해질의 농도가 극히 묽거나 혹은 없는 경우에도 사용할 수 있다는 장점이 있다. 따라서 전해질이 포함되지 않은 비수용액에서도 사용될 수 있다. 이런 장점 때문에 미세 전극은 전해질을 첨가할 수 없는 조건에 해당하는 액체 크로마토그래피의 검출 장치로도 사용되고 있다. 전류의 절대 크기가 작아서 배율이 높고 소음이 낮은 증폭기를 사용해야 한다는 단점이 있었으나 요즈음에는 이런 특성을 갖춘 기기의 제작은 별로 어려운 일이 아니다. 분석 감도를 높이기 위하여 여러 개의 미세 전극을 각 전극의 확산층이 서로 겹치지 않을 만한 일정한 간격으로 배열시켜 전류를 측정하면 신호 자체가 증폭된

---

14) G. Cui, S. J. Kim, S. H. Choi, H. Nam, G. S. Cha, and K. Paeng, *Anal. Chem.* **72**, 1925, 2000.

것을 측정하는 것이 되어 매우 유용한 전류법 센서로 활용할 수 있다.

9.7.2 펄스 전류법

작업전극의 전위를 확산 한계 전류를 만족하는 하나의 전위에 고정하고 전류를 측정할 때 산화 혹은 환원되는 생성물이 전극 표면에 흡착되면 전류의 크기는 시간이 지남에 따라 감소하게 된다. 따라서 같은 농도의 분석물을 전류법 분석하고자 할 때, 작업전극의 표면을 주기적으로 청소하는 방법으로 분석의 민감도를 유지하는 방법이 펄스 전류법(pulsed amperometry)이다. 펄스 전류법은 분석물의 농도에 비례하여 항상 일정한 크기의 전류가 측정이 된다는 장점이 있다. 이 방법은 작업전극(백금 혹은 금)에 펄스 전위를 걸어주어 전극 표면을 전기화학적으로 청소(cleaning)하면서 전류를 측정하는 전기화학 분석법이다. 펄스 전류법에 사용되는 기본 파형을 그림 9.7.2에 나타냈다.

분석물이 산화되는 전위 영역에서 분석물은 산화되고, 동시에 백금 표면의 산화가 진행된다. 더구나 분석물의 산화로 형성된 생성물이 전극 표면에 흡착이 되면 전극 면적은 그만큼 줄어들게 된다. 문제는 같은 농도의 분석물에 대한 확산 한계 전류가 전극 면적의 감소로 인해 시간이 흐르면서 전류의 크기가 줄어든다는 것이다. 펄스 전류법의 핵심은 분석물이 산회되는 검출 전위($E_{검출}$)에서 전류를 측정한 후에 재빨리 전극의 전위를 더 높은 산화 전위($E_{산화}$)를 걸어주고, 그 후에 다시 백금 산화물이 환원되기에 충분한 환원 전위($E_{환원}$)로 전위를 변경하는 것이다. 그런 과정에서 백금 전극 표면은 마치 본래의 깨끗한 상태로 회복되므로 검출하려는 분석물의 흡착이 이루어진다. 작업전극의 전위를 다시 분석물이 산화가 되는 전위($E_{검출}$)로 걸어주고, 펄스 전위를

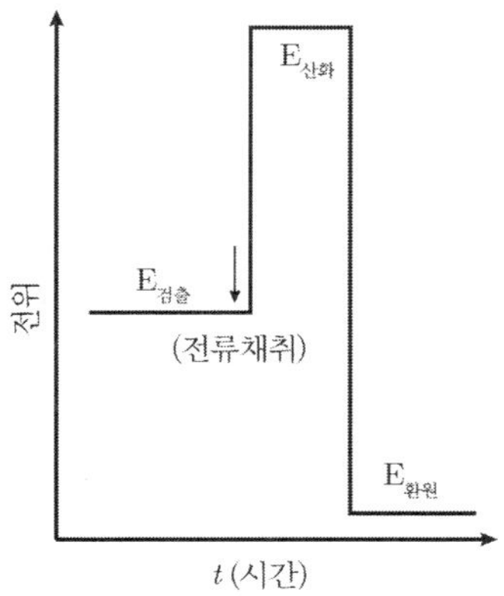

그림 9.7.2 펄스 전류법에 사용되는 시간-전위 파형

걸어주어 발생되는 충전 전류가 최소가 되는 펄스 지속 시간의 맨 마지막 단계에서 전류를 채취한다. 즉 충전 전류의 방해가 최소로 되는 시각에서 패러데이 전류를 측정하는 것이다. 이런 방법은 전류를 연속으로 측정해도 작업전극의 표면이 오염되지 않기 때문에 시간이 흘러도 분석물의 농도에 비례하는 항상 일정한 전류의 크기를 유지하는 것이 가능하다. 액체 크로마토그래피를 이용한 화합물의 분석, **흐름 주입 분석**(flow injeciton analysis)에서 **펄스 전류법 검출**(pulsed amperometric detection)을 이용하는 것도 같은 이유이다. 관심 있는 독자들은 펄스 전류법을 이용하여 유기화합물을 분석한 논문 및 탄수화물을 분석한 논문을 참고하기 바란다[15][16].

전류법 분석은 전위차법 분석보다는 묽은 농도의 분석물의 양을 결정할 때 비교적 빠르고 정확한 데이터를 얻을 수 있는 분석 방법이다.

9.8 전류법 적정

전류법 적정(amperometric titration) 분석은 전류법 분석을 하는 경우보다 온도, 전극 특성 등 실험 조건에 영향을 덜 받는다. 더구나 분석물 자체가 전기 활성 물질이 아니더라도 적정 시약 혹은 적정 반응 생성물이 전기 활성 물질이라면 전류법 적정으로 관심있는 물질의 분석이 가능하다는 장점을 가지고 있다. 전류법 적정에 필요한 실험 장치를 그림 9.8.1에 나타냈다. 전류법 적정에 이용되는 작업전극으로 수은 방울 전극은 물론 백금, 금, 흑연 전극 등이 있다.

예를 들어 은 이온을 염소 이온으로 적정할 때 종말점 검출을 전류법 적정으로 하

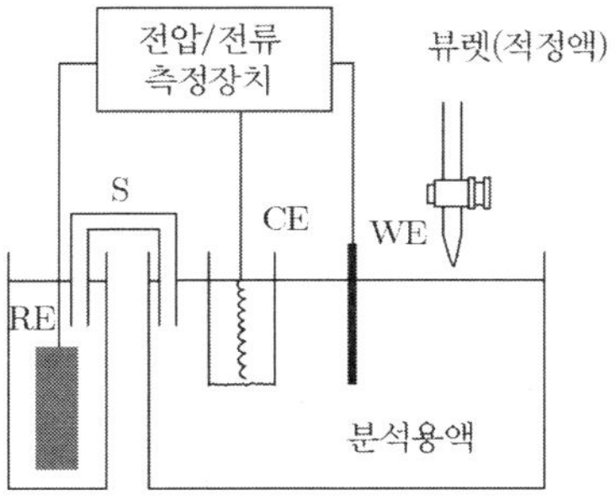

그림 9.8.1 전류법 적정을 위한 실험 장치; WE; 작업전극, CE; 상대전극, RE;기준전극, S;염다리

15) J. W. Lee, S. Mho, C. Pyun, I-H. Yeo, *Bull. Kor. Chem. Soc.*, **15**, 1038, 1994.
16) D. C. Johnson, *Nature*, **321**, 451, 1986.

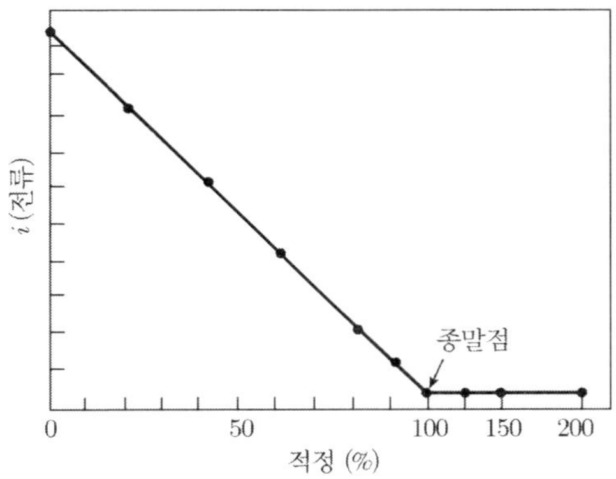

그림 9.8.2 전류법 적정 곡선; 은 이온을 염소 이온 용액으로 적정한다. 작업전극의 전위는 은 이온의 확산 한계로 환원되는 하나의 전위에 고정한다.

는 실험을 생각해 보자. 분석하려는 은 이온이 비커에 담겨 있고, 뷰렛에 있는 염소 이온이 첨가되면 염화은 침전이 형성되며 은 이온의 농도는 줄어든다. 이때 작업전극의 전위를 은 이온이 확산 한계의 속도로 환원되는 하나의 전위에 고정을 하고 전류를 측정한다. 초기에 측정되는 전류는 은 이온의 확산에 의존하는 확산 한계 전류이다. 염소 이온이 계속 첨가되면 용액에 있는 은 이온 농도는 염화은(AgCl) 침전으로 점점 감소한다. 그 결과 확산 한계 전류는 적정이 진행됨에 따라 점차 줄어든다. 적정이 100% 완료된 지점에서 은 이온은 염화은 침전의 해리에 의한 매우 적은 양만 존재한다. 따라서 그 정도의 은 이온 농도라면 측정되는 전류는 거의 0에 가깝다. 따라서 측정된 한계 전류를 첨가한 염소 이온의 부피에 대해 그래프를 그리면 그림 9.8.2와 같다. 종말점 전과 후의 전류를 외삽하여 만나는 교차점의 부피가 곧 염소 이온의 종말점 부피에 해당한다. 염소 이온의 농도와 측정된 부피를 이용하고, 염소 이온과 은 이온이 1:1 반응하는 화학량론을 이용한다면 어렵지 않게 은 이온의 농도를 계산할 수 있다.

적정 곡선의 형태는 분석물, 적정 시약(적정액), 반응 생성물, 작업전극에 걸어주는 전위 등에 따라 달라진다. 만약 염소 이온을 은 이온으로 적정할 때 마찬가지로 은 이온의 확산 한계 전류를 측정하는 것으로 전류법 적정을 한다면 그림 9.8.3과 같은 적정 곡선이 얻어질 것이다.

또한 분석물과 적정 시약 모두가 작업전극에 걸어준 전위에서 환원(혹은 산화)된다면 V자형의 적정 곡선이 얻어질 것이다. 예를 들어 납 이온(Pb^{2+})을 크로뮴산염 이온(CrO_4^{2-})으로 적정할 경우를 생각하자. 수은 방울 전극을 작업전극으로 사용하면 크로뮴산염 이온은 0 V에서, 납 이온은 −0.5 V에서 각각 확산 한계 속도로 환원이 된다. 만약 작업전극의 전위를 0 V로 유지하면서 확산 한계 전류를 측정하여 전류법 적정을

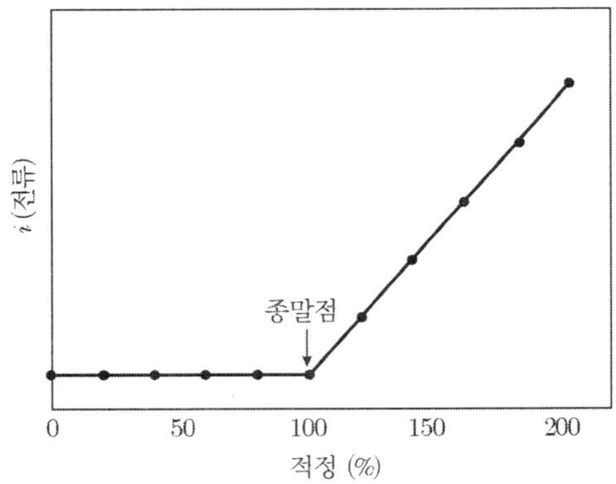

그림 9.8.3 전류법 적정 곡선; 염소 이온을 은 이온 용액으로 적정한다. 작업전극의 전위는 은 이온의 확산 한계로 환원되는 하나의 전위에 고정한다.

한다면 그림 9.8.3과 같은 적정 곡선이 얻어진다. 반면에 만약 작업전극의 전위를 −0.5 V로 유지하면서 전류를 측정하면 그림 9.8.4와 같은 적정 곡선이 얻어진다.

첫 번째 적정 곡선이 관찰되는 이유는 다음과 같다. 당량점 전에서는 납은 환원이 안 되며, 적정액으로 첨가하는 크로뮴산염 이온은 납과 반응하여 크로뮴산염 납($PbCrO_4$) 침전을 형성하므로 용액에는 환원될 수 있는 이온이 아무것도 없다. 따라서 전류는 0을 유지한다. 그후 종말점이 지나면 과량으로 첨가된 크로뮴산염 이온이 환원되므로 전류는 서서히 증가하기 시작한다. 그림 9.8.4와 같은 적정 곡선의 경우 전류를 측정하는 작업전극의 전위가 −0.5 V이다. 따라서 이 전위에서 납 이온 및 크로뮴산염 이온은 모두 환원될 수 있다. 당량점 전에 전류가 감소하는 것은 침전이 형성되어 납 이온의 농도가 줄어들기 때문이다. 또한 당량점 후에 전류가 증가하는 것은 당량점을 넘어

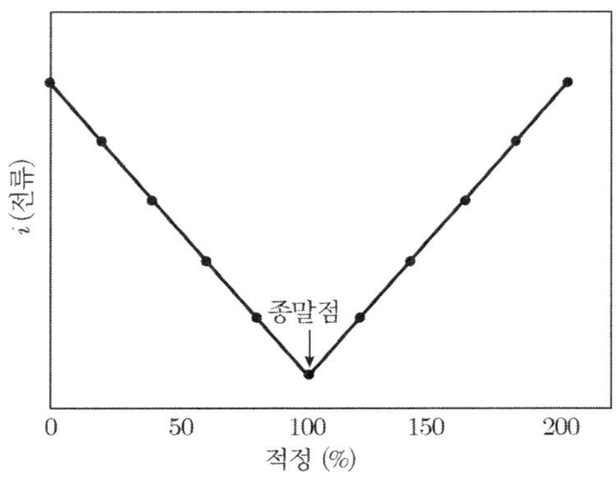

그림 9.8.4 전류법 적정 곡선; 납 이온을 크로뮴산 이온 용액으로 적정한다. 작업전극의 전위는 납과 크로뮴산 이온이 모두 환원되는 전위를 걸어준다.

서 초과해서 첨가된 크로뮴산염 이온의 농도가 증가하기 때문이다.

9.8.1 두전류법(biamperometry)

두 개의 작업전극을 사용하여 전류법 적정의 종말점을 찾기도 한다. 미세(micro) 작업전극 2개를 사용하며, 두 전극 사이에 약 50 mV ~ 200 mV 정도의 전압을 걸어준다. 이때 두 작업전극의 평균 전위는 산화와 환원이 동시에 일어나는 전위에 놓여 있는 것이 일반적이다. 따라서 용액에 가역적인(reversible) 분석물이든 혹은 적정 시약이든 간에 산화형과 환원형이 용액에 동시에 존재할 경우에 한 개의 작업전극에서는 환원형이 산화되고, 또 다른 작업전극에서는 산화형이 환원되면서 전류가 흐른다. 그러나 만약에 두 가지 산화 상태의 물질이 동시에 존재하지 않고 산화형 혹은 환원형만 있을 경우에는 전류가 흐르지 않는다. 예를 들어 용액에 I_2와 I^-가 동시에 존재하는 용액에 두 개의 백금 전극을 담그고 두 전극 사이의 전위차를 50 mV로 유지하면 전류가 흐른다. 하나의 백금 전극에서는 I_2가 I^-로 환원되며, 다른 백금 전극에서는 I^-가 산화되어 I_2가 된다. 두 전극 사이에 전류계를 놓아 전류를 측정하면 전류가 흐르는 것을 볼 수 있다. 그런데 I_2 혹은 I^- 중에서 어느 한 종류만 있으면 전류는 흐르지 않는다.

만약에 두전류법을 사용하여 분석물 비소 이온(As^{3+})을 적정액, I_2로 적정할 때 종말점을 확인한다고 하자. 적정을 하면 비소 이온은 첨가된 적정 용액 I_2와 반응하여 As^{5+}로 산화된다. 그런데 As^{3+}/As^{5+} 산화·환원 쌍은 비가역적이며 첨가된 I_2는 종말점 전에서는 모두 소모되어 I^-로 변하므로 종말점 전에서는 용액에는 가역적인 산화·환원 쌍이 없다. 따라서 종말점 전에서 두 전극 사이에는 전류가 흐르지 않는다. 종말점 후에는 반응하고 남은 과량의 I_2와 당량점까지 반응으로 형성된 I^-가 동시에 있게 되므로 I_2 농도에 비례하는 전류가 흐른다. 그것에 대한 적정 곡선을 그림 9.8.5에 나타냈다.

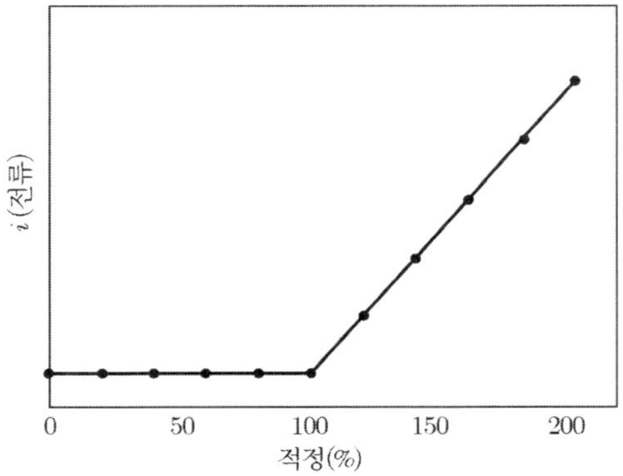

그림 9.8.5 두전류법 적정 곡선, 분석물(As^{3+})를 적정액(I_2)으로 적정하는 경우.

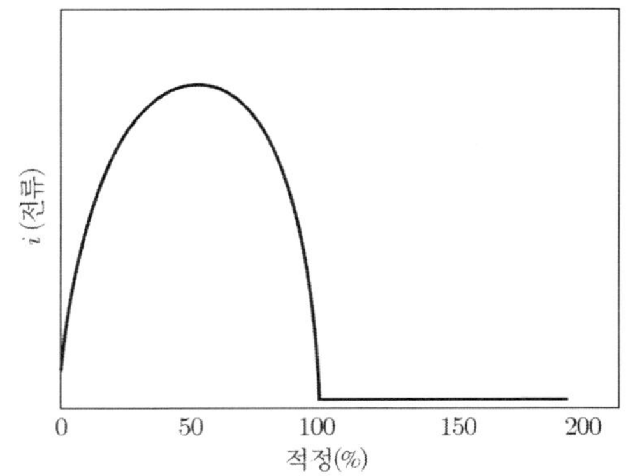

그림 9.8.6 두전류법 적정 곡선, 분석물(I_2)를 적정액(As^{3+})으로 적정하는 경우.

또 다른 예로 I_2를 비소 이온(As^{3+})으로 적정하는 경우를 생각해 보자. 적정을 하면 용액에는 반응으로 형성된 I^-가 있어서 용액에는 산화 · 환원 쌍인 I_2, I^-가 공존하게 된다. 이렇게 되면 적정 초기부터 전류가 흐르며, 적정이 50%에 도달하면 전류는 최댓값을 나타낸다. 종말점이 지난 후 용액에는 As^{3+}, As^{5+}, I^-만이 있다. 물론 I_2도 평형 농도만큼은 있겠지만 극히 적은 양이므로 무시할 수 있다. 더 이상 가역적인 산화 · 환원 쌍이 없으므로 전류는 0으로 접근한다(그림 9.8.6).

만약에 분석물의 산화 · 환원 쌍 및 적정 시약의 산화 · 환원 쌍이 모두 가역적이면 적정 곡선은 앞의 두 경우를 합쳐진 것처럼 보이게 될 것이다. 즉 전류가 적정 초기에서부터 증가하기 시작해서 50%에 도달해서는 최대를 보이다가 종말점에서는 용액에는 더 이상 가역적인 산화 · 환원 쌍이 공존하지 않으므로 0이 된다. 종말점을 지나서는 적정 시약의 산화 · 환원 쌍에 의한 전류가 흐르므로 적정 시약의 양에 비례하여 전류는 증가한다(그림 9.8.7).

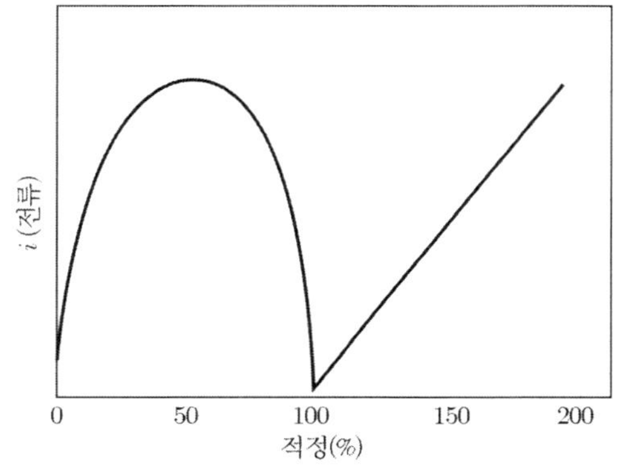

그림 9.8.7 두전류법 적정 곡선, 분석물과 적정 시약의 산화 · 환원 쌍이 모두 가역적인 경우.

9.9 전하량법

분석물의 산화·환원에 대응되는 전류가 흐를 때 그것을 시간에 따라 적분을 하면 전하량을 얻을 수 있다. 전하량을 측정할 때 일반적으로 발생할 수 있는 농도 편극, 운동학적 편극, 저항 전위 강하(IR drop) 등과 같은 일반적인 개념들은 이미 설명한 내용을 참고한다.

9.9.1 전하량법의 계산

전하량법(coulometry)은 분석물의 산화수가 변화할 때 필요한 전하량을 측정하여 패러데이 법칙을 이용하여 분석물의 양을 알아내는 분석법이다. 만약에 전극에 일정 전류(I)가 일정 시간 t 동안 흐르는 실험 방법을 사용한다면 그때 전극을 통과한 전하량(Q, 단위: 쿨롱)은 다음과 같다.

$$Q = I \times t$$

만약에 전류(i)가 시간에 따라 변한다면 전극을 통과한 전하량 Q는 다음과 같다.

$$Q = \int_0^t i\,dt$$

전하량은 전극에서 반응하는 화학 물질의 몰 수와 상관관계가 있다. 예를 들어 포화 질산 은 용액에 1패러데이 전하량(약 96487쿨롱)이 흐르면 환원되는 금속 은의 질량은 107.87 g(은의 원자량: 107.87)이다. 또한 포화 황산구리 용액에 1패러데이 전하량이 흐르면 환원되는 금속 구리의 질량은 31.77 g(구리의 원자량: 63.54)이다. 은은 원자가 변화는 1이며 구리의 원자가 변화는 2이기 때문에 이런 결과를 얻는다. 마찬가지로 전극에서 산화가 될 경우에 전하량을 측정해도 똑같은 법칙이 적용된다.

측정된 전하량(Q)으로부터 산화수가 변한 금속의 질량은 다음과 같이 계산할 수 있다.

$$\text{금속의 질량(g)} = \frac{Q \times \text{A.W.(금속 원자량)}}{96485 \times \text{n(변화된 원자가)}}$$

9.9.2 조절 전위 전하량법

조절 전위 전하량법(controlled potential coulometry)은 작업전극에 일정 전위를 걸어주어 전기분해가 될 때 분석물의 산화수 변화에 따른 전하량을 측정하는 방법이다.

다음 절에서 설명할 전해 무게 분석법처럼 분석물의 전해 석출이 일어나지 않아도 된다. 작업전극은 음의 전위를 걸어주고 전기분해를 할 때는 수소 발생에 대한 과전위가 매우 큰 수은 전극을, 양의 전위를 걸어주어 전기분해를 할 때는 주로 백금망 전극을 사용한다. 전위차법은 단지 지시전극과 기준전극이 필요한데 반해 이 방법은 제3의 전극으로 상대전극(counter electrode)이 반드시 필요하다. 그것은 정전위기를 이용하고, 3 전극계를 사용해야 작업전극의 전위를 전기분해하는 동안 일정하게 유지할 수 있기 때문이다. 만약에 작업전극과 기준전극으로 구성된 2 전극계를 사용하면 작업전극의 전위를 일정하게 유지하는 것이 불가능하다. 일반적으로 전하량법에서 전기분해를 할 때 큰 전류가 흐르기 때문에 2 전극계를 사용하면 기준전극의 전위가 변한다. 따라서 작업전극의 전위를 기준전극의 전위에 대해서 일정한 값을 가지게 유지하는 일이 불가능하다. 그러나 3 전극계를 이용하면 전기분해하는 동안 흐르는 전류는 기준전극으로 흐르지 않는데, 전류가 상대전극으로 흐르도록 조정했기 때문이다.

정전위기를 이용하여 작업전극에서 산화(혹은 환원) 반응이 진행되도록 전위를 걸어주고 반응물이 완전히 산화(혹은 환원)가 되어 전류가 0이 되면 반응이 완결된 것이다. 상대전극에 직렬로 전하량계(coulometer)를 연결하여 전기분해하는 동안 흐르는 총 전하량(coulombs), Q를 측정하면 분석물의 양은 다음 식으로 계산할 수 있다.

$$\text{전해물질 질량(g)} = \frac{Q \times \text{M.W.}\,(\text{g/mol})}{96485\,(\text{coul/eq}) \times n\,(\text{eq/mol})}$$

9.9.3 조절 전류 전하량법(controlled current coulometry)

조절 전류 전하량법은 작업전극에 일정 전류를 필요한 시간 동안 흘려주면서 적정 시약(titrant)을 즉석에서 만들어 적정을 할 때, 그때 필요한 전하량을 측정하는 분석 방법이다. 분석물과 반응이 완결될 때까지 필요한 적정 시약을 만드는 데 사용된 전하량을 측정한다. 적정 시약의 양을 전하량으로부터 알 수 있고, 결국 그것은 화학량론을 이용하여 반응한 분석물의 양으로 계산할 수 있다. 따라서 분석물의 농도를 결정할 수 있다. 적정 반응이 완결되는 종말점은 변색 지시약 혹은 전위차법을 이용하여 결정할 수 있다. 사실 이 방법은 **전하량 적정**(coulometric titration) 방법으로 더 많이 알려져 있다.

조절 전류 전하량법은 **부피 적정**(volumetric titration) 방법과 비교된다. 부피 적정 실험을 할 때 뷰렛과 적정 시약이 필요하다. 그러나 이 방법에서는 일정 전류 공급 장치와 시계(timer), 적정 시약을 만들기 적합한 전극 및 전해질로 적정 시약을 즉석에서 만드는 것이다. 전하량 적정에 필요한 실험 장치를 그림 9.9.1에 나타냈다. 대개 상대

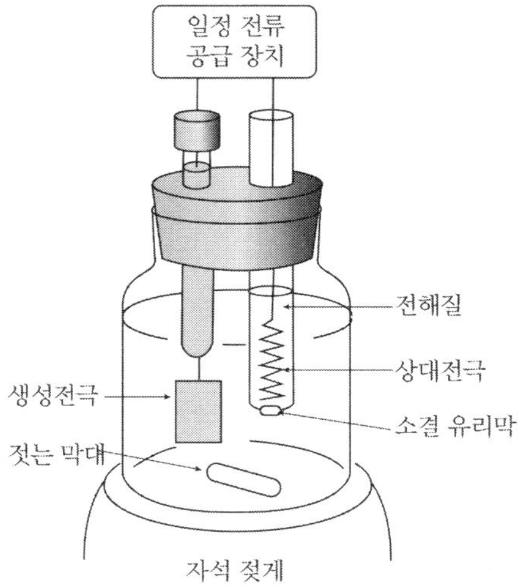

그림 9.9.1 전하량 적정을 위한 실험 장치

전극은 소결 유리막(fritted glass)으로 감싸준다. 그 이유는 상대 전극에서 만들어지는 화학 물질이 용액 내로 확산되거나 작업전극에서 생성된 적정 시약과 반응하는 것을 막기 위한 것이다. 이 방법은 분석물과 작업전극에서 즉석에서 만들어지는 모든 적정 시약과 화학 반응이 진행되는 것에 근거를 두고 있다. 만약 상대 전극에서 생성된 화학종이 분석물 혹은 적정 시약과 반응을 하게 된다면 100% **전류 효율**(current efficiency)이 안 된다. 여기서 100% 전류 효율이라는 것은 작업전극에서 만들어진 모든 적정 시약이 완전하게 분석물과 반응하는 것을 말한다. 만약 다른 부반응(side reaction)이 있다면 작업전극에서 적정 시약을 추가로 더 만들어야 된다. 그것은 분석물과 적정 시약만 반응할 때 필요한 전하량보다 더 많은 전하량이 측정되는 것이기 때문에 분석물의 질량(농도)을 계산할 때 플러스(+) 오차를 일으키게 된다.

조절 전류 전하량법으로 탈륨(Tl^+)의 농도를 결정하는 예를 들어보자. 이 경우에 적정에 사용되는 브로민(Br_2)은 작업전극에서 즉석에서 만들어지고, 그것에 대한 적정 반응은 다음과 같이 나타낼 수 있다.

$$Tl^+ + Br_2 \rightarrow Tl^{3+} + 2Br^-$$

부피 적정에서는 비커에 담긴 탈륨을 뷰렛에 있는 브로민 표준 적정액을 떨어뜨려 적정을 한다. 그러나 전하량법 적정에서는 적정 시약인 브로민을 작업전극에서 즉석에서 만들어 탈륨과 반응이 진행되도록 하는 것이다. 이때 브로민(Br_2)은 브로민 이온(Br^-) 용액에 담긴 백금 전극에 일정 전류를 흘려주어 브로민 이온이 산화되도록 하여 만든다. 한편 보조 전극에서 수소 이온이 환원되어 수소 가스가 발생하는 반응이 진행된다. 그런데 보조 전극은 소결 유리막으로 감싸여 있으므로 발생한 수소 가스는 시료 용액으로 분산되지 않아서 그것으로 인한 방해는 일어나지 않는다. 작업전극에서 만들어진 브로민은 용액에 있는 탈륨 이온과 반응하여 브로민화 탈륨(용해도곱 상수 $K_{sp} = 3.4 \times 10^{-6}$) 침전을 형성한다. 종말점에 도달하면 더 이상 반응할 탈륨이 남지 않게 되고 용액은 브로민의 특징을 나타내는 갈색을 띠게 된다. 따라서 일정 전류를 흘려주었으므로 종말점까지 걸리는 시간을 측정하면 적정 반응에 사용된 브로민을 만드는 데 필요한 전하량을 계산할 수 있다. 전하량으로 계산되는 브로민의 양은 다음과 같은 식으로 나타낼 수 있다.

$$\text{브로민의 질량(g)} = \frac{i(\text{coul/second}) \times t \times 159.8(\text{g/mol})}{96485(\text{coul/eq}) \times 2(\text{eq/mol})}$$

브로민의 질량은 몰 단위로 계산할 수 있다. 따라서 브로민은 탈륨과 1:1 몰 비로 반응하므로 시료에 포함된 탈륨의 농도를 계산할 수 있는 것이다.

전하량법 적정은 다양한 종류의 적정 반응(중화 반응, 침전 형성, 착물 형성, 산화·환원 반응)에 적용할 수 있다. 표 9.2에 전하량법을 이용하여 분석할 수 있는 물질과 작업전극에서 만들어지는 적정 시약에 대해 나열하였다. 특히 전하량법은 다른 분석법에 비해 정확하고 정밀하다는 장점을 갖고 있다. 또 다른 장점은 적정에 필요한 많은 불안정한 적정 시약들(Br_2, Cl_2, Ag^{2+} 등)을 즉석에서 만들어 분석물과 반응을 한다는 것이다. 특히 적정 시약의 변질 혹은 보관이 어려운 경우에도 적용할 수 있는 분석 방법이다.

표 9.2 전하량법을 이용한 분석의 예 [12]

시약	생성 전극 반응물	분석하려는 물질
Br_2	$2Br^- \rightleftharpoons Br_2 + 2e$	As(III), Sb(III), U(IV), T(I), I^-, SCN^-, NH_3, N_3H_3, NH_2OH, phenol, aniline, mustard gas, mercaptans, 8-hydroxyquinoline, olefins
Cl_2	$2Cl^- \rightleftharpoons Cl_2 + 2e$	As(III), I-, styrene,fatty acids
I_2	$2I^- \rightleftharpoons I_2 + 2e$	As(III), Sb(III), S_2^{2-}, H_8S, ascorbic acid
Ce^{2+}	$Ce^{3+} \rightleftharpoons Ce^{3+} + e$	Fe(II), Ti(III), U(IV), As(III), I^-, $Fe(CN)_8^{4-}$
Mn^{2+}	$Mn^{2+} \rightleftharpoons Mn^{2+} + e$	$H_2C_2O_4$, Fe(II), As(III)
Ag^{2+}	$Ag^+ \rightleftharpoons Ag^{2+} + e$	Cr(VI), V(IV), $H_2C_2O_2$, As(III)
Fe^{2+}	$Fe^{3+} + e \rightleftharpoons Fe^{2+}$	Cr(VI), Mn(VIII), V(V), Ce(IV)
Ti^{2+}	$TiO^{2+} + 2H^+ + e \rightleftharpoons Ti^{2+} + H_2O$	Fe(III), V(V), Ce(IV), U(VI)
$CuCl_3^{2-}$	$Cu^{2+} + 3Cl^- + e \rightleftharpoons CuCl_3^{2-}$	V(V), Cr(VI), IO_2^-
U^{2+}	$UO_2^{3+} + 4H^+ + 2e \rightleftharpoons U^{2+} + 2H_2O$	Cr(VI), Ce(IV)

9.10 전해 무게 분석법

전해 무게 분석법(electrogravimetry)은 전기 활성 분석물이 있는 용액에 두 개의 전극을 담그고 전기분해를 한 후에 작업전극의 무게를 측정하여 분석물의 양을 알아내는 분석 방법이다. 작업전극에 전위 혹은 전류를 걸어주면 금속 이온이 환원되어 금속으로 석출된다. 전기분해 전후의 작업전극의 무게 차이를 측정한다. 그 측정값으로부터 패러데이 법칙을 이용하여 분석물의 양을 계산한다.

2개의 전극으로 구성된 전해 무게 분석을 위한 실험 장치를 그림 9.10.1에 나타냈다. 여기서 금속을 석출하는 작업전극은 백금망이며 상대전극은 백금망 안쪽에 위치한 백금 거즈(선)이다.

예를 들어 황산구리 용액에 있는 구리의 양을 전해 무게 분석법으로 측정한다고 하자. 작업전극에 전위를 걸어주어 전극 반응이 진행되면, 환원 전극과 산화 전극에서 각각 다음과 같은 반응이 진행될 것으로 예상할 수 있다.

(−) 전극: $Cu^{2+} + 2e^- \rightarrow Cu$

$2H^+ + 2e^- \rightarrow H_2$

(+) 전극: $2H_2O \rightarrow O_2 + 4H^+ + 4e^-$

$(O_2 + 4H^+ + 4e^- \rightarrow 2H_2O \qquad E^o = 1.229\ V)$

만약 구리 이온의 농도가 0.01 M이고 pH가 1.0 조건이라면 각각의 반쪽 반응에 대한 전극 전위를 네른스트 식을 이용하여 다음과 같이 계산할 수 있다.

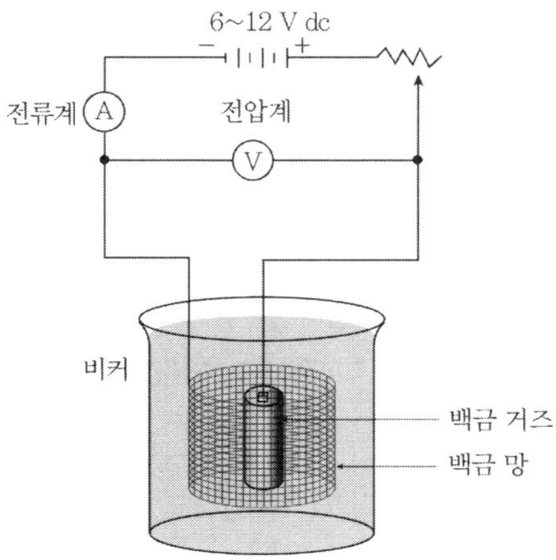

그림 9.10.1 전해 무게 분석법 실험 장치

표 9.3 전해 무게 분석법을 이용한 금속/금속 산화물의 정량 분석의 예 [12]

분석물	무게 잴 때의 형태	−극	+극	실험 조건
Ag+	Ag	Pt	Pt	Alkaline CN^- 용액
Br^-	AgBr(+극)	Pt	Ag	
Cd^{2+}	Cd	Cu on Pt	Pt	Alkaline CN^- 용액
Cu^{2+}	Cu	Pt	Pt	H_2SO_4/HNO_4 용액
Mn^{3+}	MnO_2(+극)	Pt	Pt	HCOOH/HCOONa 용액
Ni^{2+}	Ni	Cu on Pt	Pt	Ammoniacal 용액
Pb^{2+}	PbO_2(+극)	Pt	Pt	Strong HNO_3 용액
Zn^{3+}	Zn	Cu on Pt	Pt	Acidie citrate 용액

$$E_{cu^{2+}/cu} = 0.337 - \frac{0.0591}{2}\log\frac{1}{[0.01]} = 0.278V \quad E^{o}_{cu^{2+}/cu} = 0.337V$$

$$E_{H^+/H_2} = 0.000 - 0.0591\log\frac{1}{[0.1]} = -0.059V \quad E^{o}_{H^+/H_2} = 0.000V$$

$$E_{O_2/H_20} = 1.229 - \frac{0.0591}{4}\log\frac{1}{[0.1]^4} = 1.170V \quad E^{o}_{O_2/H_20} = 1.229V$$

환원 전극에서 구리가 석출되고 산화 전극에서 산소가 발생하는 반응이 진행되면 전체 반응은 다음 식과 같이 진행될 것이다.

$$2Cu^{2+} + 2H_2O \rightarrow 2Cu + O_2 + 4H^+$$

이론적으로 네르스트 식으로 계산한 값을 이용하면 두 전극의 전위차에 해당하는 전압(0.278 - 1.170 = - 0.892V)을 걸어 주어야 한다. 여기서 -의 의미는 전압을 걸어준다는 것을 의미한다. 전기 에너지를 얻는 반응이 진행되는 전지의 경우 네르스트 식으로 계산한 값들이 +가 되는 것과 비교해보면 이해하기가 쉽다. 그러나 실제로 반응이 진행되기 위해서는 앞서 설명한 저항 전위(iR) 강하, 농도 편극 등의 원인을 생각하여 이론으로 계산한 전압보다 더 큰 전압을 걸어주어야 할 것이다. 표 9.3에 전해 무게 분석법으로 분석이 가능한 원소 및 간략한 실험 조건을 나타냈다.

9.11 신호 대 잡음비를 올린 폴라로그래피 방법들

앞서 설명한 DC 폴라로그래피의 감도 및 검출 한계를 극복하기 위해서 신호 대 잡음비(S/N ratio)를 올리려는 연구와 노력이 여러 방향에서 진행되었다. 그 결과 소위 **전류 채취 폴라로그래피**(sampled-current polarography)가 처음으로 등장한 실험 방법이었다. 이 방법은 전극에 걸어주는 전위의 변화에 따른 전류를 측정할 때 모든 전류를 측정하는 것이 아니고, 특정한 방법에 맞추어 전류를 채취(sampling)하듯이 측정하여 잡음 대비 신호의 비율을 높이는 것이다. 실험 방법에 **전류 채취**(sampled-current)라는 이름이 포함되어 있으며, 그 배경은 다음과 같다. 신호에 해당하는 식 (9.5.1)의 패러데이 전류는 시간에 따라 $t^{1/6}$으로 증가하는 반면, 잡음에 해당하는 식 (9.5.3)의 충전 전류는 $t^{-1/3}$으로 감소한다(식 (7.3.2) 참조). 그런 이유로 전위를 걸어주고 일정한 시간이 흐른 후에 측정되는 충전 전류의 크기는 패러데이 전류의 크기에 비해 무시할 정도로 작다. 그때 전류를 측정하면 신호(패러데이 전류)의 크기는 잡음(충전 전류)의 크기에 비해 상대적으로 월등히 크다. 그러므로 전류 채취 폴라로그래피에서는 수은 방울 전극에 전위를 걸어주고 그에 대응되는 모든 전류를 측정할 때, 일정 시간이 지난 후에 전류를 '채취(sampling)'하고 기록하는 것이다. 즉, 수은 전극에 전위를 걸어주고 수은 방울이 모세관에서 떨어지기 직전에 전류를 측정한다. 측정한 전류를 전위의 함수로 그래프를 그린 것이 전류 채취 폴라로그램이다. 전류 채취 폴라로그래피에서는 수은 방울의 수명이 다하기 직전에 전류를 채취할수록 신호 대 잡음(S/N)비가 좋아진다는 것을 알 수 있다. 이 방법을 사용하면 검출 한계를 약 1×10^{-6} M까지 낮출 수 있다. 요즈음에는 더 개선된 분석 방법이 이용되고 있어서 이 방법도 잘 사용하지 않지만 폴라로그래피 발전 과정의 한 면을 엿볼 수 있다.

신호 대 잡음비(S/N ratio)를 개선한 또 다른 방법으로 **정상 펄스 폴라로그래피**(normal pulse polarography, NPP)가 있다. 전류 채취 폴라로그래피는 근본적으로 전통의 DC 폴라로그래피와 같은 방법으로 실험을 하면서 전류 채취 방법에 변화를 주어 잡음 대비 신호의 비율이 커지도록 개선한 것이었다. 그러나 NPP의 실험 방법은 DC 폴라로그래피의 실험 방법과는 다르다. 첫째로 NPP에서는 DC 폴라로그래피에서 사용하는 경사 전위-시간 파형(그림 9.5.1(B))을 사용하지 않는다. 대신에 그림 9.11.1에 나타낸 것처럼 수은 방울 수명의 마지막 약 50 ms 동안 펄스 전위를 걸어준다. 전류는 펄스 유지 시간이 끝나기 직전에 채취하여 기록한다. 이 실험 방법은 수은 방울 수명의 마지막 시각과 펄스 전위의 끝 시각을 동시에 맞추어야 하므로 방울 망치(drop knocker)를 사용한다. 망울 망치는 유리 모세관을 일정한 시간 간격으로 한 번씩 두들겨서 모세관에 매달린 수은 방울을 강제로 떨어뜨리는 도구이다. 이 실험에서 펄스 전위는 수은 방울 수명 시간의 마지막 50 ms 동안 걸어준다. 펄스 전위의 횟수가 증가할수록 펄스 전위는 더 큰 음전위가 걸리도록 펄스 전위-시간의 파형이 미리 프로그램되어 있다. 펄스 전위가 걸리는 동안에 그에 대응되는 패러데이 전류는 이미 알고 있는 코트럴(Cottrell) 식으로 나타낼 수 있으며, 그것은 다음과 같다.

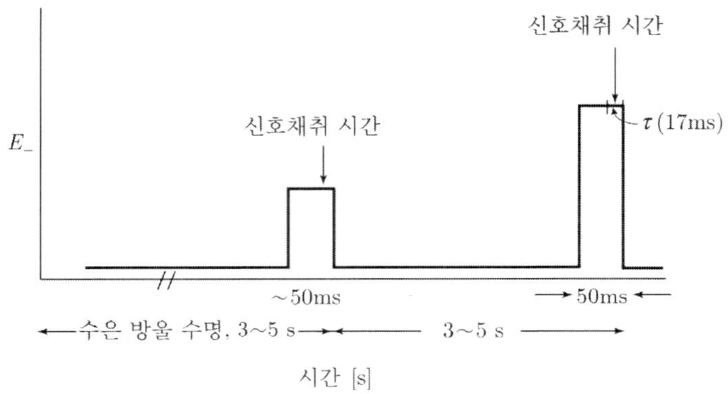

그림 9.11.1 NPP 실험에 사용되는 시간-펄스 전위 파형.
50 ms: 펄스 지속 시간, τ: 전류 채취 시간

$$I_{\mathrm{d}}(t) = \frac{nFAD_{\mathrm{O}}^{1/2}C_{\mathrm{O}}^{*}}{(\pi t)^{1/2}} \tag{6.7.20'}$$

이 식에서 전극에 펄스 전위가 걸리고 분석물이 전해되는 시간(t)은 펄스 유지 시간(50 ms)에서 전류 채취 시간 τ를 뺀 시간이다. 실험 조건에서 전류 채취 시간은 임의로 조절이 가능하지만 대략 수은 전극 수명의 마지막 약 17 ms 정도이다. 그러므로 분석물의 전해 시간 t는 약 33 ms 정도로 매우 짧다. 여기서 예로 들은 17 ms는 EG&G PAR 회사의 기기에서 통상적으로 설정해 놓은 전류 채취 시간이다. 식에서 보듯이 분모에 있는 t 값이 매우 작기 때문에 코트럴(Cottrell) 식으로 나타낸 전류는 매우 크다. 이 전류의 크기가 매우 큰 또 다른 이유가 있다. 수은 전극을 방울 망치로 떨어트린 후 수은 전극의 전위는 곧바로 반응이 일어나지 않는 기준 전위(base potential)로 돌아간다. 이때 전극 주위는 펄스 전위 때문에 전극 주위에 형성되었던 확산층은 없어지고, 수은 방울이 커지는 3~5초 동안에 새로운 방울 전극에 맞는 새로운 계면과 전해질 환경이 만들어진다. 새로운 전극과 전해질로 형성된 계면의 상태는 다음 차례의 펄스 전위를 전극에 걸어주기 전까지 유지될 것이다. 그 후 펄스 전위가 걸리면 비로소 환원 가능 분석물의 커다란 흐름과 그에 적합한 확산층이 형성되기 때문에 전류의 크기가 클 수밖에 없는 것이다.

식에서 보듯이 이 방법은 매우 짧은 시간 동안 전위를 걸어주고 전류를 측정하는 것이므로 전류의 크기가 매우 클 수밖에 없다. 더구나 펄스 전위를 걸어준 후 33 ms가 지난 후에 전류를 채취한다. 그때는 잡음에 해당하는 충전 전류가 실질적으로 0에 가깝기 때문에 잡음 대비 신호의 비율이 높은 지점이다. (펄스 전위를 걸어주는 동안 충전 전류는 초기의 $i_{\mathrm{c}}^{\mathrm{o}}$에서 $i_{\mathrm{c}}^{\mathrm{o}}\mathrm{e}^{-t/RC}$로 그 값이 급격히 감소한다. 여기서 R은 용액의

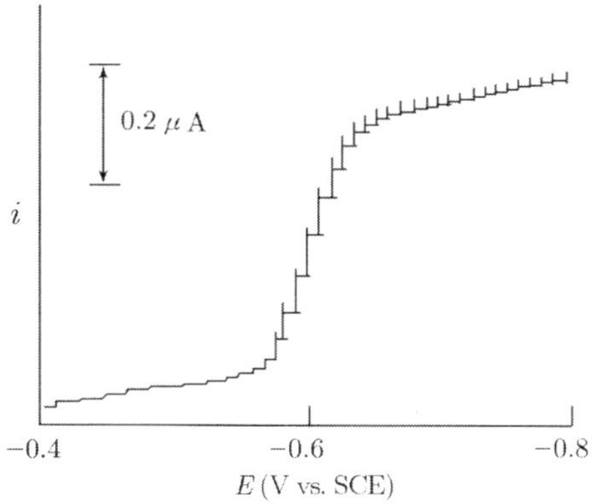

그림 9.11.2 1×10^{-5} M의 Cd^{2+}가 포함된 0.01 M HCl 용액에서 NPP 방법으로 얻은 폴라로그램

저항이고 C는 전극/전해질로 형성된 이중층의 커패시턴스이다. 수용액의 경우에 용액의 저항은 약 10 Ω, 이중층의 커패시턴스는 약 20 μF 정도이다. 이런 값을 이용해서 독자들이 충전 전류의 크기를 가늠해 보기 바란다.) NPP 방법으로 각 방울마다 채취한 전류를 전위의 함수로 그래프를 그려보면 그림 9.11.2에 나타낸 모습과 같은 폴라로그램을 얻는다. NPP 방법과 같이 변형된 시간-전위 파형을 사용하고 전류 채취 방법을 개선하면 같은 농도의 분석물 시료에 대해서 측정할 수 있는 전류의 크기를 최대로 끌어올릴 수 있는 것이다. 이 방법은 검출 한계를 약 1×10^{-7} M 정도까지 낮출 수 있다. 이 방법에서 기술적으로 검출 한계를 낮추기 위한 변수의 조절을 두 가지로 요약할 수 있다. 첫째는 전위를 기준 전위로 되돌려 확산층을 제거한 후에 펄스 전위를 걸어서 분석물의 흐름이 크게 될 수 있는 조건을 유도한 것이고, 동시에 충전 전류의 영향이 가급적 최소가 되는 시점에서 패러데이 전류를 채취한 것이다. 둘째는 전류 채취 시간을 짧게 잡아서 산술적으로 전류의 크기를 크게 만든 점이다.

그러나 NPP 방법으로 측정된 전류에는 전기 이중층으로 인한 충전 전류도 약간 포함될 수도 있다. 왜냐하면 충전 전류의 크기는 걸어주는 전위 E가 E_z로부터 멀어진 정도에 달려 있기 때문이다(식 (9.5.3) 참조).

이중층 충전 전류는 되도록 많이 줄어든 실험 조건에서 전자 이동 속도의 차이를 측정하여 분석 방법의 민감도는 더 높이고 검출 한계는 더 낮춘 방법이 **펄스 차이 폴라로그래피**(DPP, differential pulse polarography)이다. 이 실험에서 사용되는 전형적인 시간-전위 파형은 그림 9.11.3에 나타낸 것과 같다. DPP는 NPP처럼 펄스 전위를 사용하지만 펄스 전위의 모양이 다르고 또한 기준 전위가 시간에 따라서 계속 변하고 있다는 점이 다르다. DPP 시간-전위 파형에서 기준 전위는 일정한 속도로 증가하므로 새

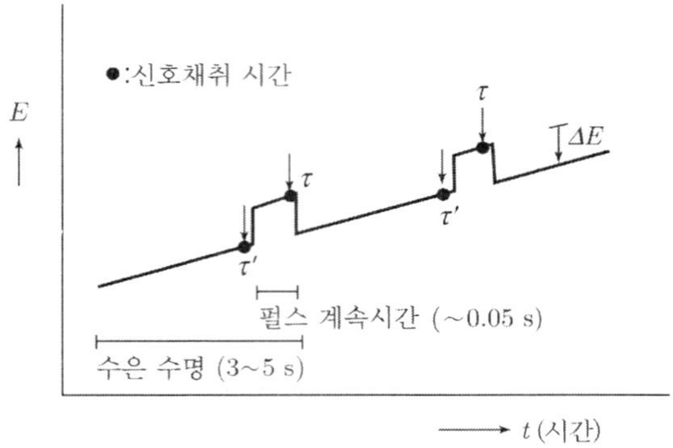

그림 9.11.3 DPP 측정에 사용되는 시간-전위 파형
ΔE: 50~200mV, ● 전류채취시작(τ': 펄스 전위 직전, τ: 펄스 전위 거의 끝지점)

로운 수은 방울이 시작할 때 기준 전위는 이전 전위보다 더 마이너스 전위이다. 또한 그 기준 전위와 함께 작은 크기의 펄스 전위를 수은 방울이 떨어지기 직전에 약 50 ms 동안 걸어준다. 보통 펄스 전위의 크기 ΔE는 약 50~200 mV이며, 펄스 지속 시간은 약 50 ms 정도이다. DPP 방법에서 전류는 펄스 전위를 걸어주기 직전의 시각 τ'과, 방울이 떨어지기 직전의 약 17 ms가 되는 시각 τ에서 각각 채취한다. 그 두 지점의 전류 차이, 즉 $\delta I = I(\tau) - I(\tau')$을 전위의 함수로 그래프를 그린 것이 DPP 폴라로그램이다. 그런 이유로 실험 방법의 이름을 펄스 차이 폴라로그래피라고 붙인 것이다. 즉 실험에서는 걸어주는 펄스 전위의 전(τ')과 후(τ)에서 전류를 측정한다.

이런 측정 방법은 앞서 설명했던 전류의 절댓값을 측정하는 실험 방법들과 다르다. 전류의 차이는 펄스 전위 전과 후의 두 전위에서 진행되는 반응 속도의 차이를 반영하는 것이다. 그림 9.11.4에 DPP 폴라로그램을 나타냈다. 한편 전극에 펄스 전위를 걸어주기 때문에 어느 정도는 분석물의 흐름에 차이는 있다. 그러나 그것 때문에 발생되는

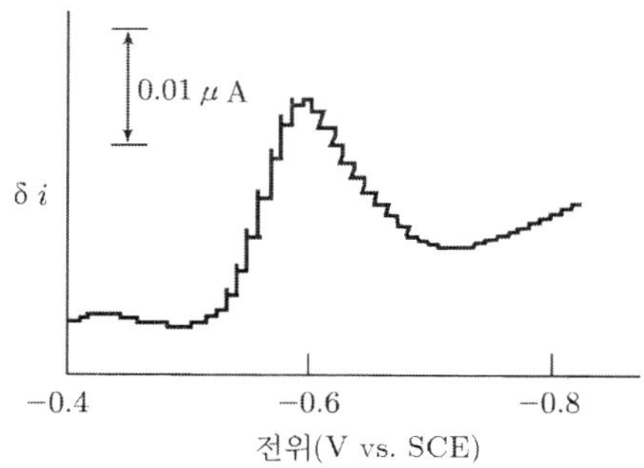

그림 9.11.4 DPP 폴라로그램(실험 조건: 1×10^{-6} M Cd^{2+}가 포함된 0.01 M HCl 용액)

전류의 증가는 비교적 작다고 할 수 있다. 이 방법 역시 이중층 충전 전류가 최소로 되는 시각에서 패러데이 전류를 측정하기 때문에 감도가 높다.

이런 의미를 수식으로 이해하기 위해서 식 (9.5.3)을 다시 살펴보자.

$$I_c = 0.00567\,C_d(E_z - E)m^{2/3}t^{-1/3} \tag{9.5.3}$$

DPP 실험 조건에서 위 식의 E 값은 $E(\tau')$에서 $E(\tau)(=E(\tau')+\Delta E)$로, t값은 τ'에서 τ로 변하게 된다. 새로운 조건을 식에 대입하고, 두 점에서 각각 발생되는 충전 전류의 차이를 구해보면 다음과 같다.

$$\delta I_c = -\,0.00567\,C_d m^{2/3}\tau^{-1/3}\left[(E_z - E - \Delta E) - \left(\frac{\tau}{\tau'}\right)^{1/3}(E_z - E)\right]$$

여기서 $(\tau/\tau')^{1/3}$은 거의 1이므로 결국 [ ]안에는 비교적 크기가 작은 ΔE만이 남기 때문에 식은 다음과 같이 나타낼 수 있다.

$$\delta I_c = -\,0.00567\,C_d m^{2/3}\tau^{-1/3}\Delta E \tag{9.11.1}$$

따라서 이중층을 충전하는 전류가 전체 전류에 기여하는 정도는 식 (9.5.3)에 비하여 훨씬 작다는 것을 알 수 있다. 뿐만 아니라 펄스 전위의 크기가 작을수록 충전 전류도 그것에 비례하여 작아지는 것을 알 수 있다. 펄스 전위 전후에서 측정하는 전류의 차이, 즉 패러데이 전류 차이(δI)는 이중층 충전 전류에 비하여 이론적으로 계산하는 것이 어려운 편이다. 그 이유는 펄스를 가하기 전과 후의 농도를 알아야 펄스로 인한 분석물의 흐름(flux)을 구할 수 있고, 분석물의 흐름으로부터 전류를 예측할 수 있기 때문이다. 이런 작업에 대한 자세한 사항은 원논문을 참조하길 바란다. 여기서는 단지 결과만을 제시한다[17]. 여러 과정을 거쳐서 시간 τ'과 τ에서 채취한 전류의 차이는 다음 식으로 표현할 수 있다.

$$\delta I = \frac{nFAD_O^{1/2}C_O^*}{\pi^{1/2}(\tau-\tau')^{1/2}}\left[\frac{P_A(1-\sigma^2)}{(\sigma+P_A)(1+P_A\sigma)}\right] \tag{9.11.2}$$

위 식의 P_A와 σ는 다음과 같은 식으로 정의된다.

$$P_A = \xi\exp\left[\frac{nF}{RT}\left(E + \frac{\Delta E}{2} - E^{\circ\prime}\right)\right] \tag{9.11.3}$$

17) E. P. Parry and R. A. Osteryoung, *Anal. Chem.*, **37**, 1634(1965).

$$\sigma = \exp\left(\frac{nF}{RT}\frac{\Delta E}{2}\right) \tag{9.11.4}$$

여기서 ξ는 $(D_O/D_R)^{1/2}$이며, 그 값은 거의 1.0과 같다.

식 (9.11.2)로부터 알 수 있는 것처럼 두 점에서 채취된 전류의 차이(δI)는 식의 분모에 있는 전류 채취 시간의 차이 $(\tau - \tau')^{1/2}$와 [ ]에 포함된 변수들의 크기에 달려 있다. 전류 채취 시간의 차이 $(\tau - \tau')^{1/2}$로부터 전류 차이의 크기를 짐작하는 것은 비교적 쉽지만 [ ] 값의 크기를 짐작하기는 쉽지 않다. [ ] 값의 크기가 ΔE에 의존할 것이라는 사실은 쉽게 알 수 있지만 ΔE의 값에 따라 [ ] 값의 변화를 예측하는 일이 어렵기 때문이다. 이 값들을 직접 계산을 해야 짐작을 할 수 있다. 그러나 현 단계에서 계산하는 것도 현실적이지 않다. 왜냐하면 식 (9.11.3)의 [ ] 값의 크기를 결정하는 변수는 두 개, 즉 펄스 전위의 크기 ΔE와 기준 전위 E이기 때문이다. 따라서 식 (9.11.3)이 어떤 변수의 영향을 받는지 알기는 쉽지 않다. 그렇지만 정성적으로 이 식을 분석해 보자. 우선 식 (9.11.2)의 [ ]에 있는 여러 변수 가운데 σ 값은 생각하지 말고 P_A 값의 영향만 생각해 보자. 만약 E가 $E^{\circ\prime}$보다 훨씬 더 양일 경우 식 (9.11.3)로 정의된 P_A 값은 매우 커지게 될 것이다. 따라서 계산된 [ ] 안의 값은 실질적으로 0으로 수렴이 될 것이다. E의 값이 E°의 값보다 매우 음일 경우에도 사정은 비슷하다. 왜냐하면 P_A의 값이 0이 될 것이고 [ ] 안에 있는 분자의 크기는 0이기 때문이다. 따라서 측정할 만한 δI는 E°의 근처의 전위에서만 가능할 것이다. 이것을 확인하기 위하여 식 (9.11.2)의 [ ] 안의 식을 미분하여 0으로 놓고 풀면 $P_A = 1$일 때 δI의 값이 최대가 됨을 확인할 수 있다. 따라서 식 (9.11.3)의 P_A 값이 1일 때 전위를 E_{max}로 정한다면 그것은 다음 식으로 나타낼 수 있다.

$$E_{max} = E^{\circ\prime} + \frac{RT}{nF}\ln\left(\frac{D_R}{D_O}\right)^{1/2} - \frac{\Delta E}{2} = E_{1/2} - \frac{\Delta E}{2} \tag{9.11.5}$$

다시 말하면, DPP에서 전류 차이 δI가 최대가 되는 전위는 $E_{1/2} - \Delta E/2$이다. 즉 펄스 전위의 크기 ΔE가 작으면 작을수록 $E_{1/2}$에 가까운 전위에서 전류 차이 최댓값이 관측된다. 이 전위에서 P_A 값이 1이므로 이것을 식 (9.11.2)에 대입한 뒤 정리하면 δI에 대한 최댓값을 얻는다. 그것은 다음과 같은 식으로 나타낼 수 있다.

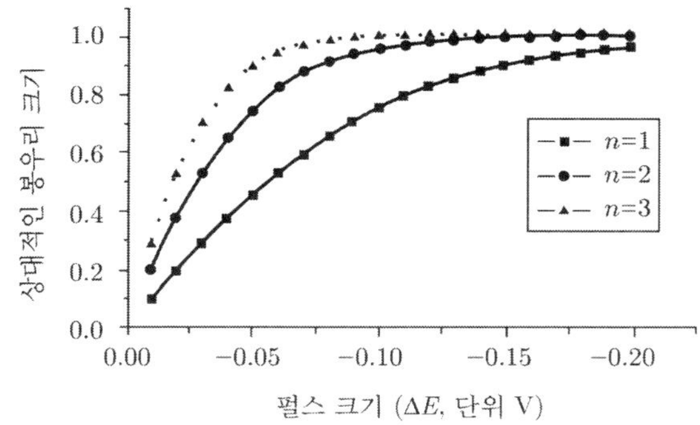

그림 9.11.5 펄스 전위의 크기에 따른 봉우리의 크기 변화

$$\delta I_{\max} = \frac{nFAD_O^{1/2}C_O^*}{\pi^{1/2}(\tau - \tau')^{1/2}} \cdot \left(\frac{1-\sigma}{1+\sigma}\right) \tag{9.11.6}$$

이 식에서 실험 변수들은 신호 채취 시간 τ 와 τ', σ 값이다. 한편 식 (9.11.4)로 정의되는 σ 값을 결정하는 것은 ΔE 이다. 따라서 ΔE 는 봉우리 전류의 크기도 결정할 뿐 아니라 봉우리 전위도 결정한다.

식 (9.11.6)의 $(1-\sigma)/(1+\sigma)$ 값은 식 (9.11.4)를 사용하면 쉽게 계산할 수 있다. 펄스 전위의 크기를 -10 mV ~ -200 mV 범위에서 변화를 주면서 봉우리의 상대적인 크기를 계산한 결과를 그림 9.11.5에 나타냈다. 그림에서 보는 것처럼 봉우리의 상대적인 크기는 펄스 전위의 크기(ΔE)가 증가할수록 커진다. 또한 봉우리의 크기는 전자 이동 수, n에 의존한다는 것도 알 수 있다. 즉 n이 1인 경우에는 봉우리의 크기는 비교적 서서히 증가하지만, 2 혹은 3인 경우에는 봉우리의 크기가 매우 급격히 증가하는 것을 볼 수 있다. 또한 n이 클수록 봉우리의 폭은 상대적으로 줄어드는 것을 알 수 있다. 한편 상대적인 봉우리의 크기는 펄스 전위의 크기가 약 -100 mV 이상이면 거의 100%에 도달한다. 결론적으로 펄스 전위의 크기가 커지면 봉우리의 크기는 커지므로 분석의 감도는 증가한다. 그러나 봉우리 자체의 폭이 넓어지기 때문에 2개 이상의 봉우리 전류를 관찰하는 경우 문제가 발생한다. 만약에 분석물이 두 개 이상이고 그것들의 $E^{\circ\prime}$ 값이 서로 근접해 있다면 봉우리의 분해능(resolution)이 떨어지게 된다. 결국 펄스 전위의 크기를 늘려서 민감도를 높이면 검출 한계는 낮출 수 있지만 두 개 이상의 봉우리를 구분하는 분해능이 나빠져서 최선의 결과를 얻기가 쉽지 않다. DPP 방법은 적절한 펄스 전위의 크기를 채택하여 검출 한계도 낮추고 동시에 분해능이 유지될 수 있는 최적의 실험 조건을 찾는 것이 중요하다.

DPP 방법에서 전류 차이 봉우리의 폭은 펄스 전위의 크기가 작아질수록 좁아진다.

봉우리 폭이 최소가 되는 경우는 $\varDelta E$가 0에 접근할 때이며, 그때 봉우리 높이의 1/2 지점에 해당하는 봉우리의 폭은 다음과 같은 식으로 나타낼 수 있다.

$$W_{1/2} = 3.52RT/nF \qquad (9.11.7)$$

이 식을 적용해서 계산한 봉우리의 반높이 너비(half width)는 25°C에서 n이 1, 2, 3일 때 각각 90.4, 45.2 및 30.1 mV이다. 그러나 $\varDelta E$의 크기가 0인 실험은 불가능하므로 이 정도로 좁은 봉우리 반폭은 관측될 수 없다.

지금까지 설명한 개선된 폴라로그래피 방법들은 기본적인 폴라로그래피 방법의 실험에서 사용하는 변수를 조절하여 잡음 대비 신호의 비율을 증가시켜, 결국은 검출 한계를 낮추는 방법들이었다. 방법들은 모두 적하 수은 전극을 사용하였고, 수은 방울의 수명 동안에 충전 전류의 영향이 최소가 되는 시각에서 전류를 채취하였으며, 전류의 크기를 전위의 함수로 그래프를 그려 분석하는 것이었다. 이와 비슷한 개념으로 바커(Barker) 등이 처음 개발했던 소위 네모파 펄스 폴라로그래피(square wave pulse polarography)가 있다. 그러나 그것은 기본적으로 8.1.6절에서 설명한 AC 폴라로그래피와 크게 다르지 않다[18]. 바커(Barker)가 개발했던 방법은 초기에는 별로 인기가 없었다. 측정을 위한 전자 회로의 제작이 만만치 않았기 때문이다. 또한 이 방법의 또 다른 단점은 폴라로그래피 실험과 같이 비교적 시간이 많이 걸린다는 것이다. 오스터영(Osteryoung) 등은 바커(Barker)의 방법을 기초로 하여 소위 네모파 펄스 전압전류법(Osteryoung square wave pulse voltammetry, OSWPV)을 개발했다. 이 방법은 정지 수은 방울 전극(static mercury drop electrode, SMDE)을 사용하며 실험 시간이 짧고, DPP와 거의 대등한 감도로 분석을 할 수 있다는 장점이 있는 분석법이다[19].

현재 판매되는 많은 실험 장비들은 오스터영(Osteryoung) 방법을 채택하고 있다. 바커(Barker) 방법에 관심이 있는 독자들은 관련 문헌을 참고하기 바란다. 오스터영(Osteryoung) 등이 개발한 네모파 펄스 전압전류법에 사용되는 시간-전위 파형은 그림 9.11.6에 나타냈다. 펄스 전위의 높이는 5 ~ 50 mV 범위이며, 펄스 지속 시간은 약 5 ms이다. 만약 펄스 하나의 지속 시간을 5 ms로 하여 실험을 한다면 수은 전극의 수명 동안에 전체 전위 범위에 걸쳐 전류를 채취할 수 있다. 이는 모든 실험이 약 1초 이내에 끝낼 수 있다는 것을 의미한다. 따라서 수은 방울 전극을 전위 파형의 시간에 맞추어 떨어뜨리는 방울 망치를 사용할 필요가 없다. 네모파 펄스 전압전류법에서는 정방향 펄스(forward pulse) 전위를 걸어준 후에 일정 시간이 지난 시각에서 전류(I_f)

18) 독자들은 여러 가지 형태의 square wave pulse 폴라로그래피에 관하여 참고문헌 7의 6장을 참고하기 바란다.
19) J. H. Christie, J. A. Turmer, and R. A. Osteryoung, *Anal, Chem.*, **49**, 1899(1977).

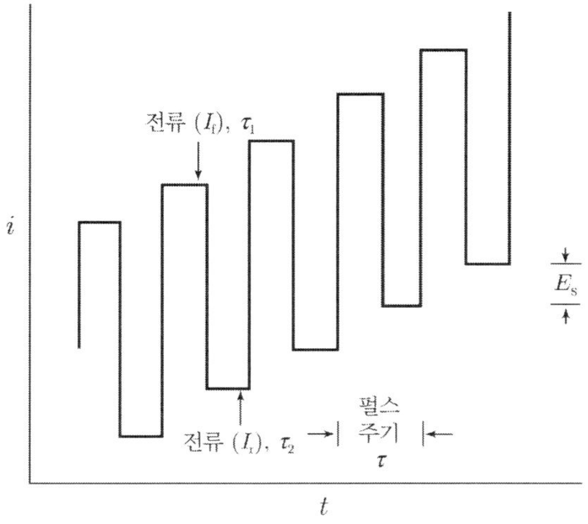

그림 9.11.6 OSWPV 법에 사용되는 시간-전위 파형. 펄스 주기 : 약 5 ms, 펄스 전위의 높이: 약 10 mV.

를 채취하고, 연속해서 역방향 펄스(reverse pulse) 전위를 걸어준 후에 일정 시간이 지난 시각에 다시 전류(I_r)를 채취한다. 두 전류의 차이, $I_f - I_r$을 전위의 함수로 그래프를 그리고, 그것을 분석하면 된다.

전극의 수명 시간 내에 그림 9.11.6의 시간-전위 파형과 같은 펄스 계단 전위(potential step)를 전극에 걸어주고 펄스 전위 끝부분에서 전류를 채취한다. 연속해서 펄스 전위를 걸어주기 때문에 전극 주변의 농도를 예측하는 것이 쉽지 않다. 그러나 채취 전류는 근본적으로 코트럴(Cottrell) 식에 따라 변하므로 정방향 펄스 혹은 역방향 펄스에서 측정된 전류는 각각 다음과 같은 식으로 나타낼 수 있다.

$$I_f(j) = \frac{nFAD_O^{1/2}C_O^*}{\sqrt{\pi\tau}} \cdot \Psi_f(E_{sw},\ \Delta E,\ \tau_1,\ \sigma);$$

$$I_r(j) = \frac{nFAD_O^{1/2}C_O^*}{\sqrt{\pi\tau}} \cdot \Psi_f(E_{sw},\ \Delta E,\ \tau_2,\ \sigma)$$

여기서 I의 밑 첨자 f와 r은 각각 정(forward) 및 역(reverse)방향을, j는 j번째 펄스에서 측정된 것을 의미한다. 또한 τ는 펄스의 주기, Ψ는 전류 함수이며, 나머지 기호는 일반적으로 받아들여지는 상수와 변수들이다. 전류 함수는 정방향 펄스가 시작되는 전위 E_{sw}, 펄스 전위의 크기 ΔE, j 번째 펄스 전위를 걸어준 후에 정방향 펄스 및 역방향 펄스에서 전류를 채취한 시간 τ_1과 τ_2, 전체 펄스에서 정 방향 펄스가 차지하는 분율 σ 등의 변수들에 의존한다. 다시 말해서 전류는 일부분은 코트럴(Cottrell) 식으

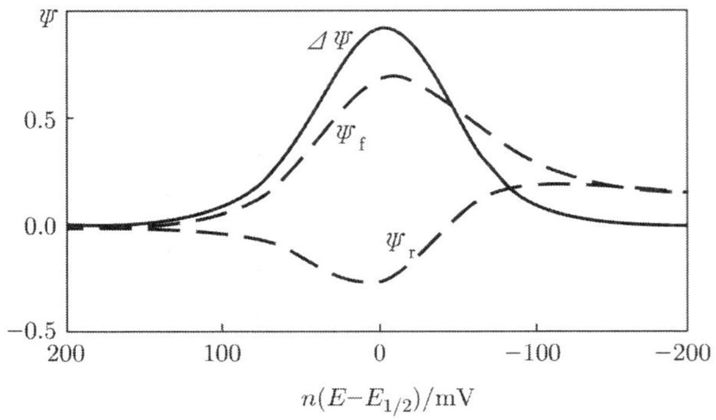

그림 9.11.7 정전류 (Ψ_{f})와 역전류 (Ψ_{r}) 및 그 차이($\Delta\Psi$)

로, 다른 부분은 전류 함수 Ψ로 결정된다. 전류 함수에 대한 설명과 자세한 수식 등은 원본 논문을 참조하기 바란다. 결국 마지막으로 기록되는 전류 차이는 다음과 같은 식으로 나타낼 수 있다.

$$\Delta I_f(j) = \frac{nFAD_{\text{O}}^{1/2}C_{\text{O}}^{*}}{\sqrt{\pi\tau}} \cdot \Delta\Psi(j) \tag{9.11.8}$$

여기서 $\Delta\Psi$는 두 함수의 차이를 말한다. 그림 9.11.7에 전위 크기에 따른 2개의 함수 및 그 2개 함수의 차이($\Delta\Psi$)에 대한 변화 모습을 나타냈다. 이것으로 OSWPV 법의 봉우리 전류의 폭은 DPP 법과 비교할 때 넓은 편이라는 것을 알 수 있다. 그러나 OSWPV 법은 이중층 충전 전류의 기여를 효과적으로 제거하는 기능이 있어서 잡음 대 신호의 비율이 비교적 크기 때문에 민감도는 DPP 법의 것과 거의 유사하다고 할 수 있다. 그림 9.11.8에 나타낸 것은 펄스 전위의 크기에 따라 변하는 전류 함수 Ψ의

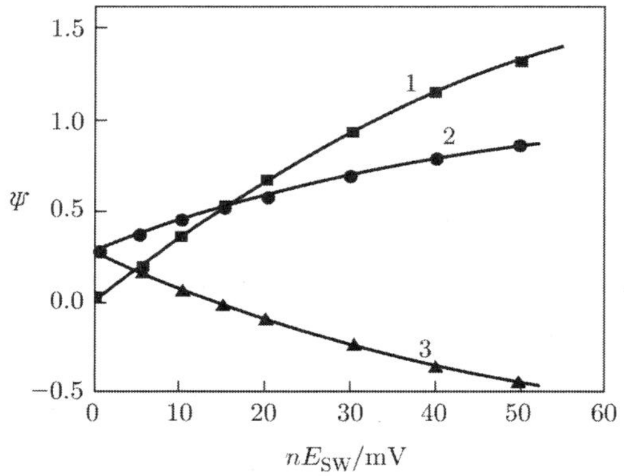

그림 9.11.8 네모파의 크기에 따른 전류의 영향. 1. $\Delta\Psi$, 2. Ψ_{f}, 3. Ψ_{r}

크기가 변화하는 모습이다. DPP 법에서 설명한 것처럼 펄스 전위의 크기가 커질수록 채취 전류의 크기 또한 그것에 비례해서 커진다. 그것은 곧바로 분석의 민감도가 증가하는 것과 연결이 된다. 따라서 OSWPV 법의 가장 큰 장점은 앞서 설명한 것처럼 DPP 법과 거의 유사한 분석 감도를 유지하면서도 매우 짧은 시간 안에 측정을 마칠 수 있다는 점이다.

참고문헌

1. L. M. Kolthoff and J. J. Lingane, *Polarography*, Vol. 1 & 2, Interscience Publishers, New York, 1952 & 1964.
2. P. Zuman and I. M. Kolthoff, *Progress in Polarography*, Vol. 1 & 2, Interscience Publishers, New York, 1962.
3. L. Meites, *Polarographic Techniques*, Interscience Publishers, New York, 1965.
4. A. M. Bond, *Modern Polarographic Methods in Analytical Chemistry*, Marcel Dekker, Inc., New York, 1980.
5. J. Wang, *Stripping Analysis*, VCH Publishers, Deerfield Beach, FL, 1985.
6. A. J. Bard and L. R. Faulkner, *Electrochemical Methods, Principles and Applications*, Wiley, 1980.
7. Z. Galus, *Fundamentals of Electrochemical Analysis*, R. A. Chalmers and W. A. J. Bryce, Translators, Ellis Horwood, New York, 1994.
8. J. Janata, *Principles of Chemical Sensors*, Plenum Press, New York, 1989.
9. P. T. Kissinger and W. R. Heineman, *Laboratory Techniques in Electroanalytical Chemistry*, 2nd Ed., Marcel Dekker, Inc., New York, 1996.
10. 최규원 저, 「분석화학」, 제2전정판, 양영각 1994.
11. 채명준, 이후성, 김하석 편집, 「기기분석」, 동아기술, 1989.
12. 이대운, 이원, 김영상, 김택제, 여인형 저, 「기기분석」, 제4판, 대한교과서, 1998.

연습문제

1. 기본 폴라로그래피(DC polarography)로부터, 정상파, 펄스 차이 및 네모파 폴라로그래피로 진화해가는 과정을 설명하라. 또한 이들 방법들은 어떻게 S/N과 검출 한계를 개선했는지 설명하라.

2. 식 (9.5.2)를 유도하라.

3. 폴라로그래피와 비교하여 산화 벗김 분석법이 더 높은 감도를 갖는지 설명하라. 또한 이 방법의 감도와 검출 한계를 개선하려면 어떤 수단이 필요한지 설명하라.

4. 쌍극성 트랜지스터(bipolar transistor)를 사용하여 그림 9.4.3에 나타낸 것과 같은 전류 센서를 제작할 수 있는 방안을 제시하라.

5. 하천물 혹은 바닷물에 포함된 미량의 Cd^{2+}, Pb^{2+}, Zn^{2+}와 같은 중금속 이온을 분석하기 위한 가장 좋은 전기화학적 분석 방법이 무엇인가? 그 원리와 이유를 설명하라.

6. 생체 활성 물질 가운데 신호 전달에 관여하는 아세틸콜린(acetylcholine)(12장, 표 12.3 참조)에 대한 전기화학 분석법을 제시하라.

10장

전기화학 반응과 물질

전기화학 반응은 전기 활성종(electroactive species)이 전극에 전자를 주거나 혹은 받으면서 진행되는 일종의 화학 반응이다. 따라서 전기 활성종이 전극 표면에 흡착되어 있거나 혹은 전극 표면에서 수 옹스트롬(Å) 정도 떨어진 거리에 있을 때 반응이 진행된다. 즉 모든 전기화학 반응들은 전극-전해질 계면에서 진행된다는 공통 특징이 있다. 그것 때문에 전기화학 반응을 줄여서 전극 반응이라 부르기도 한다. 그렇지만 전극 과정(electrode process)이라는 용어는 전극 반응과 전기 이중층의 변화를 포함하는 보다 넓은 의미로 사용되는 것이 일반적이다. 전극 반응의 또 다른 특징은 전극 반응 속도가 전극과 전해질에 걸려있는 전위에 크게 영향을 받는다는 것이다(4장 참조).

일반적으로 화학 반응들은 온도와 압력은 물론 반응물 및 생성물의 농도에 따라 반응 속도가 결정된다. 그러므로 화학자들은 온도, 압력 및 농도를 화학 반응의 속도 조절 수단으로 활용한다. 그러나 전극 반응은 전극의 전위 혹은 전류를 조절하여 반응 속도를 간편하고 신속하게 조절할 수 있다는 장점을 갖고 있다. 또한 반응을 정지하거나 혹은 역반응으로 진행되도록 하는 일도 어렵지 않게 할 수 있다. 더구나 여러 가지로 진행될 수 있는 반응들 가운데 원하는 반응만 선택해서 진행되도록 하는 것도 전극 전위를 조절하면 가능한 일이다. 전기화학 실험이 흥미로운 이유 가운데 하나는 반응의 선택 및 조절이 비교적 쉽다는 것이다. 수많은 전극 반응들이 있지만 이 장에서는 몇몇 대표적인 것으로 예를 들어 설명할 것이다.

10.1 금속의 용해와 부식 및 부동화

10.1.1 금속의 용해와 부식

많은 금속들은 전해질 용액과 접촉이 되면 접촉면이 녹아나거나 혹은 녹이 슬기도 한다. 공기에 포함된 수분은 여러 종류의 이온들을 포함하고 있어서 마치 전해질처럼 작용한다. 따라서 수분이 포함된 공기와 접촉된 금속들의 표면은 시간이 지나면서 변하는 것은 자연스러운 일이다. 금속은 일반적으로 산성 용액에서 더 잘 녹는다. 금속 표면이 녹거나 혹은 산화물이 형성되는 것은 모두 다음과 같은 전기화학 반응이 진행되기 때문이다.

$$\mathrm{M} \rightarrow \mathrm{M}^{z+}(\mathrm{aq}) + z\mathrm{e}^-$$

$$\mathrm{M} + z\mathrm{H_2O} \rightarrow \mathrm{M(OH)}_z + z\mathrm{H}^+(\mathrm{aq}) + z\mathrm{e}^-$$

$$\text{또는 } M + zOH^-(aq) \rightarrow M(OH)_z + ze^-$$

금속 수산화물($M(OH)_z$)은 탈수되면 산화물(MO_x)로 변할 수 있다. 이런 형태의 금속 산화물 혹은 수산화물은 금속 표면에 녹지 않은 고체로 만들어지기 때문에 **부식**(corrosion)이라고 한다. 그러나 금속은 흔히 낮은 pH 용액에서 산화될 때 양이온이 만들어지고 물에 녹으면 표면이 깍이므로 금속이 **용해**(dissolution)된다고 말한다. 부식과 용해는 모두 산화 반응이라는 공통점이 있고, 둘 다 넓은 의미의 부식에 해당한다. 진한 산성 용액에서 전류를 흘려주어 금속이 빠른 속도로 용해하는 현상을 응용한 것이 **전기화학적 기계가공**(electrochemical machining)이다(11.3절 참조).

자발적으로 부식이 진행되면 전기화학적 산화 반응으로 전자가 만들어진다. 그런 전자를 소비하는 다음과 같은 환원 반응들이 역시 금속 표면에서 진행된다.

$$2H^+(aq) + 2e^- \rightarrow H_2$$

$$O_2(aq) + 4H^+(aq) + 4e^- \rightarrow 2H_2O$$

$$\text{또는 } O_2(aq) + 2H_2O + 4e^- \rightarrow 4OH^-(aq)$$

산화 반응과 환원 반응이 동시에 진행된다는 것은 전지의 반응과 다를 바 없다. 따라서 부식이 진행되는 금속 표면에 국부 전지(local cell)가 형성된 것이라 볼 수 있다. 간단한 국부 전지의 모습을 그림 10.1.1에 나타내었다. 이 전지는 회로가 연결되어 전류가 흐르고 있는 전지와 다를 바 없다.

보통 많이 사용되는 금속(철, 알루미늄, 니켈)들은 그것들의 산화물, 수산화물 혹은 금속 이온들과 비교할 때 열역학적으로 불안정하다는 특징이 있다. 따라서 이들 금속의 부식 반응은 자유 에너지가 줄어들기 때문에 자발적으로 진행되는 것이 자연스러운 일이다. 부식은 우리 생활 주변에서도 늘 경험하는 일이며, 이것 때문에 많은 불편

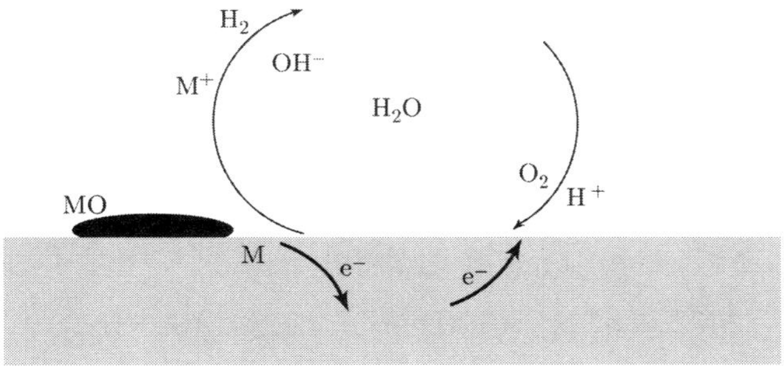

그림 10.1.1 부식이 진행되는 모습과 관련된 전극 반응들

과 경제적 손실이 뒤따른다. 부식은 대형 사고의 원인이 되기도 하며, 부식으로 인한 손실의 규모는 산업화 사회일수록 더욱 크다. 그러므로 부식 과정을 과학적으로 이해하고 그 방지 대책을 세우는 것이 반드시 필요하다. 부식의 속도는 금속의 산화에 따른 전류의 세기로 나타낼 수가 있다. 그러므로 부식에 관한 연구는 금속의 전위와 부식 전류 사이의 관계를 측정하고 자료를 검토하는 것이 기본이다.

10.1.2 열역학적 요인

앞서 설명했듯이 부식은 산소 혹은 수소 이온의 환원 반응이 있고, 금속의 전위는 이들 환원 반응들의 전위보다 높아져야 반응이 진행된다. 따라서 환원 가능한 화학종들의 전위가 금속(예: 철)의 전위보다 높아야 한다는 조건을 만족해야 한다. 이 환원 반응들의 전위는 pH에 의존하며, 다음과 같이 나타낼 수 있다.

$$2H^+(aq) + 2e^- \rightarrow H_2 \qquad E^\circ = -0.059\ pH\ V$$

$$O_2(aq) + 4H^+(aq) + 4e^- \rightarrow 2H_2O \qquad E^\circ = (1.23 - 0.059\ pH)\ V$$

$$(\text{또는}\ O_2(aq) + 2H_2O + 4e^- \rightarrow 4OH^-)$$

그러므로 산성 용액 혹은 pH가 낮은 용액일수록 금속의 부식은 더 쉽게 진행된다. 전극 전위가 낮은 아연, 알루미늄, 마그네슘 등은 부식되기 쉬운 반면 구리나 은, 금, 백금 등은 전극 전위가 높으므로 부식되지 않거나 혹은 부식이 되더라도 그 속도는 대단히 느리다.

산소는 강력한 산화제이며 물을 포함하여 모든 환경에 존재하고 금속의 전위를 플러스(+) 쪽으로 밀어 올린다(pH가 낮은 곳에서 더욱 그렇다). 금속의 전극 전위는 그 금속이 산화(부식)되기 시작하는 전위이다. 부식되기 쉬운 금속들(철, 아연, 알루미늄 등)은 낮은 전극 전위를 가지며, 백금, 금 등과 같이 전위가 높은 금속들은 아주 높은 전위에 이르기 전까지는 산화 반응이 일어나지 않기에 부식이 진행되는 것이 어렵다. 일반적으로 부식 반응은 다음과 같은 반응들이 짝을 지어 진행되는 반응으로 이해할 수 있다.

$$O_2 + 2H_2O + 4e^- \rightarrow 4OH^-\ (\text{진한 산성 용액};\ O_2 + 4H^+ + 4e^- \rightarrow 2H_2O)$$

$$M \rightarrow M^{n+} + ne^-\ (\text{용액이 산성이면 대개 이 단계에서 멈춘다})$$

$$M^{n+} + nOH^- \rightarrow M(OH)_n\ (\text{또는}\ MO + H_2O)$$

그러므로 금속 전극의 전위를 비교하면 부식이 진행될지 말지를 어느 정도 파악할 수

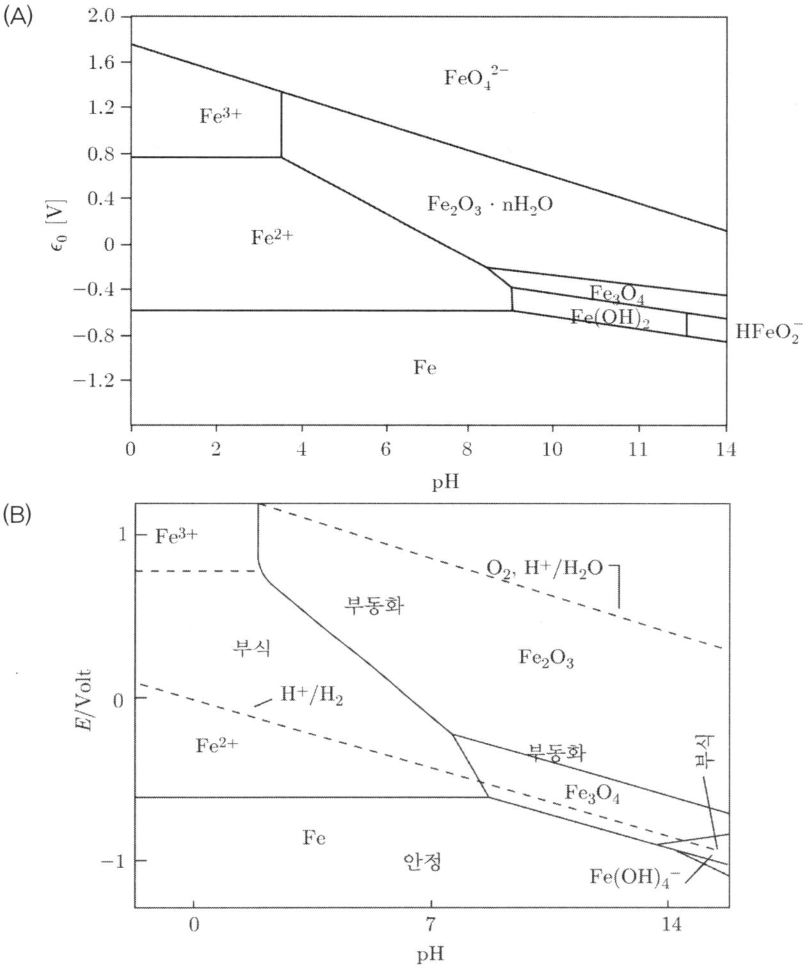

그림 10.1.2 수용액과 접촉된 철의 부식 가능 영역을 나타내는 pH–전위 푸르오베 도표(Pourbaix Diagram). (A)는 문헌에 발표된 것 중의 하나이고 (B)는 저자가 그린 것으로 용액에서 Fe^{2+} 이온의 활동도가 10^{-6}인 경우만 나타냈다. 그림 (A)와 (B)의 차이는 주로 이온의 농도가 다른 것이 원인이다.

있다. 그러나 이런 열역학적 자료로 부식 여부를 판단하는 것에는 한계가 있다. 또한 금속의 표면에 치밀한 구조의 산화물 피막이 형성되면 금속 내부는 보호를 받아 부식이 실제로 멈추기도 한다. 이런 현상를 **부동화**(passivation)라고 하며, 다음 절에서 더 자세히 설명하겠다.

pH에 따라 금속의 부식 가능성을 쉽게 판별할 수 있는 자료로 많이 사용되는 **푸르오베 도표**(Pourbaix diagram)라는 것이 있다[1]. 그것은 열역학을 적용하여 pH 및 전위

1) Marcel Pourbaix, *Atlas of Electrochemical Equilibria in Aqueous Solutions*, National Association of Corrosion Engineers (US), 1974.

에 따른 금속과 금속 산화물들의 존재 영역을 나타내는 도표집의 한 종류이다. 그림 10.1.2는 철에 대한 푸르오베 도표를 나타낸 것이다. 두 개의 빗금 점선은 각각 수소 이온 및 산소의 환원 반응의 전위가 pH에 따라 변하는 것을 나타낸 것이다. 빗금보다 위쪽 영역은 산화된 상태를, 아래쪽 영역은 환원된 상태를 나타낸다.

철의 산화는 다음과 같은 여러 반응 가운데 하나 혹은 둘 이상의 반응으로 진행된다.

$$Fe(s) \rightarrow Fe^{2+}(aq) + 2e^- \qquad E^\circ = -0.44\ V$$

$$Fe + 2H_2O \rightarrow Fe(OH)_2 + 2H^+(aq) + 2e^-$$

$$Fe^{2+}(aq) \rightarrow Fe^{3+}(aq) + e^- \qquad E^\circ = +0.771\ V$$

$$2Fe^{2+}(aq) + 3H_2O \rightarrow Fe_2O_3 + 6H^+(aq) + 2e^-$$

$$Fe(s) \rightarrow Fe^{3+}(aq) + 3e^- \qquad E^\circ = -0.04\ V$$

$$2Fe + 3H_2O \rightarrow Fe_2O_3 + 6H^+ + 6e^-$$

$$3Fe + 4H_2O \rightarrow Fe_3O_4 + 8H^+(aq) + 8e^- \qquad E^\circ = (-0.087 - 0.059\ pH)V$$

산성 용액에서는 산화물 혹은 수산화물이 형성되지 않고 반응들은 pH에 무관하며 일정한 전위에서 진행된다. 그러므로 철의 산화에 대한 평형 전위는 pH에 무관한 낮은 pH 영역에서는 그림에서 보는 것처럼 pH 축과 평행한 직선으로 나타난다. 그러나 높은 pH 영역에서 평형 전위는 pH에 따라 변하기 때문에 기울기를 갖는 직선으로 나타난다. 이 영역에서는 pH에 따라 형성되는 철 산화물의 종류 및 산화 정도가 다르다는 것을 보여준다.

도표에는 여러 종류의 반응에 대한 전위를 나타내는 선들과 상대적으로 안정한 전위-pH 영역, 부식이 가능한 영역, 부동화 영역 등이 표시되어 있다. 따라서 이것을 부식을 판단할 수 있는 자료로 이용하는 것이다.

10.1.3 부식 속도와 부동화

특정 금속의 산화 속도는 그 금속이 전해질 용액과 접촉된 부분의 전위에 따라 다르다. 금속의 전위를 변화시키면서 부식에 따른 전류를 측정하여 전위의 함수로 전류를 도시하면 그림 10.1.3과 같은 그래프가 얻어진다. 다른 전기화학 반응들의 반응 속도와 마찬가지로 금속의 산화 속도는 전극의 가역 전위 근처에서 더 큰 양전위로 이동함에 따라 급격히 증가한다. 그러나 어느 전위 이상이 되면 오히려 산화(부식) 속도가 급격히 감소한다. 이런 조건에서 측정되는 전류 밀도는 보통 수 μAcm^{-2} 이하이다. 이 정도 크기의 전류 밀도로는 1년에 수 μm 이하로 부식이 진행되므로 매우 작은

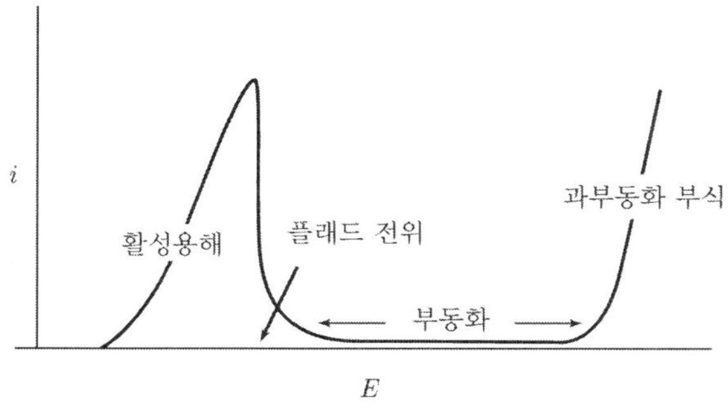

그림 10.1.3 금속 부식 및 부동화 상태에 대한 전압전류 곡선

부식 속도이다. 이것은 실제로는 부식이 멎은 상태이며, 부동화 상태(passivity)라고 한다.

그림 10.1.3에 나타낸 것처럼 부동화는 특정한 전위 영역에 걸쳐 유지된다. 부동화가 시작되는 전위를 **부동화 전위**(passivating potential) 혹은 **플래드 전위**(Flade potential)라고 한다. 정확하게 부동화 전위와 플래드 전위를 구별하자면 전자는 부식 속도가 줄기 시작하는 전위를, 후자는 부동화가 시작되는 전위를 말한다. 그러나 부식 속도와 직접 관련 있는 전류는 시간에 따라 변하는 경우도 있으므로 두 전위를 명확하게 구별하는 것은 애매하고 엄격한 의미도 없다. 부동화가 일어나는 이유는 오랫동안 논란이 되어 왔다. 그러나 현재는 부동화 상태의 금속 표면은 금속 산화물이 치밀하고 극히 얇은 막, **부동화막**(passive film)이 형성되었다는 증거는 확실하다는 것이 밝혀졌다. 타원 편광법등의 실험을 통해 측정된 부동화막의 두께 범위는 겨우 수 옹스트롬(Å)부터 수 mm까지 매우 다양하다. 비록 얇은 두께의 막일지라도 부식 억제 효과는 대단히 좋은 것이 흔하다.

부동화 전위 영역을 지나서 더 높은 전위가 되면 물이 전기분해되면서 산소가 발생하기 시작한다. 이때에는 부동화막은 파괴되고 다시 부식이 빠르게 진행되기 시작한다. 이런 전위 영역에서 진행되는 부식을 **과부동화 부식**(transpassive dissolution)이라고 한다.

결국 금속은 금속의 전위에 따라 금속의 부식이 활발히 진행되기도 하고 혹은 부동화 상태에 이르기도 한다. 그러면 자연 상태의 금속 전위는 무엇으로 결정되는가? 자연 상태의 금속은 전위를 특정한 전기 장치로 조절하고 있는 것이 아니며, 주위의 영향을 받아 전위가 정해지므로 금속은 소위 '열린 회로 전위(open circuit potential)'를 갖는다.

전해질 용액에는 수소 이온과 산소가 함께 있고, 이것들이 환원되면서 금속의 전위를 양(+)전위 방향으로 끌어올리는 역할을 한다. 즉, 금속의 산화 반응을 활발하게 일으

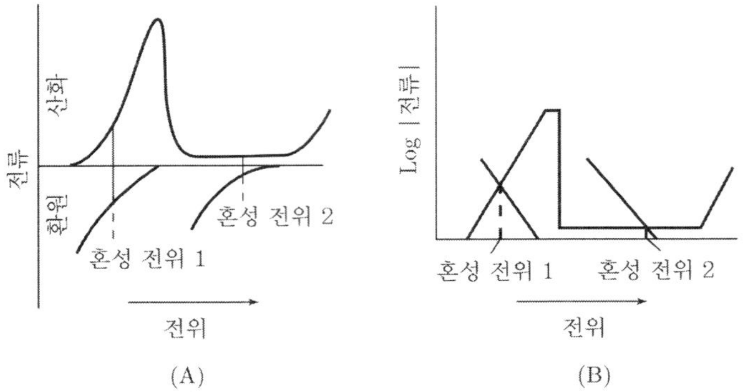

그림 10.1.4 혼성 전위로 결정되는 금속의 부식과 부동화. 그림 (A); 금속 산화 전류와 수소 이온 혹은 산소의 환원 전류를 나타낸 모습. 그림 (B); 각 전류의 절댓값에 대한 상용 로그 값을 도시한 모습.

킬 수 있는 전위로 이동하는 원인을 제공하는 것이다. 그 결과 금속의 전위는 높아지면서 산화 반응에 대한 전류 세기는 점점 커진다. 그런데 전위가 높아지면 용액에 있는 수소 이온 혹은 산소의 환원되는 속도는 오히려 줄어들며, 어느 시점에서는 산소, 수소 이온 등의 환원 반응의 전류 세기가 금속의 산화 반응의 전류 세기와 같아지는 전위에 도달한다. 이런 전위를 **혼성 전위**(mixed potential)라고 하며, 그림 10.1.4에 나타냈다. 이처럼 산화·환원 물질들이 함께 있는 상태의 열린 회로 전위는 혼성 전위이며, **부식 전위**(corrosion potential)라고도 한다. 그림에서 보는 것처럼 수소 이온 혹은 산소의 환원이 진행되며 동시에 금속의 활발한 부식이 진행되는 전위 영역에 혼성 전위가 나타난다. 이 전위가 곧 부식 전위(corrosion potential)인 것이다. 마찬가지로 부동화 영역에서 진행되는 산소의 환원 반응으로 또 다른 혼성 전위(부동화 전위)가 나타난다. 부동화 현상은 열역학적 기준만으로 살펴볼 때는 불안정할 수밖에 없는 알루미늄, 철 등과 같은 금속의 부식을 대단히 느리게 한다. 그것은 이런 종류의 금속에 의존하고 있는 현대 문명을 유지하는 데 중요한 역할을 하고 있다. 수천 년이 지난 신라, 백제, 가야의 고적지에서 금속 유물들이 사라지지 않고 남아 있는 것도 부동화 현상(passivation) 때문이다.

10.1.4 부식의 종류

동일한 성분의 금속 표면에서 균일하게 부식이 진행되는 것을 일반 부식(general corrosion)이라고 하며, 칼날이 녹스는 경우처럼 흔히 볼 수 있는 부식이다. 만약에 서로 다른 성분의 금속이 접촉하고 있을 때 부식 속도가 대단히 빨라지는 경우가 있다.

예를 들어 알루미늄 파이프와 구리 파이프를 연결하면 알루미늄의 산화·환원에 대한 전극 전위가 낮아서 알루미늄 표면은 부식이 잘 일어난다. 아울러 구리 표면에서는 수소 이온의 환원에 대한 과전위가 작아서 알루미늄의 부식 진행을 더 도와준다. 이 경우에는 연결된 금속 파이프 주위에 있는 물과 더불어 이상적인 전지를 형성하고 있는 것이다. 이처럼 서로 다른 종류의 두 금속이 접촉되어 있으며 그중에서 하나의 금속에서 산화가 더 빨리 진행되는 부식을 **갈바니 부식**(galvanic corrosion)이라고 한다. 기계적 스트레스가 걸리면 스트레스가 집중되는 부분에서 부식이 심하게 진행될 수 있는데, 이것을 **스트레스 부식**(stress corrosion)이라고 한다. 스트레스 부식은 금속의 화학 퍼텐셜 증가와 부동화막의 파괴에 따른 결과라고 이해할 수 있다. 염화 이온(Cl^-)과 같은 특정한 이온은 부동화막에 침투하여, 곳곳에서 부분적으로 부동화막을 파괴하기 때문에 부식 진행을 빠르게 한다. 그 결과 작은 구멍들이 만들어진다. 그 구멍을 중심으로 다시 부식 범위는 더 넓게 퍼진다. 이런 종류의 부식을 **점식**(pitting corrosion)이라고 한다. 염화 칼슘을 뿌린 길을 많이 달린 자동차의 차체가 심하게 부식되는 것 혹은 바닷물과 접촉된 금속 기구들의 부식이 쉽게 진행되는 것은 모두 염소 이온이 원인이 되는 점식 때문이다. 그 외에도 부식은 부식 메커니즘과 부식 형태에 따라 여러 종류로 구분된다[2].

10.1.5 부식의 방지–전기화학적 대응

금속의 전위를 매우 낮추어 부식 전위보다 낮은 전위를 유지하면 부식이 진행되지 않는다. 이것을 **음극화 보호**(cathodic protection)라고 하며, 부식 방지 기술의 원리가 된다. 보호하려는 금속 파이프가 땅에 묻혀 있을 때, 그것 주위로 종류가 다른 금속 막대를 묻고 나서 직류 전원에 연결할 때 금속 파이프를 마이너스(−) 극에 연결한다(그림 10.1.5). 또한 직류 전원 대신에 아연, 알루미늄, 혹은 이들의 합금을 파이프 주위에 묻고 보호하려는 파이프와 도선으로 연결한다. 그러면 금속은 산화가 되면서 파이프의 전위를 낮추어 주기 때문에 파이프의 부식을 억제할 수도 있다. 더욱 간단한 방법은 아연 혹은 알루미늄 금속 덩어리를 보호하려는 파이프 표면에 직접 붙여 놓는 것이다. 이것도 음극화 보호의 한 종류라 할 수 있다. 이때 산화되면서 소모되는 금속이 **희생 양극**(sacrificial anode)이다. 그림 10.1.6은 배의 물에 잠기는 부분에 희생 양극을 붙여 놓은 모습을 보여주는 사진이다.

---

2) E. McCafferty, *Introduction to Corrosion Science*, Springer, 2010; M. G. Fontana and N. D. *Green, Corrosion Engineering*, 2nd Ed. McGraw-Hill, 1978; H. H. Uhlig, *Corrosion and Corrosion Control*, 2nd Ed. Wiley, 1971.

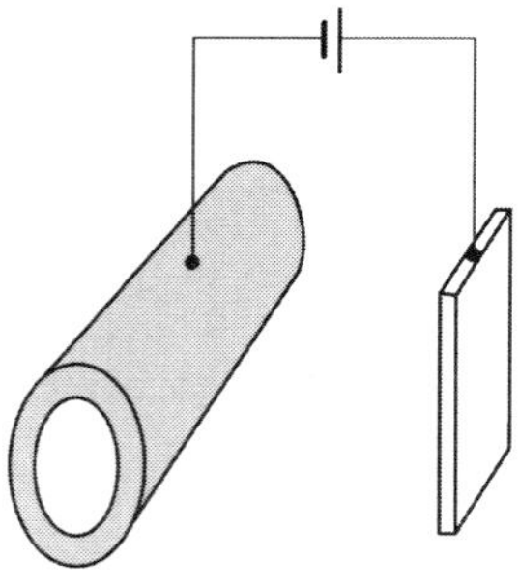

그림 10.1.5 땅에 묻힌 파이프의 부식을 방지하기 위하여 직류 전원을 사용하는 음극화 보호.

아연을 입힌 철판(아연 도금 강철)은 우연히 긁혀서 아연이 벗겨지더라도 노출된 철의 부식 진행 속도는 매우 더디다. 그것은 습기가 있는 환경에서 철과 아연이 함께 국부 전지를 형성하여 아연은 희생 양극이 되고 철은 음극화 보호를 받는 효과가 있기 때문이다.

금속의 전위를 높게 하여 부동화 영역의 전위에 머물게 하는 것은 **양극화 보호 방법**이다. 페인트를 칠하는 것이 부식을 방지하는 이유는 부식 반응에 필요한 수소 이온과 산소를 포함하는 물의 접촉을 막기 때문이다. 페인트칠 전에 금속에 광명단(red lead, PbO)을 먼저 바르는 것은 산화성이 강한 광명단의 특성을 이용한 양극화 보호라 할 수 있다. 크로뮴, 니켈, 주석 등은 아주 얇지만 효과적인 부동화막을 잘 형성하는 금속들이다. 이것들을 다른 금속 표면에 입혀(도금) 그 내부에 있는 금속을 보호하는 데 사용한다. 아민 등과 같은 화학 물질은 **부식 억제제**(corrosion inhibitor)[3]로서 이용된다.

그림 10.1.6 선박의 스크루 주변에 ㅡ자 모양으로 붙여놓은 희생 양극들

3) B. G. Clubley, ed. *Chemical Inhibitors for Corrosion Control*, Royal Society of Chemistry, 1990.

그것들은 금속 표면에 흡착되어 부식 반응에 이용되는 화학종들이 접촉되는 것을 막거나 방해하기 때문에 부식 억제 효과가 나타나는 것이다.

참고자료 **은수저 빛내기**[4)]

은으로 만든 수저, 장신구, 혹은 기타 장식품 등은 흑갈색의 녹이 잘 슨다. 은 이온이 황과 결합하여 Ag_2S와 같은 막이 형성되기 때문이다. 금속 이온과 황은 잘 결합되는 특징이 있다. 흑갈색을 띠는 것은 공기에 포함된 황화 수소(H_2S) 혹은 싸이올류(R-SH)의 기체가 은과 접촉하여 Ag_2S가 만들어졌기 때문이다. 은수저의 검은 녹을 없애고 본래의 깨끗한 은으로 만들어 반짝이게 할 수 있는 간편한 방법이 있다. 따뜻한 물에 식용 소다($NaHCO_3$, 탄산 수소 소듐)를 녹인 용액에 알루미늄 포일로 겉을 느슨하게 감싼 은수저를 담근다. 조금 시간이 지나면 은수저의 녹이 사라진 것을 확인할 수 있다.

알루미늄은 열역학으로 볼 때 대단히 산화되기 쉬운 금속이지만 표면에 산화 알루미늄막이 형성되는 부동화 현상으로 인해 더 이상 부식이 진행되기 어렵다. 그러나 알루미늄 산화물은 염기성 용액에서 $Al(OH)_4^-$ 화합물을 형성하며 녹기 때문에 부동화 상태를 유지하지 못한다. 그 결과 알루미늄의 부식은 빠르게 진행될 수 있다. 부식이 진행되는 알루미늄이 은수저와 접촉하는 있는 것은 마치 은수저는 환원 전극(+극), 알루미늄은 산화 전극(−극), 탄산 수소 소듐 용액은 전해질의 역할을 하는 하나의 전지와 같다. 따라서 그에 따른 전지 반응은 다음과 같이 나타낼 수 있다.

$$Al + 4OH^- \rightarrow Al(OH)_4^- + 3e^-$$

$$Ag_2S + 2e^- \rightarrow 2Ag + S^{2-}$$

두 번째 반응은 은수저막인 황화 은이 환원되어 본래의 은으로 되돌아가는 것을 나타낸 것이다. 이것이 곧 알루미늄이 자발적으로 부식이 되는 갈바니 부식 반응을 이용하여 은수저의 녹을 제거하는 방법이다.

10.2 금속의 전해 석출

용액에 녹아 있는 금속 이온이 환원되어 전극 표면에 금속 층으로 쌓이는 과정을 전해 석출(electrodeposition)이라고 한다. 전기 도금(electroplating) 및 전해 정제(elec-

4) D. B. Hibbert, *Introduction to Electrochemistry*, Macmillan Press, p. 317, 1993.

trorefining)에도 전해 석출을 이용한다. 그것은 금속이 용해되는 반응의 역반응이며 다음과 같이 나타낼 수 있다.

$$M^{z+}(aq) + ze^- \rightarrow M(s)$$

여기서 금속 이온은 $M^{z+}(aq)$로 나타냈다. 그러나 금속 이온은 리간드와 결합한 착물 이온일 수도 있다. 금속 표면에 새로운 금속이 입혀지는 과정에서 처음은 흡착된 금속 원자(adatom)가 만들어지고, 그것들이 모여 결정을 만드는 전해 결정화(electrocrystallization) 단계를 거치게 된다. 흡착된 원자들은 표면에서 이차원 확산을 통해서 이동하며 결국 원자들이 뭉치면서 결정으로 변한다.

고체 표면의 여러 곳에서 자란 결정들이 커지면 서로 맞붙어 층을 이루어 쌓인다. 특정 조건에서 결정이 용액 방향으로 계속 자라나서 바늘 모양으로 성장하는 경우도 있다. 이것을 **나뭇가지형 결정(덴드라이트, dendrite)**이라 한다. 도금을 할 때 혹은 이차 전지를 충전할 때 만들어지는 덴드라이트는 원하지 않는 문제들을 일으키기 때문에 이것을 방지하는 기술이 필요하다.

결정은 일반적으로 전류 밀도가 아주 작을 때 서서히 자라면서 점차로 커진다. 나사형 어긋남(screw dislocation) 자리에서 시작한 결정은 그림 10.2.1에서 보는 것처럼 나사형 방식으로 커지는 경우가 많다. 석출되는 원자들은 평면 위에 흡착하는 것보다 계단 자리에 달라붙는 것을 선호한다. 그렇게 되는 것이 더 큰 흡착 에너지로 인하여 더 안정화 되는 과정이기 때문이다. 계단 옆자리에 원자들이 모여드는 것은 마치 계단이 앞으로 나아가는 것처럼 보인다. 일반적으로 흡착 원자는 평면보다는 계단 자리에, 계단 자리보다는 **꺾임 자리(kink site)**에 있을 때 더 안정하다. 꺾임 자리는 두 계단이 직

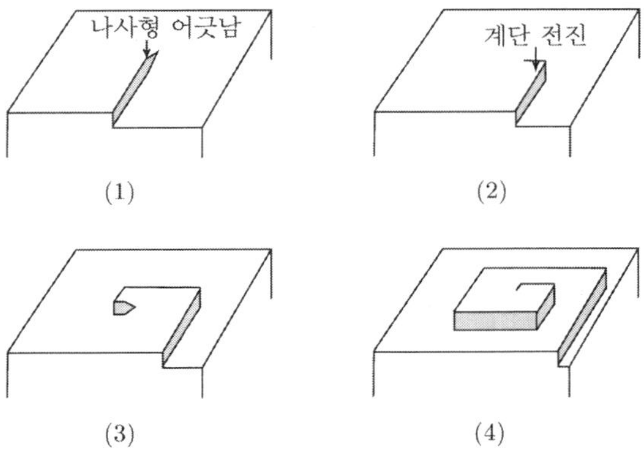

그림 10.2.1 결정의 나사형 성장 모형. (1)에서 (4)까지 계단이 수직 방향으로 전진하면서 나사 모양을 만들며 성장한다.

각으로 만나는 자리이다. 원자는 한 방향에서 이끌리는 것보다 여러 방향에서 이끌리는 것이 상호 작용 에너지가 더 크기 때문에 유리하다. 그림에서 보는 것처럼 한 계단이 하나의 방향으로 나아가면 그것과 수직인 방향으로 나아가는 다른 계단이 형성된다. 따라서 이런 과정이 반복되면 결국 나사 모양으로 성장을 한다.

단결정(single crystal)의 한 표면에서 석출되는 원자들이 그 표면과 동일한 결정면을 형성하면서 석출되는 것을 **적층 성장**(epitaxial growth)이라고 한다.

전류 밀도가 비교적 클 때 작은 결정들이 많이 자라면서 다결정성 석출층이 형성된다. 또한 금속 이온 농도는 아주 낮고 전류 밀도가 크면 나뭇가지형 결정(dendrite)이 만들어지기도 한다. 전류 밀도가 아주 크면 석출된 금속이 가루들이 붙어 있는 모양을 하고 있기 때문에 석출층이 튼튼하지 못하고 부서지기 쉽다.

과전위의 크기가 작고 일정한 조건에서 결정을 석출시키면 처음에는 결정이 만들어지는 것이 어렵다. 결정이 아주 작을 때는 표면 에너지의 영향이 크기 때문에 작은 결정의 존재 자체가 어렵다. 이것은 마치 대기에 포함된 수증기의 과포화 현상에 비유할 수 있다. 그러나 우연히 작은 결정이 만들어지면 그 결정이 커가면서 표면적이 넓어지므로 그 가장자리에서 석출되는 속도는 급격히 빨라진다. 결정들이 옆으로 모이면서 넓적한 표면을 만들면 또 다른 작은 결정이 다시 출현할 때까지 석출이 멈춘다. 이런 과정이 반복되기 때문에 일정한 전위에서 결정을 석출할 때 전류의 요동이 관찰된다.

평형 전위보다 높은 전위에서도 금속 원자가 석출될 수 있다. 이를 **미달 전위 석출**(underpotential deposition)이라 한다. 이런 종류의 석출은 대체로 단원자층(atomic monolayer) 이하의 경우에 해당된다. 하나의 금속 원자가 종류가 다른 금속 표면에 붙는 것에 대한 부착 에너지(adhesion energy)는 같은 종류의 금속 표면에 붙을 때보다 클 수 있다. 따라서 전위가 약간 높아도 자유 에너지가 감소하는 석출이 가능한 것이다. 납은 미달 전위 석출을 통해서 백금 표면에 잘 석출된다.

전해 석출을 응용하려는 목적에 맞게 적용하려면 전류 밀도의 조절, 적절한 전해질 용액(bath)의 구성 성분, 온도와 pH의 조절, 첨가제의 사용 등이 필요하다. 그런데 최적의 전해 석출 조건은 과학적으로 예측하기보다는 축적된 경험으로 얻어진 노하우(knowhow)인 경우가 많다(11.2.2절 참조).

10.3 수소와 산소의 반응들

■ 수소 발생

하이드로늄(H_3O^+) 이온의 환원은 수소의 발생(hydrogen evolution)으로 이어진다. 그것을 반응식으로 표시하면 다음과 같다.

$$2H_3O^+ + 2e^- \rightarrow H_2 + 2H_2O \qquad (\text{또는 } 2H_2O + 2e^- \rightarrow H_2 + 2OH^-)$$

이 반응은 물을 전기분해할 때 (−)극에서 진행된다. 그런데 이 반응은 백금족 원소의 전극을 이용하면 가역 전위 근처에서 대단히 빨리 진행된다. 그러나 수은, 납, 카드뮴 같은 금속을 이용하면서 측정될 수 있는 속도로 환원이 진행되려면 약 1 V 혹은 그 이상의 과전위를 걸어주어야 가능하다. 한편 금, 은, 구리, 철 등의 전극을 이용할 때 필요한 과전위 크기는 앞에서 예를 든 2개의 경우와 비교해보면 중간에 해당한다. 하이드로늄 이온의 환원은 금속 표면에 따라서 다음과 같은 여러 반응 경로를 거쳐 진행되는 반응이라고 알려져 있다.

$$H_3O^+ + e^- \rightarrow H_{ads} + H_2O \qquad \text{볼머(Volmer) 반응}$$

$$(\text{또는 } H_2O + e^- \rightarrow H_{ads} + OH^-)$$

$$H_{ads} + H_{ads} \rightarrow H_2 \qquad \text{타펠(Tafel) 반응}$$

$$H_{ads} + H_3O^+ + e^- \rightarrow H_2 + H_2O \qquad \text{헤이로브스키(Heyrovsky) 반응}$$

볼머(Volmer) 반응에서 H_{ads}는 금속 표면에 흡착된 수소 원자를 말한다. 수은, 납 등과 같은 금속 표면에서 볼머 반응에 대한 과전위가 크기 때문에 반응은 대단히 느리다. 따라서 이 반응이 곧 수소 발생 반응의 속도 결정 단계가 된다. 헤이로브스키(Heyrovsky) 반응은 빨라서 H_{ads}는 쉽게 소모되기 때문에 H_{ads}의 표면 덮임률 θ_H는 0에 가깝다($\theta_H \cong 0$). 이 반응은 전자 이동 계수가 $\alpha \cong \frac{1}{2}$이고, 전자 1개가 참여하는 다른 반응들과 마찬가지로 타펠(Tafel) 기울기(식 4.3.11)는 약 120 mV이다. 한편 텅스텐 등과 같은 금속 표면에서 수소의 흡착 에너지가 크기 때문에 타펠 반응과 헤이로브스키 반응들이 천천히 진행되며, 대체로 헤이로브스키 반응이 속도 결정 단계이다. 이 경우에는 $\theta_H \cong 1$이고 타펠 기울기는 역시 약 120 mV 정도이다.

백금 전극에서 수소 발생 반응은 첫 단계의 볼머 반응이 대단히 빨리 진행되며, 타펠 반응도 비교적 쉽게 진행되기 때문에 표면 덮임률은 $0 < \theta_H < 1$이고, 볼머 반응 후에 진행되는 타펠 반응이 속도 결정 단계이다. 이럴 경우 볼머 반응은 거의 가역 평

형에 도달했기 때문에 $\theta_H \sim \exp(-F\eta/RT)$가 성립하며, θ_H은 과전위가 -60 mV 변할 때마다 10배씩 증가한다. 그러므로 전체 수소 발생 반응의 속도 결정 단계인 타펠 반응의 속도는 -60 mV 변할 때마다 10^2배씩 증가하기 때문에 타펠 기울기는 약 30 mV가 된다. 이처럼 기울기의 크기가 작은 반응이 관찰되는 경우가 많다. 그러나 표면에 다른 화학종의 흡착 등으로 환경이 변화하면 기울기는 다른 값을 나타내기도 한다. 다시 말하자면 수소 발생 반응은 금속 종류에 따라, 혹은 표면의 상태에 따라 다른 메커니즘으로 진행된다.

물을 전기분해하여 수소를 만들 때 생성되는 기체의 D/H 비는 자연 동위 원소의 존재비보다 크다. 그것은 O-H 결합의 영점 에너지(zero point energy, 1/2 $h\nu$)가 O-D 결합의 영점 에너지보다 높아서 발생되는 속도론적 동위 원소 효과(kinetic isotope effect) 때문이다. 이런 현상은 중수소 또는 중수 농축 공정에 이용되기도 하였다.

금속 표면에서 형성된 수소 원자는 뒤이어 수소 분자로 변한다. 그렇지만 수소 분자가 되기 전에 금속 격자(lattice)로 흡수되는 경우가 있다. 팔라듐, 텅스텐, 니켈, 란탄계 원소 등의 금속은 이런 경로를 통해서 금속 수소 화합물을 형성하는 경우가 흔하다. 이런 특징 때문에 이런 종류의 금속들은 수소 저장 수단으로 이용된다. 철에 스며드는 수소는 철의 격자를 파괴하기 때문에 강철이 약한 힘에도 갑자기 부스러지게 하는 현상, 즉 **수소 부서짐**(hydrogen embrittlement)이 일어난다. 이런 수소 부서짐은 항공기 혹은 교량 붕괴 사고의 원인이 되기도 한다.

■ 산소 환원

수용액에서 산소 환원 반응은 다음과 같은 2개의 식으로 나타낼 수 있다.

$$O_2 + 4H_3O^+ + 4e^- \rightarrow 6H_2O \qquad E^\circ = 1.228 \text{ V} \ \text{(산성 용액)}$$

$$O_2 + 2H_2O + 4e^- \rightarrow 4OH^- \qquad E^\circ = 0.41 \text{ V} \ \text{(중성, 염기성 용액)}$$

위 2개의 반응은 실제로는 같은 반응이다. 그럼에도 불구하고 표준 전극 전위가 0.82 V 차이나는 것은 각 반응 물질이 표준 상태에 있을 때 pH 값의 차이가 14이기 때문이다. 그것은 당연히 $(RT/F)\ln 10$이 14배의 차이가 나는 것이라고 이해할 수 있다. 산소 환원 반응은 모든 금속 표면에서 과전위가 한결같이 매우 크다는 특징이 있다. 과전위가 크다는 것은 연료 전지나 공기 전지를 이용하여 에너지를 만들 때 에너지 생산 효율이 떨어진다는 것을 의미한다. 그나마 백금 전극이 산소 환원에 대한 과전위가 가장 작다. 그렇지만 백금 전극조차도 어느 정도의 크기로 환원 전류를 검출할 수 있으려면 0.3 V 이상의 과전위가 필요하다. 그러므로 수용액 전해질을 사용하는 연료 전지의 개발에서 가장 중요한 것은 백금 전극보다 비싸지 않으며 동시에 산소 환원에 대한 과전위가 백금 전극보다 작은 전극 촉매를 찾는 일이다[5]. 생체에서는 사이토크로뮴 C(cytochrome-c) 분자와 같이 금속 원자가 분자의 중심에 위치한 포피린(porphyrin) 화합물들이 산소 환원 반응의 촉매 역할을 한다. 그러므로 금속-포피린 계통의 화합물을 전극 표면에 고정시키면 산소 환원에 대한 전극 촉매 역할을 기대하고, 그 가능성을 알아보는 일은 흥미로운 연구 주제가 된다.

산소 환원 반응의 경로는 앞에서 나타낸 반응식처럼 단순하게 4-전자가 동시에 반응에 참여하는 것과는 달리 여러 단계를 거쳐 진행된다고 알려져 있다. 그것은 2-전자 이동 반응으로 과산화 수소가 먼저 만들어지고, 그 과산화 수소는 다시 2-전자 이동 반응으로 물이 되는 두 단계 환원 경로이다.

$$O_2 + 2H_3O^+ + 2e^- \rightarrow H_2O_2 + 2H_2O \qquad E° = 0.695\ V$$

$$H_2O_2 + 2H_3O^+ + 2e^- \rightarrow 4H_2O \qquad E° = 1.76\ V$$

산소에서 과산화 수소가 만들어지는 2-전자 반응의 가역 전위 0.695 V는, 산소에서 물이 만들어지는 4-전자 반응의 가역 전위 1.228 V보다 낮다. 따라서 2-전자 반응이 진행되기 전에 4-전자 반응이 진행되는 것으로 생각할 수도 있다. 그러나 금을 포함한 여러 종류의 금속 전극에서 열역학적 예측과는 달리 반응 속도가 원인이 되어 4-전자 반응보다는 2-전자 반응이 주로 일어난다. 특이하게도 백금 전극에서는 4-전자 반응이 주로 진행되는 것으로 관찰된다. 그것은 과산화 수소가 만들어지는 반응보다 그것의 환원 반응에 해당하는 가역 전위가 더 높기 때문에 첫 번째 2-전자 반응이 진행되는 즉시 두 번째의 반응이 진행되어 한번에 4-전자 전달이 관찰될 것으로 기대할 수도 있을 것이다. 그러나 이것 역시 반응을 활성화(activation)하는 것이 어려워 그렇게 되지는 않고 더 낮은 전위까지 내려가야 비로소 물로 변하는 마지막 2-전자 반응이 진행된다. 과산화 수소가 만들어지는 반응마저도 위의 식에 나타낸 한 단계 반응이 아니며 다음과 같은 여러 단계를 거쳐 진행된다.

$$O_2 + e^- \rightarrow O_2^- \cdot, \qquad O_2^- \cdot + H^+ \rightarrow HO_2 \cdot,$$

$$HO_2 \cdot + e^- \rightarrow HO_2^-, \qquad HO_2^- + H^+ \rightarrow H_2O_2$$

첫 반응이 속도 결정 단계이며, 나머지 반응들도 빨리 연달아 일어나므로 마치 한 단계로 진행되는 것처럼 보인다고 해석을 한다.

---

5) K. Kinoshita, *Electrochemical Oxygen Technology*, Wiley, New York, 1992.

■ 산소 발생

전해질 용액에서 물을 전기분해하면 (+)극에서 산소 발생 반응이 진행된다.

$$6H_2O \rightarrow O_2 + 4H_3O^+ + 4e^-$$

이것은 앞서 설명한 산소의 환원 반응 $O_2 + 4H_3O^+ + 4e^- \rightarrow 6H_2O(E° = 1.228\ V)$의 역반응이다.

그런데 이 산화 반응의 과전위는 매우 크기 때문에 전기분해를 할 때 가역 전위 1.228 V보다 높은 전위를 걸어주어야 반응이 진행된다. 산소(O_2)의 생성은 물 또는 OH^- 이온이 산화되면서 표면 금속 원자에 흡착된 OH 라디칼이 우선 만들어진 후에 다시 그 라디칼로부터 만들어진 산소 원자(O)들이 서로 결합하는 것이라고 알려졌다.

■ 수소 산화

수소 기체는 수용액 전해질에서 전극에서 산화되어 수소 이온이 된다. 이 반응은 앞서 설명한 수소 발생 반응 $2H_3O^+ + 2e^- \rightarrow H_2 + 2H_2O\ (E° = 0.00\ V)$의 역반응이다.

$$H_2 + 2H_2O \rightarrow 2H_3O^+ + 2e^-$$

이 반응은 여러 금속 표면에서 아주 작은 과전위에서도 잘 진행된다. 그런 이유로 여러 종류의 연료 전지에서 수소가 연료로 사용되는 것이다.

■ 전극 촉매

앞에서 설명한 것처럼 산소의 환원 반응 및 수소의 산화 반응은 전극으로 사용되는 금속의 종류에 따라 반응 속도가 엄청나게 달라질 수 있다. 반응이 진행될 때 걸어주는 과전위의 차이는 결국 전극 물질의 차이로 나타난다. 만약에 특정한 반응이 A 금속 표면에서는 느리지만(큰 과전위를 걸어주어야 반응이 진행), B 금속 표면에서는 월등히 빠르게 진행(작은 과전위를 걸어주어도 반응이 잘 진행)된다면 B 금속을 A 금속보다 더 좋은 **전극 촉매**(electrocatalyst)라 한다. 다시 말해서 전극 물질들은 각각의 반응에 대해서 전극 촉매 효과가 다르다. 실제로 전극 반응은 반응물이 전극 표면에 흡착 혹은 전극 물질이 직접 참여하여 진행되는 경우가 많으므로 **불균일 촉매 반응**(heterogeneous catalytic reaction)의 한 종류라고 볼 수 있다.

10.4 유기 전기화학 반응

5장의 앞부분에서 설명한 것처럼 물은 전해질을 녹이는 용매로써 가장 많이 사용된다. 그러나 물이 아닌 용매, 즉 비수용매(non-aqueous solvent)도 전해질을 녹이는 데 이용된다. 많은 유기물의 전기화학 반응은 물 아닌 용매에 전해질을 녹인 비수용매에서 일으키는 것이 더 적합할 때가 많다.

물은 경우에 따라 용매로써 적합하지 않은 여러 가지 이유가 있다. 우선 물에 녹지 않는 유기 물질의 반응에 사용할 수 없다. 다음으로 전극 반응을 위해서 전해질 수용액에서 전극에 높은 (+) 전위 혹은 매우 낮은 (−) 전위를 걸어주어야 할 경우 (+)극에서 산소 발생, 혹은 (−)극에서 수소가 발생되는 물의 전기분해가 진행되면 물은 용매로써 적합하지 않다. 이런 경우에는 물 대신 비수 용매를 사용하여 전기분해를 한다. 물의 경우 그것이 분해되지 않고 안전하게 사용 가능한 전위 범위는 가역 수소 전극을 기준으로 할 때 0 V부터 1.23 V까지 이다. 수은 혹은 납, 탄소와 같이 수소 발생에 대한 과전위가 큰 금속을 전극으로 사용하면 0 V 이하의 전위까지도 음(−)전위의 한계 전위를 넓힐 수 있기는 하다.

한편 유기 용매에 사알킬 암모늄염 등의 전해질을 녹인 용액에서는 전극의 사용할 수 있는 전위 범위가 5 V 이상 되는 경우도 있다. 대표적인 용매-전해질 및 전위 범위를 표 10.1에 나타냈다[6]. 일반적으로 사용 가능한 전위 범위를 '**전위 창**(potential window 또는 **전위 범위**, potential range)'이라고 한다.

물을 용매로써 사용할 수 없는 또 다른 이유는 용액에 있는 물질과 물이 원하지 않는 반응을 일으킬 때가 있기 때문이다. 한편 유기 용매의 유전율(permittivity)은 물의 유전율보다 작아서 전해질을 잘 녹이지 못하는 단점이 있다. 즉, 유기 용매를 사용하면 결국 전도성이 좋은 용액을 만들지 못한다는 한계가 있는 것이다. 또한 물을 잘 흡수하는 유기 용매는 불순물 역할을 할 수 있는 물을 공을 들여서 제거해야 할 때가 많다.

10.4.1 산화 전극 반응

전극 반응이 맨 처음 유기 화합물의 반응에 이용된 것은 1834년이었다. 그것은 패러데이(Faraday)가 발견한 다음과 같은 **콜베**(Kolbe) **반응**이다.

---

6) 여러 가지 용매-전해질 계의 특징과 한계에 관하여 다음 책들을 참고하기 바란다. R. Adams, *Electrochemistry at Solid Electrodes*, Marcel Dekker, 1969, P. 29; D. Brynn Hibbert, *Introduction to Electrochemistry*, Macmillan, 1993, p. 258; D. Aurbach, ed. *Nonaqueous Electrochemistry*, Marcel Dekker, 1999; K. Izutsu, Electrochemistry in Nonaqueous Solutions, 2nd ed., Wiley-VCH, 2009.

표 10.1 용매-전해질 계의 사용 가능한 전위 범위

용매	전해질	전위 범위/V SCE	비고
물	KCl, 등 다수	$-3.0^* \sim +1.2$	pH에 따라 범위 이동
CH_3CN	$LiClO_4$	$-3.0 \sim +2.5$	흡습성 강함
CH_3CN	$(C_2H_5)_4NBF_4$	$-1.8 \sim +3$	흡습성 강함
propylene carbonate	$(C_2H_5)_4NClO_4$	$-1.9 \sim +1.7$	증기압 낮고 유전 상수 큼
CH_3COOH	CH_3COONa	$-1.0 \sim +2.0$	
dimethyl-formamide	$LiClO_4$	$-2.8 \sim +1.6$	
tetrahydro-furan	$LiClO_4$	$-3.2 \sim +1.6$	
dimethyl-sulfoxide	$NaClO_4$ $(C_2H_5)_4NClO_4$	$-1.8 \sim +0.8$	흡습성 강함

* 수은 혹은 납과 같이 수소 발생에 대한 과전위가 큰 전극을 사용하면 낮은 전위의 한계 범위를 더 넓힐 수 있다.

$$2CH_3COO^- \rightarrow CH_3CH_3 + 2CO_2 + 2e^-$$

이는 아세트산염 용액에서 전기분해를 하면 (+) 전극에서 에테인(ethane)이 만들어지는 반응이다. 처음 발견되고 15년이 지난 후에 콜베(Kolbe)는 다른 카복실산들과 그것들의 염을 사용하여 이 반응이 보편적인 반응이라는 것을 알아냈기 때문에 콜베 반응이라고 이름이 붙여졌다. 처음으로 전극 반응을 통해서 탄화수소가 합성된 것이다. 이 반응은 라디칼 반응 경로로 진행된다는 것이 후에 밝혀졌다.

$$RCOO^- \rightarrow RCOO\cdot + e^-$$
$$RCOO\cdot \rightarrow R\cdot + CO_2$$
$$R\cdot + R\cdot \rightarrow R_2$$

종류가 다른 2개의 카복실산 RCOOH와 R′COOH의 혼합물을 사용하여 탄화수소 RR′이 만들어지는 것은 물론이며, 다음과 같은 응용도 가능하다.

$$2CH_3CONH(CH_2)_5COO^- \rightarrow CH_3CONH(CH_2)_{10}NHCOCH_3 + 2CO_2 + 2e^-$$

전기화학 반응을 이용하면 매우 다양한 유기 분자의 직접 산화 반응도 가능하다.

$$RCH_2OH + H_2O \rightarrow RCOOH + 4H^+ + 4e^- \quad \text{(1차 알코올에서 카복실산으로)}$$

$RR'CHOH \rightarrow RCOR' + 2H^+ + 2e^-$ (2차 알코올에서 케톤으로)

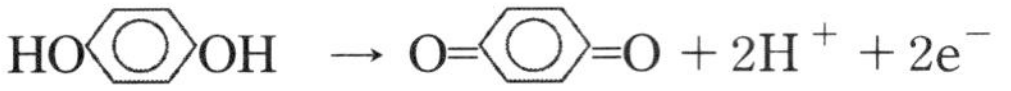
(하이드로퀴논에서 퀴논으로)

직접 산화되기 힘든 유기 분자들은 (+) 전극에서 만들어지는 강력한 산화제와 화학 반응을 하여 간접적으로 산화될 수도 있다. 산화제로 작용할 수 있는 것들로는 Mn^{3+}, Co^{3+}, Hg^{2+}와 같은 금속 이온들 혹은 IO_4^-, ClO^-와 같은 무기 이온들이 있다. 예를 들어 유기 분자 p-자일렌(xylene)은 다음과 같은 경로를 통해 간접 산화된다.

$$Mn^{2+} \rightarrow Mn^{3+} + e^-$$

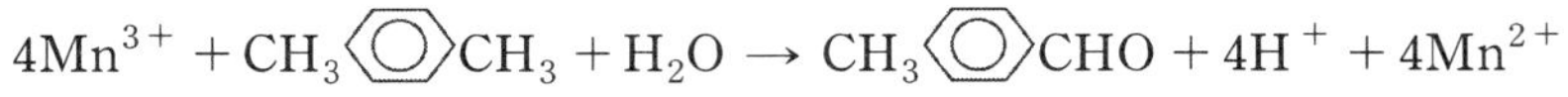

이 반응은 진한 황산 용액에서 진행된다. 다음 반응도 간접 산화 반응에 대한 또 다른 예이다.

$$Hg_2^{2+} \rightarrow 2Hg^{2+} + 2e^-$$

$$CH_2 = CHCH_3 + 4Hg^{2+} + H_2O \rightarrow CH_2 = CHCHO + 4H^+ + 2Hg_2^{2+}$$

간접 산화 반응이 진행된 후의 생성물(Mn^{2+}, Hg_2^{2+})은 (+) 전극에서 다시 산화된다. 그러므로 전극에 전류(혹은 전위)를 계속 걸어주면 일정량의 금속 이온(Mn^{3+}, Hg^{2+})이 계속 유지되기 때문에 간접 산화 반응은 계속될 것이다. 이런 종류의 전극 반응 물질(예; 금속 이온, Mn^{2+}, Hg^{2+})은 전자 이동 매개체(mediator)로써 역할을 한다.

전기 중합(electropolymerization)으로 고분자를 합성하는 반응 가운데 **전도성 고분자**(conducting polymer)의 합성 반응은 근래에 많이 사용되며 흥미롭다. 중합 반응은 아닐린(aniline), 피롤(pyrrole), 싸이오펜(thiophene) 및 그 분자들의 유도체인 많은 종류의 단량체가 (+) 전극에서 산화되면서 진행된다. 예를 들어 전도성 고분자 폴리피롤(polypyrrole)은 적절한 전해질이 포함된 수용액 혹은 비수용액에서 전극 표면에서 피롤(pyrrole)이 산화되고 중합되어 만들어지는 고분자이다.

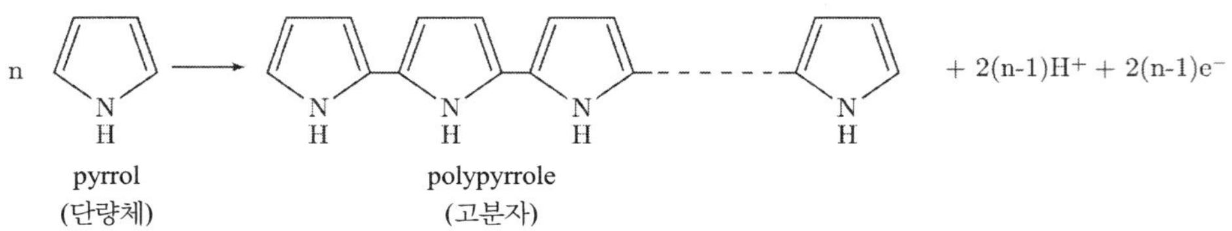

전해질에 있는 음이온(X^-)이 폴리피롤(polypyrrole)의 고체 내부로 끼어들면서 고

분자는 산화되고 짝짓지 않은 전자를 남긴다. 그 결과 고분자 뼈대에 양공(hole)이 만들어지므로 고체 고분자는 금속이나 반도체처럼 전기 전도성을 띠게 된다.

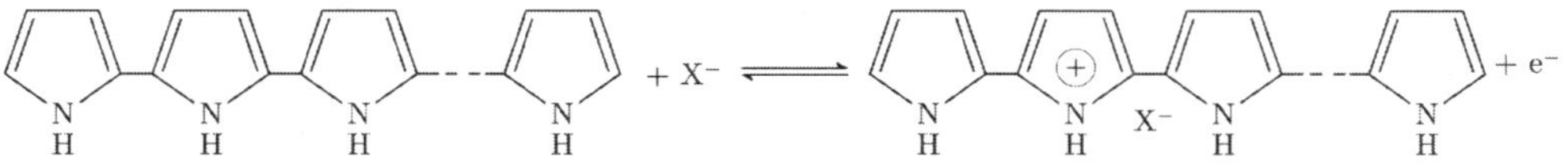

고분자 폴리아닐린(polyaniline)도 전극 산화로 중합되는 것은 마찬가지이다. 그러나 폴리아닐린이 전도성을 띠려면 산성을 나타내는 HX 분자가 고분자 내부에서 회합이 되어야만 가능하다. 이렇게 전극 표면에서 만들어지는 전도성 고분자는 전극 표면을 덮고 두껍게 자란다. 전도성 고분자의 산화와 환원은 가역적이므로 전극 전위를 조절하면 고분자의 전도도는 물론 색과 같은 물리화학적 특성을 조절하는 것도 가능하다.

10.4.2 환원 전극 반응

전극 반응으로 진행될 수 있는 환원 반응들의 종류는 산화 반응의 종류에 비해 훨씬 더 많이 알려졌다. 올레핀에 수소를 첨가하는 반응은 전극에서 빠르게 진행된다.

환원 전극: $CH_2=CHCH_3 + 2H^+ + 2e^- \rightarrow CH_3CH_2CH_3$

산화 전극: $H_2 \rightarrow 2H^+ + 2e^-$

전체 반응: $CH_2=CHCH_3 + H_2 \rightarrow CH_3CH_2CH_3$

이 반응은 전체적으로 전기 에너지를 사용하지 않고 오히려 연료 전지처럼 전기를 생산하는 반응이다. 첫째 반응이 둘째 반응보다 더 높은 전위에서 진행되어, 전체 반응은 자유 에너지가 감소하는 방향으로 진행되는 자발적 반응이기 때문이다.

아크릴로나이트릴(acrylonitrile)은 납이나 카드뮴 전극에서 환원되어 수소 이합체화(hydrodimerization) 반응으로 진행되어 아디포나이트릴(adiponitrile)이 된다. 이 반응은 Na_2HPO_4와 사차알킬 암모늄 수용액에서 진행된다.

$$2CH_2=CHCN + 2H^+ + 2e^- \rightarrow NC(CH_2)_4CN$$

이 반응은 전자를 매우 잘 끌 수 있는 CN기를 가진 아크릴로나이트릴(acrylonitrile, $CH_2=CHCN$)이 두 개의 전자를 받아들여 탄소 음이온(carbanion)이 만들어지면서 시작된다.

$$CH_2=CHCN+2e^- \rightarrow {}^-CH_2C^-HCN$$

$${}^-CH_2C^-HCN+CH_2=CHCN \rightarrow NC\ C^-HCH_2CH_2C^-HCN$$

$$NC\ C^-HCH_2CH_2C^-HCN+2H^+ \rightarrow NC\ CH_2CH_2CH_2CH_2CN$$

이 반응의 생성물이 가수 분해 반응이 진행되면 아디프산(adipic acid)으로 변하고, 환원 반응이 진행되면 헥사메틸렌다이아민으로 변한다. 이 생성물들은 모두 나일론-66의 원료가 된다. 그러므로 수소 이합체화 반응은 공업적으로 대단히 중요한 반응이다.

탄소 음이온의 형성을 통한 수소 이합체화 반응에는 다음과 같은 것들이 있다. 다음에서 세 번째와 네 번째 것은 고리 형성 반응이다.

$$2\ \begin{array}{cc} CH & = CH \\ | & | \\ CN & CN \end{array} + 2H^+ + 2e^- \longrightarrow \begin{array}{cccc} CH_2 - & CH - & CH - & CH_2 \\ | & | & | & | \\ CN & CN & CN & CN \end{array}$$

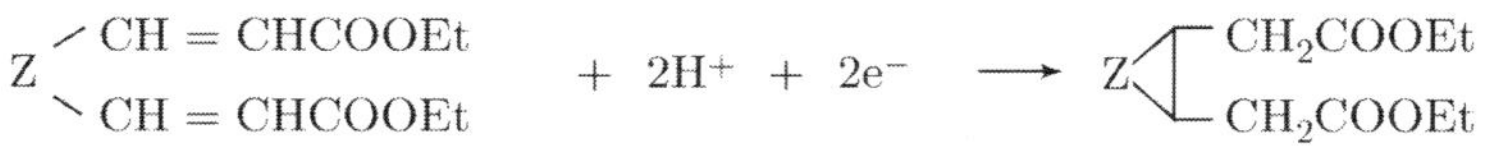

$$Z;\ (CH_2)_n,\ O-CH_2-CH_2-O$$

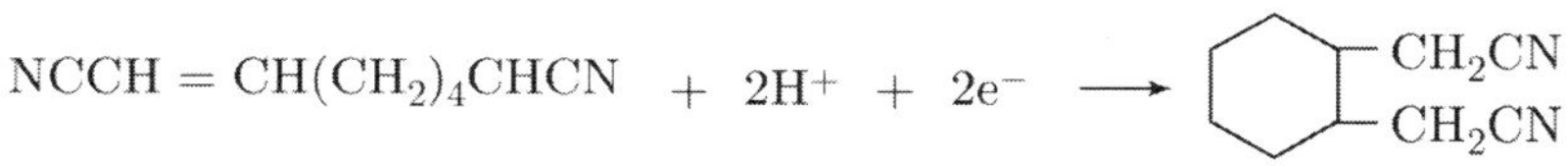

다음 반응은 수소 첨가 없이 진행되는 고리화 반응이다. 이 반응도 (−)극에서 반응물이 환원이 되어 진행되는 것임을 알 수 있다.

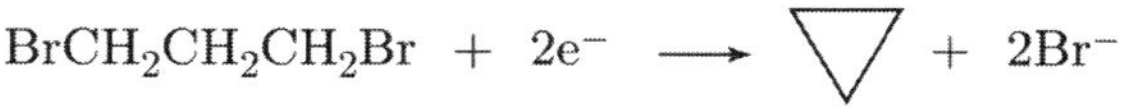

방향족 나이트로 화합물의 환원 반응은 전위를 조절하여 반응의 진행 방향을 바꿀 수 있는 흥미로운 예이다[7]. 비수용매에서 진행되는 (−)극 반응을 통해 생성물은 음이온으로 변한다.

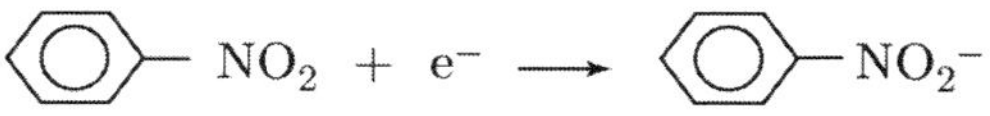

---

7) J. Chon and W. Paik, *J. Kor Chem. Soc.*, 21, 404, 1977.; J. Chon and W. Paik, *Bull. Kor. Chem. Soc.*, 2, 1, 1981.

그러나 수용액에서 진행되는 (−)극 반응으로 다음과 같은 생성물들이 만들어진다.

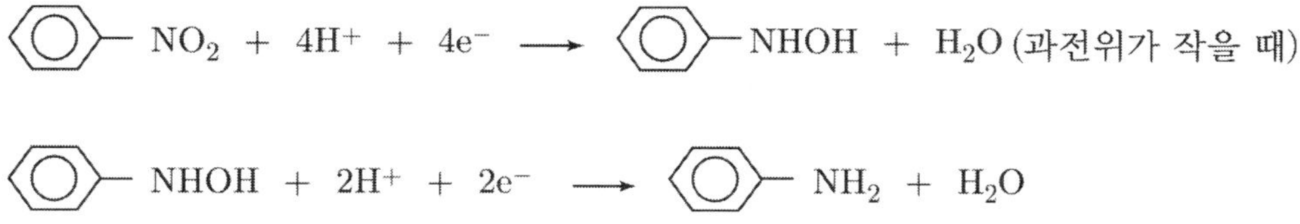

첫째 반응으로 하이드록실 아민이 형성된 셀의 전극에 잠깐동안 산화 전위를 걸어주면 하이드록실 아민 일부가 산화되어 나이트로소 화합물이 만들어진다. 이때 용액에 있는 두 종류의 화합물이 화학 반응을 일으키면 아족시 화합물이 생성된다.

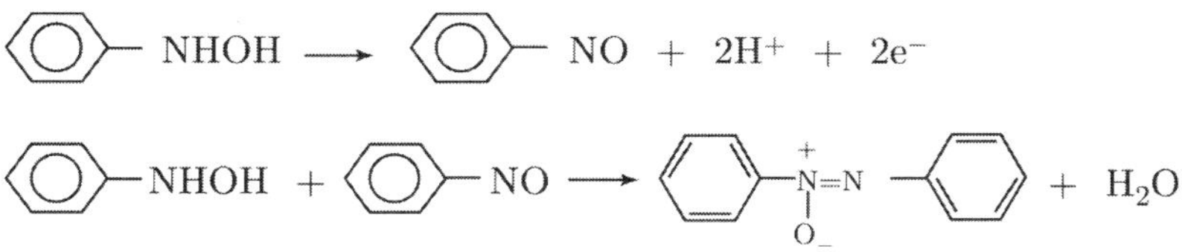

용액에 아족시 분자가 있을 때 다시 환원 전위를 걸어주면 전극 환원 반응과 함께 자리옮김 반응을 거쳐서 벤지딘(benzidine)이 만들어진다.

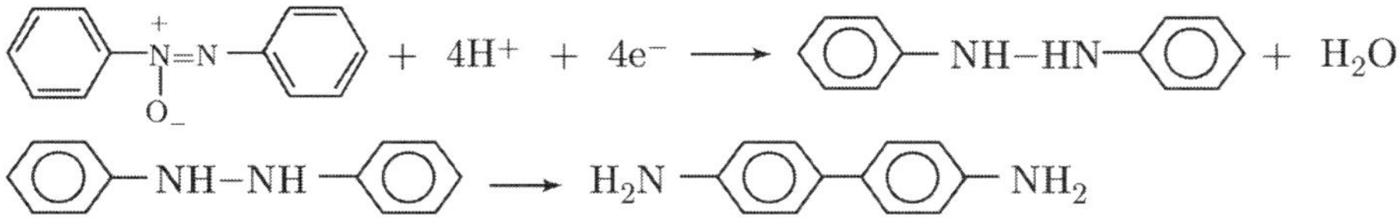

(벤지딘)

앞서 설명한 다양한 반응들은 전위와 전해질의 선택으로 생성물을 바꿀 수 있는 몇 가지 예에 불과하다. 수도 없이 많은 유기 화합물들의 산화 · 환원 반응들이 전극 반응으로 진행될 수 있다. 유기 화합물의 전극 반응과 화학 반응이 결합되면 더 많은 흥미로운 반응들이 발견될 것이라 예상할 수 있다.

10.4.3 가역적 산화와 환원

많은 종류의 분자 혹은 이온들은 전극 반응으로 산화 상태와 환원 상태를 쉽게 오고 갈 수 있다. 그런 예로 페로신(Ferrocene, $Fe(C_5H_5)_2$), 바이올로젠(viologens, $R-{}^{+}NC_5H_5-C_5H_5N^{+}-R'$), 금속-포피린 등을 들 수 있다. 특히 페로신(Ferrocene)과 페로시니윰 이온(ferrocenium, ion, $Fe(C_5H_5)_2^{+}$)은 여러 용매에서 서로 가역적 변

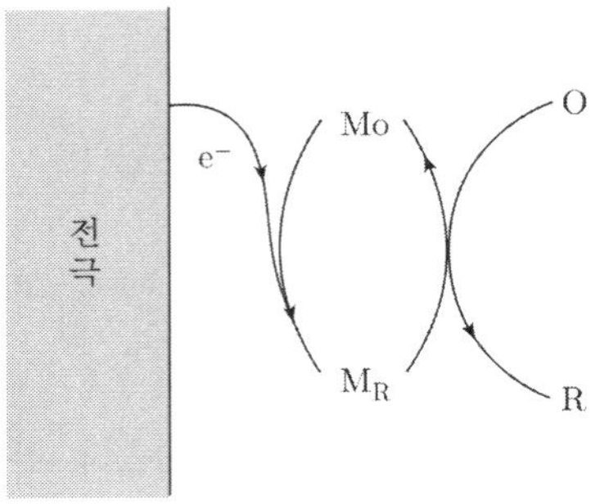

그림 10.4.1 전자 매개체를 통한 간접 환원이 진행되는 반응 모델. M_O: 산화된 매개체, M_R: 환원된 매개체, O: 반응물, R: 생성물

환이 매우 잘 되어서 비수용매에서 기준전극을 만들 때 사용된다. 또한 이런 종류의 물질들은 다른 물질의 산화 혹은 환원이 될 때 필요한 전자 이동을 매개하는 역할을 할 수 있다. 앞에서 설명한 것처럼 특정한 산화 반응들은 Mn 혹은 Hg 이온들을 매개로 하여 간접적으로 진행되는 것을 알았다. 마찬가지로 환원 반응이 진행될 때 반응물들이 전극으로부터 전자를 직접 받지 않고 전자 이동 매개체(mediator)로부터 전자를 받아서 환원되는 경우가 많다(그림 10.4.1).

산화 상태의 매개체 M_O는 전극에서 전자를 받아서 환원 상태의 M_R이 된다. 그리고 M_R과 반응물 O가 전자 교환이 일어나면 환원 반응의 생성물 R이 만들어진다.

10.5 전극 소재 물질들

■ 전도성 고분자

앞서 설명한 전도성 고분자는 여러 종류의 용도에 이용되며, 그중에서 전극 물질로써 매우 잘 활용될 것으로 기대된다. 그것은 전도성 고분자의 산화·환원이 가역적이라는 특성을 이용하는 것이다. 대표적인 예로는 전도성 고분자막을 (+)극으로 사용하는 전지들이 이미 생산되고 있다. 그뿐 아니라 전도성 고분자로 덮여 있는 금속 전극은 전해질과 직접 접촉이 안 된다. 그 결과 전극의 특성은 고분자의 성질을 띠게 된다. 또한 전도성 고분자는 다른 전기 활성 물질들을 전극 표면에 고정할 때 이용되기도 한다. 일반적으로 전도성 고분자라고 말할 때 그것은 전자 전도성 고분자를 의미한다. 그러나 특정한 고분자 물질들은 전자 전도성이 아닌 이온 전도성을 띠고 있는 것도 있다. 즉 이온의 이동으로 물질의 전도성을 나타내는 것들이 있다. 보통 나피온(Nafion)이라는 상품명으로 더 알려진 고분자는 막(membrane)을 만드는 데 이용되며, 고분자 전해질(polymer electrolyte)의 한 종류이다. 플라스틱에 전해질을 혼합시켜 만드는 이온 전도성 고분자들은 전해 공업 혹은 전지 제조에 이용되기도 한다. 이것에 대해서는 다음 장에서 다시 설명할 예정이다.

■ 탄소

가장 흔하고 안정한 탄소의 동소체는 흑연(graphite)이다. 흑연은 잘 알려진 것처럼 하나의 평면 층에 육각형 모양으로 배열된 탄소(sp^2 혼성 탄소)들이 고리를 만든 뒤, 그물 모양으로 펼쳐져 있다. 또한 층과 층 사이에는 약한 결합력으로 고정되어 있다. 평면(a축) 방향의 전기 전도성은 큰 편($\sim 10^5$ S cm^{-1})이지만, 그와 수직인(c축) 방향의 전도성은 매우 작다(~ 1 S cm^{-1}). 그러나 단결정이라고 여길 수 있는 큰 결정은 없기 때문에 보통 전극 용도로 사용되는 탄소는 다결정성 특성이 있다. 그것은 반죽이나 접착 물질을 사용하여 고체 형태로 만들어 사용한다. 이런 탄소는 거시적으로 볼 때 등방성(isotropy)을 나타낸다. 알루미늄의 생산, 전지, 유기물의 생산 등에 전극으로 많이 사용된다.

고분자 물질을 열분해하여 생산하는 탄소로 **유리성 탄소**(glass-like carbon, glassy carbon)가 있다. 이것은 단단한 다결정성-비결정성 등방성 탄소이며 실험실에서 전극으로 많이 쓰인다. 탄화수소 기체의 열분해 증착으로 만들어지는 **열분해 흑연**(pyrolytic graphite)은 밀도가 크고 역시 다결정성 물질이다. 때로는 비등방성(anisotropy)을 나타내는 것들도 있다. 열분해 흑연을 압축하면서 고온에서 열처리하면 **배향성 열분해 흑연**(highly ordered pyrolytic graphite, HOPG)이 얻어진다. 이것은 결정면에 따라 뚜렷하게 비등방성을 나타낸다. 육각형 모양의 탄소 면과 평행인 평면은 화학적 활성이 없어 그 자체로는 전압전류 곡선을 그릴 수가 없다. 그러나 그것과 수직 방향의 표면은 결합이 완전하지 않은 탄소 원자가 있다. 그런 탄소는 비완결 결합(dangling bond)이 존재하기 때문에 반응성이 있고, 더구나 화학적 혹은 전기화학적으로 산화되어 표면에 하이드록실, 카복시, 또는 카보닐 그룹들이 결합되어 있을 수 있다. 이런 표면 그룹들은 더 산화되거나 환원될 수 있다. 배향성 열분해 흑연(HOPG)의 육각 탄소 면과 평행인 평면은 활성이 없어서 흡착도 잘 일어나지 않는다. 그러나 거대 고리 화합물들은 흑연 탄소와 $\pi - \pi$ 결합을 이루어 흡착하는 것으로 알려져 있다.

탄소의 또 다른 동소체인 다이아몬드는 탄소(sp^3 결합)들의 결합 특성 때문에 활성 없는 전기 절연체이며 열전도성과 기계적 강도가 대단히 크다. 그러나 보론이 혼입된 다이아몬드는 전도성을 띠어 전극으로 사용되며, 이를 이용한 연구가 활발하다. 다이아몬드 박막 전극은 자체의 안정성 때문에 넓은 전위 창(potential window)을 갖고 있으며, 때로는 특정한 전극 반응들에 대해서 선택적으로 전극 촉매 활성을 띠기도 한다. 또한 다른 종류의 반도체 전극처럼 광전기화학 환원 반응을 일으킨다[8]. 탄소의 또 다른 동소체로 풀러렌(축구 공모양의 분자, C_{60}) 및 탄소 나노 튜브 거대 분자들이 있다. 그것들의 전기화학 반응 연구는 많은 흥미를 일으키고 있으나 전기화학 재료로 유용하게 쓰이려면 더 많은 연구의 진전이 있어야 할 것이다.

■ 층간 삽입 물질

흑연 구조의 탄소와 여러 종류의 금속 산화물 및 황화물 결정들은 층을 이루어 쌓아 올릴 수 있는 구조를 하고 있다. 그런데 이 층 사이에 외부의 원자 혹은 이온들이 끼어 들어갈 수 있다. 이처럼 **층간 삽입**(intercalation)으로 분자 혹은 이온을 받아들일 수 있는 물질에는 탄소, TiS_2, MnO_2, V_6O_{13}, CoO_2, MoS_2 등이 있다. 층간 삽입이 가능한 물질을 주인(host)이라고 하며, 끼어드는 이온 혹은 분자를 손님(guest)이라고 한다. 손님 이온 혹은 분자들은 스스로 한 개의 층 전체가 손님 이온(분자)으로 이루어질 수도 있다. 그것을 손님층이라 한다. 또한 주인 결정은 층과 층의 사이에 교대로 손님층으로 손님 이온(분자)를 받아들이기도 하고, 혹은 두 층 또는 세 층 건너서 하나의 손님층으로 손님 이온(분자)를 받아들이는 것도 있다. 층간 삽입이 일어나면 층간 거리가 늘어나기 때문에 격자의 어느 한쪽 방향으로 팽창이 되는 것은 보통이고, 이온 혹은 분자들이 들락거리는 것도 가역적이다. 이온들이 끼어들어 화학적 산화 혹은 환원으로 일으킬 수도 있으며, 전극 반응으로 산화 환원이 일어나는 것도 가능하다. 예를 들어 탄소(C_n)는 양이온 M^+, 음이온 A^-에 대해 다음과 같은 산화 환원 반응이 가능하다.

$$C_n + M^+(\text{solvent}) + e^- \rightleftarrows C_n^- M^+(\text{solvent})$$
$$C_n + A^-(\text{solvent}) \rightleftarrows C_n^+ A^-(\text{solvent}) + e^-$$

양이온이 끼어들면 동시에 탄소는 환원되고, 음이온이 끼어들면 탄소는 산화가 되어 전체적으로 전기중성이 유지될 수 있다. 위 반응식에서 (solvent) 표기는 이온들의 삽입 과정에서 용매가 함께 들어갈 수 있음을 나타낸 것이다. 또 다른 예로 산화물에 이온이 삽입되어 산화·환원이 되는 것도 가능하다.

$$CoO_2 + xLi^+ + xe^- \rightleftarrows Li_xCoO_2$$

8) R. Tenne, K. Patel, K. Hashimoto, A. Fujishima, *J. Electroanal. Chem.* **347**, 409 (1993); L. Boonma, T. Yano, D. A. Tryk, K. Hashimoto, A. Fujishima, *J. Electrochem. Soc.* **144**, L142 (1997).

이런 반응은 앞으로 11장에서 더 설명할 것이다. 이 예는 산화물이 전지의 전극 물질로써 활용이 되기 때문에 많은 연구의 대상이 되고 있다. 코발트 산화물 및 다른 금속과 혼합 산화물은 이미 실용화되어 판매되는 리튬 이온 전지의 (+)극 물질로 이용되고 있다.

10.6 전극 표면과 변성 전극

10.6.1 단결정과 다결정

보통의 금속 재료는 다중결정 고체(polycrystalline solid)이다. 그것은 작은 결정들의 집합체라고 할 수 있고, 표면은 아주 작은 결정들의 다양한 결정면들이 함께 노출된 것으로 볼 수 있다. 결정면들은 밀러 지수로 표시되는 기본 면들, (111), (110), (100) 등과 같은 평면과 그 이상의 높은 지수들로 표시되는 평면도 함께 있다. 그렇지만 몇 mm 또는 수 cm 이상 되는 크기로 하나의 결정(단결정(single crystal))을 만들 수가 있다. 여러 금속의 작은 결정을 하나의 씨앗으로 하여 용융 금속에서 단결정을 키울 수 있는 방법이 있다. 이런 방법으로 만든 단결정은 특수한 결정면만을 노출시킬 수 있고, 그것은 전기화학 실험의 전극 면으로 이용된다[9]. 금은 실험실에서 잘 가열하고 녹인 후에 액체 금 방울을 서서히 식히면 단결정 표면이 노출된다는 것이 밝혀졌다. 비록 같은 물질이라도 전해질에 노출된 결정 표면이 다르면 전기화학적인 반응도 달라진다는 것은 잘 알려졌다. 사실 다중결정 금속 전극의 반응성은 여러 결정면의 반응성을 평균한 것이 된다. 예를 들어 황산 용액에서 백금의 (111) 표면으로 측정된 순환 전압전류 곡선은 (110) 표면 혹은 (100) 표면으로 측정된 것과는 상당한 차이가 있다. 다중결정의 전기화학적 특성은 여러 결정면의 전기화학적 특성의 평균이다. 또한 다중결정은 작은 결정들이 만드는 낟알 경계(grain boundary)에서 금속의 용해가 빨리 진행되는 특징도 갖고 있다.

드물게는 유리와 같이 결정을 이루지 않는 '고체'도 있다. 무결정 탄소와 Ni－P와 같은 합금이 그 예들이다. 보통의 금속 혹은 합금 재료를 가지고도 가열 후 급속 냉각하는 방법을 사용하여 **비결정성**(amorphous) 재료를 만드는 방법이 개발되었다. 이들 재료의 전기화학적 성질은 결정성 재료의 것과 다른 특징을 갖고 있다.

---

9) M. Tominaga, M. Ohtania, and I. Taniguchi, *Phys. Chem. Chem. Phys.*, 10, 6928, 2008.

10.6.2 전극의 변성

전극 표면의 처리에 따라 전극의 전기화학적 특성은 많이 달라질 수 있다. 예를 들어 전극 반응의 속도에 변화를 줄 수도 있고, 혹은 특정 반응은 촉진하면서 다른 종류의 반응은 억제하도록 하는 성질, 선택 촉매 기능의 성질을 갖도록 할 수도 있다[10]. 여러 종류의 방법을 사용하여 전극의 특성을 변화시켜 만든 전극을 **개질 전극**(modified electrodes)이라고 한다. 전극 변성을 일으키는 방법은 다음과 같이 다양하다.

① 전극 표면에 다른 화학종을 흡착. 예: 전자 이동 매개체를 덮음. 광화학 활성 분자의 흡착. 자기 조립 단분자막의 형성.
② 고분자 등의 막을 입히는 일. 전도성 고분자 또는 유전 물질의 얇은 막을 입힘.
③ 전극 표면의 산화 상태를 바꿈.

화학종의 흡착을 통해 개질 전극을 만들 때 단순히 물리적 흡착으로 전극 특성의 변화를 주기도 하지만 전극 표면의 원자들과 흡착 분자와 화학 결합을 통해서 전극 특성의 변화를 일으키기도 한다. 예를 들어 산화된 전극 표면과 실레인 화합물(X_3SiR)은 화학 결합을 통해서 M－O－Si 결합을 만들 수 있다. 그것으로 금속 표면에 실레인의 단분자층이 덮인 변성 전극이 되는 것이다.

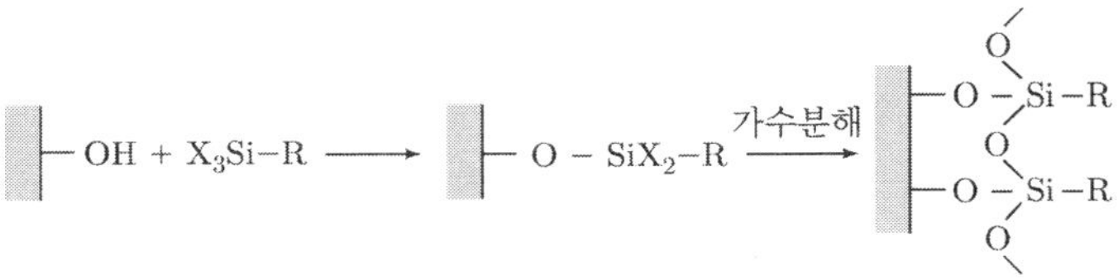

싸이올(thiols) 등을 비롯한 여러 종류의 유기 황 분자들은 금, 은 등의 표면에서 금속-황 결합을 만든다. 그 분자들의 탄화수소 그룹들은 금속 면의 수직 방향에 대해 약간 기울어진 각도로 가지런히 배열된다(그림 10.6.1). 이처럼 스스로 정렬이 된 분자들의 단분자층을 **자기 조립 단분자층**(self assembled monolayer)이라 한다[11]. 자기 조립 단분자층은 분자 배열과 배향이 금속 표면의 원자 배열에 맞추어져 규칙적인 것이 특징이며 그림 8.6.2에서 보는 것처럼 주사 탐침 기술로 잘 관찰할 수 있다.

싸이올(thiols)과 유기 이황화 분자들의 흡착은 다음과 같은 전극 반응들로 진행되는 것으로 알려졌다[12].

---

10) J. S. Miller Ed., *Chemically Modified Surfaces in Catalysis and Electrocatalysis*, ACS Symposium Ser.192, American Chemical Society, 1982.
11) A. Ulman, *Chem. Rev.*, **96**, 1533, 1996.
12) S. Eu and W. Paik, *Chem. Lett.*.405, 1998. ; W. Paik, S. Eu, K. Lee, S. Chon, and M. Kim, *Langmuir*, **16**, 10198, 2000, ; S. Chon and W. Paik, *Phys. Chem. Chem. Phys.*, 3405, 2001.

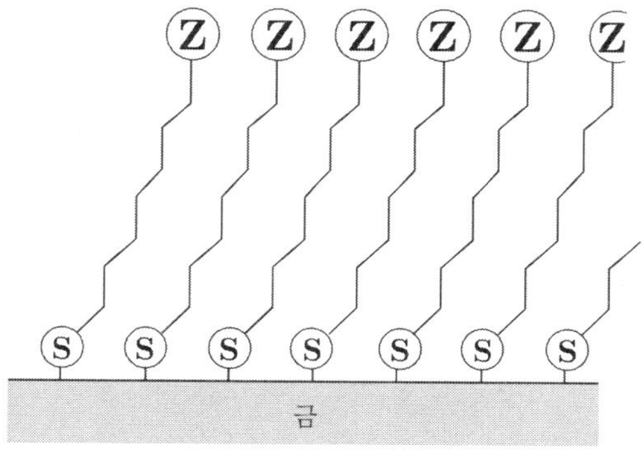

그림 10.6.1 금 표면에 만들어진 싸이올의 자기 조립 단분자층, ⓩ는 기능성 그룹

$$\mathrm{RSH + M \rightarrow RS-M + H^+ + e^-(M)} \quad (\mathrm{M = Au,\ Ag})$$
$$\mathrm{RSSR + e^-(M) \rightarrow RS-M + RS^-}$$

여기서 M은 금, 은과 같은 금속이며, RS−M은 황을 포함한 분자와 금속 표면이 결합된 상태를 나타낸다. 싸이올 종류 분자들의 흡착은 위의 첫 번째 반응식과 같이 산화 전극 반응을 통하여 이루어지고, 유기 이황화 분자들의 흡착은 두 번째 반응식과 같이 전극 환원 반응을 통하여 이루어진다. 두 번째 반응에서 생성된 RS−의 일부는 용액 내부로 확산되고 일부는 $\mathrm{RS^- + M \rightarrow RS\text{-}M + e^-(M)}$과 같은 반응을 통해서 금속에 붙게될 것이다.

흡착은 비교적 빠른 시간(수십 초) 안에 진행될 수 있다. 그러나 탄소 사슬들 사이에 상호 작용이 있으면 가지런한 정렬이 완성되는 데는 몇 시간이 걸릴 수 있는 경우도 흔하다.

탄화수소의 길이가 길지 않은 싸이올 분자들로 형성되는 자기 조립 분자들은 마치 저항을 갖는 전선과 같은 역할을 한다. 그런 분자들은 문턱이 낮은 터널링 장벽처럼 작용하여 전자의 이동을 도와줄 것이다. 전자는 그런 분자막을 통해 이동하기 때문에 이런 형식의 분자막으로 변성된 전극도 역시 전극 반응이 가능하다. 그림과 같이 알킬 사슬의 한쪽 끝부분에 전극 반응에 대하여 활성을 띠는 작용기 Z가 매달려 있는 경우도 있다. 이런 전극은 바로 이 작용기의 특성을 띤 전극이 된다. 예를 들어 페로신, 바이올로젠, 금속-포피린 착물 등의 작용기가 붙어 있는 전극은 이들 작용기의 가역적인 산화·환원 전류를 관측할 수 있고, 이들 작용기는 전자 매개체로 작동하여 전극 촉매 작용도 할 수 있다. 생화학적 활성을 나타내는 효소들은 효소의 일부분인 단백질이 금속과 직접 접촉하지 않고도 단분자층으로 변성된 표면에 붙을 경우에만 전극의 활성을 나타내는 경우가 있다[13].

전도성 고분자들의 얇은 막이 금속 전극을 덮고 있다면 그 고분자는 고분자 자체로서 전자 전달체 역할을 할 수 있기 때문에 전극 전체의 성질을 좌우한다. 전도성 고분자는 그 내부에 전기 활성 분자들을 고정하는 기능도 갖추고 있다. 고분자와 활성 분자들의 단순한 혼합물을 만들 수도 있고 혹은 음이온 활성 물질들은 고분자 중합 과정에 혼입될 수도 있다.

납, 금, 백금 등의 금속의 산화물은 금속 자체와는 다른 전극 성질을 나타낸다. 마찬가지로 탄소 표면이 산화되어 카보닐 또는 카복시 등의 그룹이 노출된 탄소 전극은 그렇지 않은 탄소 전극과는 전혀 다른 활성을 나타낸다.

참고문헌

1. N. Hush Ed., *Reactions of Molecules at Electrodes*, Wiley, 1971.
2. D. Pletcher and F. C. Walsh, *Industrial Electrochemistry*, 2nd Ed., Chapman-Hall, 1993.
3. E. McCafferty, Introduction to Corrosion Science, Springer, 2010.
4. D. Aurbach, ed. *Nonaqueous Electrochemistry*, Marcel Dekker, 1999.
5. K. Yoshida, *Electrooxidation in Organic Chemistry : The Role of Cation Radicals as Synthetic Intermediates*, Wiley, 1984.
6. E. Steckhan, *Electrochemistry I, Topics in Current Chemistry*, Springer-Verlag, 1987.
7. A. J. Fry, *Synthetic Organic Electrochemistry*, 2nd Ed., Wiley 1989.
8. J. Volke and F. Liska, *Electrochemistry in Organic Synthesis*, Springer Verlag, 1994.
9. A. E. Kaifer and M. Gómez-Kaifer, *Supramolecular Electrochemistry*, Wiley-VCH, 1999.
10. W. Frohs and H. Jaeger (editors), *Industrial Carbon and Graphite Materials: Raw Materials, Production and Applications*, Wiley-VCH, 2019.
11. T. Fuchigami, M. Atobe, S. Inagi, *Fundamentals and Applications of Organic Electrochemistry: Synthesis, Materials, Devices*, Wiley, 2015.
12. A. C. West, *Electrochemistry and Electrochemical Engineering. An Introduction*, CreateSpace Independent Publishing Platform, 2012.
13. T. Fuchigami and M. Atobe, *Fundamentals and Applications of Organic Electrochemistry: Synthesis, Materials, Devices*, Wiley, 2014.
14. O. Hammerich and B. Speiser editors, *Organic Electrochemistry*, 5th Ed., CRC Press, 2015.

13) I. Taniguchi, *Electrochemical Society INTERFACE*, **4**, 34, 1997.

연습문제

1. 다음에 대하여 예를 들어 설명하라.
   (a) 금속의 부식과 부동화(passivation)
   (b) 갈바니 부식(galvanic corrosion)
   (c) 플래드 전위(Flade potential)
   (d) 혼성 전위(mixed potential)

2. 구리의 용해와 석출 실험에서 다음과 같은 자료를 얻었다. 이것으로부터 교환 전류 밀도를 구하고 각 반응의 속도 결정 단계를 찾아라.

η / mV	−90	−50	−10	10	50	90
i / Am^{-2}	−5.62	−2.55	−0.65	0.95	17.4	178

3. 백금(면심 입방 구조, fcc)의 원자 반지름은 139 pm이다. 백금 단결정(111) 표면 1 cm^2에 노출된 원자의 수는 얼마인가? 산성 용액에서 백금의 순환 전압전류 실험을 할 때, 음(−)전위 방향으로 전위를 훑으면 H^+의 환원으로 '수소 봉우리' 전류가 관찰된다. 표면에 있는 백금 원자마다 수소 원자가 하나씩 붙어 단원자층을 이룰 수 있다고 가정하면 이 수소 봉우리 전류를 적분하여 얻을 수 있는 전하량은 얼마인가?

   답 220 $\mu C\ cm^{-2}$

4. 다음 전기화학 반응에 대해 반응식을 적고 간단히 설명하라.
   (a) 콜베(Kolbe) 반응
   (b) 헤이로브스키(Heyrovsky) 메커니즘을 따르는 수소 이온 환원 반응
   (c) 산소 환원 반응의 두 가지 경로
   (d) 유기 화합물의 간접 산화 반응의 예
   (e) 전기화학적 수소 이합체화(electrohydrodymerization) 반응
   (f) $CH_2=CHCN$로부터 아디포나이트릴의 합성

5. 전극에서 나이트로벤젠의 환원 반응들을 반응식으로 나타내라.

6. 액체 용액이 아닌 상태로 사용될 수 있는 전해질들은 어떤 것이 있는가? 예를 들어 그것들의 구조와 용도를 설명하라.

7. 물을 사용하지 않은 비수용매의 전해질 용액 종류는 무엇이 있는가? 수용액 전해질과 비교할 때 비수용매 전해질의 특징은 무엇인가?

8. 다음 각 반응을 전기화학 반응으로 일으킬 때 각각 (+)극과 (−)극에서 일어나는 반응을 반응식으로 나타내라.

(a) Butene → Methylethylketone(황산 용액)

(b) Hydroquinone → quinone

9. Benzyl iodide는 납 전극 등을 사용하여 환원하면 쉽게 톨루엔이 된다. 이 과정을 반응식으로 나타내라. 이 반응을 일으키는 데 (−)극으로 납, 수은, 또는 카드뮴 전극을 쓰는 것이 좋다. 그 이유는 무엇일까?

11장

전기화학 산업

전기화학을 이용한 기술들은 산업 현장에서 널리 쓰인다. 전지를 비롯하여 연료 전지, 도금, 산-알칼리 공업, 금속의 생산 및 가공과 표면 처리, 물질의 합성과 환경 정화 등이 그것이다. 이 장에서는 대표적인 전기화학을 이용하는 산업 기술에 대해 설명한다.

11.1 전지와 연료 전지

전지 혹은 연료 전지는 모두 화학 반응을 통해서 전기 에너지를 생산 혹은 저축하는 에너지 변환 장치들이다. 최근 수십 년간에 걸쳐서 전지 산업은 많은 발전을 이룩했다. 한편으로는 예전부터 사용했던 전지들을 개량하여 사용 가능한 시간을 월등히 늘리거나 출력을 키우는 방향으로 진화를 했다. 또 다른 한편으로는 새로운 전지들이 고안되고 제품으로 만들어지고 있다. 이런 변화는 오늘날 많이 사용되는 휴대용 전기 전자 제품들을 모두 유용한 제품으로 실현시키는 데 크게 기여했다. 휴대용 컴퓨터, 통신 기기 등의 보편화로 성능이 좋은 전지에 대한 수요가 급격히 늘어나고, 그에 따라 신개념 및 월등한 성능을 갖는 다음 세대의 전지 개발은 대단히 활발한 산업계의 활동으로 이어질 것으로 전망된다.

한 번 사용하고 버리는 전지인 1차 전지(primary battery)와 여러 번 충전하여 반복 사용이 가능한 전지인 2차 전지(secondary battery)는 모두 예전에 사용했던 전극 물질과는 전혀 다른 물질을 전극으로 사용하여 새로운 전지들을 만들고 있다. 또한 물이 아닌 비수 용매에 전해질을 녹여서 새로운 전지도 만든다. 전해질 용액을 만들 때 물을 용매로 사용하지 않기 때문에 리튬과 같은 물질을 (−)극 물질로 사용함으로써 전지의 전압을 크게 높이는 데 성공하였다. 고체 격자에 반응물이 틈새형 원자 혹은 이온으로 들어갈 수 있는 층간 삽입 화합물(intercalation compound)을 이용한 새로운 형태의 전지들도 있다. 보통 사용해 왔던 용매에 전해질을 녹인 용액을 대체해서 고체 전해질을 사용하기도 한다. 예를 들어 나피온(Nafion)과 같은 고분자를 여러 자리(multisite) 전해질로 사용하거나 혹은 플라스틱에 전해질을 첨가한 혼합물 전해질을 사용하기도 한다.

전지 성능을 개량할 때는 단위 부피당 큰 출력(=전류×전압)을 내는 전지, 즉 출력 밀도(power density)가 큰 전지, 혹은 단위 부피당 에너지가 큰 전지, 즉 에너지 밀도(energy density)가 큰 전지를 만드는 것을 목표로 하는 것이 일반적이다. 따라서 부피를 작게 만드는 것과 동시에 무게를 줄이는 것이 중요한 목표가 된다. 또한 2차 전지에서는 가급적이면 충전 시간을 단축하는 노력도 필요하다.

연료 전지(fuel cell)[1)]들은 보통의 전지와 달리 전극에서 산화되는 물질인 연료를 외부에서 공급받고, 환원되는 물질인 산소도 역시 외부(주로 공기)에서 공급받아야 한다. 연료를 태워서 에너지를 얻는 열기관과 비교해보면 연료 전지는 획기적인 장점이 있는 새로운 에너지 변환 장치이다. 그러나 아직 광범위하게 사용하지 못하므로 활발한 연구와 개발의 대상이기도 하다.

11.1.1 전지의 발전

현재 많은 전지가 사용되고 있다. 또한 기술의 발전으로 새롭게 만들어진 전지들의 종류도 대단히 많다. (+) 전극, (−) 전극 및 전해질의 다양한 조합이 가능하기 때문에 많은 종류의 전지를 만들 수 있는 것이다[2)]. 표 11.1은 대표적인 1차 전지와 2차 전지들의 특징을 요약해서 나타낸 것이다.

이 표에 있는 전지 중에서 산화 은 전지를 예로 들어 설명한다. 그 전지의 각 전극에서 일어나는 반응은 다음과 같다.

표 11.1 대표적인 1차 전지들

이름	(+)극	전해질*	(−)극	전압 V	에너지 밀도 Wh/kg	출력 밀도 W/kg	특징
망가니즈 건전지 (Laclanché)	MnO_2, C	$NH_4Cl+ZnCl_2$	Zn	1.5	55~77	낮음	염가
알칼리 전지	MnO_2, C	KOH	Zn	1.5	38~95	중하	긴 수명
산화 은 전지	Ag_2O, C	KOH/NaOH	Zn	1.55	130	중간	
수은-아연	HgO (+MnO_2)	KOH/NaOH	Zn	1.4	100	중간	방전 전압 안정
공기-아연	O_2, C	NH_4Cl 또는 KOH	Zn	1.4	290	낮음	긴 수명, 큰 용량
망가니즈-리튬	MnO_2, C	Li염+비수용매	Li	3	200	중간	저온 특성
염화 싸이오닐-리튬	$SOCl_2$, C	$SOCl_2$, $LiAlCl_4$ +비수용매	Li	3.6	250~500	높음	긴 수명

* 특별히 표시가 없는 경우 용매는 물이다.

---

1) 여인형, "*연료 전지*", 네이버 캐스트(지식백과), 화학산책, 2016; A. kirubakaran, S. Jain, R. K. Nema, *Renewable and Sustainable Energy Reviews*, **13**, 2430(2009).

2) K. W. Beard ed., *Linden's Handbook of Batteries*, 5th Ed., McGraw-Hill, 2019; R. Huggins, *Advanced Batteries: Materials Science Aspects*, Springer, 2008; 松田好晴(Y. Matsuda), 竹原善一郎(S. Takehara)編 電池便覧, 3rd ed., 丸善, 2001.

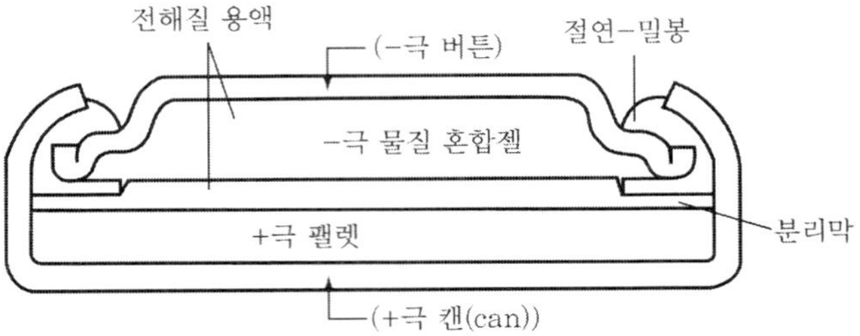

그림 11.1.1 단추 모양으로 만든 산화 은–아연 전지의 구조

$$(+)\text{극:}\ \ Ag_2O + H_2O + 2e^- \rightarrow 2Ag + 2OH^-$$

$$(-)\text{극:}\ \ Zn + 4OH^- \rightarrow ZnO_2^{2-} + 2H_2O + 2e^-$$

(+) 전극의 활성 물질은 산화 은 가루인데 전도성을 갖도록 흑연과 섞어 펠렛(pellet) 형태로 만들어 전극으로 사용한다[3]. (−)극 활성 물질은 약간의 수은(3~6%)이 포함된 아연 가루이다. 전해질로는 NaOH나 KOH, 혹은 이들의 혼합물 수용액을 사용하며, 두 극을 분리하는 막으로 셀로판과 같은 이온 투과성 물질을 사용한다. 단추형으로 만든 대표적인 산화 은-아연 전지의 구조를 그림 11.1.1에 나타냈다. 각 전극의 활성 물질은 니켈을 입힌 스테인리스 강철판으로 감싸져 있고, 두 전극 사이의 절연과 전지의 밀봉은 절연 플라스틱을 사용해서 해결한다.

이 전지의 활성 물질은 당량을 기준으로 하여 (+)극 물질이 (−)극 물질보다 약간 더 많다. 그것은 (+)극 물질(Ag_2O)이 다 사용된 후에도 아연이 남아 있으면 수소 발생 반응이 진행되어 전지의 안정성을 떨어뜨리기 때문이다. 즉, 충분한 (+)극 물질을 넣어 안정성을 확보할 수 있다. 이 전지는 사용하는 전류의 세기에 따른 전압의 변화가 작고, 용량을 거의 다 사용할 때까지도 전압의 변화가 작다는 좋은 방전 특성이 있다. 그런 특징은 그림 11.1.2를 보면 확실히 알 수 있다. 그림은 1 mA 또는 3 mA의 전류로 방전을 할 때 이 전지의 약 90 mAh에 이르는 방전 전하량을 사용할 때까지 전지 전압이 꾸준히 유지되는 것을 보여주고 있다. 이 전하량과 평균 전압을 곱한 것이 전지의 출력 에너지이다. 그것은 더 정확하게는 전압과 전하량이 이루는 면적을 적분하여 얻을 수 있다. 따라서 이 전지의 출력 에너지는 약 150 mWh(= 540 J)이라는

3) 전지에 사용되는 2개의 전극을 "양극", "음극"이라 부르는 것이 부적절하여 '(+)극', '(−)극'으로 부르기로 한다. (2장 1절 참조). 1차 전지에서는 산화 반응이 일어나는 전극의 극성은 (-)이다. 2차 전지에서도 자발적인 산화 반응이 진행될 때 그 전극의 극성은 (−)이지만, 충전할 때에는 그 전극에 (-) 전원이 연결되어 환원 반응이 진행된다. 그러므로 단순하게 '양극' 또는 '음극'이라고 부르지 말아야 혼란스럽지 않다. 일본에서는 '(+)극'을 '정극(正極)', '(−)극'을 '부극(負極)'이라 한다. 국내에서 일부 학회나 기술 용어 등에서는 전극의 이름을 일본식으로 부르는 곳도 있다.

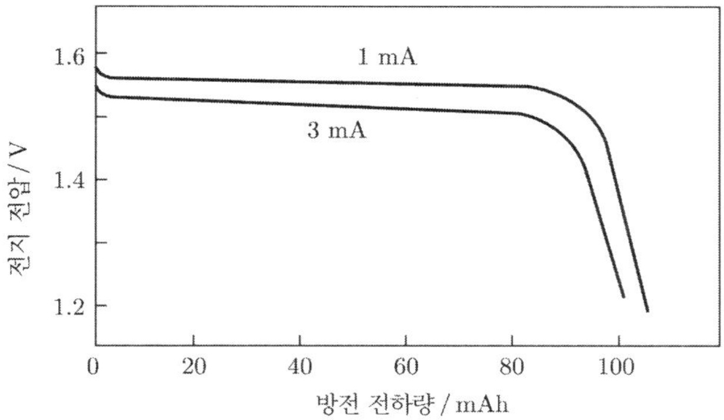

그림 11.1.2 특정 산화 은-아연 전지의 방전 곡선

것을 그림으로부터 추정해 볼 수 있다. 출력 에너지를 전지의 무게로 나누면 전지의 단위 무게당 **에너지 밀도**(energy density, specific energy)를 알 수 있다. 만약에 전지의 무게가 1 g이라면 이 전지는 150 Wh kg^{-1}의 에너지 밀도를 갖는 것이다. 때로는 출력 에너지를 전지의 부피로 나누어서 단위 부피당 에너지 밀도(Wh L^{-1} 단위)로 나타내기도 한다.

전지의 전압과 전류를 곱하면 출력(power, W)을 얻을 수 있다(그림 11.1.3). 그림에 나타나는 직사각형의 크기가 출력의 크기이다. 전류 세기가 크지 않으면 전류의 변화에 따라 전압은 큰 영향을 받지 않는다. 따라서 전류가 커짐에 따라 출력이 따라서 증가한다. 그러나 전압이 크게 낮아질 정도로 큰 전류가 흐르면 출력은 감소한다. 최대의 출력을 낼 수 있는 전압전류 조건에서 출력을 계산하며, 그것을 전지의 무게(혹은 부피)로 나누면 **출력 밀도**(power density)를 구할 수 있다. 전자 시계 혹은 심장 박동용

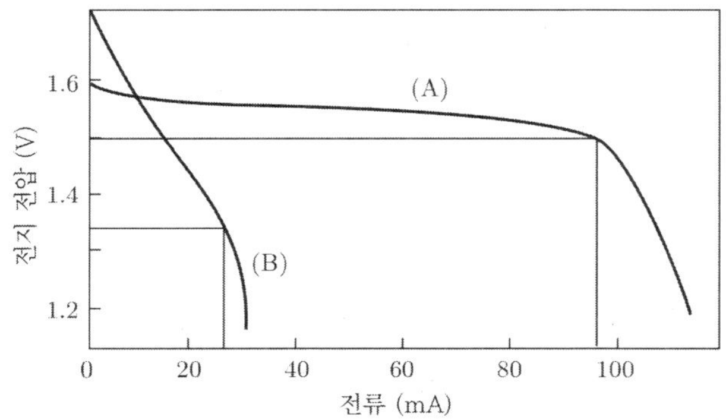

그림 11.1.3 전지의 출력은 전압과 전류를 곱한 것이다. 최대 출력은 전류-전압(굵은선) 곡선의 직사각형으로 나타낸다. (A)는 큰 출력을 내는 전지, (B)는 최대 전압은 (A)보다 크지만 출력은 (A)보다 훨씬 작은 전지이다.

표 11.2 대표적인 2차 전지들

이름	(+)극 물질	전해질*	(−)극 물질	전압/V	에너지 밀도 Wh kg^{-1}
납 축전지	PbO_2	H_2SO_4	Pb	2.0	22~33
니켈-카드뮴	NiOOH	KOH	Cd	1.2	24~55
니켈-아연	NiOOH	KOH	Zn	1.7	37~7
니켈-철(에디슨)	NiOOH	KOH, LiOH	Fe	1.4	20~0
니켈-금속수소	NiOOH	KOH	수소 흡수 합금	1.2	60~75
리튬 이온(산화 코발트)	$LiCoO_2$	유기 용매-Li염	Li(C)	3.7	100~120
리튬 이온(산화 망가니즈)	$LiMn_2O_4$	유기 용매-Li염	Li(C)	3.7	100~150
리튬 이온(인산 철)	$LiFePO_4$	유기 용매-Li염	Li(C)	~3.2	>90
리튬 이온 고분자	$LiCoO_2$	고분자-전해질 젤	Li(C)	3.7	100~200
소듐-황	S(l)	β-알루미나	Na(l)	2.1	100~150

*특별한 표시 없는 경우 용매는 물이다.

전지처럼 작은 크기의 전류가 필요한 곳에는 높은 출력 밀도의 전지는 필요하지 않다. 대신에 수명이 길면 되므로 에너지 밀도가 크면서 자연 방전은 최소가 되는 전지가 필요하다. 그러나 기계의 시동 혹은 조명과 같이 큰 전류를 사용하는 곳에서는 출력 밀도가 큰 전지가 필요하다. 출력 밀도가 큰 전지는 전극 면적이 커서 활성화 과전위 혹은 농도 분극이 작아야 되며, 전해질의 저항 역시 작아야 한다.

리튬 전지들의 전압은 약 3 V 정도로 큰 전압을 낼 수 있는 특징이 있다. 그것은 Li/Li^+ 반응의 전위가 낮기 때문이다. 리튬 금속은 물과 직접 반응하는 경향이 크므로 전해질은 철저하게 물이 없는 유기 용매를 사용해야 한다. 과염소산 리튬($LiClO_4$) 전해질을 프로필렌 카보네이트(propylene carbonate) 용매에 녹여 전해질 용액으로 사용한다. **염화 싸이오닐-리튬($SOCl_2$-Li) 전지**는 염화 싸이오닐이 용매의 역할도 하고 (+)극의 활성 물질로도 사용된다. 다음 반응식은 활성 물질로서 염화 싸이오닐이 환원되는 반응을 나타낸 것이다.

$$2SOCl_2 + 4e^- \rightarrow S + SO_2 + 4Cl^-$$

표면적이 넓은 탄소와 $SOCl_2$를 혼합하여 (+) 전극 물질로 이용한다.

2차 전지로 가장 오래전부터 널리 사용된 것은 **납 축전지**(lead-acid battery)이다. 이 전지의 (+)극의 활성 물질은 PbO_2이고 (−)극의 활성 물질은 Pb이다. 전해질은 황산 수용액이며, 두 전극의 활성 물질은 방전 반응이 진행되면 모두 $PbSO_4$가 된다. 각 전

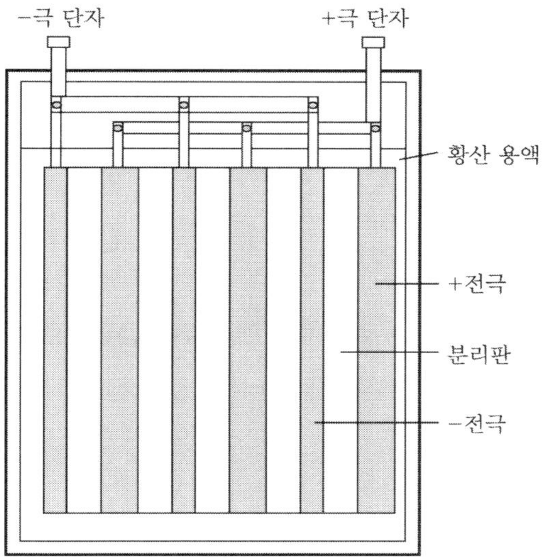

그림 11.1.4 납 축전지의 전극 배열

극의 반응은 다음과 같다.

$$(+)\text{극: } PbO_2 + 4H^+ + SO_4^{2-} + 2e^- \underset{\text{충전}}{\overset{\text{방전}}{\rightleftharpoons}} PbSO_4 + H_2O$$

$$(-)\text{극: } Pb + SO_4^{2-} \underset{\text{충전}}{\overset{\text{방전}}{\rightleftharpoons}} PbSO_4 + 2e^-$$

반응식을 보면 전지가 충전될 때(← 방향)는 반응의 결과로 황산(H_2SO_4)이 만들어지므로 황산의 농도가 증가하며, 반대로 방전될 때(→ 방향)는 황산이 사용되므로 황산의 농도가 감소한다는 것을 알 수 있다. 황산 농도의 변화는 용액의 밀도를 측정하여 알 수 있고, 그것으로부터 전지의 충/방전 정도를 알 수 있다(완전히 충전되었을 때 황산 농도는 무게비로 35%, 밀도는 1.243 g cm^{-3}이다). 각 전극의 활성 물질들은 창살 격자 판 모양으로 만든 납 전극에 끼워 넣는다. 격자 판의 납은 일반적으로 소량의 안티모니(Sb)를 첨가한 합금을 사용한다. 그것은 격자의 견고성 및 전극 특성을 개선하기 위해서 흔히 사용하는 방법이다.

납 축전지는 150여 년의 역사를 갖고 있다. 그럼에도 불구하고 아직도 개선을 위한 많은 연구가 진행되고 있다. 예컨대 산성 용액에서 (−) 전극에서 발생하는 수소를 억제하기 위하여 약간의 칼슘을 첨가한 납 합금을 전극으로 사용하기도 한다. 왜냐하면 Pb − Ca 합금 전극에서 수소 이온이 환원되어 수소가 발생하는 반응에 대한 과전위가 순수한 납에서 수소 발생 반응의 과전위보다 크기 때문이다. 또한 충전이 지나치게 많이 진행되면 물이 전기분해되어 없어진다. 이것은 전지를 유지 및 관리하는 데 문제가 된다. 물이 부족해지는 문제는 충전할 때 (+)극에서 발생된 산소가 (−)극에서 납이 산화될 때 반응을 하여 물이 만들어지는 다음과 같은 반응을 생각해 내서 해결하였다.

$$O_2 + 4H^+ + Pb + SO_4^{2-} + 2e^- \rightarrow PbSO_4 + 2H_2O$$

물이 없어지는 것을 전지 내에서 물을 다시 만들어 내는 방법으로 문제를 푼 것이다. 바로 이 기술을 적용한 것이 밀폐된 전지(sealed battery)이다.

니켈을 사용하는 2차 전지 중에 가장 많이 사용되는 것으로 **니켈-카드뮴 전지**가 있다. 그것의 충 · 방전은 다음 반응으로 나타낼 수 있다.

$$(+)\text{극: } NiO(OH) + H_2O + e^- \underset{\text{충전}}{\overset{\text{방전}}{\rightleftharpoons}} Ni(OH)_2 + OH^-$$

$$(-)\text{극: } Cd + 2OH^- \underset{\text{충전}}{\overset{\text{방전}}{\rightleftharpoons}} Cd(OH)_2 + 2e^-$$

니켈 전극은 수산화 니켈 이외에도 수산화 코발트(2%) 및 흑연을 섞어 만든다. 카드뮴 전극은 철과 약간의 니켈 및 흑연을 포함한다. 이 전지의 전해질은 6 M KOH이며, 전지의 수명이 길다는 특징이 있다.

니켈-금속 수소(Nickel metal hydride) **전지**들은 특정한 금속(W, Ti, Pd 등) 혹은 합금(예: MNi_5, M은 란탄계 금속)에서 수소가 가역적으로 흡수 · 방출하는 특성을 이용하여 만든 것이다. 란타늄-니켈(Lanthanum-Nickel) 합금은 약 2 atm 압력에서 수소를 흡수하여 $LaNi_5H_6$의 성분으로 변하며, 이것보다 약간 낮은 압력에서 수소를 방출한다. 이런 물질을 전지에 활용하면 수소의 산화가 진행되는 (−)극 전극 물질로서 역할을 하게 된다. 실온에서 수소 기체의 부피는 너무 크기 때문에 전지 물질로 사용하기 어렵다는 단점이 있다. 그러나 고체에 수소를 흡수시켜 이러한 단점을 극복하는 것이다. 이런 종류의 전지들은 부피를 기준으로 하는 에너지 밀도가 꽤 높다.

연구와 노력을 집중하여 개발하려는 2차 전지들 가운데 다양한 종류의 **리튬이온 전지**들도 포함된다. 리튬이온(Li^+)이 층간 삽입되는 탄소 및 금속 리튬 화합물이 (−)극 물질로, 전해질이 다양한 종류의 Li염들로 이루어져 있다. 금속 Li의 전위는 모든 원소 가운데 가장 낮기 때문에 전지 전압이 매우 큰 전지를 구성할 수 있다. 또한 리튬은 가벼운 금속이어서 고에너지 밀도의 전지를 만들 수 있다. 한편 비수용매의 전해질 용액을 사용하면서 다양한 종류의 활성 물질들을 (+)극 물질로 사용하려는 연구가 이루어지고 있다. MnO_2, CoO_2, V_2O_5, $FePO_4$ 같은 산화물, 층상 혹은 스피넬 격자 구조를 갖는 것들이다. 특히 나노 크기의 $LiFeO_4$ 결정을 전도성 고분자(PEDOT, poly-3,4-ethylene dioxythiophene)로 코팅한 전극으로 $LiFeO_4$ 전극의 이론 용량보다 더 큰 용량을 나타내는 전극을 만들 수 있었다. 또한 Ni과 Mn의 혼합 산화물 ($Li[Ni0.5Mn1.5]O_4$)을 (+)극 물질로 개발하여 상당히 오랜 횟수(1000 cycles)의 충·방전에도 안정성을 유지하는 전극도 개발되었다[4)5)]. 이런 종류의 산화물 전극은 (+)극 역할을 한다. 예를 들어 CoO_2같은 금속 산화물의 환원이 진행되면 전해질에 녹아 있는 Li^+ 이온은 자연스럽게 전이 금속의 격자 내로 삽입된다. 판매되는 전지들의 (+)극은 이미 약간의 Li 이온이 포함되어 있는 산화물로 만들어졌기 때문에 충·방전 관련 반응은 다음 식으로 나타낼 수 있다.

$$(+)\text{극: } Li_{1-X}CoO_2 + xLi^+ + xe^- \underset{\text{충전}}{\overset{\text{방전}}{\rightleftharpoons}} LiCoO_2$$

$$(-)\text{극: } Li(C) \underset{\text{충전}}{\overset{\text{방전}}{\rightleftharpoons}} Li^+ + e^-$$

충전할 때 (+)극의 산화물 성분인 금속 코발트(Co)의 산화수가 증가하면 층간에 삽입되어 있던 리튬 이온은 전해질로 빠져나간다(10.5절 참조). 두 전극에서 진행되는 반응으로 전해질에 있는 Li^+ 이온의 수는 일정하게 유지된다고 볼 수 있다. (−)극 반응식에 나타낸 Li를 Li(C)로 표기한 것은 리튬 금속을 그대로 사용하지 않고 탄소에 층간 삽입된 리튬이 전극 반응에 참여하기 때문이다. 층간 삽입 리튬을 이용하는 것은 충전 과정에서 리튬 이온이 환원될 때 리튬의 덴드라이트가 형성되는 것을 방지하기 위한 것이다. 왜냐하면 덴드라이트의 형성으로 전지가 합선이 되면 더 이상 전지를 사용할 수 없기 때문에 Li의 층간 삽입이 가능한 물질을 (-)극으로 사용하는 것이다.

여러 종류의 전도성 고분자들은 전기화학적인 산화·환원을 반복할 수 있는 성질 (10장 4, 5절 참조)이 있다. 이것은 전도성 고분자를 전지의 전극 재료로 사용할 수 있도록 한다. 예를 들어 산화 상태의 전도성 고분자를 (+)극 물질로, 리튬을 (-)극 물질로 쌍을 이루어 전지를 만들면 무게가 가벼운 리튬-고분자 전지가 된다. 그러나 오랫동안 반복 사용하면 전도성 고분자의 안정성 및 특성이 변하는 문제 때문에 아직 실용

4) H. Dinh, S. Mho, and I. Yeo, *Electroanalysis*, **23,** 2079-2086, 2011.
5) S. Hong, S. Mho, I. Yeo, Y. Kang, and D. Kim, *Electrochim.* Acta, **156**, 29-37, 2015.

화되지 않고 있다. 근래에 '**리튬–고분자 전지**(lithium-polymer cell)'라고 부르는 새로운 전지들은 사실은 리튬-고분자 전해질 전지들이다. 고분자 물질이 전극 물질로 사용된 것이 아니라 전해질(고분자 전해질, polymer electrolyte)로 사용된 것이다. 전해질이 첨가된 고분자의 얇은 필름을 전해질로 사용하면 부피와 전기 저항을 줄일 수 있다. 이것은 이온 전도성을 띠는 고분자 자체를 전해질로 사용한 것이 아니며, 폴리바이닐리딘 플루오린(PVDF, polyvinylidene fluoride), 폴리아크릴로나이트릴(PAN, polyacrylonitrile), 또는 폴리에틸렌 옥사이드(PEO, polyethylene oxide)와 같은 고분자와 리튬염의 혼합 물질을 이용한 것이다. 이때 (+)극은 Li가 삽입될 수 있는 V_2O_5, CoO_2 등이며, (−)극은 Li가 삽입된 흑연 종류의 탄소이다. 리튬과 다른 금속과의 합금을 (−)극으로 사용하는 실험과 연구도 진행되었다.

실용화가 쉽지 않지만 크게 기대가 되는 2차 전지로 **소듐–황 전지**가 있다. 용융 상태의 황과 용융 상태의 소듐이 각각 (+)극, (−)극의 활성 물질이다. 고체인 소듐-β-알루미나($Na_2O \cdot nAl_2O_3$, $n = 5 \sim 11$)는 도가니 형태의 관으로 전해질과 분리막의 역할을 동시에 한다. 방전 반응의 생성물은 황 고분자의 소듐염인 Na_2S_x이다. (+)극은 S와 Na_2S_x 및 흑연의 혼합물로 되어 있다. 2개의 전극 활성 물질이 상대적으로 가볍고 전극의 전위차가 크기 때문에 에너지 밀도가 대단히 크다는 특징이 있다(이론값은 740 Wh kg^{-1}). 전극 물질의 가격이 저렴한 것을 사용하는 전지이므로 전기 자동차 등의 대용량에 목적에 적합한 전지이다. 그러나 높은 온도를 유지하는 것, β-알루미나 관을 만들기 어렵다는 것, 기타 안전을 확실하게 유지하는 것 등이 이 전지의 개발 및 상용화에 장애가 되고 있다.

2차 전지들은 실용성이 있으려면 여러 번 반복 사용을 해도 그 성능이 변하지 않아야 한다. 다시 말해서 충전-방전의 반복이 1000회 혹은 그 이상 되는 전지를 만드는 것이 하나의 중요한 목표이다.

최근의 전지는 계속해서 빠르게 발달하기 때문에 새로운 전지에 대한 오늘의 상식은 내일에는 낡은 것일 수도 있다. 다만 전지의 구성에 변함이 없는 것은 전자를 잃고 산화되는 물질로 이루어진 (−) 전극과 그 전자를 받아들여 환원 반응이 진행될 수 있는 (+) 전극이 반드시 있어야 한다는 점이다. 따라서 산화·환원이 가능한 물질이 무수히 많은 것처럼 다양한 전지를 개발하고 발전하는 것은 앞으로도 끊임없이 계속될 것이다.

11.1.2 연료 전지

연료 전지는 이미 1830년대에 그로브(W. Grove)가 보고한 적이 있다. 그러나 본격적인 실용화는 1960년대에 인공위성 제미니(Gemini)와 아폴로(Apollo)의 전력 공급원으로 연료 전지를 사용하면서 시작되었다. 여러 종류의 연료 전지들은 환원 전극 반응으로 모두 산소를 사용한다는 공통점이 있다. 그런데 산소 환원 반응은 과전위가 크다는 문제를 안고 있다. 이를 해결하기 위해서 좋은 전극 촉매(전극 물질)를 개발하고, 높은 온도에서 운전하고, 전극에서 기체-액체-고체로 구성되는 3상 간 물질 이동을 촉진하기 위한 연구가 계속되고 있다.

수소와 산소를 연료로 사용하는 **연료 전지**(fuel cell)는 다음과 같은 단순한 전극 반응을 이용하고 있다.

$$(-)\text{극: } H_2 \rightarrow 2H^+ + 2e^-$$

$$(+)\text{극: } \frac{1}{2}O_2 + 2H^+ + 2e^- \rightarrow H_2O$$

수소 이외의 연료를 직접 사용하기 위한 연구도 계속되고 있다. 그러나 다른 연료를 사용했을 때 산화 반응 과전위가 크다는 것과 전극 촉매의 피독(poisoning) 등의 문제 때문에 실용화가 쉽지 않다.

연료 전지는 외부에서 연료를 계속 공급한다. 그 결과 산화되는 물질의 무게가 전지의 무게에 포함되지 않는다는 것과 환원 물질 역시 외부에서 공급되는 공기(또는 산소)라는 것에서는 보통의 엔진 혹은 터빈 기관과 같은 열기관과 닮았다고 볼 수 있다. 그러나 연료 전지를 열역학적 원리로 살펴보면 열기관과는 근본적으로 다르다는 것을 알 수 있다. 열역학 제2법칙에 따라 열기관의 효율은 열원과 환경의 온도 차이에 의존하고 제한을 받는다. 즉 열기관으로 실현될 수 있는 최대의 효율은 카르노(Carnot) 효율이다. 공급 열량을 ΔH, 얻을 수 있는 동력 에너지를 ω, 가열 부분의 온도를 T_h, 냉각 부분의 온도를 T_c라 할 때 열기관의 효율은 다음식과 같다.

$$\text{열기관의 효율} = \frac{|\omega|}{\Delta H} \leq \frac{T_h - T_c}{T_h} \tag{11.1.1}$$

그러므로 가열 부분의 온도를 아무리 높여도 냉각 부분의 온도가 상온 근처일 수밖에 없으므로 효율은 이론적으로 100%에 접근할 수 없으며, 실제로는 50%에도 이르지 못한다. 그러나 연료 전지의 효율은 열역학 제2법칙의 제한을 받지 않는다. 연료 전지는 열기관이 아니기 때문에 그 효율은 동력 에너지를 자유 에너지의 감소로 나눈 것으

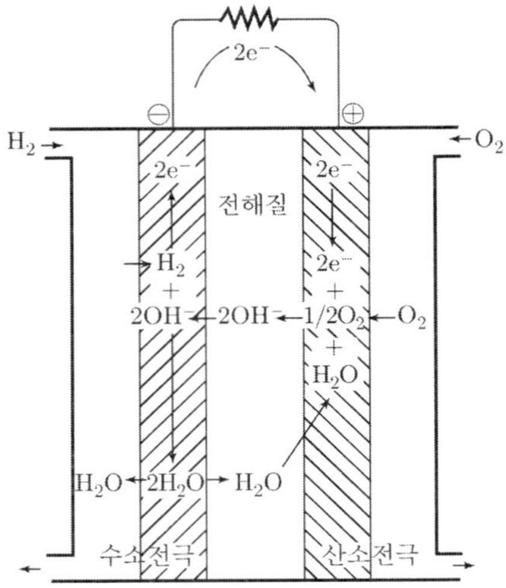

그림 11.1.5 알칼리 연료 전지의 반응

로 정의를 해야 한다. 동력 외의 에너지로 잃어버리는 크기가 작다면 자유 에너지의 감소는 거의 대부분 전지의 출력 에너지가 될 것이다. 따라서 연료 전지의 효율은 100%에 가까울 수가 있다. 다시 말해서 연료의 경제적 사용이 가능한 연료 전지는 자원을 효율적으로 이용하는 방법이라는 것이 특징이다.

더구나 열기관들은 불가피하게 환경 오염이 발생되지만 연료 전지는 환경 오염의 문제가 거의 없다고 볼 수 있다. 따라서 연료 전지는 앞으로 에너지를 절약하고 환경을 보존하면서 지속적인 경제 발전을 이끌어 갈 중요한 도구가 될 전망이다. 웬만한 규모의 화력 발전소는 연료 전지로 대체하고, 전기 자동차들은 연료 전지로 운행하는 것을 쉽게 볼 수 있는 때가 올 것으로 기대할 수 있다.

비교적 낮은 온도에서 운전이 가능한 연료 전지로 **알칼리 연료 전지**가 있다. 수소-산소 연료를 사용한 전지의 반응을 다음과 같이 나타낼 수 있다(그림 11.1.5).

$$(-)\text{극: } H_2 + 2OH^- \rightarrow 2H_2O + 2e^-$$

$$(+)\text{극: } \frac{1}{2}O_2 + H_2O + 2e^- \rightarrow 2OH^-$$

한 회사의 제품을 예로 들어보자. 전해질은 석면과 같은 다공성 물질로 만든 사각판에 약 30 ~ 50% KOH 용액을 흡수시킨 것을 사용한다. 수소 전극은 Pt－Pd 합금 가루를 테플론과 섞어 은 그물에 바른 것을, 산소 전극은 Pt－Au 합금을 역시 테플론과 섞어 금 그물에 바른 것을 사용한다. 테플론은 소수성 전극 표면을 만들기 위해

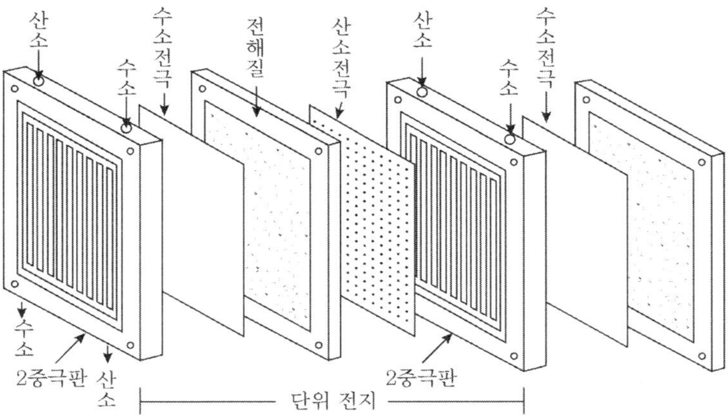

그림 11.1.6 알칼리 연료 전지의 조립도: 이런 형식의 전지를 여러 개 묶어서 하나의 연료 전지로 만든다[6].

사용한 것이다. 그렇게 되면 전극 표면에서 기체의 접촉이 활발히 일어나서 기체-액체-고체의 3상 간 접촉 영역이 넓어지는 효과를 볼 수 있다. 여러 개의 전지를 붙여 만든 다층 전지(cell stack)는, 전류 수집기(current collector)와 전극 지지체 역할을 하는 탄소 토막을 이중 극판(bipolar plate)으로 끼워 넣어 만든다(그림 11.1.6). 이중 극판의 양쪽에 홈을 내어 한쪽은 산소, 다른 쪽은 수소를 공급한다.

이 연료 전지의 운전 온도는 약 70 ~ 100℃ 정도이다. 그런데 이 전지의 경우 공기에 있는 산소를 사용하는 것에 문제가 있다. 그것은 공기에 포함된 이산화 탄소가 함께 전지로 공급되면 전해질은 점점 $KHCO_3$, K_2CO_3로 되어 전도성이 떨어지기 때문이다. 그러나 이 전지는 순수한 산소를 이용하는 우주선의 연료 전지로는 성공적이었다. 더구나 반응 생성물이 물이기 때문에 우주선에서 음료로 활용할 수 있다는 장점까지 가지고 있다.

고분자 전해질 연료 전지(solid polymer electrolyte fuel cell)는 비교적 낮은 온도에서 운전이 가능한 또 하나의 연료 전지이다. 이것은 나피온(Nafion)[7] 혹은 그와 비슷한 성질의 고분자 전해질을 얇은 막 형태로 만들어 사용한다. 전극은 산소 전극과 수소 전극 모두 얇은 탄소 천에 탄소 가루를 테플론 용액과 반죽한 것을 입히고 그 탄소 가

---

6) Z.F. Pana, L. Ana,*, T.S. Zhaob,*, Z.K. Tangc, *Advances and challenges in alkaline anion exchange membrane fuel cells*, Progress in Energy and Combustion Science, 66, 141-175, 2018.

7) 나피온(Nafion)은 테플론과 비슷하게 플로오르화탄소의 고분자로 된 골격에 술폰산 그룹들이 매달린 구조를 하고 있다. 그것은 이온교환 폴리머에 붙여진 듀퐁(DuPont)사의 상표명이다. 고분자 내에 작은 통로들로 이어진 동공들이 있어 산으로 이온교환을 하고 물로 충전하면 수소 이온의 이동이 활발하여 이온 전도성이 좋다. (그림 11.2.2 참조).

루 표면에 미량의 백금을 입혀서 사용한다. 간단한 구조로 부피가 작은 전지를 만들 수 있기 때문에 중요한 개발 대상으로 삼는 연료 전지이다.

인산 연료 전지(phosphoric acid fuel cell)는 약 200℃ 온도에서 운전하며, 진한 인산을 전해질로 사용하는 수소-산소 연료 전지이다. 탄소-테플론의 다공성 전극 물질에 소량의 백금 침전을 포함시켜 전극으로 사용하는데 현재까지 4.8 MW 급의 대용량 발전 설비까지 만들어 실제로 운전되고 있는 연료 전지이다. 고온에서 운전하는 연료 전지에는 **용융 탄산염 연료 전지**(molten carbonate fuel cell)가 있다. 이것은 Li_2CO_3, K_2CO_3, $LiAlO_2$ 등의 공융 혼합물을 전해질로 사용하므로 약 650℃의 온도를 유지해야 한다. 이 연료 전지는 연료로 수소 혹은 일산화 탄소와 산소를 이용한다. 다음과 같은 반응이 진행된다.

$$(-)\text{극: } H_2 + CO_3^{2-} \rightarrow H_2O + CO_2 + 2e^-$$

$$\text{혹은 } CO + CO_3^{2-} \rightarrow 2CO_2 + 2e^-$$

$$(+)\text{극: } O_2 + 2CO_2 + 4e^- \rightarrow 2CO_3^{2-}$$

이 연료 전지는 탄화수소의 **개질 반응**(reforming reaction) 생성물인 수소와 일산화 탄소를 연료로 사용한다. 또는 2종류의 기체(H_2와 CO)가 약 반씩 섞여 있는 석탄 가스를 연료로 사용할 수도 있다. 공기에 포함된 CO_2를 별도로 제거할 필요가 없기 때문에 경제성이 좋다. 이 전지는 (+)극으로 NiO_2를, (−)극으로 Ni를 사용한다. 다음 반응식은 탄화수소의 개질 반응을 나타낸 것이다.

$$\text{탄화수소의 개질: } CH_4 + H_2O(g) \rightarrow CO + 3H_2 \quad (\text{고온, Ni 촉매})$$

$$C_3H_8 + 3H_2O(g) \rightarrow 3CO + 7H_2 \ (\text{고온, Ni 촉매})$$

아주 높은 온도에서 운전하는 고온 연료 전지로 **고체 산화물 연료 전지**(solid oxide fuel cell)가 있으며 지르코니아(ZrO_2)와 같은 산화물 세라믹(ceramic)을 전해질로 사용한다. 지르코니아는 고온에서 O^{2-} 이온의 이동이 있기 때문에 전도성을 띠게 되어 전해질로써 이용이 가능한 것이다. 지르코니아 재질로 만든 실린더형의 관들을 연결하여 전지를 구성하고 약 1000℃ 정도에서 운전한다.

지금까지 설명한 것처럼 전지 혹은 연료 전지에서 전해질의 이온 전도성 특성은 중요하다. 특히 고체 전해질의 경우 전자 전도성이 조금이라도 있는 것들은 전해질로 사용할 수 없다. 그 이유는 내부에 자체 방전 회로가 형성되기 때문이다. 즉 한 물질의 여러 전하 운반체들이 기여하는 운반율은 $t_+ + t_- + t_e + t_{hole} = 1$이고, 전자와 양공의 운반율은 $t_e = t_{hole} = 0$이어야 한다. 앞서 설명한 인산 연료 전지 혹은 알칼리 연료 전지의 전해질의 운반율은 $t_+ + t_- = 1$이다. 전해질 소듐-β-알루미나는 $t_{Na^+} = 1$, 나피온(Nafion)은 $t_{H^+} = 1$, 지르코니아는 $t_{O^{2-}} = 1$이다. 앞서 소개한 연료 전지들 이외에도 알코올 혹은 탄화수소를 직접 연료로 사용하는 연료 전지들의 개발도 꾸준히 하고 있다. 그러나 이들 연료들의 산화 반응 과전위가 크며, 더구나 일산화 탄소 혹은 탄소가 생성되어 전극 촉매의 피독으로 이어지는 문제를 안고 있기 때문에 아직 완전히 성공을 했다고 할 수 없다. 연료 전지들은 생성되는 전력 에너지의 일부를 운전에 필요한 조절 기능 등에 사용한다. 그러므로 이론적으로 얻을 수 있는 에너지 효율보다 훨씬 효율이 작을 수밖에 없다(60% 전후). 그렇지만 열기관과 비교하면 에너지 효율이 월등히 좋은 에너지 변환 장치이다. 또한 운전 중에 발생하는 열까지 이용하여 열병합 발전(cogeneration)을 한다면 경제성은 더 좋아질 것이다.

11.1.3 기타 에너지 변환 방법

현재 사용되는 태양 전지들은 전해질을 사용하지 않고 반도체가 빛을 흡수하여 전자의 에너지가 높은 상태로 변하는 현상을 이용하여 전기 에너지를 생산하는 것이다(4.8절 참조). 만약에 전기화학 셀에서 하나의 전극이 빛을 흡수하는 반도체 물질이면 빛으로 생성되는 전기 에너지는 전해질에 있는 물질의 산화·환원 반응을 일으킬 수 있다. 예를 들어 TiO_2 전극을 사용하여 물을 전기분해하는 것이 가능하다. 또한 건물의 벽면 혹은 타일에 포함된 TiO_2에 광선이 닿으면 냄새나는 물질이 분해된다는 연구 결과도 있다[8].

전기 에너지를 축전기(capacitor)에 저장할 수 있다는 것은 간단한 상식이다. 축전기는 전지에 비하여 충전과 방전이 빠르게 일어나며, 전압은 방전되는 정도에 따라 급격하게 감소한다는 특징이 있다. 이러한 특징 때문에 축전기는 장시간 사용하는 전원으로 사용할 수는 없지만 순식간에 큰 출력이 필요한 플래시 조명, 동력 장치의 시동 등에는 중요한 역할을 할 수 있다. 전극과 전해질 계면의 커다란 전기 용량(3.4절 참조)을 이용하여 전기화학적 축전기를 만드는 것이 가능하다. 이것은 오래 전부터 (+)극 처리한 알루미늄(11.3절 참조)을 사용하여 전해 콘덴서를 만드는 원리이기도 하다. 최근에는 탄소 가루 등 표면이 넓은 전극 물질을 사용해서 초대용량 축전기(super capacitor)를 만드는 연구가 진행되고 있다. 만약에 가역적 산화·환원 반응이 비교적

8) *Chem. & Eng. News*, 1998, Sept. 21, 70; H. Matsubura, M. Takada, S. Koyama, K. Hashimoto, and A. Fujishima, *Chem. Lett.* **9**, 767, 1995.

넓은 전위 범위에 걸쳐서 전극 표면에서 빠르게 진행된다면 이 반응은 전기화학적 초대용량 축전기를 개발하는 데 이용할 수 있다[9]. 이처럼 전기화학 반응이 원인이 되는 축전 용량을 **유사 축전 용량**(pseudo capacitance)이라 한다. 여러 종류의 전도성 고분자들은 산화·환원 반응 특성이 축전기의 전극 물질로 이용하기 적합한 것이 많으며, 또한 표면적이 넓은 구조를 갖기 때문에 축전기의 전극으로 사용될 수 있는 좋은 후보 물질이다. 다양한 산화수를 갖는 루테늄 산화물은 전위 범위에 따라 산화 상태가 다양하게 변하는 특징이 있다. 그러므로 루테늄 산화물도 초대용량 축전기를 만들 때 사용될 수 있는 후보 물질이다. 루테늄 산화물을 전극 물질로 이용하면 단위 질량당 축전 용량의 밀도가 900 Fg^{-1} 이상이 되는 축전 용량의 축전기도 만들 수 있다[10].

11.2 전해 산업

전기분해 공정이 핵심이 되는 산업들은 염소-알칼리 산업, 물의 전기분해, 유기 화합물의 합성, 금속의 도금 등이 있고, 이들은 산업 측면에서 매우 중요한 것들이다. 이와 연관된 반응 중에서 몇 가지는 10장에서 간략하게 설명하였다. 또한 전기화학 공정을 통해서 생산되는 몇 가지 중요한 공정, 그것에 해당하는 전기화학 반응식, 생산 물질, 사용되는 전해질 등을 표 11.3에 간략히 나열하였다.

산업에서 이용되는 전기분해 장치에서 전극을 연결하는 방법은 크게 두 가지가 있

표 11.3 물질의 대량 생산을 위해 산업에서 사용되는 몇 가지 전기화학 공정들

공정	반응	주요 생산품	전해질
구리 정제	$Cu(impure) \rightarrow Cu^{2+}(aq) \rightarrow Cu$	Cu(전기동)	$CuSO_4 + H_2SO_4$
알루미늄 제련	$Al^{3+} + 3e^- \rightarrow Al(1)$; $C + 2O^{2-} \rightarrow CO_2 + 4e^-$	Al	$Al_2O_3 + NaF$ (1000°C)
염소-알칼리	$2Cl^-(aq) \rightarrow Cl_2(g) + 2e^-$ $2H_2O + 2e^- \rightarrow 2OH^- + H_2(g)$ Cu	Cl_2; NaOH	NaCl(aq)
이산화 망가니즈	$Mn^{2+} + H_2O \rightarrow MnO_2 + 2H^+ + 2e^-$	전해 MnO_2	$MnSO_4$, H_2SO_4
소듐 생산	$Na^+ + e^- \rightarrow Na(l)$; $2Cl^-(aq) \rightarrow Cl_2(g) + 2$	Na	$NaCl + CaCl_2$ (l, 560°C)
플루오린 생산	$2F^- \rightarrow F_2 + 2e^-$; $2H^+ + 2e^- \rightarrow H_2$	F_2	$KF \cdot HF$ (l, 100°C)
아디포나이트릴	$2CH_2CHCN + 2H^+ + 2e^- \rightarrow NC(CN_2)_4CN$	adiponitrile	$Et_4NC_6H_5SO_3(aq)$

9) B. E. Conway, *J. Electrochem. Soc.* **138**, 1539, 1991.
10) J. Hong, I.-H. Yeo, and W. Paik, J. Electrochem. Soc., **148**(2), A156-163, 2001.

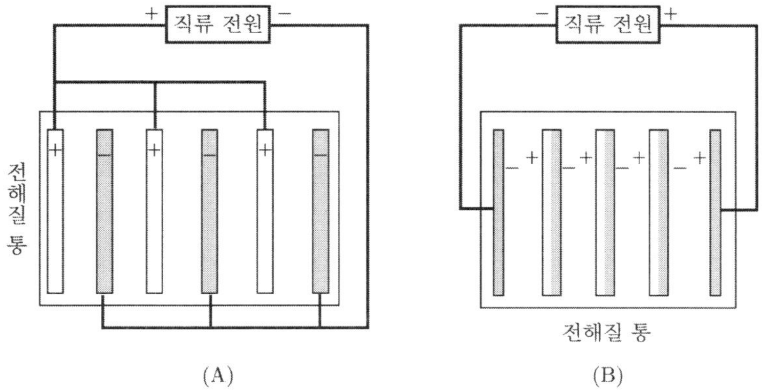

그림 11.2.1 전기분해 장치의 2종류의 전극 연결 방법; (A) 단일 전극들이 병렬로 배열된 방식과 (B) 이극 전극들이 직렬로 배열된 방식

다. 하나는 단일 전극들을 병렬로 연결하는 것이며, 또 다른 하나는 **이극 전극**(bipolar electrodes)들을 직렬로 배열하는 것이다(그림 11.2.1). 첫 번째 방식은 (+)극과 (-)극을 교대로 배열하는 것이다. 이것은 (+)극은 (+)극끼리 (-)극은 (-)극끼리 연결하여 낮은 전압의 직류 전원으로부터 커다란 전류가 흐를 수 있는 배열 방식이다. 두 번째 방식은 각 전극의 한 면은 (+)극으로 다른 면은 (-)극으로 역할을 할 수 있도록 배열을 한 것이다. 이와 같은 배열의 이극 전극을 사용하고 양쪽 끝의 전극에 높은 전압을 걸어 주면 중간에 놓인 전극들의 전압은 전해질을 가로질러 균일하게 나누어진 전압이 걸리게 된다. 이 경우에는 하나의 전극을 통과한 전류는 모든 전극으로 흐르게 되므로 전체 전류의 크기는 작으나 전해 생성물의 양은 적지 않다.

전해 산업은 표 11.3에 나열된 것 이외에도 수많은 공정을 사용하고 있다. 다음 설명하는 산업은 몇 가지의 예에 불과하며, 여기서는 그것의 특징만을 간략히 설명한다.

11.2.1 염소-알칼리 공정

염소-알칼리 산업은 전기화학적으로 생각해 볼 여러 종류의 중요한 요인들을 갖춘 대표적인 전기화학 공정 산업 중 하나이다. 상온(약 25℃)에서 진한 소금물의 전기분해 공정을 통해서 전 세계에 걸쳐 매년 약 4천만 톤의 염소와 이에 비슷한 양의 수산화 소듐(NaOH)이 생산된다. 반응이 진행되면 (+)극에서 염소가, (−)극에서 수산화 소듐이 생산되며, (−)극 부산물로 수소를 얻을 수 있다.

$$(+)\text{극: } 2Cl^-(aq) \rightarrow Cl_2(g) + 2e^-$$

(경쟁 반응: $4OH^- \rightarrow O_2 + 2H_2O + 4e^-$)

(−)극: $2H_2O + 2e^- \rightarrow 2OH^- + H_2(g)$

염소와 수산화 소듐은 산업에서 대량으로 사용되는 대단히 중요한 원료 물질이다. 따라서 전기화학 방법으로 이것들을 생산하는 **염소-알칼리 공정**(chlor-alkali process)은 화학 공업에서 매우 중요한 위치를 차지하고 있다. 이 공정의 전기분해 장치로는 주로 오랜 역사를 지닌 수은 전해 장치가 아직도 사용되고 있다. 그러나 근래에 이르러 격막 전해 장치(diaphragm cell)와 고분자막 전해 장치(membrane cell)로 많이 대체되고 있다. 수은 전해 장치는 (−)극으로 수은을 사용하기 때문에 주반응은 소듐 이온(Na^+)이 환원되어 아말감을 만드는 것이다. 이 아말감이 또 다른 장치에 들어가서 물과 반응하면 수소와 수산화 소듐이 만들어진다. 그러므로 수소 발생 반응이 직접 전극 반응으로 진행되는 것은 아니다.

$$Na^+ + e^- \rightarrow Na(Hg); \qquad Na(Hg) + H_2O \rightarrow NaOH + \frac{1}{2}H_2$$

이와 같은 공정은 운행 과정에서 수은이 방출될 위험이 높고, 이로 인한 환경 오염이 발생할 가능성이 있어서 앞으로 이 방법을 계속해서 사용하는 것은 어려울 것이다.

전해 장치의 종류에 상관없이 전극 물질의 선택은 매우 중요한 과제이다. (+)극에서 물 혹은 OH^-의 산화 등으로 산소 발생 반응이 염소(Cl_2) 발생 반응과 경쟁적으로 진행될 수 있다. 아주 낮은 pH의 산성 용액이 아니라면 산소 발생 반응의 전위가 염소 발생 반응의 전위보다 낮기 때문에 염소 발생 반응은 열역학적으로 불리하다. 만약 산소 발생에 전류가 사용된다면 전류 효율이 그만큼 떨어질 뿐 아니라 제품(Cl_2)의 순도도 떨어진다. 그러므로 (+)극으로 사용되는 전극은 산소 발생에 대한 과전위가 크면서 동시에 염소 발생에 대한 과전위는 작은 것을 사용하는 것이 필수적이다. 역사적으로 (+)극은 흑연과 같은 탄소 전극이 이용되었지만 실제로 운전되는 전류 밀도의 조건에서 염소 발생에 대한 과전위가 500 mV나 되고 전극 자체가 산화되어 전극이 닳아서 좋지 않은 선택이었다. 요즘은 티타늄에 산화 지르코늄 등을 입힌 소위 DSA (dimensionally stable anode) 전극[11)]을 이용한다. 이 전극은 몇 년간 연속 사용이 가능할 만큼 안정성이 크고 염소 발생의 과전위는 50 mV 이하이기 때문에 이상적이다. (−)극으로 철 전극이 사용되기도 했지만 지금은 표면적이 큰 Ni을 코팅한 전극을 많

11) RuO_2에 TiO_2를 혼입하여 만든 DSA(dimensionally stable anode)라는 이름으로 부르는 전극 물질은 Diamond Shamrock Technology 사의 등록상표명이었다. 그러나 지금은 이와 비슷한 산화물 조성을 가지고 부식에 대한 저항성이 큰 전극 물질들을 대부분 DSA라 부르고 있다.

이 사용하고 있다. 니켈은 염소 발생에 대한 과전위가 불과 50 mV 밖에 되지 않는다.

전기분해할 때 사용되는 전기 에너지를 절약하는 일은 염소-알칼리 산업의 경제성을 따질 때 중요하게 생각해야 할 대상이다. 전류 효율을 높이는 것과 함께 전지에 걸어주는 전압의 크기를 줄이는 것이 중요하다. 걸어주는 전체 전압은 두 전극의 평형 전위의 차이, 양쪽 전극에서 진행되는 반응에 대한 각각의 과전위, 전류가 흐르면서 내부 저항 때문에 발생되는 전압(저항 전위 강하; IR)의 증가 등이 모두 합쳐진 것으로 결정된다. 그것을 식으로 나타내면 다음과 같다.

$$E_{\mathrm{cell}} = E_{\mathrm{A}} - E_{\mathrm{C}} + \eta_{\mathrm{A}} + |\eta_{\mathrm{C}}| + IR$$

수은을 (−) 전극으로 사용하면 Na^{+} 이온의 환원에 필요한 정도로 매우 낮은 전위를 걸어주어야 하므로 전체 전압이 약 4.4 V나 된다.

격막식 전기분해 장치는 철망으로 만든 (−)극에 석면판을 붙여 만든다. 그것은 (+)극 근처의 용액과 (−)극 근처의 용액이 자유롭게 섞이는 것을 방지하므로 (+)극이 담긴 용액의 pH를 낮추어 산소 발생을 억제하는 등의 이점이 있다. 그러나 격막의 전기 저항은 작지 않아서 약 3.5 V 정도의 전압이 필요하다. 격막으로 이온들이 무차별하게 통과되므로 생성된 NaOH가 Cl^{-} 이온으로 오염되는 것을 막을 수 없다. 또한 (−)극 부근의 NaOH 농도가 커지면 OH^{-} 이온의 확산 때문에 (+)극 부근의 pH가 높아져서 많은 양의 산소 발생을 막을 수 없다. 그러므로 격막 전해 장치를 사용하면 수산화 소듐 농도가 15% 미만으로 생산된다. 그러므로 그것을 일반적으로 판매되는 수산화 소듐의 상품 농도인 약 50%까지 높이려면 증발 과정을 거쳐야 한다는 단점이 있다.

고분자막 전해 장치는 플로오린화 탄화수소 고분자를 뼈대로 하고 곁가지에 $-SO_3^{-}$ 혹은 $-COO^{-}$기가 결합된 양이온 교환막을 사용한다. 그림 11.2.2에 고분자의 구조를 나타냈다. 그림에서 보는 것처럼 설폰산 그룹($-SO_3^{-}$)이 있는 고분자는 강

$$\begin{array}{l} [(-CF_2-CF_2-)_x-CF-CF_2-]_y \\ \qquad\qquad\quad | \\ \qquad\qquad (OCF_2-CF-)_m-O(CF_2-)_n-SO_3^{-} \\ \qquad\qquad\qquad\quad | \\ \qquad\qquad\qquad CF_3 \end{array}$$

$x = 5 \sim 15,\quad y = \sim 1000,\quad m = 1 \sim 3,\quad n = 1 \sim 4$

그림 11.2.2 강산성의 양이온 교환용 플로오린화된 고분자 구조, 약산성 고분자는 비슷한 구조를 가지고, SO_3^{-}기 대신에 COO^{-}기가 결합되어 있다.

산형이며, 나피온(Nafion)은 이런 종류로 분류된다. 카복시 그룹($-COO^-$)이 있는 것은 카복실산의 음이온이므로 약산 형이다. 이런 종류의 양이온 교환막은 NaOH 용액과 접촉하여 Na^+ 이온만을 통과시킨다. 따라서 Cl^- 이온 혹은 OH^- 이온의 통과 때문에 발생하는 문제는 없다. 더구나 물을 머금고 있는 얇은 막은 전기 저항이 작기 때문에 전력 절감의 효과도 높다.

특히 강산형 고분자막의 저항은 작다. 다만 그것들은 물을 머금고 있기 때문에 OH^-의 농도가 커지면 음이온인 OH^-도 통과한다. 따라서 15% 이상이 되는 진한 NaOH 용액의 생산에 그런 고분자막을 사용하는 것은 어렵다. 반면 약산형 고분자막은 30~40% NaOH 용액의 생산에 사용하는 것이 적합하다. 그러나 약산형 고분자막이 산성 용액과 접촉할 때 저항이 커지는 것은 그것의 pK_a가 크기 때문이다. 결국 이런 특성은 (+)극 용액의 pH를 낮추는 데 문제가 된다. 한쪽 면은 강산형, 다른 쪽 면은 약산형으로 만든 이중 고분자막을 사용하는 것으로 이런 문제들을 해결하는 새로운 공정이 개발되었다. 여기서는 강산형 고분자 면이 (+)극 쪽에, 약산형 고분자 면이 (−)극 쪽에 놓이도록 한다. 염소-알칼리 공정은 이미 오래된 기술이지만 이상에서 본 것처럼 근년에 공정에서 많은 발전이 있었고 앞으로는 고분자 이온 교환막을 사용하는 새로운 공법으로 바뀌어 산업에 활용될 것이다.

11.2.2 전기 도금과 전착 도장

금속으로 된 물체의 부식을 방지하고 장식을 위해서 겉모습을 좋게 보일 수 있도록 전기분해를 하여 물체의 표면에 다른 금속을 입히는 것을 **전기 도금**(electroplating)이라 한다[12]. 물체의 기계적 강도 혹은 전도성을 높이기 위해서도 전기 도금을 한다. 전기 도금은 대체로 금속 이온 혹은 금속 착이온 수용액에 도금하려는 물체를 담그고 그 물체를 직류 전원의 (−)극에 연결하여 진행한다. 금속의 전해 석출에 대한 내용은 10.2절을 참고하기 바란다. 용액에 녹아 있는 금속 이온이 환원되어 금속으로 석출되는 것이므로 용액의 금속 이온 농도를 유지하는 것이 필요하다. 그것은 같은 금속으로 만든 (+)극을 사용해서 전기분해가 진행되는 만큼 (+) 전극이 용액으로 녹아 들어가는 방법으로 해결을 한다. 그러나 크로뮴 도금을 할 때 크로뮴 금속을 (+) 전극으로

12) F. A. Lowenhein, Ed., *Modern Electroplating*, 3rd Ed., Wiley, 1974; D. Pletcher and F. C. Walsh, *Industrial Electrochemistry*, 2nd Ed., Chapman-Hall, 1993; D. Hanson, Electroplating (Crowood Metalworking Guides), Crowood Press, 2019.; M. Schlesinger and M. Paunovic, ed., Modern Electroplating, 5th ed., Wiley, 2010; S. S. Djokic Ed., *Electrodeposition and Surface Finishing: Fundamentals and Application*s (Modern Aspects of Electrochemistry (57)), Springer, 2014.

표 11.4 금속의 전기 도금에 대한 대표적인 조건들

금속	전해질(조성, gL^{-1}), 첨가제	온도(°C)	i/mA cm^{-2}	(−)극	특징
Cu	CuCN(40), KCN(20), K_2CO_3(10), Na_2SO_3	40~70	10~40	전기동	TP*
Ni	Ni sulfamate(600), $NiCl_2$(5), H_3BO_3(40)	50~60	50~400	Ni	TP, 거울 광택
Ag	$KAg(CN)_2$(50), KCN(90), K_2CO_3(10)	20~30	3~10	Ag	TP
Sn	Na_2SnO_3(50 ~ 100), NaOH(8 ~ 18)	60~80	10~20	Sn	TP
Cr	CrO_3(450), H_2SO_4(4), fluoride	45~60	100~200	PbO_2-coated Pb-Sb	전류 효율~10%
65% Sn 35% Ni	$NiCl_2$(250), $SnCl_2$(50), $NH_4F \cdot HF$(40), NH_4OH(30)	60~70	10~30	Ni판+Sn판	TP, 회로기판

*TP: 양호한 균일 전착성(throwing power)

사용하면 부동화가 일어나 크로뮴이 녹지 않는다. 이런 때는 부득이 전극 반응에 참여하지 않는 전극을 사용하되 금속염을 필요할 때마다 채워주어야 한다. 이 경우 (+) 극에서 전해질의 산화 혹은 첨가 물질의 산화로 전류 전달이 이루어진다. 이런 경우 산화되는 물질을 **감극제**(depolarizer)라고 부른다.

금, 은, 니켈, 크로뮴, 주석, 구리 등 다양한 금속들을 도금으로 물체에 입힌다. 순수한 금속뿐 아니라 두 가지 이상의 금속을 함께 석출하는 방법으로 합금 도금을 할 수도 있다. 제3의 금속층을 바탕 재료와 표면 금속의 중간에 입혀서(coating) 접착성이 좋게 할 수도 있다. 도금되는 물체의 외형에 굴곡이 있어도 높은 곳과 구석진 곳까지 일정한 두께로 입히려면 구체적인 조건(전해질 용액 조성, 온도, 전류 밀도 등)이 필요하다. 요철에 상관없이 균일한 두께로 도금되는 능력을 기술 용어로 균일 전착성(스로잉 파워, throwing power)이라 한다. 전해질 용액에는 pH 완충제, 착이온 형성을 위한 리간드, 계면 활성제, 싸이오유레아(H_2NCSNH_2) 같은 유기 첨가제 등이 포함된 경우가 많다. 첨가제는 표면을 매끄럽게 하여 광택을 내는 광택제(brightener) 역할을 할 수 있고 구석진 부분까지 균일한 석출이 진행될 수 있는 역할을 하는 경우도 있다. 표면 흡착이 잘 되는 유기 물질을 광택제로 사용하는 경우가 많다. (−)극에서는 보통 수소 발생이 동시에 진행되어 전류 효율은 100%보다 작다. 대표적인 몇 가지 도금에 필요한 조건들을 표 11.4에 나타내었다.

금속 이온을 착이온으로 만드는 이유는 자발적인 화학 반응을 막기 위한 것이다. 예를 들어 철 표면에 구리를 도금할 때 다음과 같은 반응으로 철이 녹아 나올 수 있다.

$$Cu^{2+} + Fe \rightarrow Cu + Fe^{2+}$$

이것을 방지하려면 Cu^{2+} 이온을 착물로 만들고 전위를 낮게 걸어준다. 착이온 $Cu(CN)_4^{2-}$를 만들면 더 낮은 전위에서 구리의 석출이 진행될 때까지 위와 같은 화학 반응은 진행되지 않는다. 전해질에 있는 착이온 형성에 필요한 음이온들은 (+)극이 부동화 상태가 되지 않고 잘 녹을 수 있게 하는 역할도 한다.

전자 회로의 인쇄 기판에서 구멍이 뚫린 곳은 플라스틱 재료가 노출되어 전기를 통하지 않기 때문에 무전해 도금(electroless plating, 화학 도금)을 한다. 부도체 물체를 Pd염 용액에 담가서 작은 알맹이의 팔라듐들이 석출된 후에, 입히려는 금속 이온과 환원제(하이포인산염, 폼알데하이드, 보레인 등)가 포함된 용액을 사용하여 금속을 석출시킨다.

전착 도장(electropainting: electrophoretic deposition)은 강철 등과 같은 금속 표면에 전기장과 전극 반응의 도움으로 페인트를 입히는 것을 말한다. 오늘날 차량의 금속 부분이나 금속 구조물의 표면에 페인트를 입힐 때 1차 처리(priming)는 이 방법을 사용하고 있다. 칠하려는 물체를 (+)극으로 혹은 (−)극으로 하는 방법이 있다. (+)극으로 하는 경우에는 페인트를 구성하는 고분자는 음이온 카복시기($RCOO^-$)를 갖추고 있어서 정전기적으로 금속 표면에 끌려가 중화되면서 붙는다. (−)극으로 하는 경우에는 양이온 암모늄기(RNH_3^+)를 갖추고 있는 고분자가 금속 표면으로 끌려가서 중화되면서 붙는다. 이 방법들의 장점은 첫째로 유기 용매를 쓰는 일반적인 페인팅 방법과 달리 수용액을 사용하여 환경 오염의 위험을 줄일 수 있다는 것이다. 둘째로 물체의 구석구석까지 골고루 페인트를 입히는 균일 전착성이 뛰어나다는 것이다.

11.3 전기화학적 금속 가공과 산화공정법(양극 처리법)

금속 가공에는 일반적으로 기계공작 도구를 사용한다. 그러나 금속 재료 내부로 아주 가늘고 긴 구멍을 낸다든지 혹은 원기둥 모양이 아닌 구멍을 뚫는 일 등은 일반 공작 기계로는 불가능하다. 표면을 단순한 형태의 원기둥형 혹은 평면으로 깎는 일이 아니고 복잡한 높낮이 구조를 갖춘 표면을 가공할 수 있는 공구는 없다. 이럴 때 **전기화**

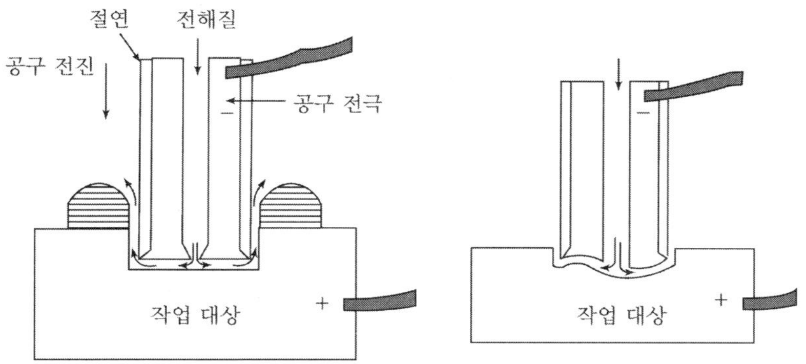

그림 11.3.1 기계가공에 사용되는 전기화학 공정

학적 기계가공(electrochemical machining, electrolytic machining) 방법은 대단히 유용하다. 가공하려는 금속 재료를 (+)극으로 하고 황산 용액과 같은 전해질을 흘려주면서 상대전극((−)극)을 가까이 다가가면 (+)극의 금속이 산화 용해되므로 상대전극의 모양과 같은 형태로 파인다(그림 11.3.1).

상대전극은 공구 전극이다. 공구 전극을 원하는 형태로 깎으려는 금속의 방향으로 더 밀면 파고 들어가는 깊이가 점점 깊어진다. 공구 전극의 전면의 단면 모양에 따라 네모난 구멍이나 타원형 등 여러 형태의 구멍 혹은 입체적 표면을 만드는 것이 가능하다. 공구 전극에는 기계적인 힘이 가해지지 않기 때문에 폭에 대한 길이의 비가 큰 구멍을 뚫는 것이 가능하며 공작물에 스트레스가 남지 않는다. 속이 빈 터빈 블레이드(예를 들어 제트 엔진의 터빈 블레이드를 냉각하기 위해서 타원형으로 뚫은 공기 출입용 구멍) 등을 이런 방법으로 만들 수 있다.

정밀한 모양의 금속 물체를 만들 때 특히 원하는 디자인의 구멍이 있는 두께가 얇은 금속 판(그림 11.3.2)을 제작하는 데 **전기 주물**(electroforming) 기술이 사용된다. 금속 이온이 녹아 있는 전해질 용액에서 (−)극 표면으로 금속을 석출시킨다는 점에서 전기 도금과 같은 공정이다. 그러나 원하는 디자인의 금속 물체가 얻어지려면 도금되는 물체는 표면의 위치에 따라 전도성 부분과 절연성 부분으로 구별되어 있어야 한다. 또한 석출로 만들어진 금속판은 (−)극으로부터 쉽게 분리할 수 있어야 되기 때문에 전극과의 접착이 강하지 않아야 한다. 그렇게 하려면 (−)극 표면을 매끄럽게 잘 연마한 후에 전도성 표면을 먼저 두꺼운 산화물층으로 덮는다. 회전 가능한 롤러형 (−) 전극을 사용하며, (+)극은 (−)극을 둘러싸는 형태로 가까이 놓는다. 표면의 절연성 부분은 반도체 공정에서와 같이 패턴을 통한 광감응 반응을 이용하여 절연 물질을 입히면 된다. 원하는 두께의 판이 만들어지면 롤러 (−) 전극과 판 사이에 칼날을 밀어 넣

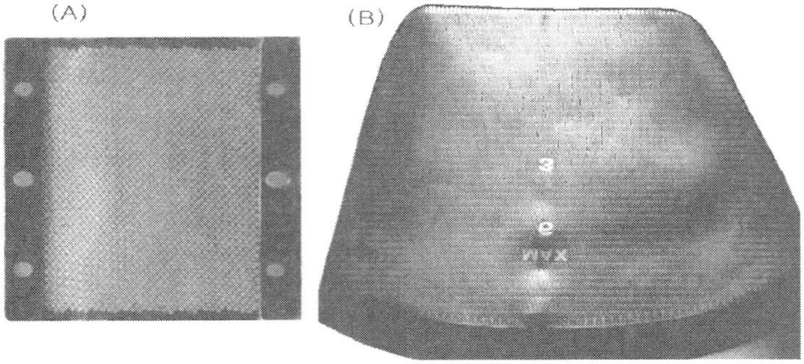

그림 11.3.2 전기주물 기술로 만든 제품들. (A)는 면도날 포일 (B)는 커피 필터.

고 판을 잡아끌어 떨어져 나오게 한다.

전기 면도기의 면도날 포일, 식품용 필터, 프린터용 가는 구멍이 있는 관, 파동 길잡이(도파관, waveguide) 등은 이런 기술을 적용하여 만들 수 있다. 그림 11.3.2에 몇몇 제품의 사진을 실었다.

산화공정법(anodizing, 전통적으로 **양극처리법**으로 알려짐)은 금속 표면을 전기화학적으로 산화시켜서 두꺼운 산화물막이 형성되도록 하여 금속의 부식에 대한 저항성, 기계적 강도 등을 향상시키고 보기에도 좋은 외형을 만드는 방법이다. 주로 알루미늄에 많이 적용하지만 강철, 티타늄, 구리 등에 적용하는 것도 가능하다. 알루미늄 자체는 무른(soft) 금속이다. 그러나 건축 자재용 알루미늄 재료는 표면이 단단하고 여러 가지 색을 띠고 있는 것이 있다. 이것은 산화공정(anodizing)으로 착색을 한 것이다. 알루미늄이 산화공정을 거치면 표면은 두꺼운($10 \sim 100\ \mu m$) 알루미늄 산화물층이 형성된다. 바닥은 치밀한 산화물이지만 그 위에는 다공성의 막으로 자란다. 이 다공성 부분은 표면과 수직 방향으로 바깥쪽이 열린 관들이 나란히 배열된 구조를 하고 있다.

알루미늄 산화공정에 필요한 전해질은 보통 10% 황산 용액을 사용하며, 때로는 크로뮴산 용액 혹은 황산/옥살산 혼합 용액도 사용한다. 강철을 상대전극으로 하여 전류 밀도가 약 $10 \sim 20\ mA\ cm^{-2}$로 유지될 수 있도록 두 전극에 걸리는 전압을 0에서 50 V 근처까지 점차적으로 증가시킨다. 이 과정은 약 몇 분 내지 한 시간가량이 걸린다. 마지막 단계에서는 수산화 소듐 용액에 담그는데, 수산화 알루미늄의 침전이 만들어져서 수많은 구멍을 막음으로 더 튼튼한 표면이 얻어지도록 하는 것이다. 착색은 유기 염료를 사용하는 방법이 있다. 또한 교류 전류를 이용하여 주석, 니켈, 코발트 등의 금속 침전이 다공성 표면의 구멍에 들어가서 빛의 간섭으로 색깔이 나타나도록 하는 방법도 있다. 예컨대 2% 황산에 1% $SnSO_4$를 녹이고 교류로 주석을 석출시키면 전류 밀도와 시간에 따라 황금색에서 검은색까지 다양한 색을 띠게 할 수 있다. 마지막으로 끓는 물에 넣으면 표면의 산화물이 팽창하면서 구멍들이 막혀 밀봉(sealing)이 된다. 그렇게 되면 알루미늄의 산화공정(양극처리)이 끝난다.

알루미늄 산화공정법은 커패시터(전해 콘덴서)를 만들 때도 사용한다. 전해 콘덴서는 표면적이 거칠어진 넓은 알루미늄 표면과 전해질 사이에 전류를 차단하는 절연체로서 산화 알루미늄의 층이 있는 구조를 갖는다. 전해 콘덴서는 건축자재로 사용되는 알루미늄과 달리 산화물층이 치밀한 구조를 갖도록 인산염이나 붕산염으로 만든 중성 전해질에서 500 V에 이르는 높은 전압을 걸어주어 만든다.

11.4 전기화학 방법으로 유기 화합물 합성

유기 화합물을 전기분해 장치를 사용해서 합성하는 것을 전해 합성 공정이라고 한다. 가장 규모가 큰 것으로 아디포나이트릴을 생산하는 공정이 있다(10.4 유기 전기화학 반응 참조). 그것은 아크릴로나이트릴의 '수소 이합체화(hydrodimerization)' 환원 반응으로 만들어지며 반응식은 다음과 같다.

$$CH_2 = CHCN + 2H^+ + 2e^- \rightarrow NC(CH_2)_4CN$$

생성물인 아디포나이트릴은 가수 분해되면 아디프산이 되고, 환원되면 헥사메틸렌 다이아민이 된다. 이 두 종류의 화합물은 모두 나일론-66의 원료가 되기 때문에 이 공정은 공업적으로 매우 중요하다. 매년 수십만 톤의 아디포나이트릴이 이 공정으로 생산되는 것으로 추정된다. 사알킬 암모늄염과 Na_2HPO_4이 포함된 전해질 수용액에서 철판 이극 전극으로 카드뮴을 입힌 면을 (−)극으로 사용하여 에멀션 상태의 아크릴로나이트릴을 전기분해한다. 전극에 일정 전류 0.2 A cm^{-2}를 걸어주면 원하는 반응이 진행된다. 이 공정은 1960년대에 몬산토(Monsanto)에서 처음 개발된 것으로 그동안 많은 발전을 하였으며, 현재는 생산 비용이 크게 절감되는 단계에 이르렀다.

글루코오스(glucose)의 전해 공정으로 글루콘산(gluconic acid)을 생산한다. 그것은 (+)극에서 Br_2를 만들고, Br_2가 글루코오스와 반응하는 간접 산화 방법을 이용한 것이다. 관련 반응식은 다음과 같다.

(+)극 반응: $2Br^- \rightarrow Br_2 + 2e^-$

화학 반응: $C_6H_{12}O_6$(glucose) $+ Br_2 + H_2O \rightarrow C_6H_{12}O_7$(gluconic acid) $+ 2H^+ + 2Br^-$

이외에도 유기 화합물의 전기화학적 합성 공정들이 상당히 많이 있지만 아직 규모가 크지 않다. 그렇지만 전기화학 공정은 전기 요금이 크게 문제가 되지 않는 정밀 화학 제품의 생산에 이용되고 있으며 앞으로의 발전도 기대할 수 있을 것이다.

11.5 환경 관련 기술

환경 오염 물질의 검출에 전기분석화학 기술이 이용되고 있다. 또한 연료 전지처럼 환경 친화적 에너지 변환이 전기화학적 방법과 기술로 상용화되고 있다. 더구나 폐수에서 오염 물질을 제거할 때, 공장 배출 수에서 금속 성분을 회수할 때, 오염 물질을 덜 유해하고 심지어 무해하고 유용한 물질로 변환하기 위하여 전기화학 기술이 사용되고 있다.

■ 금속의 석출

금속 이온이 포함된 물에서 금속을 석출시켜서 수질 기준에 맞게 물을 정화도 하고 값진 금속들을 회수하여 재사용할 수 있다. 금속 석출에 대한 반응식은 다음과 같이 나타낼 수 있다.

$$M^{z+} + ze^- \rightarrow M(s)$$

그러나 많은 금속 이온들은 다른 성분과 결합하여 착이온 형태로 존재하므로 위의 반응식은 매우 단순하게 표현한 것이다. 전극 전위가 지나치게 낮을 때는 다음과 같은 부반응(side reaction)도 진행되어 전류 효율이 낮아진다.

$$2H^+ + 2e^- \rightarrow H_2$$

$$N^{z+} + ze^- \rightarrow N(s)$$ N은 원하는 금속이 아닌 다른 종류의 금속

$$S_2O_3^{2-} + 8H^+ + 8e^- \rightarrow 2HS^- + 3H_2O$$

여기서 마지막 반응은 사진 정착액(fixing solution) 혹은 광산 폐수 등에서 은을 회수할 때 일어날 수 있는 부반응이다. 이때 만들어진 HS^-가 전극인 은과 반응하면 Ag_2S가 만들므로 전극이 부도체로 변하면서 문제가 발생한다. 효율적인 전기분해를

위하여 다양한 종류의 전해셀이 디자인되어 개발되고 있다. 대체로 전력 소모가 작은 셀을 설계하는 것이 필요하지만 회수하려는 금속이 금, 은 등과 같이 값이 비싼 경우에는 전력 소모가 크게 중요한 요인이 되지 않는다.

일반적으로 (−)극 환원 반응은 확산 지배를 받고, 반응 전류는 환원될 물질의 농도와 전극 면적, 물질 이동 계수(mass transfer coefficient)에 비례한다. 물질 이동 계수는 확산 계수를 확산층의 두께로 나눈 것이다. 전극 면적이 큰 삼차원 구조의 전극이 많이 사용되며 용액을 흔들거나 혹은 대류시키거나 혹은 움직이는(회전) 전극을 사용하여 물질 이동이 원활하도록 한다.

▒ 물의 정제

물을 정제하고 소독할 때 필요한 강력한 산화제들을 전기화학 방법으로 생산할 수 있다. 산화제가 필요한 현장에서 즉석으로 염소(Cl_2)를 제조하거나 혹은 ClO^-, O_3, H_2O_2 등을 생산할 수 있는 전기화학적 장치를 이용한다. 그렇게 하면 위험 물질을 생산해서 그것을 필요로 하는 정화 시설까지 운반하는 데 따르는 부담과 비용을 줄일 수 있다.

배출 폐수에 포함된 맹독성 사이안화물(CN^-)을 비교적 안전한 화학 물질로 변환하기 위하여 전극을 이용하여 다음과 같은 산화 반응을 진행한다.

$$CN^- + 2OH^- \rightarrow OCN^- + H_2O + 2e^-$$

$$OCN^- + 4OH^- \rightarrow 2CO_2 + N_2 + 2H_2O + 2e^-$$

또한 전극 반응으로 만들어진 하이포염소산 이온(ClO^-)과 사이안화물의 반응을 통한 간접 산화 반응이 이용되기도 한다.

$$2CN^- + 5ClO^- \rightarrow 2CO_2 + N_2 + 5Cl^- + 2OH^-$$

물에 있는 염분을 제거하기 위한 장비로 **전기 투석**(electrodialysis) 장치가 있다. 그것은 음이온 및 양이온 교환막을 번갈아 배열하고 양 끝에 전극을 설치하여 만든 장치이며 그림 11.5.1에 개략적인 모습을 나타냈다. 여기서 사용된 이온 교환막들은 양이온 혹은 음이온 중에서 하나의 이온만을 전기장 방향에 따라 통과시킬 수 있다. 따라서 전기 투석이 이루어지면 염분이 제거된 칸과 농축된 칸이 교환막으로 분리된 상태가 될 수 있도록 설계되어 있다.

걸어주는 전압에 맞는 전극 반응은 양쪽에 놓인 전극에서만 진행된다. 이 방법은 바

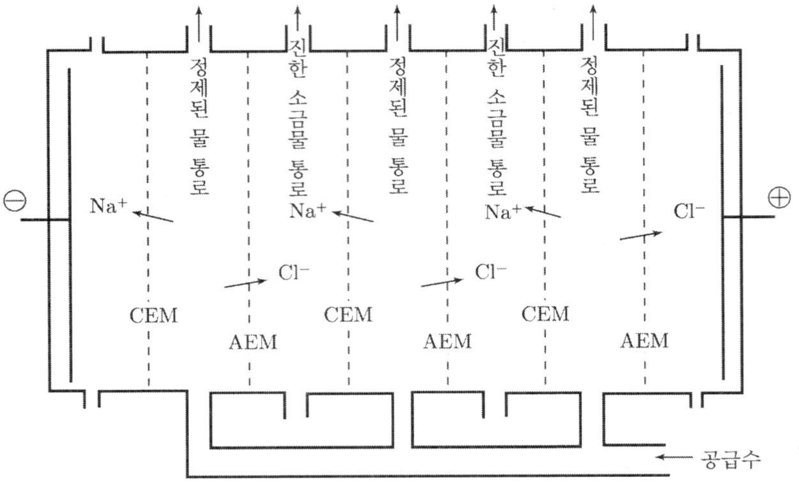

그림 11.5.1 물의 정제와 염분 농축을 위한 전기투석 장치. CEM; 양이온 교환막, AEM; 음이온 교환막.

닷물을 사용해서 식수 혹은 공업용수를 생산하는 탈염(desalination) 공정에서 사용될 뿐 아니라, 식용 소금을 대량으로 정제할 때에도 사용된다. 또한 주스 음료에 너무 많이 포함된 산 혹은 식품의 염분을 제거할 때에도 사용된다.

전력 소모는 생각한 것보다 크지 않을 수 있다. 예를 들어 여러 개(n쌍)의 이온 교환막이 갖추어진 전기분해 셀을 이용할 때 $1F$의 전하량이 통과하면 n몰의 염이 이동할 것이다. 교환막의 저항이 너무 크지 않으면 전력 손실을 최소화 할 수 있다. 또한 양이온 혹은 음이온 중에서 원하는 이온에 대한 운반율이 1에 가까운 교환막을 사용하면 정제 효율을 높일 수 있다. 막과 막의 간격을 균일하게 유지하려면 막의 기계적 강도가 좋아야 한다. 한 단계의 전기 투석만으로는 충분히 정화할 수 없기 때문에 일반적으로 여러 단계의 전해셀을 거친다.

이와 비슷한 전기 투석의 장치를 다르게 이용하는 방법으로서 농도가 진한 소금물(바닷물)과 민물을 이온 교환막들로 분리된 칸들에 밀어서 통과시킴으로써 전기 에너지를 얻는 것도 가능하다[13]. 역 전기 투석(reverse electrodialysis)이라 부르는 기술로 1977년에 처음 발명이 되었다. 그 후 2006년에 네덜란드 해안에 50 kW 급 공장이 설치되어 운용 중이다.

13) D. Kim, C. Duan, Y.-F. Chen & A. Majumdar, *Microfluidics and Nanofluidics*, **9**, 1215, 2010.

참고문헌

1. D. Pletcher and F. C. Walsh, *Industrial Electrochemistry*, 2nd Ed., Chapman-Hall, 1993.
2. D. Brynn Hibbert, *Introduction to Electrochemistry, Macmillan*, 1993, Chapters 11-14.
3. E. Heitz and G. Kreysa, *Principles of Electrochemical Engineering*, VCH, 1986.
4. C. H. Hamann, A. Hammett, W. Vielstich, *Electrochemistry*, Wiley-VCH, 1998. Chapters 8, 9.
5. H. Wendt and G. Kreysa, *Electrochemical Engineering : Science and Technolgy in Chemical Engineering and other Industries*, Springer, 1999.
6. K. Scott, *Sustainable and Green Electrochemical Science and Technology*, Wiley, 2017.
7. J. Newman and K. E. Thomas-Alyea, *Electrochemical Systems*, 3rd Ed., Wiley, 2004.
8. R. Huggins, A*dvanced Batteries: Materials Science Aspects*, Springer, 2008.

연습문제

1. 아연과 브로민 전극을 사용한 전지의 전압은 얼마인가? 관련 반응식은 다음과 같다.

$$Zn(s) + Br_2(aq) \rightarrow Zn^{2+}(aq) + 2Br^-(aq)$$

실제로 전지를 만들 때 어떤 문제가 있겠는가?

답 1.85 V

2. 연료 전지와 일반 1차 전지의 공통점과 다른 점은 무엇인가 설명하라. 또 연료 전지와 열기관의 차이점은 무엇인가?

3. 프로페인(propane)의 연소 과정에 대한 깁스(Gibbs) 자유 에너지 변화는 −2108.3 kJ mol^{-1}이다. 프로페인을 연료로 사용하는 연료 전지가 있다면 가역 전압은 얼마나 되겠는가? 프로페인 전극의 전위는 얼마인가?

답 1.09 V, 0.14 V

4. 0.10 mol dm^{-3} 질산 은 용액에서 은을 석출시킬 때 한계 전류를 계산하라. Ag^+ 이온의 확산 계수는 1.35×10^{-9} m^2s^{-1}이며 확산층의 두께는 1.0mm라고 가정한다.

5. 수소 발생 반응의 교환 전류 밀도는 백금 전극에서 8 Am^{-2}이고, 아연 전극에서 5×10^{-1} Am^{-2}이다. pH가 중성인 0.01 mol dm^{-3} 아연염 용액에서 백금 표면과 아연 표면에 아연을 석출시키는 방법으로 아연 도금을 할 수 있을 것인가? 이 문제를 다루기 위하여 아연이 석출될 수 있는 전위에서 수소 발생에 해당하는 전류 크기는 얼마나 되는가? 실제로 이 전위에 도달할 수 있는가 하는 문제를 검토해야 한다.

답 백금 표면에서는 불가능. 아연 표면에서는 가능

6. 특정 촉매의 분말 비 표면적은 23 m^2g^{-1}이다. 테플론 접착제를 사용하여 이 촉매를 전극 표면에 입혀서 10 mg cm^{-2}의 촉매층을 만들었다. 이 전극의 겉보기 면적 1 cm^2당 얻을 수 있는 실제 촉매 표면적의 최댓값은 얼마인가? 실제로 이 넓이가 얻어질 것인가?

7. 고분자막 전해 장치 설비로 연간 30만 톤 염소 생산 능력을 갖춘 세계 최대급 공장을 만들려 한다. 넓이가 1 m^2인 고분자막 10개로 칸막이한 두 칸의 전기분해

셀을 사용하며, 막을 통과하는 전류 밀도는 약 3000 Am^{-2}로 할 예정이다. 이런 전기분해 셀이 몇 개가 필요한가?

답 862

8. 7번 문제에서 사용한 장치를 사용할 때 양 전극 사이에 걸어주는 전압을 3.0 V로 한다면 전체 시설의 전력 용량은 얼마인가? 또 연간 소비 전력은 얼마인가? 연간 전기요금은 대략 얼마이겠는가? (참고: 한국전력의 2019년 산업용 전기요금은 106원/kWh이었다.)

답 7.8×10^4 kW, 6.8×10^8 kWh, 약 720억 원

12장

생 전기화학

12.1 머리말

생 전기화학(bioelectrochemistry)은 생물체의 생리 현상 및 생명 활동과 연관된 물리·화학적 변화를 전기화학 측정을 통해서 실험 및 관찰하고 이해하는 것으로, 전기화학의 한 분야이다. 이 분야는 전기적인 충격을 주면 동물의 근육의 수축이 일어나는 것을 관찰한 갈바니(Galvani)의 실험에서 시작되었다고 볼 수 있다. 비록 역사는 길지만, 그 분야의 발전은 최근에 와서 활발하게 진행되고 있다. 일반적으로 동물의 대사를 비롯하여 식물의 광합성에 이르기까지 많은 생체 반응들은 산화·환원, 이온 이동과 전달, 그에 따른 생리 활성 물질의 농도 변화 등과 관련이 있다. 따라서 그런 종류의 수많은 반응들은 원칙적으로 전기화학 방법을 이용하여 연구 및 측정이 가능하다. 이 분야는 매우 중요하지만 워낙 범위가 넓어서 생 전기화학의 범위를 정의하기가 쉽지 않다. 또한 지금까지 얻어진 결과가 많이 있지만 다루는 대상이 워낙 복잡한 시스템이며, 생체를 대상으로 전기화학적 실험을 하는 것이 힘들거나 불가능한 경우가 많다. 또한 실험의 설계 및 제어가 매우 어렵기 때문에 아직도 새로운 연구 방법과 측정 수단을 개발할 여지가 매우 넓고 깊은 분야이기도 하다. 최근 들어 생 전기화학의 중요성이 부각되어 학제 간 연구를 필요한 많은 연구들이 이루어지고 있다. 전기화학을 이용하여 수많은 생리 활성 물질과 현상을 연구하는 것 모두가 생 전기화학의 분야에 해당한다. 이것은 생명 현상을 지배하는 산화·환원 반응을 비롯하여 생체막을 중심으로 진행되는 이온 전달 현상과 살아있는 생명체에 전극을 꽂아서 특정한 물질 혹은 물리적 자극에 따라 변하는 전류, 전압의 변화를 관찰하며 연구하는 것을 포함한다.

예를 들어 암을 유발하는 발암 물질에 관한 연구가 많이 진행됐다. 현재까지 연구를 통해서 이해되는 정도는 발암 물질이 간에서 산화되고, 그 결과로 생체에서 형성된 물질이 DNA(deoxyribonucleic acid)와 상호 작용을 통해서 유전자를 변형시켜 암을 유발한다는 것이다. 생리 활성 물질의 하나인 발암 물질의 산화·환원을 조사하는 것도 생 전기화학의 한 부분이다. 그런데 이와 같은 실험은 시험관에서는 어렵지 않게 진행할 수 있다. 그러나 생체 내에서는 특정 물질을 대상으로 산화·환원을 조사하는 일은, 일부 성공한 예도 있지만, 거의 불가능에 가깝다. 매우 간단한 경우에 전기화학 방법을 사용하여 생체에서 진행되는 산화·환원을 모방하려는 실험도 가능하다. 이런 종류의 연구 및 실험도 생 전기화학으로 분류될 것이다. 때로는 살아있는 조직 세포에 전극을 넣어서 관심있는 반응을 직접 추적하기도 한다. 그런 환경에서는 매우 작은 전극이 필요하므로 결국은 극미세 전극의 개발로 이어지기도 했다. 체내(in vivo) 및 체외(in vitro) 실험 모두 생 전기화학의 분야에 해당한다고 볼 수 있는 것이다. 그러므로 생 전기화학의 범위는 매우 넓다. 생 전기화학을 다룬 많은 단행본이 여러 저자가 참여하고, 그들이 연구한 내용을 모아서 출판한 경우가 많은 것도 이와 같은 이유에서이다. 이 장에서는 필자가 생 전기화학의 핵심 부분이라고 생각되는 분야를 간략히 설명하겠다. 자세한 내용은 관련 참고문헌을 살펴보기 바란다([1]~[9]).

12.2 생화학 반응의 모방과 생체 시스템에서 에너지의 흐름

생체에서 진행되는 반응을 모방해서 시험관에서 동일한 반응을 진행하고 전기화학 방법으로 반응을 추적해 볼 수 있다. 예를 들어 섭취한 음식에 포함된 β-카로텐(β-carotene)은 간에서 대사를 통해 산화된다. 이 산화 반응을 통해 생체에서 진행되는 필요한 양의 비타민 A가 만들어진다. 아래 반응에서 나타낸 것처럼 β-카로텐 분자의 중앙에 있는 이중 결합이 끊어져 2개의 비타민 A가 된다.

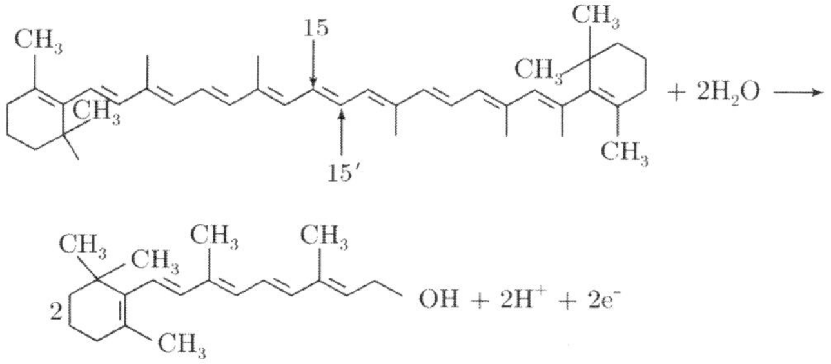

(12.2.1)

이 반응은 정확하게 분자의 중앙에 놓인 15,15′-위치의 이중 결합이 산화가 된다는 것을 의미한다. 다시 말해서 비타민 A가 생체에서 합성되는 것은 다른 생체 반응의 특성과 마찬가지로 선택성이 매우 뛰어나기 때문이다. 효소가 참여하는 생화학 반응의 뛰어난 선택성은 일찍부터 알려져 왔다. 전기화학 방법으로 선택성이 있는 비타민 A의 생성 반응을 모방할 수 있는지를 연구하였다. 그러나 수분이 소량 포함된 아세토나이트릴을 용매에서 백금 전극을 사용하여 β-카로텐를 산화시키면 β-아포-12-카로텐알(β-apo-12′-carotenal)이 생성되는 것이 관찰되었다[14]. 다시 말하자면 생체의 반응처럼 15,15′-위치에서 산화가 진행되지 않는 것이 밝혀졌고, 전기화학적 방법으로 반응의 선택성을 재현하는 것은 실패로 돌아갔다. 하지만 β-아포-12-카로텐알은 쥐의 대사 중간 화합물이라는 증거가 있다[15]. 그러므로 이 화합물은 우리 몸에서도 비타민 A로 산

14) S.-M. Park, *J. Electrochem. Soc.*, **125**, 216, 1978.
15) J. Glover and E. R. Redfearn, *Biochem. J.*, **58**, XV, 1954.

화되기 위한 중간 생성물일 가능성이 있으며, 더 산화가 진행되어 비타민 A로 변할 가능성을 완전히 배제하기는 어렵다. 산화 효소의 뛰어난 선택성을 갖는 반응을 간단한 전극 반응으로 모방하기는 쉽지 않다는 것을 보여주는 실험이기도 하다. 만약에 탄소 전극의 표면을 간에 있는 사이토크롬 C(cytochrome c)와 같은 산화 효소로 변성시키고, 산화를 진행하면 생체에서 일어나는 반응과 같은 선택성이 재현될 가능성도 있다. 다양한 수정 전극을 만들어 반응의 선택성을 높이려는 연구와 실험은 전기화학 연구자들이 꾸준히 노력하고 있는 부분이기도 하다.

전기화학 방법을 이용하여 생체 반응을 모방 및 탐색하는 연구도 진행되었다. 한때 런던에서 굴뚝 청소를 직업으로 삼았던 사람들이 피부암과 고환암에 많이 걸린다는 사실이 알려졌다. 그것은 벤조[a]피렌(benzo[a]pyrene; BaP)이 원인이라는 것이 일찍이 밝혀졌다. 그 후에 생화학자들은 연구를 통해서 BaP의 산화물이 DNA에 삽입되고, 공격하여 유전자의 돌연변이를 일으키기 때문에 암을 일으킨다는 결론을 내렸다. 따라서 BaP의 산화물의 특성에 대한 호기심은 BaP의 산화를 전기화학 방법과 실험을 통해 알려는 노력으로 이어졌다[16]. 결과적으로 DNA를 포함하는 용액에서 BaP를 전기화학 방법으로 산화시키면 형광 및 흡수 분광법으로 검출이 가능한 첨가 생성물(adduct)이 된다는 것을 확인할 수 있었다. 물론 전기화학 방법을 통해 유도되는 반응은 생체에서 진행되는 반응과 분명히 조건도 다르고 결과물도 다를 것으로 예상이 된다. 그러나 이러한 시도는 분명한 의도가 있다고 볼 수 있다. 그런 실험을 통해서 생체 반응과 어떤 점이 다르고 같은지를 살펴볼 수 있으며, 그 자체로 생리 활성 물질의 전기화학적 산화를 다루었다는 점에서 생 전기화학의 부류에 해당되는 실험이라 볼 수 있기 때문이다. 이런 실험 방법들을 더 연구하고 개선하여 생체 조건과 거의 유사한 환경의 전기화학 실험 방법을 구현할 수 있으며, 생체에서 생리 활성 화합물의 역할과 거동을 이해하는 데 많은 도움을 줄 것이라고 예상할 수 있다.

생체에서 진행되는 생리 활성 물질의 산화·환원 반응을 이해하기 위해서는 결국에는 생체 조건과 매우 닮은 환경에서 관심 대상 화합물의 전기화학적 거동을 관찰해야 한다. 하나의 예를 들어보자. 사이토크롬 복합체(cytochrome complex, cytochrome c), 헤모글로빈(hemoglobin), 혹은 마이오글로빈(myoglobin)과 같은 생리 활성 물질들은 크기가 매우 큰 단백질이며, 생체에서 산화·환원 반응에 관여하고 있다. 따라서 이 화합물의 산화·환원을 전기화학적인 방법으로 관찰하려는 노력은 일찍부터 시작되었다. 그러나 산화·환원 반응에 중심 역할을 하는 Fe^{2+} 또는 Fe^{3+}의 전극 응답은 매우 느리며 또한 비가역적이다. 그 이온들은 매우 커다란 분자의 안쪽에 깊숙이 박혀 있기

---

16) D. A. Tryk and S.-M. Park, *J. Am. Chem. Soc.*, **103**, 2123, 1981.

때문에 어떤 전극을 사용하더라도 산화 · 환원에 대한 전극 반응이 매우 느리게 나타나며, 또한 비가역적인 것이다. 또한 이 물질들의 전기화학적 거동은 전극의 종류에 따라 크게 영향을 받는다. 일반적으로 생리 활성 물질들의 산화 · 환원 전위는 생체 반응에 대한 열역학적인 에너지를 이해하고 그들의 역할을 이해하는 데 중요하다. 또한 전자 이동 반응 속도는 관련 반응들의 효율을 평가하는 데 중요한 자료로 활용될 수 있다. 보통 생리 활성 물질의 순환 전압전류 곡선을 측정하지만 특정한 경우를 제외하고는 잘 정의된 전기화학적인 거동을 이해하기에는 매우 부족하다. 그러므로 용액에 녹을 수 있는 전자 이동 매개체를 사용하거나 혹은 전극 표면을 매개체 화합물로 변형시켜서 전기화학 실험을 하면 해석이 가능하고 보다 명확한 순환 전압전류 곡선을 얻는 경우가 많다.

예를 들어 메틸 바이올로젠(methyl viologen, MV^{2+})을 전자 이동 매개체로 사용하여 사이토크롬 C 산화 효소(cytochrome c oxidase, cyt_{ox})의 환원에 대한 연구가 진행되었다[17]. 이것과 관련된 반응은 다음 식으로 나타낼 수 있다.

$$MV^{2+} + e^- \rightleftharpoons MV^{\dot{+}} \quad (12.2.2)$$

$$4MV^{\dot{+}} + cyt_{ox} \rightleftharpoons 4MV^{2+} + cyt_{red} \quad (12.2.3)$$

이런 반응 경로를 이용하면 사이토크롬 C 산화 효소의 산화 혹은 환원을 어려움 없이 진행할 수 있다. 일반적으로 직접 산화 · 환원이 곤란한 많은 생체 화합물의 산화 혹은 환원을 진행할 수 있는 방법이 적합한 전자 이동 매개체를 이용하는 것이다. 그러나 위와 같은 반응이 진행되어도 사이토크롬 C 산화 효소의 정확한 산화 · 환원 전위는 얻을 수 없다. 왜냐하면 위와 같은 반응이 진행될 수 있는지 혹은 진행될 수 없는지는 전자 이동 매개체의 산화 · 환원 전위에 달려 있기 때문이다. 사이토크롬 C 산화 효소의 정확한 산화 · 환원 전위의 측정은 이 화합물이 전극에서 직접 산화 혹은 환원이 되는 경우에 가능하다. 따라서 표면을 변형한 전극을 사용하여 전기화학 실험을 진행하여 직접 산화 · 환원이 되는 전위를 찾아야 한다.

근래에 전자 이동이 가능한 화합물을 이용하여 자기 조립 박막을 만들고, 그것을 매개체로 사용하여 전기화학 실험을 진행하는 연구가 보고되고 있다. 하나의 예를 들자면 싸이올(thiol) 혹은 L-시스테인(L-systeine, $HSCH_2CH(NH_3^+)CO_2^-$)과 같은 분자들은 분자의 한쪽 말단에 $-SH$기가 있어서 금 전극 표면에 강하게 흡착할 수 있다. 그런 특성 때문에 금 전극 표면에 자기 조립 박막을 형성할 수 있다. 이 분자의 길이는

17) E. Steckhan and T. Kuwana, *Ber. Bunsenges. Phys. Chem.*, **78**, 253, 1974.

매우 짧아서 형성된 박막은 전자를 전달하기에 적당히 얇다. 박막의 특성 또한 사이토크롬 C 산화 효소와 같은 거대 분자에게 전자 이동을 돕거나 직접 전자 이동이 가능하다. 따라서 이런 박막을 이용하여 거대 분자의 전기화학적 거동 혹은 산화·환원 전위를 파악하는 것이 가능하다.

생체의 pH는 7.0에 가깝다. 그러므로 생체에서 진행되는 반응에서 수소 이온이 참여하는 반응들은 수소 이온 농도의 표준 상태를 대부분 pH 7.00으로 정의하고 있다. 그것은 열역학 혹은 전기화학에서도 같은 입장이다. 수소 이온이 관여하는 효소 반응들의 전극 전위는 pH 0이 표준 상태인 표준 전극 전위 E°와 pH 7.00이 표준 상태인 형식 전극 전위 $E^{\circ\prime}$로 구분된다. 생체에서는 수많은 반응과 많은 유기 반응들은 효소(enzyme)가 촉매로 작용하여 진행된다. 촉매 효소는 촉매로서의 역할은 물론 전자 매개체 역할도 담당하는 경우가 많다. 표 12.1에 몇몇 효소 및 생체에서 중요하게 다루는 반응에 대한 형식 전위($E^{\circ\prime}$)를 나열하였다.

표에 실린 값들은 형식 전위 $E^{\circ\prime}$이다. 만약에 수소 이온의 개수와 이동 전자의 개수가 같은 반응의 경우에 네른스트(Nernst) 식에 따라 두 전극 전위의 관계는 $E^{\circ\prime} = E^\circ - 0.42\ \mathrm{V}$이다.

앞에서 예로 들었던 메틸 바이올로젠, 사이토크롬 C 등과 같은 화합물보다 전기화학 실험에 더 적합한 생리 활성 물질 혹은 체내 화합물도 많이 있다. 하나의 화합물이 포피린(porphyrin)인데, 포피린 혹은 그 유도체들은 생체에서 쉽게 발견되며, 전자의 잃고 얻는 일이 비교적 쉽게 진행되기에 환원 혹은 산화될 수 있다. 따라서 포피린과 그것의 유도체에 대한 전기화학 연구 자료는 다른 화합물의 경우에 비하여 상당히 많다[2].

전기화학 실험 장치를 사용해서 측정된 이 화합물들의 산화·환원 전위는 곧 생체 시스템의 에너지 흐름을 알 수 있는 중요한 자료가 된다. 예를 들어 현재까지 우리가 알고 있는 광합성 과정의 에너지 흐름은 광화학적 및 전기화학적 측정 자료를 가지고 종합적으로 해석 및 과학적 판단을 거쳐 얻어진 결과이다. 그러나 전기화학 실험에서 측정된 자료들 가운데 가역적인 경우에만 열역학적인 의미를 갖는다. 따라서 산화·환원 반응에 대한 전기화학 측정은 가능한 모든 방법을 사용하여 가역적인 반응이 진행되도록 실험조건을 잡는 것이 매우 중요하다. 지금까지 설명한 여러 가지 방법들을 이용한다면 화합물의 산화와 환원이 가역적으로 진행되도록 하는 조건을 알아내는 것이 쉽지는 않지만 불가능하지도 않다.

표 12.1 효소 및 생체 반응들의 산화 · 환원 전위*

효소	$E°'$(mV vs NHE)*
CODH	−500
Ferredoxin(시금치)	−440
$NAD^+/NADH$	−320
$FAD/FADH_2$	−220
Cytochrome *c*	+220
Laccase(tree)	+440
Laccase(fungal)	+80
$2H^+/H^2$	−420
Ferredoxin(Fe^{3+})/ferredoxin(Fe^{2+})	−420
$NAD^+/NADH$	−320
S/H_2S	−274
S_0/HS^-	−270
SO_4^{2-}/H_2S	−220
$Pyruvate^{2+} + 2H^+ + 2e^- \rightarrow lactate^{2-}$	−185
2,6−AQDS/2,6−AHQDS	−184
$FAD/FADH_2$	−180
Menaquinione ox/red	−75
Pyocyanin ox/red	−34
Hunmic substances ox/red	−200 to +300
Methylene blue ox/red	+11
$Fumarate^{2-}/succinate^{2-}$	+31
Thionine ox/red	+64
Cytochrome *b*(Fe^{3+})/cytochrome *c*(Fe^{2+})	+75
Fe(III) EDTA/FE(II) EDTA	+96
Ubiuinone ox/red	+113
Cytochrome *c*(Fe^{3+})/cytochrome *c*(Fe^{2+})	+254
O_2/H_2O_2	+275
Fe(III) citrate/Fe(II) citrate	+385
Fe(III) NTA/Fe(II) NTA	+385
NO^{3-}/NO^{2-}	+421
$[Fe(CN)_6]^{3+}/[Fe(CN)_6]^{4+}$	+430
NO^{2-}/NH^{4+}	+440
MnO_2/Mn^{2+}	+600
Fe^{3+}/Fe^{2+}	+771
O_2/H_2O	+820

* pH 7.00인 용액에서 측정되는 표준 전위로 생화학 실험에서 주로 이용된다.

12.3 생체막의 계면과 에너지 관계

세포 혹은 세포 내의 미토콘드리아 등은 생체막으로 둘러싸여 있다. 수많은 종류의 생체막이 있기 때문에 그런 막들의 역할과 기능을 알아내는 것은 매우 중요하다. 보통 생체막은 주로 단백질과 지질로 구성되어 있고, 그것을 중심으로 고체상과 액체상이 맞닿아서 경계를 이룬다. 그 경계면과 관계되는 계면의 특성과 에너지의 관계를 이해하는 것은 생체막의 특성과 기능을 이해할 때 필수 요소이다.

일반적으로 생체막은 **두분자층 지질막**(bilayer lipid membrane, BLM)이며, 그 하나의 예를 그림 12.3.1에 나타냈다. BLM의 안쪽은 소수성 지방족 탄화수소(hydrocarbon)가 배치되고, 바깥쪽은 친수성 작용기가 배치된 형태를 갖추고 있다. 그런 구조가 2층으로 형성되어 막을 형성한 것이 BLM이다. 이런 구조적 특성을 가진 막들이 세포(cell) 간의 경계를 이루고 있다. 그런데 막의 주요 성분은 지질과 단백질이다. 지질 분자의 큰 부피를 차지하는 것은 지방족 탄화수소이고, 이들은 유기 용매에만 녹을 수 있다. 동시에 물에 녹을 수 있는 극성 성질을 띤 친수성 부분이 함께 있다. 또한 생체에 필

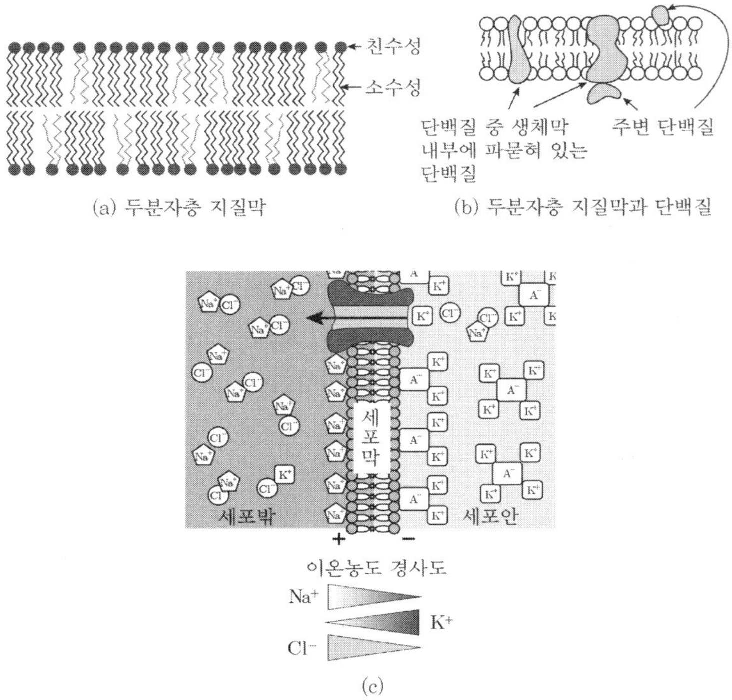

(a) 두분자층 지질막 (b) 두분자층 지질막과 단백질

(c)

그림 12.3.1 생체막의 모형: (a) 두분자층 지질막, (b) 지질－단백질 두분자층막
(c) 세포막을 중심으로 안과 밖의 이온 분포 모델

요한 단백질이 두분자층 지질막에 흡착되어 있거나 혹은 지질 부분에 삽입되어 하나의 막을 형성한다. 이 막들은 단백질은 물론 다른 분자들과 강한 공유 결합 혹은 아주 약한 반데르발스 결합을 할 수 있어서 생체에서 중요한 기능을 담당하고 있다.

단백질들은 수많은 아미노산이 결합된 거대 분자이다. 보통 한 개의 L-아미노산의 카복시기(carboxyl)와 또 다른 같은 종류 혹은 다른 종류의 L-아미노산에 있는 아미노기가 결합하면서 단백질 분자를 만든다. 그 결합을 펩타이드 결합이라 부르며, 1개의 펩타이드 결합이 형성될 때마다 물 분자 1개가 빠져나온다. 그러므로 20종류의 아미노산이 많은 개수의 펩타이드 고리(−CONH−)로 연결된 것이 단백질인 것이다. 단백질은 세포의 구성 성분, 생체 반응에 필요한 효소, 세포막의 일부를 이루는 거대 분자로 그 기능과 종류는 대단히 많고 다양하다. 단백질 가운데에는 전기 활성을 띠는 (electroactive) 것도 많다.

표 12.2에 전기 활성을 띠고 있는 단백질의 일부를 나열하였다. 표에서 보듯이 전기 활성을 띠는 단백질은 이황화(disulfide) 결합, 수소아황산염(bisulfite), 혹은 보결원자(분자)단(prosthetic groups: Fe^{3+}, Cu^{2+}, FAD 등), 방향족 작용기, 탄소의 이중 결합 등을 포함하고 있다는 특징이 있다. 또한 단백질은 아민기와 카복실산 작용기를 갖추고 있고, 인산기와 결합된 핵산들, 인산기에 결합된 각종 생리 활성 분자들도 포함하는 경우가 많아서 여러 자리 이온(polyion)을 형성할 수 있다. 그런 거대 단위체는 수용액에서 여러 자리 전해질의 고분자로서 역할을 할 수 있다. 그러므로 지질막의 구성 성분과 그에 결합된 분자의 특성과 그것이 놓인 조건에 따라 생체막은 전기화학적 성질을 띠면서 다양한 역할과 기능을 하기 때문에 전기화학 방법으로 생체막의 특성을 연구할 수 있는 것이다.

일반적인 세포막은 지질이 약 40%이며, 단백질은 약 60% 정도로 구성되어 있다. 그러나 세포막에서 지질과 단백질이 차지하는 비율은 매우 다양하다. 예를 들어 미토콘드리아(mitochondria)의 내벽막은 지질이 약 20%이고, 단백질이 약 80%이다. 반면에 신경계 주위를 둘러싸고 있으며 절연체 역할을 하는 미엘린(myelin)은 지질과 단백질이 각각 약 80%, 20%이다.

그림 12.3.1(a)에서 나타낸 이상적인 두분자층 지질막은 안쪽에 소수성 부분과 바깥쪽은 친수성 부분으로 매우 명확하게 구분이 되어 있다. 그러나 단백질을 포함하는 막은 이 그림처럼 뚜렷한 경계를 가질 정도로 명확하지 않은 경우가 많다.

실제로 그림 12.3.1(a)에서 나타낸 것과 같은 명확하게 정돈이 되어 있는 두층이 명확히 구별되는 경우는 거의 없다고 봐도 좋다. 특히 단백질이 지질 벽에서 수용액 방향으로 걸쳐 있어서 결합되어 만들어지는 계면은 막의 내부 혹은 외부에 이르는 상당

표 12.2 전기 활성을 지닌 단백질과 반파 전위 값

단백질	분자량 $\times 10^{-3}$	전자 수용체	$E_{1/2}$(V vs. SCE) pH = 7.0에서
Insulin	5.8	S−S	−0.6
Ribonuclease	13.6	S−S	−0.8
Lysozyme	14.5	S−S	−0.8
Trypsin	23.8	S−S	−0.49
Chymotrypsin	25	S−S	−0.45
Ovalbumin	40	S−S	−0.8
Human serum albumin	69	S−S	−0.6
Bovine serum albumin	69	S−S	−0.63
Cytochrome c	13	Fe^{3+}	−0.13
Cytochrome c3	14	Fe^{3+}	−0.53
Cytochrome b5	~14	Fe^{3+}	−0.58
Methaemoglobin	64	Fe^{3+}	−0.60
Metmyoglobin	16	Fe^{3+}	−1.05
Bacteriorhodopsin		R = CHCH = R	−0.97
Cytochrome oxidase	200	Fe^{3+}, Cu^{2+}	−0.2
Tryptophan oxygenase	67	Fe^{3+}, Cu^{2+}	−0.2
Glycogen phosphorylase	200	R−CH = N−R	−0.82(pH 4.9)
Xanthine oxidase	200	FAD, SH	−0.59
Cholesterol oxidase		FAD	−0.33
Glucose oxidase	186	FAD, S−S	−0.36
Ferredoxin(spinach)	13.5	Fe^{3+}	−0.6
Ferritin	700	Fe^{3+}	−0.38(pH 2)

한 범위에 걸쳐 있게 마련이다. 분자의 특성에 따라서 세포벽의 안팎에 형성된 이온들이 비대칭적으로 배열되면 그것으로 인하여 쌍극자(dipole) 배열도 형성이 된다. 쌍극자 배열은 벽 안팎의 전위차의 원인이 되며, 그 차이를 세포막 표면 전위(E_s)라고 부르며, 다음 식과 같이 나타낸다.

$$E_S = E_D + E_{DL} \qquad (12.3.1)$$

여기서 E_D는 쌍극자 분자들의 배열에 따라 달라지는 표면 전위이며, E_{DL}은 계면의 전기 이중층(electric double layer)이 원인이 되는 전위이다.

그런데 실험에서 관측되는 실제 전위차는 **막횡단 전위**(transmembrane potential,

E_m)이다. 이것은 세포막의 내부와 외부에 걸쳐 발생하는 전위이다. 막횡단 전위 E_m은 곧 세포 내부의 전위 ϕ_i와 세포 외부의 전위 ϕ_o의 차이이며 다음과 같은 식으로 나타낼 수 있다.

$$E_m = \phi_i - \phi_o = E_{i,\,DL} - E_{o,\,DL} + \varDelta E_D \tag{12.3.2}$$

여기서 $E_{i,\,DL}$과 $E_{o,\,DL}$은 각각 세포벽 내부 및 외부의 전기 이중층 전위이고 $\varDelta E_D$는 세포 안팎의 이온 종류나 농도의 차이로 발생하는 전위차이다. 그 전위차 때문에 이온 확산의 추진력이 만들어진다. 따라서 내부 및 외부의 전기 이중층 전위가 같다면 막횡단 전위는 막의 양쪽에 놓여 있는 이온의 종류와 농도 차이로 결정될 것이다. 그러나 전해질의 종류 혹은 농도 차이가 있으면 전기 이중층 전위 또한 같을 수가 없으므로 이런 가정은 유효하지 않다. 그럼에도 불구하고 만약에 막 양쪽의 전해질 종류는 같고 농도만 다르며 이온들의 전하가 ±1이라면 막횡단 전위는 다음과 같은 식으로 나타낼 수 있다.

$$E_m = \frac{RT}{F} \ln \frac{C_o}{C_i} \tag{12.3.3}$$

여기서 C_o와 C_i는 각각 세포벽의 외부와 내부에 있는 전해질의 농도이다. 양쪽이 평형에 도달하면 이 전위는 일정한 값을 유지하며 안정한 상태가 된다. 이것을 **정지 전위**(resting potential)라 부른다. 생체막 주위에 있는 전해질은 주로 Na^+ 또는 K^+이며, 이 두 이온의 상대 농도가 달라지면 전위의 차이는 수십에서 수백 mV까지 변하기도 한다. 이 전위를 식 (12.3.3)과 같이 비교적 간단하게 나타내려 했지만, 실제로는 식 (12.3.2)의 조건처럼 여러 성분으로 이루어졌다. 따라서 2.6절에서 논의했던 것과 같은 도난(Donnan) 전위로 나타내는 것은 적절하지 않다. 왜냐하면 막횡단 전위가 막의 내부에서 관찰되는 전위를 모두 반영하는 것이 아니기 때문이다. 따라서 생체막을 가로질러 형성되는 전위는 막의 표면을 이루는 이온들과 표면 이온과 대응되는 용액에 있는 상대 이온의 상호 작용으로 형성된 전기 이중층으로 결정된다. 막횡단 전위를 이해하는 일은 식물의 엽록체, 근육 섬유 혹은 신경 섬유 등에서 진행되는 전기적 성질과 기능을 파악하는 데 매우 중요한 역할을 한다.

전기화학자들은 생체막의 성질을 모방할 수 있는 인공 두분자층 지질막(BLM)을 만들어 실험을 진행했다. 그런 인공막의 전기 전도도는 약 $10^{-14} \sim 10^{-12}$ S/cm 정도이고, 이는 실제 생체막의 전도도보다 약 백만 배 정도나 작은 값이다. 그러나 생체막의 표면에서 발견되는 성분과 비슷한 표면의 전자 수용체나 단백질을 적절하게 도입시킨 인공 지질막의 전도도는 생체막의 전도도와 거의 동등하게 만들 수도 있다.

인공 지질막에서 물질의 이동을 이해하기 위해서 소위 **전기천공법**(electroporation) 실험을 진행한다[4]. 전기천공법은 막의 한쪽은 기준 전위로 유지하고 다른 한쪽은 약 0.1 ~ 30 kV/cm의 펄스 전위를 걸어준 후에 막의 양쪽에서 발생하는 순간 투과성(transient permeability)을 측정하는 실험이다. 측정 결과는 지질막의 투과성을 이해하는 자료로 활용된다. 또한 전기천공법 실험은 두 개의 세포 생체막을 접촉시켜서 세포 두 개를 접합할 때 혹은 생체막에 DNA나 글라이코 단백질(glycoprotein)같은 커다란 생체 분자를 삽입시킬 때 이용하기도 한다. 이런 현상을 각각 세포의 **전기 접합**(electrofusion) 혹은 **전기 삽입**(electroinsertion/electrotransfection)이라고 부른다. 이런 현상들의 메커니즘은 잘 알려지지 않았지만, 막의 표면에 이온이 축적되어 계면 간의 편극이 일어나는 것은 확실하다. 강력한 펄스 전위와 그에 따른 막횡단 전장의 변화가 일어나면 지질이 재배치되고 생체막에 미세한 구멍(pores)이 형성된다. 그러므로 그곳을 통해서 전기 접합 혹은 전기 삽입이 진행될 가능성은 매우 높다. 일단 전기 펄스가 사라진 후에는 구멍이 서서히 아물며, 접합이나 분자의 삽입이 진행될 것이라 짐작할 수 있을 것이다.

전기천공법을 이용하여 유전자(DNA)를 세포에 옮겨 세포의 형질을 변형시키는 실험은 분자생물학, 유전자공학, 병의 치료법 및 생물공학에서 매우 중요하다. 세포는 물론 미생물 혹은 조직(tissue)에 다른 종류의 핵산 혹은 단백질을 삽입시켜 그것들의 생물학적인 성질을 변화시키는 것이 가능하기 때문이다. 따라서 전기천공법으로 유전자를 전이하는 것은 화학 변성이 일어나지 않는 세포 내부로 유전자를 고효율로 삽입시킬 수 있다는 장점이 있다. 변성되지 않은 박테리아, 효소, 식물 세포들을 전위차 증발법으로 안정하게 변형시키는 방식은 생물학 및 생물공학의 다양한 도전에 좋은 수단을 제공할 것이다.

12.4 신경 신호 전달에 관한 전기화학

12.4.1 신경 신호의 전달

지금까지 설명한 것처럼 세포의 내부와 외부에 있는 전해질의 농도 차이 때문에 세포 내부와 외부를 가로지르는 일정한 전위 차이가 유지되고 있다. 특별히 외부 충격

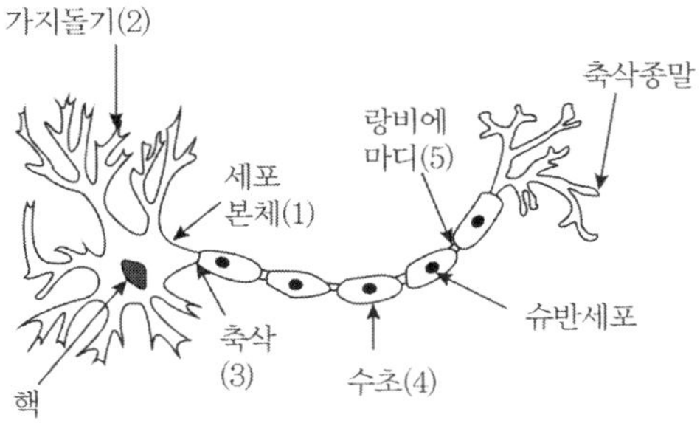

그림 12.4.1 신경 세포의 구조: 1. 신경 세포 본체(neuron body), 2. 가지 돌기(dendrite), 3. 축삭(axon), 4. 미엘린 수초(myelin sheath), 5. 랑비에 마디(node of Ranvier)

혹은 교란(perturbation)이 없다면 생체 시스템은 평형에 도달하기 때문에 그 전위차, 즉 정지 전위는 유지된다. 그러나 외부로부터 갑자기 전류를 흘려주거나 혹은 커다란 자극을 주면 그에 대응하는 소위 자극 전위가 발생하여 생체 전기화학 셀의 평형이 깨어지게 된다. 이 절에서는 이런 과정의 특징들을 간단히 살펴본다.

신경 세포도 다른 세포들과 마찬가지로 외부와 내부의 전해질이 분리되어 있다. 신경 세포 안과 밖의 전해질 용액은 대부분 Na^+와 K^+로 이루어져 있지만, 그것들의 농도는 세포 안과 밖에서 매우 다르다. 세포막 외부에 놓인 전해질은 약 90%의 NaCl로 이루어져 있다. 반면에 세포막 내부에 있는 전해질은 약 10%는 NaCl이며, 나머지 90%는 주로 K^+와 소량의 유기 이온으로 이루어져 있다. 신경 세포의 구조를 그림 12.4.1에 나타냈다. 신경 세포막은 기본적으로 K^+에 대해 투과 특성이 있어서 마치 이온 교환 수지와 비슷하게 거동한다고 이해하면 된다. 오징어의 신경 세포는 그것과 연결된 축삭(axon)의 지름이 1 mm 정도나 된다. 그 축삭에는 K^+, Na^+, Cl^- 등으로 이루어진 축삭 원형질(axoplasm)이라 부르는 젤(gel)이 들어 있다. 오징어 신경 세포는 크기가 매우 크기 때문에 지금까지 전기화학자들의 실험과 연구에 많이 이용되었다.

호지킨(A. L. Hodgkin)과 카즈(B. Katz)[18]는 오징어 신경 세포 축삭의 안과 밖에 각각 전극을 하나씩 넣고 작은 계단 전위를 걸어주고 전기화학 측정을 하였다. 그들은 세포 밖에 있는 Na^+의 농도가 신경 신호 전달의 속도를 제한하는 것이라고 발표하였다. 세포의 안과 밖의 전위차가 충분히 크면 Na^+가 밖에서 안으로 이동하며, 대신 K^+는 안에서 밖으로 이동한다. 즉 감극 전류(depolarization current)가 흘러서 전위차가 커지는 것을 막아준다. 이런 상황에서 전류 i와 전위 차이의 관계는 다음 식으로 나타낼 수 있다.

18) A. L. Hodgkin and B. Katz, J. *Physiol. (London)*, **108**, 37, 1949.

$$i = g(V_{\text{indise}} - V_{\text{outside}}) \quad (12.4.1)$$

여기서 g는 비례 상수이며, 단위는 전도도와 같다. 이를 다음과 같이 표현할 수 있다.

$$g_{\text{Na}} = g^{*}_{\text{Na}} + m^3 h \quad (12.4.2)$$

$$g_{\text{K}} = g^{*}_{\text{K}} n^4 \quad (12.4.3)$$

여기서 m, n 및 h는 하나의 특정 전위에서 막의 통로(channel)를 여는 과정을 기술하는 매개 변수(parameter)이다. 한편 m과 n은 소위 '여는 분자(gating molecules)'에 연관되어 있다. 또한 h는 Na^+ 통로에 영향을 미치는 변수이며, 통로를 닫을 때 쓰이는 소위 '봉쇄 물질(blocker)'로 역할을 하는 유기 화합물과 연관이 되어있다. g^{*}_{Na}와 g^{*}_{K}는 각각 세포에서 Na^+와 K^+가 갖는 고유의 전도도이다.

신경 세포의 신경 충동(nerve impulse)인 자극 전위(action potential)의 변화 모습과 앞서 설명한 g 및 h 매개 변수들의 시간에 따른 변화, 즉 전도도의 변화 모습을 그림 12.4.2에 나타냈다[8].

이 그림을 보면 막전위(V_m)가 초기에 일정한 값에 접근하면(a에서 b로) Na^+ 통로

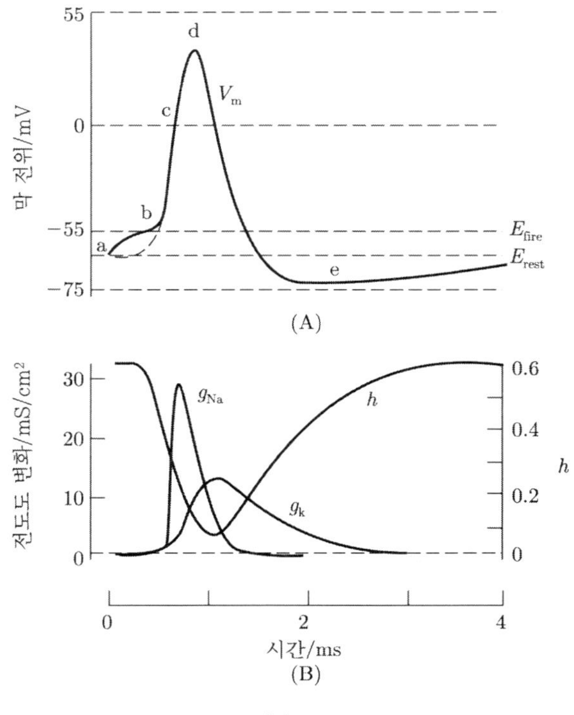

그림 12.4.2 시간에 따른 자극 전위 변화(A)와 각 매개 변수의 전도도 변화(B). 본문참조.

가 열리면서 Na^+가 세포 내부로 이동하며(g_{Na}의 증가) 동시에 K^+가 세부 외부로 이동한다(g_k의 증가)는 것을 알 수 있다. 또한 막전위의 초기 단계를 지나면 Na^+의 이동 속도가 K^+의 이동 속도보다 훨씬 빨라져서 전위차는 더욱 커진다. 그때부터 Na^+ 통로는 닫히기 시작하면서 편극 현상에 따른 막전위(V_m)가 줄어든다. 또한 K^+ 통로가 열리면서 K^+가 세포 내부로 이동하면 전위차는 급격히 떨어진다. 결국 막전위는 원래의 평형 전위의 값보다 더 내려간 후에 다시 점차로 본래의 평형 상태를 회복한다. h는 비활성화 게이트(inactivation gate)라고 부르며, 활성화되지 않은 이온 통로(channels)의 분율을 나타낸다. 즉 이온 통로가 활성화되면 h는 감소하면서 전도도는 잠시 증가하였다가 다시 원상태로 회복하는 것을 볼 수 있다. 신경 세포가 신호를 주고받을 때 사용하는 신경 충동은 결국은 여러 종류의 여기(excitation) 신호가 전달되는 과정인 것이다. 그것은 신경 세포의 주위에 있는 수용액을 통한 이온의 이동, 신경 전달 물질(예를 들면 신경 연접부(synapse)의 acetylcholine)을 활용한 전기 신호의 전달, 혹은 반도체와 같은 신호 전달[19] 등과 같은 여러 복합적인 과정들이 함께 어우러져 있다(12.4.2절 참조).

앞서 설명한 것처럼 신경 충동은 자극 전위가 어느 크기 이상으로 올라가면 Na^+의 통로가 열리면서 시작되고, 신경 충동이 지나간 후에는 세포는 본래의 상태로 돌아간다. 이 모든 과정은 Na^+/K^+-ATPase(adenosine triphosphatase) 효소가 관여하고 있다. 이 효소는 간략히 Na^+/K^+ pump라고 부르며, 그림 12.4.3에 간략히 나타냈다. 그림처럼 막에 있는 Na^+/K^+-ATPase가 한 분자의 ATP(adenosine triphosphate)를 만들 때마다 3개의 Na^+는 막의 외부로 이동하고, 동시에 2개의 K^+는 막의 내부로 이동한다. 이것을 생체 발전 소듐 펌프(electrogenic sodium pump)라 부른다. 한편 Na^+/K^+-ATPase는 세포막의 정지 전위를 유지하고, 이온의 운반 및 농도 분포의 유지에 관여하며, 결과적으로 세포의 부피를 조절하는 작용을 할 수 있는 중요한 생리 활성 분자의 하나이다.

앞서 설명한 신경 신호의 전달을 이해했다면 국부 마취제 혹은 진통제가 어떻게 기능을 하는지를 짐작할 수 있다. 프로카인(procaine) 혹은 리도카인(lidocaine)과 같은 마취제는 Na^+의 이동을 방해해서 신경 충동의 발생을 방지한다는 것이며[5], 그 내용을 그림 12.4.4에 나타냈다. 근육의 수축도 이와 유사한 과정을 통해서 진행된다. 충동이 전달되는 과정은 매우 유사하며, 이 경우에는 이동하는 이온은 Na^+ 혹은 K^+가 아니라 Ca^{2+}이다.

---

19) A. Szent-Györgi, *Nature*, **148**, 157, 1941.

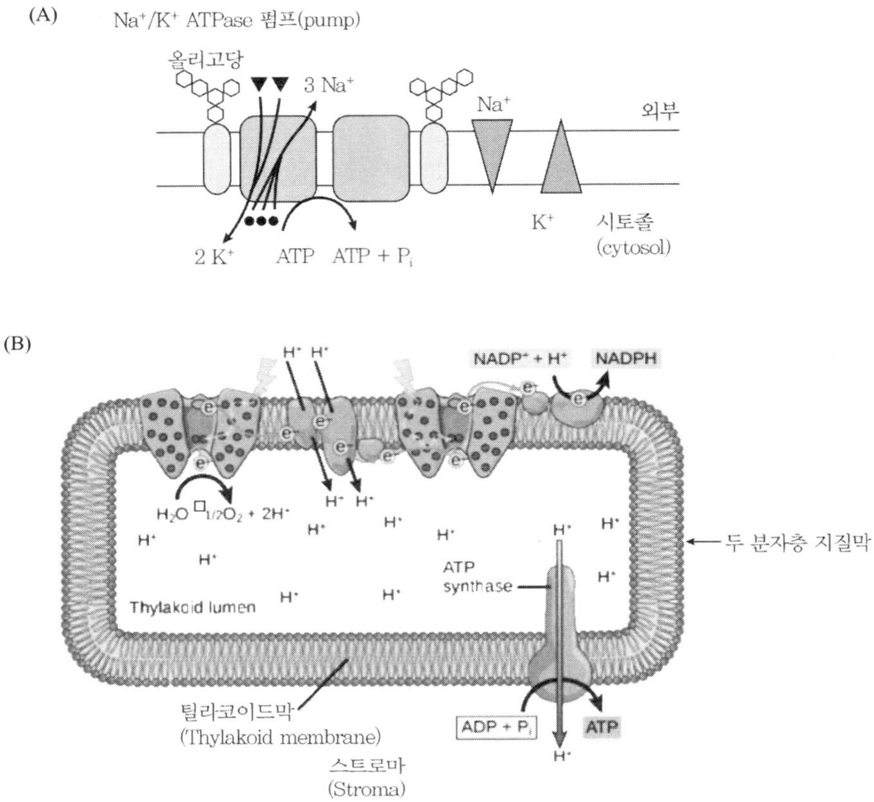

그림 12.4.3 (A) Na^+와 K^+이온의 출입과 연관된 ATP 효소 펌프의 모형도, (B) 에너지 변환과정; ATP 분자 합성 및 NADPH는 광합성에서 사용되며, 해당(glycolysis) 과정과 크렙스(Krebs) 회로에서 만들어진다. NADH는 세포 호흡에서 사용된다. $NADP^+ + H^+ + 2e^- \rightleftharpoons NADPH$

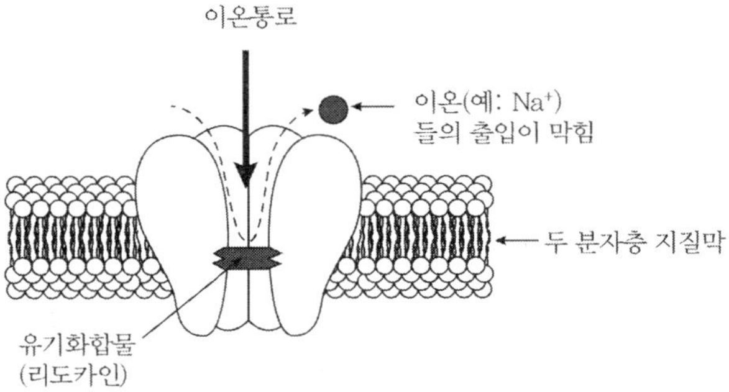

그림 12.4.4 유기물이 이동 통로를 막아서 국부 마취를 시킨다는 개념을 나타낸 모형

12.4.2 신경 세포 물질의 분석

뇌신경과 그것의 기능에 대해서 다양한 분석 기술을 사용하여 오랜 기간 연구해 왔다. 전기 분석 방법도 그런 종류의 분석 기술 가운데 하나이다. 그런데 신경 세포의 크기가 매우 작기 때문에 전기 분석 방법을 이용하려면 신경 세포에 맞추어 전극의 크기도 작아야 한다. 이미 7.7.2절에서 설명한 것처럼 극미세 전극의 발전을 촉진한 것은 뇌세포의 대사 물질을 검출, 분석하려는 노력에서 시작되었다. 그 시작은 캔자스 대학(U. of Kansas)의 아담스(Adams) 교수가 원숭이의 뇌세포 안에 있는 물질들을 분석하기 위하여 극미세 전극을 제작한 것이었다. 그로부터 전기 분석 방법 분야에 극미세 전극을 연구하고 활용하는 새로운 분야가 출발하였다.

뇌를 형성하고 있는 기본 단위는 뇌세포(neuron)이다. 인간의 뇌세포는 $10^{10} \sim 10^{12}$개 정도로 추산하고 있다. 뇌세포는 서로 소통할 능력은 물론 다른 세포와도 소통할 능력이 있다고 알려져 있다. 뇌세포의 구조는 그림 12.4.1에 나타낸 것처럼 **신경 세포 본체**(neuron body)와 **가지 돌기**(dendrite) 및 **축삭**(axon)으로 이루어져 있다. 일반적으로 가지 돌기는 신호 전달 물질의 유입 경로로, 축삭은 신경 세포의 신호를 다음 세포로 전달하는 출구로 알려져 있다. 하나의 세포에 있는 신호 전달 물질은 축삭을 통해 방출되고, 그것은 가지 돌기를 통해서 다른 세포로 정보가 전달된다. 세포 사이의 신경 충동이 전달되는 연결 지점을 **연접**(synapse, **시냅스**)이라 부른다. 연접은 세포 사이의 조그만 틈(gap)이며, 그 간격은 약 1~100 nm 정도 된다. 일반적으로 '앞신경 세포(presynaptic neuron)'에는 신경 전달 물질이 1 M 또는 그 이상의 농도로 농축되어 있는 저장 칸이 있다. 이 칸을 막소포(vesicle)라 부른다. 이 세포에 외부에서 자극 전위가 전달이 되면 막소포는 세포막 가까이로 움직이기 시작하며, 막소포가 세포막과 결합하는 순간 신경 전달 물질은 세포 밖으로 방출된다. 이 현상을 **세포외유출**(exocytosis)이라고 한다(그림 12.4.5).

세포외유출이 진행된 후에 신경 전달 물질이 다음 세포의 가지 돌기로 확산해 가면 다음 세포와 결합이 이루어진다. 신경 전달 물질이 다음 세포의 세포막과 결합하면 세포막에 있는 Na^+ 혹은 다른 크기가 작은 이온의 투과성이 변하면서 '뒷신경 세포(postsyanptic neuron)'의 연접 전위의 형성을 유도한다. 형성된 전위의 크기는 앞신경 세포에서 방출된 신경 전달 물질의 양에 의존한다. 그런데 신경 전달 물질의 특성이 여기성(excitatory) 혹은 저해성(inhibitory)일 수 있고, 그 지속 시간은 수 ms에서 수십 초까지 걸린다. 수백 개의 연접에서 이러한 일들이 진행된 후에 뒷신경 세포에서 모두 정보를 종합해서 새로운 자극 전위의 시작 여부가 결정된다. 이런 과정의 일부를 그림 12.4.5에 나타냈다. 필요 이상으로 방출된 신경 전달 물질은 연접에서 뒷신경 세포를

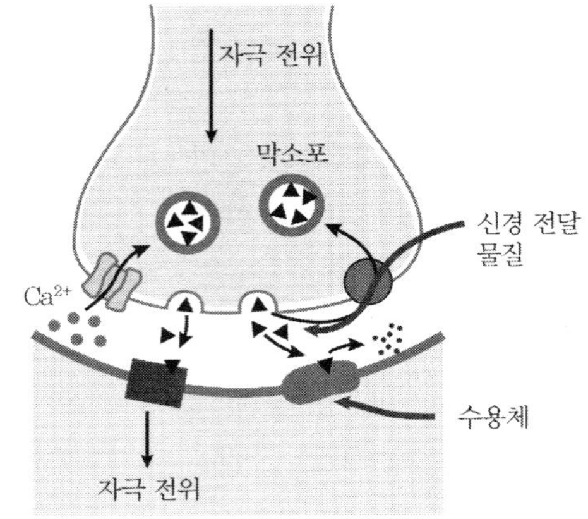

그림 12.4.5 신경 전달 과정

계속해서 자극하는 것을 피하기 위해서는 비활성되어야 한다. 비활성화는 3가지 방법이 있으며, 그중 하나의 방법이 주로 이용된다. 신경 전달 물질이 연접 지역에서 확산으로 빠져나가는 것, 앞신경 세포로 되돌아가는 것, 혹은 대사 작용으로 파괴되는 것으로 비활성화가 진행된다. 두 번째 방법이 비활성화 방법의 대부분을 차지한다. 신경 세포의 종류에 따라 신경 전달 물질의 종류가 다르며 그중 몇 개를 표 12.3에 나열하였다. 콜린성 신경계에는 아세틸콜린(Acetylcholin), 아드레날린성 신경계에는 카테콜아민(catecholamine)과 노르에피네프린(norepinephrine), 운동성 기능(motor function) 및 기분과 감정 조절 신경계에는 도파민(dopamine)이 신경 전달 물질의 역할을 한다. 도파민이 부족하면 파킨슨병, 도파민이 너무 많으면 정신분열증 및 우울증 증상을 보이는 것으로 알려져 있다. 또한 인돌아민(Indoleamine)계의 화합물의 하나인 세로토닌(serotonin, 5-hydroxytryptamine)은 수면 기능의 조절에 중요한 역할을 한다고 알려져 있다. 많은 신경 전달 물질의 화학적 특징 중 하나는 대부분 쉽게 산화될 수 있다는 것이며, 이는 전기화학 분석이 가능하다는 것을 의미한다. 앞서 설명한 것처럼 아담스를 비롯한 전기화학자들은 이미 70년대에 동물의 뇌에 있는 도파민(dopamine)의 양을 측정했다[20]. 이러한 실험과 연구는 여러 과학자들에게 뇌신경 연구에 대하여 충분한 동기를 부여했다고 볼 수 있다.

신경 전달 화합물들을 전기분석 방법으로 실험하는 경우에는 신경 세포가 매우 작기 때문에 극미세 전극을 사용해야 한다고 이미 설명한 바 있다. 극미세 전극의 재료로 많이 이용되는 것으로 탄소 섬유가 있다. 백금 혹은 금으로 만든 극미세 전극을 사용할 수도 있지만, 이것들은 수소 혹은 산소 발생 반응에 대한 과전압이 비교적 낮기

---

20) P. T. Kissinger, J. B. Hart, and R. N. Adams, *Brain Res.*, **55**, 209, 1973.

표 12.3 몇 가지 신경전달 물질과 그들의 화학 구조

신경전달 물질	화학구조
Acetylcholine	$(CH_3)_3\overset{+}{N}CH_2CH_2-O-\overset{\overset{O}{\|}}{C}-CH_3$
Dopamine	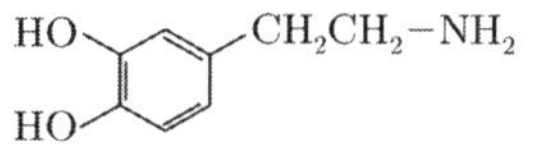
Norepinephrine	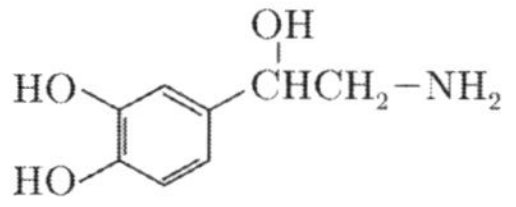
Epinephrine	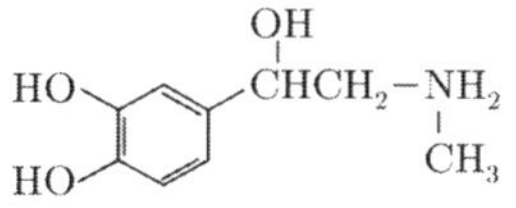
Serotonin (5-Hydroxytryptamine)	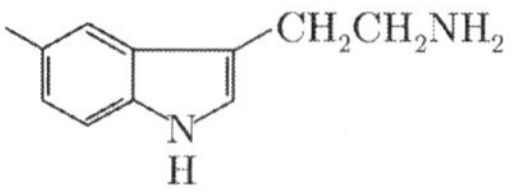
γ－Aminobytyric acid	$NH_2CH_2CH_2CH_2COOH$
Glutamate	$HOOC-CH_2CH_2\underset{\underset{NH_2}{\|}}{C}H-COOH$
Glycine	NH_2CH_2COOH

때문에 이용할 수 있는 전위 범위(potential window)가 좁다. 아울러 유기 화합물의 강한 흡착 특성이 있기 때문에 재현성 있는 결과를 얻기도 쉽지 않다. 신경 세포는 다른 세포에 비해 그 크기가 비교적 큰 편이지만, 세포 안팎의 신경 전달 물질을 분석할 수 있으려면 아무래도 전극의 크기는 10 μm 이하가 적절하다. 극미세 전극은 7.7.2절에서 설명한 것처럼 전기 이중층의 충전 전류가 작아서 신호 대 잡음비가 크고, 측정 가능한 전류의 크기 또한 pA에서 nA에 이를 정도로 무척 작다. 이런 특성 때문에 저항 전위 강하의 크기가 매우 작아서 별도의 전해질을 첨가할 필요가 없으며 측정된 전위의 값이 비교적 정확하다.

표 12.2에 나열된 아세틸콜린(acetylcholine)은 양이온으로 수용액에서는 전기화학적 활성을 띠기 힘든 구조를 하고 있다. 따라서 많은 연구자들은 아세틸콜린을 전위차법으로 분석하려는 연구에 도전하고 있다. 근래에는 아세틸콜린에 대해서 높은 선택성과 민감도를 갖춘 주인 분자를 개발하려는 노력으로 이어지고 있다. 그러나 도파민, 도파민 유도체인 노르에피네프린 및 에피네프린과 같은 구조 특성을 가진 화합물은 다음의 예와 같은 반응으로 쉽게 산화된다.

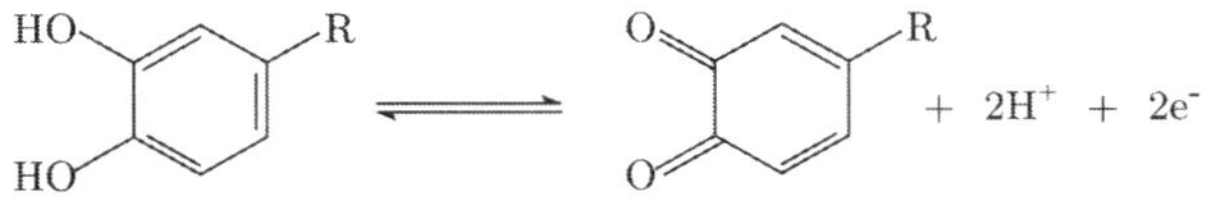

세로토닌 역시 몇 단계를 거치기는 하지만 다음과 같은 반응으로 산화된다.

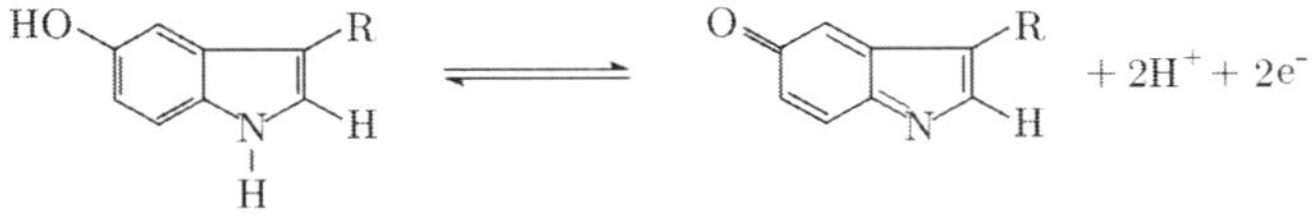

이런 종류의 반응 경로를 거쳐 산화되는 신경 전달 물질들은 순환 전압전류법 등을 사용하여 정량 분석을 할 수 있다. 그러나 문제는 생체액에 포함된 많은 양의 비타민 C(vitamin C, ascorbic acid)가 분석을 하려는 화합물들과 근접한 전위에서 산화되기 때문에 비타민 C는 분석하는 데 방해 물질로 작용한다는 것이다. 또한 방해 물질의 농도가 분석 대상 물질의 농도보다 훨씬 높기 때문에 분석하는 데 어려움이 있다. 그러나 비타민 C의 산화 반응 속도가 도파민 유도체의 산화 반응 속도보다 매우 늦다는 특성을 이용하면 이런 어려움을 극복할 수 있다. 즉 순환 전압전류법 실험에서 전위의 훑기 속도(scan rate)를 높이면 도파민은 거의 본래의 전위에서 산화되지만 비타민 C의 산화는 보다 높은 전위에서 산화가 일어난다. 이것은 도파민이 산화되는 전위에서 측정된 산화 전류 가운데 비타민 C의 산화 전류는 거의 없다는 것을 의미한다. 그러므로 극미세 전극을 사용하여 매우 빠른 훑기 속도로 실험을 한다면 비록 완전히 만족스러운 방법은 아니지만 비타민 C를 따돌리고 오로지 도파민의 분석할 수 있다.

또 다른 실험 방법도 있다. 비타민 C(ascorbic acid)는 pH가 중성인 생체 액에서 아스코르부산 이온(ascorbate)이 되며, 그것은 음이온이다. 한편 도파민은 같은 pH 조건에서 아민기에 양성자가 첨가되어 양이온으로 존재한다. 따라서 양이온과 음이온을 분리하기 위한 양이온 교환막을 전극 표면에 입힌 전극을 사용한다면 도파민만 선택적으로 전극에 도달할 수 있을 것이다. 실제로 와이트먼(Wightman) 등은 나피온(Nafion) 박막을 전극 표면에 얇게 입힌 탄소 전극을 사용하여 그림 12.4.6에 나타낸 것과 같은 도파민의 순환 전압전류 곡선을 얻었다. 그림에서 보듯이 도파민은 약 0.12 V(vs. SCE)에서 산화되며, 매우 명확한 도파민의 산화 전류 봉우리를 관찰하였다[21]. 일반적으로 이온들이 교환 가능한 이온 교환막을 통과하는 속도는 그 반대 이온이 통과하는 속도에 비해 약 1000배 이상 빠르다.

지금까지 순환 전압전류법으로 도파민을 분석하는 방법을 예로 들어 설명하였다.

---

21) R. M. Wightman, L. J. May, and A. C. Michael, *Anal. Chem*, **60**, 769A, 1988.

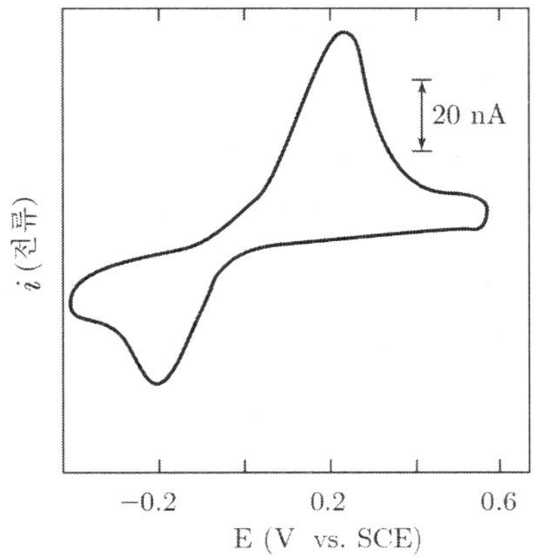

그림 12.4.6 pH 7.4 생체 완충 용액에서 측정한 도파민의 순환 전압전류 곡선(나피온을 표면에 입힌 탄소 극미세 전극을 사용)

그렇지만 초기에 아담스(Adams)는 시간전류법을 사용하여 도파민을 분석하기도 했다. 어떤 방법을 사용하더라도 이런 종류의 분석은 그리 쉬운 것이 아니다. 생리 활성 물질의 분석 방법의 개발과 연구는 현재에도 매우 활발하다. 특히 신호 대 잡음의 비율을 높이면서 동시에 분석 물질에 대한 선택성을 높이려는 연구가 활발히 진행되고 있다[9]. 미래에 지금 사용하는 것보다 더 크기가 작은 극미세 전극, 즉 nm 크기의 전극을 직접 세포에 집어넣어 생리 활성 물질을 분석하는 방법을 개발하고 활용할 수 있다면 아마도 생명의 신비를 알아내는 가장 빠른 지름길이 될 것이 예상된다.

12.5 대사 에너지의 발생과 저장

우리 몸에서는 섭취하는 음식물(화학 물질)을 태워서 CO_2와 H_2O를 생성하는 대사가 진행된다. 그 과정에서 생성된 에너지는 체온을 유지하는 데 사용되는 것은 물론 활동에 필요한 기계 에너지로 활용된다. 화학 물질을 태워 기계 에너지로 활용하는 방식은 내연 기관에서도 진행되지만, 내연 기관의 효율에 비하면 우리 몸에서 진행되는 음식물이 에너지로 변환되는 효율은 엄청나게 높은 편이다. 우리가 의지하고 있는 음식물과 생활에 필요한 모든 에너지의 효율을 계산해 보면 약 50% 정도 되는 것으로 알려져 있다. 이 정도의 효율은 내연 기관의 효율 약 25%에 비하여 매우 높은 편이다. 그것은 우리의 대사 과정에서 에너지를 생성하고 저장하는 방식은 간단한 내연 기관의 방식과 다른 것이기 때문이라고 생각할 수 있다. 대사 과정의 에너지 변환 방식은 연료 전지에서 진행되는 전기화학 방법과 같이 직접 산화 반응으로 에너지를 만드는 방식을 따르는 것이라는 생각이 든다.

그림 12.4.3의 생체막(thylakoid membrane)의 한쪽에서는 산소가 환원되어 물이 생성되고 다른 한쪽에서는 NADPH가 산화되어 $NADP^+$가 형성된다. NADPH는 니코틴 아마이드 다이뉴클레오타이드 인산염(nicotinamide dinucleotide phosphate, NADP)이 환원된 상태이다. 따라서 에너지 생성 반응은 결국 산소와 NADPH가 참여하는 산화·환원 반응이다[22]. 이 반응들을 화학식으로 나타내면 다음과 같다.

환원 반응

$$O_2 + 4H^+ + 4e^- \rightleftharpoons 2H_2O \tag{12.5.1}$$

산화 반응

$$NADPH \rightleftharpoons NADP^+ + H^+ + 2e^- \tag{12.5.2}$$

$$NADH \rightleftharpoons NAD^+ + H^+ + e^-$$

여기서 NADPH와 NADH 모두 세포에서 전자 및 수소 이온을 제공하는 역할을 한다. NADH는 물질 분해에서, NADPH는 물질 합성에 주로 사용된다. 세포에서는 NADPH의 양이 더 많다.

복크리스(Bockris)와 칸(Khan)은 이 반응에 대한 실제의 에너지 변환 효율 계산하여 약 50%의 효율이라고 밝히고 있다. 그러나 계산 과정에서 많은 가정과 단순한 근사법(approximation)을 사용했기 때문에 이런 효율의 정확성은 의문이다[23]. 현재 이해하고 있는 산소 호흡과 연관된 대사 과정은 크게 해당 작용(glycolysis), 크렙스 회로, 전자 이동계 등 3단계로 구분하고, 그에 해당하는 에너지가 발생한다. 일반적으로 우리가 에너지를 얻는 포도당과 산소의 화학 반응식은 다음과 같이 나타낸다.

$$C_6H_{12}O_6 + 6O_2 \rightarrow 6CO_2 + 6H_2O + \text{에너지}$$

여기서 에너지는 실제로는 ATP 혹은 NADH로 저장되는 물질로 표현된다. 세포질에서 진행되는 해당(glgcolysis)은 관련 효소가 포도당 1개로 피루브산(pyruvic acid) 2개를 만드는데, 이때 ATP와 NADH가 2개씩 만들어진다. 다음 단계인 크렙스 회로에서 다른 종류의 효소는 피루브산을 이산화 탄소로 분해하며, ATP 2개와 NADH 6개가 만들어진다. 마지막으로 전자 이동계에서는 모두 32~34개의 ATP가 만들어진다. 따라서 미토콘드리온(mitochondrion)에서 진행되어 에너지를 얻을 때 많은 부분은 전자

22) H. Tien, *Bioelectrochemistry & Bioenergetics*, **15**, 19, 1986.
23) J. O'M. Bockris and S. U. Khan, "*Surface Electrochemistry,*" Plenum, New York, Chapter 7, 1993.

이동이 관여하는 전기화학 반응이며, 이는 곧 생체에서 진행되는 에너지 변환 반응이라는 것은 매우 설득력이 있다. 전자 전달 과정에서 NADH의 산화는 ATP로 변환되는 원동력이며, 그림 12.4.3에 나타냈다. 한편 전자 전달 과정에서 수소 이온은 생체막을 통해 이동하고, 그 수소 이온은 ATP 분해 효소(ATPase)를 통해서 되돌아간다. 이것이 곧 양성자 펌프(proton pump)의 작동 방식이며, 수소 이온과 전자는 산소가 환원되어 물이 되는 반응에 사용되는 것은 물론이다.

크렙스 회로(Krebs cycle)는 산소 호흡과 대사 물질의 산화에서 얻는 에너지의 일부를 저장하는 메커니즘으로 ADP(adenosine diphosphate)로부터 ATP(adenosine triphosphate)를 생합성한다는 것을 제시하고 있다. 반응식은 다음과 같다.

$$\begin{gathered} ADP + H_2PO_4^- + H^+ \rightarrow ATP + H_2O \\ ADP + PO_4^{3-} \rightarrow ATP^{3-} + H_2O \end{gathered} \tag{12.5.3}$$

에너지는 ADP에 인산염으로 화학 결합을 하나 더 늘려서 ATP가 형성되고, 그것이 곧 에너지로 저장된다는 개념이다. 왜냐하면 ATP가 ADP 혹은 AMP(adenosin monophosphate)로 변환되는 반응은 자발적이며, 그에 따른 깁스 자유 에너지는 각각 −30.5 kJ/mol, −45.6 kJ/mol 정도이기 때문이다. 세포에 있는 ADP와 ATP의 상호 변환 및 다른 종류의 생리 활성 물질의 참여 반응은 산화·환원 반응이 관여하고 있어서 전기화학 반응이라고 보아도 될 것이다. 그러나 주장을 뒷받침하는 구체적인 증거는 다른 분석 방법과 결합 혹은 전기화학 방법으로 반응의 실체, 즉 중간체의 확인 및 검출하는 과정이 필요할 것이다.

12.6 맺음말

지금까지 살펴본 생체 관련 전기화학은 금세기 초까지 이루어진 연구의 극히 일부분이다. 생물을 다루는 전기화학 분야의 연구가 다른 분야의 전기화학에 비하여 어려웠던 점은 분자가 크고, 전극에 쉽게 흡착되기 때문에 그런 특징의 분자들에 대한 전기화학적 성질을 연구하는 일은 60년대까지 매우 부진했었다. 비록 개질 전극(modified electrodes)을 사용하여 많은 문제점을 해결하였지만, 아직도 만족할만할 성과라고 보기는 힘들다. 생물을 다루는 전기화학 분야의 연구에 있어서 또 다른 장애물은 매우 크기가 작은 세포 내에서 진행되는 생체 내(*in vivo*) 실험을 한다는 것이 사실상 불가능했다는 것이다. 그런데 미국 캔자스 대학의 아담스(Adams) 교수는 70년대 탄소 섬유를 사용하여 극미세 전극을 만들어냈고 그것은 이 분야의 연구에 새로운 장을 마련하는 계기가 되었다. 요즘에는 개질 극미세 전극을 사용해서 뇌 세포에 있는 생리 활성 물질의 검출 · 확인 · 분석하는 연구가 활발히 진행되고 있다. 그러나 아직도 걸음마 단계에도 미치지 못한다고 볼 수 있으며, 획기적인 개선과 돌파구가 필요하다.

앞서 설명한 생화학에서 진행되는 에너지 변환 문제 및 그에 관련된 분자들은 산화 · 환원되는 특성 때문에 전기화학 성질로 이해할 수 있다고 생각은 쉽게 할 수 있다. 그러나 각 단계 별로 증명하는 것은 또 다른 문제이며, 매우 어려운 과제이다. 모델 시스템으로 많은 연구 결과들이 발표되고 있지만, 효소를 비롯한 다양한 생리 활성 물질이 공존하는 상황과 생체막과 동일한 성분의 두분자층 지질막(BLM) 등의 모의 실험을 준비하는 것은 매우 어렵기 때문에 연구를 발전하는 것이 여간 어려운 일이 아닐 수 없다.

앞에서 잠깐 설명을 했지만, 약이 인체에 어떻게 작용하고, 분자 수준에서 약의 역할을 이해하는 것도 전기화학으로 다룰 수 있는 연구 과제이다[1]. 현재 이 분야의 연구는 지극히 적게 알려졌지만, 약과 생리 활성 물질의 기능과 역할, 더 나아가서 작용 메커니즘을 알아내는 일도 미래의 전기화학자들의 몫이 될 것으로 믿는다. 또한 고기능성/선택성을 갖춘 충분히 미세한 전극을 만들어 주사 탐침 현미경(SPM, scanning probe microscopy, 8.6절 참조)을 이용한다면 유전자 가위, 단백질 유전 정보학과 같은 미래 과학 혁명에서 전기화학자들이 중심 역할을 할 것으로 예상할 수 있다. 앞서 12.4.2절에서 설명한 것처럼 생체 물질의 정확한 분석과 이해는 과학 및 인류 건강의 발전에 커다란 영향을 미칠 것이라는 것은 새삼 지적할 필요가 없을 것이다. 생체에서 진행되는 생리 활성 물질을 실시간으로 분자 수준에서 이해할 수 있는 새로운 전기화학의 실험과 연구 방법을 개발하는 것은 미래 전기화학자에게 커다란 도전이 될 것임을 믿어 의심치 않는다.

참고문헌

1. H. Keyzer and F. Gutmann Ed., *Bioelectrochemistry*, Plenum Press, New York, 1979.
2. K. M. Kadish Ed., *Electrochemical and Spectroelectrochemical Studies of Bilogical Redax Components*, Advances in Chemistry Series 201, American Chemical Society, Washington, DC, 1982.
3. D. Walz, H. Berg, and G. Milazzo Ed, *Bioelectrochemistry of Cells and Tissues*, Verlag,

Boston, 1995.

4. E, Neumann, A. E. Sowers, and C. A. Jordan Ed, *Electroporation and Electrofusion in Cell Biology*, Plenum, New York, 1989.
5. B. Hille, *Ionic Channels of Exictable Membranes*, Sinnauer Publishing, Sunderland, Massachusetts, 1984.
6. M. Blank and I. Vodyanoy, Eds., *Biomembrane Electrochemistry*, Advances in Chemistry Series 235, American Chemical Society, Washington, DC, 1994.
7. R. Birge, Ed., *Molecular and Biomolecular Electronice*, Advances in Chemistry Series 240, Ame-rican Chemical Society, Washington, DC, 1994.
8. R, Eckert and D. J. Randall, *Animal Physiology*, 2nd ED., W. H. Freeman, San Francisco, 1983.
9. R. A. Clark, S. E. Zerby, and A. G. Ewing, *in Electroanalytical Chemistry*, **20**, A. J. Bard and I. Rubinstein Ed., Marcel Dekker, New York, 1998.

연습문제

1. 생체에서 일어나는 산화 · 환원 반응의 예를 들어라. 또한 생체 반응과 같은 반응을 일으킬 수 있으려면 어떤 모의 실험을 할 수 있을지 설명하라.

2. 사이토크롬 C 혹은 미오글로빈과 같이 거대 생체 화합물의 산화 · 환원 반응의 전기화학 거동을 관찰하고 측정하기 위해서 어떻게 실험해야 하는가를 설명하라.

3. 생체 지질막의 구성을 설명하고, 유사 생체 지질막으로 무슨 종류의 전기화학 실험을 할 수 있는지를 설명하라.

4. 신경 신호 전달 과정을 설명하라.

5. 반응 12.5.2에 관한 표준 전위를 계산하라. 또한 반응 12.5.3에 대한 에너지를 계산하라.

부록

부록 1 표준 전극 전위 표

(조건: 25°C 수용액)

ABC 순

전극 반응	E^0
$Ag^+ + e^- \rightleftharpoons Ag$	+0.80
$Ag^{2+} + e^- \rightleftharpoons Ag^+$	+1.98
$AgBr(s) + e^- \rightleftharpoons Ag + Br^-$	+0.07
$AgCl(s) + e^- \rightleftharpoons Ag + Cl^-$	+0.2223
$AgI(s) + e^- \rightleftharpoons Ag + I^-$	−0.15
$Al^{3+} + 3e^- \rightleftharpoons Al(s)$	−1.68
$As(OH)_3 + 3H^+ + 3e^- \rightleftharpoons As(s) + 3H_2O$	+0.240
$As(s) + 3H^+ + 3e^- \rightleftharpoons AsH_3(g)$	−0.225
$AsO(OH)_3 + 2H^+ + 2e^- \rightleftharpoons As(OH)_3 + H_2O$	+0.560
$Au^+ + e^- \rightleftharpoons Au$	+1.83
$Au^{3+} + 3e^- \rightleftharpoons Au$	+1.52
$Ba^{2+} + 2e^- \rightleftharpoons Ba(s)$	−2.92
$Be^{2+} + 2e^- \rightleftharpoons Be(s)$	−1.97
$Br_2(aq) + 2e^- \rightleftharpoons 2Br^-(aq)$	+1.087
$Br_2(l) + 2e^- \rightleftharpoons 2Br^-(aq)$	+1.0652
$BrO^- + H_2O + 2e^- \rightleftharpoons Br^- + 2OH^-$	+0.76
$BrO_3^- + 6H^+ + 5e^- \rightleftharpoons \frac{1}{2}Br^- + 3H_2O$	+1.484
$BrO_4^- + 2H^+ + 2e^- \rightleftharpoons BrO_3^- + H_2O$	+1.853
$CO_2(g) + 2H^+ + 2e^- \rightleftharpoons CO(g) + H_2O$	−0.106
$CO_2(g) + 2H^+ + 2e^- \rightleftharpoons HCOOH$	−0.199
$CO_2 + 2H^+ + 2e^- \rightleftharpoons CO + H_2O$	−0.11
$CO_2 + 2H^+ + 2e^- \rightleftharpoons HCOOH$	−0.20
$CO_2(g) + H^+ + e^- \rightleftharpoons \frac{1}{2}H_2C_2O_4$	−0.48

$Ca^{2+} + 2e^- \rightleftharpoons Ca(s)$	−2.84
$Cd(OH)_2 + 2e^- \rightleftharpoons Cd + 2OH^-$	−0.82
$Cd^{2+} + 2e^- \rightleftharpoons Cd$	−0.40
$Ce^{3+} + 3e^- \rightleftharpoons Ce$	−2.34
$Ce^{4+} + e^- \rightleftharpoons Ce^{3+}$	+1.72
$Cl_2(aq) + 2e^- \rightleftharpoons 2Cl^-$	+1.396
$ClO^- + H_2O + 2e^- \rightleftharpoons Cl^- + 2OH^-$	+0.89
$ClO_3^- + 2H^+ + e^- \rightleftharpoons ClO_2 + H_2O$	+1.175
$ClO_3^- + 3H^+ + 2e^- \rightleftharpoons HClO_2 + H_2O$	+1.181
$ClO_4^- + 2H^+ + 2e^- \rightleftharpoons ClO_3^- + H_2O$	+1.201
$ClO^- + H_2O + 2e^- \rightleftharpoons Cl^- + 2OH^-$	+0.89
$Co(C_2O_4)_3^{3-} + e^- \rightleftharpoons Co(C_2O_4)_3^{4-}$	+0.57
$Co(NH_3)_6^{3+} + e^- \rightleftharpoons Co(NH_3)_6^{2+}$	+0.06
$Co^{2+} + 2e^- \rightleftharpoons Co(s)$	−0.277
$Co^{3+} + e^- \rightleftharpoons Co^{2+}$	+1.92
$Cr^{2+} + 2e^- \rightleftharpoons Cr(s)$	−0.90
$Cr_2O_7^{2-} + 14H^+ + 6e^- \rightleftharpoons 2Cr^{3+} + 7H_2O$	+1.36
$Cr^{3+} + e^- \rightleftharpoons Cr^{2+}$	−0.424
$Cr^{3+} + 3e^- \rightleftharpoons Cr(s)$	−0.74
$Cs^+ + e^- \rightleftharpoons Cs(s)$	−2.923
$Cu(NH_3)_4^{2+} + 2e^- \rightleftharpoons Cu + 4NH_3$	0.0
$Cu^{2+} + 2e^- \rightleftharpoons Cu(s)$	+0.34
$CuCl(s) + e^- \rightleftharpoons Cu(s) + Cl^-$	+0.121
$F_2(g) + 2e^- \rightleftharpoons 2F^-$	+2.866
$Fe(CN)_6^{3-} + e^- \rightleftharpoons Fe(CN)_6^{4-}$	+0.361
$Fe(CN)_6^{4-} + 2e^- \rightleftharpoons Fe\,6CN^-$	−1.16
$Fe(phen)^{3+} + e^- \rightleftharpoons Fe(phen)^{2+}$	+1.13
$Fe^{2+} + 2e^- \rightleftharpoons Fe(s)$	−0.44

$Fe^{3+} + e^- \rightleftharpoons Fe^{2+}$	+0.771
$Fe^{3+} + 3e^- \rightleftharpoons Fe$	−0.04
$H^+ + e^- \rightleftharpoons \frac{1}{2}H_2(g)$	**0(정의)**
$H_2O_2 + 2H^+ + 2e^- \rightleftharpoons 2H_2O$	+1.76
$H_2O_2 + H^+ + e^- \rightleftharpoons HO\cdot + H_2O$	+0.71
$HClO_2 + 2H^+ + 2e^- \rightleftharpoons HOCl + H_2O$	+1.701
$HOBr^- + H^+ + e^- \rightleftharpoons \frac{1}{2}Br_2(l) + H_2O$	+1.604
$HOCl + H^+ + e^- \rightleftharpoons \frac{1}{2}Cl_2(g) + H_2O$	+1.630
$HOI + H^+ + e^- \rightleftharpoons \frac{1}{2}I_2(s) + H_2O$	+1.44
$HPO(OH)_2 + 2H^+ + 2e^- \rightleftharpoons H_2PO(OH) + H_2O$	−0.499
$Hg_2Cl_2 + 2e^- \rightleftharpoons 2Hg(l) + 2Cl^-$	+0.26816
$I_2(aq) + 2e^- \rightleftharpoons 2I^-$	+0.621
$I_2(s) + 2e^- \rightleftharpoons 2I^-$	+0.5355
$I_3^- + 2e^- \rightleftharpoons 3I^-$	+0.536
$IO(OH)_5 + H^+ + 2e^- \rightleftharpoons IO_3^- + 3H_2O$	+1.60
$IO_5^- + 6H^+ + 5e^- \rightleftharpoons \frac{1}{2}I_2(s) + 3H_2O$	+1.20
$K^+ + e^- \rightleftharpoons K(s)$	−2.926
$Li^+ + e^- \rightleftharpoons Li(s)$	−3.045
$Mg^{2+} + 2e^- \rightleftharpoons Mg(s)$	−2.356
$Mn^{2+} + 2e^- \rightleftharpoons Mn(s)$	−1.18
$Mn^{3+} + e^- \rightleftharpoons Mn^{2+}$	+1.5
$MnO_2(s) + 4H^+ + e^- \rightleftharpoons Mn^{2+} + 2H_2O$	+1.23
$MnO_4^- + e^- \rightleftharpoons MnO_4^{2-}$	+0.56
$MnO_4^- + 8H^+ + 5e^- \rightleftharpoons Mn^{2+} + 4H_2O$	+1.51
$NO_3^- + 10H^+ + 8e^- \rightleftharpoons NH_4^+ + 3H_2O$	+0.875
$NO_3^- + 3H^+ + 2e^- \rightleftharpoons HNO_2 + H_2O$	+0.94

$NO_3^- + 4H^+ + 3e^- \rightleftharpoons NO(g) + 2H_2O$	+0.96
$Na^+ + e^- \rightleftharpoons Na(s)$	−2.714
$NiO_2(s) + 4H^+ + 2e^- \rightleftharpoons Ni_2^+ + 2H_2O$	+1.68
$Ni(OH)_2(s) + 2e^- \rightleftharpoons Ni(s) + 2OH^-$	−0.72
$O_2 + 4H^+ + 4e^- \rightleftharpoons 2H_2O$	+1.229
$O_2 + 2H_2O + 4e^- \rightarrow 4OH^-$	+0.41
$O_2(g) + 2H^+ + 2e^- \rightarrow H_2O_2$	+0.695
$O_3(g) + 2H^+ + 2e^- \rightleftharpoons O_2 + 2H_2O$	+0.207
$O_3(g) + H_2O + 2e^- \rightleftharpoons O_2 + 2OH^-$	+2.07
$P(s, white) + 3H^+ + 3e^- \rightleftharpoons PH_3$	+0.06
$PO(OH)_3 + 2H^+ + 2e^- \rightleftharpoons HPO(OH)_2 + H_2O$	−0.276
$Pb^{2+} + 2e^- \rightleftharpoons Pb(s)$	−0.1251
$PbO^{2+} + 4H^+ + 2e^- \rightleftharpoons Pb^{2+} + 2H_2O$	+1.70
$Rb^+ + e^- \rightleftharpoons Rb(s)$	−2.925
$S(s) + 2H^+ + 2e^- \rightleftharpoons H_2S(aq)$	+0.14
$Sn^{2+} + 2e^- \rightleftharpoons Sn$	−0.14
$Sn^{4+} + 2e^- \rightleftharpoons Sn^{2+}$	+0.15
$S_2O_8^{2-} + 2e^- \rightarrow 2SO_4^{2-}$	+1.96
$S_4O_6^{2-} + 2e^- \rightarrow 2S_2O_3^{2-}$	+0.08
$SO_2(aq) + 4H^+ + 4e^- \rightarrow S(s) + 2H_2O$	+0.50
$SO_2(aq) + H^+ + 2e^- \rightarrow \frac{1}{2}S_2O_3^{2-} + \frac{1}{2}H_2O$	−0.40
$SO_4^{2-} + H_2O + 2e^- \rightarrow SO_3^{2-} + 2OH^-$	−0.94
$V^{2+} + 2e^- \rightarrow V(s)$	−1.13
$V^{3+} + e^- \rightarrow V^{2+}$	−0.255
$VO_2^+ + 2H^+ + e^- \rightarrow VO^{2+} + H_2O$	+0.999
$VO^{2+} + 2H^+ + e^- \rightarrow V^{3+} + H_2O$	+0.34
$Zn^{2+} + 2e^- \rightleftharpoons Zn(s)$	−0.76
$Zn(OH)_4^{2-} + 2e^- \rightleftharpoons Zn(s) + 4OH^-$	−1.286

전위순

전극 반응	E^0
$Li^+ + e^- \rightleftharpoons Li(s)$	−3.045
$K^+ + e^- \rightleftharpoons K(s)$	−2.926
$Rb^+ + e^- \rightleftharpoons Rb(s)$	−2.925
$Cs^+ + e^- \rightleftharpoons Cs(s)$	−2.923
$Ba^{2+} + 2e^- \rightleftharpoons Ba(s)$	−2.92
$Ca^{2+} + 2e^- \rightleftharpoons Ca(s)$	−2.84
$Na^+ + e^- \rightleftharpoons Na(s)$	−2.714
$Mg^{2+} + 2e^- \rightleftharpoons Mg(s)$	−2.356
$Ce^{3+} + 3e^- \rightleftharpoons Ce(s)$	−2.34
$Be^{2+} + 2e^- \rightleftharpoons Be(s)$	−1.97
$Al^{3+} + 3e^- \rightleftharpoons Al(s)$	−1.68
$Zn(OH)_4^{2-} + 2e^- \rightleftharpoons Zn(s) + 4OH^-$	−1.286
$Mn^{2+} + 2e^- \rightleftharpoons Mn(s)$	−1.18
$Fe(CN)_6^{4-} + 2e^- \rightleftharpoons Fe\,6CN^-$	−1.16
$V^{2+} + 2e^- \rightarrow V(s)$	−1.13
$SO_4^{2-} + H_2O + 2e^- \rightarrow SO_3^{2-} + 2OH^-$	−0.94
$Cr^{2+} + 2e^- \rightleftharpoons Cr(s)$	−0.90
$Cd(OH)_2 + 2e^- \rightleftharpoons Cd + 2OH^-$	−0.82
$Zn^{2+} + 2e^- \rightleftharpoons Zn(s)$	−0.76
$Cr^{3+} + 3e^- \rightleftharpoons Cr(s)$	−0.74
$Ni(OH)_2(s) + 2e^- \rightleftharpoons Ni(s) + 2OH^-$	−0.72
$HPO(OH)_2 + 2H^+ + 2e^- \rightleftharpoons H_2PO(OH) + H_2O$	−0.499
$CO_2(g) + H^+ + e^- \rightleftharpoons \frac{1}{2}H_2C_2O_4$	−0.48
$Fe^{2+} + 2e^- \rightleftharpoons Fe(s)$	−0.44
$Cr^{3+} + e^- \rightleftharpoons Cr^{2+}$	−0.424
$SO_2(aq) + H^+ + 2e^- \rightarrow \frac{1}{2}S_2O_3^{2-} + \frac{1}{2}H_2O$	−0.40

$Cd^{2+} + 2e^- \rightleftharpoons Cd$	−0.40
$Co^{2+} + 2e^- \rightleftharpoons Co(s)$	−0.277
$PO(OH)_3 + 2H^+ + 2e^- \rightleftharpoons HPO(OH)_2 + H_2O$	−0.276
$V^{3+} + e^- \rightarrow V^{2+}$	−0.255
$As(s) + 3H^+ + 3e^- \rightleftharpoons AsH_3(g)$	−0.225
$CO_2(g) + 2H^+ + 2e^- \rightleftharpoons HCOOH$	−0.199
$AgI(s) + e^- \rightleftharpoons Ag + I^-$	−0.15
$Sn^{2+} + 2e^- \rightleftharpoons Sn$	−0.14
$Pb^{2+} + 2e^- \rightleftharpoons Pb(s)$	−0.1251
$CO_2 + 2H^+ + 2e^- \rightleftharpoons CO + H_2O$	−0.11
$CO_2(g) + 2H^+ + 2e^- \rightleftharpoons CO(g) + H_2O$	−0.106
$Fe^{3+} + 3e^- \rightleftharpoons Fe$	−0.04
$H^+ + e^- \rightleftharpoons \frac{1}{2}H_2(g)$	**0(정의)**
$Cu(NH_3)_4^{2+} + 2e^- \rightleftharpoons Cu + 4NH_3$	0.0
$Co(NH_3)_6^{3+} + e^- \rightleftharpoons Co(NH_3)_6^{2+}$	+0.06
$P(s, white) + 3H^+ + 3e^- \rightleftharpoons PH_3$	+0.06
$AgBr(s) + e^- \rightleftharpoons Ag + Br^-$	+0.07
$S_4O_6^{2-} + 2e^- \rightarrow 2S_2O_3^{2-}$	+0.08
$CuCl(s) + e^- \rightleftharpoons Cu(s) + Cl^-$	+0.121
$S(s) + 2H^+ + 2e^- \rightleftharpoons H_2S(aq)$	+0.14
$Sn^{4+} + 2e^- \rightleftharpoons Sn^{2+}$	+0.15
$AgCl(s) + e^- \rightleftharpoons Ag(s) + Cl^-$	+0.2223
$As(OH)_3 + 3H^+ + 3e^- \rightleftharpoons As(s) + 3H_2O$	+0.240
$Hg_2Cl_2 + 2e^- \rightleftharpoons 2Hg(l) + 2Cl^-$	+0.26816
$VO^{2+} + 2H^+ + e^- \rightarrow V^{3+} + H_2O$	+0.34
$Cu^{2+} + 2e^- \rightleftharpoons Cu(s)$	+0.34
$Fe(CN)_6^{3-} + e^- \rightleftharpoons Fe(CN)_6^{4-}$	+0.361
$O_2 + 2H_2O + 4e^- \rightarrow 4OH^-$	+0.41

$SO_2(aq) + 4H^+ + 4e^- \rightarrow S(s) + 2H_2O$	+0.50
$I_2(s) + 2e^- \rightleftharpoons 2I^-$	+0.5355
$I_3^- + 2e^- \rightleftharpoons 3I^-$	+0.536
$MnO_4^- + e^- \rightleftharpoons MnO_4^{2-}$	+0.56
$AsO(OH)_3 + 2H^+ + 2e^- \rightleftharpoons As(OH)_3 + H_2O$	+0.560
$Co(C_2O_4)_3^{3-} + e^- \rightleftharpoons Co(C_2O_4)_3^{4-}$	+0.57
$I_2(aq) + 2e^- \rightleftharpoons 2I^-$	+0.621
$O_2(g) + 2H^+ + 2e^- \rightarrow H_2O_2$	+0.695
$H_2O_2 + H^+ + e^- \rightleftharpoons HO\cdot + H_2O$	+0.71
$BrO^- + H_2O + 2e^- \rightleftharpoons Br^- + 2OH^-$	+0.76
$Fe^{3+} + e^- \rightleftharpoons Fe^{2+}$	+0.771
$Ag^+ + e^- \rightleftharpoons Ag$	+0.80
$NO_3^- + 10H^+ + 8e^- \rightleftharpoons NH_4^+ + 3H_2O$	+0.875
$ClO^- + H_2O + 2e^- \rightleftharpoons Cl^- + 2OH^-$	+0.89
$ClO^- + H_2O + 2e^- \rightleftharpoons Cl^- + 2OH^-$	+0.89
$NO_3^- + 3H^+ + 2e^- \rightleftharpoons HNO_2 + H_2O$	+0.94
$NO_3^- + 4H^+ + 3e^- \rightleftharpoons NO(g) + 2H_2O$	+0.96
$VO_2^+ + 2H^+ + e^- \rightarrow VO^{2+} + H_2O$	+0.999
$Br_2(l) + 2e^- \rightleftharpoons 2Br^-$	+1.0652
$Br_2(aq) + 2e^- \rightleftharpoons 2Br^-$	+1.087
$Fe(phen)^{3+} + e^- \rightleftharpoons Fe(phen)^{2+}$	+1.13
$ClO_3^- + 2H^+ + e^- \rightleftharpoons ClO_2 + H_2O$	+1.175
$ClO_3^- + 3H^+ + 2e^- \rightleftharpoons HClO_2 + H_2O$	+1.181
$IO_5^- + 6H^+ + 5e^- \rightleftharpoons \frac{1}{2}I_2(s) + 3H_2O$	+1.20
$ClO_4^- + 2H^+ + 2e^- \rightleftharpoons ClO_3^- + H_2O$	+1.201
$O_2 + 4H^+ + 4e^- \rightleftharpoons 2H_2O$	+1.229
$MnO_2(s) + 4H^+ + e^- \rightleftharpoons Mn^{2+} + 2H_2O$	+1.23

$Cr_2O_7^{2-} + 14H^+ + 6e^- \rightleftharpoons 2Cr^{3+} + 7H_2O$	+1.36
$Cl_2(aq) + 2e^- \rightleftharpoons 2Cl^-$	+1.396
$HOI + H^+ + e^- \rightleftharpoons \frac{1}{2}I_2(s) + H_2O$	+1.44
$BrO_3^- + 6H^+ + 5e^- \rightleftharpoons \frac{1}{2}Br^- + 3H_2O$	+1.484
$Mn^{3+} + e^- \rightleftharpoons Mn^{2+}$	+1.5
$MnO_4^- + 8H^+ + 5e^- \rightleftharpoons Mn^{2+} + 4H_2O$	+1.51
$Au^{3+} + 3e^- \rightleftharpoons Au$	+1.52
$IO(OH)_5 + H^+ + 2e^- \rightleftharpoons IO_3^- + 3H_2O$	+1.60
$HOBr^- + H^+ + e^- \rightleftharpoons \frac{1}{2}Br_2(l) + H_2O$	+1.604
$HOCl + H^+ + e^- \rightleftharpoons \frac{1}{2}Cl_2(g) + H_2O$	+1.630
$NiO_2(s) + 4H^+ + 2e^- \rightleftharpoons Ni_2^+ + 2H_2O$	+1.68
$PbO^{2+} + 4H^+ + 2e^- \rightleftharpoons Pb^{2+} + 2H_2O$	+1.70
$HClO_2 + 2H^+ + 2e^- \rightleftharpoons HOCl + H_2O$	+1.701
$Ce^{4+} + e^- \rightleftharpoons Ce^{3+}$	+1.72
$H_2O_2 + 2H^+ + 2e^- \rightleftharpoons 2H_2O$	+1.76
$Au^+ + e^- \rightleftharpoons Au$	+1.83
$BrO_4^- + 2H^+ + 2e^- \rightleftharpoons BrO_3^- + H_2O$	+1.853
$Co^{3+} + e^- \rightleftharpoons Co^{2+}$	+1.92
$S_2O_8^{2-} + 2e^- \rightarrow 2SO_4^{2-}$	+1.96
$Ag^{2+} + e^- \rightleftharpoons Ag^+$	+1.98
$O_3(g) + H_2O + 2e^- \rightleftharpoons O_2 + 2OH^-$	+2.07
$F_2(g) + 2e^- \rightleftharpoons 2F^-$	+2.866

부록 2 정전기에 관한 기초

두 개의 전하 Q_1과 Q_2가 일정한 거리 r만큼 떨어져 있을 때 그들 사이에 작용하는 전기적 힘은 다음과 같다(쿨롱법칙(Coulomb's law)).

$$F = \frac{Q_1 Q_2}{4\pi\epsilon r^2}$$

ϵ는 유전율(permitivity)이며, 진공의 유전율(ϵ_0)은 SI 단위로 $\epsilon_0 = 8.854 \times 10^{-12}$ $\mathrm{N^{-1}m^{-2}C^{2}}$이다($(1/4\pi\epsilon_0) = 8.99 \times 10^9$ $\mathrm{N^{1}m^{2}C^{-2}}$). 유전 상수가 ϵ_r인 일반 매질에 대한 유전율은 $\epsilon = \epsilon_\mathrm{r}\epsilon_0$이다.

전하 Q_1로부터 r만큼 떨어진 거리에서 형성되는 전기적 퍼텐셜 ϕ는 단위 전하량을 무한대 떨어진 곳에서 그곳까지 가져오는 데 필요한 에너지 $\int_\infty^r - F dr$, 즉 $\int_\infty^r \frac{-Q_1}{4\pi\epsilon r^2} dr$ 이다. 이는 또한 그 위치에 단위 크기의 전하를 만들 때 필요한 에너지인 $\int_0^1 \frac{Q_1}{4\pi\epsilon r} dQ_2$와도 같다.

$$\phi = \frac{Q_1}{4\pi\epsilon r}$$

하나의 방향, 예를 들어 x 방향의 전기장(field)(E_x)은 위치에 따른 퍼텐셜의 변화율, $\mathrm{E}_x = -\frac{d\phi}{dx}$이고 일반적으로 3-차원 공간에서 전기장 $\mathbf{E}$는 벡터이며, $-\nabla\phi$이므로 다음 식과 같다.

$$\mathbf{E} = -\nabla\phi$$

$$\left(\nabla = \mathbf{i}\frac{\partial}{\partial x} + \mathbf{j}\frac{\partial}{\partial y} + \mathbf{k}\frac{\partial}{\partial z}\right)$$

(**i**, **j**, **k**는 각각 x, y, z축 방향의 단위 벡터)

또한 위치에 따른 전기장의 변화율은 퍼텐셜을 두 번 미분한 도함수와 같으며, 이 공간의 전하 밀도의 크기와 관계는 다음과 같다(푸아송 식(Poisson equation)).

$$\nabla \cdot \mathbf{E} = -\nabla^2\phi = -\left(\frac{\partial^2\phi}{\partial x^2} + \frac{\partial^2\phi}{\partial y^2} + \frac{\partial^2\phi}{\partial z^2}\right)$$

$$\nabla \cdot \mathbf{E} = \frac{\rho}{\epsilon};$$

$$\nabla^2 \phi = -\frac{\rho}{\epsilon}$$

이 결과는 전기 이중층과 전해질의 열역학 성질을 다룰 때 필요한 중요한 식이다.

두 금속판이 마주하고 있는 평판 축전기(electrical capacitor)(그림 A2.1)는 단위 면적당 전하량(평면 전기 밀도)에 비례하는 전기장이 그 안에 형성된다(평판 사이의 거리에 비하여 평판의 가장자리로부터 가깝지 않은 곳). 두 평판 사이의 전기장의 세기 E는 $-d\phi/dx$이므로 전기장의 세기와 평판의 전기 밀도는 다음과 같은 관계가 있다.

$$\mathrm{E} = -\frac{q}{\epsilon}$$

평판 사이에 걸쳐있는 전기장은 일정하다. 따라서 평판 사이의 퍼텐셜 차이는 평판 사이의 거리 x에 비례하며, 넓이가 S인 2개의 평판으로 만들어지는 축전용량(커패시턴스 C)은 $S\epsilon/x$ 이다.

$$\Delta\phi = \frac{qx}{\epsilon}$$
$$= \frac{Q}{C} = \frac{qS}{C}; \qquad C = \frac{\epsilon S}{x}$$

평판의 단위 면적당 축전용량$\left(C' = \frac{C}{s}\right)$이므로, $C' = \epsilon/x$이다.

전극/전해질 계면에서 조밀 이중층의 두께를 약 3 Å 으로, 유전 상수 ϵ_r은 약 6으로 보는 것이 적절하다(ϵ_r이 물 내부의 값 70~80보다 작은 이유는 전기장이 세고 전극의 영향으로 이중층에서는 물 분자의 쌍극자들이 뭉쳐있지 않으며, 또한 전위의 작은 변화에 따라 개별적 쌍극자들의 배향이 바뀌지 못하기 때문이다). 그런 조건에서 조밀

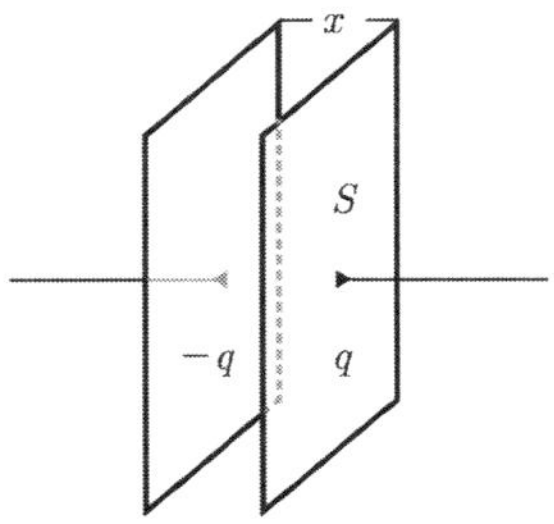

그림 A2.1 간단한 평판 축전기

이중층의 면적당 커패시턴스 C_i의 크기는 $6 \times 8.85 \times 10^{-12}$ $\mathrm{Cm^{-1}V^{-1}}/3 \times 10^{-10}$ m $= 0.18$ $\mathrm{Fm^{-2}} = 18$ $\mu\mathrm{Fcm^{-2}}$ 정도이다.

부록 3 실험에 이용되는 연산 증폭기

책의 본문에서 설명한 측정 장치와 조절 장치들의 아날로그 부분들은 연산 증폭기(operational amplifier)(이후 op로 약칭)를 중심으로 구성된다[1]. 하나의 연산 증폭기(op)는 수많은 트랜지스터와 다른 전기 소자들의 집합체이다. 그러나 고밀도 집적 회로를 제작하는 기술이 발달하여 하나의 op는 보통은 손톱만한 정도의 크기이며, 단추 모양 혹은 얇은 육면체와 같은 단순한 모양을 하고 있다. op 사용자들은 그것의 내부 구조를 설계 제작하는 방법은 알 필요가 없고 단지 op 외부의 연결 단자들에 필요한 소자들이 연결되었을 때, 그것의 기능을 이해하기만 하면 된다.

그림 A3.1의 왼쪽에 삼각형은 op의 2개의 입력 단자(input terminals) e_{i1}과 e_{i2} 및 출력 단자(output terminal) e_o를 나타낸 것이다. 또한 op가 작동하는 데 필요한 외부 전원(power supply)인 +V와 −V를 나타냈다. 그러나 전원 연결은 생략하는 것이 보통이다. 삼각형의 위쪽에 −로 표시된 입력 부분은 반전 입력(inverting input)이라 부른다. 그 이유는 그곳에 연결된 입력 신호(전압) e_{i1}의 극성은 출력 신호(전압) e_o의 극성과는 반대이기 때문이다. 또한 삼각형의 아래쪽에 +로 표시된 입력 부분은 비반전 입력(non-inverting input)이라 부른다. 그것은 입력 신호 e_{i2}의 극성이 변하지 않고 출력 신호(전압) e_o의 극성이 보존되기 때문이다. op의 두 입력 저항의 크기는 대단히 커서(이상적으로는 무한대) 전류가 흐르지 못한다.

그림의 오른쪽 그래프는 출력 단자의 전압(e_o)이 두 입력 전압의 차이 (e_{i2}-e_{i1})에 따라서 거의 수직(무한대)으로 변한다는 것을 나타내고 있다. 즉,

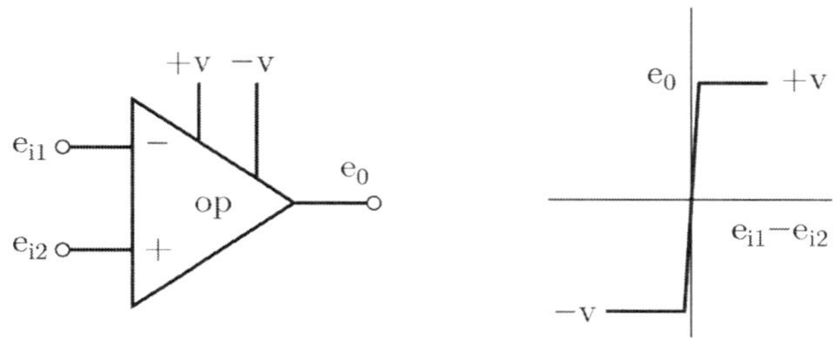

그림 A3.1 (왼쪽) 연산 증폭기(op)의 그림. (오른쪽) 아무 소자도 연결 하지 않았을 때 출력 e_o와 입력 신호들(e_{i2} − e_{i1})의 관계를 나타낸 그래프

---

1) J. H. Moore, C. C. Davis, and M. A. Coplan, *Building Scientific Apparatus*, 4th Ed., Cambridge U. Press, 2009; S. Wolf and R. F. M. Smith, *Student Reference Manual for Electronic Instrumentation Laboratories* 2nd ed., Prentice-Hall, 2019; S. Franco, *Design With Operational Amplifiers And Analog Integrated Circuits*, 4th ed., McGraw-Hill, 2014.

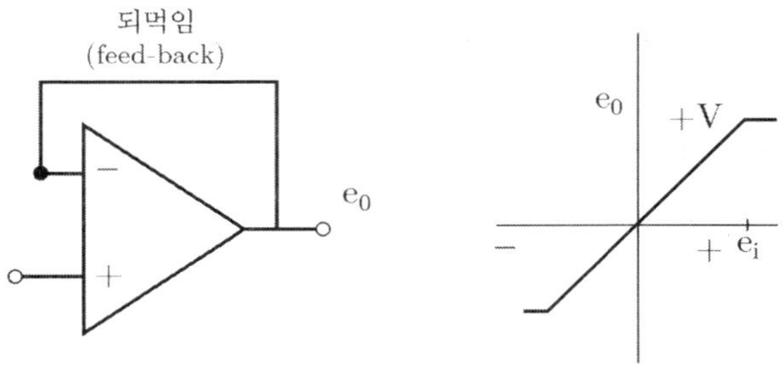

그림 A3.2 전압 따름기와 그 입력 대 출력 관계의 그래프

$$e_o = A\ (e_{i2} - e_{i1})$$

이다. 그러므로 A는 거의 무한대에 가까운 값이다. 이상적인 op의 A 값은 무한대이나 판매되는 op의 A 값은 약 10^4 정도이다. 출력 전압 e_o는 외부 전원의 전압 +V와 −V의 한곗값을 넘을 수는 없기 때문에 그래프에서 보는 것처럼 e_o도 결국은 최댓값이 +V와 −V로 제한된다.

그림 A3.2는 출력 단자와 반전 입력 단자를 저항 없는 도선으로 연결한 것인데 이런 연결을 되먹임(feedback)이라고 한다. 이 경우는 되먹임의 저항이 0인 특수한 경우이다. 증폭률 A가 무한대에 가깝다는 사실 때문에 되먹임이 있으면 두 입력 단자는 항상 전압이 같아질 수밖에 없다. 왜냐하면 식은 $e_o/A = (e_{i2} - e_{i1})$이고, A가 무한대이면 결국 $e_{i2} = e_{i1}$이다. 그러므로 출력 전압 e_o는 입력 전압 ei와 같아질 수밖에 없다.

$$e_o = e_i \qquad \text{(+V, −V의 한계 안에서)}$$

출력이 입력을 그대로 따른다고 하여 전압 따름기(voltage follower, 전압 팔로워)라고 한다. 이것은 하찮은 기능처럼 보일지 모르나 실제로는 대단히 중요한 역할을 한다. 내부저항이 매우 커서 입력신호가 아주 작을 경우(예: 모세관을 통해 용액과 연결된 기준전극으로 흐를 수 있는 매우 작은 크기의 전류), 그 신호를 변함없이 그대로 출력할 수 있는 중요한 장치이다. 이처럼 따름기(follower)는 신호원(signal source)의 매우 큰 내부 저항의 영향이 다음 단계로 넘어가는 것을 막아주는 역할을 하므로 완충기(buffer)라고도 부른다.

되먹임 회로와 반전 입력 단자에 저항을 연결하여 만든 중요 응용 회로들을 그림 A3.3에 나타냈다. 비반전 입력 단자는 접지(ground)에 연결하였으므로 기준 전위 0 V로 유지되고, 반전 입력 단자는 되먹임 회로와 연결되었으니 역시 0 V에 아주 가까운 전압을 갖는다. 되먹임 저항 R_f와 입력 저항 R_i가 서로 만나는 점을 s로 표시하고 합산

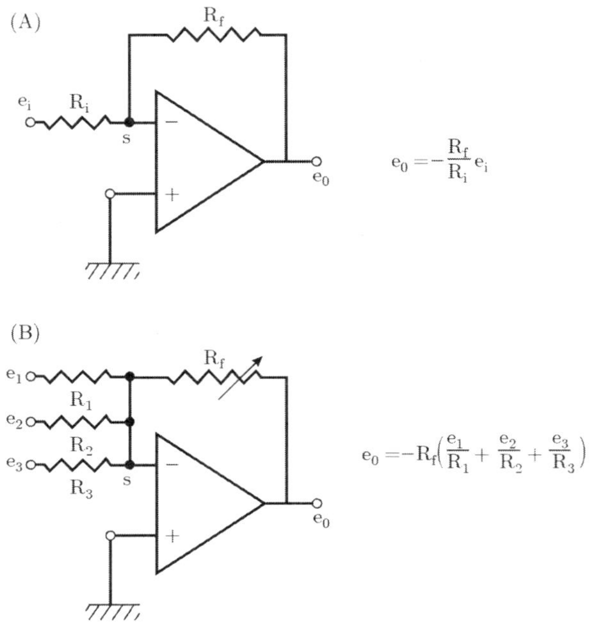

그림 A3.3 연산 증폭기를 이용한 증폭 장치들. (A)는 하나의 입력 신호를 위한 증폭 장치, (B)는 여러 입력 신호를 합하는 증폭 장치이다.

점(summing point)이라 부른다. 이곳에서 양쪽 저항을 통해 흐르는 전류가 합쳐진다는 뜻이다. 이렇게 연결된 회로에서 s점은 접지(그라운드)와 같은 전압, 즉 0 V가 되므로, 가상 접지(virtual ground)라고 한다.

그림 A3.3(A)는 되먹임 저항 R_f가 s점에 연결되고 입력 신호 e_i는 입력 저항 R_i를 통하여 s점에 연결되어 있다. op의 입력 단자로는 전류가 흐르지 못하기 때문에 입력 저항 R_i로 흐르는 전류는 전부 R_f를 통과하는 되먹임 전류로 상쇄된다. 두 저항을 통과하는 전류는 부호는 다르고 크기는 같다는 조건으로부터 다음과 같은 관계를 얻는다.

$$e_i/R_i = - e_o/R_f$$

따라서

$$e_o = -\frac{R_f}{R_i} e_i$$

이것은 출력 전압의 크기가 입력 전압에 R_f/R_i를 곱한 값이 되고 그 부호는 반대가 된다는 것을 의미한다. 그러므로 이 장치는 반전 증폭 장치(inverting amplifier)이다.

그림 A3.3(B)는 입력 저항 여러 개를 병렬로 연결한 것이다. 여기서 R_f를 통과하는 전류는 여러 개의 입력 저항에 흐르는 모든 전류를 합한 전류와 상쇄된다. s점이 가상 접지(0 V)이기 때문에 다음과 같은 관계를 얻는다.

$$e_o = -R_f\left(\frac{e_1}{R_1} + \frac{e_2}{R_2} + \frac{e_3}{R_3}\right)$$

그러므로 이 장치 역시 여러 개의 입력 전압을 모두 합한 전압을 반대의 극성을 띤 출력 전압으로 내놓는다. 그런데 식은 출력 전압의 크기는 각 입력 전압에 연결된 입력 저항의 크기에 따라 비율이 다른 입력 전압의 총합이라는 것을 나타낸다. 이 장치는 더하기 증폭 장치이며, 여기서 s점은 합산점(summing point)이 된다. R_f를 가변 저항으로 변경하면 배율을 조절하는 것이 가능하기 때문에 원하는 크기로 출력 신호를 나타내는 것이 가능하다.

op에 축전기를 연결하여 간단하게 응용할 수 있는 회로들을 그림 A3.4에 나타냈다. (A)는 op의 입력 부분에 축전기를 연결하여 입력 전압을 미분한 것이 출력 전압이 되는 장치이고, (B)는 입력 전압을 적분한 것이 출력 전압이 되는 장치이다.

축전기의 양쪽을 개폐(on-off) 스위치는 미분 혹은 적분 연산을 중단하고 원점으로 되돌리기(reset) 위한 것이다. 스위치를 닫으면 미분과 적분의 시작점으로 돌아갈 수 있다. 미분 장치는 전위차 적정 혹은 폴라로그램처럼 신호가 갑자기 변하는 부분을 봉우리 곡선 모양으로 전환하는 데 적합하고, 적분 장치는 전위를 직선적으로 증가 혹은 감소하는 전위 파형(waveform)을 만드는 데 이용될 수 있다.

이상의 예들에서 본 것처럼 op의 되먹임 회로에 적절한 저항, 축전기와 같은 소자를 연결하면 다양한 종류의 연산(+, −, ×, ÷)을 할 수 있는 장치로 만드는 데 편리하게 이용될 수 있다.

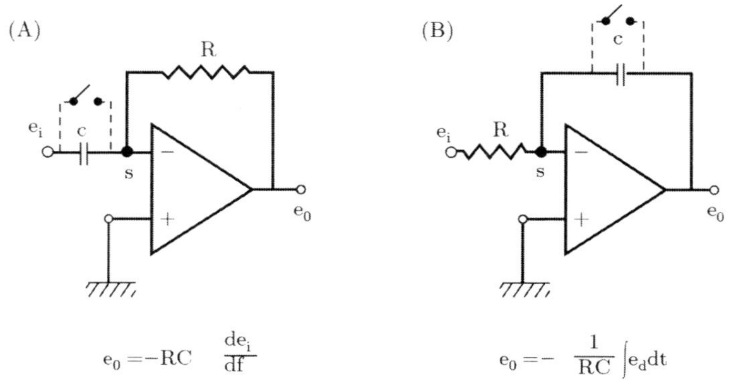

그림 A3.4 축전기를 op에 연결하여 만드는 미분기(A)와 적분기(B)

부록 4 교류 회로

전기 회로에 들어가는 기본적인 세 가지 소자, 저항(R)과 커패시턴스(C)와 인덕턴스(L)를 다음 그림에 나타냈다.

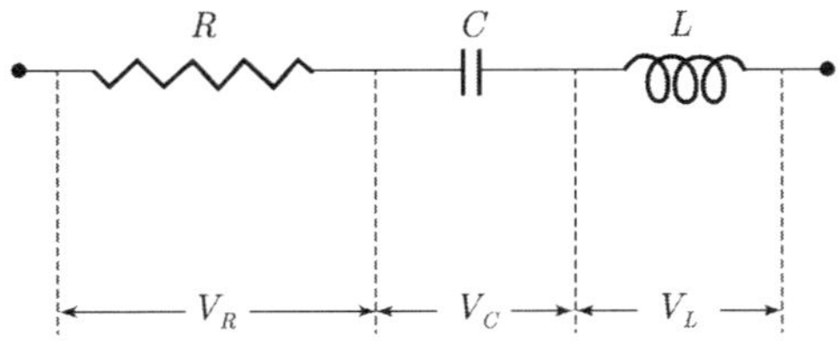

그림 A4.1 간단한 RCL 회로

저항(R)에 걸리는 전압 V_R 과, 그것으로 흐르는 전류 I 는 다음과 같은 관계가 있다(옴(Ohm)의 법칙).

$$V_R = RI$$

커패시턴스 C 와 인덕턴스 L 에 대해서 V 와 I 의 관계는 각각 다음과 같다.

$$V_C = \frac{Q}{C} = \frac{1}{C}\int Idt, \qquad Q\text{는 커패시터의 두 극판 각각에 모여진 전하량}$$

$$V_L = L\frac{dI}{dt}, \qquad t\text{는 시간}$$

회로의 구성 요소 R, C, L 각각에 주파수가 ν 인 교류 전류 $I = I_o \sin 2\pi\nu t$ 가 흐른다면, R, C, L 각각에 걸리는 전압은 다음과 같다($w = 2\pi\nu$).

$$V_R = RI = I_o R \sin\omega t$$

$$V_C = \frac{1}{C}\int Idt = \frac{-I_o}{\omega c}\cos\omega t$$

$$V_L = L\frac{dI}{dt} = I_o \omega L \cos\omega t$$

이들 세 요소가 첫째 그림과 같이 직렬로 연결되었다면 위 각각의 관계는 그대로 성립할 것이며, 회로에 걸려 있는 전체 전압 V 는 다음과 같다.

$$V = V_R + V_C + V_L$$

그런데 여기서는 V와 I 사이의 관계를, 저항 한 가지만 있을 때($V = IR$)처럼 간단한 관계로 나타내는 것은 쉽지 않다. 그러나 복소수 함수로 나타내는 임피던스의 개념을 도입하면 비교적 쉽게 나타낼 수가 있다. 전류를 다음과 같이 복소수 함수로 나타낸다.

$$I = I_o e^{j\omega t} \qquad j = \sqrt{-1}$$

그리고 허수 부분과 실수 부분을 갖는 복소수에 허수 부분만이 실제의 물리적 양을 나타낸다고 가정한다. 한편 $e^{jx} = \cos x + j\sin x$ 이므로 허수 부분의 삼각함수로 전류를 나타낸 것이라 할 수 있다.

V_R, V_C, V_C는 각각 다음과 같이 역시 복소수로 나타내면 그 허수 부분이 위의 삼각함수로 나타낸 것과 같다.

$$V_C = \frac{1}{j\omega C} I$$

$$V_L = j\omega L I$$

옴(Ohm)의 법칙에서 저항 R을 커패시턴스의 임피던스 Z_C와 인덕턴스의 임피던스 Z_L로 바꾸고, $V_C = Z_C I$, $V_L = Z_L I$로 정의하면 다음과 같은 결과를 얻는다.

$$Z_C = \frac{1}{j\omega C}$$

$$Z_L = j\omega L$$

또한 $V = V_R + V_C + V_L$이므로 V와 I 사이에는 전체 임피던스 Z에 의하여 옴(Ohm)의 법칙과 같이 간단한 관계가 성립한다.

$$Z = R + Z_C + Z_L$$

$$V = ZI$$

또한 $Z = R + j\left(\omega L - \frac{1}{\omega C}\right)$이고 $I = I_o e^{j\omega t}$이므로

$$\begin{aligned} V &= I_o\left[R\sin\omega t + \left(\omega L - \frac{1}{\omega C}\right)\cos\omega t\right] \\ &= I_o\left[R^2 + \left(\omega L - \frac{1}{\omega C}\right)^2\right]^{1/2} \sin(\omega t - \phi) \end{aligned}$$

$$\tan\phi = \frac{1}{R}\left(\frac{1}{\omega C} - \omega L\right)$$

즉, V와 I 사이에는 위상차 ϕ가 생긴다.

전체 임피던스 Z의 실수 부분과 허수 부분을 각각 Z', Z''으로 나타내면 다음과 같다.

$$Z = Z' + jZ''$$

그림과 같이 $L-R-C$를 직렬로 연결된 회로에서 임피던스는 각각

$$Z' = R, \qquad Z'' = \omega L - 1/(\omega C)$$

이다.

2개의 임피던스가 병렬로 연결된 회로의 총 임피던스는 각각의 임피던스의 역수(admittance)들의 합으로 나타낼 수 있다. 예를 들어 2개의 임피던스 Z_2, Z_3가 병렬로 연결되면 병렬 회로의 임피던스 Z_p는

$$\frac{1}{Z_\mathrm{p}} = \frac{1}{Z_2} + \frac{1}{Z_3}$$

이다. 그러므로 세 개의 임피던스 Z_1, Z_2, Z_3가 그림 A4.2와 같이 연결되었을 경우에는 전체 임피던스는 다음 식으로 계산된다.

$$\begin{aligned} Z &= Z_1 + Z_\mathrm{p} \\ &= Z_1 + \left(\frac{1}{Z_2} + \frac{1}{Z_3}\right)^{-1} \end{aligned}$$

전기화학계에서는 일반적으로 인덕턴스가 거의 없으므로 위의 관계식들에서 $L=0$인 회로 및 조건들이 관심의 대상이 된다.

고주파 교류와 같이 전류의 부호가 빠르게 변하는 교류 전압 e_i를 그림 A4.3(a)와 같은 RC 회로에 보내면 출력 전압 e_o는 진폭이 작아진 교류가 된다. e_o는 커패시턴스

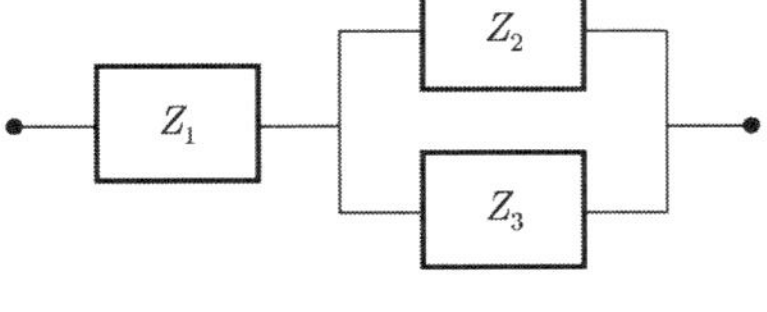

그림 A4.2 세 개의 임피던스가 직·병렬로 연결된 경우

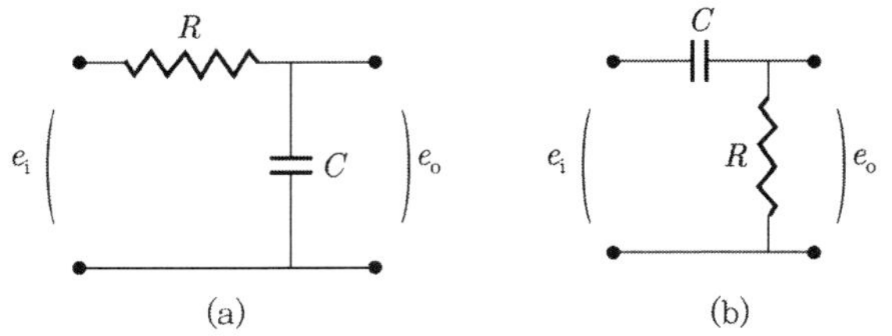

그림 A4.3 RC 조합을 이용한 필터 회로. (a)는 저주파 통과 필터, (b) 고주파 통과 필터

C에 걸리는 전압인데 C의 임피던스가 주파수에 반비례하는 $1/(\omega C)$이므로 고주파에 대하여는 임피던스가 매우 작기 때문이다. 이것은 커패시턴스의 전압이 나타나려면 흐르는 전류에 의하여 전하가 모일 시간이 필요하다는 것을 생각해도 이해할 수 있다.

그러므로 고주파 교류는 이 회로를 잘 통과하지 못한다($e_o \ll e_i$). 반면 저주파의 교류나 직류에 대한 C의 임피던스는 크기 때문에 전압이 잘 전달된다($e_o \cong e_i$). 그러므로 그림 A4.3(a)와 같은 회로는 저주파 통과 필터(low pass filter)라고 한다. (b) 회로는 반대로 고주파 회로는 잘 통과시키나 저주파 신호에 대하여는 장벽의 역할을 한다. 그러므로 이것은 고주파 통과 필터(high pass filter)이다. 전기화학 실험에서 고주파 잡음을 제거할 필요가 있을 때 저주파 통과 필터를 사용하며, 반대로 dc 전압을 억제하면서 빠르게 변하는 고주파 신호를 이용하고 싶으면 고주파 통과 필터를 사용한다.

그림 A4.3(a)와 같은 회로에 입력 전압으로 계단(step) 전압를 걸어주는 경우 출력 전압은 다소 완만한 변화를 나타낸다. 계단 전위의 크기를 e_s라 하면 출력 전압 e_o는 커패시턴스가 충전되는 시간에 따라 변한다. 즉,

$$e_o = \frac{Q}{C}$$

$$= \frac{1}{C}\int \frac{(e_s - e_o)}{R} dt$$

$$\frac{de_o}{dt} = \frac{1}{RC}(e_s - e_o)$$

$t = 0$일 때 $e_o = 0$이고, $t = \infty$일 때 $e_o = e_s$가 되는 경계 조건을 만족하는 식의 해는 다음과 같다.

$$e_o = e_s\left(1 - e^{-\frac{t}{RC}}\right)$$

즉 RC가 전압의 상승 속도를 좌우하는 오름 시간(rise time)이다.

부록 5 전기화학에 필요한 수학

(1) 라플라스(Laplace) 변환과 그 응용[2)]

라플라스 변환은 적분 변환의 한 종류이다. t의 함수 $F(t)$에 대한 라플라스 변환은 $\mathcal{L}[F(t)] = \int_0^{\infty} F(t)e^{-st}dt$로 정의된다. 0에서 ∞까지 적분하여 변환된 함수는 t의 함수가 아닌 s의 함수가 된다. 이 함수를 $f(s)$로 나타내면 원래의 함수 $F(t)$는 $f(s)$의 역 라플라스(inverse Laplace) 변환이다. 즉 $\mathcal{L}[F(t)] = f(s)$이면 $\mathcal{L}^{-1}[f(x)] = F(t)$이다.

몇 가지 전형적인 함수에 대한 라플라스 변환을 다음 표 A5.1에 실었다. 이 표의 대부분은 부분적분을 하여 간단히 얻을 수 있는 것들이다. 확산에 대한 편미분 방정식과

표 A5.1 몇 가지 유용한 라플라스 변환

$F(t)$	$f(s)$
A	A/s
t	$1/s^2$
$t^{n-1}/(n-1)!$	$1/s^n$
$1/\sqrt{\pi t}$	$1/\sqrt{s}$
$2/\sqrt{t/\pi}$	$s^{-3/2}$
t^{k-1}	$\Gamma(k)/s^k (k>0)$
$\exp(-at)$	$(s+a)^{-1}$
$t\exp(-at)$	$(s+a)^{-2}$
$\sin at$	$a/(s^2+a^2)$
$\cos at$	$s/(s^2+a^2)$
$\sinh at$	$a/(s^2-a^2)$
$\cosh at$	$s/(s^2-a^2)$
$\frac{k}{2\sqrt{\pi t^3}}\exp\left(\frac{-k^2}{4t}\right)$	$\exp(-k\sqrt{s}) \quad k>0$
$\mathrm{erfc}\frac{k}{2\sqrt{t}}$	$\frac{1}{s}\exp(-k\sqrt{s}) \quad k\le 0$
$2\frac{1}{\sqrt{\pi t}}\exp\left(-\frac{k^2}{4t}\right)-k\ \mathrm{erfc}\ \frac{k}{\sqrt{t}}$	$\frac{1}{s^{3/2}}\exp(-k\sqrt{s}) \quad k\ge 0$
$\frac{1}{a}\exp(a^2t)\ \mathrm{erf}\ a\sqrt{t}$	$[\sqrt{s}(s-a^2)]^{-1}$
$\exp(a^2t)\ \mathrm{erfc}\ a\sqrt{t}$	$[\sqrt{s}(\sqrt{s}+a)]^{-1}$

2) G. B. Arfken and H. J. Weber. *Mathematical Methods for Physicists*, 4th ed., Academic Press, 1995; Mary L. Boas, *Mathematical Methods in the Physical Sciences*, 2nd ed. Wiley, 1983.

같이 t와 x를 변수로 가지는 방정식의 모든 항에 대한 라플라스 변환을 하면 t변수가 없는 방정식이 얻어져서 다루기가 쉽다. 마지막 단계에서 역라플라스 변환을 하여 t와 x를 포함하는 해를 얻을 수 있다. 라플라스 변환을 이용하여 편미분 방정식을 푸는 세 단계를 요약하면 다음과 같다.

1. 편미분 방정식의 각 항에 대하여 라플라스 변환을 한다. 방정식의 양변의 라플라스 변환은 서로 같다. 이 변환으로 독립 변수를 1개만 갖는 상미분 방정식을 얻는다.
2. 경계 조건을 넣어 단순화한다.
3. 결과로 얻은 식에 대하여 역라플라스 변환을 한다.

라플라스 변화를 실제 적용하는 예들은 6장과 7장에서 설명한 확산 문제에서 찾아보기 바란다. 또한 8장의 임피던스 실험법을 설명할 때도 라플라스 변환을 사용했다. 이런 복잡한 문제를 다루는 과정에서 다음과 같은 컨벌루션(convolution) 적분의 성질이 이용될 때가 있다. 함수 F와 G에 대하여 $f(s)= \mathscr{L}\{F\}$, $g(s)= \mathscr{L}\{G\}$일 때,

$$g(s)f(s) = \mathscr{L}\int_0^{\tau} G(\tau)F(t-\tau)d\tau$$

$$\mathscr{L}^{-1}[g(s)f(s)] = \int_0^{\tau} G(\tau)F(t-\tau)d\tau$$

(2) 유용한 적분 공식[3)]

과학 문제를 다룰 때 흔히 다음과 같은 형식으로 정의되는 정적분 감마 함수(Γ-funtion)가 편리하게 쓰인다.

$$\int_0^{\infty} x^n e^{-x} dx = \Gamma(n+1)$$

부분적분으로 $\Gamma(n+1)= n\Gamma(n)= n(n-1)\Gamma(n-1)\cdots$와 같은 관계는 쉽게 찾을 수 있고, n이 정수인 경우는 $\Gamma(n+1)= n(n-1)(n-2)\cdots 3 \cdot 2 \cdot 1 = n!$가 된다는 것도 쉽게 알 수 있다. 또 특수한 몇 가지 n 값에 대하여 $\Gamma(2)= \Gamma(1)= 1$, $\Gamma(1/2)= \pi^{1/2}$, $\Gamma(1/3)= 2.6789$ 등의 값이 있다는 것을 기억하면 문제를 해결할 때 도움이 된다.

---

3) H. B. Dwight, *Tables of Integrals and Other Mathematical Data*, 4th ed., Macmillan, 1966; G. B. Arfken and H. J. Weber, *Mathematical Methods of Physicists*, 4th ed., Academic Press, 1995; Mary L. Boas, *Mathematical Methods in the Physical Sciences*, 2nd ed. Wildy, 1983.

$$\int_0^{\infty} x^n e^{-ax} dx = \frac{n!}{a^{n+1}}$$
$$= \frac{\Gamma(n+1)}{a^{n+1}}$$

예를 들어,

$$\int_0^{\infty} e^{-ax} dx = \frac{1}{a}; \quad \int_0^{\infty} x^n e^{-ax} dx = \frac{1}{a^2}$$

등이다.

또한 이와 관련된 적분으로 다음과 같은 식도 흔히 사용된다.

$$\int_0^{\infty} x^n e^{-ax^2} dx = \frac{\Gamma\left(\frac{n+1}{2}\right)}{2a^{(n+1)/2}}$$

이것을 이용하여 다음과 같은 적분 값을 쉽게 구할 수 있다.

$$\int_0^{\infty} e^{-ax^2} dx = \frac{1}{2}\left(\frac{\pi}{a}\right)^{1/2}; \quad \left(\Gamma\left(\frac{1}{2}\right) = \pi^{1/2}\text{를 이용}\right)$$
$$\int_0^{\infty} x e^{-ax^2} dx = \frac{1}{2a}; \quad (\Gamma(1) = 1\text{을 이용})$$
$$\int_0^{\infty} x^2 e^{-ax^2} dx = \frac{\pi^{1/2}}{4a^{3/2}}; \quad \left(\Gamma\left(\frac{3}{2}\right) = \frac{1}{2}\Gamma\left(\frac{1}{2}\right) = \frac{\pi^{1/2}}{2}\text{를 이용}\right)$$

전기화학 계산에서 사용되는 유용한 통계 함수로 다음과 같은 오차 함수(error function, erf)와 상보 오차 함수(complementary error function, erfc)가 있다.

$$\text{erf } x = \frac{2}{\sqrt{\pi}} \int_0^x e^{-t^2} dt$$
$$\text{erfc } s = 1 - \text{erf } x$$

(3) 푸리에(Fourier) 변환

전기화학의 확산 문제를 해결할 때 라플라스(Laplace) 변환이 아주 강력한 수단으로 사용될 수 있다는 것을 앞서 설명했으며, 여러 장에서 경험했다. 비슷한 경우로 근래에 개발된 기기 실험 방법에서는 푸리에 변환법이 흔히 이용된다. 그 이유는 프랑스의 수학자인 푸리에가 사인(sine)과 코사인(cosine) 항들의 조합을 한 함수는 어떤 종류의 주기 함수도 시뮬레이션(simulation)할 수 있음을 증명했기 때문이다. 전기화학 실험에서 필요한 여기 함수(excitation function)들도 사인과 코사인 함수의 합으로 나타낼 수도 있거나 적절한 조건에서 얻어진 결과를 푸리에 변환을 하면 시간 영역의 데이터를 주파수 영역으로 또는 주파수 영역의 데이터를 시간의 영역으로 변환하는 것이 가능하다. 이 원리를 이용하면 어렵거나 불가능하다고 생각한 실험도 쉽게 할 수 있을 때가 많다. 이와 같은 이유로 이 절에서는 푸리에 변환법을 간단히 소개한다.

예를 들어 주기가 $\tau(=2L)$이며, 주기의 간격이 $-L$에서 L까지인 함수 $f(t)$에 관한 푸리에 계열을 생각해보자. 이 함수는 푸리에의 발견으로 다음과 같이 나타낼 수 있다.

$$f(t)=\frac{a_0}{2}+\sum_{n=1}^{\infty}\left(a_n\cos\frac{n\pi t}{L}+b_n\sin\frac{n\pi t}{L}\right) \tag{A5.1}$$

여기서 계수 a_n 및 b_n은 각기 다음과 같이 정의된다.

$$a_n=\frac{1}{L}\int_{-L}^{+L}f(t)\cos\frac{n\pi t}{L}dt \qquad n=0,\ 1,\ 2,\ 3,\ \cdots$$

및

$$b_n=\frac{1}{L}\int_{-L}^{+L}f(t)\sin\frac{n\pi t}{L}dt \qquad n=1,\ 2,\ 3,\ \cdots$$

그런데 함수 $f(x)$가 $f(-t)=f(t)$의 성질을 갖는 경우에는 코사인 항들만 전체 합산에 기여한다. 즉,

$$f(t)=\frac{a_0}{2}+\sum_{n=1}^{\infty}a_n\cos\frac{n\pi t}{L} \qquad a_n=\frac{2}{L}\int_0^L f(t)\cos\frac{n\pi x}{L}dt \tag{A5.2}$$

그러나 $f(-t)=-f(t)$(확인 필요)의 성질을 갖는 경우에는 사인 항들만이 중요해진다. 즉,

$$f(t)=\sum_{n=1}^{\infty}b_n\sin\frac{n\pi t}{L} \qquad b_n=\frac{2}{L}\int_0^L f(t)+\sin\frac{n\pi t}{L}dt \tag{A5.3}$$

그 이유는 사인과 코사인 계열은 서로 완전한 직교성(orthogonal) 성질이 있기 때문이다. 즉,

$$\int \sin mx \cdot \sin nt \cdot dt = \int \cos mt \cdot \cos nt \cdot dt = \int \sin mt \cdot \cos nt \cdot dt = 0$$

이 성질을 이용하고 $f(t)$가 사인 혹은 코사인 형식의 함수이면 식 (A5.2)와 식 (A5.3)의 계수는 비교적 쉽게 구할 수 있다. 그 이유를 간단히 살펴보자. 예를 들어 식 (A5.3)의 양변에 $\sin(m\pi t/L)$을 곱한 뒤 적분하면 위에서 설명한 직교성 때문에 $m=n$인 경우만 살아남아 다음과 같이 된다.

$$\int_0^L \sin^2 \frac{n\pi t}{L} dt = \frac{1}{n\pi}\int_0^{n\pi} \sin^2 y \cdot dy = \frac{L}{n\pi}\left[\frac{n\pi}{2}\right] = \frac{L}{2}$$

여기서 $y=(n\pi t)/L$이고, 그것을 미분하면 $dy=[(n\pi)/L] \cdot dt$이다. 따라서 식은 다음과 같다.

$$\int_0^L f(t)\sin^2 \frac{n\pi t}{L} dt = b_n \int_0^L \sin^2 \frac{n\pi t}{L} dt$$

b_n의 값을 구한다. 식 (A5.2)의 계수도 같은 방법으로 구할 수 있다.

푸리에 계열을 오일러(Euler) 방정식을 사용하여 좀 더 편리한 지수 함수로 나타내면 다음과 같다.

$$f(t) = \frac{1}{2}\sum_{n=-\infty}^{+\infty} c_n e^{j\omega_n t} \qquad c_n = \frac{1}{L}\int_{-L}^{+L} f(t)\, e^{-j\omega_n t} dt \tag{A5.4}$$

여기서 $\omega_n = n\pi/L$이고 $n=0, \pm 1, \pm 2, \cdots$이다. 실제 계산에서는 대부분 이렇게 정의된 식들을 사용한다.

하나의 예를 들어 전기화학 실험 가운데 가역적 시간전류법 실험에서 흔히 사용하는 주기적 단계 함수(periodic step function)를 푸리에 계열 함수로 표시할 수 있는 방법이 있는지 생각해 보자. 이 단계 함수의 크기는 $x=0$에서 L까지는 $+1$의 값을 갖고 있다가 $x=L$에서 $2L$일 때 -1의 값으로 변한다고 하자. 이 함수는 그림 A5.1의 두꺼운 선으로 표현되어 있다. 이 함수는 $f(-t)=-f(t)$의 성질을 갖고 있어서 식 (A5.3)의 사인 항으로 이루어진다. 즉 n이 홀수인 경우에만

$$b_n = \frac{2}{L}\int_0^L f(t)\sin\frac{n\pi t}{L} dt = \frac{2}{L}\left(\frac{L}{n\pi}\right)\int_o^{n\pi} \sin y \cdot dy = \frac{2}{n\pi}[-\cos y]_0^{n\pi} = \frac{4}{n\pi}$$

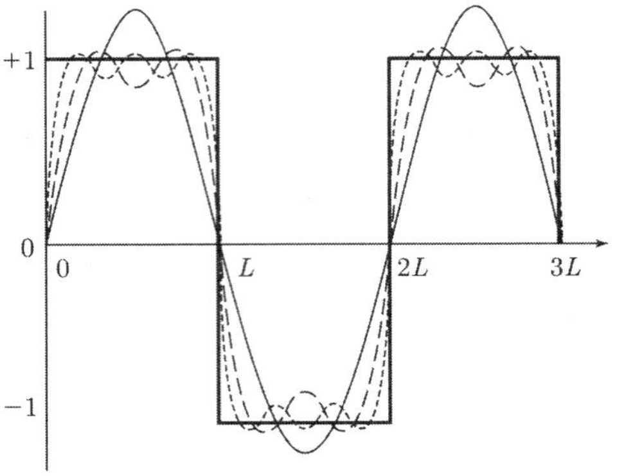

그림 A5.1 주기적인 단계 함수(굵은 실선)와 그것의 푸리에(Fourier) 계수 표현: $n=1$일 때(가는 실선), $n=1,\ 3$일 때(길게 끊어진 선) 및 $n=1,\ 3,\ 5$일 때(짧게 끊어진 선)

가 되므로 $f(t)=\dfrac{4}{\pi}\displaystyle\sum_{n=1,3,5,\cdots}\dfrac{1}{n}\sin\dfrac{n\pi t}{L}$ 의 형태를 갖게 된다.

이 식으로 정의되는 값들을 $n=1$일 때, $n=1,\ 3$일 때, $n=1,\ 3,\ 5$일 때 모두 3가지 경우로 분류하여 그림 A5.1에 나타냈다. 그림에서 보는 것처럼 n의 숫자가 커질수록 단계 함수에 가까워지며 n이 무한대일 경우에는 단계 함수와 정확히 같아질 것이라고 예측할 수 있다.

예를 통하여 알 수 있는 사실은 조화파(harmonic wave)들을 적절히 합하면 어떤 함수도 '합성'할 수 있다는 것이다. 이미 잘 알고 있는 것처럼 분광학에서 관측되는 양은 시간의 함수로 측정된다. 예를 들면, 우리가 잘 알고 있는 푸리에 변환 적외선 분광법(FTIR)은 미켈슨(Michelson) 간섭계를 사용하여 시간 영역에 대한 데이터를 얻은 후에 데이터를 푸리에 변환하여 주파수 영역의 흡수 데이터로 바꾸는 방법이다. 또한 푸리에 변환 핵자기 공명 흡수 분광법(FT-NMR)에서는 자기장 내에 있는 시료에 강한 라디오 주파수 펄스를 걸어준 후에 이것으로 얻는 신호를 푸리에 변환을 거쳐서 시간 영역의 신호로 바꾸고 있다. 이와 같은 실험이나 또는 많은 다른 실험에서 주파수 영역의 데이터를 시간 영역으로 바꾸거나 그 반대의 과정을 이용한다. 시간 영역의 데이터 $h(t)$를, 주파수 영역의 데이터 $H(f)$로 변환하기 위해서 다음 식을 적용한다.

$$H(f)=\int_{-\infty}^{+\infty} h(t)\cdot\exp(-i2\pi ft)dt \qquad \text{(A5.5)}$$

그 반대의 경우에는 다음 식을 적용한다.

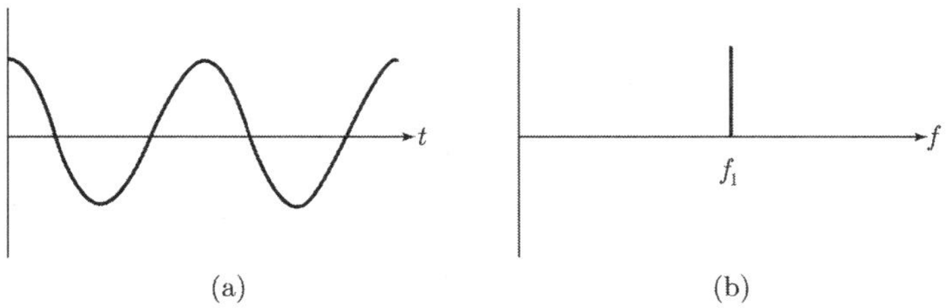

그림 A5.2 (a) 시간 영역의 코사인(cosine)파, (b) (a)의 코사인(cosine)파를 푸리에 변환하여 얻은 주파수 영역의 코사인(cosine)파

$$h(t)=\frac{1}{2\pi}\int_{-\infty}^{+\infty}H(F)\cdot\ \exp(-i2\pi ft)df \tag{A5.6}$$

예를 들어 그림 A5.2(a)에 나타낸 것처럼 f_1의 주파수를 갖는 시간 영역의 코사인파를 푸리에 변환하면 그림 A5.2(b)에 나타낸 것처럼 주파수 f_1에서 수직선으로 신호가 얻어진다.

그림 A5.3(a)에 있는 것은 주파수가 다른 2개의 코사인(cosine)파를 합친 파이다. 이 파를 푸리에 변환한 신호를 표시하면 그림 A5.3(b)처럼 보인다.

이미 알고 있는 것처럼 푸리에 변환을 거친 적외선(FTIR) 스펙트럼은 미켈슨(Michelson) 간섭계를 거쳐서 나오는 빛의 간섭 때문에 그림 A5.2(b) 혹은 그림 A5.3(b)와 같은 형식의 스펙트럼이 된다. 이 스펙트럼에 식 (A5.6)을 적용하여 변환하면 시간 영역의 스펙트럼으로 바뀐다. 전기화학 실험에서도 같은 방법을 적용하였다. 스미스(Smith) 등은 몇 개의 ac 파를 혼합한 전위 신호를 전극에 걸어준 후에 측정되는 전류 신호를 시간 영역의 신호로 변환시켜서 임피던스를 계산하는 방법을 개발했다. 이것에 대한 설명은 8.1절을 참조하기 바란다. 또한 같은 크기를 갖는 모든 주파수의 교류(ac) 전위를 모두 겹쳐 놓아서 디락 델타(Dirac delta)함수 모양의 전위로 만들어 전

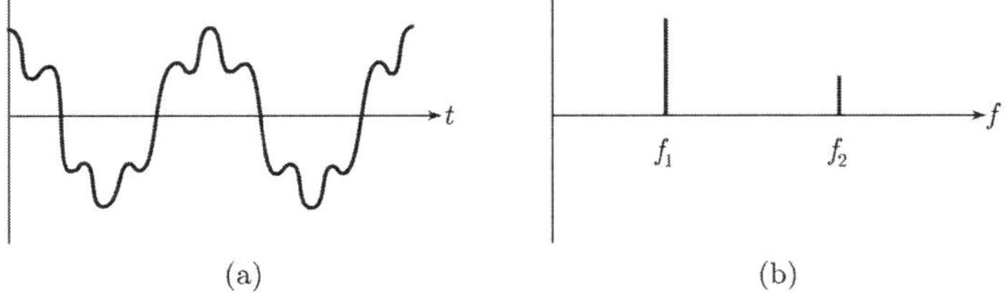

그림 A5.3 그림 A5.2와 같은 방법이 적용된다. 이 경우는 2개의 코사인(cosine)파, f_1과 f_2의 섞였을 때이다.

극에 걸어준 후에 측정되는 주파수 영역의 전류 신호를 시간 영역의 신호로 바꾸면 모든 주파수에 대한 전류 파형을 얻을 수 있고, 이것으로부터 임피던스를 구할 수 있다[4]. 앞서 나타낸 식 (A5.5)와 (A5.6)을 보면 알 수 있는 것처럼 $n = 0$에서부터 무한대까지 적분을 한다는 것은 쉬운 일이 아니며, 그렇게 적분을 하려면 전산에 필요한 시간과 에너지가 엄청나게 든다. 이런 이유가 푸리에 변환 기술을 이용하는 실험 방법을 개발하는 데 한계로 작용했던 것이 사실이다. 그러나 요즘에는 PC(personal computer)를 사용해서도 비교적 짧은 시간 안에 복잡한 계산을 할 수 있어 푸리에 변환법의 이용에 커다란 변화와 발전을 가져왔다. 전산 방법을 개선했음에도 불구하고 계산에 걸리는 시간에 대한 비용과 에너지가 너무 크므로, 근래에는 소위 고속 푸리에 변환(Fast Fourier Transform, FFT) 알고리즘(algorism)을 사용하면 빠른 변환이 가능하다. 이 방법은 푸리에 변환에 관한 책 혹은 전산기 프로그램 책 등에 자세히 설명되어 있으므로 그런 자료를 참고하기 바란다.

4) J.-S. Yoo and S. -M. Park, *Anal. chem.*, **72**, 2035 (2000).

부록 6 디지털 회로

디지털 정보는 아날로그 정보와는 달리 두 가지 상태로만 정보를 처리하고 저장한다. 두 가지 상태는 이진수로 나타낼 수 있는 0과 1이거나 혹은 논리 회로에서 사용되는 참과 거짓을 의미한다. 전기 신호의 참과 거짓을 구분하는 것은 사용하는 방법과 회로 및 사용되는 디바이스에 따라 다르다. 그러나 디지털 정보는 그것의 기본이 되는 0과 1만을 사용하기 때문에 당연히 이진법을 사용해서 나타낸다. 디지털 영역에서 가장 기본이 되는 정보는 비트(bit)이다. 비트는 0 혹은 1로 나타내는 가장 작은 정보 단위이다. 측정 자료를 컴퓨터 기호(디지털 정보)로 변경하는 방법은 정보(신호, 자료)를 일정한 시간 간격으로 잘라서 한마디라고 구분을 짓고, 각 마디의 상태를 알 수 있는 디지털 정보(0 혹은 1)로 인식하는 것이 될 것이다. 그런 과정을 거치면 정보는 아날로그 차원에서 디지털 차원으로 변경이 된다. 그러므로 디지털 정보는 결국 스위치 상태(켜짐, 꺼짐), 전등의 상태(켜짐, 꺼짐), 신호의 상태(기준 신호와 높음, 낮음)로 나타낼 수 있게 된다. 전자 회로를 통해서 자료를 디지털 정보로 변경하고, 그것의 연산 및 정보는 집적 회로를 이용해서 연산 및 저장을 한다.

앞서 설명한 신호에 대해서 각 마디 신호 상태를 이진법의 승수와 일치시키면 전체 정보를 이진법으로 표현할 수 있게 된다. 또한 마디 4개의 신호 상태를 십진수의 하나의 자리로 정한 것이 binary coded decimal(BCD) 방법이다. 예를 들어 이진법을 사용해서 16개 비트로 나타낼 수 있는 수의 범위는 0부터 65535(216=65536)이다. 그러나 BCD 방법은 0부터 9999까지 가능하다. BCD를 사용하면 표현 가능한 상태의 수는 줄지만 십진법에 익숙한 출력을 손쉽게 얻고 표현할 수 있다는 점에서는 큰 장점이다.

■ AND gate와 다양한 종류의 gate들

다음 회로는 A와 B의 스위치가 동시에 눌러야 전구에 불이 들어오도록 설계된 것이다. 부울 대수에 따라 A.B=Y라고 표현한다. 논리 회로에 대한 표는 다음과 같다.

Input		Output
A	B	Y=A.B
0	0	0
0	1	0
1	0	0
1	1	1

표에서 보듯이 A와 B 스위치 모두가 1이어야 불이 들어오고, 3가지 상태(A와 B 모

두 off, A on B off, A off B on)에서는 불이 꺼진다. 이러한 AND gate의 논리를 이행할 수 있는 회로가 4개 포함된 집적 회로의 하나의 예를 아래 그림과 같이 나타냈다.

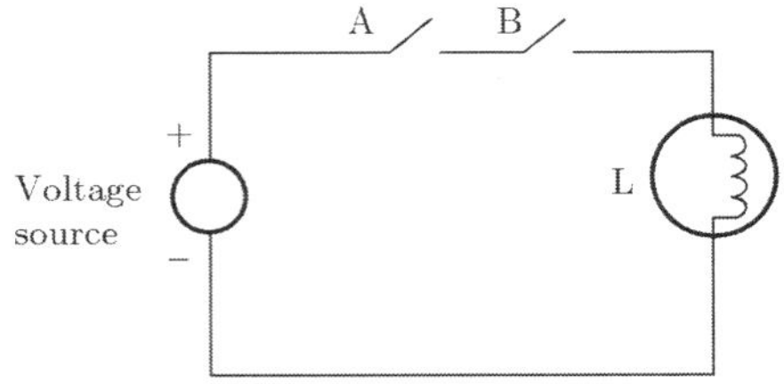

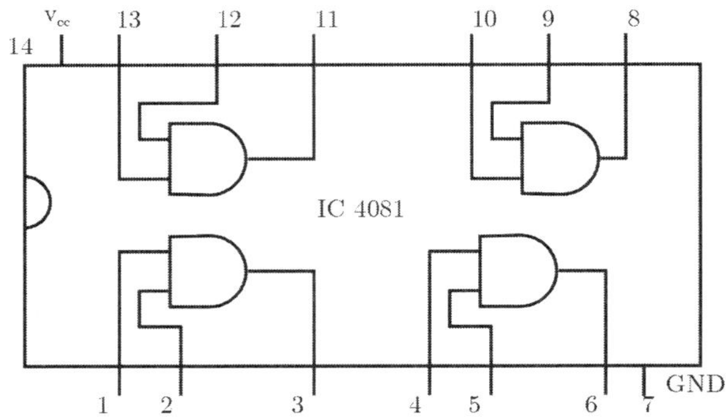

AND 회로와 마찬가지로 OR 회로, NOT 회로, NAND 회로, NOR 회로, XOR 회로, 동등(equality) 회로와 같은 다양한 기능을 갖춘 회로들이 있다. 각각의 회로에 대한 참·거짓표는 디지털 회로의 입력에 다양한 신호가 들어갈 때 예상되는 출력 신호를 예측하고 이해하는 데 반드시 요구된다. 각 기능에 대한 자세한 내용들은 다른 자료들을 참고하기 바란다.

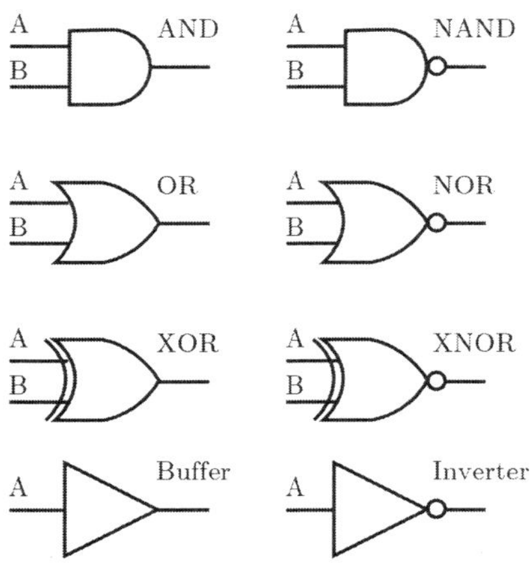

A	B	A·B	$\overline{A \cdot B}$
0	0	0	1
0	1	0	1
1	0	0	1
1	1	1	1

A	B	A+B	$\overline{A+B}$
0	0	0	1
0	1	1	0
1	0	1	0
1	1	1	0

A	B	$A \oplus B$	$\overline{A \oplus B}$
0	0	0	1
0	1	1	0
1	0	1	0
1	1	0	1

A	A	$\overline{A}$
0	0	1
1	1	0

■ 부울 대수

각종 회로에 대한 참 · 거짓표를 자세히 보면 AND와 NOR, NAND와 OR 사이에는 간단한 상관관계가 있다는 것을 알 수 있다. 이것을 수학적으로 정리한 것이 부울 대수이다. 부울 대수는 전자 회로를 구성하는 논리 회로를 기능과 작동을 이해할 때 반드시 필요한 수학이다. 또한 부울 대수를 이용하면 수많은 논리 회로를 매우 간단한 몇 개의 논리 회로로 정리하는 것이 가능하다. 이는 최소의 게이트와 다른 기능 회로를 이용하여 비교적 복잡한 디지털 논리 회로를 설계할 수 있는 이론적 배경이 될 수 있기 때문에 중요하다.

■ 래치와 플립 플롭(Latch and flip flop)

디지털 신호의 기본 자료인 비트 혹은 비트의 조합에 해당하는 정보는 일시적으로 보관도 하고, 나중에 필요할 때 다시 불러오기 위해서 저장이 필요하다. 쌍안정 래치(bistable latch)는 디지털 신호를 다룰 때 특정한 시각의 신호를 일시적으로 유지하고 기억하며, 나중에 그 신호를 다시 이용하기 위한 것이다. 가장 간단한 래치는 NAND gate 2개(혹은 NOR gate 2개)를 서로 교차로 짝짓고(cross coupled) 동시에 되먹임 회로를 연결하여 만든다. 아래 그림은 가장 기본적인 NAND 래치의 연결을 나타낸 것이다.

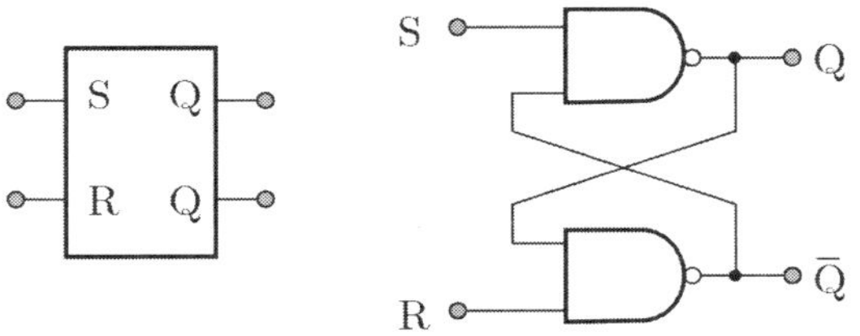

■ 셋 리셋 래치(SR NAND latch) 원리

입력 S와 R이 1이며 동시에 Q가 1이라면 Q'은 0이어야만 한다. 왜냐하면 Q가 되먹임 회로를 통해서 2번 NAND gate 두 번째 입력이 되기 때문이다. 그런데 이 출력 Q'=0은 1번 NAND gate의 입력으로 연결되어 있으므로 Q는 1 상태를 유지한다. 다시 말해서 자료가 그 상태를 유지하는 경우(latch)이다. 그런데 만약에 입력 S와 R이 1이며 동시에 Q가 0이었다면 Q'은 1이 된다. 따라서 입력 S와 R이 1이면 Q와 Q'는 서로 보완(complementary) 관계를 유지하고 있다. 그런데 Q가 1인 상태에서 R을 잠시 1에서 0으로 변경한다면 Q'은 1로 변경이 되어야만 한다. 서로 반대의 상태를 유지해야 하기에 Q는 0이 되어야 한다. 그렇게 되기 위해서는 R을 다시 1로 변경해 주어야 Q'이 1로 남아 있게 된다. 지금의 상태를 새롭게 변경(set)을 하려면 S를 1에서 0으로 변경하는 순간 Q는 1이고 되고 Q'은 0이 되면서 새로운 상태가 유지된다.

만약에 Q가 1인 상태에서 R이 1에서 순간적으로 0으로 변한다면 Q'은 당연히 1로 가야 된다. 그런데 Q와 Q'은 서로 상호 보완 상태를 유지해야 하므로 Q가 0으로 간다. Q가 0이 유지되는 논리 회로 조건은 R이 다시 1로 돌아가야만 Q'이 1을 유지하게 된다. 이제 출력 Q의 상태를 1로 변경하려면 S를 1에서 순간적으로 0으로 만든다. 그러면 논리 회로에서 출력 Q는 1로 되면서 출력 Q'은 자연스럽게 0이 된다.

다음 그림을 이용하면 SR NAND의 작동하는 원리를 비교적 더 쉽게 이해할 수 있다. 입력 R과 S가 1이고, 출력 Q는 0이고, Q'은 1이다. 다른 조건들(R=1, Q=0, Q'=1)은 유지한 채 만약에 S를 1에서 0으로 순간 변경하면 Q는 1로 Q'은 0으로 변환된다(set). 그런데 S를 다시 0에서 1로 변경해도 Q는 1, Q'은 0인 상태를 그대로 유지한다. 다시 말해 정보를 계속 저장하고 있다. 이런 상황(S=1, Q=1, Q'=0)에서 R을 1에서 0으로 변경하면 Q는 0, Q'은 1로 변환된다(Reset). 이 상태에서 R을 다시 0에서 1로 변환해도 출력은 이전 상태 (Q=0, Q'=1)를 그대로 유지한다. S가 0, R이 1일 때 혹은 S가 1, R이 0일 때 Q는 새로운 값으로 변환이 되는 특성을 가지고 있는 것이다.

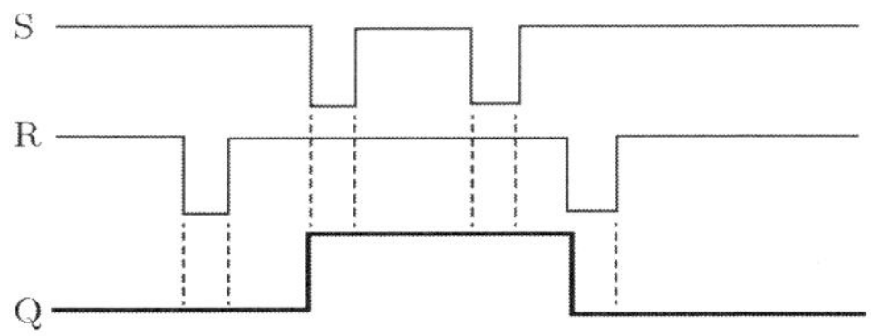

SR 래치는 여러 종류의 래치 가운데 한 종류이다. 다른 종류의 latch(gated latch, data latch) 역시 SR latch와 마찬가지로 정보를 기억한다는 면에서 같은 기능을 갖추고 있다. SR 래치와 다른 점은 두 개의 입력 신호와 함께 clock을 입력 신호로 사용한다. 하나의 주파수를 clock 신호로 보면 그것은 1 혹은 0 상태가 가능하다. 주파수 신호가 1 상태에서 입력 신호는 그대로 출력 신호로 연계된다. 다음 주파수 신호가 변할 때까지는 입력 신호는 출력 신호가 된다는 점이 곧 기억 장치가 된다는 것을 의미한다. 이렇게 clock 신호의 상태에 따라서 입력과 출력이 연동이 되는 장치도 기억용 래치이다.

기억 기능을 더 발전시켜서 만든 회로로 J-K flip-flop이 있다. 이것은 입력 신호(J, K)가 모두 1일 때 clock 신호에 따라 출력 상태 Q가 변한다. 여기서 clock 신호는 변하는 순간(0에서 1로 혹은 1에서 0으로 변하는 순간)이 된다. 만약에 1에서 0으로 변하는 순간을 신호로 하는 경우라면, 1에서 0으로 변할 때 출력 Q는 변화(0에서 1 혹은 1에서 0으로)를 겪는다. 이런 회로 구성에서는 clock 신호가 0에서 1로 변하더라도 출력 Q는 변화가 없다. 다시 말해서 Q의 이전 상태가 1이면 1로 유지하고 이전 상태가 0이면 0으로 유지한다. 한편 clock 신호가 0에서 1로 변할 때 출력 신호 Q의 변화가 일어나도록 설계된 J-K flip-flop도 얼마든지 가능하다.

따라서 J-K flip-flop의 출력 Q는 clock 주파수의 입력 신호의 정확히 1/2 주파수를 가진 신호가 된다. 이러한 J-K flip-flop의 출력 특성은 계수기(counter) 등의 제작에 활용된다. 아래 그림과 같이 J-K flip-flop을 4개 연결하면 4비트짜리 이진법 계수기가 완성된다. 첫 번째 J-K flip-flop의 clock 입력 신호를 단순한 사각파로 한다면 그 파의 주파수 1/2을 가진 사각파가 출력이 된다. 그것은 다음 J-K flip-flop의 clock 입력 신호가 되므로 그것의 출력은 다시 주파수 1/2이 되는 출력이 된다. 이런 방법으로 결국 4단계를 거쳐 얻어진 신호는 처음 사각파의 개수를 셀 수 있는 이진법 계수기가 되는 셈이다. 이렇게 여러 개(n)의 J-K flip-flop을 연결하면 마지막 J-K flip-flop은 2^n-1의 수를 나타낼 수 있는 계수기가 된다. 앞서 설명한 4개의 J-K flip-flop은 2^4 =16종류의 상태를 나타낼 수 있으므로 결국 0부터 15까지 수를 셀 수 있는 장치가 될 수 있다.

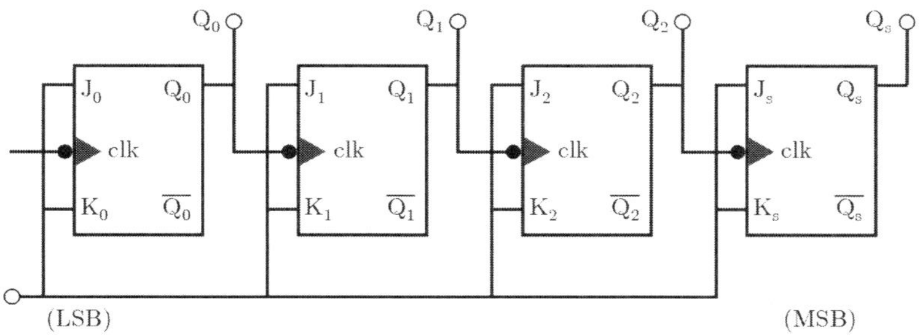

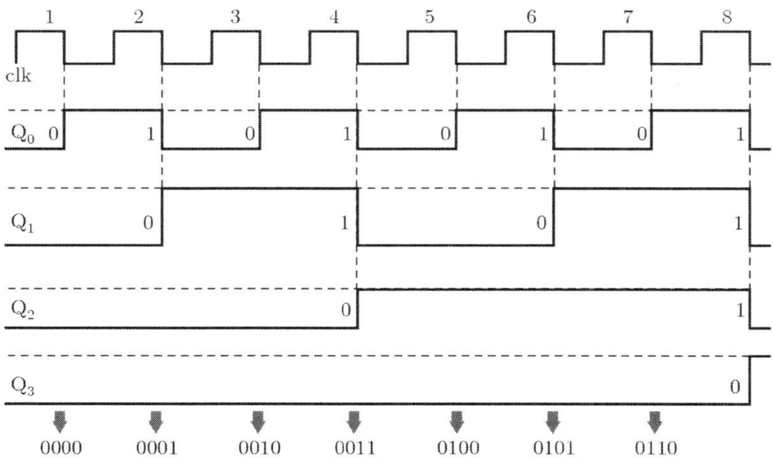

우리가 익숙하고 일상에서 사용하는 것은 십진법이다. 따라서 이진법을 나타낼 수 있는 4개의 flip-flop 한 묶음이 십진법 수 하나를 표현할 수 있도록 고안한 것이 BCD (binary coded decimal)이다. 서로 연결된 flip-flop을 적절한 방법으로 연결하면 단순한 이진법 계수기의 4비트(flip-flop 4개)가 결국 10진법 한 단위의 계수기가 된다. 그러므로 십진법의 수가 아무리 크더라도 flip-flop 한 묶음의 개수를 늘리면 십진수의 표현은 문제가 없다.

■ 비교 회로(comparator circuit)

연산 증폭기의 특별한 회로를 이용하면 아날로그 신호를 디지털 신호로 변경하는 것이 가능하다. 다음 그림과 같이 입력과 출력이 되먹임 회로로 연결되지 않은 개방형 연산 증폭기는 아날로그 입력에 대해서 디지털 출력으로 반응을 한다. 이러한 전압 비교기는 아날로그 신호를 디지털 신호로 변경해 주는 1개의 정보(bit) 변환기(converter) 역할을 한다. 즉 아날로그 입력을 디지털 출력으로 변경해 주는 기능을 갖는다. 만약에 기준 신호의 입력 단자와 신호의 입력 단자가 그림과 반대일 경우에는 출력의 신호만 변경되며, 같은 기능을 한다.

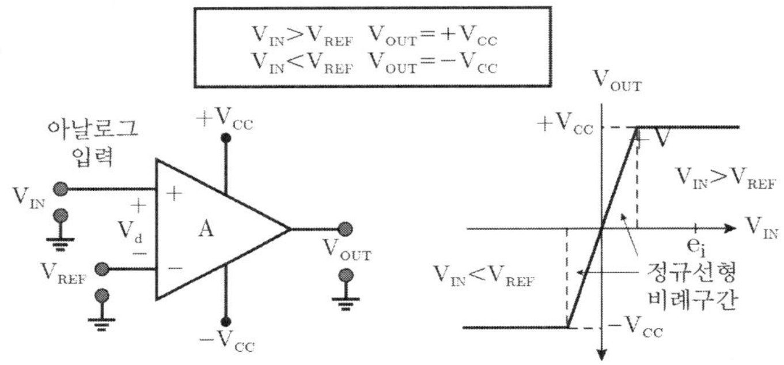

이 장치를 응용하면 다음과 같은 연속 디지털 신호로 변환하는 것도 가능하다. 다음 그림은 $V_{ref} = 0$이고 V_{in}이 교류 전압인 경우이다. $V_{in} > V_{ref}$일 때 출력은 최댓값, $V_{in} < V_{ref}$일 때 출력은 최솟값이 될 것이다. 결국 출력 신호는 1비트의 디지털 정보를 담고 있는 것과 같다. 왜냐하면 최댓값을 1, 최솟값을 0이라 정하면 그것은 이진법으로 나타낸 하나의 정보이기 때문이다.

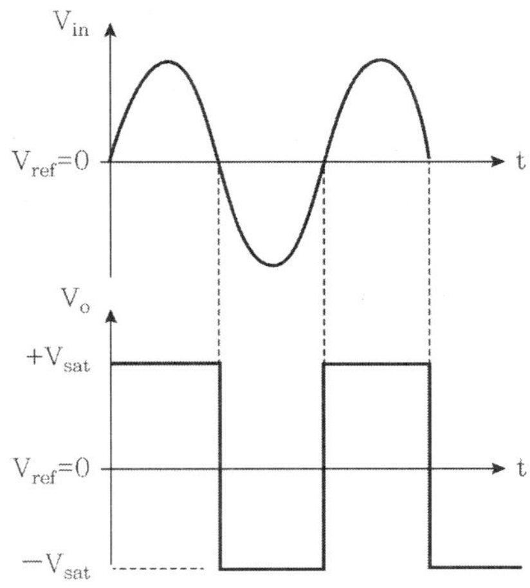

■ 플러스 되먹임 회로를 이용한 비교 회로(Schmitt trigger)

개방형 연산 증폭기를 이용한 보통의 comparator는 입력 신호의 잡음이 매우 적을 경우, 입력 신호가 매우 빠르게 변화한다면 문제없이 작동이 된다. 그러나 기준 신호를 중심으로 볼 때 입력 신호에 잡음이 포함된 경우에는 출력 신호는 출력 신호의 극과 극으로 진동을 하게 된다. 이러한 상황을 피하기 위해서 아래 회로와 같은 (+) 입력 단자의 되먹임 회로를 구성하면 잡은 신호로 인한 진동을 막을 수 있다. 즉 출력 신호의 일부가 되먹임 회로를 통해서 비반전(non-inverting) 입력으로 흘러가도록 회로를 설계하는 것이다. 이런 회로의 최종 출력은 그림에서 보는 바와 같이 이력(hysteresis) 정도에 따라 어느 정도 완화되는 것을 볼 수 있다. 다시 말해서 이 회로는 일단 출력이 최대 혹은 최소에 도달한 후에는 출력이 변화되려면 입력 신호에 상당한 변화가 있어야 한다는 것을 의미한다.

반전입력(inverting input) 연산 증폭기의 경우를 예로 들어 설명하면 다음과 같다. 만약에 입력 신호가 기준 신호보다 작을 경우($V_{in} < V_{ref}$)에 출력은 V_{high}(정해 놓은 전압이 5 V이면 5 V)가 된다. 이때 non-inverting 입력의 기준 신호는 $+\beta \times V_{cc}$로 정해진다. 여기서 β는 $R_1/(R_1 + R_2)$이며 이것이 곧 입력 값이고, 상단 문턱 전압(upper

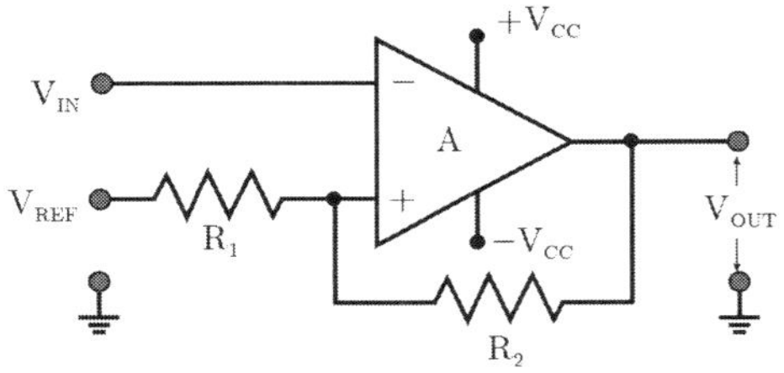

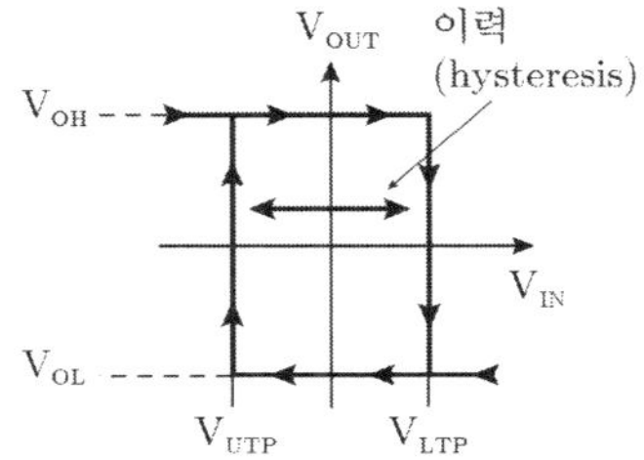

threshold voltage)과 하단 문턱 전압을 결정한다. 또한 이 회로는 출력의 부호에 따라 입력 기준 신호의 부호가 변하며, 그 크기는 β 값으로 정해진다는 특징을 갖고 있다. 결국 이 회로에서 최댓값을 1, 최솟값을 0이라 정하면 이 회로는 아날로그 신호를 디지털 신호로 변환할 수 있는 기능을 가지는 것을 알 수 있다.

■ 디지털 아날로그 신호 변환(digital to analog converter(DAC))

디지털 신호를 아날로그 신호를 바꾸는 것은 다음과 같은 합산 연산 증폭기를 이용한 회로를 이용할 수 있다. 아래 그림은 3bit 디지털 신호를 아날로그 신호로 변환할 때 사용할 수 있다. 만약에 합산 점으로 연결되는 입력 저항이 R, 2R, 4R이고, 되먹임 회로의 저항도 R이라면 출력 e_o는 다음과 같은 식으로 나타낼 수 있다.

$$e_o = -R(e_1/R + e_2/2R + e_3/4R) = -1/4(4e_1 + 2e_2 + e_3)$$

또한 e_1, e_2, e_3가 on-off 스위치를 통해서 모두 1 V의 전원에 연결되었다고 하자. 만약 e_1의 스위치만 연결되어 있고, 나머지 e_2, e_3의 스위치는 열려 있다면 출력은 −1 V가 된다. 같은 생각으로 e_2만 연결되었다면 −0.5 V, e_3만 연결되었다면 −0.25 V가 된다. 따라서 3개의 스위치의 켜짐과 꺼짐을 조합하면 경우의 수는 모두 8개(2^3)이다. 이것은 디지털 신호를 사용하여 0부터 7까지 표현한다는 것을 의미한다. 한편 입력값이 출력값에 끼치는 영향은 e_1 입력의 영향이 가장 크고, e_3 입력의 영향은 가장 작다. 이를 다른 표현으로 각각 최상위 비트(MSB), 최하위 비트(LSB)라고 한다. 결국 이 회로를 이용하면 0부터 −1.75 V까지 0.25 V 간격으로 8개의 아날로그 출력이 가능한 것이다. 전압의 간격은 곧 이 기기의 분해능(resolution)이다. 더 많은 입력 전원과 저항을 이용하여 아날로그 디지털 변경에 대한 분해능을 높일 수 있다.

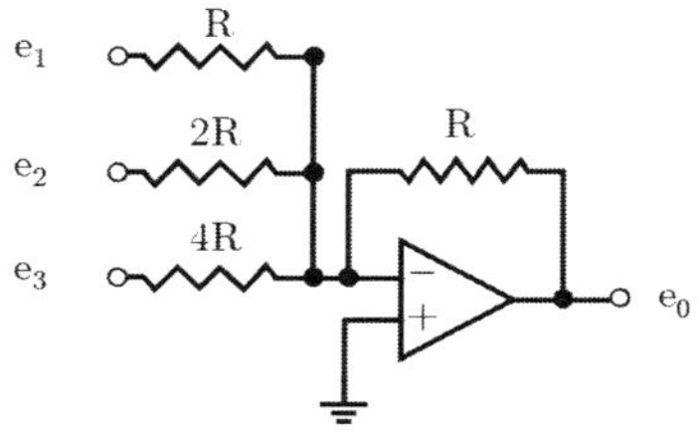

출력값을 표로 만들면 다음과 같다.

e_1	e_2	e_3	디지털 신호	e_o
0	0	0	0	0.00
0	0	1	1	−0.25
0	1	0	2	−0.50
0	1	1	3	−0.75
1	0	0	4	−1.00
1	0	1	5	−1.25
1	1	0	6	−1.50
1	1	1	7	−1.75

■ 아날로그 디지털 신호 변환(analog to digital converter(ADC))

아날로그 신호를 디지털 신호로 변경하는 일은 컴퓨터로 처리하는 과정을 거치려면 반드시 필요한 일이다. 왜냐하면 많은 측정값(예. 온도)은 시간에 따라 연속적으로 변하는 것이지만 컴퓨터로 신호 처리(읽고 처리하고 저장하는 모든 기능 포함)를 하기 위해서는 그것을 반드시 디지털 신호로 변경해야 하기 때문이다.

아날로그 신호를 디지털 신호를 변경하는 방법은 여러 종류가 있다. ADC는 앞서 설명한 comparator와 DAC를 사용한다는 공통점을 갖고 있다. 여기서는 연속 근사(successive approximation) 방법을 소개한다[5].

예를 들어 0부터 15 사이의 숫자 가운데 어느 하나의 숫자를 마음으로 정한 후에

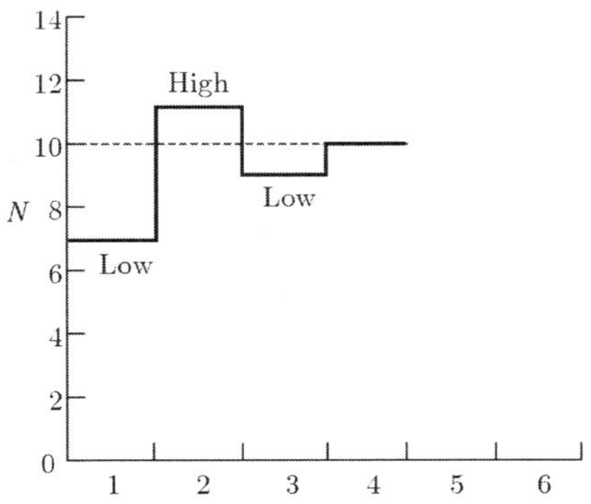

아날로그 신호 10을 연속 근사법을 이용하여 4회 추측으로 맞추는 그림

5) 박수문, 변종홍, 소형전산기: 원리와 응용, 자유아카데미, 1989.

몇 번의 추측을 하면 마음으로 정한 숫자를 맞출 수 있을지 생각해보자. 그런데 매번 추측할 때마다 추측한 값은 마음으로 정한 숫자보다 작은지 큰지를 알 수 있다고 한다. 예를 들어 마음으로 생각한 숫자가 10이라고 하고 추측을 해보자(앞의 그림 참조). 전체 범위의 거의 중간에 해당하는 7을 첫 번째 추측 숫자로 한다면 답은 그것보다 크다고 할 것(1번째 추측)이다. 다시 7의 거의 중간에 해당하는 4를 더해서 11을 두 번째 추측 숫자로 한다면 답은 그것보다 작다고 할 것(2번째 추측)이다. 4를 버린 후에 이번에는 4의 반이 되는 숫자 2를 7에 더하면 9가 된다. 그것은 마음으로 정한 숫자 10보다 작다고 할 것(3번째 추측)이다. 이번에는 다시 9에 앞서 제시한 숫자 2의 중간에 해당하는 1을 더하면 결국 10이라는 수는 정확히 추측(4번째 추측)할 수 있다. 이런 방법으로 연속 근삿값을 비교하여 본래의 숫자를 맞추는 방법이 아날로그 신호를 디지털 신호로 변경할 수 있는 연속 근사법이다. 마음으로 정한 10을 모두 4번의 추측을 통해서 맞출 수 있었다. 일반적으로 0부터 2^n-1까지 범위에 있는 하나의 숫자를 정확히 맞추려면 n번의 추측을 해야 한다. 위의 예는 0부터 15까지이므로 2^4-1 범위에 속하고, 따라서 4번의 추측을 통해서 숫자를 맞춘 것이다. 일정 범위에 있는 특정한 숫자를 맞추기 위해서는 전 범위의 반으로 추측을 시작해서, 숫자가 범위의 반보다 크면 버리고, 작으면 유지를 하고, 그다음 추측은 나머지 범위의 반을 더해서 역시 크면 버리고, 작으면 유지하는 방법을 사용하면 이처럼 n번의 추측으로 숫자를 정할 수 있다. 더 확장해서 0부터 4095 범위($2^{12}-1$)에 있는 하나의 숫자는 12번의 추측으로 정확히 파악할 수 있다.

이것을 회로로 표현한 것이 다음 그림과 같다.

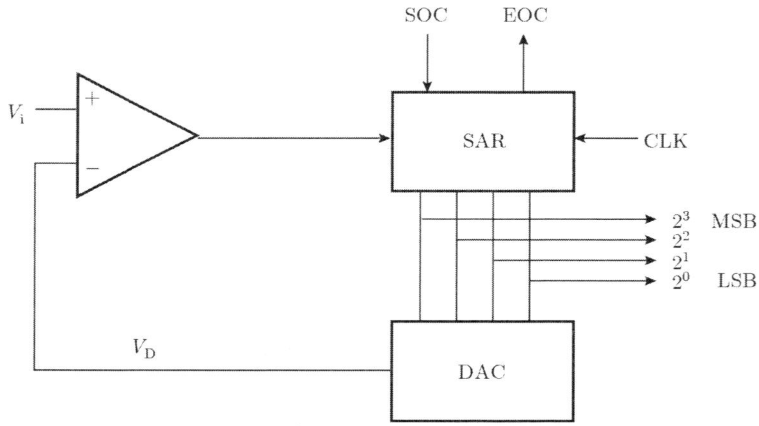

연속 근사법을 이용한 ADC의 회로

아날로그 신호(V_i)가 입력되면 연속 근사 기억장치(SAR)가 DAC를 통해서 제일 먼저 최상위 비트의 아날로그 신호를 출력하고 비교기(comparator) 입력으로 사용하여 연속 근사를 시작한다. 만약 입력 신호가 최상위 비트 값의 아날로그 신호보다 크면 해당하는 비트를 유지하고, 다음 비트의 신호를 더해서 다시 비교기(comparator) 입력으로 사용하여 반복적인 비교를 한다. 결국 4비트로 구성된 ADC는 출력으로 디지털 신호(이 경우에는 1100 등과 같은 4자리 신호)를 내보낸다.

찾아보기

ㄹ

ㅁ

ㅂ

ㅊ

ㅋ

ㅌ

ㅍ

ㅎ

D

E

F

G

H

O

P

R

저자 소개

백운기(白雲基)

- 서울대 화학과 졸업(1960 학사, 1965 석사, 물리화학 전공).
- Univ. of Utah, Ph. D.(1968 물리화학 전공, 지도교수 H. Eyring).
- Univ. of Pennsylvania, Post Doc., Senior Research Associate.
- 금속의 부식과 부동화 과정에 대한 전기화학적, 광학적인(ellipometry)연구, 전기 이중층, 전극반응의 속도, 전도성 고분자의 전기화학, 자기 조립 단분자막 형성 등에 대한 연구.
- 공군사관학교 화학 교관(1961-1964)
- 대한화학회 학술진보상(1975)
- 최규원 학술상(대한화학회)(1999)
- 대한화학회 물리화학 분과회장(1991-1992), 술어위원장(1992-1993), 학술위원장(1994-1996)
- 대한화학회 간사장(1989), 회장(1997)
- 서강대학교 화학과 교수(1972-2002).
- 서강대학교 교무처장(1981-1983)
- 포항공과대학 방문교수(2002)
- College of DuPage, Adjunct(2007-2011)
- 서강대학교 명예교수(2002-현재)
- e-mail: wpaik@yahoo.com
- 소속학회: 대한화학회, American Chemical Society, 한국전기화학회
- 저서:
  전기화학: 계면과 전극과정의 과학 · 기술, 개정 3판(공저), 청문각, 2012.
  일반화학(공저), 광림사, 1993.
- Book Chapters: Ellipsometric Optics with Special Reference to Electrochemical Systems(1973), Ellipsometry in Electrochemistry(1993)

여인형(呂寅亨)

- 서강대 화학과 졸업(1978 학사, 1983 석사, 물리화학 전공).
- Iowa State Univ., Ph. D.(1987 분석화학 전공, 지도교수; D. C. Johnson).
- 한국에너지 연구소(1987-1989, 선임연구원).
- 동국대학교 화학과 교수(1989-2020). • 동국대학교 명예교수(2020-현재).
- (사)대한화학회 총무부회장(2011), (사)한국전기화학회 부회장(2012),
  (사)과학독서아카데미 회장(2014-2020)
- Magna Cum Laude(1978), Phi Kappa Phi(1987),
  Energy Summer Research Fellowship Award(USDOE)(1987),
  IBM Almaden Research Center(1995), Ames Lab.(ISU)(1999).
  연암 해외연구교수(1997), 연구업적 우수 교원상(2001), 명 강의상(2006).
- 전극 촉매 반응, 이차전지 (+)극 물질, 전기화학분석법 개발, 전기분광학 연구 등.
- KMOOC 강의(2016-현재), "삶은 화학물질과의 소통이다", 국가평생교육원,
- 저서:
  기기분석 완전개정판 4판(공저), 대한교과서, 1998.
  퀴리부인은 무슨 비누를 썼을까?, 한승, 2007.
  공기로 빵을 만든다고요?, 생각의힘, 2013.
  퀴리부인은 무슨 비누를 썼을까? 2.0, 생각의힘, 2014.
  과학으로 듣고 보고 잡담하고(공저), 원더북스, 2020.
- 역서:
  Breslow 화학의 현재와 미래(공역), 자유아카데미, 1997.
  Harris 최신분석화학 5판(공역), 자유아카데미, 2013.
  Harris 분석화학 9판(공역), 자유아카데미, 2017.
- 네이버 캐스트, 화학산책 및 대한화학회, 화학세계: 일반인을 위한 칼럼 연재
- 블로그: http://blog.naver.com/ihyeo55
- e-mail: ihyeo@dgu.ac.kr

전기화학 –기초와 응용–

저　자　백운기 · 여인형
발행인　김지영
발행처　자유아카데미
주　소　경기도 파주시 회동길 37-42
　　　　파주출판도시
전　화　031-955-1321
팩　스　031-955-1322
홈페이지　www.freeaca.com
전자우편　main@freeaca.com (대표)
　　　　editor@freeaca.com (편집)
　　　　crm@freeaca.com (영업)
등　록　제406-2003-017호, 1980. 7. 12
제1판1쇄　2021년 2월 8일 발행
제1판3쇄　2024년 6월 20일 발행
정　가　32,000원

저자와의
협의하에
인지생략

ISBN 979-11-5808-299-4 93430